无障碍阅读
学生版

昆虫记

程 帆/主 编
[法] 法布尔/原 著

U0336279

北京出版集团
北京教育出版社

图书在版编目（CIP）数据

昆虫记/程帆主编．—北京：北京教育出版社，
2013.1
（无障碍阅读：学生版）
ISBN 978-7-5522-1561-8

Ⅰ.①昆… Ⅱ.①程… Ⅲ.①昆虫学－青年读物②昆虫学－少年读物
Ⅳ.①Q96-49

中国版本图书馆CIP数据核字（2012）第294085号

无障碍阅读学生版

昆虫记

程　帆/主　编

*

北 京 出 版 集 团
北 京 教 育 出 版 社　出版
（北京北三环中路6号）

邮政编码：100120

网　址：www．bph．com．cn

北 京 出 版 集 团 总 发 行

全 国 各 地 书 店 经 销

三河市国英印务有限公司印刷

*

920mm×1300mm　32开本　17印张　650千字
2013年1月第1版　2021年5月第12次印刷

ISBN 978-7-5522-1561-8
定价：26.80元

前　言

　　19 世纪末 20 世纪初的法国，一本集自然科学和人文关怀于一体的昆虫百科全书——《昆虫记》出版了。该书一出版，就立即成为畅销书，在法国自然科学史与文学史上都具有举足轻重的地位。它不仅是一部研究昆虫的科学巨著，同时也是一部讴歌生命的宏伟诗篇，被人们冠以"昆虫的史诗"之美称，作者也被赞誉为"昆虫界的维吉尔"。该书的作者是让·亨利·卡西米尔·法布尔（1823—1915），他也由此获得了"昆虫界的荷马""动物心理学的创导人"等美誉，并因此书于 1910 年获得诺贝尔文学奖的提名。

　　该书书名按照法文（Souvenirs Entomologiques）直译，应为《昆虫学回忆录》，但往往被通俗地称为《昆虫记》。中国著名作家巴金曾这样评价这部作品："《昆虫记》熔作者毕生的研究成果和人生感悟于一炉，以人性观察虫性，将昆虫世界化作供人类获得知识、趣味、美感和思想的美文。"法国著名戏剧家埃德蒙·罗斯丹称赞该书作者："这位大学者像哲学家一般地去思考，像艺术家一般地去观察，像诗人一般地去感受和表达。"英国生物学家达尔文夸赞道："他是无与伦比的观察家。"

　　法布尔是法国昆虫学家、动物行为学家、科学家、科普作家，他出身于农民家庭，从小生活极其穷困，做过中学教师，靠业余自学，花 12 年的时间，先后取得业士、双学士和博士学位。法布尔一生最大的兴趣，在于探索生命世界的真面目，发现自然界蕴含着的科学真理。正因为他热爱真理，所以他撰写《昆虫记》时，一贯坚持"准确记述观察到的事实，既不添加什么，也不忽略什么"的原则。

　　法布尔是第一位在自然环境中研究昆虫的科学家，他穷毕生之力深入昆虫世界，在自然环境中对昆虫进行观察与实验，真实地记录下昆虫的本能与习性，著成了《昆虫记》这部昆虫学巨著。法布尔的心中充满了对生命的关爱之情和对自然万物的赞美之情，他以人性观照虫性，昆虫的本能、习性、劳动、婚恋、繁衍和死亡无不渗透着人文关怀；并以虫性反观社会人生，睿智的哲学思想跃然纸上。在其朴素的笔下，一部严肃的学术著作如优美的散文，人们不仅能从中获得知识和思想，还能获取独特的审美体验。《昆虫记》不仅仅浸润着作者对生命的敬畏之情，更蕴含着作者追求真理、探求真相的精神。书中对种种昆虫的特征和日常生活习性的描述，体现出作者对生活世事特有的眼光，洋溢着作者对生命的尊重与热爱。

1923年，《昆虫记》由周作人介绍到中国，受到国人的广泛关注。20世纪90年代末，中国读书界再度掀起"法布尔热"。目前，《昆虫记》受到中国科普作家协会鼎力推荐，成为上千万青少年的成长必读书。本书译者本着优中选优、独立成篇的原则，精心编就此书，使此书熔思想性、艺术性、文学性于一炉，具有很高的阅读价值。全书叙述生动，保留了原著的语言风格，并进行了通俗易懂的演绎，向读者奉上宝贵的精神盛宴。本书用拟人化的手法将昆虫写得有情感、有性格，自然亲切，妙趣横生，再加上几百张精美的图片，让读者如同进入了真实的昆虫世界。文中还附有"知识链接"，对昆虫知识进行拓展，对主体内容进行补充和深化；同时将文中不易理解的字词，加上拼音和简要的说明，方便广大读者阅读。读者既可以从头往下看，也可以根据目录，挑选自己最感兴趣的昆虫去看。

阅读本书除了让你增加有关昆虫方面的知识，还可以让你从中感受到作者那种似散文诗般的语言的美妙。你也会从书的字里行间看到作者法布尔的那份坚韧不拔、孜孜不倦的求实精神和不把事情弄个水落石出决不罢休的科学态度。书中除了真实地记录了昆虫的生活，还透过昆虫世界折射出人类的社会与人生。作者不时语露机锋，提出对生命价值的深度思考。读完本书，可以让我们去思考很多问题，如我们该如何面对自己短暂的人生，如何让一个渺小的生命在奋斗中得以升华。

编者

一、作品名片

① 作者简介

让·亨利·卡西米尔·法布尔（1823—1915），法国著名昆虫学家、文学家、动物行为学家，被世人称为"昆虫界的荷马""昆虫界的维吉尔"。他的代表作有《昆虫记》《自然科学编年史》。

法布尔出生于法国南部圣莱昂村一户农家，他的童年是在乡间和花草虫鸟一起度过的。家里并不富裕，所以他中途退学，但从未停止学习，一直坚持自学，先后取得了数学学士学位、自然科学学士学位和自然科学博士学位。1849年，法布尔在科西嘉岛阿雅克修中学任职物理教师，在这里他遇见了影响他人生选择的两位学者，自此他开始潜心研究昆虫。1857年，他发表了处女作《节腹泥蜂习性观察记》，这篇论文修正了当时昆虫学家莱昂·杜福尔的观点，因此获得了法兰西研究院的赞誉，被授予实验生理学奖。1879年，《昆虫记》第一卷问世。

② 写作背景

法布尔自幼喜欢在乡间野外游玩，常常在兜里装满蜗牛、蘑菇或其他植物、虫类。法布尔15岁考入师范学校，毕业后谋得小学数学教师职位。他花了一个月的工资，买到一本昆虫学著作，立志做一个为虫子写历史的人。由于贫困，中途辍学的法布尔坚持自学，先后出版了《天空》《大地》《植物》以及《保尔大叔谈害虫》等系列作品。1875年，法布尔带领家人迁往乡间小镇，整理20余年资料写成《昆虫记》第一卷，并于1879年问世。1880年，法布尔买下一处民宅——荒石园。他和家人住在荒石园中，同时也在园中与昆虫们一起生活。经过数年的修建，一座百虫乐园建成了。他把研究成果写进一卷又一卷的《昆虫记》中。

③ 作品主题

《昆虫记》又称《昆虫物语》或《昆虫学札记》。它是一部概括昆虫的种类、特征、习性等的昆虫学巨著，全书充满了各种妙趣横生的昆虫故事，同时也是一个富含知识、趣味、美感和哲理的文学宝藏，还是一组科普性的说明文，其写作目的是向大众宣传科学知识。

在书中，作者以人性观照虫性，以虫性反映社会人生，用通俗易懂、生动有趣的散文笔调，深入浅出地介绍了他所观察和研究的昆虫的外部形态、生活习性，真实地记录了几种常见昆虫的本能、习性、劳动、死亡等，既表达了作者对生命和自然的热爱和尊重，又传播了科学知识，体现了作者观察细致入微、孜孜不倦的科学探索精神。

④ 主要形象

螳螂——挥舞着镰刀的斗士。它有纤细优雅的体态，翠绿的体色，轻薄如纱的长翼，可以自由转动的颈部。它的前足上长着极有杀伤力和攻击性的冲杀、防御性武器。它的大腿和小腿像有刀口的锯子，都具有攻击性。

萤火虫——小小发光体。它身着色彩斑斓的盔甲，有六只短足，有钩状的人颚。雄性成虫有鞘翅和后翅，尾部有光点，但是发光不明显；雌性成虫一直保持着幼虫的状态，但是成年雌萤的发光器的前两节几乎盖住了整个腹部，呈一条光带。

孔雀蛾——迷人的生灵。穿着栗色的天鹅绒外套，系着一个白色的皮毛领带。翅膀呈现出多彩的颜色。

黑步甲——凶残的猎人。身体漆黑发亮。胸廓形状像心脏。腰部紧缩。有一双尖利的大颚，张得很开。头很大。

经典篇目

《我与荒石园》

从小喜欢与自然亲近的"我"，终于找到一块宝地——荒石园。这里长着植物，如狗牙草、刺柊、矢车菊等。对于黄蜂和蜜蜂来说是天堂，它们每天忙忙碌碌，建设自己的家园。因为少了人的足迹，这些动物踏踏实实跑进园子，占领着各处空间。在屋外的树林里，住满了各种鸟雀。5月，池塘成了雨蛙和蟾蜍的乐池，它们在池塘里欢快地歌唱。这些老朋友新朋友都聚集在这里，还有各种"猎手""建筑工""泥瓦匠""矿工"等。荒石园是"我"钟情的宝地。

《蟋蟀的演奏和交配》

居住在草地里的蟋蟀，差不多和蝉一样有名气的。它们在有数的几种模范式的昆虫中，表现是相当不错的。它们之所以如此名声在外，主要是因为它们的住所，还有它们出色的歌唱才华。只占有这其中的一项，是不足以让它们成就如此大的名气的。蟋蟀让"我"感受到生命的活力，感受到无限的兴趣，它们的快乐、痛苦都让"我"无比热爱它们。

《天牛和它的幼虫》

通过"我"的实验了解到天牛有着强劲的大颚，可以在树干里挖掘通道，建筑房屋。天牛幼虫没有嗅觉、视觉、听觉，它们的感觉能力就只有味觉和触觉，并且十分迟钝。可拥有强劲大颚的天牛成虫，却不知如何正确使用这优良的工具来摆脱困境，以致在"我"的几次实验中连连毙命，大都惨死在洞穴与芦苇茎内。虽说它们的感觉能力差，但是它们的预见能力很奇特。

《蝉的动人歌唱》

蝉在很多寓言故事中都会出现，它们有嘹亮的歌声，但是它们是如何发声的呢？为了弄清楚这个问题，"我"找来了南欧熊蝉、山蝉、红蝉和矮蝉等几种蝉，通过做实验，最后"我"找到了每种蝉真正的发音器官，而且"我"还发现蝉其实听不到声音。那么，蝉到底是因为什么才会不停地高声歌唱呢？这个问题的真正原因，就留给大家用更先进的科学知识来解释了。

二、阅读与鉴赏

艺术特色

① 善于抓住昆虫的个性

《昆虫记》描写了众多的昆虫形象，它们皆有自己的个性特征，比如螳螂擅斗，蝉爱唱歌。蟋蟀、蝗虫等都是我们生活中常见却又不曾细心观察过的昆虫，而它们却在作者的昆虫世界里大放异彩。

② 语言艺术

《昆虫记》的语言艺术是任何一部科普性的说明文都无法超越的。其一，准确的语言显示科学性。法布尔一生都在探索自然界蕴含的科学真理，正因为热爱真理，所以他一贯主张准确记述观察到的事实，既不添加什么，也不忽略什么。其二，生动的语言显示文学性。《昆虫记》被认为是"科学与诗的完美结合"。法布尔用散文的形式记录昆虫的特征及生活习性，更采用拟人化手法，使昆虫具有人的爱憎情感和思想行为，让读者感到十分亲切。其三，睿智的语言显示思想性。在优胜劣汰的大自然中，昆虫们坚韧不拔地为个体和种族的生存而斗争，而法布尔也如昆虫一般，百折不挠地坚持自己的研究方法。《昆虫记》是一部优秀的科普著作，行文生动活泼，语调轻松诙谐，充满了盎然的情趣。

作品评价

《昆虫记》是严谨的科学著作，也是优美的文学作品。书中展示出一幅幅生动旖旎的昆虫生活风俗画，充满了孩子般对未知的渴求、对自然的热爱、对生命的敬畏，也充满了作者本人与自然融为一体的生命状态。

巴金曾说："《昆虫记》熔作者毕生的研究成果和人生感悟于一炉，以人性观察虫性，将昆虫世界化作供人类获取知识、趣味、美感和思想的美文。"鲁迅先生也说《昆虫记》"读起来也还是一部很有趣，也很有益的书"。

·阅读有方法·

名著是在时光的蚌壳中生成的珍珠，因岁月的积淀、文化的浸染而熠熠生辉。

那么，我们怎样阅读才能更好地把握名著，体会其熠熠光华呢？

著名学者胡适先生说读书要做到"四到"：眼到、口到、心到、手到。这对我们阅读名著有一定的启发。此外，现在中考对经典名著的考查不仅要求考生关注"作品内容""主要人物""作品思想意义和价值取向"，而且要求考生对作品"有自己独特的感受和体验"，通过阅读作品"获得对自然、社会、人生的有益启示"，这就更需要我们用"眼"读，用"口"读，用"心"读，用"笔"读。

具体来说，我们可尝试从以下几方面入手：

一 关注名著的序、跋和回目等 »

读名著前先阅读序和跋，这样能让我们在最短时间内了解全书的大概内容、时代背景、作者情况和写作意旨，从而快速有效地理解作品。文学作品往往结构复杂，线索繁多，根据其回目，我们可以提纲挈领地把握全书结构，提取内容要点。

如《西游记》的第一回是"灵根育孕源流出　心性修持大道生"，第二回是"悟彻菩提真妙理　断魔归本合元神"，第三回是"四海千山皆拱伏　九幽十类尽除名"，第四回是"官封弼马心何足　名注齐天意未宁"，第五回是……

每一个回目都是一个完整的故事，从孙悟空出世，写到孙悟空拜师；从

— 1 —

孙悟空大闹天宫，写到孙悟空被封为弼马温……了解了回目名称，也就读懂了故事的发展过程。

二　跳读和精读相结合 »

根据阅读目的的不同，我们采用的阅读方法也会有所不同。

如果想要快速阅读文章以了解其大意，我们可以采用跳读的方法。跳读要求读者有选择地进行阅读，可跳过某些细节，或者对与阅读目的关系不太紧密的内容或某些不太精彩的章节只进行浏览，以求抓住文章的梗概，从而提高阅读速度。

比如古典名著往往回目众多，篇幅很长，其中一些描写人物外貌、打斗场面或环境气氛的语句，多多少少都有一些夸饰渲染的痕迹，我们如果只想了解大致情节，就可以采用跳读的方法，对这些一带而过。

如我们想要了解足本《西游记》第六回"观音赴会问原因　小圣施威降大圣"的大致情节，就可以对相关段落中孙悟空变化的鱼儿、二郎神变化的飞禽等繁复的外形描写进行浏览，一带而过。

而当我们需要对重要的语句和章节所表达的思想内容、塑造的人物形象做到透彻理解、精准把握时，我们可以采用精读的方法，深入细致地研读，逐字逐句地理解、分析与感悟。精读时，我们要注重情感体验和创造性地理解，对名著中的重要情节、精彩片段、话外之音细细品读，品味其构思的奇巧，揣摩其布局的精妙，欣赏其语言的优美，等等，进而获取情感体验，接受艺术熏陶。

如曹雪芹《红楼梦》中《手足眈眈小动唇舌　不肖种种大承笞挞》一回里有这样一段描写：

那宝玉听见贾政吩咐他不许动，早知多凶少吉，那里承望贾环又添了许多的话。正在厅上干转，怎得个人来往里头去捎信儿，偏生没个人，连著烟也不知在那里。正盼望时，只见一个老姆姆出来。宝玉如得了珍宝，便赶上来拉他，说道："快进去告诉，老爷要打我呢！快去，快去！要紧，要紧！"宝玉一则急了，说话不明白；二则老婆子偏生又聋，竟不曾听见是什么话，把"要紧"二字只听作"跳井"二字，便笑道："跳井让他跳去，二爷怕什么？"宝玉见是个聋子，便着急道："你出去叫我的小厮来罢。"那婆子道："有什么不了的事？老早的完了。太太又赏了衣服，又赏了银子，怎么不了事的！"

这段话开始用一个动词"干转"把宝玉着急的样子刻画得淋漓尽致，我们读到这里仿佛可以感同身受，可以体会到宝玉当时着急的心情。宝玉急切地盼望着能有个人去替自己通风报信，却恰巧眼前没人。这时恰巧遇见一个老婆婆，文中写到"宝玉如得了珍宝"。这里把老婆婆比喻成珍宝，形象贴切地写出了她对宝玉的重要性，可以说她是贾宝玉唯一的救命稻草，却偏偏这个老婆婆听力有问题。于是接下来他们之间有了一段牛头不对马嘴的让人忍俊不禁的对话，在欢笑之余，我们可以体会到宝玉当时是多么无奈和绝望哇！

三 不动笔墨不读书 »

这是历代学者总结出来的读书经验，因此我们要养成做读书笔记的好习惯。做笔记有许多益处：助记忆、储资料、促思考、提效率。

(1) 圈点勾画写批注

小到字词，大到重点、难点，再到简短的阅读感悟，都可在书上画线或做上各种符号圈点；稍纵即逝的零思碎想，亦可在书的"天头""地脚"或其他空白处做眉批、脚注或旁批，以备参考。

如《水浒传》中"浔阳楼宋江题反诗"一节中写道：

（宋江）乘其酒兴，磨得墨浓，蘸得笔饱，去那白粉壁上，挥毫便写道：

自幼曾攻经史，长成亦有权谋。恰如猛虎卧荒丘，潜伏爪牙忍受。不幸刺文双颊，那堪配在江州。他年若得报冤仇，血染浔阳江口。

宋江写罢，自看了大喜大笑；一面又饮了数杯酒，不觉欢喜，自狂荡起来，手舞足蹈，又拿起笔来，去那《西江月》后，再写下四句诗，道是：

心在山东身在吴，飘蓬江海谩嗟吁。他时若遂凌云志，敢笑黄巢不丈夫！宋江写罢诗，又去后面大书五字道："郓城宋江作。"

一位同学读及此处，便在文字旁边的空白处批注道：

触景生情，言为心声。宋江写在白粉壁上的诗虽然直白粗俗，却是心声的反映。"有感而发"想来是至理名言。

如此批注，可见这位同学是将自己"放入"了作品中，是读者与作品中的人物同呼吸、共命运的体现。同时，将自己的阅读感受真实地表述出来，有助于深入地理解作品。

（2）日积月累做摘抄

名著中总有一些精彩的语言，让我们回味无穷。

如《水浒传》中写武松：

身躯凛凛，相貌堂堂。一双眼光射寒星，两弯眉浑如刷漆。胸脯横阔，有万夫难敌之威风；语话轩昂，吐千丈凌云之志气。心雄胆大，似撼天狮子下云端；骨健筋强，如摇地貔貅临座上。如同天上降魔主，真是人间太岁神。

这段话运用了比喻、对偶、夸张等修辞手法，将武松的外貌描写得生动形象，使读者如见其人、如观其形。有同学在阅读时，将"身躯凛凛，相貌堂堂。一双眼光射寒星，两弯眉浑如刷漆"摘抄下来，不仅丰富了自己的词汇量，而且在写作时也可以学以致用。

我们在读到这些好的句子或精彩的情节时，也可以将其抄录到摘抄本上，这样随着阅读量的增加，积累的精彩句段也就会越来越多，对我们的阅读和写作都非常有帮助。

（3）化繁为简巧概括

在阅读名著的过程中，我们可以尝试概括出所读名著的框架或故事梗概，或者写出某一章节的提要和基本内容，这样有助于培养我们的概括能力和表达能力。

如长篇小说《西游记》，如此洋洋洒洒的大部头书籍，学生读起来难免会有些吃力，可以通过写出故事梗概的方法进行阅读。

《西游记》前七回的写孙悟空"大闹天宫"故事开，把孙悟空的形象提到全书首要的地位。第八至十二回写如来说法，观音访僧，魏征斩龙，唐僧出世等故事，交待取经的缘起。从十四回到全书结束，写孙悟空被迫皈依佛教，保护唐僧取经，在八戒、沙僧协助下，一路斩妖除魔，经历九九八十一难，最后到达西天，取得真经，修成正果。

由以上故事梗概很容易就可以看出唐僧师徒四人西天取经的故事发展脉络，进而可以了解到西游记的主要内容。依托故事梗概来读名著，可以让学生对名著有一个整体上的把握，这样既可以保持对名著阅读的兴趣，又有利于理解全书的主旨，可以达到事半功倍的效果。

（4）评析归纳写心得

写心得时我们不必拘泥于某一固定形式，或有感而发补充论证，或评论得失指摘错误，或自悟自得抒写情感，可随时将阅读中产生的想法、获得的感悟写作成文。

如读完《红楼梦》后，有同学写了一篇感悟，片段如下：

读完香菱学诗的故事，我非常感动，她虽然身世凄惨，却依然有一颗好学上进的心。渴望知识是人的天性，然而，光有求知欲是不够的，还要有实际行动。香菱给我们做了一个很好的榜样，她废寝忘食、勤学苦练，甚至可以说是近乎痴狂地学诗。香菱学诗的故事让我懂得：只要我们全身心地投入到学习中去，就会有意想不到的收获。香菱对诗的痴迷，对学习的渴望和执着的精神，难道不值得我们学习吗？

　　这位同学写的这段感悟，显然是有感而发，不但抓住了香菱精神的实质，而且还能结合自己的学习和生活进行思考，可见阅读名著不仅可以让我们掌握知识，还可以获取生活、学习的经验。

　　以上是我们大致讲的一些阅读名著的方法。其实阅读方法还有很多，但是篇幅有限，不能穷尽，而且每个人的阅读水平、阅读目的不同，所采用的方法也会不同，这还需要同学们在阅读中逐渐摸索，不断钻研，从而更有效率地阅读名著，体会文学的魅力，提升自己的内涵和修养！

目　录

第十一卷

第一卷

第一章 我与荒石园

　　只为活命，吃苦是否值得？我常常思忖这样的问题。我向来想为自己在荒郊野外准备一间实验室，然而这并不是一件简单的事情，何况我每天还要为填饱肚子而费心。凭着我不屈不挠四十年如一日与贫苦打交道的勇气，我终于等到了有实验室的这一天。过程无须再提，梦寐以求的实验室终于到手了！为此，我也可以拥有更多的闲暇了。想想从前，我真像一个腿上拖着镣铐的犯人。梦想实现并不论早晚。虽然除了那些已经失去的东西，我无悔于这二十年的时光，但同样不再怀有期待——种种世态炎凉令我心灰意冷。虽然当初那广阔无垠的视野如今已经缩小低垂，并且日益变得狭窄，但我也不用再担心桃子成熟的时候牙齿已经不在。可爱的虫子们哪！

　　这里是我的梦想之地，我最钟情的地方。那样一块地，哦，一块并不太大的土地，却如世外桃源一般，有围墙将公路上的诸多麻烦隔开；一块经受雨打风吹的不毛之地，然而却是矢车菊和膜翅目昆虫的好去处。没有过往行人的打扰，我可以专心致志地与泥蜂对话。当然这种对话是通过实验，既不用消耗时间出远门，又不用伤神到处奔走，只要按照我的计划，设计圈套，然后耐心观察结果就可以了。我的世外桃源，是的，那里有我的愿望和梦想！

　　放眼望去，四周都是废墟，只有中间矗立着一堵以石灰和泥沙作为基础的断墙——它就是我对科学真理热爱的写照。有人说，我的语言不严谨，说白了，就是没有学院的干巴气。他们总觉得，读起来不费劲的作品就没有表达真理，那么只有佶屈聱牙的文章才算思想深刻喽。不管你们这些带螫针和盔甲上长鞘翅的小伙伴有多少，都来为我辩护吧。我跟你们是多么亲密，我观察你们是多么耐心，我记录你们的行为又是多么仔细。你们一定会异口同声地做证说："是的！"我的作品没有空洞的公式和不懂装懂的白话，只是准确地记录我所看到的，一分不多，一分不少。让那些不懂的人去问你们吧，你们一定会这样说的。我亲爱的虫子们，如果这些对你们不够生动的描述无法说服自谓"正直"的人，我将告诉他们："当你们剖开虫子的肚子时，我却在它们活蹦乱跳的时候研究它们；当你们把虫子变成恐怖或可怜的东西时，我让人们爱它们；当你们在实验室里将虫子切碎时，我与蓝天一起听着蝉鸣观察它们；当你们把细胞放进化学反应堆时，我在研究生命的本质；当你们关注死时，我关注生。"再进一步说明吧：博物学对青年来说原本是好专业，却由于科技的发达，已如此令人生倦。与其说我是为了对生命感兴趣的学者、哲学家们来写这本书，不如说我是为了年轻人。我多想让他们热爱这门已经变得恶心的博物学。这就是我坚持实事求是，又不采用学术写法——好像休伦人（讲易洛魁语的北美洲印第安人）的土话似的——的原因。

哦，我灵巧的膜翅目昆虫啊，我能否用这份热爱来书写你们的故事呢？我的体力还可以支撑吧？为什么我这么久都对你们不闻不问呢？有的朋友已经在斥责我了。啊，告诉他们吧，告诉我们共同的朋友，并非我健忘、懒怠才把你们搁置一旁。我想念你们，一如我相信节腹泥蜂的巢里还有尚待探寻的秘密，飞蝗泥蜂的捕猎里也有令人惊奇的故事。我缺少的只是时间，还有旁人的支持，以便我能继续跟不幸的命运做斗争。先要活下去，才能够高谈阔论。这样告诉他们吧，他们一定能谅解的。

现在我要做的不是这些，而是要说说我的圣地——它将被我改造成活昆虫实验场。我是在一个荒僻的小山村里找到它的。当地人叫它"荒石园"，就是一块除了百里香和石头之外什么都没有的荒地。这种贫瘠的土地甚至不能通过勤于耕种来改良。不过我的这块圣地里有零星的红色土壤，所以长些植物，据说从前这里种过葡萄。当我为了种树而挖掘土地时，我的确会挖出些根茎，部分时间久远的都已经变成炭了。我唯一能使用的工具是三齿叉。过去的葡萄都没有了真是很遗憾，剩下的百里香、薰衣草、灌栎——它们连成的小荆棘丛，人们一抬小腿就跨过去了——也都荡然无存。而这些植物对我来说是有用的，它们可以为膜翅目昆虫提供食料。不得已，我只能再把它们种回去。

在这片长期荒芜的土地里，长满了无须我照料的植物。排名第一的是狗牙草——一种可恶的禾本科植物，我与之做了三年斗争都没能将它们清理干净；其次是矢车菊，用刺或星形的戟把自己武装起来的它们看起来倔强极了，有两至生矢车菊、丘陵矢车菊、蒺藜（jí lí）矢车菊、苦涩矢车昆虫属无脊椎动物中的节肢动物门，是地球上数量最大而种类又最多的动物，陆地上、大气中、水中，几乎每一个地方都有它们的踪迹。至今，被记录的昆虫有九十二万多种，可能尚有更多的昆虫还有待于被鉴别。

昆虫的身体很特别，它们有六条带关节的腿和一副很硬的外骨骼，整个躯干可以分成三个部分：头部、胸部和腹部。头部长有一对触须和一对大大的复眼，还有一张适用于特殊食物的嘴巴；胸部长有腿和翅膀；腹部有肠和生殖器官。

菊，其中尤以第一种为多。在各种矢车菊的身影中，夹杂着凶神恶煞的西班牙刺柊，像蜡烛台似的，枝丫上绽放着火焰一样的红色花朵，刺茎像钉子那么硬。伊利大翅蓟比刺柊要高，那又直又高的茎有一两米高，头上顶着一个玫瑰色的大绒球。还有一名不能忘记的成员就是刺茎菊科植物。这个家族里恶蓟是老大，浑身是刺的它让采集植物的人不知道从哪里下手；第二种是阔叶披针蓟，它的叶脉边缘像矛头一样；最后是像带刺的玫瑰花结的染黑蓟。在这些蓟类的空隙中，长着荆棘的新枝丫，上面有浅蓝色的果实，拉成绳子状铺在地上。若想观察膜翅目昆虫在荆棘中采蜜，就得穿半高的靴子，不然腿上就会被扎出血来。在开满有着黄色头状花序的两至生矢车菊的地上，刺柊和大翅蓟总是借着土里残留的春雨拼命地生长。更不用说生命力顽强的荆棘了，它早就展示出妩媚的姿态了。但等到干旱的夏天，只要擦根火柴，这块地上的枯枝败叶就会燃烧起来。

这就是我的伊甸园——我跟小虫子们亲密相处的地方。我可是经过了四十年的奋斗才得到它。它无愧于"伊甸园"这个称呼。虽说没有一个人愿意撒把萝卜籽给它，但它却为膜翅目昆虫提供了天堂。波尔多的佩雷教授是我发现新昆虫后的第一分享者，他对我的捕虫方法十分好奇——我总是能给他很多稀罕甚至是新品种的虫子。我不爱捉虫，也不太精通。比起被钉死在盒子里的昆虫，我更喜欢在长着茂密的蓟和矢车菊的草地上工作的虫。

地里的蓟和矢车菊对膜翅目昆虫来说是极大的诱惑。根据我以往的经验，我从没在别的地方见过如此多的昆虫。从事各种职业的昆虫都来这里聚会，猎手、建筑师、纺织工、组装师、泥瓦匠、木匠、矿工，多得我都数不清了。这是什么呢？是黄斑蜂，它在矢车菊网般的茎上刮来刮去，最后堆出一个棉花球，并得意扬扬地把它带到地上，用来做装蜜和卵的棉毡袋。那奋不顾身争夺战利品的是谁？是肚子上有黑色、白色或火红色的花粉刷的切叶蜂，它的目的地是附近的灌木丛，在那里它将剪下椭圆形的叶子，组装成能盛放收获品的容器。穿着黑色绒衣的是谁呢？原来是在加工水泥和卵石的石蜂。要在石头上找到它们建筑的房子可不是一件难事。飞来飞去、嗡鸣声大作的是谁呢？是定居在旧墙和附近向阳斜坡上的砂泥蜂。壁蜂在干吗呢？一只在空蜗牛的壳里工作，另一只为了给幼虫做圆柱形的房子而啃着干掉的荆棘，第三只想用断掉的芦竹做天然通道，第四只则闲在石蜂留下的空巢里无所事事。大头泥蜂和长须蜂高高翘起属于雄蜂的触角，毛足蜂在自己采蜜的后足上插了支大毛笔，土蜂的种类繁多，隧蜂的腰细如杨柳……种类太多了，如果把菊科植物中的客人都介绍一遍，那就等于把采蜜族的蜂类都数了一遍。

　　冤家路窄，采蜜家族和捕猎者们偏偏住在一起。荒石园中，泥瓦匠为了砌围墙而运来的沙子和石头成了石蜂过夜的好去处。单眼蜥蜴凭借着粗壮的身体总在近处捕猎，无论人或狗都会成为它的猎物；为了守候过路的蜘蛛，它总有自己的洞穴。鹡鸰（jí líng）白身体、黑翅膀，仿佛穿了多明我会（又译为多米尼克派，天主教托钵修会的主要派别之一）的服装，它栖息在高高的石头上，哼着乡间小调。它那有天蓝色蛋的窝应当在某个石头堆里。后来这个讨人喜欢的邻居消失了。比起这位小多明我会修士，我倒是一点也不怀念单眼蜥蜴。

　　有些昆虫也会在沙子里筑巢。泥蜂清扫门洞，它身后的尘土像抛物线一般；朗格多克（地名，位于法国南部地中海沿岸，有全世界面积最大的葡萄种植园）的飞蝗泥蜂把距螽（zhōng）拖走；大唇泥蜂将捕到的叶蝉放入地窖。可惜的是，泥瓦匠又把这些猎手都赶走了。我想，等我哪天搞一个沙堆出来，它们就会再回来的。

　　还是有些虫子没有走的，砂泥蜂没有离开，春天、秋天我都见过它们在荒石园的小路边的草地上飞来飞去，寻找自己的猎物。体形大些的蛛蜂则寻觅着狼蛛。荒石园里到处都是狼蛛的巢穴——一个竖井似的坑，边上有禾本科植物的茎作为护栏。坑底就是有着令人胆战心惊的、像金刚钻一样闪闪发亮的眼睛的狼蛛。即使对于蛛蜂，这样的捕猎也是危险的。现在快看，一个炎热的下午，蚂蚁排队从窝里爬出来寻找奴隶。忙里偷闲，让我们看看蚂蚁是如何围猎的。另一边呢，一堆腐烂的草周围，土蜂没精打采地飞着，然后又一头扎进满是鳃角金龟、蛀犀金龟和花金龟的幼虫的草丛里。

可以研究的对象实在太多了，数都数不完，闲置的园子总会被各种各样的动物占据。房前有一个大池塘，水来自于给村庄的喷泉供水的渡槽，方圆一千米范围内的两栖类动物总是在交配季节赶到那里。有盘子大的灯芯草蟾蜍来池塘洗澡约会，背上还披着窄黄的绶带。暮色深沉，雌蟾蜍放心地把一串李子核般大的卵交给助产士雄蟾蜍。慈祥的父亲带着这袋小生命在池塘边跳跃。它来自远方，只为把卵放入水中，然后再离开池塘，躲起来呱呱歌唱。成群的雨蛙躲在树丛中，如果它们不想叫，就去水中嬉戏。五月的夜幕使这水塘变成了吵闹的舞台，让人在桌前吃不下饭，在床上睡不着觉，必须用些严格的手段来整顿一下。不然怎么办呢？无法入眠的人心肠会变狠毒。

丁香丛里的是莺；定居在茂密的柏树下的是翠雀；瓦片下的碎布和稻草都是麻雀藏进去的；梧桐树上美妙歌声的主人是南方金丝雀，它的窝只有半个杏子那么大；晚上唱着单调如笛声的歌曲的是红角鸮（xiāo）；刺耳的咕咕声只能是雅典之鸟——猫头鹰发出的。

更无法无天的是膜翅目昆虫，它们占领了我的地盘。白边飞蝗泥蜂把家安在我家门槛的缝隙里，每次跨进家门之前，我都得小心留意别踩坏它们的窝，别踩坏专心致志干活的工蜂们。整整二十五年，我都没见过这捕食蝗虫的猎手了。第一次见它们的时候，我徒步几千米去拜访，而且头顶上是八月火辣辣的太阳。而如今我在自己家门口看见它们了，我们成了亲密的邻居。关闭的窗框是长腹蜂的小宅，它贴在墙壁的方石上的窝是土砌的，这种可以捕食蜘蛛的小虫从护窗板上偶然出现的小洞里找到了回家的路。百叶窗的线脚上有一个石蜂筑起的窝。黑胡蜂将有着大口短细颈的小土圆顶屋筑在了半开的屏风下。黄蜂更是家中的常客，它们总在饭桌上尝尝葡萄有没有熟透。

这里动物的种类远远不止这些。假如我能跟它们交谈，就能给我孤寂的生命添加一份乐趣。无论是旧识还是新友，它们都挤在我眼前的这一方小天地捕食、采蜜、筑巢。如果想要改变观察地点，几步开外的山上就有野草莓丛、岩蔷薇丛、欧石楠树丛，黄蜂和蜜蜂都喜欢聚集在那里。我之所以逃离城市回归乡村，正是因为这些宝贵的财富。

人们在大洋洲和地中海边花许多钱建立实验室，为的是解剖那些没什么益处的海洋小生物；人们使用显微镜、精密的解剖仪、捕猎设备、船、人力、鱼缸，只为知道某种环节动物的卵如何分裂。我始终不明白这有什么意义。可是，人们看不起地上的小虫子——跟我们息息相关的小虫子们：有的为普通生理学提供了大量的有效资料，有些破坏庄稼、损害公众利益。我们需要一个昆虫实验

室，研究的不是那种泡在三六烧酒里的死昆虫，而是活着的昆虫，研究这些小虫子的本能、习性、生活方式、劳动和繁衍。无论农学或哲学都需要严肃对待它们。彻底了解蚕食葡萄的虫子的历史，比了解一种蔓足亚纲动物的一根神经末梢是什么样子的更重要。通过实验来区分智慧和本能的界限，通过比较动物系列的事实来证明人的理性思维是不是会退化。所有的一切都比甲壳动物触角的节数更重要。要解决这些问题，需要一支劳动大军，然而现在我们仍然一无所有。人们能想到的只有软体动物、低等的无脊椎动物。人们投入大量的拖网来探索海底，却对脚下的土地漠然。为了改变人们的观念，我开辟了荒石园作为活体昆虫的研究室。这个实验室不会难为纳税人，一分钱都不用他们掏。

第二章 │ 童年的回忆

　　我的童年时代无忧无虑，几乎和昆虫形影不离。那时的我几乎和鸟类一样，心中充满着对鸟巢、鸟蛋和张着黄色鸟喙的雏鸟的渴望。我喜欢把山楂树当作床，把鳃角金龟和花金龟放在一个扎了孔的纸盒里，然后放在那张床上喂养。我很早就被蘑菇那绚丽多彩的颜色迷住了。当那个稚嫩的小男孩第一次穿上吊带裤，被那些不易读懂的书籍吸引时，我觉得自己好像第一次发现鸟窝和第一次采到蘑菇时那样激动。人到了晚年，就总是喜欢回忆过去，现在就让我来说说这些重大的事情吧。

　　中午时分，一窝小鹑正在太阳底下安静地休息，被一位路过的行人惊吓后，急忙四下逃散。这些小鸟像漂亮的小绒球似的，争先恐后地逃离，转眼间消失在荆棘丛中；等四周恢复平静之后，伴随着第一声呼唤，小鸟们又都跑回来争相躲在妈妈的翅膀下。这幅情景唤醒了我那沉睡的童年记忆。我的好奇心开始从那朦朦胧胧的无意识中摆脱出来。在久远的回忆之中，我重新回到了那段美好的岁月，那是多么幸福的时光啊！往事就像一群雏鸟，在生活的荆棘中行走时被粘掉了羽毛。有些从灌木中逃出来时头被撞得疼痛不堪，晃晃悠悠的，连路都走不稳；有些消失不见了，也许已经闷死在荆棘丛的某个角落里；还有些精神依然不错。然而，在记忆里最富有生命活力的依旧是那些最早发生的事。在儿时记忆的软蜡膜上，这些事情所留下的印迹，已经变得如青铜般坚固，不可磨灭。

　　我那天的运气可真不赖，有一个苹果做点心，还可以自由地活动。我打算到附近那座被我当作是世界边缘的小山顶上去看看。那儿有一排树，它们背风站立，就像要被连根拔起飞走似的。它们不停地摇摆着，弯腰鞠躬。柔软的脊背引起了我极大的兴趣，今天它们安静地屹立在蓝天下，明天当云飘过时就会摇摆起来。我欣赏它们的淡定，也为它们惊恐不安的样子而难过。它们是我的朋友，我常常能够见到它们。透过我家的小窗户，我不知多少次看到它们在暴风雨中频频低头摇摆，看见北风从山坡上刮过，卷起滚滚雪暴，这些树在被撼动的大地上绝望地摇摆。这些饱受摧残的树在山顶上做什么呢？清晨，太阳从淡淡的天幕后升起，散发出耀眼的光芒。太阳来自哪里？登上高处，我也许就能够找到答案。

我往山坡上爬去。脚下的草地已经被羊群啃得稀稀落落。幸亏没有荆棘，要不然，说不定我的衣服会被划得破破烂烂，回家后还得为此被家人责问。这儿也没有大岩石，只有一些稀稀疏疏的、扁平的大石头，要不然，攀登时还可能出危险。道路很平坦，我只管一直向前走就是了。但是这里的草地像屋顶那样，有坡度，我得不时地往上看。而且斜坡长得很，但我的腿却很短。我的那些朋友，也就是山顶上的树木，看着也并没有变得近一些。

小伙子，勇敢点，努力往上爬！呀，刚刚是什么东西从我脚边经过？原来是一只漂亮的鸟刚刚从藏身的大石板下飞出来。石板下有个鸟窝，是用髦（máo，马颈上的毛，即马鬃）和细草编或织的。这是我发现的第一个鸟窝，真是太走运了！鸟窝里共有六个蛋，它们挨在一块儿，很好看。蛋壳就像在天蓝色的颜料中浸过似的，蓝得那么好看。这是鸟类带给我的第一次欢乐，我被幸福的感觉包围了，干脆趴在草地上观察起来。

但就在此时，雌鸟一边慌乱地从一块石头飞到附近的另一块石头上，一边嗓子里还发出咯咯的声音。那个年龄的我还不知道什么是同情，我甚至对母亲的担忧、挂念也无法理解，真是个十足的大笨蛋。当时我的脑子里正计划着想要抓这些小动物。我想在两周之后再回到这里，在这些鸟长大飞走之前掏鸟窝。不过现在嘛，先拿走一个鸟蛋，就一个，用来证明我这个伟大的发现。

我害怕会把那个脆弱的蛋打破，

便用一些苔藓垫着把它放在手心里。童年时没有体验过那种第一次找到鸟窝时欣喜若狂的心情的人们，你们想指责的话就指责吧。我干脆不再向上爬了，下次再去山上看在太阳升起的地方的那些树木吧。我走下山坡，小心翼翼地握着鸟蛋，以免一脚踩空把它捏烂。在山脚下，我碰上了神父，他边散步边看《日课经》（在罗马天主教会中，神职人员使用的祷告用书或祈祷书）。他注意到了我走路时那紧张严肃的模样，像是一个搬运圣物者似的。很快，他就发现了我的手里藏着什么东西。

他问道："孩子，你手里是什么东西？"

我有点忐忑不安地伸开手掌，那枚躺在苔藓上的蓝色的蛋就露了出来。

"啊！这是'岩生'，你是从哪儿弄来的？"神父说道。

"山上，从一块石头的底下。"

我招架不住他的一再追问，很快就把自己的小过失全盘招认了："我并不是特意去掏鸟窝的，而是偶然地发现了一个鸟窝，那里面共有六个蛋，我就拿了一个，就是这个。我想等其他的蛋孵化，等到小鸟的翅膀上长出粗羽毛管时，再去捉它们。"

神父说："你不能这样做，我的孩子。你不该从母亲那里抢走它的孩子，这个家庭是无辜的，你应该尊重它，让上帝的鸟长大，然后从鸟窝里飞出来。它们帮助我们清除庄稼地里的害虫，是庄稼的朋友。要是你想做个好孩子，就不要再去动那个鸟窝了！"

我答应了，神父继续散他的步去了，我也回到了家里。那时，我孩童时期近乎空白的大脑中播下了一颗优良的种子。刚才神父那一番威严的话语让我明白，破坏鸟窝是一种糟糕的行为。虽然我还不知道鸟是怎样帮助我们消灭破坏收成的害虫的，但是在我的心灵深处，我已经感到让母亲伤心是不对的。神父看到我所找来的这个东西时说了"岩生"这个词。瞧！我心想，动物也和我们人类一样有名字。"岩生"是什么意思？是谁给它们起的名字？在草地上和树林里，我所知道的其他一些东西又叫什么呢？

若干年之后，我才知道拉丁语"岩生"是生活在岩石中的意思。当年，当我正全神贯注地盯着那窝鸟蛋时，那只鸟确实是从一块岩石飞向另一块岩石的。那个以突出的大石板为屋顶的巢就是它的家。从一本书中我进一步了解到，这种鸟也叫土坷垃鸟，它喜欢多石的山冈，在耕种季节里，从一块泥土飞到另一块泥土上，找寻犁沟里挖出的虫子。后来我又知道普罗旺斯语里它叫作白尾鸟。这个生动形象的名称让听到的人很快就联想到，它在休耕田上突然起飞做特技飞行表演时，那展开的尾巴就像是白蝴蝶。神父脱口而出的那个词，向我打开了一个世界，一个草木和动物拥有自己真实名称的世界。有一天，我将用它们的真实姓名，与田野这个舞台上数以千计的演员和小路边成千上万朵小花打招呼。还是将来再去整理卷帙浩繁的词汇吧，今天我只是先回忆一下"岩生"这个词。

我们村子西面的山坡上，鼓突的矮墙围起层层梯田，墙面上布满了密密麻麻的地衣和苔藓。那里有层层分布的果园。李子和苹果成熟了，看着就像是一条鲜果瀑布。在斜坡上流过一条小溪，无论站在哪个地方都能一步跨到对岸。在水面开阔的地方，有一些半面露出水面的平坦石头，让人们踩着过溪。最深的地方也不会没过膝盖，因此孩子不见了时，母亲们也不用担心孩子是否跌落到了深水涡流中。可爱的溪水，如此地清澈、宁静，而又安详。后来我见过一些波澜壮阔的河流，也见过浩瀚无垠的大海，但在我的记忆中，没有什么能与那涓涓细流相媲美。它给我留下的印象是一章神圣诗篇，因此它才能在我的心目中有这样的地位。但是一位磨坊主竟然想打这条穿过牧场的欢快溪流的主意。

他在半山坡上依着坡的斜度开出一条沟渠，让水分流，然后引进一个蓄水池里，为磨盘提供动力。这个水池被围墙围了起来，围墙脏兮兮的，墙脚长着蓢（shuò）草。它所处的地方在一条小路边，那儿人来人往。一天，我骑在一位伙伴的肩膀上，从高处向里张望。我眼前是深不可测的死水，上面漂浮着黏黏糊糊的绿色种缨，滑腻腻的绿毯中间露出一些空洞，空洞里懒洋洋地游动着一种黑黄色的蜥蜴，那时我觉得它像眼镜蛇和龙的儿子，就是我们半夜三更无法入眠时大人们讲的恐怖故事里的那种怪物，现在其实应该把它称为蝾螈。我的天哪，我可看够了，还是赶紧下去吧。

再往下走一段，水汇成溪流，两边的赤杨和白蜡树弯下腰，枝叶相互交错，形成了绿荫穹隆；粗根盘错，构成了门厅。门厅往里就是幽暗的长廊，那里是水生动物的藏身所。在这个隐蔽场所的门口。光线透过树叶的缝隙洒落下来，形成了椭圆形的光点，不停地晃来晃去。我悄无声息地往前移动，趴在地上观察。在洞里住着红脖子鲢鱼，那些下巴鲜红的小鱼真漂亮！它们的腮帮子一鼓一瘪的，没完没了地漱口，大家成群结队，齐头并进地逆流而上。它们要是想在流动的水里保持不动，就轻轻地抖动尾巴。一片树叶落入了水中，唰，那群鱼顿时消失得无影无踪了。小溪的另一边是一片山毛榉小树林，树干像柱子似的，光滑笔直。小嘴乌鸦在它们茂盛的树冠间呱呱地叫着，从翅膀上啄下一些被新羽毛替换下来的旧羽毛。地上铺着一层苔藓，我在这柔软湿润的地毯上还没走几步，就发现了一个尚未开放的蘑菇，它看着就像是随处下蛋的母鸡丢下的一个蛋。这是我采到的第一个蘑菇，一种好奇心唤起了我观察的欲望，我把它拿在手里，好奇地打量着它的构造，反反复复地看。

没过多久，我又陆陆续续地找到了其他的蘑菇。这些蘑菇形状各异，大小不一，颜色纷呈，有的像铃铛，有的像灯罩，有的像平底杯，有的长长的像纺锤，有的凹陷则像漏斗，还有的圆圆的像半个球。这让我这个刚刚入门的人眼界大开。我看到一些蘑菇瞬间就变成了蓝色，还看到一些烂掉的大蘑菇上爬着虫子。还有一种蘑菇像梨子，这是我见到的最奇怪的蘑菇。它干干的，顶上有个像烟囱一样的圆孔。当我用指尖弹它的肚子时，就会有一缕烟从烟囱里冒出，等里面的烟散发完了，就只剩下一团像火绒一样的东西。我在兜里装了一些，这样有空时就可以拿来冒烟玩。

我在这片欢快的小树林中获得了无穷的乐趣，自从第一次发现蘑菇后，我又多次光顾这里。就是在这里，在小嘴乌鸦的陪伴下，我懂得了关于蘑菇的基本知识。渐渐地，我采了好多蘑菇。但我的收获物没有得到家人的欢迎，那种被称为"布道雷尔"的蘑菇，在我家人那里名声很臭，说是吃了它会中毒，母亲将它从餐桌上清除了。为什么外表那么可爱的"布道雷尔"竟会那么危险呢？我不明白。但是，最终我还是相信了父母的经验，所以，虽然我莽撞地和这种毒物打过交道，但一直都没出什么事。

我继续到山毛榉树林那儿去。我得找出规律，这样才能更容易地记住那些蘑菇，这就促使我发明了一种分类法。最后我把自己发现的蘑菇归成三类：第一类最多，这类蘑菇的底部带有环状叶片；第二类的底面衬着一层厚垫，上面有许多不容易发现的洞眼；第三类有着像猫舌头上的乳突那样的小尖头。很久以后，我得到了一些小册子，我从那上面得知我归纳的三种类型早就有人知道了，而且还有拉丁文名称。但我并没有因此而失去兴致。拉丁文名称为我提供了最初的法文和拉丁文互译练习，这使蘑菇变得高贵起来；这种教区神父颂弥撒时所用的语言，也给蘑菇笼罩上了一层光辉，使它在我心目中的形象高大起来。看来它真的很重要，才配得上有拉丁文名称。这些书上还写着，那种曾经以冒烟的烟囱引发我好奇心的蘑菇，名叫狼屁。这个名称听着挺粗俗的，使我不太满意。旁边还写着一个体面一些的拉丁文名称——丽高释东，但这也不过是一种表面现象，因为有一天我根据拉丁语词根才弄明白，原来"丽高释东"正是狼屁的意思。《植物志》里总是保存着大量并不总是适宜翻译的名称。从古代遗留下来的东西没有我们今天的那么严谨，而植物学更是往往不顾及文明道德，保留了粗俗直接的表达方式。

那段美好的童年时代，对有关蘑菇的知识充满特别的好奇心的岁月，现在已经离我多么遥远了呀！贺拉斯曾感叹，时光飞逝呀！确实，岁月在飞快地流逝，尤其是当它快到尽头时。它曾经是快活的溪流，悠然地穿过柳林，顺着几乎察觉不到的坡面流淌着，而今却成了裹挟着无数残骸、奔向深渊的急流骇浪。光阴稍纵即逝，还是好好珍惜利用吧。当夜暮降临时，樵夫急急忙忙地捆好最后几捆柴火。同样，已经垂垂老矣的我，作为知识森林中一名普通的樵夫，也想着要把粗柴捆整理好。在对昆虫的本能所做的研究中，我还有哪些工作要做呢？看起来没有什么大事，最多也不过剩下几个已经打开的窗口。窗口所指的那个世界值得我们给予充分的重视，它正等待着我们的开发。

我自童年起就青睐有加的蘑菇，它们的命运将更为糟糕。我至今依然和它们保持着联系，从来没有中断过。在晴朗的秋日下午，我步履蹒跚地拖着沉重的步伐去看望它们。那些从红色的欧石楠地毯上冒

➕ 蘑 菇

出来的大脑袋牛肝菌、柱形伞菌和一簇簇红色的珊瑚菌，我总是怎么看也看不够。塞里昂是我的最后一站，那里的蘑菇争奇斗艳，令我应接不暇。周围长着茂盛的圣栎、野草莓树和迷迭香的山上遍地都是蘑菇。这些年，那么多的蘑菇使我产生了一个大胆的计划，我要把那些无法按原样保存在标本集里的蘑菇，绘成模拟图收集起来。我把附近山坡上各种各样的蘑菇按照实际的尺寸绘制下来。我不懂水彩画的技法，不过无所谓，不曾学过的事，也可以摸索着去做。开始可能做不好，但慢慢就会顺利起来。与每天爬格子写散文那份费神工作相比，画画肯定能让人轻松愉快一些。

最后，我终于完成了几百幅蘑菇图。画面上的蘑菇，不论是尺寸还是颜色，都和自然的没有多大差异。虽然说我的收藏在艺术表现手法上尚有不足，但它至少是真实的，因此具有一定的价值。一些参观者纷纷慕名前来，每到周日就有人前来观赏，都是些乡亲。他们看着这些画，不敢相信不用模子和圆规，仅仅用手也能画出这么美丽的图画来。他们一眼就认出了我画的是什么蘑菇，还能说出它们的俗名，这说明我画得栩栩如生。

但这么一大摞花费了那么多精力才得来的水彩画，将来又会面临怎样的命运呢？也许刚开始的时候，我的家人会小心地珍藏我的这份遗物，但是迟早有一天，它会变成他们的负担，从一个柜子移到另一个柜子里，从一个阁楼搬到另一个阁楼上，而且总有老鼠前来光顾，然后渐渐沾上污渍。最后，它可能会落入一个远房外孙的手中。那孩子会将图画裁成方纸，然后折成纸鸡。这是不可避免的。那些我们抱着幻想，以最挚爱的方式珍惜、爱抚过的东西，最终在现实面前，很可能会遭到无情的蹂躏。

第三章｜登上万杜山

在普罗旺斯（法国东南部的一个地区）一个与世隔绝的地方，坐落着一座对我来说非常重要的山——万杜山。那是一个不毛之地，四面都受到各种大气因素的影响，万杜山就耸立在这种环境之中。它高耸突兀，是阿尔卑斯山脉和比利牛斯山脉之间最高的山峰，山上生长着各种依气候分布的植物，可以供人们十分清楚地进行研究。山顶上覆盖着层层白雪，生长着来自于极地海滩的北方花朵。山路生长着茂密的橄榄树和各种灌木植物，它们需要有像南方那样强烈阳光的照射才能茁壮成长。从山脚一路走到山顶，你能看到地球上各个地方的植被带，这就相当于一次在同一子午线上开始的从赤道到两极的长途旅行。在山麓，生长着一簇簇芳香四溢的百里香，它们如此旺盛，覆满了山麓的平地和山丘，像地毯一般无限延伸；再走几个小时，你能找到长着对生叶的虎耳草，这是七月份在斯匹茨卑尔根（挪威的岛名）海边登陆的植物学家最想见到的东西，它们就软软地待在你的脚下，像一块暗色的小垫子。在海拔比较低的地方，你可以在篱笆下采撷石榴树猩红色的花朵；在海拔较高处，你可以采摘小小的毛茸茸的虞美人，它开着红色阔瓣的花，异常美丽。这样鲜明的景物对比，是不是很有趣呢？

我已经登过二十五次万杜山了，但这对我来说还远远不够。我对这座山还有着许多的新鲜感和好奇心。起先还有很多朋友愿意陪我来爬山，一起走走，看看山上的风光，享受一下日出带来的满足感，但后来再也没有人愿意陪我一起来了，因为这实在是一段艰苦的旅程。从你踏上那碎石嶙峋的山路时，登山便开始了。万杜山就像是一座海拔两千米的碎石堆，有时是小石块，有时是大岩石，它们耸立在没有斜坡，也没有一级台阶的平原上，使得登山变得异常困难。而且这里根本没有什么清新的草地、欢快的小溪、长着青苔的岩石或百年老树的巨大树荫，这里有的只是绵延无尽的石灰岩。那碎石组成的瀑布还时时发出坍塌的声音，震得人心跳加速。

如果有人打算登万杜山做植物学的考察，那我建议他切不要在星期天的傍晚到达山下的小镇贝都安。因为在星期天晚上，这里总是人来人往，一片杂乱的景象。人潮的吵闹声和没完没了的高谈阔论声是主旋律，弹子房弹子的碰撞声和杯盏交错的叮当声当作伴奏，酒后的低唱和路人的夜歌充当配乐，旁边酒吧管弦乐的喧闹也掺和进来，让原本平静的夜晚变得喧嚣异常，连睡觉都成了困难的事情。得不到充足休息的人，又怎么会有精力攀登这座艰险的山峰呢？

我在贝都安跟向导交涉好，商定了出发时间，讨论并准备了食物。但遗憾的是，喧闹的夜晚弄得我疲惫不堪，根本不能好好休息。我辗转反侧了一夜，等到天空泛白，就干脆起床收拾行装了。早上四五点，向导就带着我们上路了。他牵着骡子和驴子走在队伍的最前面，我的植物学同事们走在后面，边走边观察着路边的植物。我随队伍走着，肩膀上挂着晴雨计，手上拿着笔记本和铅笔。

再往上走，温度变得越来越低，绿色的橄榄树和橡树慢慢从视野里消失了，然后是葡萄和杏树，再之后是桑树、核桃树、白栎树。接着我们走进了一片十分单调的地区，那里只有漫山遍野的黄杨，除此之外没有任何植物，主要的植被就是一些高山的风轮菜。风轮菜的细叶里充满了香精油，味道有点苦涩，是一种很冲的香料，洒在小乳酪上吃味道很是美妙。在我们都饥肠辘辘的时候，一些生长在乱石中的铁矢状叶子的小酸模映入了我们的眼帘。那是多么珍贵的食物哇，我们蜂拥而上，争着去采摘这大自然赋予的美味。

咀嚼着酸酸的叶子，我们兴致勃勃地继续前进，来到了山毛榉生长的地带。最先见到的是些藤蔓曳地的灌木，稀稀落落地散布在山坡上，很快又见到一棵棵挨在一起的小矮树，最后见到的是枝干粗壮、浓密而阴暗的灌木林。这片树林十分广阔，至少要走一个小时才能完全穿越过去。从远处看，这树林就像一条又黑又长的带子围在了万杜山的山腰上。山毛榉冬天积雪压枝，一年四季都遭受着密斯脱拉风凶猛的吹打，许多树枝都断了，树身弯

知识链接

如果说节肢动物是这个地球上最辉煌的物种，那么这个物种内部的相应称号应该属于昆虫。到目前为止，被记录的昆虫有九十二万多种，可能还有更多的在等着被人类发现——每年新发现的品种在七千个左右。然而，在我们不断地发现新品种的同时，昆虫的种类也在不断减少，每年消失的数量超过我们发现的数量——这是它们的栖息地，尤其是热带森林遭到破坏的结果。

曲成奇怪的形状，甚至还会直接躺倒在地上。在山毛榉地带的上沿，就只剩下一些稀稀落落的灌木，这时我们也坚持不下去了，必须选个好地方来吃午饭，好好休息一下了。

我们选择了拉格拉斯泉边作为我们的小憩之地。山毛榉树搭成的长凹槽里，引来了一股从地里冒出来的涓涓泉水，山里的牧羊人都把羊赶到这里来喝水。泉水的温度凉得不可想象，大约只有七摄氏度，这对我们这些每天围坐在火炉旁边的人来说，简直是无法忍受的。所幸这里的景色还是很美的，真的是个适合野餐的好地方。那一泓清泉流淌在阿尔卑斯山植物铺成的地毯上，指甲草闪闪发光，它那宽大而细薄的花蕾就像银色的鳞片，一层一层地铺着。我们把食物从鞍囊里拿出，把酒从稻草层中取出。涂着蒜汁的羊后腿和面包被随意地堆在了一起，淡而无味的小鸡放在另外一边，留着一会儿当零食打发时间。万杜乳酪、驴梨小乳酪、阿尔红香肠，还有各种橄榄和卡瓦翁的西瓜，看看吧，我们的食物是多么丰盛啊！对了，我们还带了鳀（tí）鱼罐头和撒着调料的小牛腿，还有很多装在不易破碎的器皿里的啤酒。我们把啤酒放在了泉水中，这样等我们饱餐一顿后就能尽情享受凉爽的冰镇啤酒了。

我的植物学同事中有两个巴黎人，一开始他们还对这些食物很惊讶，可不一会儿，他们就露出了赞赏的表情，狼吞虎咽地吃起来。这可真是人生中难忘的一餐。你看这几个人都露出了饥不择食的样子，一块块地扯着羊后腿，一片片地咬着面包，把所有的食物都接连不断地塞到嘴里，那速度简直快得惊人。吃得越来越多，我的速度也逐渐降了下来，开始边吃边聊天。大家都对这些食物赞不绝口，一边称赞还一边享用着饭后的甜点——蘸着盐生吃的玉葱。等到所有人都撑得动不了了，我们便横躺在了草地上，点着了烟斗和雪茄，晒着温暖的阳光。

好像只休息了不到一个小时，我们又上路了。行程是那么紧，我们必须继续向前走。向导带着行李向西边去了，他去了海拔一千五百五十米的地方，那里有一个石头砌成的羊棚，向导会在那里过夜，等我们从山顶回来再跟他会合。我们则继续去爬山，从山脊一路爬到山顶，等到太阳下山后再从山顶下来。我们顺着刚刚爬过的斜坡向前走，一直走到山坡尽头。那里峰壁笔直，状如阶梯，陡峭得惊人。同伴把一块摇摇晃晃的岩石轻轻一推，那岩石便顺着悬崖掉进了深渊，还发出了可怕的轰响。

　　我在这里有了意外的发现。我看到了毛刺砂泥蜂这些老相识，它们藏在一块扁平的石头下，而且以惊人的数量聚集在一起。要知道，这些小家伙平常总是孤苦伶仃的样子，我还从没见过它们几百只挤在一起的样子呢。就在我好奇地寻找原因时，一场大雨悄然而至，铺天盖地的阵雨立刻把我们包围了，天也变得格外阴暗，两步以外就什么都看不见了。糟糕，我最要好的朋友去山里寻找一种稀有植物岩生大戟去了，他可能已经走丢了。我用手掌做成喇叭的样子，在山里扯着嗓子拼命喊他的名字，可我的声音很快就被雨水的声音淹没了，根本起不到一点作用。我们只能去寻找他。

　　为了不落下一个人，我们手牵着手在山里寻找着出路。不一会儿，我身上就已经被大雨浇透了，衣服水淋淋的，裤子贴在腿上，就像一张不透气的羊皮，难受极了。我们兜兜转转，连方向都辨不清了。我们的面前有几条斜坡，那是我们唯一可以选择的道路，可是其中有的路通向悬崖，一不小心我们就会掉入深渊，粉身碎骨，还有的路能直接通向我们想去的羊棚。据我猜想，我的好朋友有可能利用最后一刻晴朗的天气跑到羊棚去了。

　　有人建议我们今晚就待在这里，等雨停了再回去。但我敢打赌，这绝对是个糟糕透顶的主意。看样子雨会下很久，而我们又浑身湿透了，只要夜里温度稍微低一点，我们就会全部冻死在山里。于是我们只好根据一路所观察到的景象来推测方向。带来雨的那片黑云是从南边飘来的，而我们应该从雨打来的方向下去。我摸了摸自己的衣服，发现左边比右边湿得厉害，这就证明我的推论没错，风向一直没有变。

　　我们再一次手拉着手上路了。如果幸运之神不眷顾我们，那我们就必死无疑了，但我们还是抱着冒险的心态开始了这一段探索。还没有走出二十步，我们的疑虑就完全消失了，因为我们已经踏踏实实地踩在了碎石地上面，而不是我们害怕的万丈深渊。为了看清脚下的路，我们必须弯着腰贴着地面向下走。雌雄异株的荨麻此时成了我们的唯一希望，在漆黑的环境里，我们只有靠它才有可能找到羊棚，因为它总是长在经常有人走过的地方。我边走边用手在空中摸索，每当手被刺一下，就是碰到了荨麻。我们就用这种手部的疼痛弥补眼睛的不足，并最终顺利到达了羊棚。

我的好朋友和向导早就在那里躲雨了，我们到了之后，就立即点起了熊熊烈火，换上了干衣服。大家又开始谈笑风生了。我们把山毛榉叶铺成床垫，躺在上面过了一夜。偶尔有人睡不着，便会起来给炉子添一点火。可是这屋子根本没有通风口，所以满屋子烟雾缭绕，简直可以熏鱼了，又怎么能让人睡得舒服呢。因此不到凌晨两点，我们就都起床了。

雨已经停了，满天的星斗闪闪发亮，空气也变得异常清新。我们要爬上最高的山顶去看日出了。因为疲劳，也因为早上的空气比较稀薄，我们很快便感觉到恶心、两腿无力、气喘吁吁，所以爬得非常非常慢，走几步就得休息一下。终于到了山顶，我们立刻钻进了粗陋的圣女克努瓦小教堂，在那里喝了点小酒暖暖身子，来抵御彻夜刺骨的寒冷。

很快，太阳升起来了。万杜山三角形的影子投射到了天边，在阳光下泛着紫红色的光。西边和南边的平原在薄雾中延伸，罗讷河犹如一条银线躺在大地上。北面和东面有一片白色棉花糖似的云层在我们脚下软绵绵地飘动着，低处的黑色山峰偶尔会从云层中穿插出来，露出一个调皮的小山角。在阿尔卑斯山的那边，还有几座挂着冰川的山峰在阳光下闪闪发光。

此时正是八月，很多植物的花季已经过去了。如果你真的想来看看这神奇的花园，那你最好在七月上山，赶在羊群把植物吃掉以前好好地领略一下这里的神奇。那长着一根嫩红色花蕊的优雅可人的茸毛雄蕊白花，那开放在闪亮的石灰石上的有着蓝色大花冠的塞尼山紫堇花，那天蓝色的可与蓝天媲美的阿尔卑斯勿忘草……所有的花上都闪烁着早晨的露珠，美丽的白翅蝴蝶懒洋洋地在花丛中飞来飞去——这真是个自然博物馆哪！

这番景象只有你亲自来看过才能体会得到，我也就不多加赘述了。

第四章｜美丽的水塘

已然步入老年的我，每次看到这片水塘，还是能够回忆起童年那段欢乐的时光，那些与我的第一个水塘有关的欢声笑语。就算是现在，对于这片水塘我也依然保存着童真的心，时常会享受到水塘中的美景带给我的身心放松与愉悦。别看水塘面积不大，区区几步宽，可就在这片小水塘里面却有着大自然无限的活力与生机。玩纸船玩到厌烦的孩子们可以在这里重新找到乐趣。同样，对于一个细心的观察者来说，这片水塘绝对是一块藏宝之地，在他不懈的努力下，许多关于生命的秘密都会被发掘。

看这小小的天地中有着多么热闹的气氛哪！绿色的水波中，数不清的小生命在游玩。看那片黑黑的东西，原来是蝌蚪的队伍，这些癞蛤蟆的孩子栖居在水塘边，静静地休息或是欢乐地遨游；还有北螈，它们有着橙色的肚皮，那条尾巴就像是船桨一样在水中不断地摇摆，细滑柔软；还有一些石蛾，它们停靠在灯芯草中，将自己身体的一半伸出来。

呈十字状伸展开双桨，仰泳蝽炫耀着自己高超的仰泳技巧。龙虱由于身体里有空气，所以能够潜水，它的胸部下面有一个气层，就像铠甲一样银光闪闪，而鞘翅末端则是气泡。灰蝎蝽的身子长得很扁平，因为它有点像蝎子，所以人们给它起名为灰蝎蝽。它们成群结队地游水，挥舞着自己的长手臂，就像鞋匠在使用飞针缝鞋，技术娴熟得很。蜻蜓幼虫的外表看起来很脏，因为它们全身都裹满了淤泥。蜻蜓幼虫的行进方式有些奇特，它们的腹部末端有一个比较大的漏斗，这个漏斗里面装满了水，将水排出后，幼虫就会自然地向前了。像珍珠一样闪闪发光的黄足豉（chǐ）虫在水上展示着自己的芭蕾舞艺，不停地旋转自己的身体。

除了上面提到的小生命外，软体动物也是水塘的一大景观。别看水塘很小，但是软体动物的种类却不少，而且它们还都

✚ 仰泳蝽

是和平的爱好者。黑蚂蟥为了庆祝自己已经猎到了食物——蚯蚓，毫不掩饰地站在猎物的身上手舞足蹈。蚊子的幼虫也在不停地旋转着，它们的队伍很庞大，成千上万，淡红色的一片，就好像海豚将身体弯曲起来一样美丽。水底还有大肚子的田螺，它们显得比较谨慎，只将自己的房门打开很小的一条缝。另外还有椎实螺、扁卷螺和瓶螺，它们也在水里尽情地玩耍着。

如此让人沉醉的场面不禁让我回想起了自己的童年，那时候的我也才只有七岁，但是那第一个水塘俨然已给儿时的我留下了美好的回忆。

我的家乡土壤比较贫瘠，气候也不适宜农作物的生长，所以村民们的收成都不是很好。地主们会饲养绵羊，因为他们拥有几阿尔邦（**法国旧时的土地面积单位**）的草地。他们会用摆杆步犁把自己最好的土地平整为梯田，然后用石墙拦住作为防护。梯田里会种上马铃薯，为了催肥，他们用驴子把牲畜棚里的粪便都运到田地上，马铃薯在肥力的催化之下长得非常好。等到成熟之后，马铃薯就是人们在冬季里的主食。煮熟的马铃薯热气腾腾，盛在用麦秸编织成的小篮子里，多么诱人哪！

如果家里面的粮食能有结余，人们就会把这些多出来的食物拿来养猪。猪对于当时的农民来说是极其宝贵的动物，猪油和火腿都是珍宝。园子里种植着甘蓝和萝卜，炼乳和黄油则由牛群来供给。有时候还有几个蜂箱，它们隐藏在树林里较为偏僻的地方。如果哪家人拥有了上面提到的这些东西，那他们可以算得上是富裕人家了。

然而我的家庭却是穷困的，只有那座小房子和小花园，房子还是母亲得到的遗产。不富裕的我们经常面临挨饿的危险，如何解决温饱已经成了非常紧急的问题。父母成天为了这件事睡不安稳。每当他们谈论这件事的时候，我都会像童话中的小普塞（**法国作家佩罗童话中的人物**）一样偷听他们的谈话。只不过小普塞藏在樵夫的矮凳子下面，而我则将两个胳膊搭在桌面上，假装睡觉。不过我听到的事情并没有让我感到伤心，相反，这个消息让我的精神无比振奋。

母亲对父亲说："听说鸭子现在在城里卖得非常不错，要不我们也养一些吧？可以让亨利来看鸭子，就去小溪那边放。"

父亲听后回答说："鸭子是不好养的呀，不过还是应该试试。好吧，那就养鸭子吧。"

原来在教堂的附近，也就是村落地势低的地方，有一股很大的地下泉水，泉水与山谷中的小溪汇合。就是在那个地方，有一个工匠开了一个小型的油脂厂，他以前是当兵的，战后回到了乡下。听说他那里卖一种能够催肥鸭子的饲料，是一种含有蜡烛臭味的残渣，价格很便宜。听到这些让人兴奋的消息之后，那一晚我做了个美梦，梦到我进了天堂。

之后的日子里，我就与小鸭子们为伴了！我想象着小鸭子有着金黄色的绒毛，就像丝绒袍子一样华贵。我会带着它们到水塘里玩耍，等到回家的时刻，我会把几只看起来累坏了的小鸭子放在篮子里。我日盼夜盼的小雏鸭终于在两个月之后出生了，总共二十四只，是分别由两只母鸡孵出来的。不过只有一只母鸡是我们自己家的，另外一只是从邻居大娘那里借来的。我们家的母鸡长得肥大，而且黑，它可是我家的主人。

其实抚养这些小鸭子只需要一只母鸡就可以了，它会对自己的这些孩子尽心尽力。我们准备了一只小木桶来充当小鸭子的水塘，大约两指宽。在阳光和暖的天气里，母鸡会看护着这些小鸭子在木桶中洗澡。可是仅仅半个月过后，这只木桶就派不上用场了。因为鸭子喜欢吃的住满贝壳的水田芥，还有蝌蚪和蠕虫，这只小木桶中都没有。这让我们全家都很焦急，看来是时候在水中搜罗这些东西了。

我们家住在离水源较远的村子的上面，地势也高，所以喂养鸭子是一件比较困难的事情。但是有些人家的鸭子就比较好运了。有个住在小溪旁边的磨坊主，他的鸭子长得就很好。还有那个油脂厂的退伍军人，他的鸭子也挺漂亮，这也得益于他家的地理位置——靠近溪水的地方。

知识链接

与大部分其他种类的水生动物不同的是，仰泳蝽游泳时是背朝下仰着的。它们生活在池塘和沟渠中，浮在水面之下，等待其他昆虫落到水面上。当一只昆虫到来时，仰泳蝽便会以后足为桨，向它划去。然后，使用自身锋利的嘴从下而上将猎物刺住。为了保证呼吸，仰泳蝽会在身体周围贮存一些空气再潜入水下。

可是我们家的情况就不妙了，夏天有的时候连水都喝不上。我家附近有一块大石头，这块石头的凹陷处有一股很细小的溪流，这就是我家周边的四五户人家的水源。有时候学校老师的母驴也会饮用这边的水，再加上几户人家经常用木桶在这里汲水，所以水坑很快就没水了。等到差不多一天一夜过去后，这个水坑中才会重新积满水。就这么稀少的水，用来供给人们的生活用水都不够，更何况鸭子呢。所以这里肯定不是鸭子游戏的天堂。那么怎样才能让我的小鸭子们也有地方玩耍呢？

除了这个水坑之外，就只有那条小溪是有水的地方了，只是那里对于鸭子来说是非常危险的，这危险来自于猫和狗。一条坏小狗很可能会将一群鸭子驱散，猫就更不用说了，它们可是捉拿家禽的高手。要是等到鸭子被驱散开来，想再次将它们聚合可是一件非常困难的事情。还是不要把事情搞得那么复杂了，就让我和鸭子找个平静安全的地方尽情地嬉戏吧。

我终于想到了一处宝地，一块长满了绿草的小平原。它位于山冈上一条小路的拐角处，这条小路在城堡的后面，向一座岩石堆成的小山延伸。有一条小溪从山中流出，最终形成一个宽阔的水塘。我带着小鸭子们走过了寂静的山路，很容易就来到了这个难得的天堂，那天它们玩得非常尽兴。

我这个放鸭子的小孩，在刚开始的日子里是多么快乐呀，可惜美好的时光总是短暂的。由于我每天都光着脚在石子堆里走来走去，细嫩的皮肤不断与土地摩擦，很快我的脚后跟处就起了一个大大的水泡，疼得厉害。后来我就只能拖着双腿、抬着脚后跟在石子堆上面行走了，甚至连我放在衣橱里面的、节假日里穿的那些漂亮鞋子都不能穿了。我跌跌撞撞地跟在鸭子后面走着，手里还拿着一根竹竿。小鸭子们嘎嘎地唱着、跳着，它们摇摇晃晃地向前进，穿着灵巧的"凉鞋"。不过它们走过一段路程之后就得在树荫下停下来休息一会儿，不然疲倦的它们肯定不愿意继续前行。

水塘里的水又浅又暖和，中间还有一块土，上面盖满了泥浆，像一个碧绿的小岛似的。我的小鸭子们对这个水塘非常满意，它们在水中嬉戏玩耍，好不热闹。在水较深的水洼处，小鸭子们翘着尾巴在水中游动，开心得不得了。鸭子嘴一直在搜罗食物，咯咯直响。每当它们往嘴里送上一口吃的，就会有透亮的小水泡冒出来。让这帮小鸭子去劳作吧，我可要享受一下这里的美景了。

我看到了一条细长的黑带子，它安静无力地躺在污泥上面。这有可能是牧羊女在编织黑色短筒袜子时丢掉的，因为她们觉得活做得不够好，所以把线抽掉重新来过。我把其中的一段拿起来放在了手掌中，感觉有点黏，软软的。这条黑带子还会在我的指头间滑动，我根本没办法将它拿住。后来带子上面有几个结节破了，里面掉出了一个小球，也是黑色的，像大头钉的头一样大小，还有一条扁平的尾巴跟在后面。原来是一只小蝌蚪！我对蝌蚪没有一点新鲜感，还是把它放回去吧。

不过那条黑带子还是能够激起我的兴趣的。我还准备了一个小盆，想要捉几条放进去。它们在水面上不停地打转，黑色脊梁在阳光的照射下闪闪发光。事实上我根本无法将它们捉住，我的手刚要去抓，它们就消失不见了。我本想在近处观察一下它们，这下可惜了。

水中隐藏的秘密让我很感兴趣，同时也让我震撼。从嫩绿色的麻韧皮纤维盒子下面冒出了很多的气泡，我想先把这些放在一边不管，来看看水底世界，那可是五花八门的新鲜事物聚集的地方。脊背上有来回飘摇的带子，它们是一些戴着羽毛饰和缨子的小虫子。我不知道这些小东西叫什么名字，也不知道它们在干什么，观察了很久也不知道。还有漂亮的贝壳，密密的螺圈高高地压着，好像扁豆一样。

我发现了一个让我兴奋无比的小东西，它就是金龟子！当然这不是在水塘里发现的，而是在水塘周边的草地上发现的。由于水的滋润，那里长出一小片桤（qī）木，这只小家伙就藏在那里。它居然长得比樱桃核还要小，有着碧绿的色彩，我想天使所穿的袍子大概就是这种颜色了！我找来一个空的蜗牛壳，把金龟子放在了里面，还拿着一片树叶撩动蜗牛壳。躺在蜗牛壳中的金龟子显得更加美丽了，我一有空就会把它拿出来欣赏。

看完了金龟子，我又开始搜寻一些其他的乐趣，这回轮到了制作水

⊕ 金龟子

磨。水塘中的水都是从岩石缝中流出来的泉水，干净又清凉。这些泉水聚集在一个像手心一样大小的石盆中，积满了就会溢出，涓涓细流就是这么形成的。水流在下落的过程中寻找着水磨。水磨由两根麦秸构成，它们在一根轴上精巧地交叉着。旁边竖立着的两块石头俨然成了水磨的支撑，这对于水磨的运转来说绝对是好事。果然，水磨非常自如地

转动着。我成功了！只可惜没人来跟我一起庆祝，不过我还有我的小鸭子们。

新鲜的东西总是很快就让人厌倦，水磨也难逃这样的命运。我不得不再次开始搜寻新奇的玩意。这次我想要修一个水坝，它有着阻挡水流，然后形成一个水池的功能。修水坝的第一项工作是石头的搜集，这个并不困难。我挑选着最为合适的石头，把那些过于大块的石头砸碎。在搜集石头的过程中，我甚至把修水坝这件事情都忘记了。

在一大块砸碎的大石头上，在我的拳头可以放进的一个洞穴的底部，有个东西在闪闪发光。洞穴被六个聚在一起的复眼盖满，复眼在阳光的照射下变得金光闪闪。我以前见到过这样的光，在节假日期间，教堂的枝形吊灯将上方的星星照亮，还有在烛光的照耀下发出亮光的宝石坠子，都是这个样子的。

看见发光的石头，我突然想到了夏天的时候，一群孩子围坐在打谷场的麦秸上谈论着有关宝石的故事，大家都说有一条龙在地下埋藏着一些宝石。虽然对宝石的概念不太清晰，但是我却知道这代表着高贵和辉煌——公主的项链和国王的皇冠都是用它做成的。看来那条龙把这些宝藏留给了我，它对我真是慷慨呀！我从此拥有了大量的宝石之类的东西，它们闪烁着动人的光芒。我看到母亲的戒指上有发光的物体，我在砸碎石头的时候会看到比这个更加昂贵的东西吗？继续寻找吧。

细小的水流从岩石的缝中流出，它们落在细沙床上，并且在沙里冲出一个小漩涡。我在水流降落的那一点上似乎看到了金光闪闪的东西，我俯下身子仔细观察着。它像金子锉屑一样旋转着，难道这就是那种罕见的贵重金属吗？用来铸造金路易的贵重金属就是它吗？简直太闪亮了！我用手抓起一小撮沙子放在手掌中，我看到沙子里面有着很多非常小颗的闪着金光的东西。它们太小了，以至于我不得不用唾沫将麦秸尖弄湿后再去把它们粘起来，这可真是一个让人不耐烦的过程。还是放弃它们吧，太麻烦了。我应该去寻找更大的、更有价值的东西，它们隐藏在岩石的深处。

当我再次将一块石头砸开之后，我发现了一个很奇怪的东西。它看起来像是绵羊角，也有些类似贝壳，确实很奇怪。偏偏在砸这块石头的时候，这个奇怪的东西完整地掉了出来，就像是下雨天从旧墙缝隙里面爬出来的蜗牛一样，呈扁平的螺旋形状。这个奇怪的东西还有着像公羊角一般的多节瘤边缘。

不知不觉中，夜晚就要降临了。爱好收藏的我已经将自己的兜里塞满了各式各样的卵石，口袋鼓起高高的一块。我的小鸭子们也已经吃饱喝足了，回家的时间到了。探索发现的乐趣让我暂时忘记了脚后跟还有一个大水泡，也不觉得疼了。我还有一个最大的安慰，那就是钻进蜗牛壳里的小金龟子。它好像在对我说着什么，言语十分亲密，让我觉得好像在梦里一般。它告诉了我一些岩石中的小秘密，还有宝石以及贵重金属的秘密。这个小家伙在蜗牛壳里面低语着，还时不时地动弹几下，这些全都让我兴奋极了。

我带着一大包猎获品兴致勃勃地回到了家中，可是刚刚进门我的口袋就破了，因为里面的东西实在太多，有个尖尖的小玩意将口袋扎破了。父亲看到这样的情况后居然骂了我："臭小子！你去捡些没用的石头做什么？家门口没有石头吗？我是让你去放鸭子的呀，赶紧把这些没用的东西给我扔了！"母亲也同样对我感到失望："拔草可以，草可以喂兔子吃嘛。但是玩石头有什么用呢？还要把口袋弄破。那些虫子也会让你的手遭殃啊。你的脑子受谁控制了吗？专门让你倒霉呀。养孩子怎么会养成像你这样越来越糟糕的样子呢？我真是太难过了。"

我听了父亲的话，把我辛苦搜集来的东西全都扔进了门口的垃圾堆，我的贵重金属、宝石、类似公羊角的东西以及金龟子全都没有了。可是母亲哪，我听了您的话以后是多么难过呀。我可怜的母亲，您的思想还是单纯的，对于连肚子都吃不饱的人来说，他是痛苦的；但是如果他在这样的困苦之中还想要充实自己的头脑，那这个人所要经受的磨难将会远远大于那些只是温饱问题没有解决的人。我属于吃不饱饭的孩子，但我恰恰又是那个想要寻找精神满足的孩子。我这样做是何苦呢？母亲，您说的没错，我是被鬼迷了心窍，但我今天也明白了它的魔力。

那个时候的人们都像我的母亲一样，思想上是落后的，但是我的思想却有着进步的倾向。也正因此，我知道我在未来有着更多的苦难需要经受。我的生命难道要模仿那大多数的愚钝的人吗？他们看不到水塘中生命的奥秘，他们只知道赶鸭子。他们不能够享受知识带来的快乐，他们是可怜的。他们只会在田野里面挖掘牛走的犁沟，这些全都平凡无奇。难道让我做这样的人吗？难道让我把理解世界的任务交给别人来做吗？决不！

如果我那样做了，那么上天带给我的智慧就白搭了，那真是极大的罪恶和浪费。人有着世界上任何生物都无法拥有的高级智慧，因此也只有人类拥有探索世界的能力。昆虫永远都不可能理解人类脑中的"为什么"，当然更不可能了解这些"为什么"带给人类的尊贵与痛苦。可是，有很多人，甚至是绝大多数的人，他们的脑海里所想到的只有利益。利益是他们为生活奋斗的唯一动力，也是他们生命中的唯一目标。我们不能这样做，我们需要把"为什么"这三个字以更加强调性的语气讲出来，让这三个字远离铜臭的骚扰。

我们应该做的就是探索生命的奥秘，发现世界的奇妙，尽情地利用上天赐予我们的才智，让它发挥到极限。当然，在探索的过程中，我们也许会遭受困难的侵袭，那个时候的我们，身心会受到极大的折磨。可是，让我们振作起来，在这样一个恶劣的世界中继续前行吧。我们四处奔走，在世界各处探索发现，这里或是那里，真理就在平凡的事物之中。一个人的力量是渺小的，可是多个人的力量却是无比巨大的。假如每个人都能为这个世界做出哪怕是一丁点的贡献，那么人类社会将会拥有多么无穷无尽的宝藏啊！

我受到了家人的责骂，即使那些责骂是合乎情理的，我也流下了泪水，那是辛酸与委屈的泪水。但是我还是要回到水塘那里去，因为只有那里才是我的世界。不是所有人都有这般运气，不是所有人都能够遇到这样的水塘。这样的好运是有前提的，你必须穿上人生旅程中的第一条套裤，你必须有生命中第一个想法。如此诱人的水塘在一生之中也就只有一两次机会碰到。

我搅动着水塘中的污泥，我拔着水里面的水草和藻类，我把它们弄得七零八落。我仔细地搜寻着，我热切地注视着。虽然我的一生中遇到了很多个水塘，但是没有哪一个水塘能够像第一个水塘那样带给我最大的快乐与失望。它在我的记忆中经历着岁月的洗礼，历久弥新。从古到今，无数的水塘被人路过，被人观察，被人探测。这里面也不乏那些具有慧眼与经验的人，他们有着犀利的目光，他们有着探索的精神，他们有着智慧的头脑。

我需要一个小小的水塘，可是没有一个水塘能够满足我的愿望，也没有一个水塘能够与我的计划相契合。如果水塘过于广阔，在阳光的哺育之下会有大量的生物繁殖出来，那么这样的广阔就会将我吞没。不仅如此，既然我生活在这个世界上，那么我就必须按照这个社会运转的规律来办事。可是在这条路上进行探索，我将受到来自各方面的侵扰，我的研究将会变得难以付诸行动。所以，我只需要一个合适的小水塘，它属于我，我能够随心所欲地布置我的研究工作，我的探索发现旅程也能够按部就班地进行。

探索生命的奥秘并不需要巨大的开销，也不需要昂贵的机械设备帮助研究的进行。相反，这些研究只需要用到一些简单的、便宜的、临时制作的器材。假如研究生命活动需要使用比较贵重的器材与设备，而且是在实验室中进行，那么我会对研究的成果表示怀疑。事实上，除了时间、精力和耐心之外，我对动物生命本能的研究并没有让我付出什么代价。

我时常担心我没有为科学的发展与进步做出贡献，所以尽管刚才说了那些话，我还是想要试试这种做法。在我的抽屉里有着二十法郎，这些是被我遗忘了的钱币，假如我将这些钱花了，并不会影响到我家庭的收支平衡，所以我决定用这二十法郎对科学研究慷慨一次。我拿它去定做了实验仪器。

我找到了一个铁匠，他有时候也是木匠，为了养家糊口，这些人不得不多学几门手艺，这样就可以多做一些活，多挣一点钱。铁匠找了几个铁三角来，用它们做器械的构架；然后在这个构架上装了一个木制的底板，还用一块活动的板子做成盖子；最后在铁架子的周围镶上了几块透明的玻璃。做完这些还没有大功告成，因为还需要装上一个排水的水龙头和一个涂着柏油的铁皮底。

铁匠对自己的作品非常满意，因为他从来没有做过这样的东西，感到很是新鲜。我的器械引来了作坊里人们的围观，他们天马行空地猜测着这个东西的作用。可惜很多人都是以功利的心态来看待它的，因此也没能猜对。有的人说我想拿它来储存橄榄油，因为以前的那个瓶子已经旧了，而且还是石头做的。事实上他们根本猜不到我想要用它来做什么事情。相反，如果他们真的知道我将要拿这个昂贵的器械来养虫子，他们一定认为我是个疯子。

不仅是铁匠对这个器械感到满意，我自己也非常喜欢，它的很多地方都值得赞赏。这个容器大约有五十升，被放置在阳光照射的桌面上，格外耀眼闪亮。让我们给它取个名字吧。如果叫养鱼缸，这样会为人们所误解，会让他们想到金鱼、假山以及小瀑布之类的东西。这个名字名不副实。所以还是让我给它取个比较合适的名字吧，严肃的研究当然需要一个较为严肃的名称，我不想让别人把我做研究的水槽与沙龙里那些没有意义的东西混淆。

我对我的小水塘进行了精心的布置。我找了很多石灰质的介壳，这些介壳的内部有干枯的灯芯草。介壳堆看上去像是珊瑚礁，非常轻便，中空如管。我把它们放在了小水塘里。我还找了一些细细小小的刚毛，一丛丛，一簇簇，就像草地一样。有了这些刚毛，水塘里面的水就会保持清洁，它们正是有着这样的功效。时不时地更换水塘里的水会打扰到里面生物的正常生活与工作，而我又需要这片小水塘保持清洁和宁静，这也是研究能够成功的首要条件。

假如没有植物的氧化功能，那么水塘很快就会变得肮脏不堪，动物残渣、臭味以及不适于呼吸的气体，这些都是让生物丧失活力的东西。但是有了那些拥有叶绿体的植物之后，这些问题就不用担心了。因为水质一旦被污染，它们就会发挥净化功能。这样一来，我的小水塘永远都会适合生物的成长，水塘将会呈现出一片生机勃勃的景象。

水体在生物的活动和呼吸之下会产生很多废弃物，这时候的水中会有过多的二氧化碳，不再适合生物的生存，然而海藻却能为我们解决这个难题。有化学知识的人大都知道，海藻能够用自己的叶绿体和阳光将二氧化碳分解，把氧气释放到水中。之后，碳被存在了海藻的身体里，然后会转变为新的生理组织。海藻所释放出的氧气，有一些溶解在水中，另一些则以气泡的形式上升到水面，这些气泡中的氧气最终与外界的大气相融合。而溶解于水塘中的那些氧气已经足够保证生物们进行正常的生活了。

我十分喜欢这个精致的小水塘，我也会经常来到它的旁边进行观察。虽然海藻很普通，它所具有的清洁功能也是为人所知的，但是我依旧对这个现象有着强烈的兴趣。带着渴望与期待，我目不转睛地注视着它释放出来的气泡。这让我想到了古老的年代，当陆地上的污泥刚刚开始出现的时候，植物的前辈海藻就拥有了一种特殊的净化空气的能力。就在这个小水塘中，平凡而伟大的海藻们向我讲述着它们的经历，述说着它们是如何将地球上的空气净化的。海藻们静静地待在水塘中央，我倾听着它们的声音。

第二卷

第一章 | 睿智的红蚂蚁

有这样一位睿智的观察者，他虽然不是那么了解收集在橱窗里的动物，却是研究原生态动物的专家。在他的专著《动物的智力》中，他说：

法国的这种鸟，根据经验知道北方寒冷，南方炙热，东方干燥，西方潮湿。它可以通过丰富的气象知识判断方位，方便飞行。假如把鸽子放进篮子里，拿块布盖着，从布鲁塞尔把它带到图卢兹，它是没法凭借眼睛把路线记下来的，但是没有人能妨碍鸽子凭借自己对气温的印象，感觉到自己是向南进发的，所以它才会一直向北飞。一旦感到天空的温度跟自己家乡的温度相当，它就会停下来。就算不能马上发现旧所，它也可以向东或者向西飞上几个小时来寻找，以便纠正偏差的路线。

但是这种解释只适用于在南北方向移动这种情况。如果是在等温线上在东西方向移动呢？那就另当别论了。再者，这种解释是不能推而广之的。鸽子从几百里远的地方返回自己的鸽棚，燕子穿越海洋从远在非洲的越冬地重新回到旧窝，在这种漫长又艰辛的旅行中，动物是靠视力来指引方向的吗？猫咪从城市的一端跑回另一端的家里，穿越迷宫似的

➕ 红蚂蚁是对农作物有严重危害的害虫。它们喷射的蚁酸有毒，人被其咬过后，伤口红肿，有烧灼感

大街小巷，靠的不仅仅是视力，也不可能是气候变化的影响。同理，我的石蜂也不是靠视力辨别方向的。比如在密林里放出几只石蜂，它们不会飞很高，离地面只有二三米，既然无法一眼看出地形全貌以便画出地图，那么为什么要了解地形呢？它们盲目地在实验者身后转几个圈，犹豫了那么一会儿，便向北飞去了。那里有高耸绵延的丘陵，有茂密树

林的遮挡，它们顺着不高的斜坡往上飞去，穿越这些障碍。的确是视力帮助它们躲开各种障碍的，但视力不能告诉它们要往哪个方向飞。温度显然也不能起什么作用，仅仅是几千米的距离而已，气候是不会有什么显著的变化的。我的石蜂没有从热、冷、干、湿的经验中学到什么，更何况那还要耗费它们几个星期的时间。就算它们熟悉方位，但蜂巢和放飞地的气候都是差不多的，它们怎么能对向哪个方向飞这种事情拿定主意呢？

能不能假设动物们具有人类所没有的一种特别的感觉呢？对于这些现象，我不禁想提出一种神秘的东西来解释。没有人想否定达尔文的权威，他得出的也是一样的结论。动物能够感受磁性吗？让它们身上紧贴一根磁针，这对它们的感觉会有什么样的影响呢？动物对地电会有什么样的感应呢？人类也拥有这样的感应能力吗？毫无疑问，我指的是物理学的磁力，而不是梅斯梅尔（奥地利医生，提出"动物磁力"的理论）和卡缪斯特罗（意大利江湖骗子）之流所说的磁力。如果水手本身就是罗盘，那干吗还要随身带罗盘呢？所以人类肯定是没有相应的能力的。

依然是这位大师的观点，身在异地的鸽子、燕子、猫、石蜂等动物能够找到方向，都是拜一种特别的感官能力所赐。这种能力人类不具备，甚至不能想象。我不能确定这是不是对磁力的感觉，但我已经尽我所能去研究这种能力，对此我感到满意。跟人类比起来，动物是多么伟大，多么先进哪！除却我们拥有的感官能力，动物又增加了一种。为什么人类没能拥有这样的能力呢？对"物竞天择，适者生存"的环境来说，这样的能力是多么有用的武器呀！如果像人们研究发现的，包括人在内的所有的动物都是从原细胞这一唯一起源产生，并且遵循自然规律在历史进程中自然进化，发展最好的天赋，摒弃最差的天赋，那为什么在低级的动物身上会有这种奇妙的能力，而身为万物之灵的人类反而一丝一毫都学不会呢？这种能力远比胡子上的一根毛，或者尾骨上的一截骨头更值得保留哇！我们的祖先怎么会任凭如此优秀的能力在进化中逐渐遗失呢？

如果这种感官功能真的没有遗传下来，那就缺乏足够的证据。为此，我请教了进化论者，并且期望从原生质和细胞核那里得到不一样的答案。

我们总是认为有某种未知的感官存在于膜翅目昆虫身上的某个部位，它们是通过这种特殊的器官来感知方向的，首先想到的一定是触角。我们总是习惯把昆虫那些不明了的行为归结于触角，想当然地认为触角上一定有什么特殊的构造，但我的确有充分的理由来怀疑触角带有指向的能力。毛刺砂泥蜂寻找猎物时，的确不停地用像小手指一样的触角拍打地面。那些探测丝仿佛在指引昆虫去捕猎，但它们能同时指引昆虫旅行的方向吗？这存疑的一点，如今已经被我弄明白了。

我齐根剪断了几只高墙石蜂的触角，然后把它们带到其他地方放掉。但它们像其他的石蜂一样，很容易就返回了巢穴。我用同样的方法对我们地区最大的节腹泥蜂——栎棘节腹泥蜂做了实验，这种平时能捕捉象虫的节腹泥蜂也回到了它的地穴。由此，我可以完全摒弃触角具有指向能力的说法。如果这种能力不存在于触角上，它又能存在于什么地方呢？我也不知道。然而，失去了触角的石蜂，回到蜂房并不马上恢复工作，而是盘旋在正在建造的蜂房前，休憩于石子上，停靠在蜂房旁的石井栏边。它们长久地凝视着没有完工的建筑物，看起来像是在悲伤地沉思。它们来来回回，赶走了所有的不速之客。可是它们也没有运进蜜或者煤灰。到了第二天，它们彻底消失了。一旦没有工具，工人就失去了工作的兴趣。触角是石蜂的精密仪器，如同建筑工人的圆规、角尺、水准仪、铅绳一样重要。它们砌窝时，需要用触角不断地拍打、探测、勘探，只有用触角才能把工作干得精确。

到目前为止，我只对雌性石蜂做过实验。基于母性，它们对巢穴总是比雄蜂忠实得多。假如实验的对象是雄蜂，那么结果会如何呢？我总是不太信任这些爱拈花惹草的家伙，有那么几天，它们"一窝蜂"似的在蜂房前面等待雌蜂出来，为了占有情人而互相争风吃醋。然后不管建设工程多么如火如荼地进行，它们都跑得无影无踪。我不明白，对它们而言，回到出生的蜂房或者在别处安居有什么差别，只要有老婆就行。没想到我居然想错了，它们也回窝。由于它们比较弱小，我没有让它们飞太远，只有一千米左右。然而，对雄蜂来说，这也是一场在陌生场所里进行的远征。谁让我从来没见过它们长途跋涉呢？毕竟白天它们就观赏花朵或者参观蜂房，到了晚上就在荒石园的石堆缝里或者旧洞里藏身。

三叉壁蜂和拉特雷依壁蜂在石蜂丢弃的洞穴里建造房子，比较多的是三叉壁蜂。我要利用这个机会，好好了解一下方向感在膜翅目昆虫中的普及度——这可是个好机会。三叉壁蜂可是不论雌雄，都会返回窝里的。我高效率地解决了一些短距离的实验，结果则与其他实验的结果完全相符，所以我信服了。不论怎样，这些实验都证明，棚檐石蜂、高墙石蜂、三叉壁蜂和节腹泥蜂这四种昆虫都可以返回巢穴。这些例子能否证明所有的昆虫都具有从陌生地方返回巢穴的特殊能力呢？我可不想这样草率，据我所知，有一种反例，非常能够说明问题。

在荒石园各式各样的实验品中，我的第一选择是著名的红蚂蚁。这种红蚂蚁好比人类中能捕捉奴隶的亚马孙人（希腊神话中的女战士族群），但是它们不擅长哺育儿女，即使食物就在身边也不知道去拿。它们只能去寻找用人来伺候它们吃饭，为它们打理家庭生活，为此红蚂蚁会去偷不同种类的蚂蚁邻居的蛹。这些蛹被运到窝里后，不久就会蜕皮，成为蚂蚁成虫，然后承担起红蚂蚁家族中繁重的家务活。

炎热的夏天的下午，我常常能看到这些蚂蚁在远征。蚁队能有五六米长。只要沿途没有什么值得注意的事情，它们就不会停止前进，一直保持队形。但是，一旦发现有蚂蚁窝的蛛丝马迹，领队的蚂蚁就会停下脚步，前排的蚂蚁乱哄哄地散开，又不能走远，只能在原地团团转。后排的蚂蚁大步跟上，这样便会越聚越多。当出去打探情况的侦察兵回来，证实情况是错误的，它们又排成一队前进。这些强盗穿过荒石园里的小路，消失在草丛中，过一会儿又在远一些的地方出现，然后钻进枯叶堆，再大摇大摆地爬出来，看起来是在盲目地寻找。

终于发现了目标——黑蚂蚁的窝，红蚂蚁们就兴冲冲地冲进黑蚂蚁蛹的宿舍，然后很快带着战利品出来。但是在地下城市的门口，黑蚂蚁也在奋力保护着自己的财产，红蚂蚁像强盗一样横冲直撞。这场战斗触目惊心，但是由于双方力量悬殊，胜利的果实毫无疑问是属于红蚂蚁的。它们每一只都带着掠夺物，用大颚

🔴 红蚂蚁

咬住还睡在襁褓里的蛹，匆匆忙忙地往回赶。如果读者不了解奴隶制习俗的话，这故事读起来一定相当有趣。可惜这个亚马孙人的故事跟昆虫回窝的主题相差太远，抱歉我不能再谈下去。

抢到了战利品的这伙强盗，去时候的路途远近取决于附近有没有黑蚂蚁窝。如果走上十几步路，或者五十步路能碰到黑蚂蚁的巢穴，它们就会停下来。可是如果没碰到，它们可以走一百步路，甚至更多。有一次我就看见红蚂蚁攀越荒石园四米高的围墙，远征到荒石园之外远远的麦田处。走什么路，对这支所向披靡的队伍来说是无所谓的。草丛、枯叶堆、乱石堆、不毛的土地、砌石建筑，它们都可以穿过。它们在道路的性质这方面并没有偏好。

去时候的路是不确定的，但是回来的路却是确定不变的——必须原路返回。无论去时的那条路是多么曲折，要经过多少障碍，就算那是最难走的，回来时也必须重新面对。捕猎的偶然性使红蚂蚁常常要身不由己地选择非常复杂的路线。现在它们带着战利品回来了，依然是去的时候怎么走，回来就怎么走。就算再辛苦，再危险，它们的路线也是绝对不会改变的。

假如它们穿过的是厚厚的枯叶堆，那么这条路对它们来说就是一条随时会失足掉下去的、布满深渊的魔障，一旦掉下去，就要从谷底爬上来，爬到摇摇晃晃不稳固的枯枝桥上，最后还要走出迷宫。大部分红蚂蚁都会累得筋疲力尽。那又有什么关系？困难还是要克服的。即使负重增加了，它们依然会穿过这迷宫。要是它们能发现旁边有一条好路——十分平坦，离原来那条路几乎一步都不到，那就能减轻不少的疲劳。可是它们根本没有发现这条仅仅偏离了一点的路。

有一天，我把池塘里的两栖动物换成了金鱼。第二天，红蚂蚁们出去抢劫，恰好就是沿着池塘的护栏内侧，排成一个长队前进。没想到北风劲吹，从侧面向蚁队猛刮，把几排的"士兵"都吹到水里去了。金鱼连忙游过来，张开贪婪的大嘴把落水者都吃掉了。这是一条充满艰辛的道路，蚂蚁们还没过天堑呢，就牺牲了不少。我想，它们回来的时候该换一条别的路走了吧。可事情不是这样的，衔着蚁蛹的队伍还是走上了这致命的悬崖，金鱼便得到了天上掉下来的双倍食物——蚂蚁，以及它们嘴里衔着的猎物。蚂蚁们宁愿被大量地消灭，也不肯选

昆虫记

号呢。""怎么做的记号哇？""像小拇指（法国作家佩罗童话中的人物）那样，我把白色的小石子撒在路上。"

我跑过去一看，发现正如这位六岁的合作者所说的那样，她事先准备了小石子，看到蚁队从兵营里出来，便一步步紧跟在后面。每当蚂蚁走过一段路，她就撒下一点石子。红蚂蚁们的抢劫活动已经结束了，现在正在原路返回中。它们离窝的距离还有一百来米的时候，我就已经胸有成竹地准备好了一切。

我用一把大扫帚，把蚂蚁的路线统统扫干净，宽度有一米左右，把路上的尘土统统换成了其他的材料。如果原来的泥土上有什么味道的话，现在都已经被完全消除了，我打赌蚂蚁们会晕头转向的，并且我把这条路的出口分割成彼此相隔几步路远的四个部分。

当蚂蚁们来到第一个切口的时候，它们显然相当犹豫，有的后退，再回来，再后退；有的在切口的正面徘徊不前；有的从侧面散开，好像要绕过这个陌生的地方。蚁队的先锋们开始还聚集在一起，后来就结成了几分米的蚁团，接着散开，宽度有三四米。但后续部队不断冲过来，导致场面十分混乱，蚂蚁们彼此堆在一起，乱哄哄的，不知所措。最后，有几只蚂蚁冒险走上了被扫过的那条路，其他的也紧随其后。也有少量的蚂蚁绕了个弯，走上了原来那条路。在其他的切口处，蚂蚁们同样犹豫不决，但是它们还是走上了原来的道路，只不过有些直接，有些间接。尽管我设了圈套，但还是没有骗过蚂蚁，它们回到了自己的家。

这个实验似乎说明，嗅觉在帮助蚂蚁回窝这件事上起了很大的作用。凡是道路被割开的地方，蚂蚁们都表现出犹豫，同样的犹豫。仍然有一些蚂蚁从原路回来，大概是因为扫除得不彻底，一些有味道的粉末还留在原地。一些蚂蚁绕过了干净的地方，大概是受到了被扫到一旁的残屑的指引。因此，无论是赞成嗅觉的作用，还是反对嗅觉的作用，都必须在更好的条件下进行实验，要百分之百去掉所有有味的材料。

在几天之后，我重新制订了计划，比上次要严谨一些。露丝观察了不久，又很快向我报告，蚂蚁出洞了。我早就已经猜到了。那是一个六月闷热的下午，暴风雨马上就要来临了，这种时候这些红蚂蚁一般都会出发远征的。在蚂蚁行进的路上，还是撒满了石子，都是我选定的地

— 38 —

方，我想这更有利于实现我的计划。我在池塘的一个接水口处接了一根在荒石园里浇水用的布管子。一打开阀门，汹涌的水流就冲断了蚂蚁的回路。那水流有一大步那么宽，长得没有尽头。就这样，我用大量的水冲刷地面达一个小时之后，红蚂蚁们带着战利品回来了。当红蚂蚁们走近这里时，我特意把水流调小，放慢了它的流速，减小了水的厚度。我故意为红蚂蚁设置了一条走原路不得不面对的障碍，当然，越过这障碍并不十分费力。

蚂蚁们真的犹豫了很长时间，那些走在队伍后面的蚁兵们都有时间爬到前面来跟排头兵聚集在一起。于是，它们踩着露出水面的卵石走进水流里。但是脚下的基础一旦没有了，水流就把那些勇士都卷走了，它们依然没有丢掉战利品，而是随波逐流，在水中的小洲上停靠，等到被冲到河岸边，它们重新开始寻找可以涉水的地方。几根麦秸被水冲散，构成了蚂蚁们可以渡河的桥，虽然它们都摇摇晃晃的。另外一些散落在水里的橄榄树的枯叶则是木筏，运载带了太多战利品的乘客。有一些勇士靠着自己努力的跋涉和良好的运气，没有借助任何过河工具就到了对岸。我看到有一些蚂蚁被水流卷到河中间，离此岸或者彼岸都有一段不远的距离，它们就惊慌失措，不知如何是好。即使是在这溃不成军的一片混乱之中，也没有一只蚂蚁因为遭遇了灭顶之灾而扔掉自己的战利品。它们就算死也要跟战利品死在一块儿。实验的结果就是蚂蚁们为了沿着原路返回而凑合着过了急流。

在这场实验中，我觉得路面上的气味问题基本可以排除在外了。那片土地在不久之前刚被急流冲刷过，之后又一直有水流流过。就算是路上真的有蚁酸的味道，在被急流冲刷过之后也应该闻不出来了。在这种极端的情况之后，我还想试试另一种极端的情况：用另一种强烈的气味来遮盖住原来的气味，看看这样会有什么情况发生。

我在红蚂蚁即将返回的第三个路口处，用新鲜的薄荷叶把地面擦了擦。这片薄荷叶是我刚刚从花坛里摘下来的。远一点的路面上，我用薄荷叶覆盖。蚂蚁回来的时候，毫不在意地经过了擦过薄荷的区域，只是在盖着叶子的区域上犹豫了一下，就走过去了。经过这次实验之后，我发现嗅觉不是指引蚂蚁沿着原路回窝的线索，其他的一些实验应该会彻底使我明白。

这次，我不改变地面的状况，只是用几张大报纸盖住路中央，压上几块小石头。这个像地毯一样的玩意彻底改变了道路的外貌，却一点都没有改变地面的味道。可是蚂蚁居然在这个家伙面前犹豫了许久。比起我设计的其他诡计，甚至是急流，蚂蚁们这次要更加焦虑。它们从各个方向侦察，一再尝试前进和后退，试了许多次之后，才冒险走上了这片没见过的区域。等它们终于穿越过了这片铺着报纸的地区，队伍才恢复正常行进。

离这几张报纸不远的地方，有另一个圈套在等待着蚂蚁们：我用一层薄薄的黄沙把路切断，这块地原来是浅灰色的，如今变成了黄色的。仅仅是颜色的改变，一样使蚂蚁们惊慌失措了许久，但是最终这个障碍也被克服了，而且没用多长时间。

蚂蚁在纸张和沙带前面犹豫不决，停步不前，而除了颜色，报纸和黄沙的出现并没有改变路面的其他状况。这就说明蚂蚁能够找到回家的路并不是依赖嗅觉，而是视觉。不论我用什么方法改变路的外貌，用薄荷叶盖住地面，用扫把扫地，用纸当作地毯把路面遮住，用水流冲刷地面，用不同颜色的沙子截断道路，回家的队伍总是会停下来，犹豫不决，不停地探索，想知道究竟发生了什么变化。对，是视觉，不过蚂蚁们视野非常狭窄，只要移动几个卵石就足够改变它们的视野了。由于视野狭窄，一层沙、一片薄荷叶、一条纸带，哪怕只是挥动一下扫把甚至是更微小的改变，都会使蚂蚁眼中的景象面目全非。那些想带着战利品尽快回家的蚂蚁就会停下来焦虑不安地等待。它们之所以能通过，都是因为在反复尝试通过的过程中，有些视力好的蚂蚁认出了这片区域，这是它们熟悉的、曾经穿越过的区域。而其他的蚂蚁相信这些视力好的蚂蚁，便勇敢地跟随它们走过去。

如果只是拥有视力，而没有对地点的精确记忆，这些蚂蚁依然不能顺利地回家。蚂蚁的记忆力跟人类的记忆力有什么区别呢？它究竟是什么样的呢？我无法回答。但是我只要用一句话就可以说明：只要是去过一次的地方，昆虫就会记得非常牢，更重要的是，它们记得准确。我多次见过这样的情形：被抢劫的黑蚂蚁向这些野蛮的"亚马孙人"提供了太多的战利品，它们甚至拿不了。于是在第二天，或者是两三天之后，这支远征军会再次出发。这一次就不同于第一次的沿途寻找，它们会直接奔向拥有许多蛹的蚂蚁窝，而且走的是第一次去时的那条路。我曾经沿着"亚马孙人"前两天走过的路用小石子来设置路标。使我惊奇的是，它们两次走了相同的路，走过了一个又一个石子。我在它们走之前预测，它们会根据石子路标，从这里走，从那里过。果不其然，它们沿着我放置的石桥墩，从这里走，从那里过，甚至没有一点偏差。

已经过了那么多天了，难道气味能够一直留存在那里吗？谁都不能断然这样说，所以指引"亚马孙人"的应该是视觉。当然除了视觉之外，还应该有它们对地点的记忆力。这种记忆力能够持续很久，至少能保留到第二天，甚至是更久。这种记忆力不见得比人类的记忆力差，全是凭借它，队伍才能走过高低不平的各种地面，完全沿着前一天走过的路行进。

除了对路面的超凡记忆力之外，红蚂蚁们有没有像石蜂那种在小范围内可以指向的能力呢？如果是不认识的地方，红蚂蚁们怎么办呢？它们能不能返回它们的巢穴或者跟它们的伙伴会合呢？

这支强盗军团还没有称霸整个荒石园，它们喜欢收获颇丰的北边，所以这群"亚马孙人"通常是把部队带到北边去抢掠。但是荒石园的南边就很少能看到它们的踪影了。可以说，它们对南边并不像它们对北边那样熟悉。现在我想试试在陌生的地方，红蚂蚁是如何行动的。

我站在蚂蚁窝附近，当部队捕猎奴隶归来时，我把一片枯叶放在一只红蚂蚁的面前让它自己爬上来。我没有碰到它，只是把它运到离部队两三步远的南边某个地方。对红蚂蚁来说，这足够使它离开熟悉的环境，彻底晕头转向了。我看到这只红蚂蚁大颚上衔着战利品，在地面上随意闲逛。它以为自己是在去跟伙伴们会合，其实它自己早就越走越远了。它尝试着各个方向，向北，向南，往回走，再走远去试试，朝着许多个方向探索过之后，它依然没有找到正确的路线。这个牙尖齿利的"黑奴贩子"迷路了，而且是在离队伍只有几米远的地方。我的印象里始终有这样几位迷路者，它们独自转悠了半个小时也没有找到大部队和回家的路，但是嘴上一直叼着来之不易的战利品。它们会怎么样？它们要这战利品有什么用？我对这些强盗，而且是愚蠢的强盗没有什么耐心。

我们前面已经看到，这群"亚马孙人"拥有良好的记忆力，不仅记得牢靠，而且长久。那这种记忆力究竟好到什么程度，能够把印象如

⊕ 红蚂蚁

此久地铭刻在心里呢？"亚马孙人"到底是走了许多次这条路还是只需要一次就足以令它们在脑子里刻下深刻的记忆呢？我没办法在这个方面进行实验，我不能确定红蚂蚁这次走的路线是不是它们第一次走的路线，也无法规定这个军队到底走哪条路。当红蚂蚁们远征去掠夺猎物的时候，它们看起来随心所欲，一直向前走，我没法干预它们朝哪个方向走。那么拥有良好感官能力的膜翅目昆虫又是怎么做的呢？

可以肯定的一点是，红蚂蚁没有其他膜翅目昆虫所拥有的指向器官，它们只有良好的记忆力而已。只要偏离原路几步的距离，就足以使它们迷路，并且再也无法与家人团聚，但是石蜂却可以穿越几千米陌生的天空。能够指认方向的奇妙感官只有几种动物拥有，人没有，我为此感到惊讶。毕竟两个比较项的差别这么大，难免引发争议。现在这种争议不存在了，因为我用两种非常接近的动物进行了比较——两种膜翅目昆虫。如果它们是一个模子里出来的，那为什么一种有那种神奇而特殊的感官，而另一种却没有呢？比起器官那种小问题来说，多拥有一种感觉能力可是重要多了。我期待进化论者给我一个靠得住的理由。

现在让我们看看别的膜翅目昆虫又是怎么行事的吧。我选择了蛛蜂。它们之所以叫"蛛蜂"，是因为它们捕捉蜘蛛，先捉住蜘蛛，把它麻醉，作为自己幼虫未来的食粮，然后才去给幼虫们挖掘巢穴。对蛛蜂来说，到手的猎物是一种沉重的负担，根本不能带在身边去寻找适合筑窝的地方，所以它们习惯把蜘蛛放在草丛或者灌木丛上，以防像蚂蚁那样不劳而获的家伙们搞破坏——谁都可能在合法占有者不在时，把这个宝贵的猎物占为己有。把猎物放置在高处之后，蛛蜂就去寻找那些适合挖洞的地方。在挖掘的期间，它也不会放松警惕，不时去看看自己的蜘蛛。它会咬咬它，拍拍它，庆幸自己猎到这么好的猎物，然后它再回去继续挖掘洞穴。如果还是不时感到不安，它就会去把猎物放在离自己近一些的地方——近一些的草丛上。它的过程是这样的。我找到了可以插

片草丛那里。它在那片光秃秃的地方找到了它的猎物。蛛蜂迅速找好第三片草丛来安放自己的猎物。我又开始了第三次实验，这次，蛛蜂也完全没有犹豫，直接向第三片草丛奔去。它的记忆力是如此可靠，以至于它对前两片草丛完全不屑一顾。接下来的两次实验，蛛蜂也都是回到了最后一次的存放地。我对这孩子的记忆力赞叹不已。人的记忆力能有这么好吗？我完全怀疑一个人匆匆忙忙看过一次的地方，第二次还能清楚地回忆起来，更何况蛛蜂还一直在地下辛苦地工作。如果我们认为红蚂蚁也有这样的记忆力的话，那么它始终沿着同一条路返回巢穴就没有什么值得惊奇的了。

这样的测试也包含了其他的一些成果。蛛蜂在相信蜘蛛已经不在原来的地方的情况下，便四处寻找，很顺利就能找到，原因在于我把它放在了空旷的地方。一旦增加一点难度——用手指头把土面按出一个洞，把蜘蛛放进去再盖上一片叶子，这只蛛蜂便从叶子上过去，走来走去都没有发现蜘蛛就在下面。可见指引蛛蜂的是视觉而非嗅觉。虽然它的触角不停地拍打着地面，可我不认为这个器官能够起到闻嗅的作用。我还要补充一点：蛛蜂的视力实在很差，连离它只有两寸远的蜘蛛都发现不了。

第二章 | 萤火虫的习性

"朗皮里斯"这个希腊语中的词汇会让你产生怎样的联想呢？如果你知道了这个词语的本义是"屁股上挂灯笼者"，那么我想你一定能立刻猜出来，接下来我将为你介绍的就是那种家喻户晓的、屁股上挂着一只小灯笼的、能在黑夜里发光的昆虫——萤火虫。

➕ 萤火虫

萤火虫这个小家伙非常常见，几乎所有人都见过它用荧光表达自己快乐心情的样子，即使是那些没有见过它的人，也一定听说过它的名字。这位昆虫界的小明星身着斑斓的盔甲，提着灯笼在夜色中舞蹈，就像一粒火花突然从滚圆滚圆的月亮上坠下来，消失在了茂密的青草丛中。

我那些自诩浪漫的法国同胞把一个一点都不浪漫的名字送给了这粒火花，他们叫它"发光的蠕虫"。严格来讲，这个名字并不科学，首先萤火虫根本不是蠕虫，这一点在昆虫的分类学上再明确不过；其次，即使仅从外表上看，也不能把蠕虫的帽子戴在萤火虫的头上。

我想人们之所以叫它蠕虫，可能是因为萤火虫在成年之前，确实和蠕虫有几分相像，比如虽然雄性成虫到了交配成熟期会长出鞘翅，就像其他真正的甲虫一样，但雌虫终生都会保持着幼虫的形态。即使是这样，"蠕虫"这个称呼也不恰当。因为蠕虫是没有脚的，但是那些暗夜中的舞者却足足有六只脚，虽然这些脚有些短，但萤火虫却知道如何充分利用它们，甚至能迈着碎步小跑。再者，法国有句俗话，"像蠕虫一样一丝不挂"。也就是说，蠕虫是没有衣服的。看看那些萤火虫吧！它们衣服的色彩是那样地华丽，栗棕色、粉红色、艳红色，这些斑斓的色彩涂抹在坚韧的外皮上，显得既华贵又英气。如此看来，那些赤裸裸的蠕虫和威风的萤火虫哪有一丝一毫的相像呢？

名称的问题可以暂且搁置一旁，我迫不及待地想要告诉读者关于萤火虫觅食的趣闻。曾经有一位美食家说过："告诉我你吃什么，我就能说出你是什么样的人。"这句话对于昆虫来说同样适用，我们往往可以把昆虫的食物和捕食方法作为研究其生活习性的突破口。因为对于几乎所有的动物来说，再没有什么事情比填饱肚子更重要的了。

萤火虫虽然表面上看小巧柔顺，可它实际上是一种食肉昆虫，而且它的捕食手段罕见地恶毒，这个事实大概会令很多人瞠目结舌。我之前阅读昆虫学家们的著作时就已经知道，蜗牛是萤火虫最爱的食物之一，但至于萤火虫是怎样捕捉并食用这些蜷缩在厚厚的硬壳中的美味的，我并没有从书籍里获得准确的答案。直到我对萤火虫进行了细致的观察和研究之后，这些谜团才最终被解开。

萤火虫爱吃蜗牛，尤其是一种比樱桃还要小一些的蜗牛，那是它们的最爱。这些蜗牛喜欢生活在稻田里或者沟渠边，整个夏季这些地方都比较潮湿，且杂草丛生，非常适宜蜗牛居住。它们常常成群地附着在稻秆上，其他植物的干枯的长茎也是它们的乐园。这些蜗牛非常懒惰，而且反应迟钝，我经常看到它们一动不动地趴在植物的茎秆上，就连对危险的天敌——萤火虫的靠近也毫无知觉。萤火虫对这些食物的聚居地十分熟悉，所以常常潜伏在那里，只要一发现蜗牛就会迅速出击，用精湛的外科手术技巧将猎物麻醉，然后大快朵颐。

⊕ 萤火虫看似温和，其实是凶猛的捕猎者

为了得到更准确的资料，我在家里养了一些萤火虫。很简单，只需要一个大玻璃瓶、一点青草、几只蜗牛，然后把萤火虫放进去就可以了。和这些"外科大夫"相处并不是一件困难的事情，只要提供给它们的蜗牛能令它们满意就行。为了品尝这美味的食物，它们会毫无保留地将高超的手术技巧展示出来。不像人类的手术总要持续很长时间，萤火虫对蜗牛的袭击往往是在一瞬间发生的，所以只有耐心地等待，甚至不眨眼睛地盯着玻璃瓶，才不至于错过最精彩的瞬间。

经过漫长的等待之后，我终于看到了惊险的一幕：被萤火虫盯住的那只蜗牛全身都藏在壳里，只在壳的边缘露出了一点软肉。萤火虫在旁边窥伺了很久，猛地一头扎了过去，看上去像是轻轻地触碰了蜗牛的软肉一下。蜗牛并没有像我想象的那样"嗖"地缩回壳里，而是像中了定身咒一样纹丝不动。这一切，不过是眨眼间发生的事。

接下来，萤火虫就取出了它的手术刀——两片呈钩状的锋利的大颚，这需要借助放大镜才能看清，因为那大颚只有一根头发丝粗细，用肉眼难以分辨。如果把它放到显微镜下，还能看到弯钩上的细细凹槽。它的工具非常简单，却十分有效。萤火虫就用它轻轻击打蜗牛壳封口处的薄膜，就像在温和地敲门一样，动作轻柔得让人想起了孩子们嬉闹时互相用手指揉捏对方脸蛋的情景，孩子们那个接近搔痒而不是用力拧的动作被人们称作"扭"，萤火虫就是这样"扭"着蜗牛的。它的动作轻柔得完全不像笼罩着死亡阴影的螫咬，仿佛只是温柔的吻。

但对于蜗牛来说，萤火虫的吻是致命的。在萤火虫有条不紊的击打下，蜗牛逐渐失去了生气，仿佛没了知觉一样。萤火虫还在不慌不忙地进行着手术，就像外科医生常常要歇口气，让护士帮自己擦擦汗一样，萤火虫每"扭"一次也会休息一下，它并不急于制服猎物，它需要不时地检验一下"扭"的效果如何。

一般来说，萤火虫的麻醉剂药效非常明显，它只要轻轻地"扭"几下（最多六下），并在这个过程中利用带槽的弯钩把毒汁注入蜗牛身体里面，就足以使蜗牛彻底失去生气。在那表面温和的螫咬背后，却是残酷的死亡，这在昆虫界里并不罕见。

死亡不仅残酷，还常常突如其来，防不胜防。比如我曾经看到过有蜗牛正在地上爬行，它的动作非常迟缓，就像在享受生活，但是萤火虫仿佛从空中坠落下来的杀手，瞬间就毁灭了它的惬意。蜗牛有时候根本来不及挣扎，只是流露出一丁点不安的情绪就迅速陷入了昏迷，接下来等待它的，就是在不知不觉中成为萤火虫腹中的食物。

为了更直接地考察萤火虫的麻醉技巧究竟有多高超，我从一只萤火虫嘴边抢走了它的食物。这只蜗牛已经被"扭"了四五下，萤火虫大概马上就要开始进餐了，但美味被人强行夺走，它一定非常愠怒，想到这些我微微有些歉疚。

我用细针轻轻刺了刺蜗牛身体前部的肌肉，它一点反应也没有；我继续戳刺它缩在壳里的身体，连微小的被刺痛后应该出现的颤动也没出现。这只蜗牛对针刺没有任何反应，难道它已经死了吗？

我之前怀疑过蜗牛在萤火虫的蜇咬中会失去生命，因此才不会做任何反抗，而且我确信我没有起死回生的法术，所以当看到一只被萤火虫伤害了的蜗牛在昏迷两天后醒来的情景时，我就确信那些蜗牛只是陷入了麻醉状态。

当时我也是把一只被萤火虫咬伤的蜗牛抢了过来，把它单独放进一个玻璃瓶里，还给它洗了洗澡。两天后，这只蜗牛恢复了正常，它开始伸出触角、蠕动、爬行，当我再用针刺它的时候，它会迅速缩回壳里，这只"死而复生"的蜗牛的感觉器官还像之前一样敏锐，它不仅摆脱了昏昏沉沉、酩酊大醉般的状态，而且仿佛连当初发生的不幸的事情都忘记了。

其实，会使用"麻醉"手段制服猎物的昆虫并不少见，很多捕食性膜翅目昆虫都是此类高手，它们就是通过这种方式捕捉食物，并把那些虽然活着但毫无反抗之力的猎物丢给它们的幼虫的。在人类还没有发明类似的外科手术技巧之时，大自然中的很多昆虫就已经无师自通，能用自己的毒液麻痹猎物的神经中枢了。虽然我们不能因此就说动物比人类更加聪明，但毫无疑问，我们能够通过探索大自然的秘密来寻求更多的启示。无数卓越的发明发现，就隐藏在各种神奇的自然现象背后。

其实蜗牛这种昆虫本性温柔平和，几乎不会主动与别的动物发生冲突。既然对手这么容易对付，萤火虫却还要使用麻醉的手段，是不是有点多此一举呢？关于麻醉技巧的必要性，我们可以通过一种叫稚萤的阿尔及利亚昆虫得出结论。

除了不发光，稚萤在生活习性、身体结构等方面与萤火虫都十分相近。稚萤的食物是一种陆生软体动物，也是蜗牛的一种，它有着优雅的陀螺形的外壳，不过它的自我保护方式比其他蜗牛高明一些，其他蜗牛壳的入口处通常只有一层软软的薄膜，只要用一片稍微坚硬些的草叶就能刺破，但这种动物却用一块结实的肌肉把一个盖子固定在身上，这盖子接近于石质，把甲壳封得严严实实的。封盖就像一扇活动的门，蜗牛一缩回壳里，门就自动关上，要出来时这扇门又很容易打开。这种防护措施看上去几乎万无一失，但稚萤却有办法破解。

要完成这项任务最需要的品质是耐心。稚萤会分泌出一种黏液把自己固定在蜗牛的甲壳表面。蜗牛似乎感

🔴 萤火虫

受到了外界的危机，它蜷缩在壳里一动不动。稚萤一点也不着急，静静地等待时机，有时候甚至一整天都不动弹。

时光仿佛停止了流动，好像所有生命都在沉默地旁观双方的生死对决。

终于，缩在壳里的蜗牛忍耐不住饥饿的折磨，也受不了闭塞环境中的污浊空气了，它悄悄地打开房门，探出了身子——电光火石一般，等候多时的稚萤立刻扑到门边，迅速把一只"手"插到微小的门缝里，这个时候蜗牛已经因稚萤的叮咬丧失了活动能力。蜗牛无法回撤，房门也就不能完全闭合，稚萤就这样成了战斗的胜利者。

胜利者的大颚的力量还不足以在瞬间剪碎蜗牛的肌肉，所以它只好像其他的萤火虫一样对猎物进行麻醉，等到蜗牛完全没有能力反抗时，它才会钻进壳里安安稳稳地吞食这只倒霉的猎物。现在让我们回到最初的问题，假设稚萤并不麻醉蜗牛，而是用蛮力对付这个有着坚硬外壳的家伙，那会出现怎样的情况呢？

要知道，除了外壳的保护，蜗牛的肌肉也是强劲而有力的。稚萤对蜗牛发起进攻之后，如果不能在瞬间完全胜利，那么蜗牛就会缩回壳里，同时也会用肌肉进行全力的反抗，如果稚萤的力气拗不过蜗牛，就意味着它的进攻失败了。那么双方的对峙会重新开始，也许等不到下一次进攻，稚萤就会被饿死。萤火虫和这种阿尔及利亚昆虫采用的策略应该是相同的，可以说，麻醉是它们捕获食物最关键的步骤。

萤火虫捕捉蜗牛时也会遇到困难。比如萤火虫其实很懒，它们之所以能获得食物，靠的往往是好运气。萤火虫并不勤于寻找食物，一旦它

昆虫记

们的进攻失败，或者"扭"食物时力气过大，导致蜗牛从高高的植物茎秆或者墙壁上掉进地面的草丛里，萤火虫就会放弃寻找。当然，好运不是每天都有的，所以萤火虫必须小心翼翼地靠近猎物，轻手轻脚地加工牺牲品，尽量避免白白浪费了难得的好运气。

再比如，当蜗牛在地上爬行时，它的壳前端没有盖子，身体前部会露出来，所以进攻会比较容易。但有时候，蜗牛会贴在高处的茎秆上或一块光滑的石头上，这样它就拥有了一个临时的盖子，使企图攻击它的居心不良者无机可乘。除非这个盖子与蜗牛的身体之间存在裂缝，否则萤火虫根本没有办法用它那精巧的工具撬开猎物的房子。

在成功捉到蜗牛之后，萤火虫就会美餐一顿以犒劳自己。那么，萤火虫是怎样享用它的猎物的呢？是切成碎片细细咀嚼，还是另有他法？在观察中，我发现，自己饲养的那些萤火虫的嘴角从未出现过任何固体食物的残渣，所以我设想它们可能并不是"吃"蜗牛，而是像人类饮水、喝牛奶一样把蜗牛"喝"到肚子里。

事实证明，我的推测并非无稽之谈。萤火虫把蜗牛麻醉之后，很快就有客人络绎上门，它们三三两两地赶来，就像来参加宴会一样，猎物的捕获者对此不会有任何异议。

萤火虫们围在昏迷的蜗牛旁边，找好自己的座位，然后开始"扭"猎物。我猜想，在重复地轻轻蜇咬的同时，它们已经把体内某种专门的消化素输入了蜗牛壳里，最后这只蜗牛就变成了肉粥。蜗牛壳像是一口大锅，好像每只路过的萤火虫都可以分一碗肉羹，它们同真正的拥有者一起大饱口福，不会发生任何争执。

萤火虫嘴里的那两个弯钩可能还承担着注射消化素的任务，这两只大颚不仅能叮蜗牛、注射麻醉药，还能把固体的蜗牛肉变成流质，真是个多功能的工具！在显微镜下可以观察到那两个有凹槽的弯钩，就像蚁蛉嘴上的弯钩，但两者功能却不尽相同。蚁蛉只吮吸猎物的血，之后就会把被吸干的尸体扔到自己设计的漏斗状的陷阱旁边，以此来吸引更多的猎物；但萤火虫却会把猎物进行液化处理，然后全部吃掉。

我曾经把玻璃瓶中的一只蜗牛壳翻转过来，在此之前萤火虫们已经围着它享用了整整两天，当它的口朝向地面时，少量的肉汤流了出来。如果让宾客们继续吃下去，大概连这一点点残渣也不会被剩下了。

玻璃瓶中的"外科大夫"还让我见识到了它们做手术时是多么谨慎和仔细。蜗牛本身的平衡能力并不是很好，有时候如果它们使用的黏液不够多，只要玻璃瓶轻轻一晃，或者稍微一不小心，它们就会从瓶壁或盖住瓶口的玻璃板上掉下来。但是我时常会看到萤火虫已经吃饱喝足走开了，但空空的蜗牛壳还贴在玻璃上而没有掉下来，甚至连位置也没有移动过。从这个角度也可以看出，萤火虫的麻醉剂是多么有效，蜗牛毫无反抗之力地变成了肉粥，并在第一次被攻击的地方被吮干。当然，我们似乎也能看出萤火虫捕食时的动作是多么敏捷和巧妙。

萤火虫攻击附着在玻璃瓶壁上的蜗牛时不是飞上去的，光靠它那六只又短又笨的脚显然也难以做到，这时候，它需要借助具有黏附和行走功能的器官，也就是它后足末端的白点。

在放大镜下，可以清楚地看到白点上有大约十二根短短的肉刺。这些肉刺有时会呈放射状分散，有时又会收拢聚成一团。通过肉刺的抬高和放低、张开和闭合，萤火虫就能上下爬动，将之完全打开又能使它吸附在支撑物上。这个器官使萤火虫不怕光滑，既能向上爬，又能随时把自己固定在某个地方，这样它才能接近高处的猎物并在旁边等候时机。除此之外，对于爱干净的萤

⊕ 萤火虫既能向上爬，又能把自己固定在某个地方

火虫来说，这个器官还是上好的洗浴用具。这些肉刺排列规则，就像一把小刷子，萤火虫常常要调制肉羹，身体上难免会粘上蜗牛肉的残迹，即使每天只是到处攀爬飞行，身上也难免会沾上灰尘，所以它常常"洗澡"，并用这把"刷子"细心地刷遍全身。

其实以上所讲的这些很多人并不熟悉，也不是萤火虫的全部特异之处，它之所以家喻户晓，主要还是因为它身体上的那盏明灯。

萤火虫从幼虫时期就能发光，它们尾部的发光小点是生来就有的，这是整个萤火虫家族的特点。成年之后，雌虫和雄虫之间会出现差异。

成年雌萤的发光器长在腹部的最后三节，发光器的前两节几乎把它的腹部全部遮住了，呈现宽带状，发出的亮光在腹部才能看见，但这是萤火虫发光器中最亮的部分；最后一节的发光器要小得多，是两个新月状的小亮点，光芒可以从背部透过去，也就是说尾部的光不管从背部还是从腹部都能看得见。

泛着淡蓝色光芒的雌萤用绚烂的光宣告自己已经化为成虫，它在迎接即将到来的交配期。而雄萤就不同了，它们虽然像雌萤一样从幼虫时起尾部就有光点，但即使发育充分之后，也不会长出那腰带般的宽宽的光带。

雌萤和雄萤还有一处区别：成年雄萤拥有鞘翅和后翅，能够飞翔，但雌萤在羽化后也不会长出翅膀，不能飞翔，除了拥有更亮的发光器，它将一直保持幼虫的形态。

为了更清楚地了解萤火虫发光器官的构造，我借助自己因年老而有些微微颤抖的双手，还有那双浑浊的眼睛，把一只萤火虫的光带的大部分分离了出来。我庆幸自己的心思没有白费，双手和眼睛居然还听我的使唤，这个解剖实验做得还算干净利落。

我把剥离的光带放在显微镜下观察，发现有一层细腻的黏性物质附着在表层，我相信这种白色涂料一定就是发光物质。与它紧紧挨在一起的是一根短而粗的气管，就像河流的干流一般都有多条支流一样，这根奇怪的管子上布满了分支，支流向四处延伸，遍布了整个发光层，甚至深入到了萤火虫的身体里。这种构造使我逐渐想明白了萤火虫发光的原理：萤火虫的发光器受呼吸器官支配，我看到的主干和分支都是输送空气（或者氧气）的通道，而白色涂层上就是可氧化的物质，当这些物质与气管里的空气接触后，会发生氧化，这样就会发光。

现在的问题是，我依然不知道发光涂层上的物质究竟是什么东西。人们曾经一度怀疑那是磷，因为这种非金属元素有强大的自燃能力，在夜深人静的旷野里出现的"鬼火"就常常是磷燃烧的恶作剧。尽管人们有时把磷光称为荧光，但曾有人化验了萤火虫焚烧后的灰烬所包含的元素，通过这种方式他们并没有证明磷就是萤火虫发光的原因。

我没有找到科学的方法解开这个谜团，只好转而去研究另一个我有能力解决的问题，那就是研究萤火虫对自身携带的荧光的调节能力。我最后得出的结论是：萤火虫完全可以控制自己的光，它能够随意调整自己身上光芒的强弱，必要时候甚至可以熄灭它的光。

要办到这一点，萤火虫有一套非常巧妙的方法，那就是调节通过气管接触到发光层的空气流量。其实很简单，我们可以把萤火虫的发光机制想象成一盏燃烧着的油灯。如果减少到达灯芯的空气，那么油灯的光亮就会减弱；空气充足的时候，油灯就会非常明亮。同样的道理，当萤火虫通过调节呼吸或其他方式减少从气管到达发光层的空气流量时，光度就变弱，但是如果萤火虫增加了通气量，光芒就会变强。一旦空气流通的阀门被完全关闭，比如萤火虫像人一样屏住了呼吸，那么光芒可能就会慢慢变弱直至熄灭。

> **知识链接**
>
> 　　萤火虫的发光器是由发光细胞、反射层、神经与表皮等组成的。如果将发光器的构造比喻成汽车的车灯，那么发光细胞犹如车灯的灯泡，而反射层就如同车灯的灯罩。萤火虫的发光细胞内有一种含磷的化学物质，称为荧光素。发光细胞在荧光素的催化下氧化，伴随产生的能量大部分以光的形式释出，只有2%～10%的能量转化为热能。当萤火虫停在我们的手上时，我们不会被萤火虫的光烫到，所以有些人称萤火虫发出来的光为"冷光"。

那么，萤火虫会在什么情况下调节光的亮度呢？

我夜里捉萤火虫时，明明已经看到了趴在青草上闪闪发光的小家伙，那光只是一个光点，所以很可能是一只幼虫，要么就是一只成年的雄萤。如果我走过去时一不小心晃动了旁边的小草，萤火虫就会立刻熄灭尾灯，就这样消失在我的手边了。这样的经历足以证明，萤火虫的尾灯会由于某种不安情绪或突然的刺激而完全熄灭。

雌萤成虫身上的光带就不同了，即使受到强烈的惊吓，它也很少会受到影响。比如我把一只雌萤关在笼子里，然后在笼子旁边弄出巨大的声响，雌萤也许害怕得熄灭了尾灯，但它腹部的光带依然明亮，光芒丝毫没有因为突如其来的惊吓而有所减弱。我还尝试过用喷雾器将水雾洒在一群萤火虫身上，个别雌萤因为冰凉的水的袭击而减弱了光带的亮度，但没有一只雌萤彻底熄灭它的灯笼，就连那些光芒减弱的现象都是短暂的，很快亮度便恢复如初。我又把烟吹到笼子里，这一次终于有扛不住折磨的雌萤乖乖熄灭了身体里全部的光，但时间短暂到可以忽略不计，等到它们恢复平静后，灯笼又点了起来，甚至变得更加明亮。我开始有些不耐烦，抓起一只萤火虫用手指捏它，我的力量不大，它便一直

持续发光，<u>丝毫不把我放在眼里</u>。

我们已经知道光带是进入交配期的雌萤所特有的装饰品，这大概也是它不肯熄灭光带的原因吧！

虽然萤火虫能够自己控制发光器，使光随意明灭，但有时候脱离了它控制的发光器依然能够在短时间内保持或明或暗的状态，比如我在实验中解剖下来的那条发光带。我把一块表皮从发光层上剥离下来，并放进了玻璃管内，管口用湿棉花塞住以减缓蒸发，这时候这块表皮依然还在发光，虽然不像在萤火虫身上那么明亮，但它确确实实没有熄灭。我把同样的表皮放进含有空气的水里时，情况也是这样。当我把它放进经过反复煮沸已经没有了空气的水里后，情况才出现了变化——光熄灭了。这就是说，萤火虫的发光是氧化的结果，只要与空气接触，即使这空气不是通过气管输入的，它依然可以发光；与空气隔绝时，氧化无法进行，也就无法发光了。

童年的时候，我曾幻想过用萤火虫制作一盏小灯，当夜色降临后，就让这盏闪烁着白色灯光的、令人感觉到宁静和柔和力量的小灯陪伴我看书。有过这种想法的人应该不止我一个。

可是这个梦想很难实现，因为那仿佛从满月里落下的小火花，虽然明亮，但还不足以照亮一整片区域。当借助萤火虫的光看书读报时，我们虽然可以清楚地辨认出一个个字母，但它的光也仅限于一个字母的范围，甚至不能照亮一个完整的并不长的词。因此很多人的萤火虫灯之梦只是童年里的幻想，几乎不会变成现实。

即使把两只萤火虫放在一起，它们也不可能照亮彼此；若把一群萤火虫放在一起，混乱的光汇聚在一起之后只会模糊地连成一片，即使离得很近，我们也辨别不出任何一只萤火虫的形状。我还通过照相技术证实了这一点。当时我把二十多只已经长出光带的雌萤关在了一个露天的金属网罩下，并在里面放上了一丛百里香。天黑之后，雌萤纷纷爬到罩顶，并各自发光，它们的影子投射在了下面的百里香花枝上。我拍下照片，期待能够借助它们的光亮拍摄出可以

知识链接

在晋朝时，有一位家贫的学子，名叫车胤。每到夏天，为了省下点灯的油钱，他都要捕捉许多萤火虫放在多孔的囊内，利用萤火虫的光来看书。后来，他官拜吏部尚书。这就是著名的励志典故——囊萤夜读。

辨认出萤火虫身形的照片，但结果很令人失望。我最终只得到了一些或浓或淡的白色斑点，既看不到萤火虫，也没有任何百里香的痕迹。

虽然没有达到预期的效果，但这次实验让我得到了另一个有趣的发现。我们已经知道雌萤的光带是位于腹部的，因为它不会飞，大多数时间只能趴在地面上，所以它腹部的光就是贴着地面的。但是雄萤总是在空中任意乱飞，或是趴在高处的树枝上，如果距离稍微有些远，它自然很难发现雌萤的亮光。那么，雌萤是怎样吸引雄萤的呢？

我不得不承认雌萤真是天生的求偶高手。夜幕完全降临后，被困在金属网罩下的雌性囚徒们开始不安起来，它们看起来就像准备去参加舞会的少女们一样躁动。后来，一只雌萤慢慢爬上了那一丛百里香中最显眼的细枝，这根细枝就是它的舞台，虽然暂时还没有舞伴，但雌萤已经开始左右摇摆起来。它不停地扭动屁股，忽左忽右，尾灯就开始左右闪烁，腹部的光带也像追光灯一样不时射向雄萤可能飞来的所有方向。只要有寻偶的雄萤从附近飞过，它就一定能看到这盏明亮的并一直旋转着的灯。

自然界的昆虫们为了求偶和交配，进而繁衍后代，真可谓煞费苦心，它们在进化过程中的很多变化也可能是出于这个目的。雌萤的求偶手段只是一个方面，雄萤则为此专门准备了一套光学仪器，以便能在远处发现雌萤发出的灯光，这套仪器主要是它的眼睛。雄萤的两只眼睛大而突出，呈现球冠形，彼此相接，中间只有一条狭窄的槽沟可以让触角放进去。另外，它的盔甲就像一面盾牌，头顶处的护甲向上延伸，比头还高出了一些，像灯罩一样能够将视野缩小，并把目光集中到要识别的光点上。两只复眼缩在大灯罩所形成的空洞里，几乎占据了整个面部，让人忍不住会想到古希腊神话中的独眼巨人库克罗普斯。

雄萤发现雌萤之后，双方就会进行交配。它们似乎有些羞涩，所以雌萤会减弱腹部光带的亮度，只留下小小的尾灯。交配过后，雌萤就会产卵。和很多昆虫不同，这些发光的昆虫没有丝毫母爱，它们把白色的圆卵随便产在什么地方后就飞走了。

萤火虫的卵还在雌萤肚子里时就能发光。有一次，我不小心捏碎了一只雌萤。当时，它肚子里已经装满了成熟的卵，我的手指上粘着的黏液闪闪发光。最初我以为这是它发光器上的物质，但通过放大镜观察才得知那是被挤出卵巢的卵。

这些卵产出来时就泛着浅浅的白色的柔光，孵化后的幼虫无论雌雄都有尾灯。刚出生的幼虫会在天气转冷后钻到地下三四法寸深的地方，即使在冬天它们的灯也是亮着的。当天气转暖后，大概在四月份时，幼虫又钻出地面，完成成长过程。

萤火虫的一生都在发光，从卵到成虫都是如此，这也是它能如此出名的原因吧。在萤火虫的研究过程中，我还有一个遗憾：虽然我已经知道了雌萤的光带的作用，但是对所有萤火虫都拥有的尾灯的用处我并不知情。或许我再也没有机会亲自解开这个秘密，只能期待后人来参透这比书本上的物理学更加深奥的自然界的秘密了。

第三章 | 绿色蝈蝈儿的故事

绿色蝈蝈儿可称得上是最漂亮的螽斯，它体态优美，身材苗条匀称，身着一袭嫩绿的衣裳，体侧有两条淡白色的丝带，两片翅膀轻薄如纱。

这漂亮的昆虫是夜晚的低音歌者，它的发声器官是两片翅膀。蝈蝈儿的低音绵长而又喑哑，它时而也会发出一声急促的响声，如银铃碰撞般清脆；乐段之间有静默的间歇，此外则是伴唱。在苍茫夜色中的绿叶丛里，蝈蝈儿的歌声并不起眼，仿佛轻声呢喃，又像是窃窃私语，我耳朵的鼓膜要十分努力，才能隐隐约约地捕捉到这窸窸窣窣（xī xī sū sū）的声音。

然而当四野的蛙声和其他虫鸣暂时沉寂时，我所能听到的绿衣歌者的声音是如此柔和，与夏夜的静谧（mì）气氛十分协调。在北方，沐浴在阳光中的蝉用它那骄阳般热情的歌声赢得了人们的青睐。又岂知，倘若这绿色蝈蝈儿的歌声再响亮一点，那它就是比蝉更胜一筹的歌者。

➕ 绿色蝈蝈儿

不过，绿色蝈蝈儿并不是田野合唱队唯一的出类拔萃者。在唱夜晚抒情歌曲方面，有一位歌唱者远远超过了它，那就是意大利蟋蟀。当盛夏晚会的灯光师——萤火虫点亮幽然的蓝色小灯笼时，四面八方的意大利蟋蟀便赶到迷迭香上来参加合唱。这些歌唱者身材很小，纤弱苍白，一对大翅膀细细薄薄，闪闪发光。靠着这双翅膀，它们的歌声响亮而富有颤音，与铃蟾忧郁缓款的歌声配合得恰到好处。

提到铃蟾，这是我花园中可亲的两栖类居民。七月中旬的薄暮里，有十来只铃蟾在我身边歌唱，它们大多数蜷缩在花盆中间，花盆一行行排得紧紧的，在我的房前形成一个前庭。每一位歌者都在唱着，它们的歌声节奏缓慢，抑扬顿挫，仿佛在吟唱一曲老歌。它们之中有的声音低沉些，有的尖锐些，但都短促而清晰，具有极悦耳的清纯音色。

　　作为歌曲来讲，铃蟾合唱团的歌难免显得有些凌乱。这个喊一声"克吕克"，那个声音细的叫一声"克力克"，第三个是男高音，回上一句"克洛克"。就这样一直重复着："克吕克——克力克——克洛克""克吕克——克力克——克洛克"，就好像邻居家刚满五岁的小男孩，淘气地在键盘上随意敲打，不管什么八度音哪和弦音的，完全不循章法。然而用心去听，你会发现，这是铃蟾小伙儿求爱的清唱，是用歌谣谱成的情书。

　　不过，铃蟾夫妇婚礼结束的场面让我难以想象。当铃蟾小伙儿成长为一位慈爱的父亲，模样却变得让人完全认不出来了。它后腿的四周缠着一串梨子籽般大小的卵，这是它的子女，这鼓鼓囊囊的包袱重重地压在它背上。铃蟾父亲跳不起来，只能拖着身子一小步、一小步地向前走。

　　"这位温情体贴的父亲哪，你背着这么重的负担，要走到哪里去呢？""我要迎着潮湿和阳光前行，到附近的沼泽去，那里有小蝌蚪们生长所必需的温暖的水，是最适合它们发育的环境。在那里，黑色的小蝌蚪会孵化出来，一个一个，蹦蹦跳跳的，和水一接触就能挣破卵壳啦。"

　　顽强的慈父继续它的远征，热爱干燥和阴暗的它，寻找着连做母亲的都不愿去的沼泽。终于，它找到了。它立即投入水中，腿相互摩擦着，那串梨子籽似的卵便脱落下来，父亲的潜水任务完成了。其余的事情会自动进行下去。远征者终于可以回到干燥的家中了。

　　还是让我们回到田野中的联欢会吧，合唱变成了乐器演奏。绿色蝈蝈儿似乎轻轻敲着小小的三角铁；意大利蟋蟀拨着小提琴E弦；铃蟾敲击出清脆的奏鸣曲；那有着金黄色眼睛的鸟，是"小公爵"长耳鸮，它正优雅地独唱忧伤的爱情歌曲；远处传来稍弱的、猫叫般的不和谐声音，那是猫头鹰求偶的喊声。

　　就这样，在盛夏的暮霭中，我沉醉于田野间的联欢会，在大自然的音乐中沉静、思考。而此时，在村庄的广场上，人们用篝火的光照亮了教堂的钟楼，用灿烂的烟花点燃了夜空，孩子们的笑声与咚咚的鼓声交织在一起，这是个举国欢度国庆的夜晚。不过，我敢打赌，即使是我们这个平常如此宁静的小村庄，在这节庆的日子里，也离不开劣质烧酒和

打架斗殴。难道为了更好地品味快乐，就一定要加上痛苦的味道？在庆祝国庆的最高形式——阅兵典礼上，死亡和伤痛都是意料之中的，是列入计划的。如果你不能理解，可以去看第二天的报纸。报上刊登的照片中，广场上到处插着写有"军人救护车""平民救护车"字样的红十字旗，看到这儿你就明白了。

我则更愿意远离尘嚣，独自一人，来到黑暗的角落，在夜晚倾听这田野里艺术家们的音乐。昆虫们才不关心人类吵吵嚷嚷的纪念日呢，它们在为丰收的季节欢呼，它们歌唱着生活的欢愉，歌唱着草叶上的晨露，歌唱着盛夏的如火骄阳，歌唱着夜幕下的静谧星空。

今天，我们满怀信念地庆祝攻陷巴士底狱的胜利纪念日，可是在一两个世纪以后，又有几个人会谈起这件事呢？那时会有新的欢乐需要庆祝，有新的烦恼需要排解。人类和人类变化无常的喜与悲，和昆虫们有什么关系！绿色蝈蝈儿还是会哼着它低沉的

✚ 花丛中的蝈蝈儿准备歌唱了

抒情曲，长耳鸮还是会对着月亮歌唱它的"康塔塔"。在我们都看不到的未来，总有那么一天，人类会被自己创造的所谓文明消灭。小铃蟾在意大利蟋蟀、绿色蝈蝈儿和其他动物的陪伴下，一直唱着它的老调子，而人类却会灭亡。在我们来之前它们就在地球上歌唱，我们死后它们还将继续歌唱，歌唱太阳，歌唱大地。

不要在联欢会上流连了，我们还是回到昆虫的研究上吧。

今年初夏，我那狭小的花园来了一群稀客。真是意外，去年还难以在我家附近寻到它们的踪影，我打算研究它们时，还不得不请求护林人的帮助，才得到了远在拉嘉德高原上的一对；或许是我的坚持不懈感动了幸运女神，今年它们像约好了似的成群结队地前来，荒石园的草丛中到处是它们的鸣叫。这难得的客人就是身着绿衣的携刀者——绿色蝈蝈儿。

六月初始，我把不少的雌雄蝈蝈儿请到金属网罩里，协助我研究。对这些体态优美的昆虫，我十分满意。为了好好招待它们，我在瓦钵底

铺上了一层细沙，也尽量找些合它们口味的食物。

不过就是在食物方面，我遇到了与喂养白额螽斯时同样的麻烦。根据在草地上嚼食的直翅目昆虫的一般饮食制度，我判断网罩中的寄宿者们是虔诚的素食主义者。可事实并非如此：我喂它们莴苣（wō jù）叶，它们吃是吃，可是吃得很少，好像是做客的人为了给主人几分薄面才勉强吃上两口，而实际上明显对呈上来的菜肴不是十分满意。看来我要找其他食物招待这些被研究者了，到底是什么呢？是鲜肉吗？幸运女神再次对我微笑，一个偶然的机会让我得到了答案。

清晨，我在门前散步，突然听到刺耳的吱吱声，感觉旁边的梧桐树上有什么东西落了下来。发生了什么事？我跑过去一看，一只蝈蝈儿正在享用它的战利品——奄奄一息的蝉的肚子。胜利者把头伸进蝉的肚子，正一点一点地拉出它的肚肠。绝境中不幸的俘虏哇，它的哀鸣和挣扎无法改变被开膛破肚的命运。原来，这是一场发生在梧桐树上的战斗：清晨，蝉在树枝上散步，却不知自己已经被绿衣猎手盯上。蝈蝈儿纵身一跃，将猎物死死咬住，惊慌失措的蝉飞起逃窜，攻击者和被攻击者就从树上一起掉了下来。

绿衣猎手的屠杀在晚上更容易进行。沉沉夜色中，蝉已进入梦乡。它白天沐浴在阳光和盛夏的热浪之中，尽情地唱了一天，现在它累了，需要休息。但蝈蝈儿没有休息，它是狂热的夜间狩猎者，只要在巡逻时碰上半睡半醒或是酣睡中的蝉，就一定不会放过。它可以轻而易举地将猎物牢牢抓住，而这正是捕猎的关键所在。若是夜晚万籁俱寂之时，树枝上突然响起一声短促而尖锐的悲鸣，那多半是一只正安静休息的蝉悲惨地死去了。

这穿着一身嫩绿服装的携刀者称得上是男猛的猎手，它飞身捕蝉的情态像是鹰在空中追捕云雀。不过不同的是，以劫掠为生的鹰进攻比自己弱的东西；而蝈蝈儿则恰恰相反，它所选择的猎物与自己的身体大小悬殊，是强壮有力的庞然大物。但是，搏斗的结果我们已经看到了：没有武器的蝉几乎毫无还手能力，蝈蝈儿凭借它有力的大颚和锐利的钳子，总是能将蝉变成盘中美餐。

总算是找到了网罩中寄宿者喜爱的食物，我用蝉来喂养它们。它们对这道菜十分满意，吃得津津有味，尤其喜食蝉的肚子。这是个好部

位，虽然肉不多，但是里面储存着蝉用口器从嫩树枝里吮吸来的糖浆甜汁，既有肉又有甜食，就像英国人爱吃的用酱做佐料的带血牛排，味道似乎特别鲜美，所以比其他部位更受欢迎。也许正是这个原因，蝈蝈儿每次抓到蝉都先吃肚子，以至于两三个星期间，网罩中到处都是残肢断腿，被撕扯下的羽翼和肉被吃光后的头骨、胸骨，蝉的肚子部分也早就被吃光了。

但是，在法国北方，绿色蝈蝈儿很多，那儿找不到它们在这里喜欢吃的带糖的蝉肉，那么它们一定还吃别的东西。为了证实这一点，我还喂它们吃肥美的鳃角金龟。对这道新菜肴，它们欣然接受。第二天，漂亮多肉的鳃角金龟就被蝈蝈儿吃得肚子朝天了。我还给它们吃其他鳃角金龟。对于鞘翅目昆虫，这群肢解高手也十分喜欢，吃得只剩下鞘翅、头和足。为了变化食物的花样，我还给蝈蝈儿吃很甜的水果：几块西瓜、几颗葡萄、几片梨子。它们都很喜欢。不过，面对美味的食物，自私与妒忌从不少见。我扔入一片梨子，一只蝈蝈儿立即趴在上面，而且不管谁要来分享这块美食，它都要踢腿将其赶走。饱餐之后，它便让位给另一只蝈蝈儿，而另一只也立刻变得吝啬起来。这样一个接着一个，所有蝈蝈儿都能品尝到一口美味。

网罩中的寄宿者存在和修女螳螂一样的同类相食现象。诚然，在我的网罩中，蝈蝈儿们除了面对食物时有点小小的敌对，彼此之间相处还是十分和睦的，从没有发生过严重的争吵和打架斗殴，更没有像修女螳螂那样捕杀姐妹、吞食丈夫的暴行。但是，如果某只蝈蝈儿死了，那么活着的贪吃鬼绝对不会放过品尝同伴肌体的机会。它们吃死去的同伴就像是吃普通的猎物一样，而且并不以饥饿为理由。另外，所有携刀者都不同程度地表现出这种爱好，即吃受伤的同类以自肥。

从以上例子中我们得到了许多资料：蝈蝈儿非常喜欢吃昆虫，尤其是没有过于坚硬的盔甲保护的昆虫；它十分喜欢吃肉，尤其是带有甜味的肉，但又不是修女螳螂那样的纯肉食主义者；它也吃水果的甜浆，死去的同伴也被列入菜单；有时没有好吃的，它甚至还吃一点草。

蝈蝈儿一天中大部分时间都在休息，天气炎热的时候更是如此。当饱餐之后，肚子里已经装满食物，它用口器抓抓脚底，用沾着唾液的足擦擦脸和眼睛，躺在细沙上或是抓着网纱，以沉思的姿势，怡然自得地消化食物。

太阳下山后，蝈蝈儿们开始兴奋起来，晚上九点达到高潮。它们闹哄哄地来回走动，突然纵身一跃爬上网顶，又急急忙忙跳下来，然后又爬上去，圆形网罩里到处是神情激动的蝈蝈儿。狂热的雄蝈蝈儿鸣叫着，这儿一只，那儿一只，用触角逗着从旁边走过的雌蝈蝈儿。蝈蝈儿先生心仪的女友半举着尖刀，神态端庄地溜达。内行人一看便知，蝈蝈儿先生要办它的人生大事了，这就是交配。我在网罩中饲养蝈蝈儿的主要目的，就是看看白额螽斯所揭示的奇怪的习性到底有多大的普遍性。因此对我来说，交配是主要的观察事项。

蝈蝈儿爱情的表白延续的时间非常长，坠入爱河的蝈蝈儿先生和它的女友面对着面，几乎是头碰着头，用柔软的触须长时间相互触摸着、探询着，就像是一对正在切磋剑术的对手，剑交叉来、交叉去，而双方并没有打起来。雄蝈蝈儿时不时地唱上两句，拉几下琴弓，然后就沉默了，是因为太过激动而继续不下去了吗？婚礼的前奏曲还在延续，而时针已经指到十一点了，我实在困得不行了，只好放弃了观看。

第二天上午，雌蝈蝈儿的产卵管下面垂着一个奇怪的东西，有豌豆那么大。这是一个乳白色的精托，中间有一条浅沟，把整个精托分成对称的两串，每串有七八个小球。当这位母亲走动时，精托擦着地面，沾上了几粒沙子。

就在这里，白额螽斯母亲那不可思议的习性又在蝈蝈儿身上出现了，简直一模一样。经过两个小时，精托里面已经空了，雌蝈蝈儿把黏糊糊的精托一块块地吃了下去，这个似乎非常美味的玩意被长时间地咀嚼，不到半天的时间，乳白色的精托消失了，被吃得一点不剩。

➕ 蝈蝈儿的有些习性和白额螽斯一样

真是无法想象，这令人恶心的盛宴竟发生在地球上，这似乎是来自外星球的习俗。螽斯是地球上最古老的动物之一，它们的世界是多么奇怪呀！这种怪异的行为存在于整个螽斯家族中吗？我们再向另一种佩带尖刀的昆虫寻求答案吧。

　　七、八月份的时候，我选择了距螽，它们很容易饲养，一些生菜叶和几片梨子就可以了。

　　雄距螽微微靠在一旁呼唤着它的女友。它弹奏的音乐是如此热烈而激昂，使得它的整个身子都颤动不已。然后，它静默了。距螽先生和它的女友都很害羞的样子，它们踱着小步，慢慢地靠拢。这对情侣面对着面，都一动不动，前腿不自然地抬起，触须温柔地摇摆着，似乎在静静地说着情话。这爱情的告白持续了几个小时，但是，时机似乎尚未成熟。它们好像是闹别扭了，莫非是雄距螽这么长时间的表白还没有打动女友的心？好像也不是这样，因为第二天它们和好了，又开始诉说甜蜜的情话，可惜还是没有结果。

　　第三天，重要的时刻终于来了。雄距螽按照自己家族的习性，小心翼翼地倒退着钻到雌距螽的身下，在后面伸直身子仰卧，紧紧地抱住产卵管作为支撑，交配完成了。雄距螽排出了一个巨大的精托，在这一番伟业之后，它已经体力不支、瘦得干瘪了。任务一完成，它就去一块梨子那儿补充能量了。而雌距螽则懒洋洋地小步溜达着，身上还带着有它身体一半大、雄距螽排出的精托。

　　这个精托和白额螽斯还有蝈蝈儿的长得差不多，像是装着大籽粒的覆盆子，颜色和形状令人想起一袋蜗牛卵。产卵管底部左右两边的两个结节，由一根宽宽的用透明黏结物做成的东西固定着，它们比其余的结节更加透明，里面含有一个鲜艳的橘红色的核。

　　两三个小时之后，雌距螽像白额螽斯和蝈蝈儿那样开始了令人恶心的盛宴。它把身子蜷成一个环，轻轻扯下精托的皮，并没有弄破，里面的东西不会流出来，它将皮咬成许多小块，长时间地咀嚼然后吞下去。整个下午它都在细嚼慢咽，第二天覆盆子似的袋子就完全消失了。

　　有时事情没有这么快结束，特别是没有这么恶心。我曾记载过一只雌距螽一边拖着精托走，

❶距　螽

一边时不时地咀嚼。运输十分辛苦，精托从地上拖过，沾上沙砾和土块，大大增加了重量；有时甚至粘在一块土上拖不动。它还牢牢粘着雌距螽的产卵管，使得辛苦的母亲怎么努力也拔不下来。整个晚上，雌距螽都带着忧虑的神情，它拖着的袋子瘪了一点，对这之前爱吃的美味它似乎失去了兴趣，只是在表面咬下一点点。

➕ 产卵的螽斯

第二天，事情没什么进展；第三天，除了袋子更瘪之外，没什么新情况。最后，在粘了整整两天之后，袋子里面装的东西倒出来了，已经干瘪瘪、皱巴巴的袋子也自动脱离了。也许是这东西粘了太多的沙砾，曾经那么爱吃它的距螽把它抛弃了。

另一种螽斯——镰刀树螽，它部分消解了我饲养螽斯时的烦恼。它长着像土耳其弯刀似的镰刀，我多次看到它弯刀的底部带着生殖器官；不过每一次都由于条件的限制，我无法做全面的观察。它的精托挂在一根水晶带上，半透明，有三到四毫米长，颈部几乎和鼓起的部分一样长。镰刀树螽没有品尝这个精托，而是让它自己干枯掉了。

至此，我们总结一下吧。白额螽斯、阿尔卑斯距螽、蝈蝈儿、距螽、镰刀树螽这五种不同的螽斯类昆虫的例子证明，产卵的螽斯像章鱼和蜈蚣一样，是古代习性残存的代表，它们成为了保留着遥远时代奇特繁衍行为的珍贵标本。

第四章 蟋蟀的演奏和交配

似乎所有身怀绝技的人，都无须要求工具的昂贵和复杂。当博物学家看到蟋蟀展示的演奏工具时，他们没想到这位出类拔萃的演奏者，使用的乐器是这样简单，它的乐器和螽斯的乐器采用相同的发声原理——两只翅膀相互摩擦。

蟋蟀两只前翅的结构完全相同，就像是人的左右手，了解了一个就可以知道另一个。不过，它的右前翅除了裹住体侧的褶皱外，几乎把左前翅完全遮住。这与它的近亲绿色蝈蝈儿、白额螽斯和距螽等完全相反，它们是左撇子，而蟋蟀是右撇子。那么，就让我从右前翅开始说起吧。蟋蟀贴在背上的右前翅的翅脉比较粗壮，呈深黑色；在侧面，它突然折成直角斜落，将身体紧紧裹住，这部分前翅上有细细的翅脉，斜着平行排列。整个前翅好像是一幅抽象画，让人猜不出画的主题。

除了左右两只前翅相交的两点之外，前翅是透明的，呈非常淡的棕红色。前翅前面的部分呈三角形，大一些；后面的呈椭圆形，小一些。这两只前翅是蟋蟀的发声部位，细薄透明，上面都有一条粗壮的翅脉和一些细细的翅脉纹，前面的部分还镶嵌着四五条人字形的花纹，后面的则画着一条弓形的弧线。

蟋蟀的这两个部位与螽斯的镜膜有些类似。前面一小部分比较光滑，被演奏者涂上了一抹橘红色，两条弯曲而平行的翅脉把这部分与后面隔开；它们之间的一条翅脉，是精致的锯齿状，上面约有一百五十个三棱柱状的锯齿。这就是蟋蟀的琴弓。两条翅脉之间有凹陷，其间排列着五六条黑色的横脉，让人想起楼梯的梯级。这些小小的梯级就是摩擦翅脉，左前翅的和右前翅的一模一样。摩擦翅脉在演奏中发挥着重要作

✤ 蟋 蟀

用，它们增加了琴弓的接触点，从而加强了振动。

蟋蟀的乐器确实比白额螽斯的精巧许多：白额螽斯只有一个柔弱的镜膜；而蟋蟀的琴弓上雕刻着约一百五十个三棱柱锯齿，它们与左前翅的摩擦翅脉相啮合，四架琴同时弹奏，下面的两个直接靠摩擦发声，上面的两个则通过摩擦工具的振动发音。白额螽斯的乐声低浅婉转，它的声音只有在几步远的范围之内才能听得到；但是蟋蟀的乐声十分洪亮，即使在几百米远的地方也能听到它高亢的乐声。这让我想起了底气十足的美声歌唱家，无须辅助的扩音设备，就能让浑厚的声音响彻整个剧场。

在法国北方，蝉用嘶哑的乐声赢得了人们的赞誉；蟋蟀的乐声和蝉的相比毫不逊色，甚至比蝉更胜一筹。蟋蟀的乐声更加清亮，更加细腻，蝉重复着"知了知了"的单调曲子，蟋蟀却懂得抑扬顿挫。它的前翅在侧面伸出，形成一个宽边。宽边放低或者抬高，就会改变其与腹部接触的面积，从而使得声音的强度产生变化。蟋蟀就是利用这个制振器调节声音的高低，时而高亢激昂，时而低柔和缓。

我在前面讲到过，蟋蟀的两只前翅一模一样，完全对称，但是我所见到的蟋蟀都是右撇子，用处在上方的、右边的琴弓拉琴。而左边的琴弓似乎毫无用处，它没有放在任何东西上，不能和任何地方接触发音。

那么，会不会有聪明的蟋蟀交替使用这两把琴弓，用一把，歇一把，以此来延长演出的时间呢？或许，至少会有一种蟋蟀是例外的左撇子，用结构相同的左琴弓拉琴吧？然而，事实与我的猜测完全相反。我观察了许多的蟋蟀，它们都安分地遵循这条普遍的规则，没发现一个例外的左撇子。

我还是不明白，既然两只前翅完全对称，左前翅的演奏工具和右前翅的是完全一样的，那么，只要把原来处于下方的左前翅移到上方来，就能用它演奏出和使用右琴弓时一样的曲调。既然蟋蟀自己没有发现这个问题，那么我就试试用人为的方法来帮助它们利用这把闲置的琴弓吧。

我设法将蟋蟀的左前翅挪到右前翅上面，我小心翼翼地拿着镊子，大气也不敢喘，生怕手一哆嗦弄伤了我的实验对象。还好，我的耐心和小心帮助我顺利完成了任务，左前翅终于压在右前翅上面了，而且蟋蟀脆弱的胳膊没有脱臼，细嫩的翅膜也没有损伤，就好像它生来就是长成这样的，对于这次改造我非常满意。下面，就等待着整形后的蟋蟀用左琴弓拉出美妙的乐曲了。

　　然而，事情并没有朝着我所期望的方向发展。蟋蟀刚开始的时候还比较平静，但是没过多久，就对整形手术产生排异反应，费劲地将翅膀扳回原位。我又反复地试了几次，但是，蟋蟀都不能够接受这样的改变，最后，面对蟋蟀的顽强坚持，我终于放弃了。

　　我想，也许是因为成年蟋蟀的翅膜已经僵硬，纹理已经形成，所以无法接受突然的改变。那么，如果我在翅膀发育的初始时期就对它进行改造呢？如果翅膀从一开始就按照左前翅在上、右前翅在下的样子自然生长，蟋蟀会不会顺应这样的形势，改用左琴弓拉琴呢？

　　于是，我找来了蟋蟀的幼虫，留心它的羽化，这是它再生的重要时刻。此时的演奏家，它的乐器还是稚嫩的四个小薄片，又短又小，还开着叉。我严密地监视着它的变化，终于等到了蜕皮的那天。我清楚地记得，五月初的一个上午，大概十一点钟，一只幼虫褪去了它的旧衣，换上了一身栗红色的衣服，但前后翅是纯白色的。刚刚蜕皮的蟋蟀，翅膀又小又皱。后翅一直是退化的样子，前翅则开始慢慢展开、变大。起初，左右前翅还很小，没有相互接触到，是在一个平面上生长的；它们长得很慢，看不出来谁要盖住谁。慢慢地，两只翅膀的边缘碰到了一起，眼看着右前翅就要盖住左前翅了，到了我进行改造的时刻了。

　　为了保护这些稚嫩的薄翼，我抛弃了硬邦邦的镊子，选择一根草作为手术工具。我轻轻地将左前翅扳到右前翅的上面，但是小蟋蟀挣扎了一下，又给扳回了原位。我耐心地再一次将左前翅挪上来。这一次，它没有反抗，左前翅终于叠放在右前翅的上面，尽管只盖住了不到一毫米。这次改造较上一次更加棘手，不过我还是成功了。

　　随后的时间里，正如我所期盼的那样，蟋蟀的翅膀按照这种颠倒的次序生长着，左前翅终于盖住了右前翅。下午五点左右，蟋蟀的翅膀由白色变成了正常的成虫颜色，前翅终于发育成熟了。蟋蟀在我的干预下成长为一个左撇子，第二天，第三天，事情没有任何变化，看来它没有不良反应，这次整形应该说取得了圆满成功。我们就耐心等待着这位使用左琴弓的演奏者为我们拉出美妙的音乐吧！

　　第三天，新歌手初次登台，等待已久的时刻终于来临。我听到几声短促的咯吱声，像是错位的齿轮相互摩擦的声音。哦，没关系，这只是演奏者在试音，在调弦，我们再等等。然而，下面的情形让我彻底失望了。整形后的左撇子还是要用它的右琴弓，前翅在颠倒的状态下已经长硬了，成形了，但它还是坚持要把右前翅掰上来，弄得胳膊都脱臼了。在经历一番痛苦的挣扎之后，它终于将前翅恢复原位。

对此，我惭愧万分。我还欣喜地以为我创造出蟋蟀家族第一个左撇子演奏家，岂知将人为的推理和想象千方百计地强加给动物，最终也不能变成现实。我的那点技术和阴谋，终究抵不过蟋蟀的本能和坚强。正如我们人类大多数是右利手，不过牛顿、富兰克林、居里夫人，他们都是左利手的最佳代表。如果，除了罕见的例子外，左手能像右手一样灵活有力，那该多好哇！

可是，通过对蟋蟀的观察研究，我们得知：左边在平衡方面有一个天生的缺点，这个缺点永远无法消失，只能通过后天的训练和饲育得到一定程度的修正。所以，就算我从一开始就改变了蟋蟀前翅的叠放顺序，它演奏的时候，还是会不顾一切地将它们扳回原位。至于左边这种天生弱势的原因，要求助于胚胎学才能弄明白。

无论如何，蟋蟀还是将左琴弓闲置不用，那么，这把与右琴弓同样精巧的齿条，它存在的意义又是什么呢？除了寻求对称性，我实在想不出更好的理由了。然而，这个似是而非的理由明显是经不起质疑的。蟋蟀的近亲白额螽斯、绿色蝈蝈儿，有的只有琴弓，有的只有镜膜，倘若它们高举着前翅问："为什么我们的亲戚蟋蟀有对称性，而我们螽斯都没有呢？"面对这样的质疑，我找不到合适的回答，我那原本就摇摇欲坠的理论大厦，被这小小昆虫的前翅轻轻一碰，顷刻间就崩塌了。

我们还是不要纠缠于左前翅的问题了，来听听蟋蟀的精彩演奏吧！它总是走出家门，在自家门口，一边沐浴着温暖的阳光，一边架起琴弓开始长久的演奏。它的琴弓发出"克利克利"的清纯声响，这音乐既柔和又响亮，既圆浑又充满律动。就这样，整个春天的闲暇时光，都被这些美妙的音符染上了快乐的色调。

蟋蟀刚开始是为了自己而拉起琴弓，是为了演奏自己的幸福生活。在它的音乐中，流淌着柔美的阳光，闪耀着甜美的露珠；它用音乐赞颂太阳的永恒，感谢大地的慷慨；每一棵青草、每一个平静的隐蔽所，都能成为它音乐的主题。当然，它也经常演奏情歌，那是献给它喜欢的女

➕ 雄性蟋蟀在求偶

邻居的动人乐曲，演奏家用音符来谱写爱意。

可惜，想要在田野中、在非囚禁的状态下观察蟋蟀的婚礼，难度非常大。这种昆虫不仅深居简出，而且十分胆小。我之前的每次尝试都是白费力气。看来，我还要耐心地等待机会，等待幸运女神向坚持不懈者微笑。现在，我只好仔细观察笼子中的蟋蟀了。

蟋蟀都喜欢待在自己家里，蟋蟀先生和蟋蟀小姐不住在一起。那么，婚礼要到谁的家中举办呢？如果说，蟋蟀先生的乐曲是它们双方唯一的联络方式，那么，应该是不出声的女友循着声音前往拉琴的男友家中。不过，事实恰恰相反。我根据自己的推测以及网罩中蟋蟀的现实行为，猜想雄蟋蟀很有可能有一套独特的方法，用来找寻默不作声的女友的家。

那么，雄蟋蟀又是何时出发的呢？胆小的它选择在夜幕降临时悄悄启程。然而，这种夜间出行对它来说艰险万分。它平时足不出户，演奏也只是在自己家门口，可以说，它对外面的世界一无所知，没有任何旅行经验的它基本上是个路痴。尽管路途只有二十步，对于它来说也无异于长途跋涉。在千辛万苦找到女友的家之后，它要怎么回来呢？

这位夜间旅行者的命运真是令人担忧哇！它很有可能找不到自己的家了；而且，完成了人生大事之后，它也没有力气再给自己挖一个新的洞穴了。它会流离失所，四处流浪。如果不是在网罩中，而是在田野里，筋疲力尽的它多半会成为在夜间巡查的蟾蜍的夜宵。

不过，即使面临着这么大的危险，雄蟋蟀还是义无反顾地前往女友的家，在伸手不见五指的黑夜中，翻山越岭，来到女友家门口的空地上，去完成它传宗接代的任务。

虽然我现在所了解的资料，只有网罩中发生的那点现实情况和对田野中发生的事的推测，但这还是简要叙述出了事情的全部过程。我在一个网罩里放了好几对蟋蟀，它们相处和睦，四处溜达，好像没有建造永久住所的计划，只是蜷缩在一片生菜叶下面。

不过，邻里之间的和睦很快被求偶期的争风吃醋取代，情敌之间经常发生激烈的争吵。它们面对着面，脸上似乎都带着妒忌的神情，或许不久之前它们还是一起演奏的好兄弟，然而现在，它们将要为了爱情而大打出手。它们扭打在一起，互相咬住对方的头。战斗结束后，失败者灰溜溜地逃跑，而胜利者则引吭高歌，得意扬扬地炫耀自己的战绩，然后跑到女友身边，轻声演奏起情意绵绵的乐曲。

它描眉画眼，以取悦女友。它把一根触角拉到大颚下，卷曲起来，

涂上唾液作为美容剂。它还用肢体语言不断向女友示好，它那镶嵌着红色饰带的长后腿向空中猛踢。它太激动了，尽管琴弓还在迅速拉着，可是却发不出声来，或者只是发出一阵没头没尾的摩擦声。

然而，这激动人心的表白并没有打动它的爱人。雌蟋蟀故作

⊕ 图中的雄蟋蟀抬起它的前翅，雌蟋蟀在吃雄蟋蟀背部腺体的分泌物

矜持地跑开了。两千年前的牧歌这样唱道："它向草丛逃去，一面窥视着求婚者。"两千年后的雌蟋蟀，竟然还是使用一模一样的恋爱宝典！

雄蟋蟀没有就此放弃，它似乎看出了女友芳心已动。它又开始了演奏，乐声时而灵动，时而舒缓，时而有一会儿静默的间歇。女友终于被这动情的乐声感动了，它从草丛中走出来，迎着它的男友走去。男友也迎上来，它掉过头，转身趴在地上，倒退着朝后爬。经过了多次尝试，它终于以这种奇怪的姿势钻到了雌蟋蟀的身下，交配完成了。雄蟋蟀身体中涌出一个细粒，明年它将变成这对夫妻的后代。

接下来就是产卵了，这对夫妻住在了一起，却没有开始幸福美满的生活，家庭暴力一发不可收拾。父亲被母亲打得肢残腿断，曾经为它演奏情歌的琴弓也没能幸免，被撕得破破烂烂。昨日还是亲爱的伴侣，现在却成了讨厌的家伙。可怜的雄蟋蟀，几乎快被它的妻子吃光了。如果不是在封闭的网罩里，而是在开阔的田野中，估计它早就逃命了。

母亲在交配后对父亲的这种凶残的虐待，我们在蝈蝈儿和白额螽斯身上都见过。这些古代习性残存的代表告诉我们：母亲才是生命活动的

主角，是真正的繁衍者和劳动者；父亲这个次要角色，只要完成了交配任务就该早早退出舞台。

不过，就算幸运的雄蟋蟀能够从妻子的屠刀下逃脱，勉强保住一条小命，也还是躲不过命运早已安排好的结局。六月，我网罩中的囚犯就全部死掉了。

如果雄蟋蟀被单独囚禁起来，事情就完全不同了。虽然它们没有完成雄蟋蟀的人生大事，但是它们都非常长寿。普罗旺斯以及整个南方的小孩子都喜欢把蟋蟀放在小铁丝笼子里饲养，这些被迫单身的蟋蟀就这样一直欢快地演奏着，一直到草地上的伙伴们都永久地静默了，它们还在演奏。它们一直活到九月，多活了三个月，成年之后的生命被延长了一倍。

在这里，我插一些题外话，虽然与主题关联不大，却也十分必要。有人说，热爱音乐的希腊人把蝉养在笼子里，听它们演奏乐曲。我想说，它们养的一定不是蝉，很有可能是蟋蟀。

首先，用笼子养蝉是不太可能的，除非里面有一棵梧桐树或是橄榄树；而且，蝉喜欢高飞，将它放置于一个狭小封闭的空间里，它会厌倦郁结而死。其次，蝉演奏的乐曲十分沙哑，对耳朵来说，长时间听这种刺耳的鸣叫无异于找罪受；拥有娇嫩耳朵的希腊人，会喜欢这样的乐曲吗？

或许，就像人们把绿色蝈蝈儿和蝉混淆一样，希腊人将蟋蟀误认为是蝉了。蟋蟀深居简出，对生活空间几乎没什么要求，天生就能适应被囚禁在笼中的生活。只要每天给它生菜叶吃，它就会高高兴兴地当囚犯，还会尽情地奏响田野的欢歌。

我家附近还有三种蟋蟀，我对它们的研究不是很深入，也没有得到什么特别的结论。它们都居无定所，四处漂泊，今天住在土地的裂缝里，明天可能就躲在一堆枯草下；当然，它们似乎也不打算建造一个永久的居所。它们使用的乐器和田野蟋蟀基本一样，只有细微的差别；乐声也是一样的，只不过声音的大小不同而已。

这些蟋蟀中体形最为小巧的是波尔多蟋蟀，它的乐曲是如此细微，以至于我耳朵的鼓膜要非常努力，才能够捕得到。但是，音量的大小丝毫不影响它的演奏，它毫不吝啬地拉起琴弓，在我家门前的黄杨树下展示着它的绝妙技巧。

虽然，我所居住的地区没有家蟋蟀，不能在厨房的地板缝隙里听到它们的乐曲；不过没关系，只要你在夏夜走进田野，就能欣赏到蟋蟀演奏的交响乐。春天，田野蟋蟀迎着阳光拉起了琴弓；夏天，树蟋在静谧的星空下尽情演奏。春日的暖阳和夏夜的恬静，它们平分这美好的季节；当田野蟋蟀收起琴弓、退下舞台，树蟋就弹奏起小夜曲。

树蟋又叫意大利蟋蟀，它细细瘦瘦，苍白纤弱，全无蟋蟀类所特有的笨重体形；一对大翅膀薄得让人担心，好像一口气就会把它们吹破。它喜欢住在高一点的地方，迷迭香、小灌木和长得高高的草，它就在这些植物上面四处漂泊，很少到地上来。

树蟋热爱炎热的夏夜，它是不知疲倦的夜晚演奏家，从七月到十月，从日暮时分到深夜，它一直演奏着优美的小夜曲。它的交响乐团遍布田野，我们这里的每个人几乎都听过它的音乐。然而，人们对这种习性神秘的蟋蟀知之甚少，还以为这幽雅柔美的抒情乐曲是普通蟋蟀唱的呢！其实，普通蟋蟀这时候还没长大，还不会唱歌呢。

请凝神细听，树蟋的音乐是"克里——依——依""克里——依——依"的声音，歌声轻柔舒缓，还带有轻微的颤音，像是温柔地拉着小提琴所发出的声音。爱好音乐的人可以从这音乐声中推断出，这位演奏者的前翅十分宽阔而细薄。它的乐曲声清朗而甜美，它是田野交响乐队中出类拔萃的演奏者。我有很多个迷人的仲夏夜都是躺在荒石园中，在它优美的音乐中度过的。

😊 意大利蟋蟀

树蟋敏感胆小，还精通腹语，想要拜访它并非易事。如果草丛里没有什么声响，它就安心地演奏；但是如果有一丁点的风吹草动，它就改用腹语演奏。刚才还听到它在你身旁拉琴，突然，它的声音又从另一边传来；当你蹑手蹑脚地走到那里时，声音又从原来的地方响起；可是似乎也不对，声音的方位忽左忽右，甚至有时从后面传来。单凭听觉去找到它真是太难了！我拎着提灯，屏住呼吸，小心翼翼，才幸运地抓到了几只。我把它们关进网罩里。现在，我终于能够近距离地观察这些神秘的演奏者了。

树蟋的乐器十分精致，两只前翅都十分宽大，是呈半透明状的薄膜，薄得就像是包糖果用的糯米纸，整块糯米纸都能够振动。前翅下部浑圆，曲线优美。翅面上有三条翅脉，一条较长的纵脉斜着镶嵌在上面，两条横脉与之垂直相交，构成丁字形。当树蟋休息时，翅缘便裹住身体的两侧。

和田野蟋蟀一样，树蟋的前翅也是右前翅压在左前翅上。在内边下面靠近底部的地方有一块类似厚茧的东西，从那儿辐射出五条翅脉，两条朝上，两条朝下，第五条差不多是横向的，略呈棕红色，这些翅脉上还横向排列着细小的锯齿，这就是树蟋的琴弓。前翅的其他地方还有另外几条相对较细的翅脉，这些翅脉不参与摩擦活动，只是把薄膜绷紧。左前翅的结构与右前翅的大致一样，只有细微的差别：左边的琴弓、厚茧和厚茧辐射出来的翅脉是位于上部的。

左琴弓和右琴弓彼此倾斜交叉，当树蟋演奏出最洪亮的乐曲时，两把琴弓都高高竖起，彼此只是内缘相接触。这时，一把琴弓斜着与另一把琴弓相啮合，两把琴弓相互摩擦着，使绷紧的两片薄膜振动，发出鸣响。

那么它又是怎样巧妙地使用这两把琴弓，制造出声音的幻觉，来迷惑我们的耳朵的呢？首先，它可以发出不同的声音，每把琴弓在另一个前翅的厚茧上摩擦是一种声音，在四条光滑的辐射翅脉上摩擦就是另一种声音了。这样一来，我们根据听觉判断，会认为乐曲声似乎不是在原来的地方，而是突然变换到了别处。

其次，它还善于改变音量的高低，进而干扰耳朵对声音距离远近的判断。它想要拉高声音时，就将前翅完全竖起；它想要压低声音时，就把前翅多多少少放下些。当前翅放下时，外缘也不同程度地压在它柔软的侧部，振动部分的面积相应缩小，声音也因此减弱了。

田野蟋蟀及与其同属的演奏者，也懂得这种调节音量的方法。可是，在声音的迷惑性方面，没有哪位演奏者能够超过意大利蟋蟀。

知识链接

　　能发出声音（"唧唧"声）是直翅目昆虫的显著特征。鸣叫声通常来自雄性，是求偶的重要手段，而且不同种类的直翅目昆虫有自己专用的叫声，以确保只有同种类的雌性才听得懂。很多直翅目昆虫在求偶的时候还会来一段舞蹈——附肢和身体以一种复杂的方式运动。

　　橡树丛蟋蟀发声的方式很独特，它会抬起一只后腿，跗节像敲鼓一样敲打物体，发出咕噜咕噜的声音。还有很多种类的昆虫则上下吧嗒它们的颚骨，发出像磨牙一样的声音——受到惊扰的蚱蜢常这么做。

我们的乐器中也有制振器，也有弱音器，但是，意大利蟋蟀的乐器结构更简单，效果也不错，完全可以和我们的乐器相媲美，甚至比我们的更好。

　　这位精通音乐的演奏家，只要感觉到一点风吹草动，感觉到一点不安全，就把振动片的边缘放在柔软的腹部，令声音忽远忽近，让想要抓它的人迷惑不解，不知道它到底躲在什么地方。只要你以一个倾听者的身份，而不是捕猎者的角色，静静地不打扰它的演奏，它清纯的音乐就会一直在迷迭香丛中回响。

　　夏天，我喜欢在夜深人静的时候，来到荒石园，躺在草地上。不是为了看头顶星光熠熠的银河，而是为了听蟋蟀们演奏乐曲。在这里，我忘记了尘世的喧嚣，也忘记了生活的烦恼，整个身心都沉醉在蟋蟀们动听的交响乐中。这是一个阵容多么庞大的交响乐团哪！那些开着红花的岩蔷薇，那些枝叶摇动的野草莓，都是它们的舞台；每一簇迷迭香上都有自己的小提琴手，每一束薰衣草上都有自己的抒情歌者。这些田野中的小生命啊，它们忘情地演奏着自己的欢乐；我徜徉在这生命的乐曲里，甚至忘记了头顶那条璀璨的银河。天上的星星望着我们，但是目光中没有生命的悸动；它们光彩熠熠，却没有生命的色彩；它们辽阔宽广，却没有滋养生命的土壤。生命的快乐，它们感受不到；生命的苦痛，它们也无从知晓。

　　科学会告诉我们星星们的秘密，科学会告诉我们它们为什么闪闪发光，是凭借自己的力量，还是靠着太阳的恩惠；科学会告诉我们它们的运行轨迹和行动速度，帮助我们测算出它们在多少年后的几时几分离地球最近；科学会告诉我们它们的体积和质量，是比地球大还是比地球小……但是，在这些用仪器和数字探寻出来的秘密里，却没有一个与生命相关。也正是因为如此，才不能拨动我们的心弦。

　　可是，这些在仲夏夜里陪伴着我的小生命啊，这些为生命而欢呼的演奏家呀，是你们让我懂得了太阳照耀的意义，是你们让我触摸到了苍

茫大地的灵魂，这就是生命。在我心里，那些遥远的庞大星球哇，永远
也不会比草叶上一只小小的蟋蟀更能打动我。

第五章 | 蝗虫的角色和发音器

　　蝗虫突然展开如同扇子般的蓝色翅膀、红色翅膀；在手心里乱蹦乱踢的天蓝色或者玫瑰红的带锯齿的长腿——我的那些孩子在梦里见到的大概就是这些可爱有趣的小昆虫吧。与他们借助魔灯看到的东西一样，我也常在梦中与它们相遇。它们所带来的无邪与天真，时刻抚慰着孩子们和老年人柔软的内心。

　　捕捉蝗虫，可以被视作一种没有多大威胁、男女老幼皆宜的狩猎活动。蝗虫就是这样让我们度过了无比愉快的上午。我的助手能轻易地抓住那些已经老迈的蝗虫，然后与我在被太阳晒硬的草地上漫步，这种感觉是多么美妙哇！

　　身手敏捷的小保尔（法布尔的小儿子），具有一双极具观察力的眼睛。当他要捕捉蝗虫时，他会先在灌木丛中仔细查看，这时候，被他惊到的灰蝗虫会像小鸟一样从那里飞出来。作为捕猎者，小保尔会拼命地追上去，随即失望地停下来——蝗虫已经逃之夭夭了。有了这次的经验，下一次他无疑会成为一个幸运的捕猎者。

　　玛丽·波利娜（法布尔年幼的女儿）年龄比小保尔更小些。与细心观察意大利蝗虫相比，背部有四条白色斜线，看上去像极了圣安德烈十字（苏格兰的守护圣人圣安德烈殉道时所用的X形十字架，为白色交叉形）的另一种蝗虫让这个小姑娘更为着迷。

　　这种蝗虫披着缀有几个铜绿色碎片的外衣，那碎片的模样如同胸章。可爱的玛丽用她的耐心，一点点靠近那个蝗虫，随着手的落下，终于逮到了。蝗虫被一个个装进纸袋里，在太阳变得炽热之前，我们已收获了种类繁多的蝗虫。

✚ 灰蝗虫

我将这些小个子家伙养在网罩里，它们可能会透露有关它们世界的一些秘密，如果我善于发问的话。在野地里，你们扮演什么角色？这是我对我的俘虏提出的第一个问题。教科书告诉我们，你们是害虫，声名狼藉，可是否因此你们就该受到人类的指责呢？对此我充满了怀疑。不

知识链接

沙漠蝗虫一旦形成群体，常常多达五十亿只，能一下扫光约一千平方千米的植被。沙漠蝗虫群会毁坏庄稼，一个蝗群一次就能造成十几万吨谷物的损失，这些谷物足够一百万人吃一年。

过，那些给亚洲和非洲造成巨大灾害的毁灭者不在此列。

你们的好处远甚于坏处，至少我这么认为。你们从没有给这个地区造成过伤害，这里的农民也没有对你们产生抱怨。绵羊不吃长着芒刺的植物，你们吃了，农作物中间那些让人讨厌的杂草也是你们热衷的食物。此外，长不出果实的东西被其他动物抛弃，而你们却喜欢得不得了。事实上，当人们收割完麦子后，你们才现身，就算你们在菜园子里偷吃了几片生菜叶，那也不是什么不能宽恕的弥天大罪。

鼠目寸光之人，为了他那几个可怜的李子，将宇宙固有的秩序打乱，任由这样的人去处理昆虫，最终得到的只有毁灭。还好，他没有这种权力。我们可以观察一番，假如那些对蔬菜地只造成微不足道破坏的蝗虫彻底消失，会带来怎样的后果。

九十月间，孩子们赶着火鸡群来到收割后的田里。火鸡走着的地方，光秃秃一片，放眼望去，也就只有一簇矢车菊还长着最后的几个茸球。可是孩子们还是把火鸡赶到了这里，这些饿得咕咕叫的火鸡要干什么呢？答案是，这里是火鸡们的饲料场，它们要在这里被喂得肥满，以便到了圣诞节成为餐桌上的一道美味。那么，火鸡的饲料是什么呢？是的，是蝗虫。

人们在圣诞之夜吃的味道可口的烤火鸡，很大一部分就是靠上天赐予的、不用花费一分一文的美食喂养长大的。

珠鸡在农场周围转悠，毫无疑问，它们在寻找麦粒，但是请注意，它们首先关注的却是蝗虫。美味的蝗虫使得珠鸡的腋下长出一层脂肪，从而使肉质更为鲜美。爱吃蝗虫的还有母鸡，它对这种昆虫能促使自己产更多的蛋这一作用非常了解。如果将它放出鸡笼，它要做的第一件事就是领着小鸡去完成收割的麦田里寻找营养价值极高的蝗虫。

⊕ 图中这种带有警戒色的蝗虫广泛分布于世界上的热带地区。在西非和中非，这种锥头蝗科杂色蝗虫是一种农作物害虫

如果你对法国南部丘陵地区的著名特产红胸斑山鹑情有独钟，而且恰好你又是一名猎人的话，当你熟练地将打下来的山鹑的嗉囊剖开，你就能找到这种长期被人污蔑的昆虫为别的动物做出贡献的证明。你会发现，十只山鹑中，有九只的嗉囊里都装满了蝗虫。如果它们能长年尝到蝗虫的美味，那么它们对于植物籽粒的印象将会消失殆尽。普罗旺斯的白尾鸟是图塞内尔书里热情且善于歌唱的黑脚族飞鸟中最为著名的一种。为了对这种鸟类的摄食习性进行了解，我捕捉到了它，并将它的嗉囊和胃里残存的东西详细记录下来，从而得知了这种鸟类的食物。这些食物中排在最前面的是蝗虫，其次是象虫、砂潜、叶甲、龟甲、步甲这样的鞘翅目昆虫。

这种鸟类，我们可以称其为食虫鸟，它们对野味从不挑剔，吃浆果是实在找不到可吃食物之后无可奈何的选择。在我的四十八例记录中，只有三例是吃植物的，而蝗虫是它们最常吃、吃得也最多的昆虫。除了这种白尾鸟，另外一些小候鸟的口味也是如此。蝗虫是这些小候鸟最无法舍弃的美味。在荒地里，它们总是争先恐后地捕捉自己的猎物，从而为自己的长途旅行做好能量的储备。

除了动物，人也吃蝗虫。在多玛将军提到的一位阿拉伯学者的书——《大沙漠》里，有着这样的记载：

蝗虫是人和骆驼的可口食物。将它的头、翅膀以及腿去掉，就可以和古斯古斯（北非的一种美食）放在一起煮着或烤着吃。

把蝗虫晒干、碾碎，以牛奶拌匀，也可以和上面粉，之后加上盐，用油脂或者是牛油来炸。

骆驼特别爱吃蝗虫，在给骆驼准备食物的时候，我们先是把蝗虫放到炭火上烤干，然后炒好。

马利亚曾祈求主赠予她一块无血的肉，主给她的是蝗虫。

一些人以蝗虫为礼物送给先知的妻子们，她们将蝗虫转送给其他

女人。

欧麦尔（有时译成"奥马尔"，伊斯兰教教史上的第二任哈里发）曾说："我想吃满满一篮子的蝗虫。"这是有人问起他是否允许吃蝗虫时，欧麦尔的回答。

我不像这位阿拉伯学者那样，踏足过那么多的地方。如果人类想吃蝗虫，势必需要非常强健的胃，这样的胃并不是每个人都拥有的。我能确定的是，蝗虫是上天赠予诸多鸟类的食物。除鸟类之外，对蝗虫格外倾心的还有爬行动物。令小女孩感到害怕的眼状斑蜥蜴挺着的大肚子就是一个极好的例证。我还多次看到墙上的小壁虎嘴里含着它费尽心思才捕捉到的蝗虫的残骸。如果能有幸捕捉到蝗虫，鱼类也会感到高兴，不过，对于鱼类来说，蝗虫有时也是致命的，因为垂钓者经常以这种昆虫作为美味的诱饵。

好了，已不用我再多举喜欢吃蝗虫的动物的例子，它的重要作用已被我熟知。它能以曲径通幽似的方式，让对食物极为挑剔的人类也能享用。不过有一点我还不能肯定，那就是人类是不是喜欢直接食用蝗虫。

> **知识链接**
>
> 人们常说的蚂蚱只是蝗虫的幼虫，并不是单独的物种。另有一种常见昆虫草蜢，又名蚱蜢，在中国北方也称蚂蚱，俗称扁担钩，易同蝗虫幼虫混淆。

早在野蛮地将亚历山大图书馆摧毁的欧麦尔说出"我想吃满满一篮子的蝗虫"前，一些人已食用蝗虫了，但那是在环境不允许人们享用其他食物的情况下，不得已而为之的。这样的话，我不免要问，那沙漠中的昆虫是否可以食用？就像所有的孩子那样，儿时，我也曾生吃过蝗虫的腿，那味道在我看来还是不错的。如今我们的生活水平有了提升，但我们不妨重温一下这道菜肴。

在肥大的蝗虫身上裹上奶油，撒上盐，再煎一煎。这就是一家的晚餐。大家认为这味道远比亚里士多德吹嘘的蝉可口多了。虽然可食用的肉极少，却有一股虾的味道，说它味道鲜美，一点都不过分，不过对我来说，不会再有这样的经历了。这道菜肴可能更适合黑人来享用，或者像欧麦尔那样胃口极好的人。不过就算我们的胃脆弱娇嫩，也丝毫无损于蝗虫的优点。生活在草地上的这些家伙，在专门制造食物的工厂里扮演着重要的角色。在旷野中，它们大量繁殖，而后将无用之物变为有用

之物，提供给众多消费者享用。鸟是其中的一类消费者，而人类又多食用鸟类。肚子饿了就需要吃东西，这是不能讨价还价的。之所以说获取食物是生物界第一要紧的事情，其原因正在于此。也正因为动物们将自己最杰出的智慧、技巧、诡计用在了争夺餐厅的席位上，所以原本应该充满欢声笑语的宴会成了一种难以忍受的酷刑。即便如此，人类也没有完全摆脱饥饿的折磨，反而经常性地品尝饥饿的滋味。

不过，科学使我们相信，人类终有一天能够摆脱饥饿。化学承诺，不久以后这个问题即可宣告终结，它的姐妹物理特意为此开辟出一条新的道路。让太阳更为有效地履行它的职责，这是物理学要做的事情。这个大懒汉以为让葡萄长满琼浆，在麦穗上涂满金色，它与我们的账目就算清了。物理学要做的就是将太阳光收集并储存起来，让我们想何时用就何时用。

这些被收集并储存起来的能量有诸多用处，比如生炉子，转动齿轮，将果实捣碎，让磨自动运转。就这样，由于四季的变换而辛劳费力的农业劳作，将会演变为与工厂劳动一样的作业方式，这样做的好处就是，不用费多大的力气与资金，就能收获比平日多得多的效益。在这方面，化学也会发挥其诸多令人眼花缭乱的作用。它帮助我们制造最富营养的食物。看上去是一个丸子，实际上它是一块面包；看上去是普通的肉冻，实际上它是一块牛排。这些都是化学的功劳，而野蛮时代的田间劳动，只能在历史学家的谈论中听到。总有一天，牛羊、麦粒、水果、蔬菜，都会成为过时的东西，继而消失。有人说这标志着人类的进步。

科学在创造剧毒物质时，的确有惊人的天赋。我的实验室里就有很多这样的剧毒物质。假如人们发明了一种蒸馏器，以苹果为原料制造出大量烧酒，以便使我们成为头脑混沌的人，那么显然，工业将不会有任何限制。以人工方式制造出真正有营养价值的食物，则是另一回事。称得上食物的只有有机物，这是在实验室里无法生产出来的。因此，我可以说，生命是食物的化学家。也因为这个，我们很理智地将牛羊和农业生产保留下来，以过去千百年传承下来的方式制造、储备我们的食物。相对于工厂的粗暴，我更相信细腻的办法，尤其是那些有着大肚子的蝗虫，它们同心协力为我们制造出圣诞节餐桌上必不可少的一道食物——火鸡。食谱就装在它们的肚子里，蒸馏器再怎么心怀嫉妒，也无法同蝗虫一样制造出火鸡来。

这种能为许多土著居民提供美味的昆虫，以弹拨身上的乐器来表达它们的欢乐。此刻，让我们观察一只蝗虫吧。它刚吃完午饭，躺在阳光下休息，同时进行消化活动。突然，这只蝗虫发出声音，这种声音重复了三四次，过了一会儿，它又发出了同样的声音。声音很小，小得让我只好求助于听力超常的小保尔。音乐不甚动听，因为蝗虫没有绷得很紧的、如同音簧一样的振动膜。

意大利蝗虫就是此间的代表。这种蝗虫的后腿具有流线的外形，两条竖的粗"腿骨"分布于每一面。在粗"腿骨"的四周，排列着楼梯一样的人字形的细"腿骨"，不论里面还是外面，都一样明显。所有的"腿骨"都非常光滑，这一点让我尤为意外，但是它的前翅以及后腿边缘应被琴弓摩擦的地方并没有出奇之处。可想而知，如此简单甚至鄙陋的发音器，会弹奏出怎样的音乐。然而，就是为了这样微弱的声响，蝗虫不辞辛劳地抬高、放低自己的腿，并激烈地颤动着。蝗虫对自己所做的一切感到心满意足，它以这种方式表达自己对生活的热爱。

当然不是所有的蝗虫都用这种方式表达自己的欢乐情绪。拿长鼻蝗虫来说，就算太阳晒得暖洋洋的，它也一声不吭。我从没有看到过它摆动后腿。它那修长的大腿，除了跳跃，毫无用处。灰蝗虫的腿也很长，它也是闷葫芦一个，但它有自己表达欢乐情绪的方法。在风和日丽之时，我总能看到它在迷迭香上展开翅膀，迅速拍打几分钟，那架势似乎是要飞起来。不过，虽然拍打得格外用力，我却听不到一点声响。

比灰蝗虫更不济的还有红股秃蝗，它在遍地长满帕罗草的阿尔卑斯地区闲逛散步。它是地中海的客人。在雪一样洁白的花朵和玫瑰红的花芽周围，身着短紧上衣的红股秃蝗，犹如花园里的植物一样光彩夺目。在阳光没有被云雾遮蔽的高原地区，红股秃蝗的衣服优雅却又朴素。那看上去像淡棕色绸缎的是它的背部，它的肚子呈黄色，后腿的基节呈珊瑚红，异常漂亮的是它天蓝色的腿节。我不禁赞叹，它是那样地标致。不过即便如此，它依旧还是一只虫子，穿着短小的衣服。

这个家伙粗糙的前翅相互隔开，就像燕尾服的后摆，其长度超不过腹部的第一个环节，比之更短的是后翅，它连前胸都无法遮住。头一回见到它的人们，会错误地将这个家伙看成若虫（不完全变态昆虫的幼体），然而事实上它已经是发育完全的蝗虫，可以进行交配了。红股秃蝗到死都是这样一副几乎没有穿衣服的尊容。既然衣服如此短小，指出它不可能歌唱是否还有必要？它没有前翅，没有突出的边缘，只有粗粗的后腿。别的蝗虫发出的声音不太响亮，红

⊕ 蝗 虫

股秃蝗是根本发不出声音。不过我认为，这个一声不吭的家伙，一定有属于自己的办法来表达快乐，并以此召唤它的伴侣，而我对此一无所知。

至于红股秃蝗为什么没有飞行器官，我也无从知晓。终其一生，它一直是一个笨拙的步行者。它似乎安于现状，毫无抱负，对做个步行者心满意足。它为什么不以那些拥有翅膀的近亲为榜样呢？它们从山顶越过积雪的斜谷，以飞快的速度越到另一个山顶；从一个收割完毕的牧场，轻松愉快地越到一个尚未开发的牧场，难道这样的好处没有任何价值可言吗？它其实可以将因为被包裹着而发挥不了作用的残破的翅膀从身体内部抽出来，对它来说，这有很多的好处，可它为什么不这么做呢？

进化停顿了。

有些人这么认为。这样的说辞与没有回答一样，我可以用另一种方式提出疑问：进化为什么停顿了？为了获得美好的未来，也就是能自由地飞翔，若虫的背上长了四个翼套，里面藏着各种有益的基因，这些基因都按正常的进化法则安排妥当。不幸的是，身体没有响应这一法则，成年蝗虫依旧没有翅膀，它的衣服依旧是残缺不全的。这种情况是否与阿尔卑斯山艰苦的生活条件有关呢？这种可能性根本不存在，因为就在同一地区，其他昆虫还是能够从若虫赋予的基因里获取长出翅膀的能量的。

在条件允许的情况下，经过不断尝试，动物终于如愿以偿地获得了某种器官，这是人们早已形成定式的看法。他们的解释是动物们需要这么做，而不承认其他富有创造性的作用。而那些蝗虫，尤其是生活在万

杜山上的蝗虫，经过千百年的繁衍生息，若虫时期原本可以长出长长的前翅与后翅来。

那么，名头显赫的大师们，请你们告诉我，红股秃蝗为什么只保留了飞行器官的基因，却没有因此生出完整的翅膀来？经历了千百年的岁月洗礼后，它肯定也会受到需要的刺激，当它跌跌撞撞地在岩石峭壁中艰难跋涉时，它会想到，如果能够通过飞行，摆脱这糟糕的情况，会是一件多么美妙的事情。它由此也经过了诸多努力，但所有努力的结果，都无法让它处于萌发状态的翅膀彻底地展开。

依照你们的逻辑，在这些完全相同的情况之下，诸如需要、食物、气候、习惯等等，有的发育成熟，能够飞翔，有的则以失败告终，始终是一个笨拙的步行者。这种说辞跟没有说有什么区别？我无法接受这样荒谬的解释。我宁愿承认自己对此一无所知，也不做任何无意义的揣测。

把那些落伍者搁置一旁算了，不知道这个家伙为什么会落后这么长一段距离。尽管充满了好奇，但对于这种蝗虫身体发育中的前进、停顿或是跃进，我都无法做出恰当的解释。这种现象里必定隐藏着深奥的缘由，面对这个问题，最妥当的方法就是谦虚地承认自身的不足。

第六章 | 蓑蛾和它的产卵

　　春季来临的时候，无论是在灰蒙蒙的小路上，还是在破旧的城墙壁上，都会有一些奇怪的现象让我们费解。究竟是怎么回事呢？就像受到什么惊吓似的，原本静止着的一些小柴捆突然间晃动起来。我们可以看到在柴捆里面有黑白色的小毛虫，看起来挺漂亮，长得也有点粗壮。待在柴捆里的它们就好像发动机一样，带着柴捆行动。小毛虫的前半身有六只爪子，它们只将自己身体的一部分伸出柴捆，那就是一半的身体和一个脑袋。一旦发现外界有动静，它们就会立刻将全部身体都缩回柴捆，一动也不动。这些小东西的行为有什么目的呢？原来它们是在为自己将要发生巨大变化的身体寻找最合适的地点，所以才钻在柴捆里四处游荡。这也是柴捆为什么会动弹的原因。

　　为了让自己的身体不受伤害，在变化之前，毛虫让自己躲在柴捆之中。柴捆虽然简陋，但也是一个不错的避难所。毛虫会一直躲在这个临时搭建的小屋子里，直到身体蜕变之后才会将它抛弃。这个小屋子的里层是由棕色粗呢制成的，这种材料十分罕见，毛虫在里面就像穿着隐身衣似的，非常安全。这个小屋子比流浪者的麦秸顶篷马车要好得多。当然了，这些由零散的小树枝搭建编织起来的外衣的确有些扎身，特别是对于毛虫娇嫩的身子来说，更是如此。不过没关系，因为毛虫已经为自己编织了一层厚厚的丝绒里子。生活在多瑙河岸的农民们系着灯芯草腰带，而且还穿着用山羊毛制成的宽袖外套。锯角叶甲也穿着陶瓷般的衣服。与它们相比，毛虫的柴捆外衣就显得更加质朴了。

　　这些钻在柴捆里面的小毛虫是蓑蛾家族的成员。蓑蛾一词代表着灵魂，暗指古时候的普塞克（蓑蛾的法文音译，在希腊神话和罗马神话中，普塞克是人类灵魂的化身）。由于为

✚ 蓑　蛾

昆虫专业词汇分类的那些人目光不长远，他们并没有真正弄清蓑蛾这个词的意思，只是想取一个雅致一点的名字，所以蓑蛾这个名称就显得有些名不副实。不过也的确找不到这以外的其他名字了。

在毛虫身体临近蜕变之时，它们通常会显得昏昏沉沉。我找到了一个最佳的观测场所，那就是阿尔邦（此处指瑞士的一个城镇）卵石地，毛虫在这里成堆地聚集着。这时候正值四月，这些毛虫能够让我更好地对蓑蛾进行研究。由于现在还不能观察到其他的现象，所以我想先对柴捆进行一番探索。

毛虫将自己的身体吊起，柴捆看起来像一个纺锤的形状，有大约四厘米的长度，前段是固定着的，后面的部分则比较松垮，因为这样的方式比较容易活动。整个柴捆编织得有条有理，非常整齐。但这貌似是一个不能够很好地挡风遮雨的房子，因为这里并没有其他的遮蔽物，除了用麦秸制成的房顶之外。不过我只是对这个柴捆进行了大致的观察，大概麦秸这个词并不适合用在这里。事实上，禾本科植物的茎秆很少被用到，而这是有益于蓑蛾家族将来的发展的。

我没有在中间是空着的小栅条内找到任何一件适合蓑蛾的物品。那里堆积着乱七八糟的东西：有蘋果的花葶和山柳菊；有禾本科植物的叶子、柏树带鳞片的细枝和小块的木柴，当然木柴这种材料是在迫不得已的情况下才会被选用的；还有一些含有髓质的残渣，就像各式各样的菊苣那样，它们看起来非常轻薄、细嫩、小巧。有时候荷叶边上的宽大物体也会派上用场，这种物质可以被用在柴捆膜上，这是由圆柱体零件的短缺造成的。总的来说，不论什么东西，只要能够将柴捆建造或缝补成功，蓑蛾都会用到。

蓑蛾对编织房屋的物质没有太多特殊的要求，除了对含有髓质物质的偏爱之外。我在上面所举出的例子并不完全，蓑蛾的毛虫认为任何物质都有其用途，所以它们总是会不加区别地对待这些东西。毛虫不会对找来的材料进行特别的加工，无论长度如何，也无论样子怎样，只要是干燥的、轻薄的、面积大小合适的，而且能够在空气中长期保存的都可以。就连屋顶上方的板条它们也不会对其进行切割，而只是原汁原味地将它们收集并且排列组合。它们将板条呈叠瓦状排列，一根接着一根。它们只要把这些板条的前端固定下来就可以了。

在柴捆的前端部分并没有由小梁形成的覆盖层，那里有着比较特殊的结构。覆盖层比较坚硬，而且也比较长，有可能致使毛虫不能灵便地活动与劳作，甚至会完全阻挡毛虫的行动。为了保证毛虫活动自如，而且在放置新材料时能够让脚自由活动，柴捆的前端需要有非常灵活的结构。这就是一个圆筒似的颈状物，它能够让毛虫在任何一个方向上进行劳作而不受到丝毫妨碍。

颈状物上面布满了细小的木块，它们对于柴捆的牢固程度有着适当的加固作用，同时也不会降低柴捆的韧性。蓑蛾的毛虫会用自己的大颚将原本干燥的麦秸磨碎，然后用残渣制成一个有绒毛的外壳，而颈状物的内部是由纯丝做成的。丝绒在风吹日晒之后褪去了原有的光润与丝滑，看起来有些陈旧。柴捆的尾部非常长，裸露着。其实这个部位只是一个附属品，它的顶端呈半开状。颈状物整体上呈现为丝质的网状结构，由于它能够让毛虫自如地进行活动，所以几乎所有的毛虫都会利用它。每只毛虫的柴捆前端都会有这么一个摸上去很柔软，而且也易于弯曲的颈状物。无论各个毛虫柴捆的其他部位有多大的不同，颈状物这个东西都是不可或缺的。

接下来我想了解一下构成柴捆的栅条数量，因此我必须把柴捆一个个地拆掉。栅条被拆解后里面是一个空心的圆柱体，从前到后，每个柴捆都是如此。我们能够很清楚地辨认出圆柱体的两端，它们都裸露在外面，有着非常结实的丝质组织，用手指根本不能将它们拉断。这种丝质组织的外部呈灰色，比较粗糙，还有一些小木片嵌在上面；内部则是白色的，细腻光滑。构成不同柴捆的栅条数目各不相同，有的柴捆甚至由八十根以上的栅条构成。

那么，蓑蛾的毛虫是用什么技巧来为自己制作这个柴捆外衣的呢？我们对这个问题进行探索的时机到来了。柴捆由合成材料制成，这层合成材料的上面还覆盖着一层灰粉色的木质棕色粗呢。这种物质不仅能够

蓑蛾的幼虫与成虫在外形上有着极大的差异，幼虫没有翅膀。蓑蛾的发育要经过卵、幼虫、蛹、成虫4个时期，这称为一个完全变态的过程。所谓变态，是指某些动物在幼体发育为成体的过程中，身体的外部形态、内部生理结构，以及生活习性所发生的一系列显著的变化。在动物界中，昆虫类的许多动物都要经过变态过程才能发育成成体。此外，两栖动物中的蛙类也要经过变态过程才能从蝌蚪变为成熟的蛙。

使柴捆变得结实牢靠,而且能节约丝的使用。由于毛虫细嫩的皮肤需要与柴捆的内里直接接触,这层内里需要格外柔软与光滑,因而组成合成材料的物质也要柔软。它们是由丝绒还有一些其他物质组成的。此外,由叠瓦状排列的板条所形成的瓷器也是这层内里的组成部分。

我至今发现的蓑蛾有三个种类,虽然它们在柴捆的三重基本布局上都保持着一致,但是不同的柴捆在细节方面有着很大的差异。像第二种蓑蛾的柴捆就有着与其他两类蓑蛾所造柴捆在细节上的不同之处。这种蓑蛾的柴捆无论是在大小上还是在建造的整齐程度上都胜过了另外的两个种类所造的柴捆。

我是在六月底的时候发现这类蓑蛾的,它们藏在一条满是尘土的小路上。它们的柴捆有着非常厚密的覆盖层,有很多的小木块镶嵌其中。一般的蓑蛾在身体的前端总会用枯叶做成一个类似头巾的东西,看上去有些笨重。这种头巾在第一种蓑蛾身上非常常见,它们作为装饰物已经变得非常流行了。但是我在新近发现的这种蓑蛾身上并没有找到这种头巾。不仅如此,除了颈状物这种不可缺少的部分之外,在这种蓑蛾身体的后部也没有发现裸露着的部位。蓑蛾的整个身体都由小栅条覆盖着。它们的柴捆虽然中规中矩,变化不多,但是在整齐与规整之中还透着一份雅致。我在这类蓑蛾的柴捆中也发现了很多组成物:纤细的麦秸片,源于禾本科植物叶子的长带子和中空的、不同性质的小段等。

第三种蓑蛾在冬天快要逝去的时候就开始爬得到处都是,墙上,圣栎树、榆树、油橄榄树以及其他不论什么树坑洼洼、凹凸不平的枯树皮里,只要是能够藏身的地方,它们都会钻进去。这种蓑蛾的身体比起其他两种蓑蛾来是最小的,它们的柴捆外套也是最为朴素的。它们所居住的柴捆由一些腐烂的麦秸制成,随随便便的一堆麦秸就可以拿来用。蓑蛾将这些麦秸平行地、呈叠状放置起来,再加上柴捆的内里层,这就是蓑蛾外衣的主要材料来源。它们的柴捆确实非常经济,这对它们来说很不容易。柴捆并不大,像个盒子似的,前后不到一厘米。还在四月的时候,我到处搜罗着第三种蓑蛾,然后将它们放置在金属的钟形网罩内。它们虽然在外表上显得普通而不被人注意,但是却能够为我们提供有关蓑蛾的最原始的资料。我不知道它们以什么为食,好在我现在也不想知道它们吃什么。至于其他的情况我更是一无所知。这些蓑蛾的毛虫在蜕变之前都是悬挂在树皮或是墙上面，不过我已经将它们拿下来放在了钟形网罩里。它们现在还是蛹，我看到有几只还比较活跃。它们为了让自己能够再次悬挂起来而不停地忙前忙后，用丝线将自己吊挂在钟形网罩的顶端。一番忙乱的景象之后，钟形网罩里面又恢复了原有的宁静。

✚ 这是阿根廷的一种蛾毛虫，它的三对附肢不起眼地集中在头部附近（顶部），粗短的伪足则在身体中部和后部清晰可见

到了六月末，这些蓑蛾的毛虫就蜕变了。雄蛾孵出来后，它的茧壳会留在柴捆中，有一半多的部分插在里面。这个柴捆外衣将会永远地留在原先的位置，在黏附点上面固定着，最终它将被糟糕的天气摧毁。毛虫蜕变时会把柴捆的前段，也就是正大门，固定在支撑物上，并且永远保持这个姿态。

然后毛虫会将自己的身体完全掉转，最终它就是以这种翻转的姿势蜕变为蓑蛾的。等到蜕变完成之后，小蓑蛾只能从柴捆后面飞出去，去自由飞翔；而除了这个地方以外的任何方位都是出不去的。这种飞出柴捆的方法不仅为第三种蓑蛾所用，其他的蓑蛾也是采用这种方式的。蓑蛾的房子都有两个出口，前面的那个出口是用来服务毛虫的，它的结构更加细密，看起来也更为齐整一些。等到蜕变的时节，这个出口就会关闭，然后被毛虫很牢固地固定在黏附点上面。相比这个出口，后面的出口就显得粗陋了。这个出口是为蓑蛾服务的，它不够整齐，而且下陷的壁里还把这个口遮住了。最后，后面的这个出口会在蓑蛾的推动下呈现为半开的状态。

蓑蛾的外表都不华丽，灰灰白白，翅膀非常之小，甚至还没有苍蝇的翅膀大。不过小巧归小巧，小蓑蛾的羽翼也不乏优雅之处。翅膀的边缘是丝状流苏穗子，触角是非常美丽的羽毛饰。刚刚由蛹蜕变而成的小蓑蛾在我为它们准备的钟形网罩里四处飞舞，玩得十分尽兴。它们时而将翅膀扇动，划过罩底，时而又兴冲冲地绕着网罩转圈。虽然这个钟形网罩与别的房子没有什么大的区别，但是小蓑蛾还是稳稳地立在茅屋上，用羽毛饰探测着。雄性小蓑蛾们各个激情饱满，它们的热情使得它

们十分容易辨认。几乎每只雄性蓑蛾都能够找到自己的另一半。与雄性小蓑蛾的激情洋溢不同，雌性小蓑蛾安静地待在茅屋里面，从后面的小孔窥视着外面发生的事情。雄性小蓑蛾也是通过这个小孔占有它们的配偶的。交配的双方通常都是临时组成的家庭，它们根本不认识对方。

我拿了玻璃试管，将刚才充当过临时家庭住所的几个柴捆放在里面。几天后，一只雌性小蓑蛾从里面爬了出来。天哪！我简直不敢想象，它的样子竟会如此凄惨与丑陋，简直连初生的毛虫都不如。作为母亲的它绝对不能与它蓑蛾的名称相称，毫无优雅感可言。这只蓑蛾连翅膀都没有，也缺少了丝质毛皮。只是在它的腹尖处有个环形的软垫子，非常厚实，而且还有个看起来很脏的天鹅绒环圈，白色的。在它的背部中心处以及每个体节上面还有着黑色的、大大的斑点，呈长方形。这些就是这只蓑蛾仅有的装饰品。

这只蓑蛾身上有一根长长的输卵管，就位于那天鹅绒的环圈中间。输卵管是由软硬两个部件组成的，硬的部件是输卵管的基础，而软的那个则插在硬部件里面，就像装在镜盒里面的望远镜一样。在茅屋的后面有一个开着的窗户，这可是蓑蛾的宝物。因为它不仅能够让雄性蓑蛾在交配后顺利地出去，而且能够安置卵，之后自己的孩子们也能够通过这个窗户成群地迁移。最重要的是，雌性蓑蛾能够把它的探测器插入窗户里面，并且用它的六只脚牢牢地将茅屋的下端抓住。孵卵时的蓑蛾将自己的身体蜷曲成钩状，它保持这个姿势长达三十多个小时，就是为了把产下的卵放置在刚刚自己爬出来的那个地方。那个小茅屋就是它留给自己孩子的礼物和遗产。等到卵产下后，输卵管就被抽了出来。

➕ 左边的冬青大蚕蛾来自亚洲，是蛾世界里的巨人。右边的是维纳斯转蛾，仅见于非洲南部

蓑蛾母亲在非常贫穷的时候还有着一件衣服，这件衣服也是它为自己的孩子提供的保护屏障。它尾部的环圈也有一些下脚毛，能够把门关上。不仅如此，蓑蛾母亲自己的身体就是一个保护屏。由于它的身体在门槛上开始痉挛，以至于一直停在那里不再动弹，直到

死去都是如此。之后它的遗体逐渐地干燥，除非是遇到了一些意外或是恶劣的天气，否则蓑蛾母亲的遗体一直都像一面屏障似的屹立在门口。

茅屋里面有一个蛹壳，蛹壳除了前面部分有裂口之外，几乎完好无损。蓑蛾就是通过前面那个口出去的。雄性蓑蛾的羽毛饰和翅膀在它想要出去时给它制造了困难，所以它只好在自己还是虫蛹时就往门口前行，将身体的一半露出去。这样等到它蜕变之后，就可以很快地获得自由。而蓑蛾母亲则不用为此担心，因为它没有翅膀和羽毛饰。它的身体长得像毛虫，全部裸露着，呈圆柱体的形状。它能够不受阻碍地在狭窄的通道里行走，爬行就更不用说了。蓑蛾的蛹壳被放置在房屋的底端，在茅草顶的下面很好地保存着。

蓑蛾母亲不仅把自己的天鹅绒环圈留给了自己的孩子们，而且还把蛹壳留给了它们，这是多么伟大的举动啊！脱落的蛹壳形成了一个羊皮纸袋似的容器，卵就被存放在这个小容器里。这种举动细致而谨慎。蓑蛾母亲将自己那个像望远镜似的输卵管插在这个容器底部，然后开始产卵。产卵的过程显得井井有条，蓑蛾母亲一点也不慌乱，卵被一层一层地铺在容器中，直到将容器装满。

之后我从柴捆里把一只装满卵的蛹壳拿了出来，单独将它放置在一支玻璃试管中，然后又把这支试管放在茅屋的旁边，为的就是更容易地观察接下来要发生的事情。到了七月的第一个礼拜，我就有了很大的收获，一个小蓑蛾的大家庭出现在我眼前。等待的时间一点都不漫长，相反，孵化的速度之快对我的观察发起了挑战。这是一个拥有四十余只小蓑蛾的家庭，它们都穿上了衣服，一家子其乐融融。

蓑蛾们在试管中肆意地欢腾着。这个试管很宽敞，它们东走走西逛逛，生活过得有滋有味。小蓑蛾有一顶帽子，由高级的白棉絮制成，像是波斯人戴的，又好像是祆教（又称拜火教，起源于古代波斯的宗教。祆，xiān）僧侣所戴的圆锥形冠冕。不过暂且让我们称它为一只缺了帽顶细绳的棉质帽子吧。不仅是没有帽顶细绳，这顶所谓的帽子也不是用来戴在头上的，而是几乎遮挡了小蓑蛾的后半个身体。小蓑蛾们将帽子翻起来，差不多就要与支撑的表面成九十度了。

除了帽子以外，小蓑蛾们的美好生活中还不能缺少食物。那它们究竟喜欢吃些什么呢？我对这一点并不清楚，于是开始一个一个地试。但是无论如何这些小家伙都不肯吃我给它们的东西。看起来它们更爱打扮自己，食物在它们那里好像显得次要了。不过我想要知道的是这顶帽子或者说这件衣服是怎样制成的，还有制成它的那些材料都有什么。对于这个问题的答案我是有机会知晓的，因为蛹壳里面还有没被孵出来的卵。这些剩下来的卵的数量差不多有孵出的蜜蜂那么多，它们在卵膜里随便乱动着。我把这些完全裸露的幼虫留在试管中，而把那些已经成熟了、穿上了衣服的幼虫安放在了别处。蓑蛾每次产卵的数量总共有五六打。在试管里面的这些幼虫身长大约一毫米，它们的脑袋呈淡红色。

这些剩下来的幼虫卵在第二天就长成了，它们逐个地成熟，单独地或是成群地爬出蛹壳。由于蛹壳在蓑蛾母亲出去的时候已经破裂出一个洞口，所以小蓑蛾们只需要从这个口钻出去就可以了，并不会将比较脆弱的盛卵容器弄坏。我还是不知道制作衣服的材料源于何处，因为留下来的这只袋子状的容器并没有被任何一只蓑蛾拿来使用，虽然这个袋子有着非常纤细的组织，还有着独特的龙涎香的味道。也没有一只蓑蛾用蛹壳里面的那层细棉絮作为制衣的材料，它们作为卵铺被铺在蛹壳里，对于那些怕冷的小虫来说这有着很好的御寒作用。还有些绒毛也不会被拿来使用，因为它们的数量实在是少得可怜，怎么够这么多蓑蛾用呢。我相信用来制作衣服的材料很快就能够被发现。

我把柴捆放在虫茧的旁边，小蓑蛾们从虫茧中出来之后都直接奔赴柴捆的方位。这些小家伙在去往牧场或是进入外部世界之前都需要穿好衣服，因此时间显得有些紧迫。只见它们全都一股脑地抢夺旧的柴屋，穿上蓑蛾母亲遗留下来的衣服。有一些小蓑蛾径直地走进一根中空的小树枝内，它们想要把树枝里面的棉絮收集到手。还有的小蓑蛾把柴屋的内壁刮了下来，那些内壁是白色的，最终被刮得干干净净。小蓑蛾们选用的材料都是上等的，所制作出来的衣服也白净亮丽。另外一些小蓑蛾制成的衣服是多种颜色混搭成的，因为上面有褐色的细粒，所以白色的衣服显得不那么白了。

小蓑蛾的大颚就像一把锋利的剪刀，每一边都有五颗强劲的牙齿。大颚也正是小蓑蛾用来收集材料的工具。这把工具的精密程度让人难以想象，我用显微镜对其进行了仔细观察，非常感慨。它们甚至能够将任何纤细的纤维拔起来。假如绵羊有着这样的大颚和牙齿，那么它们就可

✚ 黄后翅蛾利用色彩亮丽的后翅惊吓袭击者

✚ 受到惊扰的时候，有眼状斑的天蛾会展开翅膀露出一对大大的眼状斑来吓跑敌人

以从树根开始啃食，而不需要再低着头去吃地上长出来的青草了。小蓑蛾为了让自己能够有一顶棉帽戴，个个都充满了力量与激情。它们的做工过程让我大开眼界。就在它们制作的完美成品以及整个制作过程中，我看到了许多不为人知的秘密。

第二种蓑蛾和第三种蓑蛾运用的方法相同。我不想再啰里啰唆地叙述重复性的东西，所以让我们赶紧来看一看第二种蓑蛾的技能吧。由于它们的身体长得比较大，所以观察起来也较为方便。我把它们放在蛋杯的底部，这里就成了第二种蓑蛾的主要活动地带。这些矮小的小虫子总共有好几百只，场面看起来壮观极了。再加上各种被截成几段的胚茎（髓质最多和最干燥的）以及那些小虫子出生的卵膜，那样的热闹景象更加难以想象！

我用放大镜对这些家伙进行仔细的观察，我暂时将自己的呼吸屏住，为的就是不让小蓑蛾们因为我的呼吸而被吹倒或是被直接推到更远的地方去。这让我想起了米克罗墨加斯，他为了观察人类而屏住呼吸，生怕把弱小的东西吸进鼻孔里面，并且用自己颈圈上的钻石打磨成一个透镜。同样地，在这些小蓑蛾面前，我就像是一个来自天狼星的巨人。假如需要将它们放在更高倍的放大镜焦点上进行观测，那我就会用一根涂过胶水的小树枝把它们粘起来，或是将细针用嘴唇舔过之后再去粘捕它们。小蓑蛾被粘起来后吓得惊慌失措，不停地在针尖上面挣扎。它用尽力气将自己的身体缩进那件本来就不够完整的衣服——法兰绒背心里，原本已经很小的身体收缩得更小了。这个法兰绒背心上面狭窄的肩带只能将肩膀的部分盖上。我呼出一口气，小蓑蛾立刻

就掉进了蛋杯里面，让它把自己的衣服做完吧。

　　小蓑蛾善于从自己已经死去的母亲的衣服中搜集材料，然后为自己量身定做一件新衣。为了能够将自己细嫩而脆弱的身体掩盖，它很快就收集到很多小栅条。这只全身长着斑点的小蓑蛾看上去精力充沛、勤劳、动作灵活而敏捷。它孤单地来到这个世界，却有着制作莫列顿双面起绒呢的技巧。在对它表示赞叹的同时，我的疑问也来了：拥有如此高超技能的小蓑蛾，会有着怎样的本能呢？

　　第二种蓑蛾的成虫在六月底的时候就孵化出来了。大多数的小蓑蛾通过丝质的小垫子将自己的衣服吊挂在钟形网罩上，钟乳石一般地吊着，与地面垂直。它们的柴屋通过裸露的长门厅在下面延伸。还有一部分小蓑蛾并没有采取吊挂的方式，而是将身体的一半埋在沙土中，而另一部分则露在空气中，同样与地面呈垂直的角度。这些蓑蛾没有离开土地，它们依靠丝质物的黏力让自己依偎着瓦钵内里，并牢固地扎在沙土中。第二种蓑蛾的毛虫在蛹壳里保持静止姿势之前能够自由地翻转自己的身体，它们会时不时地把自己的头部上下转动，并且朝着出口的方向。虽然毛虫的活动自由度比不上成虫，但是这种上下转动头部的方式也能够保证它们顺畅地到达地面。这种倒置的状态也让第二种蓑蛾的毛虫在准备工作中不用受到重力作用的影响。

　　第二种蓑蛾的蛹非常坚硬，它不能够翻转，但就是这个笨笨的蛹在不断地向前行进，将整个身体往前移，最终才能把雄性蓑蛾运往柴捆的大门口。由于蛹的丝质的大门口没有什么东西阻拦，所以它在门口自行将身体折断，然后用蜕下来的皮将门口堵住。雄性蓑蛾在门口会待一些时候，立在茅屋的顶部，等待着身体中的湿气蒸发，这样才能让翅膀坚硬，最终得以展翅飞翔。这一切都成功之后，雄性蓑蛾就会去寻找自己的另一半，它会用自己华美的外表将对方吸引。

　　雄性蓑蛾为了寻找配偶而不停地飞着，它从一个柴捆屋飞到另一个柴捆屋，好像在为自己的约会地点进行勘探。假如遇到了令自己满意的场所，它就会在裸露的大门口停下来，然后轻轻地将自己那双美丽的翅膀抖动。这种雄性蓑蛾一身优雅的黑色，全身都呈半透明状，没有鳞片，除了翅膀边上的部分以外。雄性蓑蛾的触角是非常漂亮的羽毛饰，也是黑色的。这些羽毛饰看起来宽大而雅致，如果加以放大，都可以与鸵鸟和秃鹫的羽毛相媲美。这两种鸟类的羽毛甚至会大失其姿色，只能退居到第二位了。第二种蓑蛾的婚礼与小蓑蛾的婚礼一样，并不接受太多的关注。雄性蓑蛾为了获得雌性蓑蛾的芳心而为自己穿上了华丽的外衣，但是这只雄性蓑蛾甚至看不见或是只能隐约地看到雌性蓑蛾。

雄性蓑蛾的生命非常短暂，在三四天之后就死了，它们悲凉地死于我的钟形网罩里面。这种状况使得雌性蓑蛾变得焦躁起来，因为时间隔得太长，甚至等到晚生者孵化之前，雌性蓑蛾都没有一个追求者前来查探。太阳火热地照射着钟形网罩，奇特的事情发生在我的眼皮底下。茅屋门口不知道在什么时候变大了，膨胀了，之后便敞开大门，从里面涌出来一堆絮团，这是一种云雾状的水汽，其纤细程度难以想象，甚至连经过梳理后的蜘蛛网变成絮团以后都不能与这种絮团相比。就在这个絮团的后面，更为奇特的事情发生了。

不同于之前麦秸的搜寻者，絮团外面出现了毛虫的半个身体和一个脑袋。这就是这所茅屋的女主人哪！它出来是因为一直等不到雄性蓑蛾前来追求，而且感到自己已经到了婚嫁的年龄，所以才采取了主动出击的方式。女主人主动地迎接雄性蓑蛾的到来，但是由于种种原因，这所房子不会再有异性光顾了。这位女主人在天窗上低俯身体，静止不动。

直到它等得有些烦躁了，才慢慢地将自己的身体缩回窝里。

之后的几天里，这只雌性蓑蛾都会在上午时钻出自己的巢穴，出现在阳台上面。阳光洒在那摊絮团上面，显得格外耀眼。我用手轻轻地将絮团扇了扇，它在瞬间就灰飞烟灭了。没有雄性蓑蛾再来这个地方，女主人最终在抑郁中死在了自己的房子里。我想之所以没有雄性蓑蛾再次光临女主人的门前，是因为我的钟形网罩阻挡了它们前行的道路。假如在自由广阔的田野之中，一定会有更多的追求者从四面八方赶过来。这样看来，害死这位女主人的罪魁祸首便是

➕ 白天活动的地榆蛾（斑蛾科），其华丽的警戒性红色花纹在警告敌人它们是有毒的

我的钟形网罩。

不仅害死了茅屋的女主人，钟形网罩还酿成了更惨的悲剧。由于雌性蓑蛾的身体一部分露在外面，而另一部分隐藏在屋中，所以它需要对自己身体的裸露程度进行估算，以保证自己身体的平衡。但是钟形网罩让它的这一判断变得不再准确，以至于一些雌性蓑蛾会在突然间摔落到地上，丢掉了性命。如果雌性蓑蛾的性命没了，那么它的孩子们也就跟着没了命。但这一惨状也并不一定全是坏事。由于蓑蛾的摔落没有使茅屋的围墙受到破坏，所以我们可以清晰地、直截了当地看到这位悲惨的蓑蛾母亲。

有句谚语是这么说的："美丽的东西看上去并不美，除非它受到别人的喜爱。"这只蓑蛾母亲很好地为我们验证了这句古老的谚语。它的长相是多么粗陋难看哪，像是一个土黄色的小香肠，一个起了皱的口袋，它甚至比蛆还要丑陋。所谓蜕变就是变得更加难看，前进就意味着后退。但蓑蛾母亲正值青春年华，它是正当年的雌性蓑蛾。而且这只丑陋的东西正是拥有着高贵黑色外衣的雄性蓑蛾的追求对象。它认为它并不丑，相反，它美到了极致。

我想要为这位殉难者做一个简单的描摹。蓑蛾母亲的头长得平淡无奇，非常小，在它身体的第一个体节里就几乎消失得无影无踪了。当然了，对于一个只需要产卵以及将产下的卵装在袋子里的蓑蛾母亲来说，硕大的头部是派不上什么用场的，也因此退化得越来越小了。

不过就在蓑蛾母亲这个小小的头上还长着一双眼睛，它们看起来就像两个黑色的点。由于大部分时间都藏在黑暗的洞穴里，所以蓑蛾母亲的这双眼睛一定是看不到物体的。只有在雄性蓑蛾进行追求的时候，蓑蛾母亲才会将这双眼睛露出洞穴，而这种情况也是少之又少。

✚ 这只"袖珍"蛾很像一片褶皱的枯叶——昆虫为了躲避敌人而采取的多种策略中的一种

蓑蛾母亲的身体是淡黄色

的，前半部分呈半透明的状态，后面的部分则塞满了卵，并不透明。这个盛着卵的部分是一个短的环形小软垫，是纤细丝绒和浓密发毛的残留物。蓑蛾母亲的前几个体节下面都有一个黑色的斑点，呈透明状，这些黑色的斑点就像是穿着长袍的教士所佩带的领巾。蓑蛾母亲在自己的居所中前后移动时将这种物质脱去，之后便形成了一个絮团。等到雄性蓑蛾前来与蓑蛾母亲结婚的时候，天窗就会被这个絮团装扮成雪白色。蓑蛾母亲的脚不但短小，而且非常软弱，根本无法用来移动自己的身体，虽然这脚的形状不错。

简单地说，蓑蛾母亲的身体几乎是由体内的卵撑起来的，没有什么能比蓑蛾母亲的身体更卑贱了。蓑蛾母亲的体内有一根条痕状的东西，它可以帮助身体里装满卵的母亲向前移动，无论是躺着、俯着还是侧着。这个条痕在盛卵袋子的后面形成，它把蓑蛾母亲分为两个部分，并且将它的身体拖住。这个条痕向前扩张的时候，它就呈波浪状向前扩散，波纹缓慢地到达蓑蛾母亲的头部，以此带动它向前进。一个波浪能够使蓑蛾母亲向前行进差不多一毫米的距离。如果是一个装着细沙的、长度为五厘米的小盒子，蓑蛾母亲需要花费一个小时的时间从这一头到达盒子的另一头。蓑蛾母亲就是利用这种缓慢前行的方式主动地移动到家门口，并且迎接求爱者的到来。它回去的时候也是如此。

这只雌性蓑蛾拖着自己的卵袋在荒芜的田野中凄凉地生活着，它的全身没有任何可以遮蔽的东西。它只是无助地、盲目地向前爬行，累了就停下来歇脚。雄性蓑蛾路过时只是用冷漠的表情回应它，没有哪只雄性蓑蛾会注意到这只可怜的雌性蓑蛾。如果它的家庭注定要被抛弃，如果它注定要遭受无情的对待，那它为什么还要坚持做母亲呢？这是自然的规律。由于意外，命运原本就够悲惨的蓑蛾母亲更是经受了灭顶之灾，它从自己的洞穴口掉在了地上。由于体力衰竭，也由于无法生育，它最终在孤苦中死去。

其他幸运的第二种雌性蓑蛾在柴捆的天窗上时非常小心，它们能够防止自己掉落在地上，顺利地回到家中。等到雄性蓑蛾来到并且与它们完成婚配之后，它们就缩回自己的洞穴不再出来。半个月过后，我把柴捆用剪刀纵向地剪了开来，发现了这只蓑蛾母亲。蛾蛹蜕下了一层皮在柴捆的底部，即最宽敞的地带，正门的对面。这种皮呈琥珀色，非常脆弱，头部的尖端非常开阔地敞开着，并且面对出口通道。它像是一个袋子，很长。蓑蛾母亲就在这个袋子中，它把整个袋子填塞到鼓胀。不过，它已经死了。

这个袋子似的蛹壳的特点我们已经了解清楚了，长成的第二种雌性蓑蛾带着非常丑陋的容貌走出蛹壳。成虫假如将自己的身体缩回到蛹壳中去，那它们看起来就好像是一体的，不可分割。成虫让蛹壳把自己包得紧紧的，我无法将它们分离。这是成虫在门口等待后回到房屋里的保护套，蛹壳被放置在一个非常安全的地方。由于成虫在家门口进进出出，它浓密的毛——花蝴蝶一般的漂亮衣服在与房屋内里的摩擦之中已经褪去了。它的外衣最终变成光光的样子。兔妈妈为了给自己的兔宝宝制作一张柔软的毛绒床垫，它们会选用最好、最轻柔的毛来完成这项工程。这些柔软的毛长在门牙能够触得着的地方，在兔妈妈的肚子上和颈上。绒鸭也同样如此，它们为了给自己的孩子制作一张柔软舒适的床，便将自己身上的绒毛褪去，用这些绒毛来当制作材料。但是第二种蓑蛾所脱去的那层毛又有什么功效呢？

让我们来看看第二种蓑蛾拥有怎样的情怀吧。它们跟兔子和绒鸭有着一样的目的，蓑蛾母亲为了给自己的孩子提供一个很安全、很舒适的场所，它会将自己身上那层难以被觉察出来的绒毛脱下，然后用这些绒毛为孩子们制作一个玩耍的场所—— 一个它们进入现实世界之前的坚实的安全所。这些绒毛就是蛹壳前面的一堆非常纤细的絮团，就像是渗出少量絮凝粒的絮状物。这个时候第二种蓑蛾正在朝窗前走去。这些纤细无比的物质并不是纱厂的平纹织物，而是只有在显微镜下才能够看清的鳞片状粉末。

每种做了母亲的动物都有它独特的预见性，哪怕是最低等动物的母亲，蓑蛾母亲也不例外。我不能确定这种脱毛的方式是不是蓑蛾通过与房屋内里相摩擦完成的，因为没有任何现象能够证明这种说法。我的设想是，一个绒袋子通过自己身体的扭动，在狭窄的通道中来来去去，最后终于将自己身上的绒毛脱下。为了给孩子们留下遗产，蓑蛾母亲甚至会从自己的嘴唇上把那些不容易脱掉的绒毛连根拔起。

蓑蛾毛虫从卵中走出来后会在蛹壳前面这些柔软的场地上进行暂时的歇息。这片轻柔的地方正是它们的母亲用毛发和鳞甲为它们制作的。

蛹壳前这堆絮状物将房屋的门口堵住，这是一道安全屏障。房屋后方则呈敞开的状态。小毛虫在这片轻柔的絮状物上休息，这片刻的停留为的就是准备后面将要进行的工作。做成这层屏障的丝不但不稀缺，而且还非常丰富。柴捆的内里有着一层很厚的白色织缎。但是比起这厚实的毯子，毛虫们对鸭绒盖脚被更加钟情。

这些就是第二种蓑蛾母亲为自己家庭所做的准备工作。现在，我想要知道它的卵存放的位置。三种蓑蛾中体形最小的那种也是相貌最不雅观的，不过它们的行动倒是非常自如，甚至用自己的身体完全走出了柴捆。蓑蛾母亲产下的卵通过一个长长的输卵管被存放在一个容器之中。等到卵全部产完之后，蓑蛾母亲就要死去了。雌性蓑蛾会把自己的絮状物留给孩子们。它从来都不会离开自己的家门半步，哪怕是结婚和产卵的时候。这就像古罗马的模范家庭中母亲所说的：让她在家里纺羊毛吧。

雌性蓑蛾等待雄性蓑蛾的示爱，之后这只相貌丑陋的雌性蓑蛾就缩回到自己的洞穴中去。它缩回褪去的皮中，然后把这个皮袋子作为卵的存储地。袋子越来越鼓胀，直到所有的卵都到达目的地。其实严格地说，产卵这件事并不存在。因为卵根本没有离开过蓑蛾母亲的肚子，而是被它存在了自己身上。

袋子很快就变干了，这是由于蒸发的作用。等到完全变干后，我把蛹壳打开了。在放大镜的照射下，我看到了最后的纪念物——瘦肌肉束、神经小支、气管细线，还有一些已经缩减到最简单形式的生命的象征。原来的蓑蛾母亲现在俨然已经成了一个大卵巢，里面有三百只左右的蓑蛾卵。

第七章 迷人的大孔雀蛾

大孔雀蛾的毛虫拥有黄色的外表，这样的体色非常容易引起人们的注意。毛虫的尾部体节环绕着黑色的纤毛，这些纤毛稀稀疏疏地分布着。还有一些闪亮的蓝绿色珍珠也在毛虫体节的末端镶嵌着。老巴旦杏树叶是大孔雀蛾毛虫的食物，它们的茧通常都是与树根部的树皮紧挨着的。这些茧呈褐色，好像渔夫的捕鱼篓一样，长相奇怪，而且非常粗大。

一只大孔雀蛾在五月六日的上午从我实验室桌子上的茧里孵了出来。这是一只雌性的大孔雀蛾，它就是在我的眼皮底下进行蜕变的。我赶紧把这只蜕变了的大孔雀蛾放进我的金属钟形网罩内。作为一个观察者，我只是把这只大孔雀蛾简单地关了起来，并没有对它做其他的什么处理。它浑身湿透了，这是孵化时的潮湿导致的。我对它的观察非常仔细，一刻也没有松懈，生怕会错过好机会。

大孔雀蛾拥有美丽的外表。它穿着栗色的天鹅绒外套，还系着一条白色的皮毛领带。它每一片翅膀中间都有一个圆形的斑点，就像是一只只漆黑亮丽的眼睛。这些圆形的斑点拥有美丽的光环，像彩虹一样，栗色、鸡冠花红色以及白色等色彩交相辉映。翅膀的周边呈白色状，而中间则有一条之字形的曲线穿过，同样是白色的。此外，大孔雀蛾的翅膀上还布满了灰色和褐色的斑点。

晚上快九点的时候，我的家人都已经进入梦乡了。然而就是在这个时间，我听到隔壁房间传来一阵骚乱声。小保尔好像在挪动着什么东西，他半裸着身子来回跑跳，双脚直跺，拼命地想要将椅子推翻。我听到他的呼喊声，兴奋而激动："快来呀，房间里飞满了蛾子呀，像鸟一般大呀！"我急忙跑过去，看到的场面让我大吃一惊。在过去的时

➕ 大孔雀蛾

间里，还没有哪一种大蛾子能够如此般将我的居室侵占。数不过来的大孔雀蛾飞满了孩子的房间，并且已经有四只被抓住关在了麻雀笼子里。

看着这样的场面，我想到了早上被我关在金属钟形网罩中的那只雌性大孔雀蛾。我对小保尔说："儿子，留下你的鸟笼，把衣服脱下来，跟我一起去看看究竟发生了什么古怪的事情。"我和孩子一起来到了我卧室右边的实验室。经过厨房的时候，我们看到了同样受到惊吓的保姆，她正在用自己的围裙驱赶大孔雀蛾。一开始她还以为这些是蝙蝠呢。这些大孔雀蛾正是早上被囚禁起来的那只雌蛾招来的，想必它们已经把我的整个房子都占领了。幸亏有一个窗户还开着，这能够让它们畅通无阻地从我的居所中出去。

走进实验室后看到的场景更是让我至今仍记忆犹新。一群大孔雀蛾围绕着关着那只雌蛾的钟形网罩飞着。它们一会儿飞过来，一会儿又飞走，来来回回，时而停歇，时而继续飞翔，与天花板等实物碰撞，发出了噼噼啪啪的声音。整个实验室就像是一个招魂卜卦者的洞穴，非常危险。儿子因为害怕而紧紧地抓住我的手，他想让自己变得胆大起来。大孔雀蛾有时会抓住我们的衣服，与我们的脸相擦，还会扑打我们的肩膀，有时候又向蜡烛扑过去，用翅膀将烛火拍灭。算上卧室和厨房里的那些，我的住所里一共飞来了四十只左右的大孔雀蛾。

谁都认识这种欧洲最大的蛾子，然而并不是所有人都见过今晚的这场大孔雀蛾晚会。这真是一场让我至今无法忘却的晚会呀！它们是飞来向这只雌蛾求爱的，然而这些雄性大孔雀蛾是怎样获得信息的呢？蜡烛的火焰将一些冒失鬼的翅膀烧黄了不少，我今天还是不要再打扰这些求爱者了。我想明天先拟好一张实验问卷，然后再对它们进行研究。今天还是让我先把场地清理一下吧。

我对这群大孔雀蛾的观察持续了八天。在这八天之内，它们每次都是在同一个时间段出现在我的居所里，也就是晚上的八点到十点之间。这正是昏沉沉的黑夜时分，在外面的花园里根本看不到任何东西。再加上若是雷雨天，乌云密布的天空中更是一片黑暗。大孔雀蛾们除了要面对黑暗之外，它们还需要绕过前往我居所时所要遇到的种种障碍。

大孔雀蛾需要迂回地穿过一片杂乱的树枝才能到达我的住所。我的家由于有着杉柏和松树的遮掩，所以不会遭受来自法国南部的西北风的袭击。那是一种干燥、寒冷，而且异常强烈的风。整座房子都隐没在高大的法国梧桐树丛之中。在离居所大门几步远的地方有一道壁垒，那是由一些小的灌木丛形成的。还有一条通往居所的小路，就像房子的前厅似的，周边长着繁茂的蔷薇和丁香。

在这样的重重困难之下，大孔雀蛾居然义无反顾地飞来了，而且它们在飞行的途中根本没有撞上任何东西。这种

➕ 红线蛱蝶会借风势滑行

困难的飞行线路，就连猫头鹰也不敢轻易地离开它在油橄榄树上的洞穴来尝试。然而大孔雀蛾却能依靠本能，在曲曲折折的路线中准确无误地把握方向。对于大孔雀蛾来说，黑暗其实就象征着光明。它们在穿越阻碍之后，身上毫无擦伤的痕迹。它们的翅膀完好无损地拍打着，精神状态也良好。

大孔雀蛾不可能是依靠强大的视觉来到这里的。因为即便是它们的视网膜能够感受到一般视网膜所无法感受的光线，这种视觉也不可能强大到能够在很远一段距离内得到感知，何况在通往我住所的这段路途中还有很多困难的阻隔。大孔雀蛾对于光线的指引非常敏感，它们在通常情况下都是直接前往光线所指示的地方。然而，由于光线有时候会出现折射，所以在这种情况下，大孔雀蛾也会走错地方。这种错误并不会令飞行的方向有大的偏离，只是会让它们对目的地确切地点的感知有一定的偏差。实际上，大孔雀蛾的直接目标是我实验室中的那只雌蛾。然而它们有的却出现在了我儿子的房间，甚至是厨房中。这正表明大孔雀蛾所获得的信息并不十分准确。光线是让大孔雀蛾无法抵抗的强大力量，即便是一盏微弱的灯所发出的光亮。

嗅觉和听觉的情况也是如此。在我们需要准确地依靠这两种感觉对气味或是声音的发源地进行判断时，它们总是会存在这样或是那样的偏差。因为光线的引导而产生判断偏差的大孔雀蛾并不是稀疏的几只，它们也并不都是从那扇窗户中直接飞进来的。因为那扇窗户离关着雌蛾的钟形网罩只有几步之遥，那里绝对是通往正确地方的关口。我在实验室

周围的其他地方也看到一些大孔雀蛾。它们有的从下面飞进来,在前厅中徘徊,顶多也就是飞到楼梯跟前。而楼梯的上面是一扇紧闭着的门,这是一条死路。看来在一般的光辐射带给大孔雀蛾通往目的地的信息的同时,还有另一种东西从远处为它们提供信息。这些信息把大孔雀蛾引到目的地的附近,让它们在徘徊中寻找确切无误的地点。

大家猜测为大孔雀蛾提供信息的另一种东西就是它们的触角。雄性大孔雀蛾拥有具备探测器作用的宽触角,处于发情期的它们正是靠着触角发出的信号来到雌性大孔雀蛾的藏身之地的。那么,大孔雀蛾身上披着的那身美丽的外套就没有为它们提供一些信息吗?难道这身华美的服装就只是作为衣服来穿的吗?让我们做一个实验后再得出结论吧。

在我对这群大孔雀蛾进行观察的第二个夜晚,我找到了八只在十点之后仍旧不肯离去的大孔雀蛾。它们在前一天的晚上也同样通过那扇畅通无阻的窗户来到了我这里。这八只大孔雀蛾在第二扇窗户的横档上停了下来,它们保持静止不动的姿势。

第二扇窗户是关着的。其他的大孔雀蛾在跳舞跳到十点之后都通过第一扇窗户离开了我的住所,然而这八只大孔雀蛾却依旧执着。它们为我的研究提供了很好的条件。

我将这八只大孔雀蛾的触角用剪刀剪了下来,并且是连根剪掉的那种。这些被做了手术的大孔雀蛾似乎对这次的手术并没有太大的反应,甚至没有几只拍打它们的翅膀。这种情况真的很好,也正是我想要的。它们好像并没有因为被剪去了触角而感到痛苦,又因为这样的痛苦而变得癫狂。这些大孔雀蛾只是在窗户上静静地停留着,直到这一天彻底过去。

➕ 雄性大闪蝶像人类手掌那么大,有着带有金属光泽的蓝色翅膀

除了为雄性大孔雀蛾做手术以外,我还需要对雌蛾做一些处理。为了得到更好的研究成果,我不能让它暴露在雄性大孔雀蛾的面前,而是将它转移到了另一个地方。我把这只雌蛾放在了住所中另一边的门廊下,将钟形网

罩放在了地上。这个地方距离我的实验室大约有五十米远。

夜晚到来之后，我对那八只被剪掉触角的雄性大孔雀蛾进行了最后一次观察。它们中的六只已经消失不见了，而剩下的两只则都掉在了地板上，看上去筋疲力尽，没有丝毫生气可言。假如我把这两只大孔雀蛾的身子翻到肚朝天，它们也没有任何力气再自动翻转回来。不，请不要认为这是因为我除去了它

➕ 当枯叶蛱蝶收起翅膀的时候，它很像一片枯树叶

们的触角，这完全是由它们的衰老造成的。即使我没有用剪刀对它们做手术，结果也同样如此。那么，那六只消失不见的大孔雀蛾到哪里去了呢？它们由于精力还比较旺盛，所以先行离开了。它们会不会再次找到装有雌蛾的，而且已经被换了地方的钟形网罩呢？新的地点与旧地点之间有着一段比较远的距离，没有了触角的它们还会被雌蛾吸引吗？

我准备了一个暂时安放雄性大孔雀蛾的房间，这个房间比较宽敞，显得很空荡。这里没有任何装饰，所以不会有东西能够对大孔雀蛾造成伤害。我时不时地提着灯笼来到安置雌蛾的钟形网罩前，它位于露天的地方，那里相当黑暗。飞来的大孔雀蛾通通被我抓住，我对它们进行了一番辨别之后便把它们放进了刚刚准备好的临时房间。大孔雀蛾在我为它们准备的临时房间内能够享受到安静与自由，而且这种准备性的措施会在我以后的实验中经常用到。我的这种方法能够对前来的大孔雀蛾数做出准确的判断，绝对不会将同一只大孔雀蛾数上好几次。

我在十点半之后结束了这一晚的实验，因为没有什么情况会再发生了。我在收集到的二十五只大孔雀蛾中发现了一只被剪去触角的。这是一个比较微小的成果。也就是说，在昨天被剪去触角，而且依靠强壮的体力离开我居所的那六只大孔雀蛾中，只有一只再次寻找到了雌蛾的所在地。这个实验结果并不能对触角的作用做出任何肯定或是否定性的判断，所以更大规模的实验迫在眉睫。

到了第二天早上，我再次对这二十五只大孔雀蛾进行了观察。我发现它们全都在萎靡的状态下存活着。但是令我感到惊奇的是，这些精

昆虫记

✚ 亚历山大女皇鸟翼凤蝶是世界上最大的蝴蝶

✚ 阿波罗绢蝶能在高纬度地区生存，但是现在处境濒危

神状态不怎么样的大孔雀蛾在被我用手指拿起来后似乎又有了生气。我对它们还有着期待，也许这些大孔雀蛾还会出现在雌蛾面前载歌载舞。于是，除了那只已经被剪去触角的大孔雀蛾以外（事实上，它已经快要死去），我对其他的二十四只大孔雀蛾也实施了手术。之后，我把这间房间的房门打开，让它们可以自由地离去。

同样地，为了保证实验的准确性，也为了让这些出走的大孔雀蛾接受实验，我又把装有雌蛾的钟形网罩换了地方。这次我把钟形网罩放在了底楼侧面的一个房间中，而且保证进入这个房间的通道没有阻碍。我想让大孔雀蛾们在门槛上就能够找到这只雌蛾。然而，在这二十四只被动了手术的大孔雀蛾中，已经有八只衰弱到快要走向死亡，只有另外的十六只离开了房间。我在第二天晚上又在钟形网罩周围抓到了七只大孔雀蛾，然而它们全都是新来者，因为它们拥有自己的触角。前一天晚上离去的十六只大孔雀蛾中，没有一只再次找到这个钟形网罩。

这样看来，被剪掉了触角对于大孔雀蛾来说确实有些严重。但是在下这个结论之前，我还有一个很大的疑问没有解决。被剪去触角的雄性大孔雀蛾会不会是因为缺少了器官而羞于出现在雌蛾面前？小狗穆弗拉尔刚刚被人无情地割去了耳朵，然而这只小狗却依旧说道："我还敢出现在其他狗的面前，我的状态很好。"看来，小狗穆弗拉尔的主人的担心是不必要的。大孔雀蛾的求爱欲望十分强烈，而且非常短暂。那么，受到摧残的大孔雀蛾是不是也会有同样的顾虑呢？它们会因为失去触角而变得没有精力吗？我需要再次进行实验。

这是实验的第四个夜晚。这一次我抓了十四只大孔雀蛾作为实验的对象，它们全都是完好无损的新来者。我照旧找了一个临时安放它们的房间，并且让它们在那里过夜。到了第二天，我在它们一动不动的时候拔掉了它们前胸的一些毛。这种行为并不会给这些大孔雀蛾带来

什么求爱方面的麻烦，因为它们没有缺少任何在钟形网罩面前所需要的器官。同样地，由于绒毛比较容易得到，所以我的拔毛行为并没有烦扰到这些大孔雀蛾。这些被拔掉一些毛的大孔雀蛾就是我这次实验的对象。

夜晚来临，我依旧对钟形网罩的位置做了变更。这十四只大孔雀蛾中没有一只因为被拔除了一些前胸毛而变得精疲力竭。它们全都在夜间开始了活动。两个小时过后，我一共抓到了二十只前来求爱的雄性大孔雀蛾。然而，只有两只是被我拔过毛的，其他的十二只全都没有再次出现。看来它们的求爱欲望已经基本消失了。

那么，在十四只被拔去一些毛的大孔雀蛾中，为什么只有两只再次找到了钟形网罩呢？其他的十二只也是具有触角的呀，这触角可是人们猜测的它们的导航器呀。但是为什么它没有飞回来呢？每次雄性大孔雀蛾在我的强制之下度过一个夜晚后，我都会在第二天看到它们精疲力竭的状态。对此我唯一的解释就是：它们的求爱欲望已经没有了。毋庸置疑，雄性大孔雀蛾一生的唯一目标就是求爱。这也是所有蛾子都具有的本能活动。这样的本能让它们飞过很长的距离，越过很多的障碍以及穿过深深的黑暗，最终找到了自己所喜欢的雌蛾。找到意中人的雄性大孔雀蛾会在两三个夜晚中，每晚都用上一两个小时在自己的爱人面前表演。它们必须利用好时机，因为一旦错过了，就什么都完了。原本非常精确的导航器会坏掉，而且明亮的信号灯也会熄灭。假如没有了这些功能，那么雄性大孔雀蛾还有什么存活的意义呢？所以，失去这些本能的大孔雀蛾开始没有了求爱的欲望。它们在某个角落中等待着死亡的来临。

大孔雀蛾不会进食，它对胃没有任何概念。与那些终日忙碌于花朵之间的蛾子相比，大孔雀蛾绝对是一位禁食者。大孔雀蛾蜕变为蛾子是为了

知识链接

左下方是常见的虎蝶，右上方是雌性仿燕尾蝶模拟普通虎蝶。

一只无毒的蝴蝶长得像有毒的种类的时候，就会采用名为"贝氏拟态"的防御策略，但其种群的数量必须比模拟对象少。因为如果它们数量过多，敌人就会逐渐注意到二者在可食性方面的区别，导致保护性的拟态失去作用。

能让后代将自己的族类延续下去，这跟吃东西并没有什么关联。它们不需要依靠进食来恢复体力。此外，大孔雀蛾的口腔器官其实是个空洞的东西，一个不折不扣的半成品。这个口腔器官并没有任何实际运行的可能，完全是个假象。正如油灯中假如没有了油，那么这盏灯就会熄灭。大孔雀蛾由于不懂得吃东西，所以只熬上两三个夜晚，它们就会在精疲力竭中结束自己短暂的生命。

大孔雀蛾无论是接受了手术，还是拥有完好无损的身体，它们通通都会因为生命的衰竭而变得没有活力。这与被拔去前胸的一些毛或是被切除了触角完全没有关系。失去触角的大孔雀蛾并不一定就不能够再次寻找到安放钟形网罩的地方，而被拔除一些毛的大孔雀蛾也同样没有受到什么大的损伤。大孔雀蛾的筋疲力尽与触角的缺失并没有什么联系，触角的作用依旧让人疑惑。

我的实验进行了八天，同样地，被我关在钟形网罩中的雌性大孔雀蛾也坚持了八天。它所在的钟形网罩在这八天里，每天晚上都要换一个地方。一大群的雄性大孔雀蛾都会在我的意愿之下，在雌蛾的引诱中前来求爱。在这群来客到访之后，我便把它们通通都抓了起来，然后将它们放置在我事先准备好的一个临时住所内。我让它们在那个房间中过夜，到了第二天我会拔掉它们前胸的一些毛。

在我所生活的地区，大孔雀蛾的数量是非常稀少的。这是因为大孔雀蛾所赖以生存的老杏树在这个地区比较少见。我曾经在两个冬日里对这些杏树进行过搜寻，然而搜寻到的杏树却是寥寥无几。它们的树根被掩埋在一堆凌乱的禾本科植物下面，就像穿上了鞋子似的。然而，在我的实验进行了八天之后，被我抓住的大孔雀蛾居然多达一百五十只。这可是一个让人不可思议的数字呀！这些大孔雀蛾都来自比较遥远的地方，有可能是两千米以外的地方，也有可能比这个还远。那么，它们是如何得知在我的实验室中关着一只雌性大孔雀蛾的呢？

依靠视觉是不可能的。没错，大孔雀蛾在穿过我家窗户之后绝对能够依靠自身的视觉来寻找雌蛾。然而在这之前呢？它们即便是拥有神话中所讲的能够透过厚厚的墙看到事物的猞猁眼，也不可能凭借这种天才般的能力在遥远的几千米之外找到雌蛾。因此，相信视觉向导的想法绝对是荒谬的。

除了视觉之外，还有两个因素可以进行探究，分别是声音与嗅觉。其实，依靠声音这种说法也站不住脚。挺着大肚子的雌性大孔雀蛾的确能够在很远的地方就对雄性大孔雀蛾进行召唤，但是它发出的声音往往很轻柔。即便是拥有最为灵敏的耳朵，雄性大孔雀蛾听到的声音也是轻微的。在发情期，雌蛾由于本能的驱使，在高度精准的显微镜的观察下，会显出微微的颤动。然而，雄性大孔雀蛾可是位于距离它几千米的地方啊。它们怎么可能听得到雌蛾的呼唤呢？

　　最后一种因素便是嗅觉。这种说法值得我们进行实验，因为气味的散发似乎比其他原因更容易说明雄性大孔雀蛾为什么在赶到目的地后，需要经过一些徘徊后才能找到雌蛾准确的藏身之地。是不是真的存在这种散发物，我是无法察觉到的。不过我相信我们无法闻到的气味，具有比我们更加灵敏的嗅觉的大孔雀蛾是能够闻到的。为此，我准备做一个比较简单的实验。我需要把雄性大孔雀蛾能够辨别出雌蛾的那种气味压制在另一种更加浓烈的气味之下，而且使这另一种气味保持很久而不散发。这样，雌蛾微弱的气味只能在强烈的气味之中散发出来。

　　在大孔雀蛾来访之前，我在雌蛾所在的钟形网罩下面放了一只装满萘（nài，一种有机化合物）的容器，然后又在雄性大孔雀蛾夜晚所要暂时居住的房间内放入了足够的萘。大孔雀蛾来了。它们就像没有闻到萘的气味似的，很准确地找到了雌蛾的位置。我的精心设计白费了。虽然我对气味的信心有些动摇，然而我已经不能够继续第九次实验了。因为连续的作业已经让禁闭在钟形网罩之内的雌蛾变得精疲力竭。这只雌蛾把卵放在了钟形网罩的网纱上，之后它就死了。没有了实验的对象，我也没有什么事情可做，这样的状态需要一直持续到第二年。

　　为了让我将要进行的重复性实验能够顺利地进行，我准备了一些必需品。那就是夏天的时候，我向邻居家的小孩买大孔雀蛾的毛虫，每条是一苏的价格。那些小孩子因此也非常开心。他们学完了枯燥的法语动词变位，便跑到田间去抓大孔雀蛾的毛虫。他们不敢用手碰触这种毛虫，而是用一根棍子的尖头部把它粘上，然后再交给我。当我用手指头拿起那只毛虫的时候，他们每个人都显得非常惊讶。

　　我把大孔雀蛾的毛虫喂养在我的昆虫小园子中，并且用扁桃树的枝杈喂养它们。不出几天，我的精心喂养就有了回报，它们向我提供了优质的茧。寒冬季节，我又在杏树下收集了许多这样的宝物，与我趣味相投的朋友帮了我很大的忙。在这些得来不易的茧当中，有十二只个头比较大，也很重，这些茧都是雌大孔雀蛾的。它们在大冷天里饱尝了各种艰辛，茧羽化得很晚，羽化出来的，也只是一些反应迟钝的小家伙。

第三卷

第一章｜蜘蛛①的迁徙

成熟后的种子，离开孕育它的果实，散落在泥土的表面，开始了它盎然的生命之旅。

蝴蝶花的蒴果裂成三瓣，中间凹陷成一个吊篮。由于蒸发作用，果瓣的边缘会卷曲起来，原本在吊篮里面安睡的种子就会被挤出来，面对新的世界。

有一种葫芦科的植物，与椰枣差不多大，果实味道非常苦。它的学名叫"喷瓜"，俗称"驴瓜"。这种植物成熟时，果肉融化成液体，给种子提供了一个温暖的"游泳池"。当这个"游泳池"的墙壁收缩，种子被挤到肉柄的底部，这时一个塞子似的东西堵住了出口，种子们只能慢慢倒流回去，而塞子脱落后，种子和果肉便气势磅礴地一齐从出口喷射出来。所以，当你摇动喷瓜植物时，记得要小心机枪般的扫射，别被这莫名的袭击弄得狼狈不堪。

花园里熟透的凤仙花只要被人碰一下，花果就会突然裂成五个卷曲的瓣，把里面的种子喷射出去好远。人们给它取名为"急性子"，这生动地描绘了它不能忍受碰触的样子。另一种与凤仙花同属一科的植物，由于这种喷射现象而得到了一个更可爱的名字——"别碰我凤仙花"。

那些很轻的种子，特别是菊科类的种子，有浮空器、冠毛、翼以及羽状花冠，风一吹便飞离了它们依赖的花托，生命之旅由此开始。除了羽状花冠以外，最适合靠风传播的器官就是翼了。黄色紫罗兰的种子借助它那像鳞片似的膜，随风飞进岩石缝和老墙的墙缝里，在那里生根发芽；榆树的翅果有一个又大又轻的翼，中间嵌着种子；槭树的两个翅果连在一起，呈现鸟展翅的姿态；白蜡树的翅果如同桨叶，在暴风雨的席卷下才能进行遥远的迁徙。

植物传播种子、远途旅行的方式是如此多样。那么，昆虫是不是也像植物一样有旅行的工具呢？答案是肯定的。实际上，植物的种子和动

---

① 蜘蛛并不是昆虫，但为了尊重原著，本书并未做改动。

物的卵都是一回事。

　　圆网蛛是一种了不起的蜘蛛，它捕食的时候会在两棵垂直的灌木前拉开大网。我们这里最有名的就是一种身上有黄、黑、白三色相间横纹的彩带圆网蛛。它梨状的卵袋是一个丝绸缝制的小袋子，两极间随意地分布着棕色的经线，不禁让人感叹这小东西的精美绝伦。打开卵袋，你会更加惊讶，里面吊着一个顶针状的小丝袋，装着五百枚左右的橘黄色的卵。这些漂亮的小宝贝正幸福地享受母亲无微不至的呵护：小丝袋的里面有一团棕红色烟雾似的丝团，轻轻地笼着，就像一床暖暖的羽绒被。

　　这个卵袋被太阳晒熟开裂以后，里面的几百枚卵会分散到不同的区域，各自找到一块领地，从来不需要担心邻里间的竞争。但是，这些脆弱的小生命，它们是运用了什么交通工具，才能找到遥远的归属地呢？我从一种比较早熟的圆网蛛中找到了答案。

　　五月，荒石园里一棵丝兰引起了我的注意。这棵植物去年已经开花，现在只剩干枯的花茎竖立在那里，有一米多高。剑形的绿叶上爬满了刚孵化出来的两窝小圆网蛛。这些小家伙的尾部有一个三角形的黑色斑点，今后它们将以背上三个白色十字图案清楚地告诉世界，它们不是彩带圆网蛛的孩子，而是冠冕圆网蛛的后代。阳光移动到荒石园的时候，这些小家伙自发形成了热闹纷乱的集市。两窝小圆网蛛中有一窝非常激动，一只一只地爬上花茎，走一段又兴致勃勃地折回来，它们就这

　　✛ 黑寡妇　　　　　✛ 横纹金蛛　　　　　✛ 草丛跳蛛

样丝毫没有倦意地反反复复。

　　这时，微风吹来，这群小家伙行动的队形被扰乱了，它们一只一只

地从花茎上出发。就在我睁大了眼睛想看清楚它们的小动作时，这些小东西仿佛长了翅膀一样，一下子就消失在我的视线里。我当时多么希望这是在宁静的实验室里而非喧闹的露天，那样的话我也许能够更加清楚地看到刚才到底发生了什么。

我把剩下的小蜘蛛装进一个小盒子里，盖起来带回了实验室，放在离敞开的窗户两步远、正对窗户的一张小桌上。想起刚才小蜘蛛爬高的喜好，我找了一捆半米长的细树枝给它们作为运动器材。一转眼，小家伙们全部爬到了高处，漫无目的地四处拉线，形成了以树枝梢为顶点、桌子边缘为底边的一张网。在阳光的照耀下，这些小生灵变成晶莹闪光的小点，悬挂在乳白色的细网上，蜘蛛网就好像望远镜里那些遥远的星座。只不过这片星云不是静止的，而是在不停地变化着。

许多小蜘蛛从网上摔下来，就在我担心它们的安全时，它们突然在空中停住，又安然地顺着那根丝重新爬上去。它们如此反复好多次，把丝捆扎成束。其他的伙伴还在网上不停地忙碌，好像在编织一个网袋。原来丝不会自己从纺丝器里流出来，而是需要用力拉出来的。所以蜘蛛必须利用自己的重力往下掉，或者行走，才能得到一点细长的丝。

这时，我看见几只圆网蛛在桌子和敞开的窗户间跑。我知道它们不可能在空中划桨，经过上下左右观察，便看见小家伙们的身后有一条细丝，有时候会显现出一闪即逝的光。但是，在小蜘蛛们运动的前方，什么支撑物都没有看见。不过事实证明，这座看不见的天桥的的确确是存在的。我用棍子往那只向窗口跑的蜘蛛前面劈下去，这一举动就好像施了一个魔法，小家伙们立即停止前进，直直地跌落下来。

原来，进行高空行走的蜘蛛，会同时拉出一根线来保护自己的安全。因此它的身后有两根线，这两根线比较容易被看到；而在它前面只有单根细线，所以几乎看不出来。不论多小的微风都能给予小蜘蛛帮助，将这一根看不见的丝线带走，拉长，就像房顶上袅袅的炊烟。我想起南美洲的印第安人借助藤蔓荡过山中的深涧，而小蜘蛛却是靠着看不见的不可丈量的天桥跨越空间。

在我的实验室里，敞开的门和窗给了小蜘蛛这个条件，而这阵风如此微弱，以至于我在看见烟斗冒出的烟往一个方向飘时才恍然大悟。外面的冷空气从门口进来，房间里的热空气从窗户流出，小蜘蛛们利用空气的流动，悄无声息地出发了。

我关上门窗，用棍子将全部的天桥切断。迁徙者没有了空气的流动，就没有了出发的原动力。

没过多久，蜘蛛们沿着一个意料不到的方向再次出发了。火热的太阳照到了地板上，使那里温度升高，向上涌起了一股轻轻的气流。蜘蛛们真的爬向了房间的天花板，只是绝大部分已经在之前飞向了窗户，剩下的数量不足以进行实验，我必须重新开始。

第二天，我又在那棵丝兰上捉来了第二窝小圆网蛛，数量与第一窝差不多。在这群小家伙忙忙碌碌地做着出发前的准备工作时，我关上了房间所有的门和窗，使空气尽量处于静止状态。然后，我开始了准备工作：在桌脚边点了一盏煤油灯，不是很热。我在灯的上方、与桌面齐平处撒了一把蒲公英毛，大部分都缓缓飞到了天花板上，因此我相信，产生的上升气流柱应该也可以把丝线拉送到高处。

一切准备就绪。我们在场的三个人看见一只圆网蛛正在慢慢地上升，八条腿悬在空气中划动，就像有魔法在召唤着它向上。其他的圆网蛛也开始出发了。如果你不知道其中的奥秘，一定会被眼前几百只蜘蛛上升的现象惊得目瞪口呆。

我不禁佩服起这些小家伙了。小家伙们在没吃任何东西的情况下爬上了四米高的天花板，也就是说从一个微小的卵球里拉出了一根至少四米长的丝。工厂加工铂线时必须把材料烧红，而小蜘蛛拉丝只需要阳光加热，这是多么精妙的产品加工方法呀！

几分钟之内，大部分蜘蛛都爬到了天花板，还有一部分竭尽全力却停滞不前，甚至倒退下滑。那是一个很简单的物理题。丝线没有到达天花板，是飘动的，只要长度适当，尽管晃动，依然可以支撑小蜘蛛的体重；但是小蜘蛛越向上爬，飘浮的线就越短，有时会出现重力与向上的浮力达到平衡，到最后重力超过浮力的现象。这使得丝线更加短，所以虽然蜘蛛在向上爬，但看起来在倒退。

我不能让失败的登高者死去，不尽快找到停泊处吃点东西，它们将无法再造出丝来。我打开窗户，煤油灯的热气带着蒲公英的毛缓缓飘向了窗外的世界。那么，小蜘蛛的迁徙应该也不成问题。

我看准了几根小蜘蛛身后的丝线，小心地用剪刀剪断，线是双股的，较粗，不会被看错。这次又如同被施展魔法一般，原本吊在细丝上的小家伙好像长了翅膀，优雅地随风穿过了窗户，消失不见了。微风啊，你要把这些柔弱的小生命带去什么地方呢？也许几步之内，也许百步之外。请给这些可爱的小家伙找一个适合的落脚点，因为它们完全听命于你，不能自己选择停止旅行的时间。

我相信，只要在广阔的田野间，小家伙们天生的疏散本领绝对不需要人工的辅助。它们爬到细枝梢上，给自己身下留有足够的空间，随后从小小的制绳场里拉出一根细线。太阳炙烤的大地涌起了一股上升的气流，将细线轻轻地托起，使它在上升的飘摇波动中不断地被拉长。纺丝主则悠闲地在上面散步，等到丝线终于被扯断的那一刻，旅行就开始了。

刚才这种带白色十字的圆网蛛，给我们提供了第一手的迁徙资料，但它用来蓄卵的容器只是一个很简单的丝球，与彩带圆网蛛织的气球相比，实在是太寒酸了！为了得到更有价值的资料，我继续进行实验。

秋天，我用饲养雌彩带圆网蛛的方法，储备了一些小蜘蛛。在这里，我充满期待地进行了准备工作。我把大部分在我眼前织出来的气球分成两组，一半留在实验室里由小捆荆棘作为支撑物的金属网罩下，另一半放在室外的迷迭香树篱上。

可惜这样的处理并没有让我看见预想中与居住环境相应的壮观的迁徙场面。不过我还是记录了很多有价值的结果。

孵化是在近三月时进行的。我用剪刀把彩带圆网蛛的圆形巢剪开，发现一些小蜘蛛已经完成了孵化，从小房间里爬出来，慵懒地躺在外边的绒被上，而其他的橘黄色的卵还簇拥在一起，静静地酣睡。小蜘蛛不是同时孵化的，断断续续地要持续两周。这些懒洋洋的小家伙在羽绒被上一动不动。受到干扰时，它们没睡醒似的动动脚，或者再漫无目的地打几个转，仿佛还很眷恋这个地方，想着过段时间再出去吧。

它们的确还不够成熟。在接下来的四个月里，气球会慢慢变大。那是因为所有的小蜘蛛都从小房间里爬出来，在羽绒被上成长壮大。这个精美的丝团不仅是接待站，更是健身房。小家伙们在那里使自己的肌肉变得结实有力，做好在炎热的天气到来的时候面对广阔的新世界的准备。

小蜘蛛们大约有六百只，这么多全部来自一个豌豆大的卵袋。蜘蛛是用了什么神奇的办法，让如此大的一个家族挤在里面并且不会因挤压而扭伤腿脚的呢？

卵袋是一个底部呈弧形的短圆柱体，是用一块结实得像无法穿透的屏障似的白色绸缎缝制的。卵袋上面有一扇圆形的门，门里嵌着一个同样结实的盖子。柔弱的小家伙当然不可能穿过小盖子钻出来，那么，它们是怎样使自己解脱出来的呢？

假设这个盖子是活动的，不是封死的，假设这一窝圆网蛛是同一时间孵化出来的，那么可以想象，在所有小蜘蛛背部合力的推动下，那扇门会被轻而易举地推倒，就像沸腾的水把壶盖顶起来一样，小蜘蛛们随即如潮水般一泻而出。然而，盖子和袋子是紧密连在一起的，孵化是断断续续的，盖子并不是因为小蜘蛛的微弱力量聚集在一起而打开的。事实上，盖子应该是像植物的种荚那样自动开裂的。在孵化期间，这个盖子会自动启封、翘起，让新生儿通过。

每一种植物都有一把神奇的锁，掌控着种子盒的开启和关闭。而那把生命系统的钥匙，就是阳光的爱抚。龙头花的干果熟透时会打开三扇小窗；海绿果会分成两个像香皂盒形的球冠；石竹的果瓣会部分裂开，顶端打开一个星形的洞口。

而彩带圆网蛛的卵袋也像干果一样，只要未完成孵化，盖子就锁得紧紧的；一旦感应到里面有小蜘蛛的动静，它就自动打开。

炎热的六月、七月来到了，小圆网蛛们也迫不及待地要享受它们最喜欢的季节了。

要从牢固的球壁上开辟一条通道是很困难的，盒盖必须自动开启。但是盒盖的开启并不遵循一般的设想，因为开启盖子是这个卵袋最后一道工序，所以我总幻想着盖子的边缘不会被完全焊牢，可以裂开。但不论在什么季节，除非把整个建筑物毁坏，我的镊子都不能够把它撬开。最后，它的开启很不完美地展现在我的眼前：裂痕毫无规律，绸布像石榴皮似的在强日光下突然裂开。看着撕破的布都往外翻，我猜想爆裂应该是内部空气受阳光加热膨胀所造成的。喷出来的棕红色绒棉，再也不能充当小蜘蛛的温床，绒棉上的小家伙们显得惊恐不安。

现在让我们来看看室内和室外的区别。室外迷迭香树篱上的气球在骄阳下轰轰烈烈地炸开了，喷出了棕红色的丝团和小蜘蛛。在田野里，七月、八月的烈日照射到毫无遮拦的荆棘丛中，小蜘蛛的住所炸开的情景仿佛在为它们饯行。而在温和的实验室里，大多数气球都没有裂开，除非我插手。但是我观察到有几个气球上出现了一个圆洞，像是用钻头钻过似的，显然这是里面耐不住寂寞的小蜘蛛轮流用大颚在某一点上钻洞的结果。

来到新世界的小彩带圆网蛛们，在迁徙之前，要给自己换一身新衣服。一小部分的蜘蛛随着丝团被喷出来，绝大多数还在裂开的丝团袋子里面。小蜘蛛们一点都不着急出去，因为迁徙也不是同时进行的，好几天以后，小家伙们才一批一批疏散出去。

小蜘蛛们一边经受着阳光的洗礼，一边有条不紊地进行迁徙工作。它们跟冠冕圆网蛛一样都是纺丝的好手，拉出一条细线，随风飘荡着飞走了。同一天早晨只有小部分蜘蛛离开，场面冷冷清清，一点都不热

🔸 小蜘蛛们拉出一条条细线，随风飘走了

闹。没有看到它们成群结队地飞走，我有点失望。

同样因没有看见热热闹闹的迁徙场面而失望的，是对于丝蛛的迁徙。丝蛛也有一个非常精美的卵袋，一个仅次于彩带圆网蛛的杰作：一个星形的圆盘封在钝圆锥形的卵袋顶上，制作袋子的布料比彩带圆网蛛的更加厚实，因此袋子更有必要自动破裂。开

裂的原理似乎同样是空气受热膨胀，这也需要七月的炎炎烈日。

不过，这一次小蜘蛛在蜕皮前是倾巢出动的。也许是因为轻微擦伤的表皮大可不必换掉，圆锥形的袋子远没有气球形的袋子宽大，小蜘蛛们想挤成一团抽身出来，很可能会扭伤，因此统一行动，到附近的小树枝上安顿下来再做打算。

小蜘蛛们共同编织，发挥集体的力量，很快就搭好了一顶透光的帐篷。它们在这个临时营地住上一周，完成蜕皮的过程，把旧皮堆积在营地的地面上。换上新衣的小蜘蛛们爬上高高的秋千，在那里养精蓄锐。等它们足够成熟的时候，就陆陆续续出发了。可是，它们不像用丝线飞

行的蜘蛛那样大胆，相对而言，它们的旅途是一段一段的。吊在丝端的蜘蛛，在离地一拃（zhǎ）高的地方垂直下落，一阵风把它吹成了一个摇晃的钟摆。它好不容易落在附近的一根小树枝上，算是到达了旅行的第一站。随后，它又继续下落，将丝线拉到最长，等着微风把它送到充满期待的下一站。它挑剔地寻觅着完美的居所，直到降临到一个满意的地方才会停止。它就这样一小段一小段地前进。

当然，如果风力大，远征也变得比较方便快捷。摆线一断，小蜘蛛就会被飞出的丝带到一定距离以外。总之，蜘蛛迁徙的方式在实质上都是一样的。彩带圆网蛛和丝蛛虽然是我们地区编织卵袋技艺最精湛的纺织姑娘，但迁徙时的表现都让我大失所望。我怀念冠冕圆网蛛旅行时的气势，于是我转向那些被我忽略的普通蜘蛛，重新看见了同样甚至更加惊心动魄的场面。

第二章 | 蟹蛛的世界

　　用拉丁语给动植物命名是学术界的一条规矩，但是在这种规则之下常常衍生出令人不悦的现象：很多学术名词不能遵守古时的谐音，以至于默念它们时，从口中发出的声音就像打喷嚏一样。这样一来，我偶尔会不敢说出我所热爱的那些昆虫的名字，因为那简直像是在咳痰一样把它们从口中咳出来，这让人感觉非常不舒服。

　　当然其中也不乏优美的名字，海蟹蛛在分类学中的正式名称是Thomisus-onustus，或许你并不觉得这有什么特别之处，但至少说起来和听起来都很顺。令人感觉舒服且生动形象的昆虫名称也不少，比如我接下来要介绍的蟹蛛。

　　光听这个名字我们就能想象得出来，这个家伙就像蜘蛛和螃蟹的混血儿一样，它像其他蜘蛛一样吐丝，却像螃蟹一样横行。从外形上来说，蟹蛛和螃蟹的区别很大，虽然它的前步足也比后步足粗壮，但是它并没有像螃蟹一样的厚厚的、锐利的、令人心生怯意的钳子。更有意思的是，从生活习性上来说，它和其他蜘蛛也有很大区别。

　　蜘蛛大多数要通过结网捕猎，它们在享受那些撞到蛛网上的美食之前，也常常会用自己吐出来的绳索把猎物捆绑起来。但是蟹蛛却不同，它既不用网也不用绳索。

　　其实，从词源学角度来看，蟹蛛的命名本有"用绳子捆绑"的意思，这个名字与很多蜘蛛的行为相符——为了制服猎物，它们确实会用丝把那些倒霉的自投罗网者捆起来。但问题在于蟹蛛比较另类，假如你有机会看到蟹蛛捕食的过程，就能知道它从来都不会效仿古罗马时期执法官手下那些专门把犯人绑在行刑柱上的侍从官。

　　根据我的观察，蜜蜂是蟹蛛最爱的食物之一，所以蟹蛛常常会埋伏在花丛中等待猎物的到来。我多次在花丛旁边见到可怜的蜜蜂和刽子手蟹蛛之间的生死搏斗。

　　勤劳的蜜蜂大概是工作最专注的昆虫之一。它们心中所想的无外乎多采些蜜，几乎从来不会主动攻击，即使偶尔蜇伤人或其他动物也常

常是出于自卫。蜜蜂寻找到一个采蜜区之后，会先用舌头探测一番，确定这里蜜源丰富之后，就会很快沉浸在忙碌的工作里。它专心致志地工作，完全不会开小差，以至于很难察觉到在美丽花瓣的背后，正有一双眼睛在虎视眈眈地盯着自己。

当蜜蜂把自己的花篮装满后，肚子就鼓了起来，它心满意足地准备离开。就在这个时候，隐藏在花丛下的蟹蛛会小心翼翼地爬出来，并慢慢地靠近忙碌的工作者。这时候蜜蜂还沉浸在收获的喜悦里，一点都预感不到即将到来的危险。

突然，蟹蛛迅捷地扑向了毫无防备的采蜜匠，猛地跃起并咬住它的后脖颈根部。蜜蜂似乎被猝不及防的袭击吓晕了，几乎没有任何反抗，即使偶尔有清醒者拼命挣扎，甚至用螫（shì）针乱刺，但被美食诱惑着的饥饿的蟹蛛怎么都不肯松口。过不了多久，可怜的蜜蜂就死去了，而这场战斗的胜利者就会自在地享受一顿美餐——吸干猎物的血，然后抹抹嘴巴将干瘪的尸体弃置一旁，重新潜伏起来等待下一只猎物。

或许这一幕会让你以为蟹蛛是一种长相丑陋、面目可憎的吸血恶魔，但事实并非如此，我们甚至不能根据"onustus"这个词语来想象蟹蛛的样子，侧着身子走路的样子和慢吞吞的步态都不足以用来还原蟹蛛的本来面貌。既然无法想象出它的样子，何不去实地观察一下呢？

蟹蛛捕杀蜜蜂时非常凶狠，但却又像很多柔弱的昆虫一样畏冷，所以它几乎没离开过橄榄树。如果读者能去参加在法国南方地中海地区常绿的矮灌木丛中举行的五月节，就一定能见到它，也能有机会亲眼见证这种蜘蛛的优雅姿态。

在那里有一种叫岩蔷薇的灌木，这种植物盛开的花朵是玫瑰红色的，花季持续五到六周。在这一个多月里，人们几乎每天黎明都会看见新鲜绽放的花朵，但是花的寿命很短，每朵花都像一现的昙花，只能维持半天左右，所以那些在今天开放的蔷薇花永远都见不到第二天的曙光。之所以会提到这种植物，是因为它的花粉受到了蜜蜂们的热烈追捧，而争相拥来的蜜蜂又是引蟹蛛出现的最好的诱饵。

我曾经安静地守在花丛旁，一旦看见某只蜜蜂突然不动并渐渐僵硬起来，就会小心地挪过去。正如我所猜测的，这样无声无息的袭击者多半就是蟹蛛了，我赶过去的时候它正躲在花瓣构成的玫瑰红色的帐篷下吮吸那只倒霉的蜜蜂的血。在这样的近距离观察中，我不得不发出感叹：这样疯狂捕杀蜜蜂的昆虫竟是如此漂亮！

蟹蛛的身材看上去并不是很好，它像其他蜘蛛一样有三角形的躯干，身体下端左右两侧还各有一块乳突，就像驼峰一样。但是它的优雅不会因为肚子的臃肿而打折扣，因为它那绸缎一般的皮肤是那样令人赏心悦目。即使是一个从来不曾像我一样醉心于昆虫世界的普通

✚ 这只常见的雌性弓足梢蛛正在伏击蝇，它用身上的保护色给自己进行了完美的伪装。它蹲伏的姿势是大多数蟹蛛科成员典型的姿势

人，甚至是一个讨厌蜘蛛、畏惧蜘蛛的人，也不得不承认蟹蛛的优雅，这优雅令人敢于亲近。乳白色和柠檬黄是蟹蛛皮肤的两种主要颜色，还有一些蟹蛛的腿上遍布着玫瑰红色的条纹，看上去就像那些爱美的女士佩戴在身上的饰品一样。除了装饰品，它们似乎还热衷于"文身"，那文在背上的胭脂红色的曲线和胸部两侧的淡绿色条纹都是那么精致。

和我之前提到的彩带圆网蛛相比，蟹蛛皮肤的色彩不够丰富，它不像彩带圆网蛛一样有那么华丽的外衣，但是，这种简洁、精致的美却使它们拥有了更加优雅的气质。

当看到这优雅的猎手凶狠地捕食另一种昆虫时，我偶尔会觉得自然界的规律竟然如此残酷且令人困惑，温和善良的动物成了野蛮暴力者口中的美食，像蜜蜂这样的辛勤劳动者最终死于蟹蛛这类游手好闲者的魔掌。

我们无法对这种现象予以评价，因为在饥饿面前，即使自诩（xǔ）为万物之灵的人类也可能会犯错误，更何况任何事物之中都存在着无法拆解的矛盾。比如你可能怎么都想象不出，这凶狠的吸血魔鬼在家里其实是个非常慈爱的母亲，它无情地食用别的昆虫的孩子，却很爱自己的孩子，它可能比自然界里很多温和柔顺的昆虫都要更爱自己的孩子。

蟹蛛那个累赘的肚子是用来储存丝的，但它几乎从来不会用腹中的细丝线来捕食，而是将其作为给婴儿筑巢的材料。蟹蛛的筑巢技术一点都不比它的猎食技巧逊色。

在筑巢之前，蟹蛛会像金翅鸟、燕雀等鸟类建筑师一样先选择一

⊕ 图中小个子的灰色幼蛛是草原狼蛛，它们正聚在母亲的背上。在母亲身后的那个白色物体是已经空了的卵袋，很快就会被丢弃

块高地。不同的是小鸟们的巢多选在高高的树木枝头，蟹蛛选择的高处是它平时捕猎的岩蔷薇上的一根长得很高且被太阳晒得枯萎了的枝条；鸟类往往用植物的纤维、侧根或者棉团等在小树枝上建巢，蟹蛛的窝多是由枯叶卷起来做成的；鸟巢多是贝壳形状的，而蟹蛛的巢像微型的窝棚。

蟹蛛轻轻地上下摆动身体，纤巧的细丝就会左右缠连起来被拉向四周，最终织成一个纯白的不透明的圆锥形袋子。袋子一部分露在外面，一部分被树叶遮蔽着，仿佛与枯叶融为一体，除非你仔细观察，否则很难发现。这小巧而隐蔽的窝棚就是蟹蛛为自己即将出生的孩子准备的安乐窝。

蟹蛛会把卵产在窝里，然后用同样的白丝织成一个精巧的盖子把袋子密封起来，再用几根丝织成一个又圆又薄的像吊床一样的凹槽，然后蟹蛛母亲就在这个小小的掩体里休息，并守护自己的儿女。蟹蛛一般都平趴在那里，但看上去却像一位谨慎而严肃的哨兵，它警惕地倾听着周围的动静，只要稍微有一点风吹草动，就会立刻进入战斗状态。

当我待在一个蟹蛛的巢旁边时，我不得不加倍小心，甚至连呼吸都要放得轻一些，再轻一些，生怕惊扰了那因刚刚产完卵而倍感疲惫的母亲。但是，仍然时常有路过的流浪者激怒它。每当有其他昆虫接近，蟹蛛就会怒气冲冲地从巢里出来，张牙舞爪地驱赶那个不速之客。

蟹蛛产卵之后仍然留在这里，难道是为了保护它的巢？它是不是要等到孩子们大批迁移后才会离去？为了求证这一点，我做了一个小小的实验：我用一根草去拨弄它，目的是让它离开，但是我发现不费些力气很难做到，因为它一直在拼命反击，凶巴巴地和我的"武器"纠缠在一起，看上去比捕杀蜜蜂时还要疯狂。我稍微用了些力气，结果它却紧紧地抱住了窝里的丝线，我生怕再用力会伤害到它，只好放弃了。我手里的草叶刚刚脱离了蟹蛛的视野，这位勇敢的母亲就立即回到自己的哨位上。我想，它大概一分一秒也不想离开自己的孩子们。这让我想起了纳尔仓那狼蛛，它和蟹蛛一样会为了保护那个像小球一样的巢而和敌人殊

死搏斗，勇敢而忠诚，令人心生敬畏。

但是后来的研究又证明我的猜想并不完全正确。这些伟大的母亲固然勇敢，却又有些盲目。它们往往分不清别的昆虫产的卵和自己产的卵，也分不清别的昆虫的织品和自己的织品，如果我们把狼蛛或者蟹蛛强行带到一个新的蛛网或者巢里，前一分钟还表现得气势汹汹的它很可能会立刻安静下来，把那里当成自己的家，甚至把别的蜘蛛产下的卵当作自己的。

在这一点上，狼蛛显得格外愚蠢，它们会毫不犹豫地接受替换给它们的任何一个陌生的小球，并当成自己的来照顾，所以它们的母爱虽然狂热，但也是机械的。我曾经把用锉刀锉成的软木球、纸团或线团扔给狼蛛，它们都会把这当成自己的卵袋而粘在纺丝器上，带着它到处走来走去。蟹蛛可能稍微聪明一点，有一次我把蚕茧的碎片放进它的巢里，把碎片更细更平的那一面朝上，但是母蟹蛛显然发现了这个人工制造的袋子不是它的家，坚决不肯在此安住。

蟹蛛的聪明也就仅有这一点，它并不比狼蛛高明多少。我曾经把一只蟹蛛转移到了另一只蟹蛛筑造的形状相似的巢里，尽管那个袋子上的树叶排列规则与它之前住的地方的大不相同，但它还是在那里安了家，并不再挪动。它就那样虔诚地保护着这个和自己毫无关系的领地，让人不禁觉得有些好笑。蟹蛛之前没有上当，大概是因为之前那个人工巢模仿得太粗糙了吧。

不分昼夜守在巢里的蟹蛛变得又干又瘦，我心中不忍，就想给它一些蜜蜂。但是显然它并不喜欢我的讨好，它最爱吃的蜜蜂对它已经毫无吸引力，即使它可以毫不费力地抓住那些在耳边嗡嗡叫的美味，它也一点兴趣都没有。我越来越不明白，它这样不吃不喝很快就会死去，它究竟在等待什么呢？

一直等到小蟹蛛们从卵袋里爬出来的那天，我才懂得了蟹蛛母亲的良苦用心，明白了它那份母爱的坚贞和伟大。

原来，蟹蛛的袋子外面覆盖着一层坚韧的树叶，它永远不会像彩带圆网蛛的袋子那样自动爆裂，并把小彩带圆网蛛从袋子里弹射出来。只要包裹在卵袋外面的树叶没有撕裂，巢里的小蟹蛛就会一直被困在里面。蟹蛛母亲就是在等待合适的时机，当小蟹蛛们在卵袋里发育得差不多了，母亲就会拼尽最后的力气为孩子们在盖子上咬开一个洞，就像打开一扇天窗一样。

垂死的母亲感觉到了小蟹蛛们的渴望，但它们力气太小，不可能撕破那厚厚的袋壁，于是它在顽强地生活了三周之后，用牙把卵室咬开。当小蟹蛛们混乱地钻出来时，它们的母亲已经紧紧地贴在它的窝上，安然地死去了。

小蟹蛛们显然并未注意到那具贴在窝上的干尸，它们赶着去呼吸七月份那潮湿而充满活力的空气。之前的经验让我有了充分的准备：这些热衷于杂技的小家伙一定也会上演最精彩的表演，所以我提早给它们搭好了舞台。

我把几根细细的树枝安在了原来卵袋的盖子顶上，它们爬出来之后就争相聚集在上面，开始左拉一根丝，右牵一根线，很快就在那里织出了一个宽敞的临时场地。但接下来它们并没有像我预期的那样开始杂技表演，反而安安静静地躲在了那几根树枝上。

于是我把其中一根树枝放在了窗台前的一张小桌子上的背阴处，突然的移动让附着在上面的小蟹蛛陷入了混乱，有些小家伙因为紧张而从树枝上跌落下来，但幸好它们有最好的降落伞——把丝向上收起，就能吊在空中并慢慢爬上去了。混乱只持续了一小会儿，小家伙们就又安静了下来，似乎并不急于迁徙。

或许它们对舞台的灯光效果不满意吧。想到这点，我就把那些载着小蟹蛛的树枝放到了窗台上，在强烈的阳光的炙烤下，小蟹蛛们纷纷爬到树枝的顶端，开始活跃起来。在这个露天舞台上，天才的杂技师们动个不停，纷纷从纺丝器里往外拉丝，就好像在制作一条最结实的高空缆绳。

小蟹蛛们开始出发了，最开始它们三四只作为一个小组同时出发，离开树枝后又朝着不同的方向飘去，仍然留在树枝上的后续部队好像有些焦急，不停地往上爬。当到达某一个高度后，它们就停止了攀登，我还没来得及看清楚，它们就忽然荡到了空中，像焰火一样盛开在空中，从身体里扯出来的丝闪耀着亮晶晶的光芒。

➕ 一对雌、雄蜘蛛正在展示它们的求偶舞蹈在阳光下，小蟹蛛们得意地晃动着身体，像是即将远征的战士。随后，它们随着微风越飞越远，或高或低，渐渐地就消失不见了。

它们采取怎样的方式降落，会落到草丛里、灌木中、树枝上，还是岩缝里，我都不得而知，但我确定它们一定会落下来的。就像灵巧的夜莺虽然总是在天上飞，在枝头高歌，但它最后也会落在肮脏的地面上，从牲畜的粪蛋里寻找残存的燕麦粒，求食的本能让它明白它必须飞下来。蟹蛛又怎么能违背这样的自然规律呢？

那些刚刚离开了母亲为它们修筑的最安全的巢穴的小家伙是那样弱小，这让我有些担心，我自然不能期待它们去捕食比自己身躯庞大很多倍的蜜蜂，但即使它们想捉住小小的飞虫，应该也非常困难吧？

尽管如此，我还是安慰自己：有什么可担心的呢？到了明年春天，我一定会再见到它们，那时候这些蟹蛛早已长大，或许已经成为潜伏在岩蔷薇丛中的秘密杀手了吧！

第三章 | 我的邻居圆网蛛

圆网蛛似乎是一个天才的继承者。它们一出生就无师自通地成了织网的高手，在此后的一生中，圆网蛛不断巩固本领，积累经验，但是织网的行为却从来没有什么创新。我们已经知道了新生儿的出色表现，现在再来考察一下年长者，看看随着时间的推移，大自然有没有对它们提出新的要求。

在盛夏的两个月里，当酷热的白天结束，暮色降临，有一丝凉意的时候，我提着手提灯，去荒石园的迷迭香上拜访一位邻居。那是一只大腹便便、高傲漂亮的角形圆网蛛。它一身灰衣，两根暗色饰带勾勒在身体两侧，在后部汇聚成尖状。在短时间内，它从左右两侧把下腹胀得鼓鼓的。这位胖妇人是去年出生的，它那威风凛凛的富态样在这个季节是罕见的。它端庄地坐在一排柏树和一丛月桂之间，面向夜蛾常常光顾的小径，看来它很喜欢这个位置，因为整个夏天，我的邻居一直守在这个地方。

这个大腹便便的妇人成了我关注的对象。在七月一整月和八月的大部分日子里，每晚八点到十点，我不必牺牲太多睡眠时间就可以追踪到它那怡然自得的织网全过程。因为蛛网每晚在捕捉飞虫时多少有些毁坏，到了第二天，破得太厉害了，就必须重新编织。

黄昏的时候，我们全家都会准时去拜访它。它随意地在颤动的绳索上完成高难度的动作，轻巧又准确地拉出建筑物的轮廓，这让大人小孩们都赞叹不已。不久，一个完全遵循几何规律的网就搭建好了。于是，这些天真的人就再也不能忘记那一张晶莹剔透的丝网。丝网在手提灯的照耀下闪闪发光，令人怀疑这是不是月光幻化而成的宝物。如果我想弄清些细节，就得在荒石园待久一点。全家人虽然都已经躺下，却都在清醒地等着我回来。"今晚它干了些什么？"家人问我，"它抓到夜蛾了吗？"我便讲述事情的经过。第二天，没有人舍得离开蜘蛛的工厂了，直到把整个过程看完才肯回去睡觉。

我把角形圆网蛛的伟绩记录下来，首先了解了构成建筑物的框架的丝线是怎样纺成的。晚上八点左右，圆网蛛庄严地从白天蜷缩的柏树的绿叶丛中出来，来到树杈梢。居高临下的它不慌不忙，首先对环境进行审查，当它感觉今晚会是一个晴朗的好天气时，它就开始编织计划了。

它的八只步足忽然伸得开开的，身体吊在从纺丝器抽出的丝上，垂直坠落下去。就像搓绳工有规则地后退，把绳子从麻里抽出来一样，圆网蛛利用自己

⊕ 这是一张放大了一百七十倍的用人工色彩显示的电子显微照片——一只蜘蛛的吐丝"龙头"正在吐出一股股的细丝，这些细丝在右下方合成一股

的体重作为拉力，从纺丝器里把丝抽出来。但是它的下坠并没有因为重力而加速，这位胖妇人通过收放纺丝器，或扩张或闭合纺丝器的纺管，使得它的下落显得华贵典雅。它在离地面两法寸的时候突然停住，原本悠闲地悬展在空中的步足得到了命令，紧紧地抓住刚刚拉出来的丝，回转身，一边纺丝一边迅速地从原路往上爬。这次的拉力不再是体重了，它通过后面的两只步足的交替迅速运转，把丝从纺丝器里扯出来，又逐渐把丝抛弃掉。这时我清晰地看见它爬过的身后结下了一根双股丝，而它前进的上方依旧还是轻细的一股丝。在手提灯光的笼罩和微风的吹拂下，依稀可见它轻柔的存在。

原本这时应该是呈环柄状的双股丝发挥作用的时候，它会借着风力黏附到附近的细枝上，但我却不愿意等待那么长的时间，便给了蜘蛛一点帮助。我用麦秸挑起飘浮在空中的丝，把它放在一根高度适中的细枝上。圆网蛛对我的举动好像没什么不满意。它感觉到网被粘住，便从一端跑向另一端，每跑一趟都在丝桥上加一股线。于是，这座纤细的丝桥就慢慢成为丝缆了。

框架的主要部件悬挂丝缆就这样铺设好了。它看上去很简单，但两端却像开花似的分解成枝状。圆网蛛来回多少次，便有多少个分叉。这一股股分叉的丝，黏着点各不相同，使得丝缆两端固着得更加牢靠。如果圆网蛛的下方没有足够的空间让它下坠，使它得到双股

丝，它便使用另一种方法。它还是利用体重下落，然后又顺着丝线爬上来；不过这一次，丝的一端就像蓬松的画笔，细又没粘在一起，就像从纺丝器的莲蓬头里洒出来的一样。然后这根像狐狸尾巴的浓密细丝，就好像是被剪刀剪断似的延伸开去，整根丝拉长了一倍，达到了蜘蛛需要的长度。于是蜘蛛把一端固定好，另一端依旧静静地等待着那阵吹向灌木丛的微风。

不论用什么方法，丝缆的搭建都是一个相当困难的过程。在这期间，不仅需要蜘蛛本身的高超技艺，还需要气流的帮助，把细丝送到灌木丛中去寻找落脚点。如果没有风，或者丝线挂到了不合适的地方，工程就会拖延很长时间。所以当好不容易架起又牢固、方向又好的悬挂丝缆以后，除非发生极其严重的事件，否则圆网蛛一般就不再更换悬挂丝缆了。幸而这根悬挂丝缆比整个网的其他部分都牢靠得多，所以能存在很久。每晚的捕食让网有所损坏，第二天傍晚几乎都要重新编织。虽然蜘蛛每晚都要翻新丝网，但是对于丝缆却一直采取保留的态度，它在上面走过，又走过，用新的线来加固。因为，重织的网是要悬挂在这根丝缆上的。

这根丝缆成了蜘蛛的活动基地，让它可以随意接近或者离开作为依托的枝丫，同时也是它拟建工作的上限。它从丝缆的高处开始下滑，并变换降落点，然后又沿着下降时抽出来的丝向上爬，形成了两股丝。丝的降落点在细枝上，位置或高或低，这样便从左边至右边产生了几条斜向的横线，连接了丝缆和枝丫。

这些横线同时又支撑着其他各个方向都有变化的横线。当横线数目相当多时，蜘蛛拉丝的办法就轻松多了。它从一根丝线到相邻的丝线，一直用后步足拉丝，一步步把丝架设好，由此产生了一系列不按顺序排列的直线组合，保持在同一平面上。这样就划分出了一个相当不规则的多边形空地，而中间编织着一个非常规则的网。

我曾经在幼年圆网蛛那里看见过这个杰作的产生过程。圆网蛛以中心瞄准点作为标杆，等距离铺设下辐射丝；都有辅助螺旋丝，这些临时的框架用完即丢；也有圈围紧密的捕虫螺旋丝。

这时，铺设捕虫螺旋丝这个微妙的操作让我捏了一把汗。在如此喧闹的环境中，它能不能静下心来工作呢？工程需要严谨的规则性，它会

不会偶然慌乱地犯错误呢？我很庆幸，在它身旁的我和灯光并没有使它受到影响，它依旧很平静地转动纺车，没有一点分心。这对我进行的实验来说，是一个好兆头。

于是我们迎来了八月的第一个星期天，这天是村里的主保圣人（守护圣人的意思）节。星期二是庆祝的第三天，晚上九点的烟花象征着欢送节日。烟花就在我家门前的大路上燃放，蜘蛛正在几步路远的地方认真铺设大螺旋丝。这才是我关注的重点。当人们手举火把，身后跟着一群顽童，敲锣打鼓地走近时，天空绽放着金色的烟火，鞭炮噼啪作响，火花如雨般落下，红、白、蓝三种颜色的光交织在一起乍现。蜘蛛依然有条不紊地进行纺织工作，仿佛在宁静无人的夜里一样。

蜘蛛在休息区边缘猝然结束了大螺旋丝的铺设工作之后，便把中间的坐垫吃掉了，那是由节余的部分做成的。在吃掉这一口标志织网结束的消夜前，圆网蛛会对工程进行检查和盖章。它要从中心到休息区下部边缘铺上一条白色之字形带子，有时在上部还要附第二条形状相同但稍短的带子，但上部的带子并不是非有不可。

➕ 一只蜘蛛正在织网。我们能看见蜘蛛吐丝器正往外吐丝。吐丝器是蜘蛛腹部底部一串短短的、手指状的附器

这些古怪的印章显然是年长的圆网蛛用来加固的设备，但年幼的圆网蛛目前还对未来无忧无虑，不懂得节约丝，依旧每晚都兴致勃勃地重新编织一张崭新的网。相反，到了秋末冬初，成年蜘蛛感到产卵期将至，便不得不精打细算了。它们盘算着卵袋、网面的耗丝量，在接下来的每一个工程中都尽量节约，使网更加耐用，以免在织卵袋的时候储存丝用光了。出于这个原因或我尚不知道的其他原因，彩带圆网蛛和丝蛛会用一根横穿的带子来巩固它们的捕虫网，而其他圆网蛛的卵袋如此简陋，就像一个小丸子，不需要多大的用丝量，所以它们的网没有用来加固丝网的之字形带。它们很奢侈地每晚织一张新网，就像年幼的圆网蛛。

　　我的目光锁定在我的胖邻居角形圆网蛛身上。暮色降临的时候，它离开柏树叶子，小心翼翼地来到捕虫网的悬挂丝缆上。审视一番后，它来到网上，大把大把地把废网收拢起来。螺旋丝、辐射丝和框架，除了悬挂丝缆之外，全部都被收拢到步足下面。接着它用它灵巧的足，使劲把废网捏成了一粒小丸子，然后津津有味地吞了下去，就像对待捕获的猎物一样，一点也不剩。我在前面看到，蜘蛛完成织网以后，会把中心的瞄准点吃下去，原来那只不过是微不足道的一口，现在它们品尝的整个蛛网才是丰盛的大餐。这些旧网的材料又被纺织工人重新利用，经过胃又变成液体，为将来的工程做准备。我们再一次看到了圆网蛛对丝的节省，那么除了对丝线的回收，它还可以通过什么方式来说明它的勤俭持家呢？

　　清理干净以后，场地上只留下一根悬挂丝缆，角形圆网蛛就在上面开始编织网。我替它谋划了一番：钩破的衣服补一补还能再穿，那么修补破网不也一样吗？而且，就在刚才，我的胖邻居不是已经向我展示了它聪慧节约的一面吗？但是我可没有那么大胆，能够断言它有如此清晰的思路：补上裂开的网眼，更换断掉的丝线，把新旧部分衔接得天衣无缝，最后把毁坏的部分收拢起来。这个过程实在是太有意义了，蜘蛛是不是真的会修葺它的网呢？

　　我挑选了一天进行实验，试图解开疑团。那是一个天气极好的夜晚，树梢纹丝不动，正适合尺蠖（huò）蛾出来活动，蜘蛛的狩猎一定会有不少收获。角形圆网蛛在晚上九点终于织好网，铺设完大量的螺旋丝。于是，它吃掉了中央的小坐垫，然后安居在休息区，静静等待今晚的猎物。

　　这时，我的实验也开始了。我用小剪刀把蛛丝剪断几根，经辐射丝的收缩，网上出现了一个可以放进三个手指头的空洞。我的近邻躲在丝缆上，对我这样不礼貌的举动并没有气急败坏，大动肝火。我剪完以后，它心平气和地走回来，当一侧身体的步足没有地方放，它很快就察觉到自己的工程已经被损坏了。它马上拉了两根丝横穿在缺口上，没有依托的那些步足伸到这两根丝上。然后它就满意地停下所有的动作，安心等待捕虫。

　　我有点吃惊，本以为它拉完两根线以后还有更进一步的缝补，至少在缺口的两端拉上密密麻麻的丝，即使不够美观，也足以像完整、有

昆虫记

规则的网一样能有效使用。然而,这位纺织女居然一整晚再也没干什么事,它就一直用那张被剪破的网将就着捕虫,直到我第二天晚上再去拜访,这张网依旧停留在昨晚我离开时的状态,完全没有任何缝补的迹象。

横拉在缺口上的那两根丝,并不能当作试图进行修葺的证据。由于身体一侧的步足没有地方依托,蜘蛛要去打探情况时,便从裂缝中穿过去。在来来回回的路途中,它像其他圆网蛛一样,留下了一根丝。不过,这只是它心情不安地走动所带来的结果,它还是没有缝补的想法。

是不是这位研究对象认为,只要网还可以使用,就没有必要进行修补呢?我审视了一下被我剪坏的网,虽然有空洞,但面积还跟原来的一样大;而且中间架起的两根丝,保证了蜘蛛就算在裂缝处也能找到步足的依托点。我必须想一个更好的实验办法才行。

第二天,蜘蛛把前一天的网吞下后,又织出了新网。完成工作以后,圆网蛛一动不动地待在休息区。这时,我用一根麦秸小心翼翼地拨动螺旋丝并把它拉出来,同时不破坏辐射丝和休息区。我为什么要这样处理呢?因为只要辐射丝毁了,网就没用了,蜘蛛只能眼睁睁地看着尺蠖蛾从那里飞过,也不会被粘住。

可是我又一次失望了。圆网蛛一直待在休息区,守着这张无用的网,等待捕捉猎物。第二天早上,我发现网仍然像昨晚一样残缺不全。它明明已经经受了一整夜的饥饿,却还是不肯去稍稍修复那残破的大网。我开始揣测,对它的谋生手段来说这会不会要求过高了?毕竟铺设了大量的螺旋丝以后,它很可能将纺丝器里的丝用完了,不进食就不可能再连续吐丝。但是我还想再看看,它不修补到底是不是因为没有丝。

我的坚持终于有了回报。那一天我正密切注视着蜘蛛绕大螺旋丝时,一只猎物不慎落入了残破的陷阱。角形圆网蛛立即停止织网,奔向那个冒失鬼,把它用丝捆绑起来,就在那里美餐。这是一个搏斗的过程,纺织女看见网的一角被狠狠地撕破了。事故就发生在蜘蛛的脚下,它不可能不知道;同时,纺织厂正在充分运转,纺丝器不会没有丝。我很兴奋地想知道,面对这样一个碍事的、影响了网的作用的大窟窿,蜘蛛会采取什么行动呢?

— 138 —

在这一个有利于织网的大好时机，圆网蛛居然对大洞置之不理。它把猎物吮了几口就扔掉了，想起方才为了捕获尺蠖蛾而中断的工作，就又跑回原来的地方继续绕大螺旋丝，而撕破的部分依旧张着大口子留在那里，就好比由机械齿轮控制的织布梭没有回到破碎的布上。

是不是因为这位胖妇人心不在焉，偶然犯下了一个小错误呢？当然不是。其实所有的蜘蛛都有类似的不修补的怪癖，彩带圆网蛛和丝蛛尤其值得注意。相比每晚都要将

✚ 活板门蛛是伏击的猎手——等着突袭那些经过它们洞穴的猎物

网翻新的角形圆网蛛，彩带圆网蛛和丝蛛更少修补自己的网，就算网已经破得不成样子，它们仍然继续用它来捕猎。我每次都把那些我认为破损到极致的废墟的样子记录下来，但每天早上都看到它依旧还是那样，甚至破损得更加厉害。它们居然从来没有进行过修补。

我为它们的名声而感到遗憾：蜘蛛完全不会补网。尽管它一动不动地摆出深思的样子，但却没有一点有用的思考——在因事故而产生的窟窿上补上一块布。

其他一些蜘蛛不会编织大网眼的网，比如家隅（yú，角落）蛛，把丝线随意交叉，它们的纺织品就成了连续不断的布匹。家隅蛛在我家的墙角铺开了一块宽大的丝布，丝布固定在墙角突出的地方。业主的豪宅就在侧面的角落里，那是一根丝管，也是一个出口呈锥形的长廊，能让蜘蛛安全地躲在里面，不被别人察觉地监视着外面的一举一动。这块布的其余部分，是我见过的最精细的平纹布料。这块布绝不是用来捕猎的，而是一座平台。在夜间，家隅蛛在上面巡逻，密切关注领地里的一切。

真正的捕猎工具是一堆张在丝布上的乱绳子。家隅蛛编织捕猎器的规则跟圆网蛛不同，它的网上没有黏稠的线，只有一堆简单的线圈。然而我们不能小看了这些密密麻麻的线圈，一只小飞虫扑到这个错综复杂

的陷阱里，就绝对逃不出来了，它越挣扎捆得就越紧。被缠住的虫子掉到丝布上，家隅蛛便跑过去把它卡死。

我迫切地想看看它的修补技能如何。我在家隅蛛的丝布上开了一个圆洞，有两个手指那么宽。这个洞一整天都张得大大的，但是到了第二天，我发现了一片很细的薄纱轻柔地盖在了缺口上，缺口黑漆漆的，与四周不透明的白布形成了鲜明对比。这薄纱不容易被看见，我用一根麦秸轻触薄纱，依据丝布的摇晃，我才意识到缺口已经被封上了。那么，应该是家隅蛛在夜里修补了它的网，给破损的网打上了补丁。我正要称赞家隅蛛比圆网蛛聪慧得多，进一步的研究又得出了另一个结论。

家隅蛛的网是个监视哨和开发地，也是一张捕猎网，昆虫被上面的线圈捆住并掉到丝布上来。因为墙上脱落的细泥灰会把丝布弄破，所以屋主必须不断地加固丝网，每天夜里都要在上面加一层丝，这样才能迎接撞上来的猎物。不过，屋主在网的表面加丝并不是一个精心设计的过程。每次从管状的隐蔽所出来或回去，它总是把系在身后的一根丝牵到所到之处。根据丝的方向可以看出，这些丝是随着散步者的心意或直或弯的，但全部汇聚到管状的入口处。这样看来，它的行走就是在给丝布添线。

➕ 撒网蛛会先织一张网，看准目标后将网扔过去罩住猎物

这一点跟松毛虫很相似，夜间从丝屋里出来觅食或者返回去休息时，松毛虫总是在住宅的表面放上一点丝线，它们的每次行动都会使房屋的围墙加厚一点。松毛虫们在我刚剪了一条长缝的丝袋上爬来爬去，似乎根本就不在意这条裂缝，正常地进行编织。过去在没被损坏的房屋上怎么做，现在还是怎么做。在这样不经意的工作中，裂缝渐渐弥合了，这仅仅是纺织习惯使然罢了。家隅蛛不也正是这样嘛，每晚的散步都会给平台添上一层丝，不知不觉中，竟将大窟窿修补好了。

不过，出色的结果并不能说明它

意识清晰，这只是习惯性的工作。如果它真的有意修补，应该把所有的精力都放在那块撕破的地方，一次织出一块跟其余部分没多大差别的布来。然而我并没有发现家隅蛛那样的心意，它也只有一块几乎看不见的薄纱而已。家隅蛛对它的工程中的每个部分都同样用心，它厉行节约，平均地把丝分配到整张网上。一层层的纱加固了蛛网，缺口也被慢慢地堵住了。

不过，这个过程花费了很长的时间。两个月以后，我还可以看见这块丝布曾经受到伤害的疤痕——在这块布没有光泽的白色上还露着一个黑点。

可见，不管是地毯女工还是纺织姑娘，都不会修补它们的作品。但是我们的缝衣女工，即使是最没有本领的，因为有上天给予的理性，都能补好袜子的破后跟；而那些织网的高手，却从来没有那样的理性。我只能抛弃这种错误而有害的想法：蜘蛛网检查员的职业可能还是有必要存在的。

第四章 | 蛛网的几何学

我考虑再三，还是决定写下这一章。但是，这对于我的写作是一个极大的挑战，因为这需要读者们掌握一点几何学知识。怎样才能让对昆虫感兴趣的人们读得津津有味呢？我不能只描述蜘蛛织网的精美过程，那样只能满足昆虫学家的爱好，他们对数学定理毫不关心；也不能只用学术公式夸夸其谈，那样的长篇大论只能让几何学家欣喜，可是却漏掉了生命本能中最光彩夺目的一笔。

因此，我选择两者并存的写作方法。让我们一起来欣赏圆网蛛精巧高超的织网技术吧。首先，可以看到近乎等距离的辐射丝，以及一根丝与另一根丝之间的角。这样的角在网中数量很多，超过了四十个，但所有角的角度几乎完全相等。

它随意的走动看起来仿佛毫无秩序可言，但是结果却像用精密的作图工具画出来的一样。每一只蜘蛛都会把织网的营地划分成许多开度相同的扇形面，扇形面的数目几乎一样！仔细观察可以发现，每个扇形面内构成螺旋圈的横线彼此是平行的，间距随着与中心距离的缩进而减小。这些横线和连接横线的辐射丝所构成的恒定角度的角，一边为钝角，一边为锐角。

几何学家把从中心辐射出来的一切直线或扇形面辐射线，以常数的辐射角值斜切，所得的曲线称为"对数螺线"，辐射中心称为"极点"。让我们假想有无数条辐射丝，那么圆网蛛所走的路程，就是这样一条对数螺线。然而，现实状况中，它的路程是一条内切于对数螺线的多边形线。

对数螺线绕着它的极点画出无限个圈，它一圈一圈地走，努力一点一点接近圆心，可是却怎么都不能到达。圆网蛛一直尽量遵循无限绕圈的规律，螺旋圈越靠近极点，彼此越紧密；到了一定的距离，螺旋圈突然停止了。这条线连

➕ 这是一张由四星圆网蛛结好的网。织网时，蜘蛛通盘考虑到结构力学，在承重多的地方用更强韧和更粗的丝线

着中心区的辅助螺旋丝。辅助螺旋丝向着极点绕的圈越来越密，几乎已经接上了。对数螺线的这种特性已经完全超出了我们的视力所能够观察的范围，这也是科学家一直进行思考钻研的原因。即使在最精密的仪器下面，我们的眼睛也跟踪不了那些密密麻麻的圆圈。但是，圆网蛛拥有这样的本领，几乎能够精确地接近极限。

我们设想有一根可以弯曲的线绕在对数螺线上，如果把它拉开，一直拉紧，那么它自由的一端就会卷成跟原先完全一样的螺旋状，只是改

➕ 这是变异圆蛛科岛艾蛛织的网，亮白色的螺旋隐带构成了蛛网的核心。对鸟类来说，这些加粗的带状线条使蛛网变得非常显眼

变了方向。对数螺线还有另一个特点，能让曲线在一条不确定的直线上绕圈，它的极点不断移动位置，但却一直在同一条直线上。无休止绕圈的结果是，一条直线持续变化产生出来的却是一成不变的。

科学家对于对数螺线总是无比钟爱，著名的几何学定理的发现者雅各布·伯努利就是其中一位。他把对数螺线和由此线产生的延长线作为荣誉，镌刻在自己的墓碑上，并有一段相应的铭文：

"我原样复活我自己。"对他而言，似乎找不到比几何学更好的表达了。

阿基米德（古希腊学者，生于叙拉古）的墓志铭同样让人难以忘怀，这位叙拉古学者选择了引以为傲的墓志铭。西塞罗（古罗马著名政治家、哲学家，曾当选为执政官）在西西里担任财政大臣的时候，在丛生的荆棘和野草中寻找时，废墟中一个刻在石头上的几何图形吸引了他的目光。图形是一个被画成球形的圆柱体，它无言却清晰地道出了这位学者的名字。因为阿基米德是第一个了解圆周与直径的近似比率的人，并由此得出了圆周和圆面积以及球面积和球体积。他揭示出球的面积和体积是圆柱体的面积和体积的三分之二。

这种特性奇怪的对数螺线，让科学家们乐此不疲地研究着，因为这是一张为生命服务的建筑图。

软体动物总是按照这条深奥的曲线在贝壳上绕螺旋斜线。此类动物经历了几千年的岁月，对这种曲线了如指掌。菊石自最远的时空向我们招手。它经历了陆地从海洋中显现的时刻，对我们而言，它无疑是最宝

贵的化石。沿着它生长的方向把它切开磨光，对数螺线体面地露出来，构成一个漂亮的住宅，一根水管穿过，隔出无数的小房间。而今天，印度的鹦鹉螺——具有花纹贝壳的头足纲软体动物的最末代继承人，它是那么怀旧，不肯抛弃祖先的对数螺线的规则，但它稍稍做了改动，把水管的位置移到了中心，而不是放在背上。

贝壳动物喜爱对数螺线的程度丝毫不亚于软体动物。在小草青青的沟渠里，那些扁平的扁卷螺也有高超的几何学知识，它们的对数螺线也很美丽。

某些贝壳动物虽然也受对数法则的支配，但结构却要复杂得多。我有几种来自新喀里多尼亚（太平洋西南部的一个岛屿）的锥尾螺，尖尖的锥约一拃长，表面光滑且完全裸露，朴素到没有任何褶襞（zhě bì）、结节、珍珠这些最平常的装饰。它自豪地维持它的风格，在锥上画了二十多个圈，越来越细，直到一条细线把它们拦截下来，它们才终于消失在顶端。用铅笔在这个锥体上随意地画出一条母线之后，我发现，螺旋线以一种恒定的角度切断这条母线。

且看我这样进行分析：锥体的母线投射到与贝壳轴线相垂直的平面上，变成了半径，而从底部转圈上升至顶部的细线，彼此辅合成一条平的曲线，这条以恒定不变的角度与半径相交的平的曲线，就是漂亮的对数螺线。贝壳的条纹，也可以算作是对数螺线在锥体表面的投影。我们更可以假设一个与贝壳的轴线相垂直并通过顶端的平面，和一条绕在螺旋线上的线。我们把这条线捯出来拉得直直的，它的末端不会脱离平面，而是在平面上画出一条对数螺线。这里我们看见了锥体对数曲线变成了平面对数曲线，这是对数螺线衍化出的更复杂的变形。

这条著名的螺线，成为很多动物旋转的舞台。长圆锥形的贝壳动物，如锥螺、长辛螺、蟹守螺；扁圆锥形贝壳动物，如马蹄螺、嵊螺，都是几何学的高手。就连蜗牛这样普通的软体动物，也规规矩矩地遵循着对数的原则。这些软绵绵、黏糊糊的动物，掌握了让我们惊叹的科学。但是，它们是从哪里学会的呢？

有一种猜想是这样说的：软体动物是从毛虫衍生出来的。在进化的某一天，毛虫在阳光的照射下兴致勃勃、欢快地摇晃着尾巴，并把它拧成螺旋形，未来螺旋形贝壳的平面图便突然找到了。但是，这种说法不适用于所

知识链接

1. 为了织一张圆形的网，蜘蛛必须首先先拉一根桥线，然后从桥线上向下引一根丝线形成"Y"字形。 2. "Y"字形的中点形成网的圆心，各半径线即从这圆心伸出。 3. 一旦基本的架构建立起来，并通过固定的丝线巩固之后，蜘蛛就会吐出一根临时的、无黏性的螺旋丝线。 4. 最后的阶段始于蜘蛛返回圆心的时候，它会剪断那根临时的螺旋丝线，取而代之的是一根有黏性的丝线。

有情况，蜘蛛就是一个例子。蜘蛛与毛虫毫无血缘关系，也没有什么工具可以卷出一个螺旋状的东西，但是它却那么轻易就织出了对数螺线。

蜘蛛造出一个粗糙的框架的速度很快，至多只要一个小时；软体动物为了它精美的螺塔，却要花上整整几年的时间。为什么会有这种分别呢？因为蜘蛛只需要画出曲线的草图，就算作品粗糙也没有关系。但是，它对几何学的掌握程度，却是分毫不差的。

人们试图在圆网蛛的身体结构上找原因。圆网蛛的步足可以自由伸缩，就像圆规一样，能够凭借弯曲程度和长短决定螺线横穿辐射丝的角度，在每个扇形面保持横线的平行。步足的长度决定了丝的布置，如果圆网蛛的脚长一点，螺旋彼此的间隔就要更宽一些。这个观点我们能在彩带圆网蛛和丝蛛那里得到认证。彩带圆网蛛的步足比丝蛛长，蛛网上的横线间隔就要大一些。

然而，角形圆网蛛、苍白圆网蛛和冠冕圆网蛛，它们简直都是矮胖子，但是它们那带黏胶的螺旋丝间的距离却与彩带圆网蛛不相上下，后两种的旋转螺旋丝间的距离甚至更大。另外，圆网蛛在编织黏胶螺旋丝之前，先编织了第一道辅助螺旋丝作为支撑点。这螺旋丝不带黏胶，从中心出发到边缘，圈的直径迅速变大，等到铺设黏胶螺旋丝时，它只剩下中央的部分。于是，蜘蛛改变了它的机制，第二个螺旋丝以紧密的圈从边缘向中心推进，只用黏性的横线编织。这成为捕虫网的基本部分。两者都是对数螺线，但在方向、圈数和相交角上都完全不同。所以，无论步足是长还是短，都不能影响螺旋丝的分布。

这是一种与生俱来的技巧，圆网蛛不会事先进行大量的计算，也不可

能用眼睛对角度进行测量，只是在无形之中，它做了符合精密几何学的工作。就像石头和枯叶，不论被抛出还是从树枝掉落，它们本身都不具有运动的意识，可偏偏都顺着抛物线这个巧妙的轨迹。

几何学家还惊喜地发现，一个曾经只能通过思辨得出的图形，居然通过抛物线找到了，那是由抛物线的圆锥面和一个平面相交产生的切线。

再从抛物线出发，如果它在一个无限的直线上滚动，那么这条圆锥曲线的焦点的运动轨迹是什么呢？于是，一个e数诞生了。它表示了抛物线的焦点画出的一条悬链线的代数符号，这条线形状非常简单，但e数却无法进行任何列举，且不管把这条线划分得多么细，都无法表示出单位来。让我们来见识一下这个数的无限长的级数：

$$e=1+\frac{1}{1}+\frac{1}{1\cdot 2}+\frac{1}{1\cdot 2\cdot 3}+\frac{1}{1\cdot 2\cdot 3\cdot 4}+etc.$$如果有细心的读者对它的前几项进行计算，会得到e=2.7182818……然而，就到这里吧，因为自然数的级数的无限性使这种计算没有尽头。这个奇怪的数字告诉我们，小小的线段里蕴含了大量的科学。每当地心引力和扰性同时发生作用时，一条悬链弯曲成两点不在同一垂直线上的曲线，人们就能找到悬链线，如抓住一根软绳子两端使之垂下来，被风吹鼓的船帆的外形，母山羊装满了乳汁的乳房的外形……这里都有e数的存在。

我相信在一切小事物中都有无尽的科学，一个挂在线端的小铅球，麦秸上挂着的一颗露珠，被微风拂皱的一洼浅水……只要对这些加以计算，我们的大脑就被大量的数字充斥。就算我们有巧妙的公式，但面对如此巨大的工程，我们能不能发掘出更加聪明的方法呢？

我在浓雾弥漫的早晨，看到e数出现在一张夜间刚刚织好的蛛网上。黏胶丝上面凝结着一个个圆滚滚的水珠，把黏胶丝拉弯，形成了一根根悬链线。伟大的e数也绽放着美丽的光彩，因为当太阳拨开大雾时，这些小水珠就化成了耀眼的钻石，整个网就闪闪发光，诱人得就像正在展示的珠宝秀。

几何，就像一个仔细的工程师，用精密的圆规测量了一切，然后悄悄地告诉了大自然。于是，我们欣赏松果鳞片的整齐排列，赞美蜗牛的螺旋上升斜线，惊叹圆网蛛黏胶网的精致，探索行星轨迹的神秘……不论是微小的原子世界，还是广阔的宇宙空间，几何无处不发挥着作用。

可能我的解释不符合目前流行的理论，但相比毛虫卷起尾巴的说法，我认为它具有更大的价值，正如我坚信几何学的高明一样。

第四卷

第一章 | 螳螂捕食

有一种昆虫跟蝉一样引人注目，它同样生长在南方，但是名声跟蝉比起来，要略微小一些，因为它不像蝉一样一天到晚唱个不停。如果它也能够像蝉一样有一个小音箱，再加上它非常独特的外形，那么它的声望恐怕就会超过蝉了。这个昆虫就是修女螳螂，当地人叫它"祷上帝"。

螳螂在捕食前会摆出一种祷告的姿势，所以有很多人认为它是一个传达神谕的女预言家。可能有的人会觉得这是一种迷信的看法，但是在这

➕ 螳螂这种前伸、尖状的双眼能够对距离做精确的判断，这对成功捕食是至关重要的

一点上，科学家的术语和农民朴素的词汇的确是惊人地一致。他们都认为它是一个传达神谕的女预言家，是一个有着神秘信仰并潜心修炼的苦行修女。其实在此之前，就有古希腊人把这种昆虫称为"占卜士""先知"。农夫们在描述这些虫子的时候，会把自己能应用的词语、有过的印象全部都用到一起。在火球一样的太阳下，螳螂优雅地半立着自己的身体，双手高高地举起，伸向天空，整个翅膀宽大、碧绿、轻薄，如坠下的长裙，简直是一名正在祷告、仪态万方的修女。

其实螳螂把我们所有的人都骗了，虔诚的祷告后并没有跟随着礼拜，而是一场残忍的盛宴。它的虔诚是假装出来的，残酷才是它真正的本性。伸向天空的双手并不是转动佛珠用的，而是用来撕裂自己的俘虏的。螳螂本来属于直翅目食草昆虫，可是因为它越来越与众不同的习性，现在它已经完全独立成螳螂目。它就那样优雅地埋伏在田野里，对肉类的痴迷，一对有力的前足，无懈可击的攻击套路，这些无疑都让它成为昆虫界的霸王，所谓的"祷上帝"其实是一个十恶不赦的恶魔。

先不说它那攻击力极强的捕捉足，单就外形来说，它真的是一个优雅的修女，仪态万方，身形细长，整体翠绿，头从胸腔里伸出来，能够左右旋转、仰头、低头，有点像人，能够自由地引导自己的视线。

它头上也没有食肉昆虫那有力的大颚，它的嘴甚至也是很秀气的，好像只能啄食地面上的小草一样，殊不知它的嘴上沾满了无数昆虫的血。整个螳螂看起来是那么优雅安详，谁能想到转瞬之间它就会变成一个优秀的杀手呢？

为了迷惑被捕食者，它还做了一点点装饰：前胸的内侧有一个黑色的圆点，圆点中间还有一点白色，两旁还装饰着珍珠一样的小圆点，看起来的确很美。被捕食者往往会被这样的外表迷惑，甚至说是震撼，忘记了危险，忘记了逃脱，这样螳螂的目的就达到了。被它抓到的昆虫会很惨，因为螳螂独特的生理构造使得食物一旦被捕，就基本没有逃脱的可能。

下面介绍一下它的捕捉足的构造。它的捕捉足的腿节很长，像织布的梭子，内侧有两排锋利的锯齿，分别是黑色的长锯齿和绿色的短锯齿，共有十二根，排列成长短交错的阵形，这样在捕捉食物的时候就会增加许多啮合点，使得它的进攻更加勇猛。而外面一排锯齿相对简单一些，只有四个刺齿，在内侧锯齿的最末端还有三根最长的齿。胫节与腿节相连，它也是一把双面锯，这里的小齿更加细密一些，当然反应也更加灵活。胫节末端有一个十分锋利的硬钩，就像我们使用的最好的钢针一样。而钩的下面有一道细细的凹槽，里面是一把像用来修剪枝叶的剪子那样的双刃刀。这就是捕捉足所有的构造。

其实就算不用描述，很多人也知道螳螂的捕捉足有多厉害。我也一样。为了观察它们，我不得不去抓几只回来看看，结果给我留下了很深刻的印象。当我抓住它的时候，它会拼命地挥舞前足来反抗，有的时候，捕捉足上的齿就那样咬进我手上的皮肤里。不过我自己也没有办法，我要用两只手稳稳地抓住它，这样一来，只能求助别人把它的足从我的手上弄下来。我看着一根根或深或浅的齿从我的手中拔出来，那时就在想，我要是生生把它从我的手上扯下来，那我手的下场可能会有点惨，况且，我也不敢对它太用力，因为稍微用力些，可能就会把它掐死。可有的时候，我又很生气，我这样小心翼翼地对它，就是怕伤害它，可是它却对我用尽了所有的招数，让我甚至不知道该怎么办才好。

它不想狩猎的时候，就会把捕捉足高高地举起，装出一副虔诚祷告的样子。这个样子不会坚持太久，等到它想捕食、周围又有猎物经过

昆虫记

的时候，它就会立刻展开自己无懈可击的攻击，先把胫节末端的硬钩尽量抛向远处，这样才能够钩回食物；然后就把猎物紧紧地夹在两个钢锯一样坚固的钳子中间；最后，胫节向腿节的方向弯曲，一切就这样结束了，老虎钳子已经合上了。不管被它夹住的猎物有多么强壮，只要这一系列的动作完成了，就别想再逃脱螳螂的铁钳，不管是扭动还是后踢，什么都没用了。螳螂还是会保持着自己优雅的姿态，直到自己的猎物精疲力竭，它就开始享受自己鲜美的盛宴了。

我想饲养几只螳螂，这样才能够清楚它们的习性。虽然抓螳螂的过程可能会遇上一些小插曲，但是饲养的过程其实很简单，因为它似乎只在乎自己的食物是什么，而不在乎自己是不是身处牢笼，所以我只要每天向玻璃器皿中放入丰盛的食物，这个凶残的捕食者还是很配合工作的。我找来一个瓦钵，在里面装满了沙子；接着点缀上一丛百里香，让螳螂的生活也有点乐趣；然后再放一块平滑的石头，这样它们以后才会有合适的地方产卵；最后，我将平时放在饭桌上挡苍蝇用的网罩罩在这个观察房的上面，平时大部分时间这里都是阳光充足的。

到了八月下旬，肚子渐渐大起来的母螳螂越来越多，它们的食量也越来越大，我放进去食物必须要比以前放进去的多好多，才能满足它们日益增大的胃口。当然其中还有一个别的因素，就是它们似乎知道

🟡 进食的螳螂

我为了观察研究它们会很殷勤地往实验室中放置肥美的食物，所以，有很多新鲜的猎物它们只吃了几口就扔在一边再也不理了，如果它们是在田野里，恐怕会把逮到的食物吃个精光。到了最后，我不得不用面包和西瓜来收买我附近的小朋友，让他们帮我捉一些蝗虫和蝈蝈儿，我自己也提着网出去给这些挑剔的母螳螂找一些更高级的珍馐佳肴。

当然，我找到的美味也一样是有一定的危险性的，我很想看

看，在昆虫界，到底什么样的成员才能从母螳螂的手中逃脱。我找到的食物中，有的比母螳螂的个头大得多，像灰蝗虫；有的拥有强壮有力的大颚，像白额螽斯；当然还有我们这个地区最大的两种蜘蛛，说起来大得让我看到都有点害怕。这些各式各样的猎物被放到饲养室里后，母螳螂们似乎并没有被这些平时不常见的家伙震慑住，它们依然像往常一样，挥舞着自己的大钳子，把所有的猎物逐一收入囊中。我在想，我把这些食物放进饲养室中，它们都会这么奋勇地去捕猎，那么平时这些不常见的猎物出现在它们面前的时候，它们肯定会更加卖力。

在其中一只母螳螂对大蝗虫发起进攻的时候，我认认真真地观察了一次，因为它突然像触电一样浑身痉挛起来，警觉地面对着眼前这个大家伙，然后放下自己优雅的身段和祈祷的双手，摆出了一个可怕的姿势。我被眼前的一幕吓到了，没想到它由平和到进攻的转变是如此之快。它先向两侧斜着打开自己的前翅，紧接着把后翅像大帆一样完全打开，腹部向上卷成曲棍，抬起又放下，不断重复抽动着，紧张，放松，再紧张，并且还会像火鸡开屏一样，发出"扑哧、扑哧"的声音。它似乎不着急进攻，慢慢地挺直身体，完全伫立在自己的四条后腿上面，捕捉足现在舒展地打开了，交叉成一个十字摆放在胸前，把自己胸前美丽华贵的项链一一展示出来，然后它就保持着这个姿势不再变换，似乎要先在气势上压倒对方。

究竟有没有成功我实在是不得而知，因为大蝗虫的表情实在是难以捕捉，我不知道它是否真的被母螳螂先是凶猛后是华贵的气势压倒了。但是有一点我看得很清楚，当母螳螂决定收起架势开始进攻的时候，大蝗虫并没有像我想象的那样，用它有力的后腿猛地跳开。要知道，整个饲养室是很大的，如果大蝗虫想利用弹跳来逃脱一段时间是完全有可能的，让我吃惊的是，它非但没有慌忙地逃脱，居然还呆呆地向母螳螂靠近。以前我只听说过小鸟在老鹰面前会被吓得不知所措，没想到昆虫也会这样。大蝗虫似乎真的已经走进了母螳螂的控制范围，此刻的它丧失了心智，似乎完全被母螳螂控制了，呆呆地等着成为别人的盘中餐。

这对母螳螂来说也许丧失了一些捕食的乐趣，但是它依然不会放弃这顿美味的大餐。又是那套几乎万无一失的捕捉技巧，当被母螳螂的钳子紧紧地夹住的时候，大蝗虫似乎才回过神来，但是这个时候已经晚了，母螳螂很快就制服了试图挣扎的大蝗虫，然后就开始津津有味地享受自己的美食了。当然，比起进食灰蝗虫和距螽的架势，其他猎物就不需要那么多前奏了，母螳螂可以直接把自己的大弯钩抛出去，把猎物钩回来，然后按照像往常一样的步骤开始进食就可以了。对付这种小角色甚至连恫吓都用不上了，只有对付那些走进了它的势力范围之内，它又没有完全的把握一击即中的猎物，它才会先使用蛊惑的方式。其实它在摆出这种奇怪的造型的时候，翅膀的作用是很大的。因为它的翅膀又宽又大，呈半透明状，透着淡淡的绿色，很多脉络在上面穿插生成垂直的网格，这样的大翅膀扑扇着打开的时候，恐怕没有猎物不会被它吸引。加上它的翅膀打开的时候，两翅之间的腹部末端除了上卷之外，还会不停地抖动，甚至发出"扑哧、扑哧"的声音。这样的一幕怎能不让其他的昆虫目瞪口呆？这样螳螂就可以乘机出手，大获全胜。

观察网罩里的雄性螳螂和雌性螳螂时，我发现，雌性螳螂的翅膀也跟雄性螳螂一样很宽大。这是为什么呢？我有这样的疑问是完全可以理解的，跟它们附近的灰螳螂比较一下，灰螳螂中的母螳螂就没有宽大的翅膀，它们只需要拖着装满了后代的大肚子慢慢地移动就可以了，此时的翅膀已经完全退化了，缩成小小的一对，就像穿了一件燕尾服一样。因为它们的习性就是生活在干草地和碎石头里，而且因为肥胖的身体，它们也根本无法飞翔，所以退化掉翅膀才是正确的选择。那么，难道说修女螳螂还长着一对宽大的翅膀就是错误的吗？

当然不是，存在的就是合理的，修女螳螂之所以会长出宽大的翅膀是有自己的原因的，并且一定是有利于自己的生存的。之前已经说过，母螳螂的食量是很大的，而且并不是总有人为了研究它们而下很大的功夫去捕捉一些珍馐美味来侍奉它们，所以平常的日子里，它们要自己埋伏在石头后面、草丛里或是其他地方来等待猎物的出现，以一饱口福。但是前文也已经说过，并不是对所有的猎物它们都有一击即中的把握，所以有的时候，它们需要用这对像白色幽灵一样的大翅膀先恫吓住对方，然后趁对方发呆的时候大举进攻。只要自己的铁钳子牢牢地合拢了，那么就胜券在握了。所以，为了成为一名英勇的猎人、一个能够自食其力的母亲，拥有一对大翅膀才是修女螳螂正确的选择。

有的时候，饿极了的母螳螂会把跟自己体形差不多大的猎物，甚至

是体形比自己还要大一些的猎物极快地消化掉。有时候我会很吃惊，因为你不可能把一个篮球一样大的东西放进一个足球一样大的容器里，可是母螳螂却毫不费力地解决了这个问题。它的胃具有很强的消化功能，食物进到胃中，似乎不用等待，就立刻被溶解、消化，然后就排出体外了。恐怕也只有这样连贯而又迅速的消化过程才能满足它的食量吧。在我的网罩里，蝗虫是母螳螂们最平常的猎物，有的时候我会津津有味地观赏螳螂是怎样享受一只蝗虫的。它们用看起来并不像嗜血恶魔的嘴，就那么慢慢地把一整只蝗虫吃掉，最后只留下两只干硬的翅膀，就连翅膀根部的一丁点肉都不会放过。有的时候我发现它们会先从蝗虫的大腿开始享用，这很好理解，就像我们也爱肥美的羊腿一样。

螳螂的进食方法让我想到了两种蟹蛛，就是圆蟹蛛和金钱蟹蛛。圆蟹蛛的腹部有一个红圈，而且装饰着叶状的斑点，通体黑得发亮；金钱蟹蛛的足上有一圈圈的环，红色的或是绿色的，身上却像白色的缎子一样。平日里它们很少像别的蜘蛛一样辛勤地织网以捕捉猎物，它们织的仅有的一点网是给自己的卵做卵袋用的。它们用的捕捉战术是埋伏在花朵之中，然后出其不意地袭击猎物，蜜蜂是它们最喜欢的野味。我不止一次看见它们死死地按住那些可怜的小蜜蜂，然后把自己有毒的钩子刺进蜜蜂柔软的后颈，不需片刻，蜜蜂就不再挣扎了。我之所以说螳螂的进食方法跟蟹蛛很相似，是因为螳螂也是执着地从猎物的颈部开始进食的恶魔。

很多次，我看到螳螂抓到猎物，先用一只捕捉足把猎物拦腰围住，另一只牢牢把猎物的头按下去，昆虫们没有护甲的最柔弱的地方就这样暴露在母螳螂的面前，然后它就一口口地啃噬猎物的这个部位，非常执着，一直到这个地方被啃出了一个巨大的开口。猎物彻底地失去了感觉，这时候，螳螂就可以尽情地按照自己的喜好来享用它的战利品了。

母螳螂的身体优势其实要远比蟹蛛大，所以，我对蟹蛛的捕食过程很感兴趣，因为它们身为蜘蛛类的一员，却不使

知识链接

螳螂在捕食时，通常会先将头部对准猎物，然后将头转动到一侧，使头部挤压到一丛感觉毛上，感觉毛传递信号到大脑，大脑会辨别螳螂与猎物之间的距离。这样，螳螂不仅知道猎物所在的方向，而且能够精确地测算出距离，从而提高了命中率。

用网先来困住猎物，然后慢慢制服猎物，而是就那样赤手空拳地跟猎物搏斗，我觉得这是一个更需要计谋的过程。于是我想找一个地方，观看一场完整的蟹蛛参加的战争。当然，如果完全靠自己的运气守在薰衣草旁边等待蟹蛛的出击是要耗费很多时间的，于是我决定主动给它制造一个环境。我把蟹蛛放进网罩里，然后在旁边放了一束薰衣草，并且在上面滴上几滴蜂蜜，再放三四只富有生命力的蜜蜂进去，一切就完成了，我现在需要做的就是等待观察。

首先，我不得不说的是，蟹蛛是一个很沉得住气的捕猎者，它开始只是缓缓地爬到花束的上面，在滴有蜂蜜的地方停下来，然后就没有了动作。网罩里的蜜蜂此时还没有意识到与自己同一个屋檐下的伙计是一个多么残暴的家伙，它们还满心欢喜地飞来飞去，甚至还时不时地落在薰衣草上，狠狠地喝一口蜂蜜。起初，蟹蛛并没有采取什么行动，还是默默地趴在蜂蜜的旁边。慢慢地，蜜蜂们越来越大胆，开始长时间地驻足在蜂蜜上面，尽情地饮用，这时的它们并没有意识到先前那位按兵不动的邻居此刻要采取恐怖的行动了。蟹蛛还是那样等着，不同的是，它缓缓地张开并且抬高了自己的足，然后保持这个姿势，等待时机成熟。果然，又一只蜜蜂经不住诱惑落到了蜂蜜上面，只见蟹蛛迅速地扑上去，用自己有毒的钩子一下子钩住了蜜蜂的翅尖。这个小小的冒失鬼现在才意识到危险的到来，它拼命地挣扎，但是已经晚了，蟹蛛迅速地爬到它的背上，这样蜜蜂的刺就完全没有了用处，蟹蛛只要看准时机把自己有毒的刺插进蜜蜂的后颈，这场战斗就宣告结束了。蜜蜂失去知觉后，蟹蛛还在享用着它体内的汁液，但仅仅是畅饮而已，一个地方的血液干涸了之后，它就会换另外一个地方继续自己的盛宴。我之前还对此有过疑问，为什么有的时候我看见蟹蛛吸食的部位是不一样的，现在就解释得通了。当我看到蟹蛛在蜜蜂颈部吸血的时候，就是它刚刚俘获战利品的时候，这个时候蜜蜂颈部的血液还没有干涸；而当我看见它在猎物其他部分吸食血液的时候，就证明猎物最初位置的血液已经干涸了。但是蟹蛛只是吸食蜜蜂的血液而已，对于蜜蜂的肉，它是一点都不感兴趣的。它就这样一个地方接一个地方地移动着，直到整个猎物已经没有一个部位可以再吸得出血液为止。就算到了这个时候，你从外表上依然看不出蜜蜂受到了什么伤害，甚至以为它只是酣睡着，但实际上，它已经死了，并且血液已经干涸了。

这一点和狗一样。我们来说一个有点偏离中心的话题，狗在进攻的时候也会选择咬住对方的脖子不放，虽然狗牙是没有毒液的，不能因此在短时间内麻痹对方，但是可以利用这个方法使得对方的头部转动不得，不能再进攻，而失血过多最终也将成为敌人死亡的原因。但是蟹蛛就不一样了，跟蜜蜂比起来，它的力量不够大，也不会飞，而且移动相对不算灵活。如果这个时候还要靠持久战来获得战利品，是很不可靠的，所以蟹蛛要用最快的速度爬到蜜蜂的背上，尽管途中可能被蜜蜂刺到，但是它还是会不顾一切地爬到蜜蜂的背上，然后咬住它的后颈，因为它知道这样的话，不过几秒钟，自己就会成为胜利者。

现在我们再回过头来说说螳螂，螳螂身上没有任何部位是有毒的，那么它要怎样才能够抵御猎物的反击呢？是要先撕扯它们有力的后腿，还是要先卸掉它们跟自己相差不多的大刀，还是先把它们的翅膀剪掉，以免它们逃走呢？这些方法都无法保证猎物能够在短时间内被制服，如果情形是这样的话，它自己也是有危险的。但是不用担心，虽然螳螂没有蟹蛛那样的毒液，但是它的做法跟蟹蛛有同样的功效。蟹蛛是依靠毒液来麻痹自己的猎物的，螳螂也深知这个道理，所以它们会选择猎物的后颈，并且执着地朝这个地方咬，直到破坏了猎物的神经中枢，那时，猎物就无力反抗了。这样一来，再庞大再凶猛的猎物都可以放心食用了。

以前，我只把那些狩猎能力很强的昆虫的狩猎方法分为杀害猎物和麻醉猎物两种，现在恐怕还要加上母螳螂这种先咬断猎物的颈部神经再慢慢地享用猎物的优雅杀法了。

第二章 | 螳螂的爱情

我还想再一次重申，把螳螂叫作"祷上帝"的人，你们真的是被它的外表蒙蔽了。难道你们真的以为它捕猎前高举着双手是在向上帝祷告吗？难道你们真的认为它是一个很善良的、只会吃草的昆虫吗？当然不是！抛开我之前讲述的它在猎食的时候，执着地、凶狠地啃噬对方的后颈这一点，还有一件事让它显得更加丧失品性，甚至连在这方面声名狼藉的蜘蛛都不如。

这件事是我在实验观察中发现的，我当时甚至不敢相信眼前的一幕。为了给螳螂们更宽敞的活动空间，我减少了桌面上网罩的数量，这样一来，有的网罩里面就会有几只母螳螂，有的甚至有一打那么多。我知道让它们这样同居在一起是有一定危险的，但是考虑到母螳螂们都拖着大大的肚子，缓缓地行动，因为身体太重，它们也不会具有很强的攻击性；何况减少了网罩之后，整个空间也变大了很多，它们还是有足够的可以活动的空间；何况在田野里时，这群家伙在这个时期不也同样是静静地等待猎物的到来，而鲜少主动出击吗？尽管我知道在这个时期，母螳螂们是很不愿意争斗的，但是我也很清楚这个网罩中危险的存在。因为同居的邻居变多了，自己的食物自然就会受到威胁，就算是驴子住在一起也会厮杀的，更何况是这些嗜肉的家伙。因此我一直注意着网罩里蝗虫的数量，不等到母螳螂发出猎物紧缺的信号，我就会及时地往里面放入另一些新的食物。我其实也想研究它们同族之间的斗争，但绝不希望它是由食物的匮乏而引起的。

⊕ 外表优雅的螳螂其实是凶狠的捕猎者

刚开始的时候，一切的发展都跟我想象的情况一样好，我以为是自己勤劳地向里面放入了足够的食物的原因。它们都在各自的领域里悠闲地补充着能量，不会去向周围的邻居们肆意挑衅。但是很快我就知道，它们的相安无事只是暂时的，并且也不是因为我不停地向里面放入足够的蝗虫。它们的肚子一天比一天大，它们渐渐地到了发情期，肚子里成百上千的卵都等待着交配，这也使得它们变得比较急躁，终于，强烈的嫉妒心开始作祟了。尽管我没有在这个网罩里放进雄性螳螂，它们暂时还不会因为争夺雄性螳螂而进行争斗，但是这并不意味着争斗不存在。我每天都在网罩外面观察着，观察的结果是，有史以来最为惨烈的厮杀，不是为了争夺食物，不是为了划分地盘，仅仅是发情期的嫉妒在作祟。它们一个个张起了幽灵一般的翅膀，上身高高地直立，前足夸张地打开，放肆地抖动自己肥大的腹部。我想它们之前恫吓任何一个猎物的时候都没有这样卖力过吧。可是我实在猜不出原因是什么，前一刻还相安无事的两个邻居，这一刻就剑拔弩张。

　　我看到的两只螳螂就是这样，它们突然毫无征兆地直立起上身，轻蔑地看着对方，甚至左右打量。它们的腹部都开始发出"扑哧、扑哧"的响声。很明显，它们已经吹响了冲锋号，做好了战斗的准备。它们想要的不仅仅是恫吓对方。因为如果不想开始这场争斗，它们可以摆出一个示威的姿态，把两只前足像摊开的书本一样放到胸部的两侧。这样做的意思才是只想恫吓对方，或只是来一场轻微的摩擦就好。可是现在它们居然摆出了拼死的姿态。一只螳螂突然松开铁钩，并迅速地伸向对方，一击即中，然后再迅速地后退以便防守，另一方也做出了相同的举动。这种有点像击剑一样的斗争，通常谁也预料不到结果是什么。有的时候，一只螳螂的腹部被划破了一点，流血了，那么另一方宣告胜利；可是有的时候，双方各自尝试之后，可能什么结果都没有，战争就也这么不了了之。但其实不管结果是怎样的，双方都在酝酿着下一场战争。可是有的时候，战争的结果不是那么平静的，胜利者会像往常一样，死死地钳住失败者，而后者也是曾经的捕猎好手，如今怎么会不知道自己要面临的是怎样的境地，于是它会摆出拼死一搏的姿态。但是失败终究是失败，它甚至知道自己将会怎样一步步走向死亡，因为它曾经就是这样消灭掉自己的猎物的。胜利者开始了自己的屠戮（lù），就像咀嚼一只蝗虫或是一只蝈蝈儿一样，它还是那么大快朵颐，丝毫没有意识到自己正在消灭的是自己的同胞，而其余的围观者也丝毫没有表示出一点惋惜，甚至还跃跃欲试地希望自己下一次也可以这么做。

真是凶残至极的做法。都说狼是一种狼毒的动物，但它却从不杀害自己的同类，而螳螂似乎毫无忌讳。更让我不能接受的是，我并没有减少网罩中蝗虫的数量，也就是说，它们都有足够的食物来享用，可是在这种情况

➕ 各种环境中的螳螂

下，它们却选择了屠戮自己的同胞。这跟那些喜欢吃人肉的恶魔有什么区别呢？让我没有办法接受的还不仅仅是这些，更让人发指的事情还在后面。

现在回想起来，我仍觉得母螳螂在怀孕时候的古怪行径让我难以接受。在我的实验里，为了观察雄性螳螂和雌性螳螂的交配，我特地挑了几对螳螂，把它们单独放在不同的网罩里，这样就不会有外界的打扰了。我还在它们各自的小窝里放上了足够的粮食，我不想自己的实验观察因为饥饿的因素而被破坏。时间很快就到了八月末，又瘦又小的雄性螳螂大概觉得时机差不多成熟了，于是它鼓起勇气去向雌性螳螂求爱。站在雌性螳螂的面前，它真的太微不足道了，甚至显得有些卑微。它挺着胸膛，但是却侧着头，弯着脖子，不停地朝雌性螳螂发送求爱的信号。再来看看雌性螳螂的反应，它似乎不是很满意，一副冷漠的态度。可是雄性螳螂似乎毫不气馁，继续自己的示好，终于，它似乎得到了一个允许的回应，于是兴奋得浑身上下都抽搐起来，然后迅速地爬到雌性螳螂的背上开始了交配。整个过程相对于其他小昆虫的来说是很长的，有五六个小时。

交配结束后，两只螳螂就分开了，但是很快又腻在了一起。这个一无所有的穷小子大概还在为自己抱得美人归而倍感兴奋吧，或许它是为自己有了后代而感到欣喜若狂，但是有一点我想我不会猜错，那就是，这只雄性螳螂不是因为自己马上就要成为妻子的食物而高兴至极的。是的，我没有说错，在交配过后很短的时间里，顶多不会超过两天，雌性螳螂就会把雄性螳螂——刚刚才交配完的雄性螳螂一口一口地吃掉。就

螳螂不仅捕食异类，还吃同类。雌性螳螂以吃配偶而闻名，雄性螳螂会在交尾前、交尾过程中或之后被雌性螳螂吃掉。在自然条件下，这种行为仅仅被看作是在极少数种类中发生的事情，比如薄翅螳。这样做最明显的益处是雌性享用了很有营养的一餐。北美竹节螳就从来不会做这种事，因为在这个种类的螳螂中根本就没有雄性存在。这种螳螂的后代从没有受精过的卵中长出，而且全是雌性，这种现象叫孤雌生殖。但是大多数种类的螳螂还是两性生殖。

像它以前吃其他的昆虫或是自己的同胞一样，先从后颈开始，咬断中枢后一点点地把雄性螳螂吃得只剩下一对翅膀。这次连嫉妒也没有了，我当时真的认为这是一种不正常的心理。

我很想知道它接下来会怎么样，于是我又往这个小窝里放进了第二只雄性螳螂。我本以为这只雌性螳螂不会那么轻易地投入下一只雄性的怀抱，可事实上，我的猜测又是错的。它很快就同意了这次交配，然后又像吃掉第一只雄性螳螂那样吃掉了这一只。紧接着，还有第三只、第四只、第五只……在短短的两个星期里，我就这么看着这只雌性螳螂吃掉了七只雄性螳螂，几只雄性螳螂的命运都是差不多的，先热切地求爱，得到允许后就开始繁衍自己的后代，不出一天，自己就成了妻子的食物。雌性螳螂的兴致跟天气也是有关系的，天气非常热的时候，它就会显得异常兴奋。我挑选这样的时候去观察过群居的雌性螳螂和单独居住的夫妻们，得到的结论就是，在炎热的天气里，群居的雌性螳螂们会更加兴奋地厮杀，而独居的夫妻们，丈夫会更加被当作一个普通的猎物对待。

有时候我在想，是不是在田野里的雄性螳螂就没有这么悲惨的命运，因为是我强行把雄性螳螂和雌性螳螂关到了一起；如果它们的周围没有网罩，那么说不定雄性螳螂交配之后就可以飞走了，从而逃出雌性螳螂的魔掌。但是网罩中的雄性螳螂似乎并没有要逃走的意思，就算没有被立刻吃掉，它们也该知道自己的命运将是什么样子，但是它们似乎丝毫没有惊慌不安的表现。我想这也许就是它们在自然中的样子吧。

有一次，我还看到让我感到更为震撼的一幕，一只雄性螳螂正在雌性螳螂背上交配，它把雌性螳螂抱得紧紧的，可是我往雌性螳螂的背上一看，这只可怜的雄性小家伙的脖子早已被咬断了，头已经被吃掉了，而它居然还那样痴情地抱着雌性螳螂。再看看此时的雌性螳螂，它正享受着自己背上的美味，尽管背上的雄性螳螂还在源源不断向自己的体内输送着精子，可是它还是津津有味地吃着。这样残酷的事实不是应该只在电影中或是小说中才有吗？怎么会真的有这样的事情呢？

　　也许雄性螳螂在交配的时候是全神贯注的，这时雌性想要杀它，它是没有准备的；也许雄性螳螂原本就做好了为爱牺牲的准备，即便知道必死无疑，它也还是勇往直前。这种习性可能是从某个地质时代残存下来的记忆，也许在那个食物急缺的年代，雌性和雄性交配完之后雌性就要立刻把雄性吃掉，这样才能保证有充足的能量去抚育自己的后代。螳螂家

✚ 交尾中被吃掉的雄性螳螂

族的这种做法也许就是承袭了这个记忆。我还曾经试着把一只雄性螳螂放进一只已经吃掉过很多雄性螳螂的雌性螳螂的小窝里，这只可怜的雄性螳螂甚至还没有交配就被吃掉了。雌性螳螂就是这样，它的卵巢不再需要精子以后，雄性螳螂就是美味的食物。多么残忍的一种昆虫啊！善良的人们，不要再被它的外表蒙蔽了。

第三章 | 螳螂窝的建造

  除了惨无人道的爱情，螳螂当然也有那些看起来好的方面。就拿螳螂的窝来说，那简直就是个奇迹，科学的称呼是"卵鞘"，我不愿意滥用古怪的字眼。既然有人喜欢说"燕雀窝"，而不愿意说"燕雀巢"，那么，在指螳螂窝的时候，我为什么非要用巢或者卵鞘不可呢？

  在朝阳的地方，几乎都能看到修女螳螂的窝：石头、木块、葡萄树根、灌木枝、干草秸，此外还有砖块、破布、旧皮鞋的硬皮这些人造的物品，只要能把窝牢牢粘住、固定，都可以在上面做窝，相互之间没有什么区别。

  这样的窝，通常说来长四厘米，宽两厘米，色泽如同麦粒的金黄，在火中烧它会烧得很旺，有淡淡的微焦的味道弥漫而出。实际上，修女螳螂做窝的材料与丝极为相似，只不过不能像丝那样拉长，而是与泡沫一样成团地凝固。如果窝固定于树上，小树枝就会被它的底部紧紧包裹。窝的外形会随着支撑物的变化而发生改变，假如这个窝固定在一个平面上，它的底部就会变成平面状，与平面粘贴在一起，这个时候，窝会变成一个椭圆形，一头圆钝，一头细长而尖锐。通常情况下，窝还有一个与船头相似的短短的延长部分。

  窝的表面总是有规则的突起，无论在什么状态下都是如此。突起可以分成三个明显的纵向区，中间部分是最窄的，像房屋的瓦片一样重叠的那些东西是两行并排的小鳞片，在它空空的边缘上有两行微微展开的缝隙，这是孵化出的螳螂若虫的出口。

  我发现一个刚被螳螂抛弃的窝，它的中间部分是满满的小螳螂蜕下来的外皮，只要一有微风吹动，它们就会摇晃起来。在经过一阵风雨侵蚀之后，这些外皮就会消失不见。这个部分是螳螂事先安排好的，通过这个出口，小螳螂才能获得自由。除了这部分，在能哺育众多后代的摇篮里，别的地方都是无法通行的。窝两侧的地方占据了椭圆形窝的大多数领地，表面粘接得非常牢固。这些坚硬的部分使刚出生的螳螂根本不可能从这里通过。窝的两侧有数以万计的横条纹，这些条纹是窝内壁分层的标志，标志的后面分布着螳螂卵。

我将窝横向切开，立刻发现螳螂所有的卵形成了一个长长的核，它看上去很坚硬，两侧覆盖着一层多孔的厚厚的外皮，似乎与凝固的泡沫有些类似。核的上部有着紧密排列的弯弯的薄皮，可以做极小幅度的活动，在它的最上部就是窝的出口，淡黄色的角质外壳里面紧裹着的就是卵。它们沿着圆圈分层排列，头部

✛ 螳 螂

汇集到出口处。这种排列方式使我知道了螳螂的若虫是如何出来的。新生儿就是从那狭窄的通道出来的，虽然通道极难通行，但是借助我在不久以后将要研究的工具，这些小家伙还是能顺利通过。就这样，它们来到了中央地带。在重叠的鳞片的下面，它们将面对两个出口。有一半会从左边的门出去，另外一半则从后边出去。整个窝每一层的结构都是如此。

没有亲眼见过螳螂窝的结构的人，很难彻底地搞清楚其中的道理。窝里所有的卵都以窝的中心线为聚会场所，层层聚集，这样就形成了海枣核一样的形状。它的外面是一层保护膜，就像凝固的泡沫。只有到了保护膜的中间区域，并列的两片薄片才代替了如同泡沫一样的多孔层。

我研究的是螳螂这个家伙以怎样的方式一砖一瓦地搭建自己的窝。虽然过程费尽心机，但是我毕竟做到了。因为这个家伙总是在夜里产卵，而且是那样随意。在诸多次无功而返之后，我终于抓到了难得的机会。九月五日，我终于目睹了一只在八月二十九日受精的雌螳螂，在凌晨四点在我的面前产卵的情景。

金属网罩里头众多的螳螂窝——请一定要注意这点：它们的支点无一例外都是金属网纱。我曾经想给它们制造更为符合它们生活习惯的窝的支撑物，比如几堆凹凸不平的石块，还有几束百里香。在野外，螳螂的窝多用这些作为支撑物。但是令我感到意外的是，这些家伙对此无动于衷，它们更偏爱铁丝网。这是因为它们可以把最为舒适的建筑材料嵌到铁丝网的网眼里，这对窝的牢固度非常有帮助。

螳螂的窝没有任何可供遮挡的地方，这是在野外的情况。在这样的环境下，它的窝必须要经受冬季寒冷的气候，还必须抵挡住风雪雨霜

的侵袭。为了避免遭殃，产妇们对凹凸不平的支撑物情有独钟，依靠这种支撑物，产妇可以把它的家粘连得更加牢固。当然，如果条件允许的话，螳螂会选择更好的东西做支撑物。也许正因为这样，它才会看中金属网纱。

这只螳螂是我看到的唯一一只产卵的螳螂。它攀附在网罩顶的附近，倒悬着身体，就算我用放大镜靠到近前观察也打扰不到这个家伙。它全身心地沉浸在产卵中，即便我打开金属网罩，随意地转来倒去，也不能让它中断自己的工作。我的动作的确鲁莽了些，但我有什么办法呢？螳螂产卵的速度过于迅速，而我观察起来却充满了各种困难。螳螂的腹部末端始终放置在一团泡沫之中，使得我不可能将它产卵的过程毫无遗漏地摄入眼帘。那团泡沫颜色灰白，带点黏性，感觉更像肥皂泡。螳螂窝绝大多数的多孔材料正是由这些带着气体的泡沫形成的，这使得窝的体积远比螳螂的肚子大。

气体并非来自螳螂的身体，而是从空气中吸收而来的。这样看来，螳螂的窝主要依靠空气建造，如此，窝才能抵御各种恶劣的气候。螳螂以极快的速度将腹部末端两个小裂瓣展开又闭拢，如同钟摆一样从左到右、又从右到左摆动个不停，这是它产卵时的动作。它每摆动一下，就意味着它在窝里产下了一层卵。同时，在窝的外皮上就有了一条小横纹。这个过程很快，包裹着的泡沫也越来越多，这对我的观察没有任何好处，我只能通过它是否摆动腹部末端，来判断它是否在产卵。

与产卵过程相伴的，是如同倾盆大雨般的黏液，在螳螂腹部末端两个小裂瓣的搅拌下，黏液变成泡沫，然后涂满窝的底部和每层卵的外层。在

● 图中这种螳螂在夜晚相当活跃

泡沫以及螳螂腹部的助压下，窝的底座被挤到了金属网眼里。随着螳螂的卵巢逐渐排空，窝的海绵状的外皮也渐渐地形成。我想，在窝的最内部，是比外层更为均匀的物质包裹了卵。这是因为，在那里面，包裹卵的物质是螳螂直接排出来的物质，而非用小裂瓣搅拌黏液而成的泡沫。螳螂产下了卵，之后腹部末端的两个小裂瓣搅起泡沫，将卵包住。

因为我无法观察到产卵的具体过程，所以上述的内容也不过是我的猜想。

在窝的出口涂着一层有细密气孔的物质。这种物质就像白石灰一样洁白光滑，与灰白的窝形成了鲜明对比。如同糕点师把蛋清、糖、淀粉掺和起来，用来制作装饰蛋糕的东西一样，这层物质也有这样的作用。当它脱落后，我们就能清晰地看到那个出口。现实的风雨迟早会将这层物质撕去，这也正是螳螂的旧窝没有留下一丝雪白痕迹的原因。

不仔细看的话，人们很容易误会：这层物质与窝其他部分的材料是不一样的，螳螂是否用了两种不同的材料来建筑它的窝呢？这种可能性是不存在的。通过解剖我发现，它所用的物质是同一类型的。分泌这些物质的肠道分为两组，每组二十根左右，都装满了黏稠的无色液体。液体的外表都是相同的，无论从哪个角度看都是如此。分泌白石灰色液体的迹象在肠道内并不存在。另外，洁白物质的形成方式也会让人们打消所用材料不同这一看法。只要稍微有点耐心，这个事实就可以被我们确认，我们也能得到满意的结果。

当我的视线落到窝的中间部分时，我承认，观察变得很困难。在这个区域，螳螂在两行重叠的小鳞片下，给它的孩子安排了安全的出口。对这个问题，我所知不多，我只能说，螳螂的腹部末端由上至下如同刀口般长长地裂开，刀口的上端纹丝不动，但是其下部则左右摆动，排出泡沫的同时将卵排出。我发现，刀口上端部分始终浸于中间区域的突起处，处在尾部末梢汇集起来的白且细的泡沫中间。那两根尾部末梢，我很想将其形容为两根敏感的手指，正在指挥难度很高的建筑工程。

我还有一个疑问，两行鳞片以及鳞片下端遮盖住的出口裂缝，又是怎么形成的呢？我对此一无所知，即便是猜也猜测不出。这个问题还是留给别人来解决吧。这是多么令人感到奇妙的动物哇！它有条不紊地、迅速地将角质物排出，其间还排出泡沫、卵和大量的液体。如果我们来做这一切，肯定会手足

⊕ 树皮螳螂会沿着树干快速爬行

无措，但是螳螂却显得从容不迫。它一动不动地攀附在金属网上，至于身后正在发生的一切，它根本不瞧一眼。它也不需要任何帮助，自己就能完成一切事情。这是机械活，而不是出于本能的需要。螳螂更加高明的地方还在于，它的窝出色地应用了物理学中保温最好的材料。螳螂超过了我们，至少在对导热体的认识上。

物理学家拉姆福特以他出色的实验证明了空气的不传热性。这位科学家将一块冰冻奶酪放到经过搅拌的鸡蛋泡沫中，之后放入炉中加热，没多久，他拿到了一块发泡的蛋卷，不过，蛋卷中间的奶酪一如刚才那般凉。螳螂又做了些什么呢？这位昆虫界出色的物理学家，用搅拌后的黏液得到了一个发泡的蛋卷，它被用来作为窝中心所有卵的保护层。与拉姆福特相反的是，螳螂的目的不是产生高温，而是要抵抗严寒。螳螂是如何得到这一知识的呢？它怎么就轻易地做到了用泡沫包裹大块的卵，并将其固定在树枝上或是石头上，使其经历风雨却毫发无损呢？

我唯一了解的螳螂种类，也就是我家旁边的那些螳螂，那些凝固的泡沫有的被它们用来当作保暖外套，有的则被放弃不用，主要由所产的卵是否要过冬决定。与修女螳螂有很大差别的是雌灰螳螂，这种螳螂没有翅膀，它的窝就像樱桃核那么大，外皮上覆盖着一层厚泡沫皮。它是出于什么目的的需要这层起了泡沫的外套呢？原因与修女螳螂一样，雌灰螳螂的窝也需要过冬。身材如修女螳螂一般硕大的椎头螳螂，建造的窝却和雌灰螳螂的一样小。

椎头螳螂的窝由三四行连在一起的小房间组成，看上去很简朴，虽然也是固定于树枝或石头上，但没有起泡的外套，也没有不导热的外套，由此我知道，椎头螳螂所适应的气候条件与其他螳螂不同。它的卵产于天气很好的时段，而且产后不久就孵化了，因此它的窝不会受到严寒的侵袭。

螳螂采取的保护措施如此得当、合理，这只是出于偶然吗？如果这个说法成立，那么在这个荒谬可笑的结论前坚定你的看法吧，由此承认偶然性的选择竟然也有这样让人惊奇的洞察世事的能力。

建造一个温馨的窝，对修女螳螂来说，是一件很轻松的事情，只要不间断地工作两个小时，就可以完成整个工程。产下卵后，雌螳螂便会抱着与己无关的态度离开。我一开始还满心期待它能回过头来看看自已的孩子，表现出一丝母爱；但是它没有任何表情，即便是作为母亲的喜悦感也不存在。它甚至不会去注意那个爬上它的窝的蝗虫，不过，这只蝗虫很温和，如果蝗虫做出要破坏窝的举动，不知道螳螂会不会对它采取特别的行动。从它那无动于衷的表情来看，我相信它不会。产完卵后，它就不会再关心窝的命运了。

在交配后，雄螳螂都会被雌螳螂吃掉，这一点，我已经说过，这是悲惨的结局。在短短两星期之内，我就看到一只雌螳螂连续七次进入新婚的殿堂，每一次交配完成后，它都会将它的配偶毫不留情地吃掉。通过这个习性，我认为这只雌螳螂会多次产卵。事实证明了我的猜想。从所建造的窝的数量上，我知道了螳螂能产下多少卵。就我的了解，一个大小正常的窝，约能容纳四百枚卵，建造了三个窝的雌螳螂，最后一个窝要比之前的小一半，这样推算它共能留下一千枚卵。如果是两个窝，卵的数量就是八百枚。即使是产卵量最小的螳螂，也能产下三四百个卵。显然，这是一个庞大的族群，如果没有有效的精简方案，很快就会"虫满为患"。

比起修女螳螂，小个子的灰螳螂就小气了许多。在网罩里，这个小家伙只造了一个窝，只产下了六十来个卵。与修女螳螂相比，灰螳螂的窝也有很大的不同：首先，灰螳螂的窝体积小，长只有两毫米，宽不过五毫米；另外，灰螳螂所建造的窝中间隆起，而两侧弯曲，中线突出成为一道脊梁，微微有些不平。这些是它与修女螳螂的窝最大的区别。

灰螳螂的窝没有重叠的鳞片形成的出口区域，也没有出口处的雪白的物质。它层层排列的卵，嵌在没有洞孔的角质物质上。与修女螳螂一样，灰螳螂也是在夜晚建造自己的家，不过对像我一样的观察者来说，这无疑是个不便的状况。体积硕大、结构奇特的修女螳螂，不可能不让普罗旺斯的农民对其产生兴趣。事实上，修女螳螂被人们称为

✛ 螳螂夜晚造窝，白天则比较悠闲

"梯格诺",在乡村特别有名,声誉很高。不过,对于螳螂窝是如何建造的,人们并不知情,当我说"梯格诺"就是常见的"祷上帝"时,这总会让纯朴的邻居惊讶。螳螂在夜晚产卵可能是他们对此一无所知的原因。不过,这并没有什么关系,至少它的存在引起了人们的注意,从这点考虑,它应该对我的邻居们有某种好处吧。我们总有个天真的想法,希望能在奇异的事物中寻找到能使我们减轻痛苦的东西,在任何时候,我们都会这么想。

普罗旺斯的乡村药典一致吹嘘"梯格诺"就是对冻疮最起作用的良药。它的使用方法很简单,将螳螂劈成两半,挤压,然后用流出汁液的地方摩擦冻疮。据当地人说,这种药非常灵验,只要有谁患了冻疮,就一定要涂抹"梯格诺"。事实上果真如此吗?

螳螂对治疗冻疮毫无作用,我在我自己和家人身上做过实验,结果令人失望。可以想见,这种所谓的药对别人也不会有作用。虽然结果很明显,但是这种药依然名声在外,这可能是药与病的名称相同的缘故。冻疮,在普罗旺斯语中,也被称为"梯格诺"。在我生活的村庄,或许就在某个角落,"梯格诺"——这里是指螳螂的窝,它还有一种功效,就是治疗牙痛,只要将它随身携带,就能消除牙痛的折磨。

在月光皎洁的晚上,天真的农妇就会想办法将螳螂窝收集起来,然后虔诚地放置于衣柜的角落,或是缝到衣兜里面,生怕一不小心就把它给弄丢了。如果有邻居牙齿有了毛病,那些农妇就会将它借给他,同时也会叮嘱他:"不管怎样,都不要弄丢了。"不要对这种奇怪的良方进行嘲笑,一些写在报纸第四版上的药物不见得比它更有疗效。再则,乡村里的朴素想法,根本比不上某些古老的书籍。比如一个十六世纪的英国博物学家托马斯·穆菲,就为我们讲了一个有关在野外迷路的孩子向螳螂问路的故事。

螳螂伸出爪子,向孩子指明道路,它从来没有指错过方向。轻信的博物学家说:"这个家伙的判断力是如此奇妙,小朋友向它问路的时候,它总是能给予正确的指引,从没有欺骗过人。"这个英国人是从哪里听到这个故事的?不可能是在他的国家,那里不适合螳螂生存;也不是普罗旺斯,这里找不出这类幼稚故事的迹象。博物学家无疑是在臆想,而我更倾向于认为,这是对"梯格诺"神奇功效的最大赞誉。

第四章 | 螳螂卵的孵化

阳光明媚的六月中旬，时间约在上午十点，这是修女螳螂卵孵化的最好时光，出口区域，也就是螳螂窝中央的长条部位，是幼虫获得自由的地方。一个半透明的圆块缓缓地从出口区域的一个鳞片下面钻出来，然后我们会看到两个大黑点，那是它的眼睛。经过在鳞片下慢慢滑动的过程，若虫已经解脱了将近一半。这还不是接近成虫形态的小螳螂，这只是一个过渡形态。若虫的头圆圆的，有点发肿，全身由于血液的涌入而颤动不止；身体的其他地方为淡黄色中带点红；有层膜包裹着全身，在它的下面，能清晰地看出因这层膜的覆盖而变得模糊浑浊的眼睛，以及处于前胸的口器，还有向后紧贴身体前方的足。如果抛开异常显眼的足，幼虫的脑袋、眼睛还有腹部的体节，就会让人想起蝉从卵中钻出来的模样。

事实上，这又是一种具有二态现象的昆虫。这个形态的使命，就是钻出出口，将螳螂若虫带到这个世界上来。蝉一出生，身体就被一层褓襁包裹着，这是为了顺利地从狭窄的、布满碎木纤维以及空卵壳的通道里走出来。螳螂若虫也遇到了类似的障碍，它的通道弯曲而拥挤，如果把纤细的身体长长地舒展开来，那个通道就根本无法将其容纳。那些原本在草丛中用处极大的器官，诸如像高跷一样的足，以杀戮为主要作用的弯钩，以及纤细的触角，现在却成了它走向世界的累赘。为了解决这个问题，螳螂的若虫一出生也像蝉一样，浑身被一层褓襁包裹着。

❋ 刚从卵鞘中孵化出来时，幼年的螳螂聚在一起。此后它们开始第一次蜕皮，然后就分散开来

我从螳螂和蝉的身上归纳出一条规律：若虫并

非总是虫卵的直接产物，为了应对破壳而出时要面对的种种艰难，它势必要有一个过渡的形态，这种形态的虫子我更乐意称为初龄幼虫。初龄幼虫出现在出口区域的鳞片下面，它的头部汇集了丰富的液体养料，那是一个半透明的水泡，颤动不止，其作用是为幼虫蜕皮做准备。小家伙每颤动一次，脑袋就胀大一点，在最后的时刻，它前胸拱起，头部冲向胸部，弯曲得极为厉害。经过一番"痛苦"的挣扎，小家伙的足就从外鞘中解脱出来，与它一起出来的还有两根平行的长触角。现在，全身只有一根碎细带与螳螂窝相连，它只要再稍微用点力就可以完全脱身了。在这之后，我们见到的才是真正意义上的若虫形态。

很遗憾，观察灰螳螂孵化的最好时机被我错过了，但对它的情况我还是稍微了解了一下。那些易碎的、脆弱的泡沫附在窝尾端向前突出的尖尖的细角上，就像一块白色无光的斑点。泡沫塞住的圆形气孔是初龄幼虫唯一的出口，它的作用与修女螳螂窝的鳞片的作用相差无几。灰螳螂的初龄幼虫只有一个接一个快速地通过这个气孔，才能目睹外面的世界。我没有看到这种壮观的场面，不过，我看到了悬挂于气孔外面的一堆破烂的白色外套，这是若虫来到外部世界后扔掉的衣服，是它们处于过渡形态的证据。就这点来说，灰螳螂也有初龄幼虫的阶段。

好了，让我们再将视线投向修女螳螂，它窝里的卵并非在同一时间集体孵化，而是有阶段性的，中间的过程能有两天或更长时间。一般来说，最后产下的卵孵化得最快，这种情况与窝的形状有关。窝最为尖细的那部分，更容易受到阳光的照射，里面的卵成熟得也就更早些。虽然卵的孵化总是断断续续的，但是有些时候，出口区域也会被孵化出来的初龄幼虫包围，那场面真的非常惊人——一个小家伙刚露出眼睛，其他初龄幼虫的眼睛也突然出现在你面前。从窝里出来没多久，小家伙们就掉落到地上，机灵的也会爬到附近的草地上。修女螳螂卵的孵化过程我经常看到，有时是在荒石园的露天地里，有时是在实验室的角落里。荒石园里放着我在冬闲时从各处收集来的螳螂窝，而实验室里的那些，则是出于我想将那些家伙更好地保护起来的愿望。我就这样无数次看到了小螳螂被猎杀的过程，那种屠杀场面令人震惊。虽然修女螳螂一次能够产下上千枚的卵，但如果一出生就要被那些吞噬者消灭，那这个数量还远远不够。

小螳螂的危险来自蚂蚁，我每天都能看到这些凶恶的客人，我也曾驱赶过它们，但毫无作用。螳螂窝里那些可口的娇嫩肌肉让它们垂涎欲滴，虽然在窝上打开一个缺口对它们来说过于艰难，但是它们不会放过任何一次机会。那真是一场惨不忍睹的战争，蚂蚁抓住小螳螂的肚子，将猎物拉出外壳，用嘴撕咬成碎片，而新生儿所能做的，只是无谓地乱踢乱撞。战争在片刻间就结束了，只有极少数幸存者逃脱了这场劫难。

　　让蝗虫胆寒的草丛屠夫，在刚出生后，却被蚂蚁吃掉了，这个过程真是不可思议。不过当小螳螂变得强壮一些，蚂蚁遇到它们就得乖乖让路了。螳螂锋利的大刀，随时出击的样子，都让蚂蚁感到害怕。然而有一种动物不怕螳螂的大刀，它就是墙壁上的那只小灰蜥蜴。它用长长的舌尖将小螳螂从窝里舔进自己的嘴巴，虽然只有那么一丁点食物，但看那样子，似乎味道非常鲜美。我曾非常生气地将这个在我面前打劫的坏蛋赶走，但是没多久，它又回来了。我只好对它采取非常行动，如果我对它的存在无动于衷，它将吃掉所有的小螳螂。不过螳螂的天敌不止蚂蚁和蜥蜴。长着钻孔器的小个子双翅目寄生蝇也是可怕的敌人。

　　双翅目寄生蝇将自己的卵产在刚刚落成的螳螂窝里，于是，跟蝉的后代的遭遇一样，螳螂的卵被这种寄生蝇无情地攻击，这也正是我收集的螳螂窝多半是空的的原因。同时，我也遇到了一个问题，用什么来喂养这些幸存者呢？它们对爬满绿蚜虫的玫瑰花枝无动于衷，于是，我给它们拿来了小飞蝇，它们是无意间撞到网纱里来的，可是小螳螂对这种食物依旧提不起兴趣。经过一番折腾，我终于找到了我想要的东西，那就是刚孵化出来的小蝗虫，这是成年螳螂最爱吃的食物。不过小螳螂是否会接受呢？答案是否定的，这些家伙被它们的猎物吓跑了。

　　"我实在猜不出来了，你们到底想吃什么呢？难道你们这些小家伙只吃素食？"我尝试着做过几次，比如最嫩的叶子，但还是被它们拒绝了。我所有的努力都归于失败，小家伙们全都饿死了。后来我想到，小螳螂们应该有属于自己的过渡食谱。

　　蚂蚁和蜥蜴使螳螂的后代大量减少，这是否会使螳螂的生殖能力逐渐提升，以便多产卵来平衡大量若虫的死亡呢？一些

> **知识链接**
>
> 　　螳螂和螳螂蝇都有一对可以用来捕获和刺伤猎物的捕捉足，但是它们并不是近亲。它们那对相似的捕捉足是通过趋同进化而各自得来的。

人士同意这样的看法，但他们缺少证据，那些人只喜欢将动物身上发生的变化看成是环境造成的结果。

一株很大的樱桃树生长在离我窗前不远的池塘边。它与我的祖先无关，是偶然长在那里的。每当到了四月份，它那受人尊敬的巨大的树枝就会变成一个无与伦比的冠盖，在那里还有另外一幅欢快的景象。麻雀成群结队地来到这里吞吃熟透的樱桃，和它们一起来的还有翠雀和黄莺。树下也同样热闹，樱桃掉落到地上使得所有经过的动物欢喜雀跃。到了晚上，田鼠会把其他动物啃过的果核收集起来，藏到它的家里，这是它在冬闲时最好的食物。要想找到接班人延续这种繁荣，樱桃树只需要一颗种子。

你是否会因此告诉我们，这种树最初的果实也很稀少，为了在掠夺者手中生存下来，它们才变得如此慷慨，就像你描述的螳螂那样。实际上，千百年来，有许多不为人知的加工者在开采矿产。对于这样的结果，难道只是为了让我们说出 2+2 = 4 吗？鱼类是从无机物开始的各种生产者中产量最多的一种。只要稍微问一下鳕鱼为什么有那么多的鱼子，答案就非常明了了。

和鱼类一样，螳螂也可追溯到遥远的时代，它的形状和习性已经透露了这个秘密，孵量的巨大更说明了这点。草坪变绿的时候，我清楚地看到蝗虫正在啃食青草，而螳螂则吃蝗虫。当螳螂产下数以千计的卵并成功孵化后，蚂蚁就不请自来了。这些蚂蚁很快就能获得战利品，身材高大的螳螂远不是蚂蚁的对手，不过，蚂蚁也并不是最后的赢家。在卵里的时候，小蚂蚁就被雉鸡吃掉了。那是家禽的一种，很难逃离养鸡场的束缚，正因如此，它们注定成为那些自称文明的人口中的食物。

现在该是我做总结的时候了，生殖力超强的螳螂以它独特的方式产生有机物，它的继承者是蚂蚁，而后蚂蚁的位置又由别的动物取代。可以这样说，螳螂产下的卵只有一小部分是为了繁衍后代，而大部分是为生物的野炊活动做出自己的贡献。这让我想起这样一句话：结束是为了重新开始，死亡是为了生存。

第五章 圣甲虫的习性

我们沿着山路高兴地走着，一边谈天说地，一边寻找着圣甲虫的踪迹。或许它在我们不知道的时候已经在安格尔沙土高原上出现，正在滚动着被古埃及人视为代表世界形象的粪球。在这五六个人中，我是年纪最大的，是他们的老师；而他们呢，则是一群充满干劲的年轻人，有着火热的激情、丰富的想象力和充沛的活力。我们都热爱着这神秘的自然，并且渴望能对它有更多的了解。我们想了解梭形尾巴像珊瑚枝的小蝾螈是不是藏在山脚的溪水里，躲在了绿毯般的浮萍下；小溪里的刺鱼是不是已经戴上了天蓝色和紫红色相间的结婚领带；刚刚归来的燕子是不是正在焦急地寻找着一边跳舞一边产卵的大蚊子；而长着眼状斑的蜥蜴是不是正趴在阳光下的砂岩上，展示着它布满蓝斑的臀部。总之，我们就是这样一群对动物深深痴迷的人，我们怀着愉悦的心情来到这里，用我们自己的方式，来庆祝整个春天的回归。

山路两旁长满了接骨木和英国山楂树，树上的伞房花序散发出一阵阵苦涩的香味，就连金花龟也陶醉在了这样的香味里。我们伴着这样的香味，找到了令我们兴奋的东西。小溪里的刺鱼已经梳妆完毕，它的鳞片闪着白银般的亮光，胸前的紫红色也变得格外扎眼。当居心叵测的黑色大蚂蟥接近时，它背部和鳍部的刺便会

> **知识链接**
>
> 在古埃及，圣甲虫被视为重生和不朽的象征。那时的人们看见成年的圣甲虫把自己埋进地里，并在来年以后代的形式重现，就把圣甲虫与好运联系起来。直到今天，还有人将圣甲虫饰物佩戴在身上作为护身符。

立刻竖起来，把敌人吓得灰溜溜地逃跑。扁卷螺、大瓶螺、椎实螺等软体动物在水面上呼吸着新鲜的空气。它们总是一副与世无争的样子，就算被水龟虫和它丑陋的幼虫袭击，这些和平爱好者也好像什么都没发生一样。而在悬崖那边的高原上，绵羊们正在悠闲地吃着青草，马儿们紧张地练习着赛跑。它们全都给食粪虫带来了丰富可口的食物。

把地上的粪便清除干净，这便是鞘翅目食粪虫的工作，也是它们的崇高使命。食粪虫拥有各种各样奇异的工具：有的用来翻动粪，把粪捣

碎、整匀；有的用来挖洞，以便日后用来储存它们的战利品。这些工具就好像博物馆里陈列的挖掘工具，极其精巧实用，有的像是仿照了人类的技艺，而有的则完全出于它们的原创。

西班牙粪蜣螂的额前有一个强有力的角，角尖向后翘，像十字镐的长柄。月形粪蜣螂不但拥有类似的角，它的胸部还长着两片犁铧形状的尖片，两个尖片之间还伸出了一根十分突出的尖骨作为刮刀。生长在地中海边的水牛角蜣螂和野牛角蜣螂额前有一对岔开的角，前胸有一片水平的犁铧似的尖片伸到两角之间。蒂菲粪金龟的前胸长着三片直指前方的平行尖犁，两边的长，中间的短。公牛嗡蜣螂的工具是两个像牛角的弯弯的长钳子，而叉角嗡蜣螂的工具则是一柄双齿长权，竖立在扁平的头上。即使是最差劲的食粪虫，它的头上或胸前也长着突出的硬疙瘩。

很多食粪虫的衣着鲜艳得像首饰盒上的宝石。似乎是作为对干脏活的补偿，不少食粪虫都能散发出麝香的味道，而且腹部闪耀着金属般的光泽。一般来说，食粪虫的颜色都是黑的，但也有很多例外，粪生粪金龟的腹部就有金和铜的光泽，而黑粪金龟的腹部则更加美丽，呈现出了紫晶的色彩。有些生长在热带地区的食粪虫显然更加幸运，因为它们拥有同类中最亮丽的外表。生长在埃及的骆驼粪下的圣甲虫有着祖母绿般的色彩，而圭亚那、巴西、塞内加尔的蜣螂则有着红宝石般耀眼的光芒。

我观察过很多食粪虫的工作场景，那是一番多么忙碌的景象啊！就连在加利福尼亚寻找金矿的淘金者们，也没有食粪虫的这般干劲。天气还不太热，数百只大小不同、形态各异的食粪虫便已密密麻麻地挤在了一起，谁都希望能在这共同的糕点上多分得一杯羹。它们有的负责梳理粪堆表面；有的负责在粪堆深处挖掘巷道；有的则忙于挖洞，以便一会儿把战利品贮藏起来。身强力壮的一般都在前面冲锋陷阵，而个头比较小的就站在一边，把偶尔塌落的一小块粪便切碎。有的小虫

✛ 圣甲虫在粪堆上辛勤工作

子初来乍到，看到美味兴奋不已，便当场饱餐一顿。而大多数虫子还是有着长远的打算，它们会把食物储存到一个隐秘的地方，以备不时之需。要知道，在这宽广的草原上找到这样一堆新鲜的粪便有时候比中彩票都难。

方圆一千米内，粪香四溢，所有的食粪虫都循着这香味急急忙忙地赶过来。看，那里有一只来晚了的虫子，它正迈着小碎步

🌀 先寻找粪堆，之后辛勤工作的圣甲虫

向粪堆走过来。它的长腿生硬又笨拙地向前移动着，好像是被某种装在肚子里的机械推动着前进似的；红棕色的触角像扇子一样张开，显示了它对不能分到足够的食物所产生的担忧。终于，它挤倒了一些捷足先登者，抢先来到了粪堆旁边。它伸出强壮巨大的前足，一抱一抱地对粪球做着最后的加工，然后走到一旁静静地享用自己的劳动成果。这浑身黝黑、粗大异常的家伙，便是大名鼎鼎的圣甲虫。

圣甲虫用它特有的步骤制造出了一个个粪球。它的额头有六个排成半圆的角形锯齿，那是用来挖掘和切削的秘密武器。圣甲虫用这耙子来剔除不能吃的食物纤维，把最精华的部分聚集起来。如果是为了自己采集食物，圣甲虫才不会如此挑剔，可是如果是为了制作育儿室，在粪球中挖一个放卵的小洞，那它就必须精挑细选，用最精华的粪便筑成小洞的内层。这样幼虫破卵而出时，便能在住所的内壁找到营养丰富的精细的食物，为将来储备能量。在筛选自己的食物时，圣甲虫似乎显得有点漫不经心。它把带锯齿的额突转入粪堆里，在强壮有力的前足的配合下，很轻易地进行着挖掘的工作。如果需要在粪团最厚处开辟通道，它便用它那带锯齿的腿用力一耙，清理出一个半球形的空间来，再把耙过的粪便聚拢到腹下的四只腿之间，剩下的工作便交给后足去完成了：检查和修正球体的形状。实际上，这些腿的作用就是帮助粪球成形。这些经过粗加工的粪团在四条腿之间摇摇晃晃，逐渐趋于完美。

就这样，一粒小小的粪丸在眨眼之间变成了苹果那么大的粪球。这

些工匠在烈日下如痴如醉地干着活，它们的速度总是让我感到惊异。我还曾经见过它们制造出的拳头大的粪球，那么大，估计够这些贪食者享用很久。

圣甲虫习性中最惊人的特征体现在它搬运食物的方式上。食物制作好了，圣甲虫们便从混战中退了出来，开始进入搬运的环节。它们没有丝毫迟疑，立刻上了路，用那两条长长的后腿抱着粪球，把足尖卡进粪球里作为旋转轴，两只中足作为支撑点，长着锯齿的前腿交替着地。它们就这样倾斜着身子，头朝下、身子朝上地倒着走。两条后腿在这里起了重要的作用，它们来回运动，变换着位置，使得重物能够保持平衡。而两只前腿的左右交替也推动了重物向前移动，使粪球表面的各个点轮番与地面接触，由于压力分布均匀，粪球外层的各个部分也都变得一样坚实，外形逐渐趋于完美。

当然，事情总不会一帆风顺的。瞧，圣甲虫遇到了第一个困难。在翻越一个陡坡时，沉重的粪球顺着斜坡滚了下去，圣甲虫也被重物拖倒，翻了个跟头，六条腿冲着空中乱挥。不过它才不会轻易放弃，转眼间，它又翻了过来，奔跑着去把粪球抓住。倔强的圣甲虫不愿意走那平坦的谷底，它又站在了那造成严重后果的斜坡前，再一次开始了它的攀登。它小心翼翼地往后退，千辛万苦地把巨大的粪球推到了一定的高度，可是一个不小心，粪球又带着圣甲虫滚了下去。一次次的攀登，一次次的跌下，在这艰难的路上，圣甲虫往返重复，小心翼翼。可二十几次徒劳的攀登终于磨没了它的耐性，或者说使它变聪明了些，只有在这时候，它才肯选择那条平坦的小路。

圣甲虫并不总是单独搬运珍贵的粪球，它会经常给自己找个搭档，或者说会有另外一只主动参与进来。当粪球做好后，一只圣甲虫便会带着粪球倒退着离开，企图早点摆脱战局，而这时候，旁边的同伴便会放下自己的工作跑来协助它。在它们的共同努力下，粪球总会顺利到达终点。我很好奇，这是不是一种雌雄的联合呢？一对配偶即将成家立业，于是它们共同协作来谱写一曲家庭牧歌。可是雌雄圣甲虫外表没有任何特征能将它们区分开来，于是我便解剖了两只搬运同一粪球的圣甲虫，事实是，它们经常是同一性别的伙伴。

既然不是一家人，也不是劳动伙伴，那么这种表面的合作是为了什么呢？哦，原来这纯粹是一场有预谋的抢劫。狡猾的搭档以帮忙为借口参与到粪球的搬运中，而一有机会，这个阴谋家便会把粪球抢走据为己有。在粪堆里自己做既需要耐心又很辛苦，而把别人做好的粪球抢过来显然要轻松得多。如果物主不警惕，帮忙者便会带着财富溜走；而如果物主监视严密，使得帮忙者没有机会作案，那么最后的结果通常是它们共同享用美味的大餐，因为它至少帮过忙。有一些野心更大的圣甲虫抢劫起来就更明目张胆了，它们也不假装好心，而是直接出现在半道上，用武力把做好的粪球抢走。而且这种拦路抢劫的事情还常常发生。一只圣甲虫安静地走在路上，独自滚动着它辛辛苦苦做成的粪球。不知从哪里飞来另一只圣甲虫，猛地落下，把黝黑的后翅收到鞘翅下面，用带锯齿的手臂把物主推倒在地，而物主因为推着重物，常常无法招架。当物主意识到自己被抢劫时，它会不顾一切地守住自己的财产。看，那只被抢的圣甲虫翻转了过来，冲着抢劫者又踢又蹬。而抢劫者反而看起来比较淡定，它只是静静地站在粪球上，前腿收在胸前，静候事态的发展，随时准备攻击。它已经占据了能打退进攻者的最有利的位置，它要做的只是盘踞在粪球的圆顶上，监视着原物主的一举一动。一旦对方立起身子准备攀登，它便挥臂一击打到对方的背上。

为了让敌方垮下来，被抢者必须施展挖坑道的战术，那就是破坏粪球的下部，使得摇摇晃晃的粪球带着抢劫者一起滚动。而强盗为了不让自己掉下去，只能像做体操一样，尽量在动的粪球上保持身体的平衡。如果它一不小心出现了失误，从粪球上掉了下来，那么战斗便会转化为拳击比赛，双方会胸贴着胸厮打起来。在厮打中占据上风的一只会找机会重新回到粪球上去，费尽心思把粪球据为己有。当强盗幸运地获胜之后，它便套上车把夺来的粪球随便推到什么地方；而可怜的物主只能无可奈何地回到粪堆上去，重新制作一个粪球。

我无法查明到底是什么原因使得圣甲虫养成了抢劫的习惯，为了一块粪团而对同伴动用武力，但我能够肯定，抢劫是这种虫子的天性之一。蒲鲁东（法国政论家、经济学家，无政府主义创始人之一）的"财产即盗窃"和外交家们"力量胜过权力"的主张都能在圣甲虫身上得到很好的体现。为什么这些小虫子这样厚颜无耻，能够和同伴肆无忌惮地你抢我夺，这是个奇怪的动物心理学问题，只能留给未来的观察者去解

决。在这里我只想讨论一下这两个共同搬运粪球的合伙人。

首先，我必须纠正书本上流行的一种错误的说法。我在布朗夏尔先生杰出的作品《昆虫的变态、习性与本能》中读到了下面这段话：

我们的昆虫有时被一个无法逾越的障碍挡住，粪球掉进了洞里。这时圣甲虫表现出一种对局势的惊人了解，以及一种在同类之间进行联络的惊人能力。由于已经意识到无法带着粪球越过障碍，圣甲虫似乎放弃了粪球，飞到远处。如果你充分具备这种被称为耐性的伟大而高尚的品德，那么你就待在这个被丢弃的粪球旁边吧。不一会儿，圣甲虫又来到这个地方，不过，它不是独自回来的，它身后有两个、三个、四个、五个同伴，它们全都扑向这个宝物，同心协力把重担抬起来。圣甲虫找到了援军，这就是为什么在干旱的田地上，常常看到好几只圣甲虫共同搬运仅有的一个粪球。

我在伊利热的杂志《昆虫学》上还看到：

一只墨侧裸蜣螂在造用来装卵的粪球时，粪球掉到洞里去了，它长时间拼命想独自把粪球拉出来，却是白费力气，浪费时间。它于是跑到临近的粪堆找来三个伙伴，它们共同出力，终于把粪球从洞里拉了出来，然后那些帮手又回到各自的粪堆里，继续自己的工作。

这两种说法相似，无疑是同出一源。可是恳请大师布朗夏尔原谅，事情肯定不是这样的。伊利热的杂志的根据十分不合逻辑，所以不值得盲目相信，它只是提出关于墨侧裸蜣螂的奇遇，不能把它照搬到圣甲虫身上。两只同种的昆虫共同帮忙滚动粪球，或是从一个地方把粪球拉出来，是件非常罕见的事。而且这样的合作并不能证明处于困境的圣甲虫会向同伴求助。

我算是相当具有耐性的人了。我曾经和圣甲虫朝夕相处过很长一段时间，千方百计想要看清楚它的习性。可是在我的观察中，我从没看到过它有任何想找同伴帮忙的迹象，哪怕是一闪而过的念头。我也曾经对圣甲虫做过实验，而且实验的难度比粪球掉进洞里的难度大得多。比如我曾经给它设置比重新爬上斜坡更严重的障碍，可是展现在我眼前的，从来就不是同伴互相帮忙的场面。所以我对这一问题的见解是：几只圣甲虫出于掠夺的目的而一起拥到同一个粪球上，结果却被误会成了呼唤同伴来帮忙的故事。由于观察得不充分，人们把这样一个拦路抢劫者，说成了一个放下自己的工作去帮助同伴的昆虫。在实际的情况中，圣甲虫之间的伙伴关系其实更微妙。一般来说，来帮忙的圣甲虫其实是带着阴谋硬加进来的，而物主是因为害怕更严重的灾祸，才勉强接受帮助的。它们的相处方式看起来很和平。两只圣甲虫共同驾车，物主占据着首席，在主位，从后面推重物，后腿朝上，低着头；伙伴在前面仰着头，带锯齿的前腿放在粪球上，常常后腿拖着地。它们的力气很不协调，助手背朝着前面的路，而物主的视线又被粪球挡住了，于是两者经常笨拙地摔倒在地。

入伙者在表现了好意之后，便开始破坏合作的体制。它把腿收在腹下，赖在粪球上面，跟粪球成为一体。它牢牢地趴在上面，一声不吭，无论如何都不肯松手。这时候如果前面出现个陡坡，那就有好戏看了。它变成了领头人，在上面抓住沉重的粪球，而物主只能在下面费尽力气把粪球推上斜坡。当物主已经筋疲力尽再也使不出力气的时候，另一只则毫不费力地赖在粪球上，随着粪球一道滚落，再一道被推上来。

我进行过各种各样的实验，目的是要检验这两个合作者在面对重要麻烦时，共同解决问题的能力如何。我用一根长而粗的大头针把粪球钉在地上，粪球一下子停住了。那只圣甲虫不知道我的诡计，以为遇到了什么天然障碍，所以它加倍地使劲，拼命干，可粪球仍然一动不动。现在是真正需要帮助的时候。如果它向蹲在圆顶上的伙伴求助一声，事情应该很容易解决，但没有任何迹象表明它会这么做。

🔸 入伙者趴在粪球上，准备瞅准时机抢夺粪球

圣甲虫顽强地摇动着粪球，各个角度都尝试过了，但没有丝毫效果。这时候，在上面休息的同伴也意识到了什么，于是从粪球上下来，绕着圈进行观察。它们从底部对粪球进行探测，终于发现了大头针的秘密。如果我能给它们意见，我会告诉它们："必须进行挖掘，把固定粪球的大头针拔出来。"这种办法对它们来说，再简单不过了，因为它们是天生的挖掘工。可惜我的意见并没有被采纳，它们甚至连试都没试一下。

这两个伙伴一个从这头、一个从那头钻进了粪球下面，粪球随着它们钻进的程度，开始滑动起来，顺着大头针向上升。由于粪球松软，它们很快便在针头下面挖出了一条通道，粪球便被悬在与这两只圣甲虫身体厚度一般高的地方。它们趴在地上，用背部顶着粪球，靠腿用劲一点一点地把粪球撑起来，最后终于使粪球从大头针顶上脱离了出来。于是，它们把被大头针戳破的粪球马马虎虎地修补了一下，就又开始了它们的运输。

　　这两只小虫子并没有意识到，它们之所以能逃出这个困局，是因为我大发慈悲帮了它们，否则就算它们再怎么挺直身子也达不到大头针的高度。我捡来一小块平平的石块放在粪球下面，用来把粪球垫高，让圣甲虫在这个平台上继续干活。起初，它们似乎没有理解我的意图，还是按照之前的方法尝试。不过无意间，一只圣甲虫终于爬到了石块的上面，或许是感觉到粪球轻轻地擦着它的背，它又恢复了信心，再一次开始使劲。它们借助我不断添加的石块作为支点，坚持不懈地工作，直到把粪球完全推了下来。

　　既然圣甲虫能想到利用我放的石块来完成这项工作，那它为什么想不到用自己的背来垫高另一只虫子以便它能够着粪球呢？唉！它们根本想不到这样的办法。通力合作对它们来说，似乎是不可能发生的事情。就算是遇到再大的困难，每只圣甲虫也只是独自努力，从没想到过配合。如果圣甲虫没有同伴，情况也还是一样的，它还是会用完全一样的方法去摆脱困境。这就证明，同伴对圣甲虫来说完全没有意义，那么，它去找一群同伴来又有什么意义呢？

　　为了增加记录的客观性，我又进行了一次实验。这次我挖了一个相当深而且陡的小洞，把圣甲虫和粪球一起放到了洞底，使它无法滚动着沉重的负担爬上洞壁。圣甲虫一再努力毫无结果，相信自己已经无能为力，便飞得无影无踪。在这种情况下圣甲虫会叫同伴来帮忙吗？我等了好久，一直希望它能带几个增援的好友回来，但结果却令我大失所望。

　　一对圣甲虫搭档滚动着粪球，穿过百里香、车辙和斜坡的沙地，漫无目的地往前走，滚动使粪球有了一定的硬度，也许这样的粪球正合它们的口味。找到合适的地方后，主人开始动手挖餐厅，而伙伴却趴在粪球上面装死。圣甲虫主人用带锯齿的腿把沙子一抱一抱地挖出来，慢慢地消失在洞穴中。每次它带着一抱沙土回到露天时，这位挖掘工总要向粪球瞧一眼，看看它是否还安然无恙。

随着工程变得越来越大，圣甲虫主人出来的次数逐渐减少，这可是窃贼的好机会。看，那只睡着的圣甲虫终于醒来了，奸诈地溜了下来，背朝外迅速地推着粪球，一溜烟就跑掉了。窃贼已经到了几米开外，失窃者才从洞里出来，它四处张望，却什么也没找到，凭借嗅觉和观察，它很快确定了窃贼的行踪，并迅速追了上去。可是结果却出乎意料，两只圣甲虫在碰面的一瞬间似乎达成了某种和解，它们就好像什么也没发生过一样，又一起把粪球运回了洞里。如果小偷来得及跑远，或是能够巧妙地掩盖自己的踪迹，那灾祸便无可避免了。但即使是这样，圣甲虫也不会泄气，它会搓搓双颊，伸伸触角，吸吸空气，然后飞向附近的斜坡重新开始觅食，这就是圣甲虫值得赞美的刚毅的品格。假设它没有遇到不请自来的同伴，那它会在疏松的沙地里挖一个拳头那么大的洞。食物一旦储存好，它就把洞口封住，在洞里独自享用那美味佳肴。

圣甲虫的宴会开始了。光是粪球就几乎占满了整个餐厅，食物从地板一直堆到了天花板。在这美妙绝伦的小世界里，圣甲虫们三三两两地挤在一起，欢快地享用着美味的午餐。它们没有因为分心而漏掉一口饭，也没有因为傲然的挑剔而浪费一粒粮食，所有的粪球都被它们认认真真地吃了进去。这是一项十分奇妙的化学工作。你想想，肮脏的粪土都变成了赏心悦目的鲜花和圣甲虫的鞘翅，它们装点着春天的草坪，使春天变得异常美丽。

圣甲虫天生具有一种神奇的消化能力，这就是它们能在最短的时间内化粪土为神奇的秘诀。我对它们那极长的肠子感到惊奇。那肠子反复蠕动着，经过多次的循环，把粪土完全消化吸收掉，什么都没有剩下。庞大的粪球一口一口地进了圣甲虫的消化道，留下营养成分，然后再从它的尾部出来。当粪球整个进到胃里之后，圣甲虫重新回到地上去寻找机会。

从五月到六月，圣甲虫欢乐的生活一直持续着。当炎热的夏天来临的时候，圣甲虫便会躲到阴凉的土壤里，以躲避那炎炎烈日。等到第一场秋雨落下，它们便会再度出现，不过数量远远不及春天时多，也没有春天时那么积极。这段时间，它们的头等大事是孕育种族的未来。

第六章 圣甲虫的造型术

粪梨，是圣甲虫为自己的孩子提供的食物，不要简单地以为这只是它们胡乱地在地上滚出的粪球。首先，梨形的粪球不可能在地上随意滚动；其次，雌性圣甲虫也不会让粪梨在地上随意滚动，因为粪梨的颈部是圣甲虫的孵化室，这个承载幼小生命的地方是经不起颠簸的。所以，在了解事实后，我觉得这是一件精致的充满母性的艺术品，而不是像那些迷信的人们想的那样——圣甲虫会随意滚动盛放自己孩子的粪梨。

如此一件艺术品，圣甲虫要经过怎样的雕琢才能做成呢？它们喜欢把自己关在地下室制造粪梨，就像很多艺术家喜欢把自己关在工作室潜心创作一样。圣甲虫制作粪梨的方式有两种，其中一种就是把在粪堆里找到的精华提炼出来。一块块粪在它们眼里是松软可口的食物，圣甲虫会把这些食物原地储藏起来，等到要用的时候再根据需要分成不同的小块。被我带回实验室的圣甲虫通常会采用这种储藏食物的方式，因为我在饲养笼里放的沙子都是筛选过的，这使得它们很容易找到自己认为方便挖洞的地方。也就是说，在田野里，如果圣甲虫把从粪便里提炼出来的食物原地储藏的话，那就证明附近有合适的地方——土质松软、便于挖洞。不管是在田野还是在我的实验室里，圣甲虫这种储藏方式的工作效率都是异常惊人的。有的时候，前一天晚上我去观察的时候，饲养笼里还是一堆零散的、看起来并不美观的粪便，待到我第二天早上再去看的时候，就会发现这个艺术家正得意地欣赏它的作品呢，那些难看的粪便块消失了，取而代之的是一个完美的粪梨。

当然，这种在原地储藏食物的方式是不多见的，因为这种储藏方式要求粪便附近的土质适合圣甲虫挖地洞，但是田野里

🔹 圣甲虫和它的梨形粪球

的土地多是粗糙并且略微坚硬的，而且碎石较多，不适合挖洞。所以，通常圣甲虫会把找到的粪便简单地堆成球形，然后滚着这个重重的食物一路前行，直到找到合适的挖洞地点。也许正是这一行为使得很多人对圣甲虫的粪梨制造过程产生了误解，认为粪梨是圣甲虫靠不断在地上滚动形成的。起初我也是这样认为的，但经过对饲养笼里的圣甲虫的观察我才知道，其实它们只是以这种方式将粪便搬运到自己的地下工作室，然后再把粪便打碎，重新整理，制作粪梨。

我首先在广口瓶里装进筛过并且弄湿了的泥土，然后夯实，再把紧紧抱着自己食物的圣甲虫放进瓶子里，接下来我要做的就是耐心地等待了，事实证明我的等待是很有意义的，最终我看到了这个艺术家精美的作品——一颗直立在洞底的精细完美的粪梨。与最初放进瓶内粗糙的粪球不一样，粪梨的表面十分光洁，只有底端与泥土接触的部分才有一点点沙砾。这个结果完全推翻了人们长久以来的观念——粪梨是圣甲虫在地下的洞穴里滚动而成的，恰恰相反，制作粪梨的整个过程都没有滚动的步骤。

那么粪梨是怎样形成的呢？答案就在圣甲虫的前臂上。圣甲虫虽然不像灵长类动物一样有灵活的上肢，但是小棒槌一样的前臂却可以像双手一样灵活地拍打揉搓粪球，直到粪球变成一颗精美的粪梨，丝毫不用滚动。有的时候，圣甲虫会把外边已经滚得有些硬的粪球重新捣碎。不明就里的人可能会认为这个小家伙被突然的新环境吓得有些摸不着头脑，但这其实是圣甲虫对后代负责的一种表现，是一种聪明的、卫生的筑巢方法。因为很多昆虫都会在粪梨中孵化下一代，不仅仅是圣甲虫，还有嗡蜣螂、蜉金龟等，它们都会利用动物粪便里的营养物质来孵化自己的下一代。所以，圣甲虫必须确保自己辛辛苦苦寻得的粪便在搬运过程中没有滚进或夹杂进其他昆虫的卵。因为一旦发生这样的情况，后果是不堪设想的。

嗡蜣螂和蜉金龟也许不是有意把裹有自己的卵的动物粪便放进圣甲虫准备用来做粪梨的材料内的，但不管是有意的还是无意的，圣甲虫必须确保经过自己长途搬运的粪梨材料没有敌人的后代。如果这种不幸的事情发生，那么自己的后代在孵化成幼虫之后就得不到充足的养分，所以雌性圣甲虫必须把粪球一点点细细地捣碎，然后认真地检查。尽管这样有些费时费力，但是为了确保后代的安全，雌性圣甲虫还是会一丝不苟地完成这项工作。不过有的时候，圣甲虫也会把地面上的粪球原封不动地搬运到地下洞穴里，因为眼前的粪球是在圣甲虫一路严格监视和看护下被搬运到目的地的，它可以确保里面没有其他昆虫的卵。

　　这样的情况其实是很多见的，所以我们看到的粪梨多数是外表不光滑的，这也就是很多人认为粪梨是圣甲虫在地上滚动粪球制成的原因。其实不然，外表不光滑的粪梨只是因为雌性圣甲虫可以确保粪便内没有其他昆虫的卵，所以没有捣碎粪便重新制作。在我的实验室里，由于我人为地把圣甲虫的作品转移到了广口瓶内，这些艺术家便不能确定粪便里是否有其他昆虫的卵，所以它们才会把粪球打碎，细细检查，重新制作，最终将一个异常光滑细腻的粪梨呈现在我面前。我在欣赏这样的艺术品的同时，也明白了很多人的传统意义上的观念——圣甲虫的粪梨是靠它在地上来回滚动粪球得到的——是错误的。我们通常所看到的表面不光滑，甚至沾满沙砾的粪梨是雌性圣甲虫在确保粪便内没有其他昆虫的卵后，将粪球进行简单的拍压、拉伸后形成的。所以粗糙的外表并不是圣甲虫在自己的工作室内来回滚动粪球的标志，只是说明了圣甲虫为了找到一个合适的工作地点经常会滚动着粪球前进。

　　当然，要目睹这一艺术品的制作过程是很不容易的。像大多数的艺术家一样，圣甲虫也是一个有些固执的家伙，那就是它所处的工作环境不可以有一丝光线，它似乎要在黑暗中找寻自己的灵感。这给我出了一个很大的难题：想要观察圣甲虫制作粪梨的全过程就要有光线，这样才方便我观察记录，但是在有光线的环境下圣甲虫又拒绝工作。最后我制作了这样一个装置：找一个短颈广口瓶并在瓶底铺上几指厚的泥土，然后在泥土上支起一个高10厘米左右的三脚架，再在三脚架上安放一个直径和瓶子相同的枞木片，这样做才可以得到一个四周透明的观察室；随后我又在枞木片的边缘处切了一个小缺口，圣甲虫可以通过这个缺口进出或者运送它的粪球；跟着在枞木片上再堆一层土，让我们的艺术家有地上地下的区别感；最后把这个观察室严严实实地围起来，这样，一个便于观察的"艺术家工作室"就大功告成了。我在这个短颈广口瓶外面罩上一层黑色的纸罩，这样就满足了雌性圣甲虫黑暗作业的工作条件，等到我想要做记录的时候，又可以突然掀开纸罩来观察。一切准备就绪后，我就开始寻找第一个住进我制作的工作室的"艺术家"。事情和我料想的一样，用了不长的时间我便找到了我需要的，接下来就开始了我的观察记录。

不得不说，雌性圣甲虫是一位执着的母亲，当它穿过上面的枞木片上的薄土，向下挖掘到枞木片的时候，它可能还固执地以为这是跟田野中那些碎石块一样的东西，然后开始研究冲破这一障碍的方法。聪明的圣甲虫很快就会发现我在枞木片上制作的缺口，这对它来说，无疑是一个天然的通道，通向地下那个"豪华"的工作室，当然，这只是我自己的想法。

我不得不一直告诉自己，要按捺住自己的好奇心，耐心地等到这个雌性圣甲虫被移到观察室的第二天再开始做观察记录。因为我想它可能需要一些时间来做准备工作。把圣甲虫放进观察室前，我事先打开了整间实验室的门，我怕自己半夜到访时的声音惊动这个敏感的艺术家，导致它因为害怕或是愤怒或是别的原因而停止工作，那样一来，我便得不到真实的结果。在可以观察的第一天，我甚至还穿上了让自己走路可以没有声音的拖鞋，然后小心翼翼地走进实验室，轻轻地靠近装有雌性圣甲虫的短颈广口瓶，猛地掀起黑色的纸罩，很好，我看到了我想看到的：这位小小的艺术家显然被突如其来的灯光吓到了，起初甚至连动也不动，呆呆地立着，甚至忘记了自己长长的前足还放在已经初具形状的粪梨上。我明白，如果以后每次想要这种突如其来的观察都能够取得效果，那么这种冒失的做法维持的时间就不能太长，因为我已经看到了圣甲虫转身离去的背影，有些笨拙，有些害怕，甚至有些不知所措。我迅速地记录下广口瓶中粪梨的位置、形状和方向，然后重新盖好黑色的纸罩，回到工作室回忆刚才见到的粪梨的情况：这件作品已经具有粪梨的雏形了，不再只是一个圆圆的粪球，而是一个一端有一个大突起的圆形粪团。就像一些史前瓦罐的微型雕塑一样，初具雏形的粪梨肚子圆、开口浅，并且边缘部分很厚，颈子部分还用一条微小的凹槽来收紧。圣甲虫的这种制作方法，与不知道拉坯、轱辘车的第四纪的人类制作器具的方法是一样的。

粪球颈部的小凹槽就是后来粪梨突起部分——梨颈的起点。第一次观察的时候，这个地方只是隆起一个又圆又钝的小包。雌性圣甲虫会把这个突起的中心部分向下压，这样，中心部分的粪料就会被挤压到两边去，就像一个火山口一样，边缘不规则。但这些都不要紧，粪梨制造的初期阶段，圣甲虫不需要去关注粪梨的精细程度，只要把大体的形状制作出来就可以了。中间的粪料被压到四周，这样边缘就比较厚，圣甲虫会把边缘部分再轻轻地向中间拍打、挤压，待到中间部分的凹槽变浅了之后，再挤压中间其他的部分，这样循环往复，粪梨的颈部就渐渐被提拉起来了。

当然这些都是在我第二次突然袭击之后发现的，有的时候我会觉得自己的实验有一点残忍，上一次圣甲虫笨笨的背影还留在我的脑海中，还不到一天的时间，我又要第二次"袭击"它。这个伟大的艺术家此时此刻只是一位努力为自己的后代建造家园的母亲，它刚刚忘记上午时候的惊慌，重新投入工作，此刻我又突然掀起黑色的纸罩，它再一次停住了手中的工作，手足无措地看着突如其来的光芒。也许它一辈子也没有经历过这样的状况吧，它怎么也想不明白，为什么不到一天的时间里，自己历经了两个昼夜，这是以前从来没有过的情况。它又一次回到枞木片上面的黑暗中去了，这一次步伐有些缓慢，有些犹豫，自己为后代辛苦建立的家园已经颇具规模，这一次离开不知道会面临什么样的结局。我赶紧记录下这个时候粪梨工程的进展：在粪球的凸起部分上，之前的火山口变得更深了，而边缘部分也不像之前那样没有规则了，圣甲虫靠它长长的前臂把火山口渐渐拍打变薄，一点一点拉长、收拢，粪梨的颈部已经初步形成了，还有一个小小的天窗等待加工。

这一次记录更加印证了我之前的观点——粪梨并不是圣甲虫靠在地洞里滚动粪球这种方法制作的，而是圣甲虫靠自己的前臂一点一点拍打而成的。因为粪梨现在的所在地跟我上午记录的是一致的，包括颈部所指的方向，都没有变化，更不要说上下或者左右对调这种情况。所以，整个粪梨的制作过程都没有滚动，只是拍打、揉捏。

第三次观察是在第二天，我打开黑

⊕ 圣甲虫造好了粪梨，还会精心地修整一番色纸罩的时候，有一些失望，因为这位伟大的艺术家已经开始对自己的作品做最后的修补了。它围绕着自己的作品，不停地拍拍打打，力求让每一个地方都变得光滑细腻。昨天还有一个小天窗的粪梨颈部现在已经封口了，我没有目睹这个复杂工程的全过程，但是根据自己的记录，大致可以猜到整个孵化室内部的建造过程。

很难想象的是，圣甲虫长而有力的前足就像两只大钳子一样，这样的工具在整个工程中应该只是采集粪便和推动粪球的工具，但是制造孵化室这样细致的工程也真真切切是它们的功劳。当初用来大刀阔斧地钳起粪料的前足，如今可以轻柔细致地伸进粪梨颈部，并摇身一变，像一把带绒毛的小刷子一样，把整个育婴室的内壁都打磨得光滑无比。圣甲虫此时不仅是位艺术家、充满爱心的母亲，还是一名技艺高超的工人，把自己的前足变成钳子、斧子，又变成抹刀和小刷子，最终为自己的后代打造了一个舒适的孵化室。

收尾的地方还有一个让我感叹圣甲虫智慧的细节：跟其他光滑细腻的地方不一样，梨颈的顶部有一些粗粗的纤维竖立在那里。雌性圣甲虫是一位一丝不苟的母亲，它把其他的地方都打造得如此平滑，难道是忘记了为工程收尾？当然不是，这几根纤维其实是用来封住颈部开口的小塞子。圣甲虫本可以像拍打其他地方一样，用力地拍打这个部分，直到它变得光滑细腻，那么它为什么没有这样做呢？因为它产下的卵就在这个塞子的后面，所以这个部分是经不起用力拍打的，否则很可能伤害甚至是杀死圣甲虫的孩子。但是一个完整的孵化室不可以没有封口，所以圣甲虫就在这个地方放了一些纤维作为堵住颈口的小塞子，这样既可以保证粪梨的完整，又可以使得空气流通，更为重要的是，可以很好地防止因为拍打而对自己的卵造成伤害的事情发生。

第七章 | 西班牙粪蜣螂的母爱

西班牙粪蜣螂的生殖能力是无法跟其他昆虫相比较的，它的生殖能力很有限。那么为什么它的家族跟其他昆虫的一样繁盛呢？这就是因为雌性西班牙粪蜣螂伟大的母爱和它高超的制造粪球的技能。

很多生殖能力很强的昆虫，因为可以繁殖出很多后代，所以对产下的后代的照顾不是很悉心，很可能是在一个粗略的安排后就不再过问，很大程度上把自己的后代交给命运来照顾，它们的后代也因此会有一定数量或是很大数量的损失。可能它们每次会产一千颗卵，但也许活下来的还不到一百颗，甚至更少。可能是因为这些昆虫知道自己的生殖能力很强，所以它们的母爱相对薄弱甚至是没有，它们不在乎后代的生长状况，更不会为自己的后代精心准备一个良好的成长环境或是留下充足的食物，它们的后代很可能因为生存空间的争夺或是食物的争夺而自相残杀，最后只留下一小部分。而西班牙粪蜣螂就不一样，正是因为它没有强大的繁殖能力，所以它对自己的后代格外细心。对于它的母爱和制作粪球的技能，我是有很多感慨的。

之前我一直在强调粪蜣螂每次产卵的数量是很少的，到底少到什么地步才会让这位伟大的母亲在产卵之后放弃自己的一切活动来好好地照顾自己的后代呢？粪蜣螂每次产卵的数量一般只有三四颗，如此小的数目在其他每次产卵成千上万的昆虫面前简直是沧海一粟。粪蜣螂很明白，对于自己稀少的后代而言，任何的争夺或是其他危险的情况都可能是一场灭门之灾。

在田野里痛快地寻找、挖掘粪料对于所有的食粪虫来说都是一件极其快乐的事情，但是西班牙粪蜣螂在产下卵之后，是不会像其他的雌性食粪虫一样，继续去外面做让自己快乐的事情的。它寸步不离地守着自己的卵，甚至都不会在夜里出来小小地舒展一下身体。它陪在自己的孩子身边，时刻保持着高度的警惕。它小小的身体一直在忙忙碌碌地工作着，时刻环视自己的粪球内有没有什么状况发生。它修补粪球上的破损或是裂痕，赶走会争夺自己孩子食物的敌人，像是嗡蜣螂、蜉金龟，

🔵 蜣 螂

还有小的隐翅虫或是粉螨、双翅目昆虫的幼虫等，这些看起来不起眼的昆虫的卵最后很可能成为粪蜣螂后代成长中致命的敌人。从六月开始筑造育婴室，然后把卵产在育婴室内，之后就一直守护着自己的后代，雌性西班牙粪蜣螂就这样一直坚持到九月，才会带着已经不需要监护的后代来到地面上。也许真的没有一种昆虫比西班牙粪蜣螂的母爱更多，直到自己的子女能够独立生活，它才会放松警惕，找回自己的时间，恢复到以前无拘无束的生活。

我感叹西班牙粪蜣螂的筑造技术，并不是因为它的技术有多么高超，相反，跟许多其他食粪虫相比，粪蜣螂算是比较笨拙的，我感叹的是它的执着和认真。从外形上看，粪蜣螂并没有有利于制造粪球的工具——长而有力的前足。那么它是怎样制作粪球的呢？按照常理推测，没有制造粪球的工具，那么它就不会像圣甲虫一样，把这项工作视为一种艺术，制造粪球对它来说没有任何骄傲感可言。而且从开始制作粪球算起，粪蜣螂要有将近四个月的时间没有自由而言。最后这个小小的虫子做出了一个还算是完美的蛋形的粪球，但疑问随之而来，没有见过蛋的粪蜣螂是怎么有灵感做出如此形状的粪球的呢？

圣甲虫在制作粪梨的时候，自己长而有力的前足会像一个圆规的支脚一样，缠着自己的作品；侧裸蜣螂也跟圣甲虫一样，有着长而有力的前足；但是粪蜣螂就不同了，它的前足又短又不灵活。很难想象它是怎样用这样的前足为自己的后代修窝筑巢的，有的时候我甚至怀疑它是否能够成功，但是观察的结果真的让我大吃一惊：粪蜣螂完成一件半成品——一个圆圆的摇篮——所要花费的时间不会超过三天，甚至通常会在两天之内完成。这个精致的小窝长约40毫米，宽大概有34毫米，粪球的表面被雌性粪蜣螂夯得很实，像一层坚硬的盔甲，但是轮廓不见得很明显，甚至不太看得出是蛋形，更像是一颗圆形的粪球。因为没有很长的前足，粪蜣螂的粪球的确没有其他昆虫的粪球那样好看，通常，它的粪球更像是那些夜行性禽类的蛋，圆圆的，只有顶端有一点点的突起。

如果细细地观察这个地方，我们不难发现，这里有一圈淡淡的红晕，而且稀稀疏疏地插着几根短短的纤维。的确，有些昆虫会在建造的粪球顶部插一些粗粗的纤维，这样做的原因有几个：第一，这样不会完全把粪球封死，高温和湿气依然会透过纤维传到粪球内，这样的环境会更加有利于粪蜣螂卵的成长和发育；第二，粪蜣螂是靠拍打和挤压粪料来制造粪球的，当它把卵产在粪球的顶端以后，用力的拍打可能会伤害到粪料下面的小生命，所以为了保护自己的后代，粪蜣螂在制作粪球顶部的时候，只是慢慢地把粪料收拢，然后留一圈空隙，稀稀疏疏地插上短短的纤维，这样，自己的后代就不会因为自己拍打粪球的力量而受到伤害了；还有一个原因也同样是出于安全方面的考虑，如果粪球的顶端也是用粪料来制造的，那么一旦粪料坍塌，对粪蜣螂的卵也同样是致命的伤害，所以粪蜣螂的粪球顶端通常都会插着几根粗粗的纤维。

当一个蛋形的窝竖立在我的面前时，我不禁有点疑惑：为什么西班牙粪蜣螂要费尽周折地去完成一个对它来说算是浩大的工程？它的前足很短，这样很不利于它筑窝，而且在筑窝的过程中，它无法像其他昆虫一样，用长长的前足来衡量自己制作的蛋形粪球是不是一件曲线优美的作品。它只能辛勤地从粪球的一边踱到另一边，然后用自己短短的前足来修正歪曲的地方。它这样坚持不懈地努力就是为了跟其他的昆虫一样，能够为后代建造一个温馨的小窝。

至于为什么粪蜣螂会选择这么有难度的蛋形粪球，原因就是炎热的天气。前面已经说过，粪蜣螂从六月开始建造粪球，之后把卵产在粪球内，一直寸步不离地守护着自己的后代，直到九月，它带着可以独立生活的后代走上地面时，这颗粪球才算光荣地完成了自己的使命。粪蜣螂后代要在粪球内待上三个多月，这也是一年中气候最闷热的三个多月，而蛋形的粪球是粪料内的水分最不容易蒸发的一种粪球。虽然制造蛋形粪球对于只有短短的前足的雌性粪蜣螂来说不是一件容易的事情，但如果不

➕ 粪蜣螂将粪便滚成一个球后，再经过修整，将卵产在里面

把粪球制造成这个形状,那么后果是不堪设想的。整个粪球内的水分会很快流失,坚持不到三个月就已经硬到无法食用,那么它的后代就面临着被饿死的危险。也许对于别的昆虫来说,死掉三四个幼虫是很稀松平常的事情,但是对于西班牙粪蜣螂来说,这意味着整个家庭的消失。

虽然外形和夜行性禽类的蛋有些相像,但是粪球产生的化学原理却和蛋大不相同。鸟蛋进行呼吸要用到钙质外壳上的气孔,虽然这样是对蛋壳的一种消耗,但与此同时也是对蛋壳内的生命的一种补给,在分解的同时也在生成,但是最后,总的内容含量是在减少的。在食粪虫的卵里,情况可就大不相同了。热热的空气流动到孵化室里,不仅使得虫卵充满活力,更重要的是,空气中的热量使得粪料内的养分得以蒸发,而虫卵表面那层薄薄的膜是允许这些东西渗透进来的,所以我们通常会看到,虫卵在很短的时间内,体积迅速成倍地增大,甚至有原先的两倍或是三倍大。可能我们没有留意这种变化,但是当某一天突然发现原来还很不起眼的虫卵突然变得和母亲一样大的时候,我们就会大吃一惊了。

孵化期要持续十五到二十天,不用担心,这些营养足够维持这么长时间。粪蜣螂的卵因为不停地透过自己薄薄的表皮壁吸收外部蒸发的养料,所以幼虫生下来的时候就会很大,完全不是我们想象中的那样娇弱。观察粪蜣螂幼虫的时候,我发现它已经完全有了一只成年粪蜣螂的雏形,尤其是那把富有特征感的小抹刀,真的跟它的母亲一模一样。它丝毫没有初来乍到的恐惧,在自己的小窝里幸福地扭动着自己胖胖的身体。我看见在粪球内壁上,有一些暗绿色的液体,有一点像刚刚压制出来的土豆泥,呈半流动的状态。起初,我认为这是粪蜣螂的母亲为了照顾自己孩子娇弱的胃而吐出来的食物,是新生儿的第一顿美味佳肴,但是当观察了几种食粪虫之后,我发现很多昆虫的粪球内部都会有这样的液体,于是我又想,这会不会只是一种普通的渗透,就像营养液渗透到过滤网内一样。为了证实我的想法,我拿小小的粪蜣螂幼虫做了一个实验。

首先,我不得不承认,我做了一件有一点让人不忍心的事情——偷了一颗粪蜣螂的粪球。我从饲养瓶内把这颗粪球拿出来之前,它的主人甚至还在得意扬扬地欣赏着自己的作品呢。我先将粪球表面刮去一块,然后在那个地方戳一个大概一厘米深的坑，接着把一只粪蜣螂幼虫放在里面，也就是说，现在这只幼虫所处的环境中没有一点半流动状的暗绿色液体，不管是雌性昆虫吐出来的还是外界渗透的，我想看看这种半流动的液态物质到底是不是新生儿的必需品。事实证明我之前关于这是雌性粪蜣螂为自己的后代吐出的食物的猜测是错误的。这只粪蜣螂幼虫所处的环境中起初没有这些半流动状的液体，但是粪蜣螂幼虫并没有感到不安，慢慢地，粪球内壁上开始出现这种液体，幼虫吃东西时会更倾向于吃它。实验告诉了我们一个事实：这种细腻的浆液并不是雌性粪蜣螂为自己的后代准备的，它只是一种单纯的渗透而已，粪蜣螂幼虫的确很享受这种食物，但是这种食物并不是必需品。

在观察这些小昆虫幼虫的时候，我还发现了一个问题，那就是粪蜣螂幼虫的记忆是阶段性的。让我得出这个结论的实验，是我把一只小的粪蜣螂幼虫的粪球顶部捅破了一个小洞，只有几毫米见方，之后立刻就有一只小虫子慌张地探出头探查情况，然后不安地回到自己的窝中。我选的这只粪蜣螂幼虫还很小，没有随时随地分泌黏合剂的能力，我很想看看它要怎么处理这个问题。这个可爱的小东西先用自己的大颚从粪球的内壁上拱下来几小块粪料，然后把它们一块一块堆在洞口。但是可想而知，这样的修葺一点都不结实，只要我轻轻地摇晃一下，那些堆好的小粪块就会全都掉下来。但我并没有这样做，我想看看它接下来会怎么做。堆砌完屋顶之后，这个小家伙立刻跑到洞里猛吃，紧接着就开始努力地生产黏合剂，然后把这些黏合剂迅速喷到堆在屋顶的小粪块上，这样等到黏合剂干了之后，天花板就结实了。

但是当我选择一个"年纪"相对较大的粪蜣螂幼虫时，它选择的就不是这种方式了。我同样把它的粪球顶部戳破了一个小洞，然后等待着它的反应。同样，它也显得很慌张，这个成长阶段的粪蜣螂幼虫已经可以随心所欲地使用自己的黏合剂，于是它回到窝中，以自己的身体为转轴开始转圈，不一会儿，我猜它肯定积攒了足够的黏合剂，因为它重新出现在屋顶的破损处，不同的是这次朝上的是它的抹刀。然后就有一股黏合剂被喷到洞口的破损处，但是可能时间太仓促或是它太紧张了，制造出的黏合剂似乎质量不过关，水分太多了，而且分量又大，使得黏合剂一落到洞口的破损处就立刻向四周散开，很难起到补好洞口的作用。但是这只粪蜣螂幼虫一点都不气馁，一次又一次地向外喷射着"水泥"，它坚持不懈的努力最终取得了成功，但是却耗费了大半天的时间。

其实它大可以向自己的弟弟妹妹学习一下，先用粪球内壁上的粪块把洞口补上，然后在上面喷洒黏合剂，这样效率就高多了。所以我说，这类昆虫的技艺是分年龄段的，每个年龄段的昆虫幼虫都有自己独特的技艺，或者说，每个年龄段的昆虫幼虫只能掌握这个年龄段的技艺。没有充足的黏合剂的时候，它们懂得先用垒"砖头"的方法把洞口补好，然后再利用"水泥"黏合，但是等到它们有足够的黏合剂的时候，却又忘记了这种简单快捷的方法，只能耗费更多的时间和精力来完成破损处的修补。直到它们长成成年的昆虫，才会慢慢重拾并且掌握所有的技艺。我之所以有这样的结论，是因为在之后的时间里，我又补充了一些实验来证明这个观点，除了这个目的，我还想知道，雌性粪蜣螂的母爱是针对自己家庭的，还是针对整个家族的。

我实验室的饲养瓶里的粪蜣螂的粪球都是十分规则甚至称得上是细致的，为了达到实验的效果，我在田野里选了几个外形和饲养瓶里的粪球完全不相似的粪球。这些外来的粪球看起来有些粗制滥造，表面并不光滑，外形也根本谈不上规则，由于我把它们运回来之前，它们埋在红色的沙土里，所以现在它们的外皮是一层淡红色的硬壳。这样一来，跟在饲养瓶里的粪蜣螂所做的粪球就完全不一样了，这位机警的母亲很容易看出这不是自己劳动的产物，那么它会怎么做呢？

第一颗外来者被放进了饲养瓶里，然后我盖上了黑色的纸罩等待结果。大约半个小时后，我掀开了纸罩，原来正在专心守护着自己的粪球的粪蜣螂此时正在这颗外来的粪球上忙忙碌碌，对于我突如其来的到访，它并没有像我想象的那样惊慌失措地逃到一个黑暗的角落里，相反，它似乎没有注意到光线的变化，依然在自顾自地忙碌着。既然它不在意，那我索性更加安心地观察起来：它有条不紊地把我放进去的粪球外面的硬壳剥掉，然后再从这些被剥掉的皮上扒下一些碎屑，搬运到被我捅了一个缺口的粪球的顶端，堆在洞口处，一点点堆满后就在上面喷洒上黏合剂，黏合剂干掉以后，天花板就变得结实了。速度快得有点惊人，前前后后大概只有二十分钟而已。事情到此并没有结束，雌性粪蜣螂继续忙碌着，屋顶修葺好之后，它又开始对这颗外来的粪球的全貌进行修缮。首先把所有的硬壳都细细剥掉，然后对外形不规则的地方进行修正，有的地方曲线不是很明显，它会用自己的前足慢慢拍打，当完成这一切之后，这颗外来的粪球几乎和它为自己的后代制造的粪球没有什么两样了。我很好奇雌性粪蜣螂是否因为自己的母性没有得到完全发挥才会对这颗外来的粪球进行精心的修补，于是我又放进了第二颗从田野里捡来的粪球，结果是一样的，这位伟大的母亲又以自己极大的热情改造了第二颗外来的粪球。值得一提的是，为了达到实验的效果，我在第二颗粪球上开的洞远比第一颗要大，里面的小幼虫显然对这场突如其来的规模巨大的灾难很惶恐，它在洞内焦躁地转动着身体，大量地喷着黏合剂，若是真的靠它自己来修葺坏掉的屋顶，我想可能要用上一整天或者更多的时间吧。但是在雌性粪蜣螂的帮助下，只要一个下午，这个巨大的破洞就修补好了，并且这颗外来的粪球的外表看起来跟其他两颗也差不多。

　　我又放进了第三颗、第四颗、第五颗……一直到这个饲养瓶里再也放不下更多的粪球了，当然，我调整了每两颗粪球放入的时间间隔，因为这位伟大的母亲是需要休息的。但是最终的结果是，饲养瓶里的雌性粪蜣螂修补好了所有我后来放进去的粪球，要知道，这是一个很庞大的工程，因为当最后粪球堆满了整个饲养瓶的时候，雌性粪蜣螂若是想从一颗粪球转移到另一颗比较远的粪球上，中间的路途无疑是一个令它头痛的迷宫，但是最终，它还是出色地完成了所有的工作。

　　也许读到这里，有人会开始为粪蜣螂无私的母爱所感动，因为它甚至可以为别的昆虫的子女忙碌个不停。但是我要说的是，粪蜣螂的母爱的确很伟大，但却不是无私的，因为它一直以为自己修补的是自己子女的粪球。以粪蜣螂的记忆来说，在幼虫时期它们就无法记住自己每个时期所掌握的技艺，即便是成年以后，它们的智商依然没有得到太大的改善。虽然可以同时使用堆砌和喷射黏合剂两种技艺，但是它们的智商还没有高到可以分辨得出哪颗是外来的粪球，哪颗是自己的粪球，所以在它们的印象中或者说在它们的思维里，它们修补的这些没有人看管的幼虫的粪球都是自己孩子的粪球。所以说，对于这些雌性粪蜣螂来说，粪蜣螂的后代中没有什么你的孩子或是我的孩子的区别，所有的幼虫都是粪蜣螂的后代，它们对这些有些娇弱的小东西都会承担起看护的责任，这是为了确保在自己很低的繁殖能力下，粪蜣螂家族还可以繁荣发展的一种做法。

但不论是智商不高还是出于责任，雌性粪蜣螂的母爱都是不可置疑的。每只雌性粪蜣螂在为自己的后代建造完城堡之后，还会搬运几个大粪块到地洞中，这不是给自己的食物，而是给后代在成长过程中的补给，也就是说，在看护自己后代的三四个月里，粪蜣螂是以一种绝食的状态存在的，但这种绝食并不是被逼无奈的，相反，是它自愿的，它一步也不放心离开，要时时刻刻地守护着自己的孩子。也许有人会问，食物就在身边，为什么不稍稍吃一点？粪蜣螂搬进地洞的食物是准备平均分给自己的子女的，如果自己吃了，不管是多是少，都至少会有一个自己的孩子吃不饱，这不是它想要看到的结果。可能有人知道，母鸡在孵小鸡时，也会因为专心而有几个星期都不吃东西，但是小小的粪蜣螂却愿意从一个贪吃鬼变成一个整个季度都不吃东西的守护者，其中对孩子的感情的确是让人感动的。

有时候，我会不时地抬起饲养瓶上的黑色的纸罩，因为我好奇这位母亲这么长时间都不吃东西，那么它在做些什么。观察得到的结果让我很满意，解答了我的疑惑。每次我掀开黑色的纸罩的时候，几乎都会看见粪蜣螂在粪球上忙忙碌碌的样子，有的时候是把曲线还是有些不完美的地方继续修改得比较完美，这样才能最大程度上减少养料的流失；有

⊕ 西班牙粪蜣螂正在修葺外来的粪球

的时候它就用自己小小的前足把整个粪球修磨得更光滑细腻，很少会看见它在粪球中间打盹儿偷懒。当我掀开纸罩，它感觉到有阳光射进来的时候，不会再感到很不安，只是从它正在劳作的粪球上面滑下来，然后慢慢躲到一个光线不那么强烈的地方，或许是粪球堆里，或许是饲养瓶的角落。如果我在掀开纸罩之前把灯光调节到一个比较暗的程度，那么我掀开纸罩之后，它甚至都不会停下手中的工作，就那么窸窸窣窣地忙碌着。

这位母亲真的很可敬，三四个月的时间里，没有伙伴，没有食物，它几乎要时时刻刻地忙碌，但是它却一直坚持着自己的工作。也许有的人会问，是不是我选的玻璃器皿使得它即便不想做这份工作了也没有办法逃出来，当然不是，我没有一次看到这位母亲在试图挣脱这个环境，相反，它很沉醉于这项工作，或者这项工作对于它来说，更像是一项神圣的使命。它就这样安心地待在饲养瓶中守护着自己的后代，尽管这个几乎封闭的容器里没有任何危险可言，但是它还是警惕地修补着、打磨着眼前的粪球，还时不时地把自己的触角贴在粪球外壁上，探听自己宝贝的成长状况，然后再继续心满意足地忙碌着，直到里面的小家伙可以破"土"而出为止。

　　粪蜣螂守护的这些小东西到底是什么样子的呢？其实粪蜣螂幼虫的外形跟圣甲虫幼虫是差不多的。其背部夸张地隆起，有一把灵活的小抹刀，它也同样掌握修葺洞口的技艺。它的幼虫期长达一个月甚至一个半月，七月末的时候，幼虫会变成金黄色的蛹，然后慢慢地变成醋栗红色，从头开始，然后是触角、前胸，最后是足，但鞘翅和腹部却是白色的。到了八月底，蛹就变成了成虫。成虫的外形会微微受到一些化学变化的影响，此刻它脱掉了硬壳一样的外套，鞘翅还是白色的，但是中间掺杂了一些黄色，头部和胸甲还有足呈栗红色，肛门比胸甲红得还要鲜艳，腹部依然是白色的，这似乎是很多甲虫的共性——屁股染上颜色的时候，腹部还都是苍白的。再过半个月，粪蜣螂幼虫，不，此时它已经不再是一只幼虫了，此时的粪蜣螂胸甲变得更硬了，整个外表看起来都是黑黑的。它已经做好破"壳"而出的准备了。雌性粪蜣螂终于可以顺利地完成自己的使命了。

　　田野里，这个时候就会开始大量地降雨了，但是我的饲养瓶里却不会有大自然的雨水。这场雨预示着充满炎热、尘土的燥热的夏天过去了，一些花朵开始绽放了，一切都显得生机勃勃。大雨过后，泥土就会变软，在地下洞穴里的粪球也会变得松软，这样，粪蜣螂就可以破"壳"而出了。但是现在问题出现了，我的玻璃瓶里没有雨水，这些小东西开始焦躁起来，因为它们短短的足根本不可能摧毁这个牢笼。因为我还做了另外一组实验，就是不向玻璃瓶中浇水，最后里面的幼虫全都饿死在粪球内，成虫也死去了。所以我开始时不时地向玻璃瓶中浇水，没过几天，玻璃瓶中的小粪球就都软化了，里面的粪蜣螂历经了三个多月的封闭，终于真正地来到这个世界上。雌性粪蜣螂在外面仔细探听着里面的动静，我猜适当时候它会打破粪球，帮助自己的后代来到自己的身边，尽管它曾经无时无刻不在保护这个粪球的完整，一点缝隙或是裂痕都要立刻修补，但是现在破碎的意义是不一样的，破碎是这项任务的最后一步。但之所以说这一切是我猜测的，是因为很遗憾的是我总是没有等到恰当的时机，没有亲眼看到它帮助自己的子女走出粪球的那一刻，或者说，是因为这最后的时刻它变得更加谨慎，只要光线一射进，它就立刻停止自己手中的工作，也许它不想自己的努力功亏一篑。

最后一次掀开黑色的纸罩，我事先在玻璃器皿外面放了美味可口的"糕点"，然后细心地观察着。在母亲的带领下，这些小隐士第一次见识了外面的世界，紧接着就对我事先准备好的食物发起了猛烈的攻击。粪蜣螂的子女不过只有三四个，最多的时候也只有五个而已，其中儿子的特征比较明显，触角相对长一些，可是女儿就没有什么明显的特征。粪蜣螂的任务终于完成了，把自己的后代带到地面上后，它的表现、态度就发生了180度的大转变，对自己的子女们显示出一种冷漠的态度，但即便是这样，也不能让我这个见证者忘记它近四个月的辛勤。

粪蜣螂的母爱的确是伟大的，为了自己的子女，这么一个小小的食粪虫要放弃自己的乐趣，甚至放弃自己的美食，用近四个月的时间守在盛有自己子女的粪球旁，不停地忙碌，直到可以光荣地带着自己的子女走上地面，然后才开始自己的生活，尽情地享受寻找和品尝粪料的乐趣，尽情地做自己的事情，不用再时刻保持着机警，累的时候也可以好好地休息。

真的是让人敬佩的爱，平凡而伟大！

第五卷

第一章 昆虫的着色

我们常说，"爱美之心，人皆有之"。自然界中也不乏爱美并且懂得怎样变美的生命。就像我们的推粪工人食粪虫，它们从事辛苦的劳动，身穿朴素的衣服，但是喜欢佩戴华美亮丽的珠宝作为装饰。比如，黑粪金龟身体背面披着暗夜般的黑衣，在腹面则为自己抹上黄铜矿石的颜色；某一只金龟子则用稳重的酱红色装点它的鞘翅，另一只也不甘落后，在前胸佩戴上佛罗伦萨的青铜色宝石；粪生粪金龟在阳光下也身穿一袭低调的缁衣，但是它为朝着地面的腹部挑选了华贵的紫晶作为装饰。

在搜寻、挖掘污物的虫类中，还有一位珠宝工人兼珠宝艺术家很值得一提，那就是潘帕斯草原（位于南美洲南部，潘帕斯意为"没有树木的大草原"）上最漂亮的食粪虫——亮丽亮蜣螂。它的名字的意思是灿烂、光亮、辉煌，这真是一个极响亮的名号了。它也确实不是浪得虚名，这位对美有着绝妙感知的珠宝艺术家，将宝石的光辉和金属的光泽完美地结合起来，阳光凌空而下，它便能放射出绿宝石的光彩和红铜的光彩。可以说，亮丽亮蜣螂是昆虫珠宝工人的成功楷模。

爱美之心，虫皆有之。除了食粪虫类，还有很多其他种类的昆虫也表现出了形形色色的、高水平的装饰技艺。比如天蓝色单爪丽金龟，它拥有一种罕见的蓝，这种蓝只有在赤道地区某些蝴蝶的翅膀上、在某些蜂鸟的颈部才能够找得到。这是一种绝妙的蓝色，它比天空的蓝更柔美，比海浪的蓝更恬静。吉丁虫、步甲、金匠花金龟、叶甲等昆虫在装扮自己方面，也都表现得十分出色，堪与食粪虫媲美。有时候，这些珠宝与色彩的爱好者聚集在一起，各种美妙的光彩交相辉映，真是美不胜收。

然而，昆虫这些绝美的宝石是从什么矿山中找寻到的呢？它又是如何加工而成的呢？探寻美的根源是一件令人开心的事情。而且，根据我的判断，颜料化学能在这项研究中获得令人惊喜的成果。但是，这项研究的难度似乎很高，科学至今还不能回答昆虫这些美丽的装饰品到底来自哪里，到底怎样制成。不过，我相信，在未来的某一天，我们一定会找到这个问题的答案，虽然这个答案永远都在不断地完善之中。那么，我目前所得到的一点实验成果，也许能成为这个答案中的一小部分。

那是很久以前了，当时我正在研究捕猎性膜翅目昆虫从卵到成虫的演变情况，笔记本里几乎记下了我居住地区的所有昆虫猎手。让我们先说一说黄翅飞蝗泥蜂的幼虫吧，它身材适中，是很好的实验对象。

这只幼虫在孵出后不久，透明的皮下就显露出一些细小的白色斑点。随后，这些斑点的面积迅速扩大，数量急剧增加。最后，除了头两个或头三个体节外，全身都布满了白色斑点。剖开幼虫后，我们得知这些斑点是脂肪层的附属物。它们不但数量非常多，而且渗透得很深，一直深入到脂肪层的底部。

让我们在显微镜的帮助下进一步探寻脂肪层里的秘密吧。脂肪组织由两种椭圆囊状物组成，这两种椭圆囊状物形状和体积都相同，它们乱七八糟、毫无次序地组合起来，就形成了脂肪层。其中一种囊状物呈淡黄色，透明，充满含油的小滴，它属于营养性储备物质，通俗地说，就是肥肉。另一种则呈淀粉的白色，不透明，里面还有一种颗粒很细的粉状物，它展开成模糊的长条状，使得椭圆囊状物鼓胀起来。在显微镜的载玻片上，这种包含粉状物的椭圆囊状物意外地破裂了。根据以上观察，我推断白色斑点是由第二种椭圆囊状物形成的，看来我们要花些工夫研究一下这些斑点了。

在显微镜的载玻片上，我用硝酸分别与两种椭圆囊状物作用。饱含脂肪的椭圆囊状物不受硝酸的侵蚀，只是稍微有点变黄而已。与此相反，白色椭圆囊状物中那种不透明、不溶于水的细小微粒，在遇到硝酸后，沸腾起泡，不一会儿就消失不见了。即使这些微粒封闭在椭圆囊状物中，情况也是一样的。

于是，我扩大了实验规模，从许多只幼虫身上抽取脂肪组织与硝酸作用，也产生了强烈的沸

➕ 美丽的吉丁虫

腾起泡的反应。当沸腾平息后，有残余物漂浮起来，是一些很容易分离的黄色凝块，它们来自于细胞膜和脂肪组织。而那些白色的微粒在被硝酸溶解之后，没有留一星半点的残留物，它们变成了透明的液体。

这些白色微粒到底是什么物质呢？我试图向先驱们寻求帮助，可是前人没有留下任何相关的资料。我只能自己一次次摸索。我将白色微粒溶解后的溶液放置在一个小圆瓷皿里，然后将圆皿置于热灰上，溶液蒸发了。我往圆皿里滴了几滴氨水，得到了一种漂亮的胭脂红色的东西，这种染料就是红紫酸铵。因此，使得白色椭圆囊状物鼓胀的物质就是尿酸，更准确地说，是尿酸盐。至此，谜团终于解开了，求得正解结论的成就感真让人快乐！

然而，我认为这样一个重要的生物学现象不会是一个特例，据此，我展开了更大规模的实验。我对我居住地区的所有捕猎性膜翅目昆虫幼虫和处于蛹期的蜜蜂进行了相同的实验，在前者的脂肪组织里和后者的体内都找到了尿酸微粒。同样地，在其他处于幼虫或是成虫状态的昆虫身上，我也观察到了这种微粒。我为大家详细展示一下两种昆虫猎手的幼虫：泥蜂的幼虫和水龟虫的幼虫。想必在它们身上也同样存在着尿酸或是类似的酸吧。然而，实验证明，这种酸在泥蜂幼虫的体内积存着，在水龟虫幼虫的脂肪层中却没有发现。这是为什么呢？

这是因为，泥蜂幼虫正处在变态时期，身体的排泄通道都不能够打开，消化器官的尾部如同被绳子捆绑扎紧一般，致使固体排泄物无法被排出。尿酸既然找寻不到出口，就必然找寻一个地方容身，被尿酸选中的这个场所就是幼虫的脂肪组织。这样，脂肪组织就成了一个仓库，用来存放器官加工的剩余物和有待于加工的酸性物质。这种情况让人想起高等动物被切割肾脏之后的状态。尿素在血液中原本只是不明显的微量存在，但是，当它的排出通道被阻断之后，它就只能够积存于机体之内，于是血液中的尿素含量就变得明显起来。

而水龟虫幼虫的情况则刚好相反，它体内的排泄通道从一开始就是畅通无阻的。因而，只要有尿酸产生，立即就能通过这条通道排出体外，就不用把脂肪组织变成仓库将其收存起来了。

研究尿酸剩余物是一个重要的课题，也很有趣，不过这似乎远离了我们的主题。我们现在要着重讨论的是昆虫的着色问题，让我们言归正传。

我们还是接着看看泥蜂幼虫提供的资料。它全身都是半透明的，只有一个地方除外，这就是幼虫皮下那个长长的消化袋囊。这个袋囊盛满了幼虫享用过的食物，因而鼓鼓囊囊、暗淡无光，还带有红葡萄酒的颜色。在它那半透明而又模模糊糊的皮层之上，我们能清楚地看到白色尿酸椭圆囊状物，它们数量极多，数不胜数。这些洁白的微粒是艺术家的杰作，如果再仔细观察，你会发现这正是泥蜂未完成的美丽衣衫。

正如捕猎性膜翅目昆虫的幼虫利用尿酸残余物在自己的身上装饰虎纹一样，还有一些其他的昆虫，它们身上都有用来储存自身残余物的器官，它们就利用这个便利条件，将身体产生的废物变成身上的华美服装。对于这些昆虫来说，这种就地取材的服装制作方法是极为常用的。不过也有一些昆虫没有这样得天独厚的条件，它们的排泄通道是畅通的。为了把自己装扮得更加美丽，它们之中的一些能工巧匠就去收集、保存别的昆虫排出的废物，然后制成漂亮衣服和华美首饰穿戴在自己身上。

白额螽斯就属于这种心灵手巧的昆虫。这位普罗旺斯昆虫种系中最为健硕的携刀者，对自己的容貌和穿着都十分讲究。它有着一张象牙色的宽脸，肚皮呈奶白色，一对大翅膀上细致地点缀着褐色的花斑。七月，盛夏伊始，这是它身穿华丽的结婚礼服的时期，我选择在这时对它进行深入的研究。

我在水下将它剖开，它的脂肪组织丰满，显出暗黄白色，呈不规则的网状，里面鼓胀着一些粉状物，它们集结成白垩色的斑点，在半透明的底层上清晰可见。我取得一小片这样的脂肪网状物放在一滴水里，它们立即像云一样散碎开来。在显微镜的帮助下，我可以看到这些云状物之中

> **知识链接**
>
> 鳞翅目昆虫（包括蝶、蛾两类昆虫）的翅膀具有鲜艳夺目的颜色，极少有其他动物能与之媲美。该群体中的每个种类都有自己独特的彩色图案，有的甚至不止一种，不同的群体和性别也表现出不同的图案组合。而且，这些颜色即使它们死后也不会褪去。
>
> 蝴蝶的收集可以追溯到十六世纪初瑞士动物学家康拉德·杰斯特纳建立动物学博物馆的时候。现存的最古老标本是一七零二年捕捉的云粉蝶，它完好的保存状态给人留下深刻的印象。这意味着这类昆虫风干后基本可以完整地保留它们固有的颜色。

含有大量不透明的细微颗粒，不过并没有从中找到食用油脂的小星体。与之前的实验一样，我也用硝酸来溶解这些脂肪组织，它们遇酸后也产

生了与溶解之前的粉状微粒一样的化学反应，沸腾起泡，加入氨水后继而产生大量的红紫酸铵，将一满杯子的水都染成了美丽的胭脂红色。据此，我们可以知道，白额螽斯的脂肪组织里也含有尿酸。

这种情况真是令人费解，白额螽斯的脂肪组织里找不到一丝一毫的食用油脂，那么也就意味着脂肪组织中没有营养储备，而这些脂肪网状物又浸透着大量的尿酸盐，这样的脂肪物质真是太奇怪了！其实，这是因为七月是白额螽斯结婚的时期，对它来说，西登极乐的日子也不远了，它无须为将来保存积蓄。在这段数着分秒度过的日子里，它所需要的、所希望的，只是把自己打扮得漂漂亮亮。

于是，它将原来的营养储存室变成了颜料加工厂房，产生白垩色的尿酸糊，在它半透明的皮下覆盖上一层这样的颜料。它将这种颜料涂抹在脸部和额部，面颊就拥有了考究的象牙色；它将颜料涂抹在肚子上，它的大肚皮就拥有了奶白色。

这种分析螽斯服饰的研究十分有趣，令人印象深刻。不过，对此感兴趣的热带地区的朋友可能会问："在我居住的地方找不到白额螽斯这样的实验对象，该怎么办呢？"没关系，我向大家推荐十分常见的葡萄树距螽。这种昆虫的腹部也裹着乳白色的薄纱，这颜色也源自尿酸。在螽斯家族中，还有一些体形小巧者，研究它们要多花些工夫，不过它们也都会不同程度地向我们展示同样的结果。

如果说白额螽斯的一席白色衣衫有一种低调的华丽，那么接下来出场的这位，它的服装就有一种光彩照人的华美。这位色彩达人就是大戟天蛾的幼虫。它的身上五彩斑斓，在黑色的打底衫上，还装饰着铬黄黄、朱砂红和白垩白的刺绣，刺绣的样式也各式各样，有斑点状的，有星光状的，有彩带状的，各种颜色和形状交相辉映。它仿佛是身着盛装的舞会皇后，难怪雷诺米尔赞美它是"美人"。

让我们来仔细探究一下它这身漂亮的刺绣衣服吧。剖开幼虫，用硝镪水（即硝酸）处理染着黑色的部位，它并未受到这种化学物质的侵蚀，在反应前和反应后，这个部位都呈现出暗淡的颜色。然而，染着其他颜色的部位却有所不同。

在放大镜下我可以看到，在皮下除了染着黑色的部位外，还有一个色素层。它是一种黏性分泌物，有的呈红色，有的呈白色或黄色。我小心翼翼地从这层五颜六色的膜层上取下一个皮片，让它与硝酸作用，又产生了我们所熟悉的状况：色素遇酸后沸腾起泡，加入铵水后产生了紫红酸铵。据此可以判定，幼虫这件色彩亮丽的刺绣衫也是用尿酸制成的，尿酸存在于幼虫的脂肪组织里，但数量很少。色素层在被试剂除去颜色之后，变得非常透明，与黑色部位完全相反。

这件美丽的幼虫衣衫就是由黑色碎片和其他颜色的碎片形成的。前者可以看作是被染料染色的产物，它之所以不被硝酸溶解、侵蚀，是因为染料已经完全渗透到这些碎片的内部，与之融为一体，无法分离了。而那些红色、白色和黄色的碎片，它们是另一层涂层，就像是刷在墙上的一层油漆。在它们半透明的薄片上有尿酸浆，是产生于脂肪层的细管向它们流输的液体。当被硝酸处理过之后，黑色碎片那暗淡的深黑底色上，原来红色、白色和黄色碎片所在的位置显现出透明星点。

接下来，让我们在蛛形纲中选择一位服装出众的代表，我选择了彩带圆网蛛。它身着的服装，无论是色彩的鲜艳丰富，还是花纹的独特别致，都能够与大戟天蛾幼虫的盛装相媲美，甚至在花纹设计方面更胜一筹。它粗大的腹部表面，有暗夜的深黑、向日葵花瓣似的鲜黄和雪花一样的亮白，三种颜色交替成飞舞的彩带；腹部末端，它只选用了对比度强烈的黑、黄两种颜色，其中，黄色纵向排成两条带子，延伸到纺丝器旁边时，就由黄色渐变成了橘黄；它的胸侧有一种颜色很淡的图案向周围扩散，这图案十分抽象，很难看出到底是什么。

在放大镜下观察这只彩带圆网蛛外表，可以看到黑色部分是同质的，各处的色彩强度相同。而染有其他颜色的部分呈网状，其网眼十分紧密，是由多角的颗粒构成的，这些小网堆积成小堆。

将它解剖后，我发现这些黑色、黄色或是白色的碎片，它们的颜色来源于一种色素涂料，可以很容易地用画笔尖扫开。我还可以看见，在黑色或者黄色的条带部位，皮层是黑色或是黄色

➕ 许多膜翅目昆虫拥有华美的服装

昆虫记

➕ 这只雌性长角圆蛛橙褐色的体色在警告潜在的敌人：它的味道很差

的；而在白色条带的部位，皮层则是半透明的。揭去白色条带部位的皮层，我可以看到一些排成带状的白点，这些白点呈多角形，排列得时密时疏。正是这些白点，为蜘蛛构制成一条洁白的飘带，与其他色彩艳丽的饰带相得益彰。

我将蜘蛛身上这些染有颜色的部位的微粒放在显微镜的载玻片上，将它们与硝酸作用，没有出现像前面那些昆虫一样的沸腾气泡现象，因此我可以断定，这种染料与尿酸无关。我推测，蜘蛛在皮下用来制作黑、黄、红、橘色彩带的色素是鸟嘌呤（piào lìng），它是一种蛛形纲动物尿中的生物碱。总之，这种蜘蛛是用鸟嘌呤来制作盛装打扮自己的。

叙述到这里，让我们来总结一下吧，黄翅飞蝗泥蜂的幼虫、临近婚期的白额螽斯、大戟天蛾的幼虫，还有彩带圆网蛛，它们告诉了我们什么呢？机体的残余物尿酸、鸟嘌呤和其他生命运转所产生的废物，在昆虫的着色方面起着非常重要的作用。

昆虫的着色分为染色和涂色两种情况。

所谓染色，这种方法所使用的材料是染料，在对皮层上色时，染料浸透到皮层深处，两者相互化合，融为一体，无法分离，因而用画笔尖无法将其清除。就像是染布的颜料深入到纺织品的纤维中，于是原来没有颜色的布料就变成了彩色布。

所谓涂色，就是用涂料给皮层着色，而皮层本身是无色的、半透明的。这种涂料是尿的产物，用画笔尖一扫就能扫掉。这有点像在布料上贴花，是将颜色涂抹上去的，很容易就能揭下来。

染料与涂料这两种材料，在使用与分配方面迥然不同，那么，它们的化学性质也有同样大的区别吗？大戟天蛾幼虫的背上装饰着黑色的底色和白色、红色、黄色的斑点，染料和涂料在它身上并存。虽然对于这两种物质的共同根源，目前我们还不能用化学试剂来揭示，但是，这两者最接近处却肯定了它们的共同根源。

对昆虫染料的研究是一个比较曲折的过程，目前我们所能观察到的明确现象仅仅是染色质的发展演变。让我们向草原上的圣甲虫咨询一下吧，或许会有更多的收获。

圣甲虫新近蜕下了蛹时的旧衣，换上了一身有点奇怪的衣服，这套服装与成虫身穿的深黑色衣衫似乎毫不相干。除了鞘翅和腹部是白色的之外，它的头、脚和胸都呈现出鲜艳的铁砂红，色调就像大戟天蛾幼虫背上的红色一样。同样的染色质，只是分子的排列形式不同，而且它在腹部和鞘翅的皮层中一定处于转化状态，因为没过多久，圣甲虫的腹部和鞘翅也变成了红色，它的全身都是红的了。最初的褐色雾状物，开始在头部和前足的细齿上出现，随着时间的推移，逐渐蔓延至全身，代替了红色，最后，又都变成了成虫的黑色。至此，圣甲虫时装表演似的换衣活动终于结束了。

在不到一个星期的时间里，圣甲虫由红色到褐色最后到黑色，这是一种新的分子结构的作用。就像是一套积木，木块本身没有变化，但是你可以根据不同的排列次序，将其摆成一座高耸的大厦或是一片小别墅。

这种简单的分子结构的不同排列，能够产生令人惊喜的奇迹。银用化学方法分割到极限，本质就是一种看起来像是烟灰的尘土。然而，当这些尘土被置于两个坚硬的物体之中压紧后，分子重新进行排列组合，它就具有了金属的光泽，变成了我们所熟知的银。尿酸的衍生物红紫酸铵，溶解于水之后呈现出亮丽的胭脂红色，结晶变成固体后又散发着金绿色的光泽。

因此，获得金属光泽不需要大费周章改变染料本质，只要找到一种合适的排列次序就可以了。想必粪蜣螂、双凹蜣螂和其他许多昆虫都是用这种

⊕ 巴西蚬蝶身上闪烁的蓝光源自其本身的结构，是由鳞片表面精微的凸起产生的

聪明的办法来打扮自己的。亮蜣螂用红铜和绿玉的光辉代替了最初单调的红色，圣甲虫则用发亮的黑色代替了最初的红色。

其实，昆虫所穿的服装和所戴的宝石，都是源于同一种物质，那就是尿的排泄物的衍生物。根据分子排列组合的不同方式，它产生了亮蜣螂的具有金属质感的红色、圣甲虫的亮黑色。这种物质在粪生粪金龟和黑粪金龟的背面显现出黑色，又通过变换排列组合的方式，把前者的腹部染成紫晶色，把后者的腹部染成黄铜色。它根据昆虫身体的不同部位，变换出不同的颜色和光泽。

然而昆虫们华丽的服装和光彩熠熠的宝石与阳光毫不相干，昆虫在制作这些美丽的装饰物时，不需要光线的帮助。当粪金龟和亮蜣螂离开昏暗的洞穴时，当吉丁虫结束它的幼虫期，从树干深处走出来时，它们就已经拥有了最终的饰品。从黑暗中出来之后，阳光的照耀并没有使饰品变得更加绚烂，或是再度改变饰品的颜色。

虽然如此，我还是认真地进行了一次实验。我将圣甲虫、粪金龟和花金龟各分成两组，一组置于黑暗的环境当中，另一组接受日光的照射。为了避免阳光过高的温度对蛹造成伤害，我用置放在薄玻璃之间的水屏使光线变得柔和一些。最终，实验证明，阳光并没有参与昆虫的制衣和宝石加工工作。两组昆虫的颜色变化情况完全相同，阳光既没有加速这个过程，也没有使其延缓。

昆虫用尿作为染色质，这种染色质在很多高等动物的体内也能找到。爬行动物也用类似的物质来装饰它们的皮毛：经过沸腾的盐酸的长时间处理，一种美洲小蜥蜴的色素就变成了尿酸。这并不是一个孤立的例子，鸟类也差不多是这样的，它们绚丽多彩的羽毛，都多多少少与尿有关系。

大自然这位神奇的设计师、这位伟大的艺术家，它将黑乎乎的碳变成夺目的钻石，它将昆虫身体中废弃的残余物制成美丽的装饰品。谁能想得到，野鸽的虹彩、翠鸟的海蓝宝石、蜂鸟的紫晶、亮蜣螂的红宝石，这些熠熠生辉的饰物，它们的源头竟然是一点尿。这真是让人不得不赞叹大自然巧妙绝伦的技艺。

第二章｜昆虫的毒素

在毛虫使人产生痒痛的问题上，我们已经了解到两点。虽然我们了解到的内容实在有些少，但至少是一点进展。

首先，我们明确了昆虫的毒素不是来自毛虫的浓毛，在引起人们皮肤痒痛方面，毛皮只是个配角。昆虫毛皮将毒素和碎的毛粉尘贴在我们身上，让我们的皮肤饱受折磨；风一吹，粉尘就四处飘散。既然毒素不是源于浓毛，那么是否来自毛虫的某种特别的腺体器官呢？我想，或许毛虫就像膜翅目昆虫一样，拥有一个制作和分泌毒素的腺体器官。但是，通过解剖我发现，引起痛痒的毛虫和良性毛虫的身体内部结构相似，并没有什么特别的器官。

我推测，既然不能确定毒素的准确来源，那么它就有可能存在于毛虫全身，是否会像高等动物一样，以尿素的方式存在于血液中呢？当然，这只是我的推测，到底是不是事实，还是让我们用实验来证明吧。

这次的实验对象是松树上爬行的毛虫，我用针从五六条毛虫身上取得了几滴血，并用血浸湿一小块吸水纸。我用不透水的胶布把这块吸水纸贴在我的前臂上。接下来就是焦急地等待。实验的结果在夜晚降临。我在疼痛中醒来，我皮肤上的肿胀、瘙痒、灼热感以及脓疮告诉我：松毛虫的血液中确实含有毒素。

这些毒素让我的身体遭受折磨，可是我却为这种苦痛感到高兴，因为它用特别的方式证明了我推测的正确性，也让我能够在此基础上更进一步。血液中的毒素不是参与器官运转的活性物质，而是生

知识链接

放屁虫在受到威胁的时候，会喷出滚烫的醌——一类有毒的化学物质，表皮沾到后会起疱。滚烫的热度作为一种附加的威慑手段使多数的液态醌转化成刺激性的气体，并形成一小块云状烟雾。

命有机体的废弃物。如果我的推测是正确的，那么我将在松毛虫的粪便中再次找到这种毒素。

现在，我要在我的手臂上进行新的实验了。我将一点松毛虫的干粪在乙醚里浸泡了一两天，溶液变得又脏又绿；溶液经过过滤和自然蒸发，浓缩成几滴。我用这几滴液体浸透一张一折为四的吸水纸，然后将它贴在我前臂内侧细嫩的皮肤上，再用不透水的胶布盖在上面，以保证毒素不会减少，最后用绷带绑紧。结果究竟如何，让我们耐心等待吧。

真理伴随着疼痛一齐降临，为了探寻这小小的毛虫使我产生痛痒的原因，我付出了巨大的代价。下午，我将吸水纸放在手臂上。当天的整个晚上，瘙痒令我痛苦不堪，刺痛和灼烧感折磨着我，让我每时每刻都有冲动把那块吸水纸揭下来。第二天，在与这块让我痛苦的吸水纸接触了二十个小时之后，我终于把它拿下来了。

不过，痛苦没有因此而停止。由于我用量太多，毒液蔓延到纸片四周的地方，皮肤红肿、起皱、灼痛甚至坏死。第三天，肿胀加剧，扩展到整整一大块肌肉：创口呈胭脂红色，并向四周扩散，随后出现液体外渗现象；瘙痒更加厉害，让我辗转反侧，彻夜难眠，不得不使用硼砂、凡士林和碎布。

五天内，皮肤受损的部位出现了令人恶心的溃疡，以至于每天早晚给我换药的护士见到了都想呕吐。三个星期过去了，皮肤开始逐渐康复，但是脓疮在我的手臂上留下了红斑，红斑一直很红，持续了好长时间。又过了一个月，瘙痒和灼热还没有完全消退。最后，又过了半个月，除了红斑外，其他症状都消失了，红斑也逐渐变淡，三个多月之后才完全消失。

我为了找寻答案，让自己的身体尝尽苦痛，然而这并不会减少我寻得真理后的快乐。现在，我距离答案更近了。实验证明，松毛虫的毒素是生命有机体的废弃物质，它一边形成，一边随着粪便排出体外。粪便包含两部分，其中大部分是食物消化的残渣，还有一小部分，其主要成分是尿。至于毒素到底源自哪一部分，我们稍后再谈，先谈谈松毛虫为什么要产生使人痛痒难忍的毒素吧。

这些沾染毒素的浓毛是为了震慑敌人吗？未必，因为我知道许多例子能够推翻这种假设。比如说杜鹃，它非常喜欢食用毛虫，它的胃里装满了毛虫的毛，但是它却毫发无损。再比如说皮蠹（dù），它驻扎在松毛虫的丝屋里，以死毛虫为食，对食物身上的浓毛没有丝毫顾虑。可以说，涂抹了毒液的浓毛，对那些特殊的胃来说，并没有什么抵挡作用。

那么，这些毒素是为了自我保护吗？我认为答案未必是肯定的。在昆虫的社区内，装备着浓毛的虫子和裸露身体的虫子，并没有什么大的区别。和这些能够让人痛痒的虫子相比，裸露身体的虫子没有威胁敌人的浓密长毛，似乎更应该让全身浸满毒素。像松毛虫这样的虫子，并没有更多制作毒素来保护自己的理由哇！

既然松毛虫的毒素是生命运转的废弃物质，那么也许所有鳞翅目昆虫的毛虫，不管是裸露的还是有毛的，都具有一种毒素。只不过，在身上装备长毛的虫子中，有些技艺高超或是具有某些我们还不确定的有利条件，它们通过痛痒使其他人知道自己身上带有毒素；而另一些，它们使用毒素的技艺还不到火候，所以我们才没有发觉。

下面，就让我们用实验找出这些尚未被发现的毒素吧。这一次，我选择了蚕，这种皮肤光滑、几乎完全无害的虫子。不过，蚕的无害只是表面现象。我用和处理松毛虫粪便一样的方法，将蚕的粪便用乙醚浸泡后浓缩成几滴，贴在前臂上。相同的症状又出现了：瘙痒、灼痛、肿胀和溃疡，它们向我证明我前面的推理是正确的。这种令人皮肤痛痒、溃疡的毒素，存在于所有鳞翅目昆虫毛虫的体内。

这次实验也让我找出了村里养蚕的妇女前臂奇痒、眼睛红肿的原因。由于劳动时人们经常挽起袖子，当人们清理蚕沙、更换桑叶的时候，前臂难免要和蚕沙接触，而这种粪便给我的前臂带来的痛苦大家也都看到了。人们若是不注意，把手抬到眼睛上，这种肿痛、瘙痒的痛苦便传染给眼睛了。至于蚕本身，是不会对人们造成损害的。

在蚕的实验后，我又进行了多次同样的研究，也都得到了一样的结果。我随机地选择各种鳞翅目昆虫幼虫的粪便进行实验，多氯蛱蝶、大孔雀蛾、二尾蛾、甘蓝粉蝶、豹蠹蛾、野草莓尼蛾等的幼虫，它们的粪便都引起了与之前松毛虫粪便相同的痛痒症状，只不过程度不同而已。由此，我可以得出这样的结论：所有鳞翅目昆虫幼虫的排泄物都带有毒素。然而，在它们之中，有些并没有使用自身的毒素；只有很少的一部分虫子，使毒素产生了真正的损害效果。为什么会有这样的差别呢？仔细观察和回忆昆虫的生活习性，你就会明白了。

我观察到，不会引起痛痒的毛虫通常独来独往，四处漂泊，没有永久性的居所。例如灯蛾毛虫，它身上装备着浓密的长毛，这是集纳毒素的好东西。然而，灯蛾毛虫对于人来说却是没有什么损害性的，这是为什么呢？灯蛾毛虫来来去去皆是独自一个，也没有一个固定的住处，它将粪便排泄在田野中，这些带有毒素的东西没有机会也没有时间和浓毛接触。因此，灯蛾毛虫看似可怕的浓毛，实际上是无害的。

也许有人会产生疑问，为什么蚕生活在狭小的空间里，终日与它们的粪便——蚕沙为伴，身上却没有沾染上废弃物中的毒素呢？这有两个原因：第一，蚕通体光滑如绸，不像松毛虫那样穿着用浓毛织成的衣服，因而很难收集和保存毒素；第二，蚕并没有与排泄物直接接触，在两者之间有桑叶相隔，而且养蚕人每天会多次更换桑叶。因此，尽管蚕聚集生活在满是蚕沙的空间中，但不会沾染上粪便中的毒素。

➕ 被图中的毛虫刺到的话，被刺者会感到长时间的疼痛

与上面所述相反，带有侵略性毒素的毛茸茸的鳞翅目昆虫的毛虫们，比如松树和橡树上成串爬行的毛虫，它们都过着集体生活。松毛虫的窝是一个半丝半叶的卵形居所，松毛虫除了在晚上的一部分时间走出家门享用鲜美的树叶之外，绝大部分时间都待在家里。而这个家的卫生状况极差，虫窝里的每条丝线上都悬挂着小念珠一样的粪便。对这种状况，松毛虫毫不介意，对它们来说，这个垃圾场就是遮风挡雨的避难所，它们就堆堆挤挤地待在里面。这样一来，虽然我们看到的松毛虫身上没有粘着可恶的排泄物，但和粪便的长期接触、摩擦，其浓密的长毛已经涂上了能使人痒痛的毒素。

在谈下一个问题之前，我们在这里先总结一下。所有鳞翅目昆虫的毛虫的排泄物当中，都含有一种相同的有毒物质，这种毒素在接触皮肤后，能使人产生痛痒甚至更为严重的症状。但是，毛虫只有在粪便堆积的地方

长时间停留，与之接触，才能使毒素发挥作用。在使我们遭受痛痒的这场阴谋中，毛虫的粪便是主犯，它提供毒素；而皮毛是从犯，它收集和传播毒素。

现在，我们来处理一下前面留下的问题：毛虫的毒素存在于粪便当中，那么，它是来源于粪便中食物消化的残渣呢，还是来自于含有尿的残渣？想要解决这个问题，就要单独收集到这两样东西分别进行实验，看来，我要着手收集昆虫变态后的残渣了。鳞翅目昆虫在羽化的时候，会排出浓稠的液体，这些废弃物是器官运作的残余，其主要成分是尿，里面没有食物消化的残渣。

为了取得这样的废弃物，我求助于荒石园老榆树上那些多氯蛱蝶的幼虫。我将一百多条幼虫放入金属钟形罩中，认真喂养，耐心等待着它们的羽化。六月上旬，蛹变态的时间终于到了，我在钟形罩下铺上了一张白纸，用来保存我实验所需要的东西。美丽的蛱蝶从蛹中诞生，它抛弃了做毛虫时身体的残余物。这些残余物是一种红色的稀糊，掉在白纸上晕出一颗大大的红色斑点。

实验过程大家已经很熟悉了，用乙醚处理、蒸发、浓缩，用吸水纸浸透溶液贴在手臂上。这次的结果呢？我实在不想重复之前的症状，因为这与我使用松毛虫粪便时的结果完全相同：奇痒难挨、灼热刺痛、肌肉肿胀、创口溃疡，最后留下红斑，一直用了三四个月的时间红斑才消失。

我饱受苦难、伤痕累累的手臂呀，你已经因我的好奇心受了太多的苦。有的朋友疼惜我的身体，建议我使用动物。可是，我的好奇心又和它们有什么关系呢？它们在自己的世界里过得好好的，我探寻的秘密它们并不关心，也没有必要知晓，我又有什么理由用它们的生命证实我的猜想呢？在我看来，世界上的任何生命都没有贵贱高低之分，再卑微的生命也需要尊重，值得珍惜。既然这是我想要探究的问题，那我就应该亲自上阵。在寻求真理的道路上，一点皮肉之苦又算得了什么呢！

退一万步来讲，就算我狠下心残忍地将动物作为实验品，也不能够达到实验的目的。动物在遭受痛苦时，只能用扭曲的肢体告诉我们一件事——疼，但是我们并不能据此了解更多。瘙痒、灼热、刺痛，这些只有在我自己的身上才能丝毫无差地被感觉。不过，我的皮肤现在已经遭受了太多折磨，以后的实验我决定点到为止，只要能够得出结论就揭下带着毒素的吸水纸。

让我们忘记手臂的苦难，回到实验和推理中来吧。单凭着多氯蛱蝶的例子，我还不敢肯定地宣布我的结论。于是，我又收集了松树蛾、蚕蛾和大孔雀蛾的幼虫羽化时排出的尿，实验结果也与之前的完全一样。由此，我可以判定，松毛虫的毒素在所有鳞翅目昆虫的毛虫身上都有，它是生命有机体的残余物质，是尿的产物。

这个问题解决了，新的问题又接踵而至。在树上爬行的毛虫身上所具有的这种特性，在整个昆虫世界中，又具有多大的普遍性呢？除了鳞翅目昆虫，其他昆虫是否也在尿中注入了毒素呢？

让我们先询问一下膜翅目昆虫吧。我的金属钟形罩里养着一些绿色叶蜂的幼虫，从它们那里我得到了大量的黑色细粒粪便。这些粪便在我的皮肤上发挥了毒素的作用，引起了明显的痛痒症状。随后，我又向直翅目昆虫寻求论据。灰色蝗虫和葡萄树上的距螽，它们的粪便也都会引起某种程度的痛痒。至此，我又在昆虫毒素的研究上迈进了一大步。

是时候了，正如我饱受苦难的手臂所呼喊的，适可而止吧！我已经掌握了翔实的论据，最后得出以下的结论：成串爬行的毛虫体内的毒素，在其他昆虫身上也都存在，可以说是在所有昆虫身上都存在，而毒素的真实面目是昆虫的尿的产物。

第三章 | 昆虫的反常

人们总是对能够被称作"规则"的事情，加以习惯性的认同，不会轻易质疑，更不会费尽心思刨根究底。通常来说，规则是根据整体的一致性归纳得来的，自有其存在的理由，打破砂锅问到底只能使自己陷入无意义的怪圈。反常之物都存在于我们所知的规则之外。

昆虫界的规则是，虫子一般都有六只足，且每只足上都有一个跗（fū）节。如果你非要搞清楚为什么它们的足是"六"而不是其他的数字，跗节为什么是一个而不是几个，这种问题我想都没有想过，因为它没有任何意义，就像一个人非要弄明白人类为什么长着十根手指而不是九根或十一根一样，只会招人嘲笑。

规则因为这样的事实而得以存在，并得到人们的肯定。反常的事物会使我们感到不安，思绪纷乱。每个怪象背后似乎都有一股反秩序的力量，它们是否会在某个地方留下印迹？我们也许会产生这种疑问。狂乱的不协调的音符粉碎了人们对和谐乐章的期待。

粪金龟的幼虫是我所观察过的昆虫中最奇怪的一种。当我准备罗列众多反常的例子时，我想到的首先是这个家伙。我第一次遇见这个小家伙时，它给我的感觉是未老先衰，它的形象因足的残疾而大打折扣，我丝毫看不出"年轻人"该有的锐气。

最初，我以为粪金龟幼虫衰弱的身体和畸形的后足是后天因素所致，比如为了适应狭窄的食物仓库，以便能正常地活动。但是后来我渐渐发现，那些冠冕堂皇的理由根本不存在，粪金龟天生就"残疾"。

由此可知，后天遭遇的类似扭伤的事故与它成为瘸子的事实并无必然联系。我曾经用放大镜仔细观察过"新生儿"出壳的过程，并且在它变成成虫后，进行了长

✿ 金龟子幼虫住在土壤和腐木中

期的跟踪研究。我可以用我亲眼见到的事实说话。

粪金龟的幼虫刚孵化出来时，腿过于纤细，无法支撑身体，导致腿的末端离开地面，向背部弯曲，贴在背上的后足看上去像个弯曲的秤钩，对幼虫来说，它毫无用处。因此，粪金龟看上去好像随时准备把什么东西扔出去一样。

成为成虫后，粪金龟就不能再像孩子那样享受父母为它准备好的食物了，它必须独自觅食，并学会如何为它即将出生的孩子储备干粮。在这种情况下，它只好把后足当作压榨机使用，例如把收集的粪压制成粪肠。由此可见成虫的后足是非常有力的，我们几乎想象不出在幼虫时代，它后足蜷缩、畸形的样子。不过，幼虫的另外两对足倒还算正常，它的前足缩在身体前部，相对短小。前足在粪金龟住在粪球里时，被用来夹住啃咬过的食物；中足长而有力，看上去就像竖立着的两根坚实的柱子。粪金龟常常翻倒在地，之所以会出现这种情况，是因为肚子太大，从背后看过去，长着圆鼓鼓腹部的粪金龟，就像一个被两根高跷支撑着的圆球，十分滑稽。

导致粪金龟幼虫在移动中不时摔上一跤的原因，除了它那鼓鼓的肚子，还有那贮藏着修建蛹室所需的材料的驼背。这结构为什么会这么奇怪呢？我们知道，粪金龟的幼虫是个夸张的驼背，那个驼背看上去像面包，却是个沉重的仓库，小家伙背着它爬来爬去，腿脚又不够利索，难免会显得有几分蹒跚。

粪金龟幼虫如此奇怪的身体结构令我难以理解，那两只畸形的后足更是让人费解，如果这两只后足变成爪钩不是很有用吗？这样，幼虫在长长的食物洞里爬上爬下时就能更方便地钩住墙壁。对于要不停爬行、来来回回地寻找中意的食物的昆虫来说，拥有足够健康的后足是多么重要哇！

我看着幼小的残疾者来回奔波，不由得想起了另一种比它幸运很多的昆虫——躲在小洞里的圣甲虫幼虫，它未成年时就躲在食物洞里，饥饿时只要用臂膀轻轻一推，就能把一片食物送到嘴边，它几乎不需要运动。造物主是多么地不公平：身体健全者饭来张口，而足有残疾者却必须辗转奔波。

但是圣甲虫的幸运并没有持续很久。我只知道圣甲虫以及与它同属的半刻金龟、阔背金龟、麻点金龟，它们在长成成虫形态时，不仅后足出现了萎缩，就连它们的前足也出现了异常——前足上竟然没有跗（fū）节！到目前为止，我只了解这四种金龟子的残疾，它们这种看似特殊的残疾却是整个金龟子家族的共同特征。我很想找出隐藏在这有悖常理的现象背后的神秘力量。

➕ 小小的粪金龟

讲到金龟子，我不得不将自己对某些构词者的不满表达出来。在一本内容肤浅的专业分类词典中，编者竟怪异地用"阿德舒斯"这个名称来取代古老而又可敬的"金龟子"。"阿德舒斯"这个拉丁词的意思是"无兵器者"，如果非要用这个词作为某种昆虫的名字，那么入选者会有很多。想出这名称的不见得是一个很有灵感的人，因为许多食粪虫，例如与圣甲虫极相似的侧裸蜣螂，也都不带护身武器，但是，一位缺乏创意的人士偏偏用"阿德舒斯"这个名称称呼金龟子，甚至将这个名字写进了一本专业的分类词典，这让我不得不对它的"专业"程度提出质疑。以一个很多昆虫都具备的特征来指称其中的某一种，这是不科学的。只见树木不见森林，造词者常犯这种错误。既然他想根据这类昆虫的特征来命名，那么他就应该造出一个表明前足无跗节这个特征的词来，这或许更能令人信服。在整个昆虫界中，前足没有跗节的只有圣甲虫和与它同属的伙伴们。但人们似乎对这个重要的特点并不了解，因此也没有想到。

金龟子为何不像其他昆虫那样，按照惯例长着指形足尖，却要留着一双足端平截的残肢呢？有些人做了一番貌似合理的解释。他们说这些昆虫在狂热地滚粪球时头朝下屁股朝上，它们倒立行走时，身体和粪球的重量就会全部压在前足上，在与坚硬的地面长期摩擦下，前足的端部就这样被磨平了。

这种解释乍一听还是挺有道理的。但是，新的疑点很快又出现了：如果说在这种会对身体造成伤害的艰苦的劳动条件下，纤细的跗节被消磨掉，那么截肢手术又是何时进行的，如何完成的呢？会不会像现在常见的那样，在作坊里干活时出了意外事故而被截掉？那也就是说，金龟子最初是有跗节的，但是为何从来没有人见到过金龟子的前足上有跗节呢？就连那些刚刚开始从事滚粪球工作的新手也没有跗节。所以，这种"后天截肢说"并不成立。

我可以通过另一种推论来证明这种猜测的不合理之处。如果在很久以前，一只金龟子祖先因遭遇一次意外而不幸失去了两只前足上这两个不实用的、几乎是没有用处的跗节，这场事故只是让它感觉到了一时的疼痛，之后它发现失去跗节后劳动起来反而更加方便了，于是它便巧妙地把这没有跗节的平切前足遗传给了后代，所以我们现在看到金龟子只拥有一双光秃秃的前足。这种假设听上去似乎也很有说服力，只是冒出了诸多重大的疑点。人们不禁要问，从前昆虫怎么会一时兴起地把一些注定会因为不太实用而被淘汰的附器加在身体上呢？难道昆虫在构造自己的身体时是毫无逻辑可循，完全没有预见性的吗？难道它们是叛逆地朝着与习性相矛盾的方向生长的吗？那些结构是在事物的矛盾冲突中盲目地形成的吗？昆虫怎么会把注定会被淘汰的零件附加在身体这部巨大的机器上呢？

所以，更合理的解释其实是这样的：金龟子们从来没遇到过任何意外，当它们的幼虫还在蛹壳里的时候，前足上就没有跗节。如果你不相信，我可以提供两位证人，它们根本没有这么回事，还是赶紧打消这个愚蠢的想法吧。圣甲虫现在没有跗节，以前也不曾有过，它们一开始就是现在这个样子，根本没有在运粪球时摔断跗节。这是谁说的？是侧裸蜣螂和赛西蜣螂告诉我们的。这两位不容置疑的证人也是滚粪球运动的忠实爱好者，它们滚粪球时也像圣甲虫一样头朝下尾朝上倒着滚粪球，像圣甲虫那样用后足尖支撑所有重量。它们的前足也会和地面产生摩擦，它们受到的待遇也和圣甲虫几乎完全相同，但它们却和别的昆虫一样长着跗节，长着圣甲虫不想要的纤细跗节。难道当其他昆虫都老老实实遵守着规则的时候，唯独圣甲虫独树一帜，搞起了特殊吗？

粪金龟和圣甲虫的问题还没解决，我又遇到了另一个叛逆的家伙，有哪个智者能帮我回答这个平庸的问题呢？我多么乐意听取他的高见哪！如果能够知道为什么其他昆虫的跗节末端都有一对并排的、秤钩状的爪钩，而沼泽鸢尾象却只有一个爪钩，我会感到非常满足。在沼泽鸢尾象的部落里，它的族人们都长着两个爪钩，按照常规，它也应该长两个才对，可是沼泽鸢尾象却少了一个爪钩。是因为没用吗？看来不是。残留的小爪钩是攀缘器，有了它，象虫不仅可以在光滑的细枝上爬行时，把爪钩当作攀缘器，还可以倒挂在光滑的苹果上行走。所以，如果多一个爪钩，走起来不是更稳当吗？象虫少了一个爪钩的事实非常隐秘，必须要在放大镜下才能观察得到，但是，我们却不能因为它很微小就放弃对这种现象的关注。

在茫茫的阿尔卑斯草地上，生长着一种蝗虫——红股秃蝗。这种常年生活在万杜山地区的蝗虫居然不会飞，因为它放弃了飞行器官。在拉丁语中，这种蝗虫被称作"步行蝗"，就像这个名字所表达的那样，它是个十足的"步行者"。一般来说，蝗虫在羽化后都会长出翅膀，但是成为成虫的红股秃蝗仍然保留着幼虫时的样子，虽然在临近交配期时腿节上会出现珊瑚红色，胫节也会出现蓝色，但是它的变化也就仅此而已，进入了交配期和产卵期的成虫，除了能蹦跳之外，还是没有获得飞行的本领，与它的拉丁语名称"步行者"所表达的意思完全相符。

与红股秃蝗相比，蓑蛾更为奇怪。蓑蛾只有雄性才能羽化成蝶，它们披着漂亮的羽饰，就像穿着黑丝绒礼服的绅士，在空中翩翩起舞，但它们似乎并不准备邀请一位女士共舞，因为雌虫即使在成年之后，也一直保持着幼虫时的体态。对于鳞翅目昆虫来说，拥有一双长满鳞片的翅膀是无比重要的，但当雄性蜕变成令人称羡的拥有翅膀的彩蛾时，担负着更重要的繁衍职责的雌蛾却没有翅膀。为什么两性中最重要的一方，一直像根小肥肠，而另一方在蜕变后却成了令人称羡的彩蛾？

昆虫界的反常现象真是无处不在呀。很快我又发现了一只短翅天牛，它体形健美，可与山楂树上的栎黑天牛相媲美。只要是属于鞘翅目的昆虫，大多数都会长出鞘翅把身体包住，以保护脆弱的后翅和容易受伤的柔弱的腹部。

➕ 短翅天牛

可是，令人奇怪的是，短翅天牛却无视这一常规，它肩上长着的两片鞘翅格外短小，失去了防护的作用。人们或许会把它当作一种奇怪的大胡蜂，它大概偶尔会借着别人的威风吓退那些心怀不轨的敌人吧。短翅天牛到底是因为缺少布料做不起燕尾服，还是因为吝啬才穿起了小马甲呢？既然是真正的鞘翅目昆虫，在鞘翅上偷工减料有什么好处呢？它真是吝啬得让人吃惊。

无独有偶，鞘翅出现残疾的鞘翅目昆虫还不止短翅天牛这一种。隐翅虫家族算得上是鞘翅目昆虫中的大家族，但它们丝毫没有大户人家该有的风范，反而像是一群衣不蔽体的乞丐。这些昆虫把长长的肥肚子露在外面，看上去非常不雅，这是因为它们的鞘翅只有正常尺寸的三分之一或四分之一。

> **知识链接**
>
> 蜻象是一种半翅目昆虫，其特点是前翅部分膜质，部分硬化。此类昆虫有臭腺孔，能分泌臭液，臭液受热在空气中挥发成臭气，所以又被叫作臭虫。

还有一种不会长鞘翅的昆虫——蜻象。"鸠占鹊巢"这个词语完全就是用来形容它的。蜻象往往会把它的幼虫产在斑纹隧蜂的蜂房里，不仅如此，它还会残忍地把原来的主人吃掉。它那两个宽大的后翅上好像并没有鞘翅的保护，但如果仔细看，就会发现它的肩上长着两个小鳞片，这就是被废弃了的鞘翅的印迹。它又是一个不会长鞘翅的昆虫，或者说得更确切些，它没能使这两个不起眼的小鳞片长成完美的鞘翅。

如果我继续罗列有关反常的例子，这个叛逆的群体就会增加。我向植物请教反常的情况，或许它们能告诉我这究竟是怎么回事。有首拉丁语诗是这样写的："这只是一个关于玫瑰的谜语：兄弟共五个，两个长胡子，两个没胡子，一个半边长胡子。"对植物缺少观察和研究的人一定会感到困惑，这五兄弟和玫瑰有什么关系呢？

其实，这首诗里的五兄弟不是别的，正是玫瑰花萼的五个萼片。我一片一片地观察它们，发现其中两个萼片向两侧延伸，这两个萼片是从叶子变化而来的，看起来有点像胡须，也就是诗中所说的长着胡子的两兄弟。另外两个萼片，两侧都没有毛状物，是没胡子的两兄弟。而剩下的那个萼片，一侧边是光秃秃的，另一侧边却有胡须，所以诗人称它为长着"半边长胡子"的兄弟。造型各异的"五兄弟"组合不是偶然现象，每朵玫瑰花的萼片都分成没胡子、有胡子、半边长胡子这三种形态，这就是玫瑰花萼需要遵循的既定规则。另外，最常见也最易归纳出的是五个一组的排列顺序，这个植物界的法则就像维特鲁威艺术统治着我们的建筑风格一样，是非常重要的。这个简洁典雅的法则在植物那里是这样表现的：花朵的五个花瓣以螺旋层叠的方式延展，依次转圈排列，构成两个螺旋层，每转一圈都形成一个不规则的圆形。

事实上，每个萼片的大小并非我们假设的那个圆的五分之一，它们要更宽一些。现在我让萼片的基部变得更宽，使它们围成一个不留缝隙的圈，于是，我看到处在"一"和"三"两个分割点上的萼片完全被排在轮圈之外；在"二"和"四"两个分割点上的萼片则被相邻两侧的萼片压住了；第"五"分割点上的萼片则一侧边被旁边的萼片压住，另一侧边露在外面。

了解了萼片的排列规则之后，我们来看看这样的构造会产生什么样的影响吧。那些自由生长、不会被其他萼片挡住的花萼，由于有别的花瓣压在上面，所以向外伸展，结果在"一"和"三"两点的位置上形成了两个带胡须的萼片；在"二"和"四"两点上的萼片下巴都光秃秃的，没有胡须；在第"五"点上的萼片一边有胡须、一边没有胡须的缘由就不需要再解释了吧。

由于潜在地涉及代数中的定理，玫瑰花的秘密似乎变得更加复杂，但只要你静下心来思索一番，或者干脆自己动手制作一套模型，就很容易弄明白。表面看来，五个萼片上关于胡须的差异似乎是反常的，然而实际上这种不合理的结构，偏偏是遵循数学定理的必然结果。这真是个有趣的现象。但是有许多种花冠的组合方式偏离了正轨，比如唇形目植物的花冠，它们的花瓣的确是五个一组，不同的是五个花瓣又分成两个小组，一组两瓣，一组三瓣，前者在上，后者在下，就像人因为吃惊而张开的嘴巴。下唇的三个花瓣隆起呈拱形，这里是花冠的入口，如果用手指压在这三个花瓣的边缘，上下两片唇就会张开，松开手指，唇瓣又会闭合起来。有一种唇形目植物看上去像一张兽脸，或者说像兽的吻端，所以人们把这种植物形象生动地叫作"龙头花"，也有人称它是"金鱼草"。我自己倒觉得它更像演员们套在头上的夸张的面具，所以我更愿意称它是"面具花"。

唇形目花的反常之处不仅在于结构，雄蕊也发生了些微妙的变化。五根雄蕊中有一根消失了，作为它消失的证明，基部留下了些许的痕迹，另外四根雄蕊组成高度不等的两对，高的一对似乎一直在排挤矮的一对。对于鼠尾草来说，雄蕊之间的称霸斗争进行得更加彻底。一般来说，花朵的雄蕊上都会有一个花药，花药一般有两个囊，囊中间隔着一层膜，叫作药隔。鼠尾草的构造也遵循着这个规则，但是它的药隔比较奇特，它不是单层薄膜，而是像天平横梁状的东西，在天平横梁的一端有半个花药，另一端什么也没有。它只是保留了繁衍后代最必不可少的那一部分，其余部分都因花冠追求怪异的风格而被牺牲掉了。

为什么这些"反常"会引起花的基本结构的改变呢？为了把原因梳理得更清楚，请允许我打一个建筑学上的比方。工匠以圆弧形作为石桥的标准造型，这种弧形也称作半圆周，后来又称作半圆拱形。这种桥梁最大的缺陷就是看上去结实、雄伟，但是稍显单调，不够精巧。后来的建筑师们用一种更具时尚感的桥梁造型对旧标准进行了突破——两个圆心不同的拱相交，会得到一个秀丽挺拔的尖拱，还可以在上面附加漂亮的纹饰。

植物界中那些合乎常规的花冠就相当于建筑的半圆拱，不论造型像钟还是像壶，呈轮形还是星形，甚至其他的形状，合乎规则的花冠都是由相似的材料，依照着圆周排列组合而成的；而不合乎规则的植物花冠就是后来出现的富有大胆创意的尖拱桥梁，比如面具花，它虽然不及山楂树与黑刺李的玫瑰形花那般小巧精致，却具有诗篇一般的无序之美。它多么像加入音阶的半音，打破常规的小小旋律让高亢的主旋律富有了奇幻色彩，又多么像衬托出和谐音的游离音调，使交响乐也因此变得更加美妙。

既然如此，我们是不是同样可以把昆虫界里的"反常"现象理解为飘荡在主旋律之外的游离音调呢？用同样的理由可以解释为什么步行的红股秃蝗不长翅膀而在高山上的虎耳草里蹦蹦跳跳，为什么隐翅虫、短翅天牛穿的都是短上装，为什么蟏象拥有双翅目昆虫的外表——它们都以自己的方式为生物界涂上了一抹更加亮丽的色彩。当这特殊的音符和整体的旋律配合在一起时，我们才更充分地感受到了生物、自然，乃至地球的神奇魅力所在。

即便如此，我还是不太明白，为什么圣甲虫的前足没有跗节，为什么沼泽鸢尾象只有一个爪钩，为什么粪金龟生来就是残废，为什么会有这些细微的反常现象。为了回答这些问题，我再一次请教了那些知识渊博且无私的植物。我这次请教的老师是原产于秘鲁的印卡百合，当然我没有千里迢迢地奔赴那个陌生的国度，只是把这种奇怪的植物移栽到了我的温室里。

印卡百合这种奇怪的植物给我出了个难题。初看起来它的叶子就像随处可见的柳叶，不值得细细观察；但是仔细一看，就会发现它那扁扁的像丝带似的叶柄实际上是扭曲着的。整株植物看上去无精打采，仿佛一个患了非常明显的歪脖子病的病人。我把自己当成了医生，试图用手指矫正它的歪斜。我轻轻地帮它恢复原状，扭曲的带状叶柄平平地展开来。然而接下来我却惊奇地发现：恢复常态的印卡百合的叶子翻了个面，原本背光的一面趋向了光亮，原本趋光的一面成了背光面。如此一来，叶子的方向改变了，叶子应有的功能便无法正常发挥。

这种扭转的直接动因就是阳光。我想验证一下，如果我进行人为的干预，是否会使这种情况发生改变，我找了一根小棍和一根细绳，把一株印卡百合的茎压弯，用细绳把它头朝下固定在小棍上。由于天生对阳光的渴求，这株受到捆绑的百合的叶柄很快伸展开来，重新变成了带状，依旧是光滑且浓绿色的趋光面朝着阳光，浅绿色而又多叶脉的背光面背向阳光，不过这时候斜颈不见了。植物的歪脖病得到了治愈，但它却不得不过起了头朝下的生活。

回到这一章内容的开始，如果我们再早一点感受到不和谐音符所带来的美好感觉，是不是就不会感到深深的不安了呢？如果我们早点知道不美的音色也能带来和谐美就好了！可是最明智的做法却往往成了令人怀疑的东西。

在对那些反常现象不断提出质疑的时候，我脑海中常常浮现出一个巨大的"？"，这是在所有的书写符号中最贴切的一个。它的下面是一个圆点，代表着地球；上面站着一个大大的弯钩，像古罗马人占卜用的曲棍，象征占卜棍询问着未知但令人无限好奇的事物。我愿意把这个符号看成是探究如何和为什么的科学象征。

随着人类知识的进步，一层层奥秘被艰难地揭开，在这些奥秘之外还有什么呢？也许是无限的光明，是为什么中的为什么，是原因之原因，最后是世界方程式中的大X。永不满足、穷追不舍地发问和研究之后，我们可能会发现隐藏在未知世界之后的秘密，揭开在众多"为什么"背后最根本的原因。

我已尽我所能研究了昆虫发生反常的基本原因，然而，令人信服的答案还未找到，因此在结束这一章时，有许多发现仍然存在疑点。我在本页最醒目的位置上保留着这个如占卜曲棍一样的问号，用来提醒自己。所以，我的工作也还没到终点。

第四章│昆虫的几何学

　　黄斑蜂依靠自己精湛的技艺，利用毫无艺术价值的绳条为自己修建了一个由小隔间连接起来的居所。它的杰作是在很短的时间内完成的。这个居所由各种茸毛植物提供的类似棉花性质的材料筑成，外表柔软而光滑，像雪一样白净。整个居所的外形就像一个酒杯，又像是一顶粗毡帽。它差不多有半个杏子那么大，摸起来有天鹅绒的感觉，甚至比天鹅绒还要细腻柔软。小隔间由一个一个的棉袋子组合而成，由于缺少空间，它们在相互挤压中都走了样。然而这并不影响黄斑蜂的居所成为一个精巧无比的艺术品。

　　昆虫在建筑方面所具有的才能是十分让人赞叹的，可谓是奇迹。特别是对于膜翅目昆虫来说，更是如此。在整个工程开工之前，卵石石蜂会先在卵石上勾勒出一个几何形状的小塔。然后它们在坚实的地面上刮下一些粉末，用自己的唾沫把它们制成砂浆。这就是它们用来糊墙的水泥。为了节省涂抹墙壁的材料——水泥，在砂浆凝固之前，它们将一些比较碎小的砾石嵌在墙壁中。这种方式同样能够增加房屋的牢固程度。这使得卵石石蜂的巢在还没有完全建好的时候，看起来就像是一个用石子搭建起来的棱堡。

　　泥水匠筑巢蜂凭借自己的审美建造了一个蜂房，里面还有一个修饰着马赛克的圆柱体。这些蜂掌握了使用抹子的技巧。在建造第一个蜂房的时候是没有任何要求的，然而后面所要建造的蜂房都要以第一个蜂房为基础。让两个蜂房合用一堵墙壁可以节省建筑材料，而且能够使整个蜂巢更加牢固。每个小蜂房中都有一个圆柱体，而且蜂房两个两个地连接在一起，这要求圆柱必须在一条线上紧挨着，而不是在一个大的范围内使用同一堵墙壁。按建筑的基本规律来说，如果圆柱相互之间有空隙，那么整个蜂巢的稳定性将受到很大的挑战。那么，我们的泥水匠筑巢蜂又是怎样对这一点进行调节的呢？

　　原来它将圆形的小蜂房变成了不规则的多边形。这样一来，每个原本是由圆柱体连接在一起的蜂房所产生的空隙就由多边形的角填满了。

圆柱体的形状虽然被改变了，但是每个小蜂房的容积却保持不变。这种形式的蜂房对于幼虫的生活是非常有利的。

当整个蜂巢都修建好的时候，从外表看上去它就像是一个泥团。原本规则的小蜂房在泥水匠不停修建当中逐渐变成了不规则的形状。而且为了让蜂巢更加牢固，泥水匠还在它表面涂上了一层厚厚的泥浆。这样，蜂巢就能够抵挡强风以及恶劣天气的侵袭。原先那个装饰有马赛克图案的圆柱棱堡已经看不出来了。原本造型优美的小隔间从外面已经看不到了，取而代之的是一个由一层厚厚的水泥涂料覆盖着的团状物。

黑蛛蜂为自己幼虫准备的唯一的食物就是蜘蛛，这只蜘蛛被关在了一个像樱桃核一般大小的黏土壳里。小壳的外面由呈结节状的扎花绳边修饰着。单个的黏土壳看起来就是一个没有脑袋的椭圆形物体，有一个非常规则的形状。由于黑蛛蜂不在蜂巢的外部加任何装饰性的东西，所以成品做好后也能够看出它原来的特征。

陶艺师长腹蜂却根本看不起黑蛛蜂的这种筑巢方法。长腹蜂在向阳一面的墙壁缝隙处建造它的蜂窝，这样的隐蔽之地是陶艺师施展才艺的最佳场所。它存放食物的小坛子组合在一起，成排成行，整个陶器呈椭圆状。但是实际建造出来的成品与理想中的产品还是有一定的差距。每个小坛子的底部都连着，坛子之间的挤压使得凸起的地方都被磨平，所以最终陶瓷成品的底部就形成了一个平面。建成后的蜂巢与构成它的小坛子的样子大不一样。

比起黑蛛蜂与长腹蜂，阿美德黑胡蜂的筑巢技术更加高明。它能够把自己的巢穴建造得像维也纳大教堂，也能像有东方风格的小亭子。巢穴的顶部有一个洞口，形状就像一个双耳尖底瓮的开口，这个口子是为了把毛虫送进去以便幼虫进食的。假如食物已经装满了蜂巢，而且有一粒卵被一根线悬挂着，那么这个时候蜂房的洞口处就会有一块凸起的黏土将蜂巢堵上。

阿美德黑胡蜂通常会把自己的蜂巢建筑在一块大大的卵石上面，而且还需要找一些多棱角的砾石，让这些砾石的一部分嵌入巢的圆顶。这两个部分是由泥浆黏合而成的。然后阿美德黑胡蜂会在自己巢的封口处放上一块小石头，这是一块扁平的小石头。有时候一个小的蜗牛壳也是不错的选择。这样一个胶泥暗堡便制作完成了。这个胶泥暗堡在太阳的炙烤下显得非常高贵而雅致。

阿美德黑胡蜂的暗堡在太阳的照射下看起来格外美丽，然而这个漂亮的东西马上就要不见了。因为阿美德黑胡蜂想要在圆顶上面再修建一个圆拱形的小屋子，而已经修好的这座暗堡的墙壁就要与新修建的小屋共用。这样一来，圆形就不能够使用了，取而代之的是有棱角的多面体。整个蜂巢除了顶部和四周保留着原先的样貌之外，其余的部位都已经变了样。蜂巢的表面就像是一片上下起伏的丘陵，每一层都是一个幼虫的小隔间。假如不是蜂巢顶部那个长得像双耳尖底瓮开口的洞口，恐怕我们认不出这个巢就是由阿美德黑胡蜂建造的。完成后的蜂巢根本不如先前的美丽。

比阿美德黑胡蜂的巢更难看的是有爪黑胡蜂的巢。在它为自己的巢涂上一层泥浆之前，整个巢的样子可与阿美德黑胡蜂的巢相媲美。有爪黑胡蜂的巢也有一个开口，是喇叭口形状的，表壁上还有装饰性的物质。然而，为了让蜂巢更加牢固，有爪黑胡蜂选择在这个美丽蜂巢的表面涂上一层泥浆。这种做法与仿石蜂和长腹蜂的做法如出一辙。看来，对危险的恐惧最终还是代替了对美的追求。

然而，一些体形比较小的黑胡蜂所建造的巢却有着不同的一面。这些蜂巢的表面没有镶嵌砾石，也没有涂抹那层泥浆。小黑胡蜂用黏土结核来替代砾石，这些黏土结核零散地分布在蜂巢的表面。里面的蜂房一般都是单个的，以小灌木的枝条作为支撑物。同样地，蜂巢的圆顶部也有一个漂亮的洞口。

还有两种黑胡蜂修建蜂巢的方式不一样。第一种黑胡蜂把自己的蜂房组合在一起，根据第一个蜂房所留出来的空隙决定整个蜂巢的大小。原本具有优雅曲线的设计，由于受到环境的限制，最终被断裂的线条所代替。而另一种黑胡蜂的蜂房则没有挨在一起，是分开建筑的。这就有效地避免了第一种黑胡蜂巢的情况。每间小蜂房的造型与大小通通一样，整个蜂巢看起来十分完美。

这个蜂巢好像孩子们玩耍的气球。就算在童话世界中，我们也找不到比这个东西更漂亮的气球了。当然了，这可不是什么气球，这是名副其实的胡蜂蜂巢。有人在百叶窗的窗台下面发现了这个东西，并且送给了我。这扇窗子一年四季基本上是开着的。胡蜂的巢中，每只幼虫都拥有一个独立的隔间，互相之间不受任何干扰。整个蜂巢呈现出一个规则的几何形状，只不过根据胡蜂的技艺形状上有一定的变化。

这个类似气球的蜂巢除了与窗户的连接点以外，其他部位的任何一点都是独立的，就好像是一个用中国或是日本生产出来的丝绵纸吹起来的气球一样，拥有平缓优美的弧线。这样的建筑，我们也可以在圣甲虫梨形的巢中看到。虽然食粪虫的体形比较笨重，但是它们与身材修长的胡蜂一样，都能够建造出一个具有优美线条的巢。

一个巨大的蜂巢是在一群工蜂的共同努力下修建起来的，这里面安置着所有的卵。虽然修建蜂巢的胡蜂数量很多，但是这丝毫没有影响到它们熟练的操作。每一只工蜂都是单独地干自己的那份活，然而它们最终却能够建成一个和谐的整体。蜂巢的角度不断地变化，直径越往顶部就变得越小，直到最后减缩成了锥形—— 一个小洞口被留了出来。

从蜂巢的外面能够隐约地看到一些整体呈螺旋形的网格的形状，从这点我们就能够猜到胡蜂是怎样修建它的蜂巢的。胡蜂先是织好一张网，然后再用自己的大颚涂上一层浆液，涂抹时沿着网格的边缘一圈圈朝下。这样一来，在胡蜂经过的地方就有一条用唾液浸湿的、柔软的带子。由于胡蜂身上的储备物质十分有限，所以这项工作会时不时地停下来。在这个时候，胡蜂又跑到周围的植物上面，用自己的大颚从上面刮下一些被湿润的空气渗透过的，而且被太阳晒白的木质茎碎屑。除此之外，胡蜂还必须把木质茎碎屑里面的纤维抽出来，然后再将这些纤维分成一丝一丝的条状物，最后捏成团。有了新的储备后，胡蜂再次回到蜂巢上面修建。这样的工作需要进行上千次。

不同的蜂种拥有自己修建蜂巢的独门技巧，也因此建立起与其他蜂种不同的建筑物。胡蜂形成了气球建筑物，黑胡蜂形成了细颈圆罐建筑物，卵石石蜂形成了自己的小土塔建筑物，长腹蜂形成了黏土绳形线条建筑物，而黄斑蜂则形成了棉袋建筑物。昆虫天生就具有几何学知识，不需要经过后天的学习。虽然每个昆虫组织所使用的建筑技巧不同，但是在同一个组织中，修建蜂巢的几何学知识是恒久不变的。每种昆虫都拥有一套自己的技巧。

软体动物能够为自己搭建起一个螺旋塔样子的外壳，而昆虫也能以同样的精准度为自己修建一个巢穴。我们人类的建筑师在开始修筑房屋之前，首先要设计图纸，并且进行计算。而昆虫则不需要这些事前的准备，它们天生就知道如何修建自己的巢。只要不受空间的限制，昆虫就能够修建出一个精美绝伦的艺术品。但是外界的环境往往不允许昆虫这样做，在有限的空间内，昆虫为了节约材料，最终制成了一个不规则的几何体形状的巢。这就如同我们人类，在秩序的约束下生活，以避免混乱的产生。

➕ 蜂巢的制作过程

我将别人送来的胡蜂蜂巢打开来看，发现它的外壳由两层组成，每层之间的间隔很小。我想，如果送我蜂巢的这个人再迟点拿来，那这个巢的外壳一定会有更多的里层。为什么胡蜂会让自己的巢的外壳由好几层组成呢？我想胡蜂应该比我们更懂得如何保暖。人们在冬季的时候知道用双层的窗户来保持房间内部的温度。我们根据物理学的知识了解到两层隔板之间静止的空气能够很好地保证温度的恒定性。然而，早在人类了解到这一点之前，胡蜂就已经懂得如何进行保暖了，它们那由三四层外壳所组成的巢就是很好的证明。

这个蜂巢中只有一层开口朝下的六边形蜂房，我相信完整的蜂巢还会有另外的几层蜂房，它们在外形上应该与第一层蜂房相同。这些蜂房位于巢的上面，这才是真正的住所。而刚才我们说到的外壳只是几层起到防御作用的层面。每一层蜂房都通过小圆柱与上一层蜂房相连，整个蜂巢中的蜂房加起来要有百余间。有多少间蜂房差不多就应该有多少只幼虫。

一些蜂种在产下卵后就大功告成，以后便基本上没有什么事情了。它们提前把幼虫的食物都储备在蜂巢的每个小隔间中，待卵被产下后就会将蜂房的门关上。待在里面的幼虫不需要帮助就能够轻易地找到身边的食物，它们独自成长。只要能够保证巢的安全，那么即便这个蜂巢修建得比较杂乱，即便它不好看，都对幼虫的生命没有什么影响。相反，幼虫在食物丰富以及环境安宁的状态下能够长得更快。

⊕ 胡 蜂

然而胡蜂家族却有所不同，它们的幼虫因为不能自力更生而需要工蜂的照顾。工蜂终日忙着给幼虫喂食，它们必须一口一口地把食物送到幼虫的口中，否则幼虫就会因饥饿而死。这种喂养的活动一直要持续到幼虫长大之后。胡蜂家族的哺育工作必须开展得井然有序，否则那么多的幼虫都需要喂养，很容易忙中出错。假如胡蜂的巢也修建得像黑胡蜂、长腹蜂以及石蜂的巢那样不规整，那里面的情形就真的不容乐观了。所以胡蜂的蜂房修建得非常有条理。

工蜂在修建蜂房时有着商人看重时间的精神，它们认为时间与材料的紧缺程度是对等的。因此，节约原材料就成了修建蜂房时首先要注意的问题。工蜂根据幼虫的数量来定夺蜂房的间数。它们必须利用仅有的空间来修建足够幼虫生存的隔间，而且不能让蜂巢出现缝隙，否则后果是不堪设想的。那么，建筑师们是怎样施工的呢？它们怎样才能更加节省空间和原材料？怎样才能不让蜂巢留有丝毫的空隙？最终，工蜂选择了规则的多边形以及两个隔间共用一堵围墙的方式，这堪称完美。

然而，规则的多边形有很多种，三角形、正方形以及六边形等都属于此类。那么，工蜂究竟要选择哪一种多边形才能在最大程度上更好地利用有限的空间和材料呢？当然是选择最适合幼虫体形以及最接近圆形的六边形。胡蜂蜂房的每个小隔间的横切面都呈现为六边形。胡蜂的巢可谓是完美的艺术品，既和谐又极富美感，尤其是那个从下面往上重叠的蜂房，还带着双层套。另外，工蜂在修筑蜂巢时，为了节约空间和材料，选择在基础部位采用金字塔形的方式。胡蜂几何体形蜂巢的精密程度让我们难以想象，如果我们用量角器测量胡蜂的杰作，会发现其计算值精确到了度、分、秒。

一些人认为胡蜂的房子修起来很简单，就像泡干豌豆似的。被放在一个瓶子里的干豌豆，加上一些水后就会因为膨胀而相互挤压，呈现为多面体的形状。他们认为胡蜂的巢也是以同样简单的方式来修成的。工蜂各自盖着各自的房子，非常随意。由于它们把自己的房子挨在了其他工蜂所修筑的房子上，所以受挤压也变成了多边形。这种说法是多么荒谬哇！只要我们仔细观察一下第一间胡蜂蜂房的修建过程，就可以轻易地否定以上的观点。胡蜂在没有任何参照物及合作修建者的情况下，就能够完成第一间蜂房的修建，那是一个规则的棱柱体。修建这间房屋的时候，周边没有任何阻隔的事物，胡蜂完全可以随意地发挥，无论建成什么形状都可以。然而，它最终将自己的蜂房修建成了一个横切面为六边形的几何体。

无论是马蜂还是胡蜂，让我们看看这些建筑师进度并不相同的蜂房吧。由于很多蜂房还没有竣工，所以这些蜂房的周边都是空着的，并没有任何其他物体的阻碍和挤压。然而这些正在修建的蜂房还是以轮廓为六边形的规则形状呈现在我们的眼前。

柏拉图在谈到创造力的时候，总是把创造力的成果归结到几何形状的身上。这也正是我们对胡蜂巢修建的正确解释。然而，另有一些臆想者却把胡蜂的巢说成是球体在一种盲目的机械作用下发生了碰撞而形成的。他们用这种学说来取代刚才我们所提到的豌豆原理，这同样荒唐可笑。难道像蜗牛这样按照对数螺线的曲线定律来为自己搭建房屋的软体动物，它们的房子也是由于形状交错而形成的吗？我们根本不应该为这种问题而伤脑筋，太不值得。蜗牛的房子都是独立的个体，根本不存在两个或者多个房子相互挤压的问题。

第五章 昆虫的植物性本能

很多种类的昆虫都知道自己应该在哪里产卵，无论这种昆虫强大也好，弱小也好，也无论它是华丽也好，还是质朴也罢。在产卵之前，昆虫母亲的职能是对未来的关注。它们建立自己的家庭，而且为即将出生的小家伙们准备吃的东西和住的地方。我们能够在膜翅目昆虫和食粪虫那里看到这样的举动。这是昆虫本能能够激发出的最有成效的行为。然而一旦昆虫母亲转变为一名产卵者，而且变为简单的生殖胚孢的实验室，它们所拥有的技能就消失得无影无踪了。

七月里，天牛母亲毫无目的地对橡树树干进行着探测，它的背上背着自己的雄性配偶。天牛母亲的输卵管不停地寻找着产卵的合适地点，它可以自由地插入裂开的树皮下。卵在被安放好的一刻，它也基本上受到了周详的保护。之后，天牛母亲就没有什么事情可干了。

八月，以花朵为栖息地的金匠花金龟把自己的壳在腐殖土中弄碎。然后它便到花朵上吃东西、睡觉，这是恢复体力的必经程序。在一块腐烂了的树叶堆积地，金匠花金龟母亲找到了一个最有利于产卵的温暖之地，它在那里产下了自己的卵。我们没有必要再追踪它接下来的行为，因为仅此而已。

同样地，拥有漂亮羽毛饰的松树鳃角金龟也是如此。它用自己的腹尖在沙质土地中进行挖掘，用力地往下面钻，直到自己的头部能够完全被掩

⊕ 天 牛

盖。之后它就在这个洞穴中产下自己的卵。假如有人不小心在这个洞穴上扫了一下，那么它的整个工夫就白费了。

有些昆虫母亲除了知道自己应该如何产卵之外，对自己的幼虫毫不关心。幼虫通常都是依靠自身的力量和本能来适应困难的环境的。天牛幼虫出生之后卵壳还拖在身子的后面，它第一口咬下来的是不能吃的木质东西，然后它再把

这些枯萎了的树皮弄成粉末状，之后便在这里挖洞，因为这个洞穴能够让它到树干比较深的地方去，那里有着它能够吃上三年的食物。金匠花金龟幼虫刚出生就有能够吃的东西，它根本不需要额外去寻找食物，因为它出生在有着腐烂的牧草根的沙子上面。沙子下面柔软的、腐烂的植物根部是松树鳃角金龟幼虫寻找的对象，因为那就是它的食物来源。

与埋葬虫、蜣螂、泥蜂以及其他一些昆虫拥有的温情不同，许多野蛮的昆虫族类，它们的幼虫一被生出来就处于流浪的状态，没有家庭的呵护，更没有任何受教育的权利。金匠花金龟就具有这种粗野的习性。与那些温情脉脉的昆虫不同，对这些粗野的昆虫族类的探究让昆虫学家们大失所望。因为它们身上值得载入历史的东西实在是太少了，没有非常值得探索的习性。

菊花象母亲除了会在飞廉的花冠里产卵之外，它还会做点别的什么事情吗？不会。昆虫的幼虫往往能够将母亲的不足弥补上，因为它们一出生就具有本能所赋予的灵巧技能。菊花象幼虫会凭借自己的技能修建房屋，还会剪下毛来制作床垫子，而且还做出了一个类似羊皮袋的防御性武器，就好像城堡的主塔一样。那些没有任何经验的新生幼虫在蜕变之后便离开了自己亲手建造起来的屋舍，去一个碎石的堆积处住下来。这是为了躲避冬季恶劣气候

✚ 松树鳃角金龟

的袭击，因为糟糕的天气很有可能会摧毁它的居所。这是多么富有预见性的举动啊！

人类拥有记载过去的历书，根据这本历书，我们能够预见到未来。然而昆虫并没有有关季节变化的任何记载，它们只能依靠本能。出生在酷热难耐的季节的昆虫，它们知道这样的日子不会持续很长时间。而那些从来没有遭遇过屋舍坍塌的昆虫也知道它们的房子将会在不久后倒掉。

本能告诉它们必须在房屋倒塌之前逃离。在依靠本能行事这一点上，象虫科昆虫做得最好。它们的幼虫能够预见未来，而且能够提前做好准备。即便象虫母亲再没有技巧，即便这是一只最蠢笨的象虫，它也

同样会考虑一个比较复杂的问题。它依靠自己的本能来为自己的幼虫选择最佳的出生地点，那里生长着符合幼虫口味的食物。

甘蓝还没有开花，它的球冠紧紧地缩着。粉蝶飞到这样的植物上不知道能做些什么。而且这种黄色、简朴的花朵并不比其他的花朵更能够吸引蝴蝶。然而它的毛虫却依靠这种植物成长。由于蛱蝶的毛虫对荨麻比较喜欢，所以蛱蝶母亲飞到了荨麻上。然而，荨麻上却没有什么东西是成虫可以吃的。这两种蝴蝶拥有比较好的记忆力，它们来到的地方虽然对于自身没有任何价值，然而对于自己的毛虫来说，却是美食的储备之地。

成年的松树鳃角金龟喜欢在夏至傍晚的微光中围着一棵它钟情的松树跳婚礼芭蕾。它在这棵树上寻找几根针叶作为食物，这样它的体力就会得到恢复。之后它便离开这片树林，到一片拥有沙质土地的地方去。这种地方对于松树鳃角金龟母亲来说，并不适合产卵。然而它依旧会把自己的卵产在这里。因为禾本科植物的侧根会在这种沙质的土地中腐烂。松树鳃角金龟母亲将自己埋在土里，然后开始产卵。它还依稀对这片腐烂的植物有着来自童年的记忆。

腐殖土那里根本没有适合金匠花金龟的食物，但是它还是执着地离开自己喜爱的蔷薇和山楂的伞状花序。它把自己埋在脏污的腐烂物中。它来到这个地方有它自己的原因，不是为了喝香甜的蜜汁，更不是为了陶醉在浓香的汁液中。它之所以来到腐殖土中，是因为金匠花金龟对从前有着模糊的记忆，那个时候的它还是一只在腐烂牧草中的幼虫。

假如成虫有着与幼虫同样的饮食方式，那么它们很可能就拥有对幼虫时期的记忆。在食物方面产生的问题通过饮食的均一性得到了很好的解决。人们认为食粪虫的行为非常好，它们在自己吃粪便的时候，还不忘了为自己的家庭成员储备一些。这样一来，成虫和幼虫的食物就能够很好地交互，这种交互又能产生联想与勾起回忆。

然而，我们对金匠花金龟原本拥有高级的花朵类食物，而它们的幼虫却在低级的腐烂叶中进食这种情况，不知做何解释。特别是那些捕食性膜翅目昆虫，它们的消化道中装满了蜜，但是它们却用捕获物来喂养自己的幼虫。这又要怎样解释呢？飞蝗泥蜂为了让自己的体力得以恢复，它们选择在刺芹上进食，然而在体力恢复之后却迫不及待地飞走了，因为它们想对蟋蟀进行屠杀。节腹泥蜂也同样如此。它们离开了盛开着鲜花和流淌着花蜜的伞状花序饭店，转而去刺杀象虫，因为这是它们孩子的食物。

怎样对这些行为做出合理的解释呢？会有人在这里提出这是记忆的问题。不，绝对不是。昆虫的这种行为跟记忆没有丝毫关系。人类在记忆力方面最有发言的权利，然而却没有哪个人会记得自己还是婴儿的时候在母亲怀中吃奶的情景。人们拥有对自己生命起源的联想，

⊕ 粉蝶为了自己的幼虫在植物上落了下来

只是因为看到了其他婴儿在他们母亲的怀中。小羊羔在母亲的乳头下吮吸着乳汁，它摇动着自己的尾巴，膝盖跪在地上，然而没有任何迹象表明长大后的它能够记得之前的吃奶场景。

婴儿期的食物是根本不可能被回想起来的。既然连我们自己都无法将婴儿时期吃奶的情形回忆起来，那么我们为什么还对昆虫强求呢？人类可是没有经过身体的巨变而懵懂地成长起来的，那么昆虫们怎么可能在身体蜕变之后还记得幼虫时期的活动呢？不可置信！

我不知道昆虫母亲怎样为自己的幼虫选择合适的食物，这是个永远不能解决的问题。昆虫母亲自己也不知道它的心脏和胃究竟有着怎样的奥秘和运作机制，它对这些一窍不通。同样地，产卵期的昆虫在为自己的孩子选择出生地时也什么都不懂。这种混沌的意识为粮食问题的解决提供了很好的条件。

象虫科昆虫依靠一种敏锐清晰的植物性的辨别能力来选择将要产卵的小花。它们具有一种草药商的才能，所以在这里让我们对它们稍做一些描述吧。不是任何一朵小花上都拥有某种特殊的味道、稳定性以及浓毛等幼虫喜爱的东西，因此选择小花进行产卵并不是一件随意的事情。明晰的植物性辨别能力能够让昆虫很快地知道哪里适合产卵而哪里不适合。

色斑菊花象对蓝刺头情有独钟，它们不会到处乱寻找其他的植物进行产卵。只有蓝刺头的蓝色花球才是它们的开垦之地，也只有象虫科昆

虫才欣赏这种植物。色斑菊花象的这种永久不变的行为使得它们的后代很容易就能够继承。

春天来临时，昆虫离开自己的出生地，转而走向不远处的小小的遮蔽所。在那里，它们能够找到自己喜欢的植物，这非常容易。植物已经发了新芽，昆虫们在瞬间就认出了它们祖传的产业。它们高兴地爬上去玩耍，就像刚结婚一样。昆虫们等待着蓝色的花球成熟。蓝色的蓝刺头对色斑菊花象有着天生的吸引力，只有它们会相互欣赏。

与色斑菊花象不同，熊背菊花象所开垦的植物种类变得多起来。它们既能够在万杜山山坡上长着老鸦企属植物叶的飞廉上开辟天地，也能够在平原的伞状花序飞廉上进行开垦。假如我们不对这两种植物进行细致深入的分析，而只是流于表面的形式，那么肯定不会发现它们之间的任何相同点。就算是能够以犀利的目光区分不同种类的草的农民，他们也没有想过能用同一个名称来称呼这两种植物。而生活在城市中的文明人，对它们就更加没有认识了。城市中任何其他事物的证据都要比植物学的多。

后一种飞廉的伞状花序长得十分修长，叶子比较细小，茎干也很长。它的花托还没有橡实的一半大，但是普通的花朵却集结在一起成了花束。拥有宽大的阔叶圆花饰，并且在地上攀爬的是长着老鸦企属植物叶的飞廉。这种飞廉没有茎，它阔大的叶子有点像科林斯式柱子上的装饰物。一朵鲜艳的花朵在由叶子织成的篮子中央绽开着，这朵花就如同拳头一样，非常大。

山朝鲜蓟是万杜人为有着伞状花序的飞廉科植物取的名字。这种花的肉质非常丰富，而且里面有着生吃依旧美味的榛子味乳汁。万杜人在收割完这些花后还会拿它们来炒鸡蛋，炒出的鸡蛋有一种非常独特的香味。有时候万杜人也把这种植物钉在羊圈的门上，当作湿度计来使用。它们在空气干燥的时候会把花打开，样子就像镶着金色鳞片的太阳，美丽华耀；而在空气潮湿的时候，这些花又会将自己合拢。这种习性与耶利哥玫瑰恰好相反。耶利哥玫瑰在空气湿润的时候绽放，而在干燥时合拢。虽然耶利哥玫瑰比较有名气，但它只不过是个粗陋的小盒子而已。与耶利哥玫瑰相比，飞廉科植物是个土生土长的种类。假如它来自外国，那么很可能也会受到乡亲们的重视。然而现在乡亲们对它的重视程度却远不如耶利哥玫瑰。

七月和八月，我在徒步旅行中经常看见象虫在山朝鲜蓟上面忙碌着，它们对飞廉科植物十分了解。菊花象对这种植物之所以很了解，不是因为它们有湿度计的作用，这种作用对菊花象来说没有丝毫意义。菊花象是把飞廉作为食物和养料来对待的。象虫就在受阳光抚育的鲜花中产卵。我不知道象虫母亲是否会在同一朵花上面产下好几枚卵，因为我不了解那里是否有足够几只幼虫同时进食的食物。或许象虫母亲会像在伞状花序的飞廉上那样，只在那里安放一枚卵，因为没有什么迹象告诉我这只小虫子会不会为自己的家庭做精细的打算。或许象虫母亲知道如何才能更好地利用有限的食物来喂养自己的幼虫。我无法在那个时候对象虫的行为进行细微的探索，因为那时候我的注意力已经转向了植物学。这让我感到非常遗憾。

假如上面的问题让我们感到迷惑，那么对于熊背菊花象的这点我们就应该比较清楚了。假如不是专门对这些植物进行研究，我们根本不可能分辨出这两种植物是同一个科类。然而熊背菊花象就知道这两种截然不同的植物都同属于飞廉科，而且都是它们的美食。熊背菊花象是目光非常犀利的草药商，它们能够分辨出纤细的蓟草和拥有华美圆花饰的植物是属于同一个种类的。

色斑菊花象也在扩大它的领地。一种拥有玫瑰红的头状花序的植物被色斑菊花象辨认了出来。色斑菊花象并没有因为这种植物的花色与拥有白色头状花序的植物的不同就将其放弃。色斑菊花象也因此为自己的领地加入了一笔新的财富。这是一种比拥有白色头状花序的植物更为可怕的种类，但是它却质量优良。现在在色斑菊花象又定居在卑微的淡黑飞廉上，它没那么凶恶，高度不超过一拃。

色斑菊花象不是因为植物球冠的大小不同才能够对其进行分辨的，因为三种蓟草的大花冠与细花飞廉的头状花序都同样常被使用。

✚ 象 虫

色斑菊花象也不关心植物的外表、香气、颜色或是叶子，因为它正积极开发利用着那些开着黄花的茸毛肯特罗非茸草，这是一种被路上的尘土弄脏了的可怜的小花。

另一种叫作斯柯丽米菊花象的小家伙在分辨植物的能力上比色斑菊花象还高出一筹。它们在朝鲜蓟和刺菜蓟这两种外形比较庞大的植物上面进行劳作，这两种植物的蓝色球冠差不多有两米的高度。甚至还有人在一种比较普通的矢车菊上也看见过斯柯丽米菊花象的踪影。这可是一种长着比人的小指还要小的头状花序的植物，它的头状花序是拖在地上的。与色斑菊花象相比，斯柯丽米菊花象拥有着更为深厚的植物性本能。它们为自己开辟出了一些比较珍贵的场地，连茸毛肯特罗非茸草都是它们的活动场所。这让人产生无限的遐想与思考。

菊花象天生就知道的事情，我们却只能通过后天的学习才能获得。虽然不同的蓟草对于我们来说很难区分，然而菊花象却在夏天毫不犹豫地从一种蓟草飞向另一种蓟草。菊花象知道这些蓟草同属于一个科类，它的这种感觉从来都没有出过差错。而我们却在让人生疑的小旅店面前犹豫不决。菊花象的这种本领没有经过实验就已经拥有。它知道什么是朝鲜蓟的花盘，也知道什么最适合它的家庭。假如我被突然放在一个陌生的地方，假如我没有任何关于这个地方的信息，我根本不敢去吃这里的某种果实。

促使菊花象对植物进行分辨的是一种叫作本能的东西，这种本能能够为它们提供非常确切的信息，而且是在一个有限的范围之内。菊花象可以不经过学习就知道如何对植物进行区分，但是人类却需要靠学习来掌握这种本领。如果说菊花象的向导是它的本能，那么我的向导则是我的智慧。不同于菊花象无须学习就拥有的本领，我的智慧需要我不断地学习才能获得。在迷失道路之后重新找到道路，经过徘徊之后才能自由飞翔。智慧能够畅游的是整个宇宙，而本能却只能在宇宙中一个小小的点上活动。

第六卷

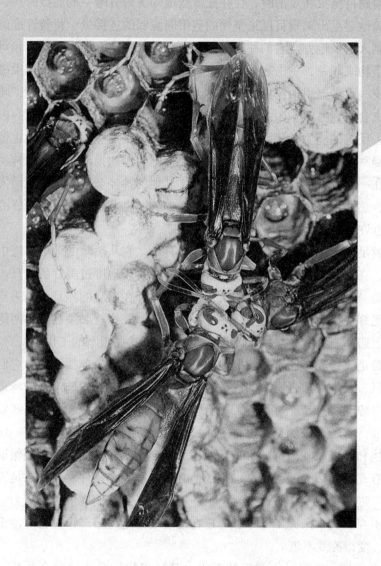

第一章 黄足飞蝗泥蜂的生活

　　膜翅目昆虫在攻击时，往往能清楚地知道对方唯一的弱点所在，比如准确地寻觅出鞘翅目昆虫坚硬的盔甲间脆弱的连接处，将螫针准确无误地刺入这个地方。它们往往选择象虫和吉丁虫这一类神经器官相对集中的猎物来刺杀，一击之下就可以刺伤三个运动神经节。但是如果碰上了软皮、不带盔甲的昆虫，搏斗时无论被刺到什么部位都无所谓，膜翅目昆虫会怎么办呢？凶手杀人时，往往会选择心脏，让受害者在一击之下失去反抗的能力，从而减少自己的麻烦。那么那些昆虫是不是也像节腹泥蜂一样，选择刺伤猎物的运动神经节呢？但如果敌人的运动神经节不连在一起，即使被刺中一个神经节，其他的神经节也不会因此而失去作用，那杀手该怎样做呢？一个捕捉蟋蟀的昆虫黄足——飞蝗泥蜂的故事，也许会对我们解答以上问题有所帮助。

　　黄足飞蝗泥蜂破茧而出的日子在七月份。它从黑暗的地下摇篮中飞出来，在罗兰蓟带着刺茎的枝头上飞舞着，悠闲地度过美好的八月。罗兰蓟是一种生长普遍而茂盛的植物，往往盛开在盛夏的烈日下，为黄足飞蝗泥蜂提供蜜汁。然而八月一过，黄足飞蝗泥蜂就必须在道路两侧的边坡上选择一个小地方，开始进行挖掘和狩猎这些艰辛的工作。

　　黄足飞蝗泥蜂通常是成群地从事建筑工作，很少单独行动。它们往往十只、二十只或者更多的成员聚集在一起，共同开发选定好的场地。黄足飞蝗泥蜂总是经过精心考虑后才选定家的位置。说起它们选择安家的场地，有两个条件是必不可少的：一是要有易于挖掘的沙土，一块没有遮挡和经过风吹雨打的水平场地自然再合适不过了；但是必须保证朝阳，有充足的阳光照射，这也是场地必备的第二个条件。如果黄足飞蝗泥蜂正进行掘地工作时，突然下了一场暴雨，那它们就惨了，因为它们不得不弃置这项未完工的工程，正在建筑中的地道第二天就会被沙土堵塞住，变得凌乱不堪。

　　筑窝是一项漫长而艰巨的工程，其过程往往要持续整个九月。如果你想要了解它们的工作状况，必须要一连好几天凝视着同一个工地，看那些勤劳的建筑工是如何敏捷地跳跃，迅速地活动，忙碌而热切地工作的。工地上尘土飞扬，工人们用林奈（瑞典博物学家，动植物的双名命名法创立者）所说的"犹如利刃"般的前腿上的耙子迅速地挖着土，一边工作一边快乐地哼唱着劳动

➕ 正在吃苹果的玉龙黄胡蜂

的旋律，用时断时续、尖锐刺耳的歌声激励着身边的工友，而双翅和胸腔的振动，仿佛是欢快的鼓点。多么欢乐的一群伙伴！如果碰上费力的大沙砾，它们就会像伐木工人一般猛一用力，发出一声犹如"嗨哟"的高喊，大家一起腿颚并用，加倍使劲，小洞很快就挖好了。被它们一点一点耙出来的过大的沙砾会滚落到远离工地的地方，细小的尘埃则落在它们微微颤动的翅膀上。接下来，它们把整个身体钻进小洞，我们虽然看不见辛勤的建筑工的工作，但却仍旧能听到它们在地下不知疲倦地歌唱着。那么它们是如何工作的呢？黄足飞蝗泥蜂身处地道，一边向前挖新的沙砾，一边向后排碎屑，两种动作迅速交替。它们急促地来回运动着，跳跃着，腹部抽动，触角颤抖着，全身都在震颤发响，像是被一根弹簧拴住后在用力地弹动。时不时地，它们会中断地下的工作，到阳光下伸伸懒腰，把落在细小的关节上的尘粒抖落下去——那些尘粒会妨碍它们自如地活动；或者在很短的休息时间内到周围去巡视一番。几个小时内，地道就挖好了，黄足飞蝗泥蜂们剩下的工作就是对整体工程进行最后的装修，搬开在它们细小的眼睛看来会妨碍活动的沙砾，刮掉墙壁上凹凸不平的地方。当然，它们在做这些之前会先在地道的入口处高奏凯歌以庆祝完工。

要想好好观察黄足飞蝗泥蜂完工的家，需趁它们外出捕猎的时机。在一处水平但并不平坦的地皮上，覆盖着一簇草皮或蒿属植物的凸出表面，抑或被植物的细根须牢牢攀住的褶皱侧面，那都是黄足飞蝗泥蜂建窝的理想地带。地道的里面先是一个水平的门厅，有两三法寸深，这是

食物储藏室，也是通往隐藏所的通道。过了门厅是一个急转弯，是向下延伸了两三法寸深的缓坡，洞穴深处是一个椭圆形的蜂房。为了避免坍塌，蜂房的沙土都被压得结结实实，地板、天花板、墙壁都被认真平整过，这样，幼虫的嫩皮就不会被粗糙的墙壁表面所弄伤。虽然这里四壁萧然，但是足以看出是经过了非常精心的设计和建构的。这个蜂房的直径比较长，水平线就是最长的轴线。蜂房与过道相通的入口非常狭窄，仅仅够一只黄足飞蝗泥蜂带着猎物通行。一个蜂窝中通常有三个这样的蜂房，两个蜂房的情况较少，四个蜂房的情况更是不多见。黄足飞蝗泥蜂在第一个蜂房产下一枚卵，为即将出生的幼虫备足食物后，便将蜂房的入口封住，在旁边挖第二个蜂房，同样产卵并存放食物，然后再挖第三个，极少数的情况会挖第四个。到了这时，黄足飞蝗泥蜂才把所有堆在门口的泥屑搬回洞里面，清除掉洞外留下的痕迹。我通过对黄足飞蝗泥蜂尸体进行解剖，知道黄足飞蝗泥蜂产卵的数目约有30个，这样就至少需要10个蜂窝。

黄足飞蝗泥蜂建造一个蜂窝和准备食物的时间很短，最多只有三天，那是因为它们必须在九月底前全部完工。在这样短的时间里，它们必须分秒必争地备好一打蟋蟀，把食物千辛万苦地运回蜂窝，放进仓库，最后把窝封好，这是一系列多么烦琐的劳动啊！更何况它们还会遇上因为刮风或者是阴雨连绵而无法捕猎的日子。在这样的日子里，任何工作都必须停止，黄足飞蝗泥蜂只能躲在门厅里，夜间藏身，白天小憩，从洞口中露出富有表情的面孔和无所忌惮的大眼睛。黄足飞蝗泥蜂并不像那些把牢固的洞穴世世代代传下去的栎棘节腹泥蜂，栎棘节腹泥蜂的洞穴往往可以用很多年，一年比一年挖得更深，当我想参观它们的家时，即使用上了挖掘工具也挖不到头，常常弄得我满头大汗。相反，黄足飞蝗泥蜂的洞穴就像是一顶匆匆忙忙搭起来，只用一天，第二天就要收起来的帐篷一样，它们更热衷于白手起家，事必躬亲，而且要尽快出成果。黄足飞蝗泥蜂的幼虫还给自己添上了母亲所无法创造的东西，一件有三四层的不透水的外套——茧，虽然这外套看起来像一层薄纱，但是比节腹泥蜂的茧好多了，这也弥补了洞穴不够坚固的缺陷。

大多数的黄足飞蝗泥蜂是在平地上，在自然的土壤中工作，我观察过很多这样的蜂群，但是一个把窝筑在大路边上的黄足飞蝗泥蜂群却给我留下了深刻的印象。它们选择了路边一些明显是养路工人用铲子挖小沟时堆出来的小土堆，其中一个半米多高的锥形土堆早就被太阳晒干了，从堆底到堆顶都布满了洞。离远一点看，这块圆锥形的干土外表像一块大海绵。黄足飞蝗泥蜂们似乎很喜欢这个地方，在这里建了一个小村落。我从没见过一个有着如此多居民的村落。村庄显然还没有完全建成，像是一个正在赶工的大工地，里里外外热火朝天，居民们

这只昆虫看上去很像黄蜂，但其实这是只游牧蜂。游牧蜂的行为很像杜鹃的行为，它们把卵产在其他蜜蜂的巢里，然后幼虫会把巢里的食物吃掉。

你来我往，忙忙碌碌，尘土顺着挖掘的地道涌出，不时能看见满脸尘土的建筑工进进出出。偶尔有一只黄足飞蝗泥蜂忙里偷闲地爬上堆顶，像是要从高处欣赏自己的杰作。被捕到的蟋蟀就被拖到这个锥形村落里面的斜坡上，存放到蜂窝的食品储存间里。啊！我多么想把这个村落连同它的居民们一同搬走，留住这诱人的劳动景象啊！但是土堆那么大那么高，我如何能连根拔起呢？不过是痴人说梦罢了。

现在一只嗡嗡叫着的黄足飞蝗泥蜂回来了，停在离村落差不多一沟之隔的灌木丛上，大颚咬着一只胖乎乎的蟋蟀，累得筋疲力尽——那只蟋蟀看上去足有它几倍重。它休息了一会儿，用腿夹住猎物，用力一跃，跃过村前的沟壑，沉重地落在了村落里。接下来，它跨在俘虏的身上，咬住俘虏的触角，昂首阔步地前进，仿佛无比自豪。虽然我坐在那里，但骄傲的狩猎者一点都不害怕。余下的路程基本上靠步行，如果地面平整，运输起来自然没有什么难度，但是如果这条路上草禾盘根错节，一个不小心它就会被某一根草根绊住。那该是多么有趣的场景啊！当发现自己有劲也使不出的时候，它仿佛惊呆了，前走走，后退退，绞尽脑汁想办法，最后才依靠着翅膀的力量前行，或者巧妙地绕开障碍，最终克服困难，把蟋蟀拖到目的地——蜂窝。黄足飞蝗泥蜂放下猎物，迅速下到地道里，几秒钟后又把头伸出洞外，一把抓住洞口蟋蟀的触角，猛地使劲，发出一声愉快的喊声，猎物就那样落到了窝的深处。

我迄今为止观察到的各种膜翅目掠夺者，都是毫不啰唆地用大颚和两只中足抱住猎物，径直将其拖进洞穴深处。只有杜福尔观察到的节腹

泥蜂把工作复杂化了：先暂时把吉丁虫搁在地下室的门口，自己退入地道，用颚咬住猎物并将其拖进洞里。但这种战术比起黄足飞蝗泥蜂来可是相距甚远。为什么黄足飞蝗泥蜂不直接把蟋蟀拖进地道而要经过那么一番复杂的程序呢？为什么它在把猎物运进窝之前一定要检查一番呢？是不是因为它足够谨慎，在带着沉重的负担下洞之前，总是要对住所扫一眼，检查一切是否正常，以便赶走自己出门后钻进来的厚颜无耻的寄生虫呢？所谓寄生虫，就是各种双翅目的巧取豪夺的小飞虫，尤其是弥寄蝇，它们总是守在会捕猎的膜翅目昆虫的家门口，窥伺着有利的时机，好把自己的卵产在别人的猎物身上。弥寄蝇的骚扰对象之一就是黄足飞蝗泥蜂，但是弥寄蝇绝不会进入黄足飞蝗泥蜂的巢洞里去干坏事，它们不敢闯进别人的家中，不敢进入黑暗的过道，因为它们如果不幸碰到屋主，就会为自己鲁莽的行为付出沉重的代价。何况它们完全可以利用黄足飞蝗泥蜂暂时把猎物抛在洞口的机会，把卵产在猎物的身上，把自己的后代托付给猎物。所以这个解释是不成立的。黄足飞蝗泥蜂之所以要事先下到窝里去看一下，是不是因为有某种更大的危险在威胁着它呢？

曾经有一次，我在一群紧张干活的黄足飞蝗泥蜂中间发现了一个与之不同类的猎手，那是一只黑色步甲蜂。在黄足飞蝗泥蜂干活的时候，别的膜翅目昆虫通常不被允许混在里面，但眼前这个不速之客异常镇定自若，不慌不忙地把沙砾、干草茎碎屑和其他的小材料，一件件搬运来堵住一个与旁边的黄足飞蝗泥蜂的窝口径一样大小的洞口。它工作得十分认真，令人不会怀疑这个工人的卵就埋在那地底下。我曾经多次看到过这样的黑色步甲蜂推着一只蟋蟀，我很愿意相信那是它的猎物，但它顺着路上的车辙漫无目的地行走总是令我满腹狐疑——它的样子太像是在寻找一个合意的洞穴了！它真的曾经不畏艰辛地从事挖掘工作吗？我从未见过。更严重的是我曾见到它把自己的猎物扔掉，这样糟蹋粮食，不正说明这猎物并不是它费尽心力捕捉来的吗？所以我怀疑，这蟋蟀是它趁着黄足飞蝗泥蜂把猎物丢在门口的时候，从那里偷来的。就在眼前这只黑色步甲蜂努力填补洞口的时候，一只黄足飞蝗泥蜂惴惴不安地过来，看上去它是这个窝的合法业主。每当有异族入侵的时候，它肯定会扑上去赶走异族，捍卫自己的家，可是它好像受到了惊吓一样，猛地跑了出来，身后跟着的黑色步甲蜂却镇定自若地继续着自己的工作。

我查看了这两只膜翅目昆虫所争夺的洞穴，在洞穴中发现了一个装着储备口粮——四只蟋蟀的蜂房。这些食品远远超过了一只黑色步甲蜂幼虫所需要的口粮，我几乎要用确信代替怀疑了。你看黑色步甲蜂若无其事、专心致志地封着洞口，谁会想到它不是这个窝的主人，而只是个中途杀出来的强盗呢？令我不解的是，黄足飞蝗泥蜂比它的对手个子大，力气也大，怎么会仓皇逃离而任凭自己辛苦工作的成果被抢走呢？那样不战而逃不是太软弱了吗？是不是昆虫和人一样，成功的要诀在于"大胆！大胆！再大胆"呢？那么眼前的这个强盗果然足够大胆，即使是面对着个头比自己大上一倍的黄足飞蝗泥蜂，它也镇定自若地踱来踱去，相反，黄足飞蝗泥蜂尽管急不可耐，却始终不敢向强盗扑过去，抢回属于自己的领土。

　　对于便服步甲蜂我也有着像对黑色步甲蜂同样的怀疑。便服步甲蜂的腹部长着一条长长的白带，看上去像白边飞蝗泥蜂一样。它也是把蝗虫当作幼虫的口粮。我从未见过它挖地道，但却见过它拖着一只蝗虫。我开始思考战利品的合法性，因为不同种类的某些昆虫间，口粮却有一致的可能性。我曾经目睹蚱猴步甲蜂堂堂正正地捉到了一只还没长翅膀的小蝗虫，并且挖了蜂窝，把英勇战斗得来的猎物放在里面作为储粮。这个场景降低了我的怀疑，弥补了我对此类昆虫名誉的损害。

✚ 猎蝇蜂

✚ 掘土蜂

　　因此，对于黄足飞蝗泥蜂先下到洞底，然后才把猎物运进去的行为，我只能提出一些存疑的解释。除了赶走趁它不在时钻进来的寄生虫之外，它是否还有别的目的呢？我无从知晓。人类的智慧太过贫乏，很难解释千百种本能的表现形式。如何解释黄足飞蝗泥蜂的心理呢？我曾经做过一项实验来证明黄足飞蝗泥蜂这种行为模式是永恒不变的，那是一项令我十分激动的实验。

　　当黄足飞蝗泥蜂下到地底巡视洞穴的时候，我把它丢在家门口的蟋蟀拿走，放在了几法寸远的地方。当黄足飞蝗泥蜂上来的时候，它像往常一样鸣叫着，左看看，右看看，最后发现了远处的猎物，于是从洞里出来，抓着蟋蟀放回洞口，独自走下了洞穴。我故技重施，又将蟋蟀挪走几法寸，黄足飞蝗泥蜂上来后沮丧地发现蟋蟀又换了地方，只好悻悻地将猎物拖回来，自己却仍旧独自走下洞去。如此反复，我耐着性子对同一只黄足飞蝗泥蜂做了四十多次实验，它对战术的固执击败了我对实验的执着。一次又一次，它的战术没有丝毫改变。我继续在同一个黄足飞蝗泥蜂村落，对所有令我感兴趣的黄足飞蝗泥蜂进行同样的实验，证明了前面描述的那种顽强性格的不屈不挠。这样的结果不禁令我反复思索了一段时间。我觉得，昆虫应该受着一种命中注定的禀性的支配，环境无法改变，行为也永远固定不变，它没有靠自己的力量来获得经验的能力。但是这种过于绝对的看法却在我接下来的观察中被改变了。

第二年，我在适当的时间查看了同一个地方。新的一代忠实地秉承了上一代的战术。我的实验结果同去年的相同，黄足飞蝗泥蜂们始终重复着同样劳而无功的行动。而在远离第一个黄足飞蝗泥蜂村落的另外一处蜂群中，我实验了两三次之后，黄足飞蝗泥蜂仿佛厌倦了这种折腾，大踏步地跨到蟋蟀身上，用大颚咬住蟋蟀的触角，立即头也不回地将蟋蟀拖进洞穴里去了。正当我逐渐坚信了从前的推断时，例外在我逐渐陷入错误的判断时发生了。如此看来，傻瓜一样的人不就是我吗？狡猾的黄足飞蝗泥蜂挫败了我的计划，那么在其他洞穴里，它的邻居们或早或晚也一样会揭穿我的阴谋，不再把猎物扔在洞口，而是直接拖进洞穴里。

今天部落里的村民比我去年观察到的村民聪明很多，它们可能来自于另一个祖先。子孙们总是愿意回到祖先选好的地方，这样祖先的精神才能世代相传。根据祖先的特征，有的部族聪明，有的部族愚笨，黄足飞蝗泥蜂和人类一样，地点不同，才智有别。

第二天，我又在另外一处村落进行同样的实验，这次我碰到了一群真正愚笨的村民，像我第一次观察到的一样，这个头脑迟钝的部族，让我的每次实验都取得了成功。

第二章 泥蜂的返程能力

昆虫的眼力和记忆力，显然是大大高于我们人类的。它们的身上有一种对地点的独特直觉，姑且称之为记性，那是一种我们无法比拟又无以名状的能力。正是这种能力，令泥蜂准确无误地停落在它那跟滚滚黄沙融为一体的家门前，令砂泥蜂在花丛中徜徉一夜后仍然能找到它昨日心血来潮时建好的竖井。我的眼睛无法分辨，记忆也不能完全清晰地指出洞穴所在，纵使我之前可能已观察了好几个小时。那么昆虫究竟是怎样记住的呢？它们对地点的认知，是由于卓越的记忆力呢，还是通过什么我们不能理解的方式呢？如此种种，令我对昆虫的心理大为好奇，于是我进行了一系列相关实验。

第一个实验：在上午将近十点钟的时候，我在一个斜坡上找到了一个栎棘节腹泥蜂的蜂群。这种节腹泥蜂以方喙象为食。它们有的正在挖掘洞穴，有的正在储备粮食。我在同一个蜂群里抓了十二只雌性节腹泥蜂，用麦秸蘸着一种不会褪色的颜料，在每只节腹泥蜂的胸部中间点了一个白点，以便将来辨认；然后把它们每只单独封闭在一个纸袋里，放在盒子中，走到了离蜂窝大约两千米的地方再将它们放出来。这些初获自由的俘虏乍见天日，纷纷四散飞往各处，没有秩序和统一的方

> **知识链接**
>
> 黄蜂和蜜蜂通过记忆通往蜂巢的路途中可见的记号，如鹅卵石的相对位置、草丛，以及类似的标记，能准确返回蜂巢。地平线上更远一些的物体，如树或小山顶，也经常被用来作为标志物。在绕着蜂巢入口做短暂定位飞行的时候，它们会把这些标志物都记住。黄蜂和蜜蜂还会利用太阳的方位作为参照物，记下太阳和向外飞行路线之间的角度。它们体内的"指南针"能帮助它们调节自己与太阳的方位。

向。不过它们只飞了几步就都停了下来，站在草茎上，用前腿揉一揉仿佛被阳光眩晕了的眼睛，努力辨认着方向。不一会儿，它们就先后起身，毫不犹豫地挥动着翅膀向南飞去——那正是它们的家的方向。五个钟头后，我在之前的蜂窝里发现了两只胸前带着白点的节腹泥蜂正在窝里不慌不忙地干着活，不一会儿第三只从田野里飞来，还抱着一只象虫，看来它在归途中很有收获。不到一刻钟，第四只也很快飞来。我想

我没有必要继续等待了，也许剩下的那八只正在归途中捕猎，也许已经躲到了窝的深处，不管它们现在在哪儿，一定也会像眼前这四只一样回到这里来的。运输的过程中，它们被关在纸牢里，根本不可能知道运输的路途和方向。我不知道节腹泥蜂的狩猎范围有多大，是不是它们对方圆两千米内的环境都比较熟悉，所以才能如此驾轻就熟地找到自己的家呢？看来我有必要继续实验下去，把它们送到更远的地方去，而且这个地方是它们绝对不可能知道的。

我从上午的同一窝节腹泥蜂中又取了九只雌节腹泥蜂，其中有三只接受过上一次实验。我在这次的节腹泥蜂胸前点了两个白点，和上次胸前只有一个白点的实验品区分开来，然后把它们关在各自的纸袋里，放在一个黑漆漆的盒子中。这一次，我选择了距离蜂窝大约三千米处的邻近城市卡班特拉。节腹泥蜂是典型的乡下人，从来没有来过大城市。人口稠密的都市，鳞次栉比的房屋，烟雾缭绕的烟囱，这些对于长年生活在原野中的节腹泥蜂来说该是多么新奇呀！更何况又有三千米的距离，这是多么大的阻碍！因为天色已晚，我推迟了实验，让囚犯们在黑匣子里过了一夜。第二天早上八点左右，我在人口稠密的市中心大路上，把它们一只只释放，然后观察每一只飞走的方向。被释放的节腹泥蜂在获得自由的时候，都挥动翅膀奋力地垂直向上飞，仿佛要从这一排排楼房、一条条街道中摆脱出来。终于飞到了屋顶上，身处高处的节腹泥蜂视野骤然开阔，它们奋力一跃，迅速地向南方飞去，那正是我把它们带过来的方向，也正是它们的窝的方向。我一个个释放了所有的节腹泥蜂，每一次都惊奇地发现，即使对周围的环境完全陌生，甚至是在与平时生活的原野一点相同之处都没有的城市，它们还是可以迅速地判断出正确的飞行方向，毫不犹豫地向家中飞去。

几个小时后，我回到了成为实验品的节腹泥蜂的家。我首先看到了好几只胸前带着一个白点的节腹泥蜂，它们是昨天的实验品。但胸前带着两个白点的俘虏我却一个都没有见到。难道说刚才释放的俘虏们迷失在归途中，找不到自己的家了吗？它们会不会被两天来诡异的经历和陌生的城市吓坏了，正躲在某个巷道里平复紧张的心情，或者醉心于原野中的捕猎呢？我不敢确定。第二天，我又去视察。这一次，我欣喜地发现了五只胸前有两个白点的工人在工地上积极劳作着，仿佛什么事都没有发生过。

节腹泥蜂所展现出来的惊人的能力让我想到了鸽子。即使鸽子被人们从鸽棚里取出来，带到很远的地方，它也能够迅速地返回鸽棚。然而节腹泥蜂的体积只有一立方厘米，而鸽子的体积不止一立方分米，足足是节腹泥蜂的

➕ 蜂类具有本能的地形感，因而能找到自己的窝

一千倍！如果动物的体积和飞行能力成正比的话，鸽子要比节腹泥蜂强多少哇！节腹泥蜂被运到三千米远的地方也能够返回自己的窝，鸽子如果想要公平竞争的话，至少要从三千千米远的地方开始飞，中间的距离是法国由南到北最远距离的三倍呀！我不知道有没有信鸽可以完成这样的壮举。然而，正如翅膀的强有力与否是不能用长度来衡量的，动物的本能的高低更不能用体积来考虑。我只能说，节腹泥蜂和鸽子都是飞行的高手，当它们被人为地弄得背井离乡时，都能迅速而准确地回到自己的家园，两者显然不分伯仲，各有千秋。

我的实验虽然证明了节腹泥蜂本能的地形感，却并不能解释这种本能。节腹泥蜂在我的实验中，都是被放在黑漆漆的密闭纸盒里，运到一个完全陌生的地方，自始至终它们都不清楚自己身处的地点和方向。对于没有经历过的东西，昆虫是不可能有记忆的。它们肯定不是靠着卓绝的记忆力找到回家的路的。纵使它们向天空奋力展翅，到达一个开阔的高处，记性也不可能成为一个好用的指南针，给它们指明家在哪里。可以说，在这个实验中，记忆力几乎没有起到一点作用。指引节腹泥蜂回到家园的，只能是一种比单纯的记忆还要好用的东西：一种专门的本领，一种独特的地形感。这种与生俱来的本能，在我们人类身上却找不到，所以我们无法确立同样的概念，更不可能感知昆虫的感受。这种敏锐而精确的本领，在昆虫和鸟的身上那样明显和普遍，但对于人类来说又是多么难得和可贵。为了进一步研究本能的优势和缺陷，我继续做了几项实验。

泥蜂的洞穴搭建在滚滚黄沙中，每当它准备动身外出给幼虫寻找猎物时，它总会一面后退着从洞穴里出来，一面仔细地把沙子扒到洞口堵住入口。直到入口淹没在沙地里，和其他地方的沙子看起来没什么两样，它才放心离去。过了一会儿它带着猎物回来，很轻松地找到了洞穴的入口，这对它来说根本不是什么难事。我现在需要采取各种恶作剧的手段改变现场，让泥蜂认不出自己的洞穴。要怎样才能瞒住判断力如此敏锐的泥蜂呢？我首先采取的办法是用一块平板石头把洞穴的入口盖住。过一会儿，泥蜂回来了。在它外出期间，家门口已经发生了重大的变化，但是它似乎并没有什么困惑，也没有丝毫的犹豫，立即向石头奔去，开始挖掘。它没有费多大力气在那块石头上，而是在与洞口相应的那个部位挖呀挖。由于障碍物过于坚硬，它很快放弃了。泥蜂围着石头左转转，右转转，似乎转了个念头，钻到了石头底下，开始朝着窝的准确方向挖了起来。看来这块平板石头根本难不住机灵的泥蜂，我只能换另外一个办法。

我用手帕把泥蜂赶到远处，不让它继续挖掘，因为眼看它就要挖到洞穴了。泥蜂似乎受到了惊吓，好长时间没有回来。我在这段时间内，设下了另一个圈套。我发现在不远处的路上有牲口的新鲜粪便，路边还有木块，我把粪便挑了过来，一块块地弄碎，撒在洞口和洞穴的周围，至少有四分之一平方米大小，一法寸厚。临时做实验就要求实验者善于利用周围一切可以利用的东西。泥蜂肯定从来没有见过这样的家门，粪便的颜色、性质和气味可能把泥蜂弄得晕头转向，不知所措。泥蜂会不会因此上当呢？在我的期盼中，泥蜂回来了。它站在高处审视了一番自己的家门，混乱的现场，已经完全不是它走时候的模样，情况显然出乎它的意料。过了一会儿，它跳到了粪便层的中央，钻进带有粗纤维的粪团中，正对着洞穴的入口挖起来，一直挖到有沙子的地方，在那里它立即找到了洞口。实验又失败了！我抓住泥蜂，再次把它赶到远处。即使窝已经被用全新的方式掩盖起来，它还是无比准确地扑向了洞口，这证明了它至少不是单纯地靠着目光和记忆力的指引找到窝的。

那么，指明灯究竟在哪里呢？是嗅觉吗？刚才的粪便不是已经发出了逼人的气味吗？但昆虫并没有失去那种敏锐的判断力。我决定再用另外一种更强烈的气味来试一试。正好我的昆虫学工具囊中有一小瓶

知识链接

这种蜜蜂中的工蜂腹部的背面长有奈氏气味腺，气味腺在工蜂弯曲腹部尾端的时候会露出来。腺体释放的信息素会把其他蜜蜂引过来。

乙醚。我把粪便层扫干净，将一层虽然不厚但面积很大的青苔铺在沙上。远远看见主人回来，我立刻把瓶中的乙醚洒在上面。乙醚的气味太强烈了，泥蜂起初不敢走近，但它只是犹豫了一下，就立刻扑向还在散发着强烈气味的青苔，迅速地穿过障碍物，钻进自己的窝里。不管是乙醚的气味还是粪便的气味，都没能让泥蜂迷失，看来指引它找到窝的，是一种比味觉更可靠、更有把握的东西。

人们可能会认为，指引昆虫行动的感官存在于触角当中。为了证实这种说法，这一次，我抓住泥蜂，把它捏在手中，连根剪断它的触角。昆虫在我的手中疼得瑟瑟发抖，它惊恐万分，我一松手它就一溜烟地逃走了，好久都没有回来。就在我等得不耐烦，快要放弃的时候，它还是回来了，而且一回来就准确地扑向了自己的窝——已经被我在足够的时间内装饰一新的窝：我用核桃大的卵石整个盖住了泥蜂的窝所在的位置。对于昆虫而言，这卵石无疑大过了布列塔尼（法国西部的一个地区）的拱形建筑物，大过了卡纳克史前期遗留下来的巨石林（卡纳克的巨石林有多达三千根巨石柱，是人类旧石器时期和青铜器时期的遗迹）。但是已经被剪断触角的昆虫并没有因此而掉入我的迷魂阵，它和器官完整的昆虫一样，轻而易举地找到了入口，仿佛从来没有受到过任何外来的伤害。

颜色、气味、材料甚至是肢体伤害，没有一种方法能阻挠泥蜂找到它的窝，甚至不能让它对家门的位置产生丝毫犹豫。我已经无计可施了。我很难理解，在视觉和味觉都因我的设计而发生偏差的情况下，昆虫究竟是凭借着什么我们所难以理解的官能，抑或是某种神秘的指引，找到自己的家呢？

接连几次的失败让我很是颓然。过了几天，我又进行了一次实验，这次的结果让我走出了迷雾，开始从一个全新的角度思索这个问题。我们当然了解，雌蜂执意要回到蜂窝就是为了幼虫的食物。要走到幼虫那里，就必须首先找到蜂窝的入口。幼虫和入口是这整个行动的关键所在。我觉得，这两个问题可以分开来单独考虑。要进行观察可能相当麻烦。于是，我用刀刃把沙子一点点刮掉，把泥蜂的窝的天花板整个掀开来，但没有破坏它里面的原貌。所幸这个窝埋得并不深，几乎是水平放置的，泥沙也并不坚硬，我操作起来没有遇到什么困难。这时候，蜂窝的整个屋顶都没了，原本在底下的房屋成为一条露天的、弯弯曲曲的小沟，像一条未完工的渠道。渠道有两分米那么长，位于洞口的一端可以自由进出，另一端则是封闭的小凹洼，食物堆放在那里，幼虫就躺在食物上。虽然我掀掉了天花板，但丝毫没有碰屋子里的东西，一切还都是井然有序，少的只是一个遮挡阳光的屋顶而已。现在这个隐庐暴露在了光天化日之下，沐浴在阳光中。目之所及，屋子里所有的一切都一览无余：前庭、巷道、尽头的卧室，堆成一堆的直翅目猎物，幼虫安然地躺在其中。做完这些准备工作之后，我耐心地在原地等待着泥蜂回来。

泥蜂终于回来了，径直走向已经不存在、只剩下门槛的门。我看到它长时间地在门外的沙地上挖掘、打扫，把沙子掀得漫天飞舞，仿佛要挖出一条新的巷道似的，不屈不挠地寻找着那扇活动的门。其实泥蜂只要头一拱，门槛就会塌下来，它就能进去。可是这次它遇到的不是活动的材料，而是还没有被翻动过的坚实的土地，坚硬的地面让它警觉起来，于是它回到地表继续探索。接下来的这段时间里，它始终在偏离洞口几法寸的范围内，来来回回打扫了不下二十次，没有走远，执拗地相信它的门一定就在这附近而不是别处。我用草茎轻轻地将它拨到另一个地方，它立即又回到它的门所在的地点。我再把它拨走，它还是一样回来，说什么也不上当。过了许久，它似乎注意到了原来的巷道变成了一条露天的渠道，但只是稍稍注意到而已。它试探着向里面走了几步，不停地扒沙子，有两三次，它几乎走到了那条沟的尽头，到了幼虫居住的小凹洼处，但它显然漫不经心地扒了两下，就急急忙忙地返回身，回到入口处继续执拗地寻找着。一个多小时过去了，泥蜂的执着让我都不耐烦了，但泥蜂由于徒劳的寻找变得更加固执，还是没有任何成果但又毫不动摇地在大门处寻找着。

即使找不到熟悉的大门，泥蜂总该认识自己的幼虫吧？这可是它捕捉猎物的根本目的呀！我对这个问题同样感到好奇。但是眼前这只泥蜂显然已经被突发的无法解释的状况弄晕了头脑，它被一种想法纠缠着，困惑不解，只能沿袭着本能做下去，丝毫没有注意到小沟的尽头，幼虫在灼热的阳光的炙烤下，在已经咀嚼过的一些食物上面焦躁不安地扭动着。它的表皮是那么娇嫩，它刚刚从温暖潮湿的地下骤然被暴露在酷热的阳光下，它可是习惯于生活在黑暗当中的呀！可是母亲却丝毫没有改变自己的行为。它就停在原来的大门所在处，不间断地挖掘打扫，有时候会在周围掘两下土试试看，但很快又回到原地，就是不往巷道里探索，仿佛丝毫不操心自己饱受煎熬的孩子。对于母亲来说，幼虫就跟散乱在地上的小石子、土块、干泥巴之类的东西没什么两样，根本不值得注意。母亲的心思全都放在找到它所认识的通道上。它只需要找到入口的门，门对它而言比什么都重要，是它已经习以为常的东西。但是，这条路其实是畅通无阻的，没有什么能阻拦母亲。孩子就在母亲的眼前受着煎熬，它才是母亲做这一切的最终目的呀！如果母亲足够理智，那么它应该赶快挖一个新窝，至少也是一个简单的竖井，把婴儿藏在里面使其免受太阳的炙烤，但它却固执地寻找一条早就已经不存在的通道。

经过了长时间的试探，也许是因为模模糊糊的记忆的指引，也许是因为堆积的猎物散发出了香味，泥蜂慢慢走进了已经成为小沟的过道里。它一下往前，一下往后，漫不经心地东扫扫西扒扒，终于走到了巷道的尽头，见到了自己的幼虫。让我极度惊奇的事情发生了，泥蜂母亲根本不认得它的孩子！它急急忙忙地走来走去，从幼虫身上踩过，毫不留情地践踏自己的婴儿，一下把幼虫踢到旁边去，一下又推搡、撵走它，仿佛它不是自己的骨肉，只是一块妨碍它工作的没有生命的大石头。幼虫受到母亲粗暴的对待，本能地想要自卫，于是它抓住母亲的一条腿，像吃自己的猎物一样咬了上去。惊慌失措的母亲激烈地挣扎着，终于摆脱了凶狠的大颚，扑扇着翅膀逃走了。我所想象的温馨的相会，殷切的关怀，母子之间浓浓的亲情展示，完全被眼前这景象击溃了。

在动物所具有的所有情感中，母爱无疑是最强烈也是最能激发才智的。但我看到的泥蜂母亲，不但冥顽不灵，而且对自己的孩子漠不关心，甚至粗暴对待。如果不是我对节腹泥蜂、大头泥蜂以及各种泥蜂都反复做过多次测试，我真不敢相信自己的眼睛。特别是儿子咬母亲和企图吃母亲这样的情景，如果不是观察者的插手，是不会产生这种有悖伦常的事情的。

　　母亲在受到攻击后逃出了过道，又回到了它熟悉的家门口，继续进行着劳而无功的挖掘。而幼虫呢，它被母亲强壮的腿甩到了一边，挣扎扭动着，直到死去也不会得到母亲的任何救助。母亲已经完全不认得它了。如果我们第二天再到小沟那里去，就会发现幼虫已经被太阳烤成了一具干尸，成为蝇的食物。

　　泥蜂母亲归根结底要找的到底是什么呢？自然是幼虫。但是要找到幼虫，就要进窝，而要进窝，就要首先找到门。本能与行为之间的联系，即使是面临最重要的情况，依然无法打乱从前的顺序。所以即使洞口已经打开，巷道畅通无阻，幼虫近在眼前甚至正在承受着折磨，母亲也视而不见。对它来说，至关重要的就是找到熟悉的门，否则接下来的一切都没有意义。本能和智慧的区别，就在于是否能够认识到行为的终极目标和意义。如果由智慧指引，泥蜂母亲会抛开所有不重要的细节，毫不犹豫地扑向自己的孩子，正如我们人类所能做到的一样。但由于它受到的只是本能的指引，所有行为就像是被按照某种固定顺序排列好的一样，如果前一个行为没有完成，后面的所有行为就都不会继续。

第三章 砂泥蜂的故事

砂泥蜂的形状、颜色和黄足飞蝗泥蜂的非常接近。它身材纤细、体态轻盈，腹部末端非常狭窄，身穿黑色服装，肚子上装饰着红色丝巾。这些就是它简要的体态特征。但它的习性却和黄足飞蝗泥蜂的大不相同。黄足飞蝗泥蜂捕捉直翅目昆虫作为食物，包括蝗虫、蟋蟀等，可砂泥蜂却以直翅目昆虫的幼虫为野味。猎物不同，那它们捕捉猎物的方法和策略自然也就不同。

砂泥蜂的意思是"沙之友"，但我一直觉得这个名字并不适合它。沙真正的朋友应该是捉苍蝇的泥蜂，而不是我即将要介绍的砂泥蜂。砂泥蜂并不喜欢那流动的、干燥的、粉状的沙，甚至还要离这些沙子远远的，因为这样的沙只要轻轻一碰，就会坍塌。在把食物和卵放到蜂房以前，它们的竖井一直畅通无阻，所以挖竖井的地方应当比较坚实，免得时候未到，井就被堵住了。砂泥蜂需要的是一块易于挖掘的松土，那里的沙用一点黏土和石灰就能固定住。

➕ 内层蜂房中住着幼虫，幼虫受到一层宽敞的纸质外壳的保护，外壳的结构如鳞片状，就像图中所显示的那样

山间小路边长着稀疏草皮的朝阳斜坡是砂泥蜂最喜欢的地方。在这些地方，春天的时候，就有毛刺砂泥蜂了；九十月份，沙地砂泥蜂、银色砂泥蜂和柔丝砂泥蜂也会在这里现身。这四种砂泥蜂的家都是钻出来的一个垂直的洞，像一口井似的。井的内径还不如一根粗鹅毛管的内径宽，深度也才只有五厘米左右。井的底部是一间蜂房，蜂房很小，看起来很不起眼。这简陋的建筑并不用费砂泥蜂多少力气，很容易就挖成了，所以它的保暖

效果自然不会太好。幼虫就只能靠它那像黄足飞蝗泥蜂幼虫一样有三四层壳的茧来抵抗寒冷的冬天。

我们来观察一下砂泥蜂建造住房时的样子吧。它非常审慎而且认真地对待着这项工程。前跗节作为耙子，大颚作为挖掘工具。如果碰到很难扒出来的沙砾，它的翅膀和身子就会使劲颤动，仿佛在使劲吆喝着一般，那尖锐的"沙沙"声从地底一直传到上面，好久都没有停下来。过不了多久，它就会咬着挖出来的沙砾，"嗖"的一声从地底飞出来，然后用大颚用力地把这没用的沙砾丢向远处，以免沙砾阻塞现场。而有一些形状和体积特殊的沙砾，则会得到砂泥蜂的优待，它们不仅不会被丢远，还会被砂泥蜂小心翼翼地用脚搬运到井边放好。这些可是优质的建筑材料，在将来建造封闭住所时会起到很大的作用。你看，砂泥蜂的身子翘得高高的，腹部挂在长长的肉茎末端，需要转身时，它要费劲地调整好身子，然后一点点移动过来。为了避免翻转身体，节约时间，砂泥蜂总是倒退着，头最后从井里出来。

沙地砂泥蜂和柔丝砂泥蜂工作起来总是一丝不苟。它们的腹部鼓得像梨子一样大，吊在一根带子的末端。由于转身的动作很难控制，肉茎又很细，稍微一用劲肉茎便会断掉。也就是出于这个原因，它们的动作总是很慢，走起来十分谨慎，飞起来也尽量倒着飞，以免要经常地翻身。可毛刺砂泥蜂就不一样了，它腹部的肉茎比较短，在挖地穴时没有太大的阻碍，所以它可以像大部分掘地虫一样，动作潇洒而敏捷。

住宅很快就挖好了。别以为砂泥蜂就闲下来了，它还有很重要的事情要做。到了晚上，甚至只要是太阳照不到刚挖好的洞的时候，有些砂泥蜂便会出发，到挖掘过程中储存下来的小砾石那里巡视一番，选中一块中意的石子；如果找不到满意的，就到附近去找，但总是很快就能找到。这是一块扁平的小石板，直径比井口略大一点。砂泥蜂用大颚把石板搬过来，暂时放在洞口上，以保证自己家不会被坏人破坏。

第二天，如果天气晴朗的话，砂泥蜂便会出门捕猎。在暖洋洋的阳光下，它轻轻松松就找到了猎物。它先把猎物麻醉，然后咬着猎物的颈，用腿把猎物拖回窝里。砂泥蜂有一项特殊的技能，就是总能够辨清自己的家。在我看来，放在它家门口的小石板和其他的石板并没有什么不同，但它就是有这样的本事，能够在众多石板下找到自己的家。它把猎物放进井底，在猎物身上产下卵，然后把留在附近的泥土扫进竖井里，最后就可以把竖井永远地封闭起来了。

我看到过好几次，沙地砂泥蜂和银色砂泥蜂把住所暂时封闭起来，那是因为太阳已经下山了，它们必须把储备粮食的任务留到第二天再进行。它们并不在自己挖的小洞里面过夜，而是用小石板暂时把洞封起来，然后走开到别的地方过夜。砂泥蜂跟朗格多克飞蝗泥蜂一样，喜欢到处游走，并把卵产在各个地方。它偶然走到什么地方，喜欢那里的土壤，便会在那里挖洞。现在，谁也不知道它又飞到什么地方去了，只知道明天一早，它还会回到那个未完成的洞穴里，继续它未完成的工作。为了能继续我的观察，我必须在它的洞穴旁边做个标记，插几根树枝作为标杆，这样我才能找到砂泥蜂的小房子。

砂泥蜂的记忆力令人惊叹。它不像蜜蜂那样有固定的住所，长期的往返可以使蜜蜂很清楚地知道路线；砂泥蜂是自由自在的漂泊者，它从来不会固定在一个地方。在这种情况下，它还能轻易地找到自己曾经挖过的房子就很不容易了。

寻找住所本就不是件容易的活，若是还身负猎物，那就更困难了。有的时候它会犹豫很久，寻找很多次。这时候，它就把猎物扔在高处，放在一丛百里香上或一束草上。这样，等它匆匆忙忙地搜寻回来，就能很轻易地看到自己的猎物。我用铅笔描出了砂泥蜂的行走路线。那简直可以组成一个复杂的迷宫，线条互相纠缠打结，凌乱不已。是不是这复杂的路线暗示了砂泥蜂的惶恐不安呢？答案只有它自己知道。

砂泥蜂好像迷路了。它站在一个地方来来回回地走，很难回到猎物那里。它自己好像也知道，虽然已经把猎物放到了很明显的地方，但是把猎物拖回去时还可能遇到麻烦。所以如果寻找住所的时间太长，砂泥蜂就会在中途停止探索，回到猎物那里去，确保自己的财产还在，然后再接着上路摸索。一般情况下，砂泥蜂是可以直接回到昨天挖的井里的。这地点它会记在脑子里，记忆力对它归家起到了重要的作用。如果是我的话，我可不敢靠自己的记忆力去找它的窝，我必须用笔把这路线和坐标描出来，再借助我多年的地理学知识才能做到。

四种砂泥蜂里，我只见过沙地砂泥蜂和银色砂泥蜂用石板把洞穴封起来，而其他两种砂泥蜂似乎从来都不会用这种方式去保护自己的住所。对于毛刺砂泥蜂，封盖似乎完全没有必要，因为它总是在捕猎地点的附近挖个洞，随时把猎物储存起来。而柔丝砂泥蜂不用封闭物可能另有原因。据我猜测，柔丝砂泥蜂是因为猎物太多。别的砂泥蜂一般在一个洞穴里放一个猎物，而它会放五个，这就意味着它在短时间内至少要下到井里五次，那么封住住所显然就没有必要了。

夜蛾的幼虫是这几种砂泥蜂幼虫的口粮。柔丝砂泥蜂选择的幼虫细细长长，走路时像圆规似的一开一合，被人们称为量地虫。柔丝砂泥蜂的幼虫应该说是几种砂泥蜂幼虫里面最幸福的了。它自己就可以享用五个猎物，虽然这些猎物的体积都不太大。如果没有量地虫，柔丝砂泥蜂还会捕捉其他小型种类昆虫的幼虫。五条被麻醉针蜇刺的量地虫缩成一团，然后被一条条层叠着放在蜂房里。所有的食物都准备就绪后，卵便产在最上面一条虫子身上。

其他三种砂泥蜂的幼虫的食物则简单得多，每只幼虫只被分配到一条小虫。不过这些小虫体积很大，这也就弥补了数量上的不足。这些小虫体态丰满，味道鲜嫩可口，完全可以满足幼虫的食欲。要知道，这猎物可是猎手体积的近十五倍呢！这几种砂泥蜂要咬着是自己体积十五倍的东西，克服千难万险，才能把巨大的猎物拖回到洞里，给自己的幼虫享用，这是件多么了不起的事情啊！把任何别的膜翅目昆虫跟它的猎物放到秤上称，捕猎者和战利品之间都没有这么不成比例的。

从地里挖出来的或者从砂泥蜂足下看到的食物颜色千变万化，这说明这三种砂泥蜂对食物并没有什么特别的偏好，见到什么便逮什么，只要猎物身材合适，又属于夜蛾一类就行。这其中最常见的猎物还是身着黑色衣服，在浅浅的土下面啃食植物根茎的夜蛾幼虫。

夜蛾的幼虫和我们至今见到的其他猎物相比有所不同。它由一系列相似的环或体节组成，前三个环上有真正的足，这些足将变成夜蛾成虫的足；其他的环上有膜状的足或者说伪足，这些足只有幼虫才有，而夜蛾成虫则没有。每个环都有神经核或称神经节，它们是产生感觉和控制动作的中枢；不包括位于头颅里类似大脑的神经节，神经系统有十二个彼此隔开的不同的中心。象虫和吉丁虫的神经节比较集中，只要刺一下就可以使它们全身麻痹；飞蝗泥蜂一个个刺伤蟋蟀的胸部神经节，便可以使它无法活动。而夜蛾的幼虫则与它们不同，它不是只有一个神经集中点或三个神经中枢，而是有十二个由于体节相隔而彼此分隔的神经节。这些神经节位于腹面的中线上，像念珠似的排列着。这些神经节彼此具有相当大的独立性，每个神经节只影响一个体节的活动。就算有一个体节失去了活动和敏感性，其他体节仍能保持完好无损，能长时间活动自如。

膜翅目昆虫捕捉猎物的手段具有很高的研究价值，但观察它们的难度也很大。砂泥蜂都是一只只地散居在广阔的地方，而不像朗格多克飞蝗泥蜂那样大规模聚居。我们必须长时间地等待合适的机会，这样才能得到有价值的观察资料。但偏偏这样的机会少之又少，需要年复一年的等待。我就凭着一股韧劲等了那么多年，终于有一天，机会出现在了我的眼前。

我曾两次目睹砂泥蜂残害夜蛾幼虫的情形。它把螯针刺在猎物的第五或第六体节上，动作非常迅速，而且只要一针便大功告成。我想了一种方法来检测螯针到底刺在了幼虫的哪个体节上：用一根细针尖探测幼虫身上的每一个体节，从昆虫所表现出来的疼痛迹象来检测它的敏感程度。幼虫安安静静的，我把针尖刺进了第五或第六体节时，它没有表现出丝毫的疼痛感。我一使劲，把它身子整个戳穿了，幼虫也还是一动不动。可是当我把针移向远离第五或第六体节的地方时，幼虫开始痛苦地扭曲着身子，不断地挣扎着；并且刺的体节离第五、第六节越远，幼虫挣扎得越用力。特别是靠近腹部末端的地方，只要稍稍一碰，幼虫便会乱扭乱动。由此可以证明，砂泥蜂的螯针只刺了一次，受刺的部位是第五或者第六体节。

砂泥蜂的卵会被产在失去知觉的那个体节上，而且地点永远都不会变。只有在这个部位，砂泥蜂的幼虫才可以啃食猎物而不用担心猎物身体的扭曲会伤害到自己，也只有在这个地方，毒针的蜇刺不会使猎物产生任何反应，幼虫的啃咬也不会刺激它。

我经常会想，沙地砂泥蜂，尤其是毛刺砂泥蜂，它们捕捉的猎物身形庞大，有的甚至是自己的十五倍，它们对待这样的猎物也像对待普通的猎物那样只蜇一针吗？这一针如果没能使猎物麻痹，那么当猎物用它那强有力的臀部撞击蜂房的墙壁时，幼虫该多么危险哪！我不敢想象，刚刚孵化出来的小生命，跟这只还可以自如卷起和伸直身子的"巨龙"

面对面地待在地穴狭窄的房间里，会发生什么事。

我曾有机会看到砂泥蜂用它的手术刀给粗壮的猎物动手术。那次，我跟我的朋友一道从安格尔高原下来，给圣甲虫设置陷阱，考验它的智慧。这时，一只毛刺砂泥蜂突然出现在我们的面前。它在一丛百里香下忙碌地干着活。砂泥蜂看到我们俩过去，并没有露出惊讶的样子，还大胆地在我的袖子上歇了一会儿。它看到我们对它并没有什么恶意，就飞回到百里香下面去了。我们猜测砂泥蜂正在忙着某件重要的事情，于是便在离它很近的地方趴下来，静静地观察它。

砂泥蜂扒着百里香根茎处的土，拔出植物细细的侧根，把头钻到掀起来的小土块下面。它在百里香里面跑来跑去，检查所有能使它进入到植物下面的裂缝。它可不是在挖住宅，而是在捕捉猎物。你看，一条肥大的黄地老虎幼虫不知道头顶上发生了什么事，便惴惴不安地爬了出来。这下它可完蛋了，砂泥蜂立刻扑向了它，牢牢地抓住它的后颈，然后整个身子都骑在了这庞然大物的背上。它翘起腹部，在受害者的腹面，从第一个体节到最后一个体节整个都刺了一遍。这场景就像一个对解剖学了如指掌的外科大夫有条不紊地操着手术刀，在患者身上划下一道道的痕迹。

砂泥蜂的动作精确得连科学家也会艳羡不已。它知道人类可能永远不会知道的事情，它了解猎物完整的神经系统，它的行为完全受到天启。我想，它的行为都是在无意识的情况下做出的，是在天启的指示下进行的。我被这真理之光深深地打动，眼眶中潸然流出一滴无以名状的感慨的眼泪。

第七卷

第一章 | 天牛和它的幼虫

我年轻时曾对肯迪拉克的雕塑非常崇拜。他认为天牛极有天赋，它们仅仅依靠嗅着一朵玫瑰花的香味，便能产生各种各样的念头。我曾深信这种形式上的推理达二十年之久。听了这位教士富有哲学思想的神奇说教，我感到十分满足。我也曾天真地以为我只要嗅一下，雕塑就会活过来，甚至产生视觉、记忆、判断能力和其他所有心理活动，就像在平静的湖水中投入一粒石子那样激起无数涟漪。可最终在良师——昆虫的教育下，我放弃了不切实际的幻想。昆虫所提出的问题比起教士的说教更加深奥，就像天牛即将告诉我们的那样。

寒冬来临，天空时常显现灰色，这时候我便开始准备储存冬天取暖用的木材。我日复一日地写作，让这忙碌带来一点点消遣。我再三叮嘱，要伐木工人为我在伐木区内选择年龄最大且全身蛀痕累累的树干。他们认为优质的木材更容易燃烧，因此觉得我的想法非常好笑，可能还在暗地里猜测我为什么会选择蛀痕累累的木材。这些忠厚的伐木工人，最后还是按我的叮嘱为我提供了相应的木材。或许他们不懂，但我这样做当然有我的道理。

现在我就开始观察这些被虫蛀过的木材。漂亮的橡树树干上留下了一条条清晰的蛀痕，有些地方甚至被开膛破肚，带着皮革气味的褐色眼泪在伤口处闪闪发光。树枝被咬，树干被啃噬，树干的侧面又会发现什么呢？我发现了一群被我视为财富的研究对象。你看，干燥的沟痕中，已经有各种各样的昆虫做好了越冬的准备。走廊是扁平的，这是吉丁虫的杰作；壁蜂已经用嚼碎的树叶，在长廊中筑好了房间；切叶蜂也在前厅和卧室里用树叶做好了休息用的睡袋；在多汁的树干中，则休憩着神天牛，它们才是毁坏橡树的幕后真凶。

相对生理结构合理的昆虫，天牛幼虫是多么奇特呀！它们就像是蠕动的小肠。每年的这个时节，我都能看见两种年龄段的天牛幼虫，有一根手指粗的是年长的幼虫，粉笔大小的是年幼的。此外，我还看见颜色深浅不同的天牛蛹和一些天牛成虫，它们的腹部呈鼓胀状，一旦天气转暖，它们就会从树干中出来。天牛在树干中大约要生活三年，天牛是如何度过这漫长而又孤独的囚徒生活的呢？天牛幼虫在橡树

⊕ 天牛幼虫

树干内缓慢地爬行，挖掘通道，把挖掘留下的木屑作为食物。修辞学中有"伯约的马吃掉了路"的比喻，而天牛幼虫就恰恰是吃了自己的路。天牛黑而短的大颚极其强健，像木匠的半圆凿，虽无锯齿，却像一把边缘锋利的汤匙，它用它来挖掘通道。被钻下来的木屑经过幼虫的消化道后被排泄出来，堆积在幼虫身后，形成了一道被啮噬过的痕迹。幼虫吃完筑路工程所挖出来的碎屑后，就有了前进的空间，幼虫边挖路边进食。幼虫不断前进，不断消耗碎屑，随着工程进展，道路就被挖出来了。所有的钻路工都是这样工作的，既可获得食物，同时又可以找到安身之所。

天牛幼虫将肌肉的力量集中于身体前半部分，这时候头呈杵头状，这样做恰恰是为了使两片半圆凿形的大颚能顺利工作。吉丁虫幼虫也是很优秀的木匠，它也是以同样的姿势进行工作的。吉丁虫幼虫的杵头更为夸张，猛烈挖掘坚硬木层的那部分身体，有着非常强健的肌肉；身体的后半部分跟在后面，显得比较纤细。大颚可作为支撑，它强劲有力，是很好的挖掘工具。天牛幼虫嘴边有黑色角质盔甲围绕，其可以加固半圆凿状的大颚。此外，它还有像缎面一样光滑细腻、像象牙一样洁白的皮肤。这光泽和洁白来源于幼虫体内丰富的脂肪层。昆虫饮食如此缺乏，却还能有这样的脂肪，简直令人难以相信。是呀！天牛唯一的工作就是不断地啃咬、咀嚼，它只能从不断进入胃里的木屑那里找寻一点可怜的营养。

天牛幼虫的足分为三部分，第一部分呈圆球状，最后一部分呈细针状，长只有一毫米。这些都是退化了的器官，对于爬行没有任何帮助。又因为身体过于肥胖，它们够不到支撑面或是不能单独支撑身体。天牛的爬行器官是什么样子的呢？我们先进行一下对比。花金龟幼虫已经向

我们展示了，它把普通习俗颠倒过来，用纤毛和背部肌肉仰面爬行。天牛幼虫与花金龟幼虫有些类似，只不过天牛幼虫更为灵活，它既可以仰面爬行，也可以腹部朝下爬行，用爬行器官来代替它胸部软弱无力的足。天牛的爬行器官非常独特，它有违常规，生长在背部。

天牛幼虫在粗糙的木头表面爬行自如

天牛幼虫腹部有七个体节，背腹面各有一个四边形的步泡突，步泡突可以使幼虫随意膨胀、突出、下陷、摊平。以背部血管为界，背面的四边形步泡突再分为两部分，而腹面的四边形步泡突却看不出是两部分。这就是天牛幼虫的爬行器官，类似棘皮动物的步带。倘若天牛幼虫想要前行，就必须先鼓起后面的步泡突，压缩前面的步泡突，只有这样才能前行。由于通道表面粗糙，后面的步泡突就可以把身体固定在窄小的通道壁上，后面的步泡突此时可以用来支撑身体，压缩前面步泡突的同时尽量伸长身体，缩小身体直径，这样它才能向前滑行半步；当身体向前伸长后，还必须把后半部身体拖上来，这样它跨出的一步就完成了。为了实现这一目的，作为支点的幼虫前部的步泡突就必须要鼓胀起来，同时后部的步泡突放松，使体节自由收缩。

天牛幼虫在自己挖掘的长廊里进退自如，就像是工件能在模子里进退自如一样，只不过它是借助背腹面的双重支撑，身体的交替收缩和放松来办到的。可是倘若背腹面的步泡突只有一面可以用，那么它就不可能前行。如果在光滑的桌面上放置一只天牛幼虫，那么它会缓慢弯起身体乱动，然后伸长或收缩身体，可是却寸步难行。倘若把天牛幼虫放在有裂痕的橡树树干上，天牛幼虫就可以从左到右，又从右到左，缓慢扭动自己身体的前半部，抬起、放低，而后不断重复这个动作。这是它所能做到的最大幅度的动作。为什么前面的假设就寸步难行，而现在却可以做出最大幅度的动作呢？那是因为放置的地点不同，橡树树干表皮粗糙，凹凸不平，像被撕裂一般。观察天牛幼虫扭动时，我还发现一个很奇怪的现象。它退化的足始终没有动，看来毫无作用。它为什么会有这样的足呢？如果真是因为在橡树中爬行使它丧失了最初发达的足，那么没有脚岂不更加完美？如果没有作用，还留下这样的残肢岂不可笑？是不是天牛幼虫的身体结构，不是受生存环境的影响，而是服从其他的生存法则？看来还是环境的影响使天牛幼虫具有步泡突，这简直太神奇了。

天牛幼虫是不是有嗅觉呢？嗅觉一般作为寻找食物的辅助功能，可是天牛幼虫以自己的居所为食，以栖身的木头为生，根本不需要寻找食物，因此它也就不太可能具备嗅觉，各种情况也证明了这一点。为此，我还做了几个实验。我在一段柏树树干中挖了一条沟痕，沟痕的直径与天牛幼虫经常居住的长廊直径相同，这段柏树树干和大多数针叶植物一样具有强烈的树脂味。而后我把一只天牛幼虫放到气味很浓郁的柏树沟痕里面，它很快爬到了尽头，接着就不动了。对于长期居住在橡树树干里的天牛幼虫来说，这突然而来的刺激气味必定会引起它的不适或是反感吧。可经过实验证明，它并没有显现出丝毫的不快或反感，倘若真的有，它应该会通过身体的抖动或夺路而逃表现出来。然而，它却没有这样的反应，它只是在柏树中找到了适合自己的位置，便不再移动了。这难道就能证明天牛幼虫不具备嗅觉了吗？为保险起见，我又做了更为贴切的实验。我将一枚樟脑球放进离天牛幼虫很近的长廊里，发现仍是没什么效果。我又用萘替换樟脑球做如上实验，发现仍是徒劳。通过这些毫无效果的实验，我认为，天牛幼虫真真切切地不具备嗅觉功能。

幼虫身上没有任何的视觉器官，像成虫那般敏锐的眼睛在幼虫身上是没有丝毫雏形的。天牛幼虫在厚实而又黑暗的树干中挖掘通道，要视力有什么用呢？和视力一样，它也不具备听觉。在橡树树干内生活，没有任何动静，听觉也就自然没有意义。没有声音的地方，要听觉还有什么用吗？倘若有对此持怀疑态度的人，我大可用实验来证明给他看。我剖开树干，留下半截通道，就能跟踪这个在橡树里工作的木匠了。天牛幼虫不时地挖掘着前方的长廊，累了就休息片刻，休息时就用步泡突将身体固定在通道内壁上，外界没有一点响动，环境很安静。我就利用它休息的时间来看看它对声音的反应。我先后尝试了硬物碰硬物发出的声音，金属打击留下的回音，锉刀锉锯的声音，但是这一切对它来说都毫无影响。天牛幼虫在这些实验中，既没有皮肤的抖动，也没有警觉的反应，甚至我用硬物刮擦它身旁的树干，模仿其他幼虫啃咬树干的声音，也没有丝毫的进展。看来天牛幼虫对声音真的是无动于衷。人为制造的声音，对于天牛幼虫就像是毫无生命的东西一样，它是听不到什么的。

天牛幼虫具有味觉是无可争议的。那它有着怎样的味觉呢？天牛幼虫在橡树内生活三年，它没有其他的食物，唯有这橡树而已。那么天牛幼虫是如何利用味觉器官来评判这唯一的食物的滋味呢？新鲜而又美味多汁的橡树树干应该是它的最爱，不过大部分时候树干都是干燥而没有任何味道的。虽觉得乏味，但是也没有办法，可能这就是它对自己食物的评价吧！

天牛幼虫还是有触觉的，尽管它的触觉分布得相当分散，而且是被动的。任何有生命的肉体都有触觉，如果被针刺也会痛苦扭曲。总之，天牛幼虫的感觉能力就只包括味觉和触觉，并且十分迟钝。这让我想起肯迪拉克的雕塑，哲学家心目中理想的生物只有嗅觉这一种感觉能力，而且和正常人一样灵敏。可是现实生物，就好比橡树的破坏者天牛幼虫那样，却有两种感觉能力，即便两者相加，与肯迪拉克的雕塑能分辨玫瑰花的嗅觉比起来，也要逊色多了。看来现实与幻想还真是有天壤之别。

天牛幼虫虽说拥有强大的消化功能，但感觉能力却很弱，像这样的昆虫，它的心理又是个什么状态呢？我脑海里时常出现怪诞的想法，比如用狗的大脑来思考几分钟，用蝇的复眼来观察一下人类。那么，事物的外表不知道会有多么巨大的改变呢！如果再用昆虫的智慧来诠释世界，那么变化肯定还要大。当感觉器官的触觉和味觉已经退化，其还能带来什么呢？很少，也许什么都不能带来。天牛幼虫的最高智慧，就是它知道好的木块是什么味道，而未经认真刨光的通道内壁会刺痛皮肤。相比之下，肯迪拉克认为，拥有良好嗅觉的天牛是一颗闪闪夺目的宝石，是科学界的一大奇迹，是创作者精巧的杰作。它可以追忆往事，比较分析，甚至判断推理。可现实社会中，这个半睡眠状态下的大肚子昆虫，它会回忆吗？会比较吗？会推理吗？我给天牛幼虫做了一个诠释，把它定义为"可以爬行的小肠"。这个非常贴切的比喻也为我提供了答案：天牛幼虫所具有的感觉能力，只不过是一节小肠所拥有的全部罢了。

虽说天牛幼虫感觉能力一般，但是它却拥有神秘莫测的预测能力。尽管现在它对自己的情况一无所知，但是它能很清楚地预知未来。对于这个奇怪的观点，我想我得解释一下，以使大家明白。天牛幼虫在橡树树干里的流浪生活持续了将近三年之久。在这三年里，它爬上爬下，一会儿到这里，一会儿又到那里。可它始终不离开树干深处，因为这里温度适宜，环境安全，尽管有时候它会为了一处美味而放弃正在啃噬的木块。当危险来临，这个隐居者被迫离开自己的隐居之所，挺身而出勇敢地面对外界的危险。有时候光吃还不够，还必须迁移他处。天牛幼虫想换一个环境优良点的地方并不难，因为它有良好的挖掘工具和强壮的身体。但是成年的天牛，当它来到外界时，在它有限的生命里会有这样的能力吗？

　　诞生在树干内部的长角昆虫，会为自己开辟一条逃生的道路吗？我想依靠天牛幼虫的直觉会解决这个困难的。虽说我有清晰的理性，可也比不过它预知未来的能力。因此，我只好求助于一些实验来说明问题。从实验中我发现，天牛成虫利用幼虫所挖掘出的通道从树干逃跑根本是不可能的。三年来，幼虫始终在树干中挖掘，它是根据自己的身体直径进行工作的：由最初进入时像麦秆大小，到现在已经长成手指般粗细了。因此幼虫进入的通道和行走的道路，已经不能作为成虫离开的出路了。况且幼虫的通道还像一个比较复杂且堆放了无数坚硬障碍物的迷宫。成虫伸长的触角、修长的足，还有无法折叠的甲壳，在曲折狭窄的通道里会有无法克服的阻碍。对于天牛成虫来说，它必须先清理过道里的障碍物，还需要大大加宽通道。这样的话，开辟一条笔直的新出路要相对简单得多。可是，它具备这样的能力吗？我们拭目以待吧！

　　我在一段劈成两段的橡树树干中，挖凿了一些适合天牛成虫居住的洞穴。我在每一个洞穴之中，都放入一只刚刚羽化的天牛成虫。这些天牛是去年十月我储备过冬木材时发现的——那时它们还是蛹，现在派上了用场。我把装有成虫的两段树干用铁丝合围起来。六月一到，我听到了从树干中传来的敲打声。天牛成虫会逃出来

> **知识链接**
>
> 　　天牛幼虫呈黄白色，身体前端扩展成圆形，似头状，故俗名圆头钻木虫。上颚强壮，能钻入树内生活两年以上，破坏木材。化蛹前向外钻一个孔道，在树内化蛹，新羽化的成虫经此孔道而出。由于这种钻木习性，天牛危害树木和建筑物等。

吗？还是无路可逃？我想它们逃出来肯定不会太辛苦，只需要钻出一个两厘米厚的通道就可以了。当树干不再响动的时候，没有一只天牛成虫跑出来，我将树干剖开，里面所有的俘虏全部毙命了。洞穴里只发现一小撮木屑，看来这便是它们的全部劳动成果，这比起一口烟的烟灰也多不了多少。

天牛成虫虽然有强劲的大颚，但看来还是被我高估了。我们都知道，好的工具并不能造就好的工人，虽然它们拥有如此优良的工具，但是这个隐居者缺乏一定的工作技巧，因此，全毙命于我的洞穴之中。于是我又为另外一些天牛成虫选择了比较和缓的实验场所。我找了些芦苇茎，内部用一块天然隔膜作为障碍物，隔膜只有三四毫米厚，并不坚硬。我把一些天牛成虫放入这些直径与天牛天然通道直径差不多大的芦苇茎中，最后的实验结果，有一些从芦苇茎内跑出来了，另外一些不够勇敢的天牛则被隔膜堵住，没有跑出来，死在了芦苇茎内。倘若要求它们必须钻通橡树树干，那又将是怎样一幅景象啊！

我深信：即使天牛成虫体魄再强健，只依靠它自己的能力，是无论如何也不能逃脱的。开辟解放之路，还得靠小肠似的天牛幼虫的智慧。天牛的解放之路很像卵蜂虻的壮举。卵蜂虻的蛹身上有钻头，是为了以后长有翅膀却不能钻出通道的成虫准备的。不知被一种什么样的神秘预感所推动，天牛幼虫离开了自己的家园，离开了无法被攻破的城堡。它爬向树表，尽管外面危机四伏，它的天敌啄木鸟正在寻找着美味多汁的昆虫。它很是勇敢，冒着生命危险，执着地挖掘通道，直到橡树表层只留下一层薄薄的阻隔作为窗帘掩护自己。这窗帘就是天牛成虫的出口，它只需要用大颚或足轻轻挑破这层窗帘，就可以逃生了。有些幼虫则似乎有些冒失，它们甚至捅破窗帘，直接就留一个窗口。如果窗口是畅通的，成虫就无须再多做无用功，就可以从已经打开的窗口逃走，这也是常有的事情。因此，身披古怪饰物、笨手笨脚的天牛成虫，等到天气转暖，就会远离黑暗的监狱，重获光明和自由。

为自己将来做好打算之后，天牛幼虫就开始着手眼前的工作。挖好窗户后，它退回到长廊中不太深的地方，并在出口处一侧凿了一间蛹室。天牛幼虫从房间壁上锉下一条条的木屑，这便是细条纹木质纤维的呢绒，天牛幼虫将这些呢绒贴回到四周的墙壁上，铺成一层约1毫米厚的挂毯。天牛幼虫把房间四壁都装饰上了这种莫列顿呢绒挂毯。这就是这个质朴的幼虫为自己的蛹所精心准备的杰作。我还从来没见过陈列如此豪华、壁垒如此森严的房间。蛹室是宽敞的窝，它呈扁椭圆形，长达80～100毫米，截面的两条中轴长度各不相同，横向轴长为25～30毫米，纵向轴长只有15毫米。这个尺寸比成虫的长度还长，因此，适宜成虫在里面自由活动。天牛幼虫为了防御外界敌害，还专门为房间加上了封板，这封板就是所谓的壁垒。它一般有两到三层，外边一层由木屑构成，是天牛幼虫挖出来的残屑，里边一层是一个矿物质的白色封盖，呈新月形。最内侧还有一层木屑位于封盖的凹处，与前两层连在一起，可这也不是绝对的。有了这么多层壁垒的保护，天牛幼虫就可以安安稳稳地待在房间里化蛹了。当打破壁垒的时刻来临时，这样的房间也不会给天牛成虫造成任何行动上的不便。

那层堵住入口的矿物质封盖，也许是壁垒当中布置最奇特的部分。这个白石灰色封盖呈椭圆形帽状，外面呈颗粒状突起，好似橡栗的外壳，内部光滑，其成分主要是坚硬的含钙物质。这层封盖是天牛幼虫用稀糊一口口筑成的，外表突起的结构就是证明。天牛幼虫由于触碰不到封盖外部，无法进行户外作业，修饰也就无从谈起，因此，外部凝固成突起的颗粒。内侧触手可及，且在其能力范围之内，所以内壁被锉得平整、光滑。天牛幼虫向我们展示的这个精妙的标本——奇特的封盖，它到底有什么性质呢？它像钙那样坚硬且易碎，不用加热就可以溶解于硝酸中，并释放气体。一小块封盖在硝酸中往往需要数小时才能溶化，其过程是相当漫长的。溶解之后，剩下的看上去像是一些类似有机物的黄色絮状沉淀物。倘若加热，封盖就会变黑，这说明其中含有可以凝结矿物的有机物。在溶液中加入草酸铵后，溶液会由清澈变浑浊，并留下白色沉淀物。从这些现象当中，我们大概可以知道封盖中含有碳酸钙。我还试图从中找出一些尿酸铵的成分，但是徒劳无功，尽管这种成分在昆虫化蛹过程中很是常见。因而，我可以断定，封盖仅仅由碳酸钙和有机物组成，这种有机物很可能是蛋白质，是它使得钙体变硬。

假使条件再好一些，我很可能早已经找到天牛幼虫分泌石灰质物质的器官了。天牛幼虫的胃是个能进行乳化作用的生理器官，对于它能够提供钙物质，我深信不疑。胃从食物中直接得到钙，或是经过分离得

⊕ 天牛成虫

到，或是通过与草酸氨的化学反应获取。在幼虫期即将结束时，它将所有异物从钙中剔除，并把钙保存下来，留待设置壁垒时使用。我对这个石料加工厂并不感到惊讶，工厂经过转变后，开始进行各种不同的化学工程。某些昆虫，比如芫菁科昆虫西芫菁就是通过体内的化学反应产生尿酸氨的；飞蝗泥蜂、长腹蜂、土蜂则在体内产生生漆以供生产蛹室所用。今后我的研究还将发现不同器官生产的各种不同的产品。

修好通道，用绒毯将房间装饰完毕，再用壁垒封起来后，灵巧的天牛幼虫便完成了蛹期前的一切准备。于是此时，它便放弃手中的工具，进入了蛹期。身处襁褓期的蛹非常虚弱，它躺在柔软的睡垫上，头始终朝着门的方向。从表面上看来，这些细节都无关紧要，可实际上却是极为重要的。天牛幼虫身体柔软，可以在房间里来回随意翻转，因而头朝哪个方向都无关紧要。一旦天牛成虫从蛹中羽化出来，它浑身就穿上了坚硬的角质盔甲，因而失去了自由翻转的能力。天牛成虫无法将身体从一个方向挪到另一个方向，甚至还会因为房间狭窄而无法自由屈伸，为了避免自己被囚禁于自己所建造的房间里，它必须将头朝向出口处。倘若幼虫忽略了这个细节，它将头朝向房间底部，那么，其结果必将是死路一条，它的生命的摇篮就会成为它无法逃脱的牢笼。

可我们无须为此担忧，这节充满智慧的小肠，还是会为它自己的将来打算的，它不会忽略这个细节而头朝里进入自己的蛹期。暮春时节，体力恢复的天牛，开始向往光明，想参加那光辉灿烂的节庆，于是它欣欣然地出发了。挡在它前面的是什么呢？无论什么都无法阻挡它要出去的心情。一些木屑，三两下就可清除；接下来就是一层石灰质的封盖，它无须打破，只要用坚硬的大颚一顶或是用足一推，这层封盖便会整块松动，从框框中脱落——但我发现被废置的封盖往往都是完好无损的；然后，开始清除第二层由木屑构成的壁垒，它与第一层一样清除起来都非常容易。到现在为止，通道已经畅通了，天牛成虫只要沿着通道准确无误地往外爬即可。如果窗帘一开始是拉上的，没关系，只要它咬开这层薄薄的窗帘就可以出去晒太阳了。天牛一出来就激动不已，长长的触角不住地颤抖。

🔆 天牛成虫爬到户外

天牛对我们有怎样的启示呢？通过实验来看，天牛成虫对我们没什么启发，但是幼虫却对我们有着非常重要的启示。这个小家伙虽说感觉能力差，但是它的预见能力确实很奇特，发人深省。它知道未来天牛成虫无法穿透橡树，从中逃走，就冒着生命危险，亲自动手为成虫挖掘逃生通道。它知道未来成虫身披坚硬盔甲，无法自由翻转身体，怕它到时候找不到房间出口，就心甘情愿地把头朝向出口而卧。它知道蛹的肌体纤弱，就用纤维质木屑的绒毯为其布置房间。它知道在漫长的蛹期随时会有敌害来侵略，于是为了修建壁垒，它便在自己的胃里储存石灰浆。它能够预知未来，更准确地说，它是按照自己的预见来完成这些工作的。它这些行为的动机从何而来呢？我想当然不是靠感觉。它对于外界知之甚少，我不想再重复，也就只有一段小肠所能知道的那么多而已。可这贫乏却令人拍案叫绝。那些所谓的头脑灵活的人，只想象出一种能够嗅出玫瑰花香味的肯迪拉克似的动物，却没有想象出一个具备某种本能的形象。对此，我十分遗憾。我多么希望他们也能很快认识到：所有动物，当然也包括人类，不仅仅有感觉能力，还拥有某些潜在的生理机能，某些先天具备的并非是后天学习的启示。

第二章 | 负葬甲

四月，大地回春，鲜花初绽，柳树在微风的呢喃中抽出嫩黄嫩黄的新芽，这是一个多么令人陶醉的时节呀！然而，对于动物界的某些成员来说，这四月天的柔和春风中，到处弥漫着危险和血腥。刚刚换上绿色珍珠衣服的蜥蜴，被不懂事的顽皮鬼们用石头砸死；春耕的农民愤怒地用铁锹剖开鼹鼠的肚子，将尸体扔到路边；无毒蛇在踏青时意外身亡，被"正义"的过路人用脚后跟踩死；一阵大风刮过，还没长出羽毛的小鸟被狠狠地摔到了地上。

这些生命等不到夏日炎热的阳光了，它们变成了等待腐烂的尸体，人见人嫌。不过，这些尸体不会烦恼人们多久的，因为一支庞大的尸体清理队伍正在赶来。

蚂蚁作为先头部队第一个赶到，它们迫不及待地奔向尸体，将尸体分割成碎片。随后，其他昆虫，长着深色宽大鞘翅的葬尸甲、腹部涂抹得雪白的皮蠹、碎步小跑且鞘翅发光的腐阎虫、细瘦的隐翅虫等等，成群结队地匆忙赶来，似乎是约定好了一样。其实，它们之间并没有约定好，是尸体散发出来的香味吹响了集结号，点燃了它们搜寻美味的热情。

真是难以想象，羊肠小道边一只死鼹鼠的身体下面到底遮掩着怎样的景象啊！这散发出恶臭的腐烂物令人恶心，但是对于热衷于观察和实验的研究者来说，它却是一种特殊形式的宝物。我克服自己内心的厌恶，将脚下这具肮脏的尸体拿起来。眼前的景象太让人震惊了！

鼹鼠尸体的下面一片嘈杂喧闹、哄乱拥挤的景象。那些不知道从哪里赶来的大大小小、形形色色的虫子在下面乱作一团，你推我搡，就像是在哄抢战利品。还有另外一些体形更小的昆虫也风风火火地赶来凑热闹，也想从这个巨大的蛋糕中抢得一小块。

葬尸甲发狂似的奔逃，然后在土地的裂缝里蜷缩成一团；一只身穿浅黄褐色短披肩的皮蠹，努力地尝试飞走；腐阎虫身披一件闪闪发亮的黑衣，慌慌忙忙地碎步小跑，离开现场。但是，这些狂躁的虫子被脓血的味道所迷醉，飞不稳，跑不稳，摔倒在地，露出白色的肚皮，和它们身穿的深色服装形成了鲜明的对比。

这些狂热地奔忙的虫子到底在干什么呀？它们在执行大自然的法则：一切生命都在向自然索取，最终也都要回归自然。它们正在开发死亡，用来滋养生命。它们是自然的净化系统，它们将肮脏可恶的腐烂物变成生命的燃料。它们乐不可支地对尸体进行加工，它们耐心地利用尸体的每一根骨头、每一条韧带、每一点皮毛，它们一点点地吸干尸体的汁液，直到尸体干得酥脆作响。这

➕ 负葬甲与鼹鼠的尸体

些环境的净化者、大自然的执法者，它们疯狂地劳动着，直到所有生命的残渣都回归生命的另一种循环为止。

春耕的这些受害者，田鼠、鼩鼱（qú jīng，一种体形很小的哺乳动物）、鼹鼠、蜥蜴、癞蛤蟆，它们的尸体被葬尸甲、皮蠹和其他昆虫大吃特吃。然而在这腐臭的野味欢宴中，有一位赴宴者吃得很少，非常少。它在这群大快朵颐的食客之中显得有些格格不入，它身穿一袭米黄色法兰绒衣，齿形边饰的朱红色腰带横系在鞘翅上，触角顶挂着红色绒球，浑身散发着麝香气味。

它就是最享誉盛名、最刚健有力的土地维护者——负葬甲。它不是解剖实验室的研究者，它没有把实验对象的肉剪切下来，尽管它拥有锋利的大颚解剖刀。准确地说，它是一位大自然殡仪馆的工作人员，它是掘墓者，是葬尸者，它那身庄重的衣服是葬礼的着装，是它对逝去的生命的哀悼，是它对自己崇高职务的尊重。

这位葬尸者将残骸就地掩埋在地窖里，残骸在地窖中被烘熟了之后，将成为它的幼虫的家产。它埋葬尸体是为了家庭，为了安顿好孩子的未来。而在这个过程中，它只是为了维持体力，才吸几口野味的血浆。

其他昆虫在享用完野味之后，心满意足地撤退，留下被掏空的尸体，任生命的残骸承受风吹雨打，饱受苦难；而负葬甲这位有家庭责任感的掘墓者，它处理整个尸体，将其掩埋。它平常动作迟钝，在将尸体

埋入地窖时，却手脚麻利，动作迅速。在几个小时之内，一具相当大的
鼹鼠尸体就被它整个掩埋在地下，不见踪影了。原来散发着尸臭的地方
一下子就被腾空，被整理得干干净净，似乎这里从来没有发生过死亡和
昆虫的食腐欢宴。唯一与之前不同的是，这里留下了一个被沙土覆盖的
鼹鼠丘，这是亡者的坟墓，也是葬尸者的劳动纪念碑。

　　这位葬尸工使用的方法简单快捷，它是田野清洁队伍中的佼佼者。
有人说，负葬甲在从事的埋葬工作中，表现出了理性的思考和推理的才
能。而这种才能，就连采集花蜜或捕捉猎物的膜翅目昆虫之中的出类拔
萃者也不具备。让我们来看看拉科代尔在他的著作《昆虫学导论》中是
怎样说的吧！书中写道：

　　克莱维尔报告说，他看见一只负葬甲想埋葬一只死老鼠，但它发
现鼠尸所躺的地方泥土太硬，于是就去离该地有一段距离、土质比较疏
松的地方挖洞。然后，它就试着把老鼠埋在洞穴里，但是没有成功。于
是，它很快离开，不久后又返回，身边跟着四个同伴。这几个同伴帮助
它运输和埋葬死鼠。

　　拉科代尔还补充说，人们不能否认在这样的行动过程中，有思维在
起作用。他还在书中写道：

　　格勒迪希报道的下列行为也具有理性起作用的所有迹象。他的一个
朋友想风干一只死癞蛤蟆，就把它挂在一根插在地里的棍子上，以防负
葬甲来把它搬走。但是，这项预防措施不管用。负葬甲无法爬上棍子，
够不着死癞蛤蟆，于是就在插棍子的地上挖掘。棍子倒下后，它们就把
棍子连同癞蛤蟆的尸体一起埋葬了。

　　拉科代尔对负葬甲的这种才能赞颂有加，但是，以上这两则小故事
是否具有不容置疑的真实性呢？人们据此得出的结论是否放之整个负葬
甲家族而皆准呢？如若将此作为具有普遍性的事实，从而推导出这种昆
虫是具有智力的，是能够认识劳动目的与方法之间的关系的，这样的言
论未免有些武断和轻率了。诚然，在科学研究的道路上确实需要某种意
义上的异想天开，需要大胆和果断的推测。如果没有这种精神，或许我
们仍然停滞在以地球为宇宙中心的谬误中而无法自拔，或许我们的科学
永远无法接近真理。但是，任何勇敢的结论，都必须建立在牢固的推理
和实验基础上，这样才能在人们的质疑中屹立不倒，才能经受住时间的

淘洗和历史的考验。

在认为昆虫会思考之前，我们必须先思考；在承认昆虫有理性之前，我们必须保持理性。轻言结论不可取。对于实验的结论应该反复加以验证，偶然的现象并不能成为普遍的规律。

但是，勤恳的掘墓者，我绝对无意贬低你的声誉，绝对没有。相反，我的笔记本中，汇集了你英勇和勤劳的事迹，它们将擦亮你名誉的光环。我在这里所说的，只是一个博物学家应该坚守的科学的严谨。历史是最开明也是最谨慎的评判家，它不盲目坚持，也不轻易相信，所有的结论都接受事实的引导。我只想问你一个问题，你是否像有的人所说的那样，拥有思维的指导，拥有人类理性的萌芽？

为了找到这个问题的答案，我开始了长时间的观察与研究。不过，在这之前，我要先准备一个笼子和住在笼中的实验对象。后者的准备工作令我十分苦恼，因为在我居住的地区，负葬甲的品种十分稀少，据我所知，只有一种残葬甲。而田野中的残葬甲又十分罕见，我每次寻捕它们几乎都是空手而归，我从前最好的战绩也只是找到三四只而已。四月，这是实验最有利的月份，可是就快要过去了，捕捉残葬甲的结果如何，真是很难说。

在情势如此紧急的情况下，我需要的一些实验对象还没有着落。看来，我不得不采用布设陷阱的办法了。于是，我决定在荒石园中散布大批鼹鼠的尸体，残葬甲嗅觉灵敏，必然会被空气中散发的野味香气所吸引，它们会从四面八方循着气味来到我指定的地方。

好吧，现在我所急需的就是死鼹鼠，多多益善。到哪里去寻找呢？我求助于邻村的一个园丁，他为我提供新鲜的蔬菜，每个星期要来我这儿两三次。在寻找鼹鼠这件事上，他是再合适不过的提供者了。春耕时期，这些讨厌的家伙把他的作物弄得一塌糊涂，他对它们厌恶到了极点，每天都绞尽脑汁设置陷阱，拎着铁锹四处捕杀这些破坏者。他对我迫切的要求惊讶不已，不过还是答应了我。尽管他有自己的想法，他认为我大概是为了减轻风湿带来的痛苦，想要收集柔软的鼹鼠皮，为自己做一件温暖的法兰绒背心。随他怎么想吧，只要帮助我把死鼹鼠带来就行。

这位善良的老好人很快就履行了约定，我需要的诱饵被包在甘蓝叶子里，有时两只，有时三只地被带来，短短几天，我就有了三十几只鼹鼠，肥美的野味终于准备好了。我将它们散布在荒石园中光秃的土地上，接下来需要做的只是等待和查看。这对于没有激情的人来说，也许是一件令人恶心的苦差事。不过我有我的小保尔，这位能干的小助手用他明亮的眼睛和敏捷的小手帮助我捕猎这些虫子。

等待的时间并不长，风带着野味的气息召唤着这些葬尸工。它们从四面八方奔向太阳底下被晒熟了的尸体。很快地，我的实验对象由四只增加到十四只，这可是我未曾想象过的数目哇，我还是第一次拥有这么多的残葬甲呢！看来，这次布设陷阱、使用诱饵的计策取得了圆满成功。

实验对象总算是准备好了，我心里的一块大石头也就落了地，在深入研究笼子中的虫子之前，让我们先谈一谈负葬甲的正常劳动环境吧。如果要是来评选一位田野卫生队伍中的先进员工，负葬甲一定当选。它不但工作效率高，更难能可贵的是，它对大自然这位领导安排的工作从不挑挑拣拣，敷衍了事，它用一种近乎狂热的执着对待每次任务，大自然给它安排什么，它就接受什么。

在负葬甲遇到的尸体中，有小一点的，比如鼩鼱；有中号的，比如田鼠；也有大的，比如鼹鼠。这些动物的残骸比它的体形都大出许多，埋葬工作所需的力量也远远超过了一只负葬甲所能承受的负担。因而，运输是不可行的，负葬甲只能将尸体就地掩埋。

➕ 左边：遁甲住在腐烂的橡树和酸橙树里。右边：叩头虫前胸腹板的凸出部分嵌在中胸腹板上，形成一个特殊机制，利用这种机制，它们能跳得很远，以躲开敌人

埋葬地点是不可选择的，而且变化无常。这一次幸运些，尸体躺在疏松的沙土上；下一次可能会异常艰难，碰到了布满鹅卵石的埋葬地。有时，挖掘地点在一片光秃秃的土地上；有时，在一片盘根错节的杂草中；甚至，有时会在布满荆棘的地方，刚刚被剖开肚膛的鼹鼠被农民用铁锹随便那么一扔，扔到了荆棘的托架上，离地面还有几法寸的距

离。忙忙碌碌的负葬甲永远也猜不出下一次的工作地点会是哪里。

这些变化无常的地点给埋葬工作带来的困难也是多种多样的，如果负葬甲采用一成不变的方式来对待这些难以预料的困难，那么它也就无法成为称职的掘墓者了。它受偶然的条件支配，在它那微小的辨别能力范围之内选择不同的策略。扫清、锯开、砸烂、震动、升起、移动，这些都是负葬甲的绝技，没有这些，它就会变成碌碌无为、死气沉沉的虫子。

谈到这里，大家就会了解，仅仅凭着一个偶然的现象就给出结论，是多么武断轻率的事情。在负葬甲的劳动过程中，我们有理由相信，其中存在着本能的行动。但是，昆虫是否有能力判断和策划这种行动呢？想要回答这个问题，我们必须充分了解负葬甲的劳动全过程，必须找到更多的资料和证据来帮助我们。

我将负葬甲安置在被金属钟形罩罩着的瓦钵中，为了欢迎这些新来到的寄居者，我在瓦钵中装满了压紧的新鲜沙土，一直溢到瓦钵的边沿。为了保证实验顺利进行，防止受野味吸引的馋嘴的猫来捣乱，我将笼子放在一个封闭的玻璃房里。好啦，一切都准备妥当啦！

让我们先说说负葬甲的食物问题。它在这方面毫不挑剔，对任何散发着腐臭味道的尸体都欣然接受；如果没有这个，有那个也行。两栖动物挺好，爬行动物也不错；长羽毛的动物可以，穿皮毛的动物也行。它对所有遇到的尸体都同样尽心尽力地开发，一视同仁，把它们都放在地窖里，给予同样的重视和关注；对于那些它从未见过的、尚不了解的新鲜事物，它也乐于接受。

一次，我将一只红色的鱼放进笼子里。这是一只中国的金鱼，是负葬甲从未遇到过的。但是，这些开明的掘墓者很快将其判定为好东西，用和埋鼹鼠一样的方法将其掩埋了。牛排骨、羊肋条在腐烂变臭时，也成为它们的新品菜肴，被迅速地埋到地窖里。总之，对于任何尸体，负葬甲都不会拒绝。

现在，让我们来看看负葬甲是怎么工作的吧！一只死鼹鼠躺在荒石园的中央，我为这些掘墓工选择的工作地点，土质疏松，易于挖掘。四只负葬甲，一雌三雄，已经赶到了施工现场。它们钻到鼹鼠尸体下使劲地摇动，那只失去生命的死鼹鼠仿佛复活了一般，不明情况的人看到一定会大吃一惊。

等了很久，有一位挖掘工，几乎总是同一只雄虫，它从鼹鼠的尸体下面爬出来，围着尸体转圈，它对施工对象进行了一番仔细的勘探。然后，它又急急忙忙地钻回死鼹鼠身下，接着又爬出来探测新的情况，然后再次钻回去。随后，这只死鼹鼠恢复了摆动，而且动个不停，像是中邪发狂了一样。与此同时，它周围的沙土被压紧，形成一个环形软垫。鼹鼠身下的泥土被破坏，它已经失去了支撑物，加上四位掘墓工的大力摇动和鼹鼠自身的重量，这具残骸陷入了地下。

这四位掘墓者此时还在地下进行着推土工作，不见踪影。不过它们没有休息，而是推动着那堆堆成环形的被压紧的沙土。沙土很快被推入坑中，将尸体掩埋起来。这具尸体就像是陷入沼泽一般，自动被吞没了。在我们看不到的沙土里，它将一直下降，直到我们的掘墓者认为深度已经足够为止。掘墓者一边挖洞，一边摇动和拖拽尸体。随着洞穴的不断加深，即使四位掘墓者停止摇动，墓穴也会由于沙土的震动、崩塌而自动填平。

负葬甲所使用的方法和工具都十分简单。它的足端有锋利的铲子，帮助它迅速地挖好墓穴；它的背部强壮有力，能够让沙土产生轻微的震动。这些工具就足够了。负葬甲会把小型昆虫的尸体埋葬起来，然后在尸体上产卵。它还需要一项必不可少的技能，这就是它必须频繁地摇动埋葬对象。这种摇动的目的是将尸体的体积压缩得更小，以减少它下降时所受的阻碍。这种技艺是负葬甲基本的任职要求，在它的工作中发挥着十分重要的作用。对于这一点，我们很快就可以看到。

鼹鼠的尸体虽然已经埋到了地下，但是，这只是全部工作的一个序曲而已。这四位殓葬工现在还在地下，从事着和之前我们所叙述的一样的劳动，我们还是等两三天再来吧。时间到了，我和我的得力助手小保尔前来查看这个公共尸坑，对于看到的情况我们非常震惊！

鼹鼠已经找不到了，眼前出现的是一块让人看了感到恶心的东西：椭圆形，绿色，发臭，蜷缩着，好像是一块发霉的猪膘带；毛被拔光了，光秃秃的，这种处理皮毛的程度让人想起主妇手下的家禽。这块东西必定是经过了精心的加工，才会从一具巨大的、遍布绒毛的鼹鼠尸体变成现在这个光秃的浓缩品。现在，这个浓缩品被安置在一个宽敞、坚固的地窖里，它没有被触动过，没有被切割过。这是子女的嫁妆，不是父母的食物，只有为了补充体力，父母才在准备嫁妆的过程中，吸几口尸体渗出来的脓血。

在这具尸体旁边，只剩下了两只负葬甲，一雄一雌，它们是一对夫妇，在那里看守和加工尸体。那其他两只雄虫呢？我看到它们已经到了地窖的顶端，在接近地面的地方休息。我所看到的这个现象并不是偶然的、孤立的。我曾多次观察到一群负葬甲协力合作，在将尸体顺利地殓入地窖之后，只有一对负葬甲夫妇留在了地窖里，其他的则爬上地面。在地面上的这些多数是雄虫，每一只都身怀绝技，干劲十足。它们干活时候的激情四射，和帮助那对夫妻埋葬猎物之后离开时的默默无语，形成了鲜明的对比。

没错，我们在这里看到的是父亲。尽管昆虫界的父亲多数是无所事事、游手好闲的家伙。它们在洞房花烛夜之后，就变得冷若冰霜，将新婚的妻子抛之脑后，对它们还未出世的孩子的命运也毫不关心。

但是，我们在这里看到的是父亲中的先进模范。负葬甲的族群中，所有的父亲都尽心尽力地干活，不论是为了帮助别人，还是为了自己，它们都不遗余力。每当一对负葬甲夫妇陷入劳动量超负荷的困难中时，这些热心的帮手就会循着猎物的气味赶来，和猎物的所有者一起，挖坑，摇动，探测，掩埋，直至任务完成。当男女主人庆祝猎物成功入库时，它们就悄然离去。到现在为止，我已经两次找到了尽心尽力为子女积攒财产的父亲，它们是推粪工赛西蜣螂和掘墓者负葬甲。这些可敬的父亲将被我铭记。

负葬甲的幼虫的生长以及变态是一个次要的问题，这样枯燥无趣的题目，我在这里就简单地讲一讲好了。

大概在五月末，我挖出了一只由负葬甲埋了半个月的褐家鼠。这具令人毛骨悚然的尸体经过殓尸工的处理，现在已经变成了褐色的黏糊糊的一摊东西。上面寄居着十五只幼虫，其中大部分都已经接近成熟。从褐家鼠下葬到现在，最多也就过去了两个星期，负葬甲幼虫就已经接近变态了，如此的早熟令人惊讶。看来，地窖里那些腐烂的臭烘烘的东西，对人的胃是致命的，却十分有助于这些未来的殓尸工的生长。洞穴里还有几只成虫，想必是这些幼虫的家长了，产卵的任务已经完成，食物也已经准备充足，它们现在无事可做，就悠闲地待在它们的孩子的旁边。

负葬甲的幼虫具有在黑暗中生活的虫子的普遍特性：呈白色，裸露，瞎眼。它的外形有点像螃蟹，呈披针形；黑色的大颚强健有力，是大自然赐予的进行环境净化工作的重要工具；腹部的腹面有一块狭窄的红棕色腹板，腹板上装有四根骨针，这四根骨针是幼虫在离开出生的小间，降落到地上时作为支撑点用的；足很短，但是在奔向猎物时迅速敏捷；胸部体节的护甲很宽，没有刺。

⊕ 蜱螨有时会寄生在负葬甲的身上

负葬甲家长此时陪着它们的幼虫，寄居在褐家鼠的腐尸里。记得四月它们在第一批鼠尸下面时，衣着整洁，全身发亮；而现在，七月临近时，它们身上盖满了寄生虫，丑陋不堪，令人恶心。这些寄生虫折磨着掘墓者，它们钻进掘墓者的关节，一大片一大片的，在负葬甲的身上形成了一件难看至极的衣服。

我认出这种寄生虫是蜱螨，这种蛛形纲动物坏事不少干，它们经常把粪金龟腹部美丽的紫晶弄得污秽不堪。我试图用画笔尖将它们从可怜的负葬甲身上扫除，被扫下来之后，它们的身子有点变形，可是又爬到寄主身上，就是赖着不走。这些环境的净化者，这些勤勤恳恳的掘墓工，它们从事有意义的工作，它们热心帮助同族，它们为家庭奋斗，可是现在，它们却要忍受这些害虫的欺侮！

六月中旬，我的笼子里曾出现了奇怪的现象。负葬甲已经储备了足够的财产，我们就再也看不到它们埋葬尸体的忙碌身影了。有时，某个掘墓者从地窖里出来散散步，还带着懒洋洋的神情。对于我后来提供的老鼠和麻雀的尸体，它们毫无兴趣，一点没动。

除此之外，还有更加奇怪的事情。大批的负葬甲从地窖里爬上地面，它们大多身负重伤，这个少了一只胳膊，那个没了一条腿。我看到一个受伤者，它行动迟缓，一瘸一拐地在满是灰尘的地面上费力地走着。它衣衫褴褛，满身虱子，就像是一个残疾的老乞丐。这时，一个步履矫健的同伴出现了，它不由分说地给了这个可怜的乞丐致命一击，然后将它开膛破肚，吃光了它的肚肠。剩下的十三只负葬甲也都惨死在同伴的屠刀之下，轻者被同伴切去几只跗节，重者被同伴一刀毙命，成为美餐。真是难以想象，在两三个月前，那些不求回报、给予同伴无私帮助的昆虫，就是眼前这些吞食同伴的自相残杀者。

人类社会中也存在类似的现象，比如马萨热特人。这个民族认为，在父母白发苍苍的时候结束他们的生命，是子女的孝顺行为，是帮助父母摆脱老年的折磨的好事。负葬甲也有这种野蛮的习性。它们已经垂垂老矣，没有多少时日了，眼看着就要走到生命的尽头，延续这种丑陋肮脏的垂危岁月又有什么意思呢？于是，它们最终选择了爆发，选择了互相消灭。

我还想补充一点，负葬甲同类相食的原因与食物短缺毫不相干。由于我的慷慨，它们地下的储藏室里堆满了食物；七月份，地上还堆着它们懒得管的动物尸体。对它们而言，其他都不是理由，相互残杀只是它们对苟延残喘的痛恨，是它们对生命枯竭的极端发泄。似乎唯有如此，才能使无力无奈的垂暮之年得到彻底解脱。

这种在晚年爆发的狂暴事件，在其他昆虫中也存在。壁蜂在年轻时也是平和亲切的，但是当它的卵巢即将衰竭时，它就变得狂暴不已，到处破坏。它将蜂房里沾有灰尘的蜜弄散，把卵弄破吃掉；它砸碎别人的蜂房，甚至连自己的蜂房也弄碎不要了。蟋蟀夫妇在产下后代之后，就爆发不可收拾的家庭战争，它们用刀相互剖开肚子，毫不犹豫。螽斯母亲一点一点吃掉它残废的丈夫的腿。螳螂在和情人缠绵之后，就残忍地将情人吞进肚子。生儿育女的任务完成了，剩下的日子都是挣扎和折磨，这时，昆虫们往往选择了破坏、暴力和屠杀。

我们还是不要说这些悲惨的事情了，回来看看负葬甲的幼虫吧。这只幼虫在身体刚开始变得结实时，就离开了出生的地窖，来到了地面。它用足和强健的背部硬甲，把身体周围的土向后推，为自己准备一间变态时所需要的蛹室。然后，它就进入了半睡半醒的蛹期。它一动不动地躺着，仿佛死掉了一样；但是，一有风吹草动，它就又找回了生命，动了起来，围着自己的轴旋转。

负葬甲必须在夏季时达到成虫状态。就像食粪虫一样，它只有几天不必为家庭奔波劳累的欢乐日子。寒冬将至时，它躲在地下室里；等到春天来到，它就又回到阳光之中了。

第三章 | 大头黑步甲

步甲长得很漂亮，这点毋庸置疑。它们有着纤细的身材，是我所收集的昆虫中最为耀眼的。有的步甲身着由金色、黄铜色和佛罗伦萨铜色镶嵌的华美外套。还有的步甲拥有一件黑色外衣，而且有紫晶光泽的折边修饰。步甲的鞘翅俨然一副护胸甲的样子，上面装扮着一些凸起的纹饰和小链条，这些小链条上又有凹进的斑点作为装饰。然而，我们千万不要被它们美丽的外表所迷惑，因为除了这身的装扮之外，步甲什么也不懂。它们只是一群爱好战斗的家伙。但即便就好斗这一点来说，步甲也毫无技巧可言。步甲只会依靠一身的力量来同对手作战。当然，精干的人对于打架也不一定非常拿手。步甲的确是空有外表的家伙，就像被古代的圣贤们描绘成长了一颗呆脑瓜的大力神海格力斯一样。

地位低贱的人总是很容易就被写进故事里。虽然步甲徒有外观，然而我却忍不住想要对其做一番探究。当然，这些家伙的身上可没有什么好的故事可以挖掘出来，因为我们在它们的身上只能找到残酷。我喂养了一些步甲，把它们装在一个笼子里关着，笼子里面铺有一层新鲜的沙土。小笼子中总共饲养了三种步甲，它们分别是黑步甲、金步甲和紫红步甲。这三种步甲中以紫红步甲最为稀有，它们有着

知识链接

大象可以用门牙和鼻子将一棵数米高的大树连根拔起，但这棵大树的重量不过是大象体重的几倍。一匹0.7吨重的骏马在平地上可以拉动3.5吨重的货物，货物的重量也不过是骏马体重的5倍。与此相比，一只6克重的小甲虫可以拖动一堆重达1.093千克的货物，后者体重约是前者的182倍。

黑色的鞘翅，在鞘翅的周围还有作为修饰的泛着金属光泽的紫罗兰色；金步甲是这里的长居主人，也是粗俗的园丁；黑步甲全身暗色，它们有很大的力气，是不好应付的高丽亚绥斯黑步甲。

我找了几片碎陶瓷片作为它们遮蔽身体的东西，就像岩石下面的隐藏之地一样。我还在笼子的中央部位插上了一簇青草，看上去就像一片草地似的。蜗牛是我供给这些步甲的食物，我还把其中一些蜗牛的壳剥去了。这真是个适合生活的美好的地方。步甲们在陶瓷碎片下散乱地蜷

缩着，接着就有蜗牛主动送上门来。可怜的蜗牛将自己的触角伸出来又缩回去，好像对生活失去了信心似的。步甲看到蜗牛来到后就三五成群地同时把蜗牛外套膜上鼓出来的下垂的肉抢完——这是它们的最爱，蜗牛的外套膜是含有钙质微粒的。步甲拥有钳子般坚固的上颚，它们就是通过这把锋利的工具来抢夺食物的，直到在撕扯中抢到自己的一份才会向后退几步。

几只步甲在原地啃食着美味的蜗牛肉，它们的身子前段都被涎沫弄湿了。还有一只步甲的腿裹满了沙砾，好像穿着一副护腿套似的。然而这副重重的护腿套似乎并没有引起它的反感。这只步甲由于身体重量的增加而掉在了泥坑中。不过它还是一瘸一拐地来到了食物的面前，打算再撕下一片肉来。它还不打算把自己腿上的那副护腿套脱下来呢。步甲的这顿美餐持续了好几个小时，直到它们的鞘翅由于肚子的鼓胀而抬起来时，它们才停止了进食。这时候它们的腹部末端也全部露在了外面。

与其他步甲的习惯不同，高丽亚绥斯黑步甲在吃东西的时候不喜欢成群结伴。它们往往以自己的族类为一伙儿，单独行动。它们会把蜗牛移进陶瓷碎片下面的小窝里，非常隐蔽地享用美餐。比起蜗牛来，这些黑步甲认为蛞蝓（kuò yú，俗称鼻涕虫，是一种软体动物，外表看起来像没壳的蜗牛）比蜗牛肉更好吃。它们还认为小壳螺的肉质也很可口。这种螺的脊背后面有一块钙质鳞片，看起来很像弗里吉亚帽子。若野味的涎沫稀少，而且肉质也比较硬，黑步甲们就觉得这种肉不太好吃。我将其中的一只蜗牛的壳去除掉，使它完全处于裸露的状态。步甲们看到了这么一只蜗牛，变得更加肆无忌惮起来。它们根本没有觉得这不是自己劳动的成果。

松树鳃角金龟是一种比步甲大很多的昆虫，然而当我把这只巨大的东西放在一只好几天没有进食的金步甲面前时，金步甲却毫不犹豫地向它发起了进攻，没有丝毫畏惧可言。松树鳃角金龟特别温顺，任凭金步甲这只"恶狼"的摆布。金步甲在松树鳃角金龟四周转绕着，它寻找着机会，冲上去立刻又缩回来，反反复复地尝试着这种攻击，直到眼前的猎物完全被制服。终于，松树鳃角金龟被金步甲打倒在地了。金步甲疯狂地啃噬着眼前的美食，剖刮着猎物的腹部，甚至将自己的大半个身体都扑了上去。假如这样的画面发生在比较高级的动物身上，那么场面将是多么令人毛骨悚然哪！

　　葡萄根蛀犀金龟比刚刚提到的松树鳃角金龟更加威猛，它如同犀牛一般强壮。我想要让这只昆虫与金步甲展开一场战斗。葡萄根蛀犀金龟在甲胄的掩饰下看起来一副战无不胜的样子。它穿着一身盔甲，头上还长着触角。然而它的弱点却被金步甲掌握了，那就是鞘翅保护下的薄皮。金步甲对葡萄根蛀犀金龟进行接连不断的进攻，直到后者的护胸甲被略微地撬起。这时候的葡萄根蛀犀金龟已经将自己的头部缩进了护胸甲下面。金步甲用自己锋利的如钳子一般的螯刺在对方的薄皮上面切了一刀，葡萄根蛀犀金龟死了，金步甲啃食着这胜利的果实。

　　如果想要观赏到一场比挑战葡萄根蛀犀金龟更为惨烈的战斗，那就应该把目光投注到告密广宥步甲身上去。它是步甲中长相最为漂亮的王子，外表华美，身材魁梧，也是毛虫的致命杀手，即使是那些臀部非常结实的毛虫。让我们来观看一场告密广宥步甲和大孔雀蛾毛虫之间的战斗吧。场面的惨烈让我战栗，假如昆虫学只有这种血腥的画面让我目睹，那我一定会义无反顾地将这门学科抛弃。现在让我对这场战争做一下简单的描述：只见大孔雀蛾毛虫的肚子已经被告密广宥步甲刺破，它躺在地上扭动着身体挣扎着。就在这时候，告密广宥步甲在瞬间被毛虫托起来了。然而毛虫的这种行为却不能让告密广宥步甲有丝毫的让步，它仍旧死死地抓住毛虫不放，在毛虫受伤的部位吸着流出来的鲜血。毛虫在地上不断地扭动，像一堆绿色的肠子一样散开。

　　腆着大肚子的蝈蝈儿和白额螽斯是告密广宥步甲应该认真应对的昆虫，它们都有着不好惹的下颌。我在第二天取了这两种昆虫作为告密广宥步甲厮杀的对象。之后这位步甲冠军又对葡萄根蛀犀金龟和松树鳃角金龟进行了杀戮。厮杀的场面同样血腥、残忍。告密广宥步甲是步甲中对厮杀对象的弱点最为了解的一种步甲，无论是有鞘翅的昆虫还是有护胸甲的昆虫，它通通了如指掌。可以这么说，只要摆在告密广宥步甲面前的昆虫不死，这位厮杀高手就一定全力以赴地战斗到底。

　　高丽亚绥斯黑步甲在杀戮猎物时能够释放出一种具有腐蚀作用的液体，这是一种酸性的物质，同时也是为了遇到敌人时能够进行防御。一些昆虫在遇到危险时会喷发出一种爆炸性的物质来将侵犯者的胡须烧着，而告密广宥步甲在这种情况下则会使自己的足趾变得臭不可闻。拥

有这些天赋的昆虫通通都是战场上的高手，然而它们除了会厮杀抢掠之外，对其他的技艺、技能却一无所知。这种无知在幼虫身上也是如此，钻在石头下面的幼虫每天也是在杀戮中度日。即便是这样，我也不得不跟它们接触，因为我想要从这些家伙的身上了解一些东西。

　　一只正在阳光下沐浴的小昆虫，在树枝上静静地待着，无论它是拥有鞘翅的保护还是肢体已经不完整，只要你做出准备抓住它的架势，它一定会在你出手之前就已经跌落到地上。当你在草丛中把它寻到时，这只昆虫会做出一副死去的样子，一动不动地瘫在地上。有翅膀的它由于在你想要捕捉它的时候不能很快地将翅膀扇动逃走，所以只好选择掉落在地上。这是它在危急时刻所使用的伎俩。有人说这些昆虫懂得怎样装死。无论是我还是我的孩子，只要对它进行捕捉，装死都会照常出现。它似乎对于它的捕捉者是谁没有太大的兴趣，它只是知道自己已经处于比较危险的境地。以装死的方式来迷惑敌人，以期鸟或是其他的捕杀者能对它弃之不理，最终逃过一劫。

　　有这样一个故事。从前有两个人做熊皮的买卖。他们在没有捕捉到熊时就已经跟人做好了交易，然后再去对熊进行捕杀。他们之所以这样做也是为了生计。然而有一次情况却不一样。他们在捕捉熊的过程中受到了熊的追击，其中一个人为了逃生就假装跌倒在地装死。他止住了呼吸，以此来迷惑熊。熊在他的周围乱嗅一通后认为这人已经死了，于是转身离去。这个人因此也从死亡线上挣扎了回来。这

> **知识链接**
>
> 　　为了能够享用美味的蜗牛肉，步甲进化成了两种类型——"大嘴"和"小头"。前者是长着有力下颚的"大嘴魔王"，后者是长着纤长小头的"小头强盗"。虽然长相有点差异，但它们都是蜗牛家族的大克星。"大嘴魔王"会挑选薄壳蜗牛来食用，而"小头强盗"会专找开口大的蜗牛来吃。这是生物界中一种非常典型的"平衡进化"。

头熊真是傻极了。听说这个人就是因为有一次偶然看到了昆虫装死的过程，才能够在被熊追击的时刻逃过大难。然而鸟们面对昆虫的这种小伎俩却不以为意，它们绝对不会因为眼前这只昆虫一动不动而就此离开。无论是蝗虫还是苍蝇，翠鸟和麻雀们都不会放过它们。只要是能够下肚的美食，无论是死是活，鸟们从来都不放过。事实上昆虫装死的伎俩是能够被鸟们识破的。小鸟用它犀利的目光拆穿了昆虫的骗术，只要昆虫依旧流淌着新鲜的血液，至少也会用嘴啄它几下。这些小鸟可比故事里

的熊更加聪明。

民间有种说法：昆虫会装死。这种说法同时也得到了专家学者们的肯定。我不知道人们是在怎样的证据下得出这种结论的，对这种欠缺理性思考的说法我非常怀疑。假如仅是靠一些逻辑上的推理来得出结论，我想是不够的，最重要的是还必须依靠实验的证明。于是，我开始了自己的实验。我首先需要做的是寻找一只合适的昆虫来作为我实验研究的对象。在对虫子的挑选中，我回忆起了四十年前的时光。

那时候我刚刚通过了自然科学的考试，并且拿到了这门学科的学士学位。我对这样的成绩感到非常欣喜，在从图卢兹回家的路上，我在塞特稍事休息。虽然拿到了学位，但是我知道自己在大自然这个学科面前还是个知之甚少的小学生，学位并不能够阻止我进行深入的学习。相反，对于一个始终渴望知识的人来说，他在书本的面前，或是在世间万物的面前始终是一个小学生而已。就在几年前，塞特的阿雅克修海湾（位于法国南部）已经是让我难以忘怀的地方。这个时候如果能够再次前去对它进行一番欣赏，那简直是让我快乐无比的事情。

在这种想法的驱动下，我在七月某一个清静的早晨出发到了塞特的海滩。我在那里第一次采到了一种叫作高山钟花的植物，它们有着玫瑰红色的钟形花朵，碧绿的叶子在浪花的敲击下闪闪发光，非常漂亮。还有一种比较奇怪的蜗牛，它们有着虽然平扁却富有流线感的外壳。这些蜗牛一群群地在禾本科植物上休息。此外，海边干燥的流沙上有着一列长长的痕迹，使人想起小鸟在雪地上留下的足迹，只不过它更小一些，并且以另一种样式显现出来。如果说童年时看到这样的痕迹会让我兴奋不已，那么此时再看到这样的痕迹会带给我什么样的东西呢？

我跟随着这样的痕迹前行，每当到达痕迹的尽头时，我都会停下脚步进行挖掘。跟踪这些痕迹时的我就像一个在跟踪自己的猎物的猎人。在痕迹终点处的挖掘工作让我发现了一种昆虫，它们在流沙上留下的脚步印迹与我在童年时看到的一样。我大概认出了这种昆虫，它们是大头黑步甲。这些黑步甲只在夜间进行活动，为了捕捉食物。天亮之前大头黑步甲就会返回自己的洞中。另外，黑步甲有一个非常能够引起我注意的习性。它们受到外界的侵扰时都会倒在地上，肚子朝天，然后一动不动。虽然我对昆虫的研究很浅显，然而就我的经验而言，我还从来没有看见过其他的昆虫表演这种伎俩。大头黑步甲装死的行为让我印象深刻，这也是为什么四十年后的我在寻找有装死表演天赋的昆虫时第一个想到的就是它们。

黑步甲是非常残忍的刽子手。由于腰间部位紧缩，所以它们的整个身体看上去就像被分成了两个部分。也正是这种紧缩，使得它们的胸部后面的部分好像快要开裂似的。如同一枚煤玉饰品一般，它们全身被亮黑色包裹。黑步甲用以对猎物发起攻击的工具就是它们那尖利的螯，除了鹿角锹甲以外，基本上没有哪一种昆虫的大颚能够与它们的螯相比。而且与其说鹿角锹甲的大颚是用来进攻的武器，倒不如说它们只是装饰性的物品，不是在战场上能派得上用场的有力武器。黑步甲绝对是皮麦里虫的天敌，每当遇到这位金牌杀手的时候，皮麦里虫无一例外地都要被黑步甲残酷地剖腹。黑步甲对自己拥有力量的多寡非常清楚，每次我对趴在桌子上的它们进行骚扰时，它们总会把身子向前面的短足弯曲，摆成弓形，俨然一副防御的样子。它们把那对螯张得大大的，让人看着就害怕。黑步甲的头很大，它们的胸廓长得很像心脏形。凶残高傲的黑步甲再次将自己的身子抬了起来，我的手指还没有碰到它们时它们就已经向我发起了进攻。在触动这些家伙之前我都会对它们进行仔细的观察。当然，它们不可能把我吓倒。

在塞特的海滩上我曾经与一群黑步甲度过了快乐的清晨，现在一个朋友又特地从那个海滩上带了一打黑步甲给我。同时送来的还有一些皮麦里虫。昆虫们的状态看起来都还不错。只是皮麦里虫可怜极了，它们通通被黑步甲下了毒手，有些不仅肚子被剖开了，而且整个身体的内部都已经被黑步甲掏空。还有的皮麦里虫被黑步甲折断了腿，总之没有受到伤害的皮麦里虫基本上不存在。看来在这些小虫子被从塞特运往塞里昂的路途中，黑步甲把同行的皮麦里虫当成了瓮中之鳖，尽情地享用了一路。虽然说皮麦里虫有着一副盔甲，那是用粘连在一起的鞘翅组成的。但是这样的防御武器在遇到黑步甲的时候根本起不了什么作用。

我用两种器皿安置着这些昆虫，它们分别被放在了铺有沙土的金属钟形网罩下和短颈大口瓶中。在沙土上的它们一经安顿好就立刻埋头苦干了起来，每只虫子都在挖着自己的洞穴。黑步甲们先是用力将自己的头部弯下去，这样它们的大颚就能聚拢在一起了，大颚像铁镐一样能够大力地将沙土挖开。然后它们再用自己张开的前足上面的钩把挖出来的泥屑聚集到一起，最后再把这堆泥屑推到外面去。被推出去的泥屑在黑步甲的洞口形成了一个小土丘。随着洞穴挖掘工作的深入，很快地，通过一道缓坡的延伸，洞穴与短颈大口瓶的底部连接在了一起。

在完成了洞穴深度的挖掘后，黑步甲开始了对洞穴宽度的开发。这个洞穴的宽度最终需要达到三分米。当黑步甲觉得这个宽度已经差不多了的时候，它就会对洞穴的入口处进行细致入微的再加工。最终这里会变成一个倾斜度不断变化的坑，深深的，像一个漏斗的形状。这个进口比起蚁蛉的火山口形状的入口来说显得更加朴素，虽然在大小上二者不相上下。在进口处我们看不到丝毫的泥屑，而且整个斜坡都很干净，特别是斜坡的下面，那是一个地道的前厅，非常平坦。这个前厅就是黑步甲等待抓捕猎物的隐秘之地，在等待的时间里它们总是让螯呈半张开的状态，并且自己保持静止不动，伺机行动。

黑步甲所挖出来的地道由于是在玻璃瓶中的，所以整个过程我观察得一清二楚。同时透明的玻璃瓶也能够让我更好地跟踪了解黑步甲的生活习性。假如黑步甲跑到地下活动，那么我也只需要将瓶子稍微地抬起一些就可以看得很清楚了。这样做不仅不会打扰到黑步甲的正常生活，而且能让它们这些不喜欢光线的小虫子免受阳光的侵扰。

我给等待猎物到来的黑步甲准备了一道美食，它是一只蝉。对于黑步甲来说，这道美食已经是难能可贵的了。我把它放在了黑步甲的洞口处，黑步甲好像听到了什么响声似的，立刻从半睡半醒的状态中清醒了过来。它摇动着自己的触须，非常谨慎地爬到了斜坡的上半部分。快要到达洞口的黑步甲探着头看到了这只蝉，它突然从坑里面跳了起来，纵身一跃扑向了洞口处的蝉。这条通道呈漏斗形状，所以非常便于把大个头的猎物拖进去。这个斜坡是致命的，没有什么东西能够从这里重获新生。

因为黑步甲在洞口处设置了一些秘密机关，所以它很快地就将这只蝉制服了。黑步甲不停地把蝉往洞中拉扯，蝉的头部向下，整个身体都陷在了深深的洞穴中。最终这只蝉被黑步甲拖到了一条地道之中，这个时候蝉几乎已经完全不能动弹了。地道呈扁扁的圆形，非常狭窄。这就是黑步甲对蝉进行肢解的地方。等到这只蝉被黑步甲折磨到完全不能动的时候，黑步甲就会回到上面堆放猎物尸体的地方。现在到了享用美食的时间了。而这时，洞穴的入口被之前挖洞穴时堆起来的泥屑掩埋，这个洞口直到黑步甲肚子里的蝉全部消化完毕后才会被再次打开。因为那时候的黑步甲又开始饥饿了。一切都就绪之后，黑步甲开始享用它的大餐了。

⊕ 黑步甲

被我关在瓶子中的黑步甲让我对它们的生活习性有了非常深入的了解，这比之前与它们在海滩上度过的一个清晨要有价值得多。黑步甲的确是强壮的家伙，无论面对多么彪悍魁梧的对手，黑步甲都不会有丝毫的害怕与退缩。这是什么事情都敢干的家伙，鳃角金龟和金匠花金龟根本不是它们的对手。即便是蝉和身体肥大的松树鳃角金龟，在黑步甲看来也不在话下。黑步甲用它们那强劲有力的武器就能够将这些猎物治得服服帖帖，使其最终成为它们口中的美食。

黑步甲喜好宽阔的空间和自由自在的生活方式，因此它们能够在自然环境下生活得非常惬意，而且胆子很大。海滩上那股带着咸味的空气对它们来说简直就是一针刺激好斗本性的兴奋剂。蚁蛉一般是在自己的洞穴下面等候猎物自动送上门来，而且这些猎物都是由于在漏斗般的斜坡上行动不自如而掉下去的。黑步甲对于蚁蛉的这种小伎俩投去了鄙夷的目光，它们根本不屑于这样的捕猎方式。黑步甲在海滩的沙土上挖掘出一个洞口十分宽敞的洞穴。等到猎物被拉进洞穴的时候，这个洞口就会被挖掘时多出来的泥屑掩埋。这种方式使得猎物根本无法逃出黑步甲的掌心。

沙滩上长长的行迹告诉我们，黑步甲在夜间进行巡逻，它们这种夜间活动是为了搜捕野餐。皮麦里虫或是一半带斑点的金龟子都是它们的盘中之餐。对于捕获到的猎物，黑步甲并不急着把它们吞进肚子，而是带回家中细细品味。因为家里是个十分安全的地方，它们不必担心有居心叵测的家伙来抢夺食物。黑步甲喜欢在黑暗和安静的地方进食。一旦猎物被拉到了自己的安全隐秘之地，黑步甲就开始放心大胆地把猎物肢解，并且安心地享用自己的劳动成果。

第四章 金步甲的婚俗

我们知道，金步甲是灭杀昆虫幼虫和蛞蝓的斗士，是菜地和花圃的守卫者，从这一点来说，"园丁"这个光荣称号它确实当之无愧。如果说我的研究在这方面没有什么新的贡献，不能为金步甲那久负盛名的美誉增添新的光彩，那么至少在接下来的研究中，我将为人们揭示金步甲出人意料的一面。这个魔鬼能把比它自己弱小的猎物残忍地吞食掉，而自己也会变成别人的盘中餐。那么它会被谁吃掉呢？就是被它的同类以及别的动物吃掉。

先来介绍一下它的两位敌人吧，也就是狐狸和癞蛤蟆。在找不到干粮，更别提是美味佳肴的时候，它们也能把那些瘦骨嶙峋、散发着怪味的猎物将就着吃掉。狐狸粪便的主要成分是兔毛，但有时候也会夹杂着金色的鳞片，这就足以证明狐狸吃了金步甲。尽管这道菜分量实在少得可怜，也谈不上什么营养价值，而且味道也很怪异，但是吃上几只金步甲总还是可以对付一下饥饿的。

我也有相似的证据用来证明它也是癞蛤蟆的食物。在荒石园的小径上，我在夏天常常会发现一些奇怪的东西——一些细细的小黑肠，跟小指差不多粗，被太阳晒干后很容易就碎裂了。我从中还发现了一堆蚂蚁头，除了一些纤细的腿之外，就别无他物。刚开始，我思前想后，总也弄不明白，它们究竟是从哪里来的。这用成千上万个头压成颗粒状的奇怪的东西究竟是什么呢？会不会是猫头鹰将胃里的营养物质提取之后吐出的残渣呢？但是在一番思索之后，我否定了这个想法：猫头鹰是在夜间活动的，而且虽然它爱吃昆虫，但也瞧不上这么小的点心。吃蚂蚁得有充足的时间和耐心，得用舌头把蚂蚁一只只粘起来然后再送入口中。那么，谁是那位捕食者呢？有没有可能是癞蛤蟆？我想除了它之外，在这个荒石园里不会有其他动物与这堆蚂蚁产生关系。实验将会帮助我们揭开谜底。我有一位老朋友，可我却还不知道它家住何处。我们曾好几次在夜晚巡查时相遇。从我身边经过时，它总是用它那金黄色的眼睛看着我，然后神情严肃、庄重地忙它自己的事去了。这只癞蛤蟆和茶杯垫差不多大，它是我们全家人都非常尊敬的智者，我们称它为哲学家。

我去问问它吧，看它会不会知道那堆蚂蚁头是从哪里来的。我把它囚禁在一个没有食物的钟形罩里，等待它把那胀鼓鼓的肚子里的食物消化掉。这段时间并不算太长，几天后，囚徒就排出了黑色的圆柱形的粪便，里面也有一堆蚂蚁头，和我在荒石园里的小径上发现的粪便没什么差别。我释放了这位哲学家。幸亏有它在，那个困扰我的难题才能够得到解决。我总算搞清楚了，癞蛤蟆会捕食大量的蚂蚁。没错，蚂蚁确实是很小，但是好处就是容易被捕捉到，而且取之不尽。荒石园里的蚂蚁特别多，而其他的爬行昆虫却很少，因此这只癞蛤蟆主要以食蚂蚁为生。但蚂蚁并非癞蛤蟆最钟爱的食物，如果它能够找到更大的猎物，那可就更好了。对癞蛤蟆来说，偶尔能吃到体积大一些的猎物就算是难得的佳肴了。我在荒石园里发现的一些粪便，完全可以证明它有时也能吃一顿大餐。有些粪便里几乎全部都是金步甲的金色鞘翅，而其余那些呈糊状、粘着几片金色鞘翅、主要成分是蚂蚁头的粪便，才是癞蛤蟆粪便的真正标志。我们从中就能够知道，癞蛤蟆也是会吃金步甲的。癞蛤蟆作为守护菜地的卫士，却捕食另一位和它同样值得尊敬的菜园园丁——金步甲。一件对我们有用的东西，毁了另一件有用的东西。这个小小的教训能够帮助我们打破天真的想法——可别以为它们是为了我们才做这一切的。更不幸的是，金步甲这位我们的花园和菜地的守护者，这位对昆虫幼虫和蚯蚓的犯罪活动做密切监督的警察，居然还同类相残。

一天，在我家门前的梧桐树荫下，一只金步甲匆匆地经过，我非常欢迎这位朝圣者的到来，它能够壮大钟形罩里的居民们的队伍。我把它放在手上，发现它的鞘翅末端有些微损伤。这是不是情敌之间发生争斗造成的？对此我没找到任何蛛丝马迹。经检查确认，它身上没有严重的损伤，能够为我工作，我就把它放进玻璃罩里，让它和那25只金步甲做伴。次日我去看望这位新来

➕ 几只金步甲在分食一条蚯蚓

的寄宿者时，它已经死了。那天晚上，同一个监狱的囚犯们对它发起了攻击。它的足、头、前胸全都完好地留在那里，没有支离破碎的痕迹，只有肚皮裂了一个大口，内脏被从那里拉出来。由于鞘翅有个缺口，因此没有能够很好地保护它，它被掏空了肚子。我眼前是一个由两瓣合抱的鞘翅组成的金色贝壳，干净得连被掏空了软体组织的牡蛎壳也不能与之相媲美。这个手术做得真漂亮。这样的结果让我大吃一惊。我的金步甲们居然把一位鞘翅受伤、抵抗力弱的同胞给吃了，它们总不能说是因为自己的肚子饿了吧。要知道，钟形罩里从来都不缺少食物，我对此向来十分注意。我将蜗牛、鳃角金龟、螳螂、蚯蚓、各种昆虫幼虫，以及其他一些受欢迎的菜肴，换着花样送上餐桌，而且供应的数量完全能够满足它们的需要。在它们那里是不是有终结受伤者的生命，看到尸体即将变质，就将其腹中内脏掏空的习惯呢？昆虫不知道什么叫作怜悯，当它们见到一个垂死挣扎的伤残者时，谁都不会停下来试图去帮助自己的同类。而在食肉动物那里，情况可能会更加可悲。有时，行人也会跑向残废者，它们是想表示自己的同情与安慰吗？别做梦了，它们不过是想吃掉它。它们似乎认为吞食它是为了让它能够彻底摆脱残疾带给它的痛苦，这种行为是理所当然的。

说不定也有可能是那个伤残的金步甲，用它那带缺口的鞘翅部分下裸露出来的臀部引诱了同伴，让它们发现这个受伤的同胞身上有块地方可以让它们大吃一顿。但是，要是那只金步甲没有受伤，它们之间会和平共处吗？从种种迹象来看，它们之间起初相处得很不错，一起进食的金步甲也从没有打过架，最多也就是从别人嘴里抢抢食物而已。在木板下长时间的午休期间，它们之间也从没有动过粗。二十五只金步甲把半个身子埋在凉爽的土里，安静地躺在那儿消化食物边打瞌睡，各自待在自己的浅土窝里，相互之间离得不远。要是把上面的木板掀开，它们就会醒过来，然后跑出去，但即便它们在跑动中相遇也没有发生打架的情况。玻璃罩里一片和睦安详的气氛，似乎会永远如此。

六月到了，天气开始变热了，我发现一只金步甲死了。这只金步甲被它的同类掏空时是很健康的。我细心地检查了一下那具残骸，发现除了肚皮上有个大口子以外，其他地方并没有遭到破坏。它没有被肢解，却成了掏空的牡蛎壳，身体缩成金贝壳状，和不久前那个残废者被吞食后的情景一模一样。几天后，又有一只金步甲被杀死，护甲没有半点损伤，同前面那些金步甲的死状一样。要是把它腹部朝下放着，它看上去完好如初；把它仰面放着，就是一个空壳，在那个壳里半点肉质都没有了。没过多久，玻璃罩里又出现了一具被掏空的尸体，以后又不断地出现。金步甲一个挨着一个地死去，玻璃罩里的金步甲在迅速减少。如果疯狂的屠杀就此继续下去，那么很快玻璃罩里就空无一物了。是幸存者在瓜分那些老死的金步甲的尸体，还是它们靠牺牲依旧还活着的同伴的生命来达到减少数目的目的呢？要把事情查个水落石出不是件容易的事，因为这种事情主要发生在晚上。

　　依靠警觉，我终于有两次机会在大白天撞见了解剖的过程。六月中旬，我看到一只雌金步甲在拨弄一只雄金步甲——我能根据它微小的体形辨认出其性别。手术开始了，进攻者打开了它对手的鞘翅顶角，然后从背后用大颚咬住受害者的腹部末端，接着就是撕扯。被咬住的金步甲虽然年轻力壮，但它却既不自卫，也不还击，只是用全部的力气朝反方向拉去。为了挣脱可怕的齿钩，它随着拉来拉去的动作一会儿前进，一会儿后退，它做的全部反抗也就仅此而已。大概持续了一刻钟，一些过路客突然冒了出来。它们停下脚步看着，仿佛在喃喃自语："该我上了！"最后，那只雄金步甲一使劲，挣脱出来狼狈地逃离了。要是它没能成功，那么很显然就会被穷凶极恶的雌虫剖腹了。几天之后，我再次看见了相似的场景，而且这次看到了完满的收场。这次同样是雄虫被一只雌虫从背后咬住，而它除了企图挣脱之外，只是任凭雌虫摆布，同样没有做任何反抗。最后，它的腹部被撕裂了，口子越开越大，内脏被拉出来，被那个妇人吞进了肚子里。这个凶残的女人还把头埋在它的腹腔里，把它掏得只剩下一个空壳。可怜的遇难者双足一颤，表明它的生命已经完结。但这个恶妇并不因此而放过它，它沿死者的胸腔尽可能地继续往里挖。被挖干了的空壳被丢在了现场，只剩下合抱成小吊篮形的鞘翅和没有被肢解的身体前部。那些金步甲就是这样死去的，死的总是雄性，它们的尸骸不时地在玻璃罩里被发现，而幸存者也一定会这样死去，这是早晚都会发生的。从六月中旬到八月初，最初的25只金步甲锐减到只剩下五只雌虫。二十只雄虫全部死了，它们先被开膛，然后身体被掏得干干净净。

杀手是谁？看来是雌金步甲。首先，我所看到的那两次进攻行动可以证实这一点。两次攻击都是发生在众目睽睽之下，我亲眼看见雌虫进到雄虫的鞘翅下，然后剖开雄虫的肚皮，将它吃掉，或者至少试图这么做。虽然我没能目睹其他的杀戮，但我却能拿出非常有力的证据。就如刚才所见，被抓住的那只金步甲既不自卫，也

知识链接

自相残杀是甲虫们的生存策略之一，一母同胞的兄弟姐妹也会把彼此当作食物来源。这种行为减少了同类间的竞争对手，使得幸存者的生存机会增多。在瓢虫中这种情况就很普遍，不管是成虫还是幼虫，都可能把同类的卵和新孵化的幼虫当作食物。

没有反抗，它只不过是拼命想挣脱出来逃走。如果这仅仅是平常所见的欲置对方于死地的争斗，那么那个强壮有力的被攻击者显然会转过身来。对于对方的挑衅，它会一把抓住对方，以牙还牙。凭它的力气在搏斗中是有可能扭转局势占领上风的，但这个家伙却笨到让对方肆无忌惮地咬着自己的屁股，似乎有一种不可抗拒的力量在阻止着它反抗以及用大颚去撕咬对方。

这种宽容与朗格多克雄性蝎子多么相似。当婚礼结束后，它任由自己被新娘咬死，也不使用那自卫性的武器——毒针去伤害那个泼妇。它还让我想到了刚刚当上新郎的雄螳螂，它们有的已经被咬得只剩下半截身子，却还是听任自己被一点一点地吃掉，不做任何反抗，继续义无反顾地履行着自己未完成的任务。这就是它们的婚俗，雄性对此无能为力。我的金步甲园里的雄虫，一个个全都被剖了腹。它们展示给我们的是同一种习俗——一旦满足了妻子交配的需要，雄虫就将成为牺牲品。从四月到八月，每天都会有配对的夫妇，有的时候它们只不过是尝试着在一起，而更多的时候则是有效的结合。

金步甲处理爱情的方式称得上是电光火石。根本无须酝酿感情，一只过路的雄虫就在光天化日之下扑过去，骑到了它遇到的第一只雌虫上面。被抱住的雌虫微微颔首以示同意，雄虫就开始用触角打对方的脖子，交配结束了。刚结束，双方立马就分手，去吃我供应给它们的蜗牛。随后就另觅佳偶，各自嫁娶。只要有单身的雄虫在，即使是刚新婚的夫妇也会另找新欢。大快朵颐之后，它们便开始粗鲁地交配，之后又是一顿猛吃。对于金步甲而言，这就是它们全部的生活。

在我的动物庄园中，五只雌性配二十只雄性，雌性的数目与求爱者

的数量不成比例。不过关系不大，大家都平心静气。

我那群金步甲的性别比例如果更合理当然更好，但出现现在这种情形完全是出于偶然。因为我根本没有挑选，只是随意地捉到了这些虫子。我把在附近的石头下找到的所有金步甲收集到一块儿，也没去管它们是什么性别，要知道，仅从外表是很难看出它们的性别的。在玻璃罩里饲养一段时间后，我知道了腰围粗一些的是雌性。我的在园里的金步甲的性别比例如此不协调，看来在自然环境下雄性并不是那么多。另一方面，在自由的田野里，金步甲几乎都各自隐居着，很少见到两三只住同一个地方，而像我玻璃罩里那样的群体实在少见得很，因为这么大群的金步甲绝不会在同一块石头下面聚居。这里倒还算好，毕竟玻璃罩对它们来说已经够大了，而且有足够的地方让它们散步或者嬉戏。想自个儿待着就自个儿待着，要是想找个伴很快也能找到。

它们每天都光顾着大吃大喝，反复进行交配，看来它们对监禁的生活似乎也并不感到烦闷。在野外自由自在地生活时，它们也未必会比现在看起来更精神，也许还不如现在呢，至少食物就没有玻璃罩里这么丰盛。至于舒适程度，在日常的生活状态下，这些囚徒完全可以遵循它们的惯例。但在这里，同类相遇的机会要比在野外多得多。可能也是因为这个缘故，对雌性而言，这是它们去粗暴地对待那些不再想要的雄性，咬住它们的屁股，掏空它们的内脏的最好机会。因为住得近，捕杀旧情人的现象就愈演愈烈。

但这种习俗并不是刚刚才兴起的，也不是什么新鲜事。在野外，一只雌虫在交配结束后遇到雄虫时，会把它当作猎物来对待，将它嚼碎以

➕ 金步甲

结束婚姻。每次翻开石头，我都没能见到这种场面，不过无所谓，在玻璃罩里所看到的情形已经足以使我坚信这一点。金步甲的世界真够冷酷无情的。雌性在婚后受了孕，不再需要帮手时，竟毫不留情地把丈夫吞进肚里。在它们的繁殖规则里，雄性竟然如此被作践，如此任意地被残害。爱过之后，接着便是相互残杀，这是不是很普遍的现象？目

前，我所知道的三个最为典型的例子是修女螳螂、朗格多克蝎子和金步甲。以爱人为食的这种可怕的行为，在螽斯家族中稍微好一些。因为它们并不是将螽斯活生生地吞食掉，而只是吃尸体。雌性白额螽斯对死去的丈夫的大腿情有独钟，而绿色蝈蝈儿也有同样的习惯。这种饮食习惯是有原因的。它们都是食肉昆虫，雌性遇上雄性的尸体或多或少都会吃一些，至于它是不是自己从前的爱人则无关紧要。猎物就是猎物，爱人也逃脱不了这样的命运。

　　素食昆虫的身上又为什么会发生这种事情呢？在产卵期将要到来时，雌短翅距螽竟把它的配偶活生生地咬死，然后把它的肚皮剖开，吃得肚子鼓鼓的。雌蟋蟀原本是那么温柔顺从，突然间性情大改，变得暴戾乖蹇（jiǎn），居然对那位从前满怀爱意和激情地为它奏小夜曲的恋人大打出手，还砸烂它的小提琴，撕破它的翅膀，甚至撕咬音乐家。可见，雌性在交配期后对雄性的极其厌恶，可能带有一定的普遍性，特别是在食肉昆虫中。那么，这种凶残的习俗是如何出现的呢？要是条件许可，我一定会好好地进行一番研究。

　　玻璃罩里饲养的金步甲到了八月初就只剩下五只雌虫。雌金步甲在对雄性发动攻击后，行为与以前大不相同。它们对食物已经失去了兴趣，不再理会我为它们供应的剥掉了一半壳的蜗牛和它们以前爱吃的胖螳螂和幼虫。它们总是躲在木板下打瞌睡，很少露面。会不会是在准备产卵？我每天都去探望，希望能够看到出生在粗劣的环境下的、没有受到任何爱抚的新生幼虫——这样的情形并不难预见，要知道雌金步甲并不擅长照顾婴儿。那里并没有幼虫，我的期待落空了。十月份时，气温开始下降，四只雌金步甲死了，是自然死亡，而活着的那只金步甲对此丝毫不理会，它甚至懒得吃它们。它的胃是为活活地被剖腹的雄性而专门准备的。它在玻璃罩里蜷缩着身子，努力地想钻进贫瘠的泥土深处。当十一月来临，第一场白雪落在万杜山上时，它就在洞穴深处冬眠，在那里度过冬天，到来年春天产完卵，它就可以得到安宁了。

第五章｜锯角叶甲

衣服无论对人来说还是对于其他动物来说都必不可少，然而绝大多数的动物都无须为自己的穿衣而费心，因为它们的皮毛与生俱来。也因此，这些动物不具有在外衣上添加饰物的技能。蜗牛不用为自己身上有无甲壳而担心；螃蟹不用为自己是否拥有一件齐膝的紧身外衣而苦恼；鸟类不会为自己身上有无羽毛覆盖而忧虑；生活在陆地上的爬行动物们也不用担心自己有无鳞甲来防身。动物们身上的绒毛、螺钿质、鳞甲等无一例外都是自然生长出来的。

动物们不会担心自己会被严寒击倒，因为它们身上的衣服已经足够防寒了。在能够抵御寒冷的动物外衣中，要属皮毛最为高贵。这些皮毛甚至比最高档的人造呢绒还要柔软。

爬行类动物身上的鳞甲却很少有保暖的作用，它们只是用来防止自身受到外界的伤害，相当于盔甲的作用。不过这些已经足够了。

鸟类因为需要在天空中翱翔，所以对体能的要求非常高，它们也非常惧怕寒冷。而它们身上覆盖着的整齐的羽毛就为此做了一大贡献，拥有着其他动物的衣服所不能比肩的保存热量的能力。羽毛层层叠叠，在贴近皮肤之处还有一层绒毛，这可以当空气垫子来支撑身体。在鸟的臀尾部有一个比较特别的器官，长得好像用来清洗脂肪疣的细颈瓶，更像是发蜡罐子。鸟们为了把自己身上的羽毛弄得油光锃亮，就是从这个器官中汲取脂肪的，这样便可以防止羽毛受潮。

➕ 叶甲是一个外表高度瘤状化的群体，种类繁多。有些是人们熟悉的品种，像具有破坏性的科罗拉多甲虫，其他的则不是很常见，如图中这种是巴西瘤叶甲亚科中一种奇怪的成员

至于能够在水中游荡的鱼类，它们也不需要很多的措施来防寒。因为水是比空气更为稳定的物质，鱼类在水中畅游时也无须消耗太多的体力。在这样的环境下生存，鱼类根本不了解空气中的炎热以及大地上的雾凇究竟是怎么回事。它们唯一需要做的就是让自己的身

体在水中保持平衡。

生活在海洋中的软体动物也不需要外衣来使自己的身子变暖，而它们的鳞片也是为了防止受到伤害。这点正如甲壳类动物的甲胄一样。

在我们以上所提及的动物种类中，无论是披着皮毛的还是穿着硬壳的，它们身上所覆盖的东西都不需要自己制作，完全是生来就有的。如果我们想要找到一些例外的话，那就得跑到昆虫界了。不过在谈昆虫之前，还是先看看我们人类自己吧。

人类与动物不同，每个人都是赤裸着身体降临到这个世界的。也正因为没有天生的外衣，人类才在严寒的气候下自己制作衣服，并且形成了一套纯熟的制衣技术。从这点来讲，制衣技术是在苦难中产生的，而这种苦难正源于天气。

在严寒的冬日，冷得发抖的人们逐渐意识到动物身上的毛皮或许能够帮助自己御寒，因此第一个将皮毛从动物身上剥下而披在自己身上的人就是发明衣服的人。不过在天气较好的春夏之际，皮毛就派不上用场了。为了能够遮羞，聪明的人便想到了树叶。树叶可以说是装饰品的源头，类似的装饰品直到今天也依然有人使用：装饰头发的红羽毛、作为脖子挂饰的鱼骨、系在腰间的绳段以及防蚊虫的哈喇油等等。而且金黄色的哈喇油还让我们有了更新的发明，那就是由幼虫抵抗寄生蝇所联想到的涂在身上的药膏。之后，随着人类文明的不断进步，制衣技术也有了很大的发展，布料的发明就属于其中一项。

虽然人类已经拥有了高超的制衣技术，但是只要与动物的皮毛相比较，很多人对此还是不能满意。人类对于动物皮毛的热爱程度从来都不曾减退。当人们还以山洞为居的时候，皮毛就是用来防寒的最珍贵的物件，而今天，人们还是为能够拥有一件皮毛外衣而骄傲。大学教师想要一件能够装饰肩膀的白色兔尾，国王和司法官也想拥有白鼬皮。为了达到这个目的，很多动物都牺牲在了人类无止境的欲望之下。人类所制造的呢绒里面也含有动物毛的成分，人们认为那是最好的制造呢绒的材料。也因此，身披皮毛的动物全都遭了殃。

我们人类居然会为自己拥有一件用绵羊毛皮制作的衣服而感到自豪，甚至还会因为一件衣服来源于毛虫的涎沫而傻乎乎地高兴，这是多么不可置信哪！

刚才我们提到在动物界也有着靠自己来纺织衣物的族类，现在我们就回过头来谈谈。在昆虫界，发明衣服的首先要数叶甲，它们的服装是用粪便做成的。我们知道因纽特人的衣服是用海豹的肠衣制作而成的。我们的祖先——穴居人，他们的衣服来源于熊的皮毛。而叶甲制作衣服的技能绝对比因纽特人要高明，甚至还会超过我们的祖先。因为当人类还为自己有树叶遮羞而感到高兴的时候，叶甲已经会自己收集衣服原料了。它们的衣料除了收集的以外，自己也会提供一部分。没错，叶甲在制作莫列顿呢绒上的技巧已经很纯熟了。

百合花叶甲就会为自己做衣服，虽然它的衣服实在是有点不雅致。说不好看是因为百合花叶甲做衣服的原料是自己的粪便，不过这种粪便对于防止寄生虫的侵害却十分有效。不仅如此，这种衣服还能够有效地遮挡太阳的照射。在用粪便做衣服方面，没有什么动物能够比得上昆虫。

寄居蟹也会根据身子的大小来为自己量身定做衣服。它的衣服材料来源于软体动物的外壳，而且这种外壳要被海水侵蚀到有缺口。然后寄居蟹会挑选一个适合自己体形的外壳住进去，不过只是肚子钻进去而已。至于它的两只肥大且长得不均衡的大钳子则会裸露在壳的外面，目的就是在攻击与防守时能够派得上用场。寄居蟹的这种行为是很独特的，因为其他的动物很少有如此举动。

锯角叶甲属于鞘翅目昆虫，它们的体形非常优美，色泽也很光亮。锯角叶甲对原本低级和浅陋的衣服进行了精心的修饰，因此成衣看上去

⊕ 一只进食的叶甲

还是很适合它们自己和隐头昆虫族类的。锯角叶甲的幼虫刚出生时全身裸露，没有一处被包裹的地方，不过很快它们就会为自己编织住所了。这种住所类似于蜗牛的壳，是一种长坛子，既是衣服也是房子。幼虫在坛子造好之后就躲进去，它们不会轻易出来。假如遇到让它们惶恐的事情的话，它们就会把身子突然向后缩，整个身体都缩进

坛子，然后再把自己扁平的头部当作坛子的封口。等到它们所认为的危险过去后，它们就会让自己的头部还有长着弯钩的三个体节伸到坛子外面。由于幼虫身体的主干部分比较脆弱，所以这一部分是绝对不会外露的，而只会靠着坛子底部。

让人更为惊奇的是，锯角叶甲幼虫有着高超的技艺，它们会采用双耳尖底瓮的形式，这使得坛子看起来非常漂亮。不仅外表光鲜，坛子本身的质量也非常经得起考验，我们用手指去按压是没问题的。坛子制作得细致精美，有着对称的脉络，而且还有一点倾斜，这些都是连续增长的痕迹。坛子内里的光滑程度可与皮毛相媲美，外表层为土灰色。坛子的底部会变得有点发圆，这是因为幼虫身子后面的部位稍微有些膨胀。此外，底部还有着装饰性的小花纹，呈双重凸纹状。整体上看过去，幼虫所居住的坛子完全是一种二元制作物，因为它实在对称极了。而这种对称也是制造美的第一要素。像是被斜着砍截了似的，锯角叶甲的前段身体会变得细小。不过这样一来坛子就能够被抬高，从而在幼虫的背上待着。坛子的开口是圆的，而且还有着受损的石井栏。

有一位叫作狄奥简内的哲人，他每到一处都要带上他那只大陶桶，因为那是他的住所。锯角叶甲的幼虫跟这位哲人有相似之处。幼虫在行走的时候非常缓慢，小步前行，这也是由长坛子造成的。而且坛子的重心很高，致使幼虫在行走时很容易就会翻倒。不过幼虫这样摇摇晃晃的前行方式看上去还比较优雅，就像斜戴着一顶帽子似的。有一种叫作牛头螺的软体动物，它们在行走的时候也像锯角叶甲一样踉跄，栽跟头是在所难免的。

不知道第一个在橡树下的碎石堆中发现锯角叶甲幼虫这种坛子的人会有怎样的想法。他会不会以为这是田鼠掏空了果仁所留下的果核？还是以为这是一种从不知名的树上掉下来的果壳？因为坛子看起来确实与漂亮的果壳有点像。不过我能肯定的是，这个人会非常疑惑。

假如此人真的了解到这是锯角叶甲幼虫的坛子，他的疑惑也不会消除。坛子在遭受雨水侵蚀的时候不会变得柔软，更加不会四分五裂。同样地，它在受烈火炙烤的时候也不容易变形，只是会褪去原来的色彩而变黑。其实情况就应该是这样的，否则一场大雨或一次烈火就会轻易地将坛子摧毁，那么锯角叶甲就没有衣服穿了。疑惑的人会猜测这种坛子的材质究竟是怎样的，为什么它会水火不入。显然，坛子的基质物是矿物性的，但是关于黏合剂的问题我们依旧不解。

为了消除这些疑惑，我们需要长时间地观察幼虫，因为幼虫胆子很小，外界有什么动静它都会把自己缩到坛子里面，而且在很长一段时间内没有动静。我相信我的坚持不懈一定会有收获，事实上也真的获得了回报。有一次我在等待幼虫从坛子中露出的时候就突然看见它在干活。幼虫在刹那间将自己的身体缩回到坛子里，过了一段时间后又再次出来，而且大颚还载着一个褐色的线球。幼虫将在坛子外找到的一些泥土与这个线球混合，并且揉捏线球，直至其变得均匀。之后它会非常娴熟地把线球铺在石井栏上面，而且还要磨平，使线球呈薄薄的片状。

幼虫只用自己的触角和大颚进行劳动，这两个器官融合了泥刀、捏合器、轨机以及小桶等器具的作用。而它们的足却派不上用场。等到完成了第一个阶段的工作后，幼虫又会再一次地后退，然后开始第二个阶段的劳作。这样的重复工作会进行五六次，整个坛子的开口旁边就会呈现出一个卷边。

这个卷边是由两种物质揉捏而成的，就是我们刚才提到的泥土和线球。泥土的来源很清楚，是在坛子的周边找来的，具有偶然性，是黏土的可能性很大。但是那个线球又是什么东西呢？我看到幼虫是从坛子的底部将线球抬出来的，因为它每次由缩退的状态到再次露出时，它的大颚上面都有着这样的褐色线球。虽然无法观测，但是我一直在猜，因为我对这个后方的库房十分感兴趣。

我可以确定的是坛子的后方非常严实，没有一丝漏风的地方。这样一来，幼虫排泄出的粪便就没有流到外界的可能性了，因为在坛子里的幼虫根本不会出去。原来排泄物都留在了坛子的底部，而幼虫每次所抬着的线球正是它自己的粪便。幼虫将粪便涂在坛子的内壁，这样坛子就变得坚固起来，等到幼虫的身体慢慢地变大时，它就会根据自己身体的尺寸来将外衣扩大。如何做呢？这就要用到黏合剂了，这种黏合剂比线球还要好。幼虫会把坛子内部清扫干净，然后掉转身体，用大颚尖的末端逐个地收集线球，再掺和上一些泥土，这样，优良的陶瓷黏土就做成了。这时幼虫就用这些黏土为内壁增添一层光滑的表层。

幼虫做出来的坛子的形状跟陀螺十分相似，前段小，中间比前面宽大，而尾部则呈圆凸状。宽敞的中间地段为幼虫提供了不少的方便，因为它在用粪便制作内壁表层时可以将身体翻转，也可以蜷曲。坛子不能过大或者过小，当然也不应该过于狭窄。而且在根据身体的成长而增加衣服的长度的同时也需要注意衣服的宽度，因为适当的宽度能够让锯角叶甲幼虫在里面活动自如。

蜗牛和其他一些有着陀螺形外壳的软体动物在成长的过程中也会根据自己体积的变化来改变外壳的大小。它们通过增加螺旋斜面的直径来让自己的住所适应身体生长的需求。但是以前那些狭小的不适合身体停留的螺圈也不会因此而被丢弃，因为这些空间能够被回收利用，摇身一变成了储物站。它们身体的主干部分会待在新做成的较大的空间里，而这些狭小的储物站则放置着比较次要的器官，大多数都是附属的身体器官。

不过牛头螺并不会这样做。牛头螺的身体是粗胖的，它们为了让自己的房屋更加实用，每当因为身体的生长而导致房屋不够宽敞时，它们就会毅然地舍弃原来的旧舍，之后会在前面重新建造一所新房子，然后用坚硬的隔膜堵隔后面原有的狭小屋舍，最后再用碎石子加以敲击以使它脱落。这样一来，房子就好像被切断了一截似的，显得不是太美观，不过这样的方式却让牛头螺减轻了不少负担。

牛头螺的这种做法好像有浪费的嫌疑，因此锯角叶甲对此嗤之以鼻。不仅如此，牛头螺的这种制衣方式还有可能引来不必要的危险，因为这需要耗费比较长的时间和比较多的精力。不过，就连人类中女裁缝的制衣方式——将不够大的衣服剪成两段，然后在中间加上一块新的布料，最后再将三块布缝在一起，锯角叶甲也看不惯。锯角叶甲有着自己的独门绝技，它们不仅不用拆除原先的房子，而且还知道如何扩大自己房子的空间。

➕ 有少数甲虫属于胎生，甲虫母亲直接产下活体幼虫。这只来自巴西的叶甲产下了一批小幼虫，而不是产下卵

　　锯角叶甲的本事很高超，它们居然可以把衣服内里的那一层移动到外部。做法就是：在幼虫的身体长大了之后，它们就将内里刮下来，然后用黏合剂把这些刮下来的材料重新在外部黏合起来，这样就在外层形成了新的表壁。如此一来，里面的空间就变大了。而且锯角叶甲幼虫的背部十分柔软，它们很轻易地就可以将身体伸向外壳的尾部，因此连尾部都会被涂上新的一层。这种扩大房屋的过程是逐步进行的，计划周密而且审慎，所有材料都得以回收利用，没有任何浪费的行为。旧材料会作为拱顶石一般的部分被修入新房子的顶部。而且锯角叶甲还为那一卷装饰性的绳边事先留好了空间。它们是多么聪明啊！

　　也许有人会担心：锯角叶甲不断地将自己的房屋扩大翻新，而且是用原先的材料来修葺新表层的，那么总会有旧料不够用的时候吧？这样的话，新的房屋表壁就会越来越薄，总有一天会崩溃。我想这个担心是多余的，因为锯角叶甲早就想到了这一点。旧材料的回收利用当然没错，但是幼虫也会加入新材料，那就是家门口的泥土，再加上它们的黏合剂，随时都可以保持房屋的厚度。锯角叶甲幼虫的房屋兼衣服，大小始终合适，不松不紧，而且还够坚固。

　　寒冬的时候，幼虫会封闭坛子的开口，泥土和黏合剂又派上了用场。等到幼虫的身体开始要转化时，它就会掉转身体的方向，将原本朝着开口的头部扭转到坛子的尾端，而身体的尾部则朝向开口。之后坛子的开口就不再被打开了。直至四五月幼虫成年的时候，它才会把坛子从后面再度破开，然后爬出。这个时节正是圣栎树长满新芽的时候，成虫可以在树叶上享受和暖阳光的滋养。

　　锯角叶甲的坛子制作的精致程度已经毫无疑问，但是我仍旧存有疑惑：在最初坛子没有任何雏形的时候，幼虫是怎样打造模型的呢？我认为这个问题非常重大，对于幼虫来说这也十分困难。难道一只小小的幼虫在没有任何指导的情况下就能够自己将模型做成吗？虽然它拥有自己的支撑转动工件的花盘、确定坛子形状的工具以及车床。也许幼虫的母亲会遗传特殊的技艺给它，所以我觉得观察刚出生幼虫的行为是很有必要的。很有可能问题的答案就存在于卵中。

　　我准备了一个钟形的金属网罩，在下面铺上沙土，还放置了一个装满水的小瓶子。小瓶子里浸泡着一些圣栎树的嫩枝叶，而且我会时不时地将枯萎了的旧枝换成新的。在这个钟形的网罩下面，我饲养了三种锯角叶甲，它们分别是：塔克西科内锯角叶甲、长脚锯角叶甲和四点锯角叶甲。它们喜欢橡树，经常在上面玩耍。除了锯角叶甲以外，我还饲养了长相酷似它们的隐头虫，也有几个种类：身披华衣的金色隐头虫、圣栎隐头虫以及两点隐头虫。我把金色隐头虫喂养在矢车菊的头状花序中，它们非常喜欢这样的生活环境；而把其余的两种放在圣栎树的细枝叶上喂养。

这六种小昆虫的生活习性十分相近，都是在早上表现得安静无比，而午后就开始躁动了。除了金色隐头虫以矢车菊花为食物以外，其余的五种昆虫都以橡树叶为食。在午后阳光的照射之下，这些小虫子会从树丛飞到金属网上，然后再从金属网飞回到树丛中去，来来回回却乐此不疲。

我们知道蝗虫和蝈蝈儿的后腿都比较长，它们后腿的作用就是帮助跳跃。而雄性锯角叶甲也具有这种特质，它们不是后腿长，而是前肢长，这对于它们来说又有怎样的作用呢？我看见它们在行走时这些长长的前肢没有起到任何的帮助作用，反而会显得碍手碍脚，很是不方便。它们还会收拢这长长的前肢，防止不必要的麻烦。

不过在我看过一对锯角叶甲的姿势后，想法发生了改变。这对锯角叶甲正在交尾，它们的身体呈现出翻倒的"T"字的形状。雄性叶甲接近垂直角度站立着，就像根笔直的树枝；而雌性叶甲则像这个被推翻的字母的轴。两只虫子摆成了与正常姿势相反的姿势。这时，雄性叶甲会将自己原本显得多余的长长的前肢伸出来，然后抓住雌性叶甲的肩部、前胸或者是头部，这显然是一种支撑的方式，非常平衡而稳定。原来雄虫怪异的前肢发挥着如此重要的作用。

锯角叶甲的这种长前肢在它们的名字中就有体现，如长脚锯角叶甲和长手锯角叶甲。塔克西科内锯角叶甲和六斑锯角叶甲的名字中虽然不含有这层意思，但是它们在交尾时保持身体平衡的方式也是如此。锯角叶甲一生当中唯一的重要时刻正是因为有了长长的前肢的帮助而变得更加成功。

不过雄性的四点锯角叶甲却不是这样，它们的前肢长得并不长。但是它们在交尾时也没有因此而受到丝毫影响，它们的身体倾斜摆放着，

⊕ 四点锯角叶甲的前肢很短

交尾同样成功。所以说，我们并不能肯定地说叶甲是因为交尾姿势有难度所以才长出长长的前肢来的。隐头虫所有的腿都非常短小，但它们也没有因此在交尾时遇到困难。所以说每种昆虫都有自己的一套生活与繁殖方式，一些昆虫所具有的技能可能对于另一些昆虫来说是可望而不可即的，但是每一种昆虫都有合适的方法来解决自己的问题。

第 八 卷

第一章 | 黑蛛蜂与长腹蜂的食物

法国各地其他的一些膜翅目昆虫，单从本能和习性看和长腹蜂没什么区别，它们都以蜘蛛为食，而且在建筑蜂巢上更是显得出类拔萃，因此，它们才是真正意义上的泥瓦匠、制陶者。现在我介绍一下生活在本地区的两位制陶艺术家：斑点黑蛛蜂和透翅黑蛛蜂。

它们个头不高，仅比家蚊略大，看似弱小却才华横溢，凭瘦弱的身躯、一己之力竟然也能制出相当完美的陶器。其陶器之完美令人惊叹。但两种黑蛛蜂的巢也有所不同：斑点黑蛛蜂的"坛子"体积比樱桃还要小，外形似一个椭圆的短颈广口瓶；而透翅黑蛛蜂的蜂巢则为圆锥形，口宽底窄。长腹蜂的巢比起黑蛛蜂的来说虽然平坦固定，彼此相依，且外形优雅，但是仍稍逊一筹。黑蛛蜂的蜂巢独立且互不相干。它以一点为支撑，从一端到另一端规则隆起，好似迷你碟里的许多精美小盅。因而黑蛛蜂比长腹蜂更配得上筑巢工程师的称号。

黑蛛蜂的蜂巢外部粗糙不平，就像建筑工人装修时草草了事一般，根本就没把外表的泥巴抹平整。外壁裸露的粗泥渣也没有经过任何的精加工，等制陶工塑完坛口，外边这片泥渣依然如故。尽管外部这样不美观，但是蜂巢内壁却相当光滑，真可谓精心装饰过。黑蛛蜂在蜂巢的内壁上产卵，储存食物，最后将蜂巢封口。

黑蛛蜂的坛坛罐罐杂乱无章地聚在一起，没有任何保护措施，蜂巢看起来也就不堪一击。然而雌黑蛛蜂却有自己独特的保护措施，那就是蜂巢内壁具有防水性。如果往长腹蜂的蜂巢里加一滴水，那么水珠立刻会软化内壁；若往黑蛛蜂的蜂巢里加一滴水，水珠则会停留在原处，不会渗透到内壁。黑蛛蜂蜂房的内壁为什么会有防水性呢？这得益于它对内壁的装修。它用于加工内壁的材料是硅酸铅，正是这一特殊材料，才使得内壁具有了防水性。

为什么只有蜂巢的内壁具有防水性呢？现在我们做一个实验。如果把一个黑蛛蜂蜂巢放置于一个水珠上，那么水珠很快从底部渗透到顶端，随即出现的是坛子的倒塌，但奇怪的是只有薄薄的内壁保存完整，这也就证明了一个道理：只有蜂房内壁具有防水性。防水剂来源于黑蛛蜂的唾液，由于它体态纤细，唾液含量有限，所以它优先装修自己蜂巢的内部，这也直接造成了内壁和外壁有很大的区别。黑蛛蜂采集干燥的泥土，混合自己的唾液，不断进行搅拌，使这些泥土成为可塑性的黏土，这些黏土就是内部的装修材料。而外部所用材料是自然湿润的泥土，它没有吸收唾液，因此质地也就相对差一些。内部材料是用纯正的唾液水，而外部材料则是用普通水，这也就不难解释为什么外部遇水即化而内部的防水性好了。黑蛛蜂还有两个贮液罐：一个是腺体，类似储存防水化学反应物质的细颈小瓶；另一个是消化道，好比注满水的干葫芦。有了这两个贮液罐，它就能更好地筑坛了。

黑蛛蜂是怎样选择筑巢的材料的呢？我不知道，只是依据习惯猜测而已。长腹蜂收集的泥土不需要任何加工；而石蜂却是对每一粒泥土进行悉心筛选并用唾液调和成糊状，形成自己的筑巢材料。那么黑蛛蜂又近似于哪家呢？我无从得知。黑蛛蜂所筑蜂房颜色各异，远远看去白的如路上的灰尘，红的又似我门外的一片沙砾，灰的仿佛附近地区的泥灰岩。黑蛛蜂到哪里去收集这些各种颜色的建筑材料呢？单从色泽上看，这些材料肯定来自不同地区，但谁又能想象得到，采集的那一刻究竟是呈糊状还是粉状。

黑蛛蜂有保护自己的秘诀，但是长腹蜂却不懂这样的科学方法。它是如何使自己的住宅具备防水性的呢？正因为它没有黑蛛蜂聪明，所以它用的是最普通的老办法。它把外壁用粗泥涂抹得厚厚的，用来保护其容易浸水的住宅。它们各有千秋，侏儒用清漆釉面，巨人用黏土涂层。

虽说黑蛛蜂巢的内壁光滑有涂层，但是也经不起水的侵袭，且它本身并不牢固，裸露在外就更不安全了，因此它得为自己找一个安全的栖身之所。这些栖身之所不必太豪华，只要能遮风挡雨就好。墙角下的墙洞，树桩下的一个洞穴，石子堆下一只破旧的蜗牛壳，天牛在橡树上留下的旧居，一个条蜂遗弃的巢，一条肥大蚯蚓在干燥的土里缓慢爬过留下的甬道，蝉蛹所居的地穴，这一切看来都不错。在选择住宅上，斑点黑蛛蜂没透翅黑蛛蜂那么讲究，因此斑点黑蛛蜂在日常也就容易见到，虽然常见但也仅仅来拜访过我一次。它对蜂巢的支撑物并不关心，还常常选择一些奇怪的场所来筑巢。这样的行为让我想起长腹蜂将蜂巢筑在一堆账簿上或窗帘上，每每想来我都很是纳闷。

长腹蜂的坛坛罐罐筑在小圆锥形的纸袋里，这些纸袋用来储存食物。这些食物都是什么呢？让我们来看看吧。长腹蜂和黑蛛蜂一样都以蜘蛛为食，这是它们最爱的美味。尽管这样，同一蜂巢，就是同一蜂房，储存的种类也不尽相同；只要不超过储存容积的蜘蛛和动物都可以列入它们的食谱。我为黑蛛蜂的食物列了个一览表，这上面都是它的最爱。它最主要的食物是圆网蛛，包括冠冕圆网蛛、梯形圆网蛛、铁钱圆网蛛、苍白圆网蛛、角形圆网蛛，但最常见的仍然是背部的花纹呈三个白点十字的冠冕圆网蛛。其他就是类石蛛、满蟹蛛、管巢蛛、跳蛛、球腹蛛、狼蛛，如果有必要列下去，我想肯定还有更多的食物。

长腹蜂是敏锐的巡视者，它能轻而易举地捕捉任何一只蜘蛛。虽然它有一大堆可吃的食物，但是冠冕圆网蛛仍是最多的一类。尽管它经常食用这类蜘蛛，可一点也看不出它对此种食物有任何偏好，可能是这种蜘蛛更常见罢了。巡猎时，它不会飞得太远，尽量不远离自己的居所，也就是出门探访一下邻近的旧墙、篱笆、小花园，捕捉近在眼前的食物。在朴素的村舍门前，用芦竹围起的小花园里，围绕着一片白菜地的山楂树篱笆上，都能看见坐在网中央等待猎食，或身披十字架的蜘蛛。它们的身影如此常见，也就难怪会经常成为长腹蜂的美味大餐了。

长腹蜂比较挑剔，因为它比其他蜂类更懂得哪种蜘蛛有营养而且吃起来口感还不错。它对那种肉质肥嫩、口味鲜美的蜘蛛有种特殊的激情，一遇到这种自己喜爱的食物就特别兴奋，喜欢这种食物胜过其他。这种偏好也使得它对其他一些只能填饱肚子的蜘蛛不屑一顾。它不像方头泥蜂和砂泥蜂兼收并蓄，从不挑食。对它们而言，只要能捕捉到，不管是仅能填饱肚子还是一顿美味大餐，只要是直翅目昆虫就可以了。

长腹蜂的近邻家隅蛛就住在我家厨房的天花板和谷仓的托梁上。它们在泥巢附近张着自己织的丝网，一切都显得那么悠闲。其实它们不知道危险就在眼前。长腹蜂不必劳师远征，门前的野味就数不胜数，只要在周围邻近巡猎那么几圈，丰盛可口的美味就能手到擒来。但它为什么不好好利用呢？难道是此种蜘蛛不合它的口味？要说原因还真难讲清楚。不管怎样，家隅蛛好歹也是能填饱肚子的，可长腹蜂宁愿舍近求远也不去捕捉它们。我多次留意观察它的食物，发现其中就是没有家隅

蛛。从它对家隅蛛的蔑视也可看出来它对食物质量的要求还是比较高的。长腹蜂对家隅蛛不采取捕食行动，这对于我们来说甚是可惜。你想如果有一个专门的巡猎者每天为你消灭织网的蜘蛛，那该省去家庭主妇多少烦恼哇！而且长腹蜂因此博来的英名，必将被录入益虫宝典。到那时，无论到哪里，它都会被奉为上宾，就算把泥巴弄得满屋都是也不会被人赶出屋门。

捕食性昆虫的传记最显著的特征是介绍昆虫如何捕食猎物，因此我也特别留意观察。长腹蜂与猎物搏斗的场面不算宏大，稍纵即逝，我还没来得及细看，长腹蜂已经衔着食物飞走了。我曾在它的捕猎处，如荆棘丛前或旧墙下，耐心驻足，但往往收获不大。我曾看见它以迅雷不及掩耳之势，扑向仓皇逃窜的蜘蛛，将蜘蛛抓住带走。这一系列动作不带丝毫停顿，简直一气呵成。而其他捕猎者先要摆好架势，然后准备武器，不慌不忙、稳中求胜地展开攻击。我想优美的姿势势必是这样沉稳。长腹蜂则不然，它迅捷机敏，不拖泥带水，讲究的是快、准、狠。它冲击，捕捉，离开，这一连串的动作颇有泥蜂的作风。长腹蜂在飞扑的过程中可能只使用了螫针和大颚，因此才能敏捷地掳走猎物。这种捕猎方法算不上高级，一旦遇见以两只螫牙为武器的强壮猎物，带来的危险恐怕就是致命的。这也是长腹蜂偏爱捕食体形弱小者的原因吧。由于长腹蜂欠缺更强的捕食方法，因此，我常常怀疑那被捕捉去了的蜘蛛是否真的死了，尽管它们一下子就着了长腹蜂的道，没来得及看清是谁就被捉走了。

长腹蜂是不具备与强敌过招的能力的。如果遇到体魄强健，且有尖锐螫牙的蜘蛛，长腹蜂一定会避而远之，否则就会招来危险。如果它希望猎捕一只又肥又大的蜘蛛，它就必须在蜘蛛未成年之前将其猎捕。长腹蜂就是这么对付冠冕圆网蛛的。一旦等到冠冕圆网蛛成年，它装满卵的肥胖身体，是可以和环带蛛蜂猎捕的狼蛛相匹敌的，这对长腹蜂来说太可怕了。因此长腹蜂只能是在冠冕圆网蛛未成年、体态弱小的时候，将其猎食，放进储粮罐中。除了自身的能力使长腹蜂不能捕食大型的蜘蛛外，其狭小的蜂房也制约着它这么做。因而它只捕食一些个头中等且外形不太彪悍的蜘蛛，只有这样，捕食来的食物才能被放进坛子进行储存。不像环带蛛蜂向来以体态丰满的蜘蛛为食，它把猎物存放在墙角边，或是某个建筑物废弃的现成的洞窟里。此外，不同猎物，体积大小不等，但是只要能储存进自己的坛子就行。如一间蜂房能塞进十二只蜘蛛，而另外一间可能只能放进五到六只，但一般来说每间蜂房能放八只。因此说猎物的大小导致了每间蜂房所存食物数量的差异。

长腹蜂是如何储存自己捕获的猎物的呢？对此我曾借助放大镜对长腹蜂的蜂房进行了多次观察。蜂房里的卵还没孵化，说明食物是新放进去的。但是无论怎么看，食物从触角到跗节都纹丝不动，难道捕捉来时就是死的吗？我想这样的食物必不会长久保存。果不其然，十二天的时间里，我看着它们发霉腐烂。也许是长腹蜂的捕食方法不够先进吧。它只知道如何捕食，却没有办法保证在捕食时不伤及猎物的性命；它只是一个为了快些达到目的而使用简单粗暴的手段的刽子手。这时这些蜘蛛已经死了或差不多要死了，猎物的迅速变质为我们提供了强有力的佐证。而环带蛛蜂的手段就要高明得多。它对狼蛛施以麻醉手术，这样一周之内，都能享用新鲜食物。为什么长腹蜂不采用这种方法呢？或许它根本就不知道自己有这种能力吧。

长腹蜂为什么先要取猎物的性命呢？我实在猜不出个中缘由。还有其他一些昆虫也像刽子手一样用简单粗暴的方法，杀死自己的猎物；这些刽子手是用螯针顷刻刺向猎物，用以毙敌的。它们的夺命手段和某些昆虫的麻醉本领有异曲同工之效，这不得不令人惊叹。也许是动物的本能使它们一上来就要夺走敌人的性命；也许是它们在昆虫的生理结构和解剖学上有过人的天赋吧。

长腹蜂食用易于腐烂变质的尸体肯定也有其合理性。带着疑问我进行了观察，发现它采取的方法合乎逻辑。蜂房里堆满了猎捕来的食物，当幼虫饥饿的时候，它会啃咬一只蜘蛛，先用大颚将其捣碎，然后甩到一边，过会儿再从另外一边重新啃咬，如此反复，没过多久死蛛肢体就四分五裂，这样非常容易腐烂。虽然易腐烂，但由于食物本身体积小，也许还未来得及腐烂就已经被吃完了。幼虫还有个特殊的习惯，它喜欢一只只地吃，不喜欢挑挑拣拣，这里咬一下，那里啃一口，非得把一只吃完才去吃其他的。这个好习惯使得其他食物暂时保持完整无损，因而短时间内也就容易保鲜。幼虫将死蛛有序地吃掉，才使得蜂房内的大部分食物保持不变质，虽然它们都是尸体。

与此相反，如果有一只肥大鲜美的蜘蛛供幼虫来食用，那么结果肯定是非常糟糕的。这顿丰盛的大餐，被幼虫这里咬一口，那里来一口，不一会儿就会腐肉满地，血流成河。这对幼虫来说也是很危险的，满地的脓血和伤口流出的汁液还会把幼虫毒死。如果想要幼虫享用一只肥美的蜘蛛，前提是必须将它麻醉，使它不能动弹，而且幼虫还要有特殊的进食方法。它需要先保留食物的重要器官，逐步消灭不太重要的各部分，就像土蜂和飞蝗泥蜂一样。长腹蜂对于麻醉技术的无知，加上幼虫不知道如何享用体积大的食物，促使长腹蜂总是给自己的孩子提供小而多的食物。这也说明，储存仓库容量的大小并不是选择猎物的主要原因。如果那样，当初筑巢时为什么不修筑得大一点呢？依我看，主要还是在于保存死蜘蛛，再加上为了保护幼虫，所以，养育期间长腹蜂只捕捉小型蜘蛛。

长腹蜂开始产卵时，第一只蜘蛛对它很重要。这只蜘蛛担负着作为它产卵的产房的重任。如果我打开一些新近封闭的蜂房，那么我总能找到长腹蜂产的卵，不是在一堆蜘蛛的最上面，也不是在新放进去的蜘蛛上面，而是在最底层的蜘蛛上面。它将卵产在蜂房里储备的第一只蜘蛛上面，这个习惯从未更改过。在重新出去捕食之前，它总是要立刻把卵产在第一只蜘蛛身上。产卵用的第一只蜘蛛该有多大，长腹蜂从不讲究，捕到什么就算什么。

泥蜂也和它有相似之处。但不同的是，随着幼虫渐渐长大，泥蜂从外边辛苦地每天带点食物回来，它可以很从容地飞越只有一层流沙做屏障的洞穴。但是长腹蜂就没那么便利的交通条件了。一旦泥坛被封口，它需要先砸开干硬的泥盖，对于这位小个子来说这是要费很大力气的。再说，每次打开盖子，飞回来之后还得重新封好，这又是一个力气活。

长腹蜂将卵产在第一只蜘蛛身上，还是十分明智的。这跟它的捕食情况有着很重要的关系。它捕食持续时间的长或短视情况而定。如果野味不充裕，外界条件又不好，要填满蜂房就需要几天的时间；如果天气好，一切顺利，半天就可以完工。长腹蜂不采用每天喂食的方法，因此它尽可能多地储存食物。食物按照捕获的先后顺序，一直堆积到蜂房口，最早捕猎到的放在最下面，新鲜的放在上面。食物足部的粗糙纤毛会剐蹭蜂房的内壁，因此蜂房常常发生坍塌，导致新旧食物混合在一起。但是幼虫从来不管这些，它只是蹲在下面，好好享用自己的美食，心无旁骛地一只只吃下去，从陈旧到新鲜，直到用完餐它仍能找到没来得及变质的食物。

长腹蜂产的卵呈白色，圆柱状，略带弯曲，长约三毫米，宽略小于一毫米。卵附在第一只蜘蛛的腹部，偏向一侧。卵头部附着的地方正是食物汁水最丰富的地方。因此幼虫咬第一口的地方，正是蜘蛛的肚子。接着，它就开始吞噬蜘蛛的胸脯，最后轮到蜘蛛的足部。尽管足部没什么肉，但它依然不嫌弃，吃得津津有味。从最精美到最粗劣，幼虫用餐完毕则一堆蜘蛛尸骨无存。这种无节制的暴饮暴食大概会持续八到十天。

随着时间推移，幼虫开始建造蛹室。蛹室开始是一只纯丝的袋子，幼虫像一位隐士一样藏身于此。但这个袋子看上去相当娇弱，起不到真正的保护作用。这位昆虫"纺织女工"制成光亮的塔夫绸，可这精美的织品不是织出来的，而是得借助一种特殊的漆才能完成。昆虫"纺织女工"为了增加织品的韧性，常常通过以下两种方法：一方面它们要在丝织物中嵌入无数的沙砾，丝织物的作用就如同凝结沙石的水泥，这样才能为蛹室建造一个矿物质的外壳。大唇泥蜂、步甲蜂都有这样的功能。另一方面它们的乳糜还会释放出一种液体，这种液体叫作清漆，一旦将清漆吐入丝织物的网眼中后，清漆就会使丝织物变硬，那么就会形成一个完美的漆器。飞蝗泥蜂、砂泥蜂和土蜂就是这样给蛹室的内壁刷上好几层清漆，使之具有保护功能的。但是方头泥蜂、节腹泥蜂和大头泥蜂，仅为弱小的蛹室简单地涂抹上一层清漆。清漆发生化学反应后所残留的余渣就是它们的粪便。这些又黑又硬的粪便随后被幼虫排列于蛹室底部。

蛹期长短依情况而定。根据当地气温的不同，蛹期的长短也不同；此外，还有其他的条件影响着它，但具体是什么条件，我目前尚不能得出结论。长腹蜂幼虫的茧织好后好似一块琥珀色的丝织物，细腻而且透明，令人不禁想起洋葱的外膜。从外观上看，茧的上端很圆，下端像被什么削去一段，黑色的粪便使得茧更加坚硬而且也不透明了。茧的长度大于宽度，这与蜂房的容积和将来成虫的细长形态非常吻合。有些七月织成的茧，八月就长成成虫，幼虫的活跃期过后的两三个星期，成虫就羽化了；有的八月织茧，九月羽化；还有的无论夏季哪个时候织茧，也得过了冬季等到来年六月才能羽化。

　　综观长腹蜂的生活史，我们不难发现它一年之中能产出三代，但也不是绝对如此。第一代在六月底出生；第二代出生在八月；第三代则在九月出生。只要有足够的时间保持高温，那么幼虫就会很快变态。三四周的时间，它们就足以完成一个周期的循环。九月一来，温度随之下降，蜂巢中的幼虫也终止了自己的活动，那么最后一批幼虫只能等待来年酷暑到来时才有可能变成成虫。

第二章 土蜂的问题

鞘翅目昆虫的狩猎者似乎都格外喜欢这些身披铠甲、看上去仿佛刀枪不入的昆虫，比如膜翅目的节腹泥蜂最爱捕捉象虫和吉丁虫，这两种美味的昆虫除了都拥有坚硬的甲壳之外，还有一个共同点：神经器官比较集中。土蜂也往往把这一点作为选择猎物的依据。

对这些神经器官集中的猎物，泥蜂或土蜂只要奋力一刺，并精准地刺中要害，就能立刻使其神经麻痹，使那些控制运动的神经节无法正常运转，但猎物又不会立刻死亡。随后，膜翅目的狩猎者们就可以把自己的卵产在猎物的身上，把那半死不活的庞大昆虫当成天然的幼儿孵化器。

土蜂捕捉猎物的难度更大一些，因为它们在地下活动，视野有限，并且行动常常受阻。相比之下，能在阳光下觅食的泥蜂就不会遇到这么多困难，它们可以自由行动，能根据眼睛所见到的实际情况做出判断。但是，泥蜂也会像土蜂一样面临棘手的问题——如何一击击中要害。

猎物有盔甲的保护，土蜂和泥蜂的螫针再锋利也很难直刺进去，所以只能选择关节处下手。如果针戳在脚的关节上，只会造成局部的瘙痒，受到刺激的庞大猎物就会因愤怒而复仇，到时候土蜂和泥蜂不仅制服不了它，反而会被它所伤；虽然刺在颈部关节上能够将之制服，但猎物会因脑部神经受损而迅速死亡，土蜂和泥蜂不能利用这即将腐烂的食物孕育后代。因此，胸腹之间的关节成了它们最好的选择，只要一针刺中那里，猎物就会被麻醉而无力挣扎反抗。象虫和吉丁虫之所以成为首选，是因为它们至少有三个控制运动的神经节连在一起，并且集中于它们胸节上的某一点，只要刺中这一点，狩猎者的任务就基本完成了。

有人可能会想，土蜂完全可以不必把择食的条件规定得这么苛刻，只要选择那些皮肤柔软、无法阻隔螫针的猎物就行。只要土蜂清楚地知道对手那些关键的神经节在哪里，就可以一个接一个地去戳刺。没有了甲壳的阻挡，这个过程应该比捕捉神经器官集中的猎物更简单，比如飞蝗泥蜂就是因此选择蝗虫、距螽和蟋蟀作为食物的。

这种观点并非毫无道理，事实上土蜂的猎物确实有着柔软的皮肤。

它最爱的金龟子幼虫并不是穿着钢铁铠甲的铁面战士，土蜂的螫针可以随意穿透它们身体的任何一个位置。但是，我们还必须考虑现实环境的制约。

　　土蜂在地下活动，它只能选择一针制服敌人这样最小规模的战斗。否则，个头比土蜂还大的金龟子的幼虫就可能拼命反抗，或者遁迹于漆黑的地下。所以，土蜂的每次出击要么胜利，要么失败，几乎没有发动第二次进攻的机会。

　　土蜂总是能够准确无误地击中对方的要害，它简直像是通过数学计算确定了金龟子幼虫身上最敏感的那一点。它究竟是怎样做到的呢？难道它拥有世界上最精密的瞄具吗？

　　让我们来听听达尔文学派是怎么回答的吧。他们认为，无论是在食物的选择，还是袭击位置的确定上，土蜂都经历了漫长的犹豫、探索和尝试。由于一个偶然的机会，它们终于找到了最好的方法。目的、手段、结果，这三者终于有了一个完美的契合点。于是，土蜂祖先们就把这一切一代一代传承了下来。

　　"偶然"真是语言宝库中最有力、功能最多的一个词语呀！有些人爱极了这个词，他们自称最具科学精神，却又习惯用"偶然"这样毫无严谨性可言的词语解释那些不易被看透的现象。面对他们，我只好耸耸肩表示无奈。多么讽刺！

　　按照这些人的观点，土蜂捕捉金龟子幼虫是一种本能，但这本能却不是一开始就拥有的，而是经过代代土蜂的尝试才确定下来的。这复杂的学说背后有着一个漫长的演化过程：土蜂一开始并不知道什么昆虫更适合它们的孩子的孵化和成长，所以它们只好不停地摸索，它们根据自身的能力和幼儿的需要，毫不犹豫地扑向所遇到的任何一种猎物，或者捕杀对方，或者为对方所捕杀。几个世纪或者更漫长的时间里，一代又一代土蜂做着同样的尝试，直到某一天，它们遇到了金龟子幼虫，这个寻觅的过程终于结束，经过多次选择而固定下来的习惯也最终变成了本能。

　　如果以上假设成立，那就意味着古代土蜂的猎物与现在的不同。

　　既然土蜂的祖先们曾经依靠着某一种食物繁衍生息，并且不曾因此招致种族的危机，那么莫非是后代吃厌了这种食物，于是决定更改的吗？这个理由放在人类社会或许适用，但在昆虫界未免显得牵强。如果土蜂最初选择了错误的食物，那么这个物种很可能已经陷入窘境甚至灭绝；既然繁衍非常顺利，那么它们通常就会把最初的选择当成最好的选择。那么，那些聪明人对本能的一套解释是否还讲得通呢？

　　又有人说了，土蜂的祖先是一种没有常性、喜欢变化的生物。随着环境、地域、气候条件的变化，土蜂祖先的习性、外形也在不断改变，并因此分成了不同的小种族。比如一些常常在腐殖土层活动的土蜂，无意间在土堆里发现了花金龟，它们热爱这种美食，于是就成了后来的双带土蜂；另一支也爱挖掘土堆的土蜂遇到的却是蛀犀金龟，后来它们成了花园土蜂；还有一支喜欢柔软的沙土，它们在沙砾中发现了鳃角金龟，这就是沙地土蜂的祖先了。当然，我们也可以认为这些不同的土蜂拥有同一位祖先，很可能还有更多分支将和它们共享这份家谱。

　　这一套庞大的土蜂谱系让我不得不努力去相信这位嬗变的祖先的存在。"祖先"具有和"偶然"同样的魔法，它简直就是进化论的解围之神，任何一个棘手的问题都会因为千姿百态的祖先的出现迎刃而解。这个想象中的生物面目模糊不清，随便戴上一个面具都能让心存疑虑者无话可说。

　　权当土蜂确实有这样一位祖先吧。我在劝说自己相信这套理论的过程中，对这位想象中的祖先油然产生了一股敬意。在漫长的历史中，它必须每一步都走对，绝对不出任何差错，这样才能将它的种族维系下来。这比走迷宫还要困难，在迷宫中陷入困境后还有沿原路返回重新再来的机会，但土蜂祖先只要走错一步，它的整个族群就会遭受灭顶之灾。

　　第一步，它必须对挖掘沙土和腐殖土有浓厚的兴趣；第二步，它必须在土堆里遇到花金龟、蛀犀金龟和鳃角金龟的幼虫（前提是这些昆虫的祖先也几乎同时选择了在土里生活）；第三步，它认为这些肥胖的幼虫的味道非常鲜美，且适合用来养育后代；第四步，土蜂拥有在地下挖掘土壤所必需的强健体魄；第五步，当某位胖邻居经过时，土蜂选择发动攻击；第六步，土蜂选对了针刺的那个微小的点，掌握了只麻醉猎物而不将猎物杀死的技艺；第七步，土蜂将卵产在猎物上；

🔴 土　蜂

第八步，土蜂幼虫生来就知道如何依附着金龟子幼虫存活……一步步地，土蜂终于成为我们今天所熟悉的样子。

我们沉下心来思考就会发现，土蜂每一步都可能出现无数种意外。但凡这位伟大的祖先走错一步，它的整个种族和它们的本能就会和今天的截然不同，甚至，它们都不再拥有今天。

如果非要让我相信这一套假设成立，那么我只能继续设定另一个假设：在这个复杂的过程中，土蜂遇到的都是一些非常有利的条件，并且这些有利条件会随着这种有多种可能性的危险的繁殖方式的成熟而越来越多。最后，土蜂变成了现在的土蜂，并且固定下来。

这些模糊的措辞实际上是懒惰的衍生物。在经过漫长的时间之后，很多事实很难再去考证和确定，这让一些信马由缰者随意地玩弄起了假设的游戏。虽然很多勤劳的研究者对此表示怀疑，但是很多同样模糊不清的概述还是被这些人奉为日常准则，并因这些观点的流行而放弃了对真理坚持不懈的探索。

这样的现象很多，很多人因为基础知识、研究方法、判断依据的错误和对错误的偏执而变得短视。事实并不像我们想象得那样简单，建立在不牢靠的基础上和狭小的适用范围内的一般化往往并不科学。

这类人群中最多的就是孩子。当他们用一般化的视角看待世界时，他们就会认为所有在地上爬行的都是蛇，所有长着羽毛的都是鸟。好在他们的错误是因为年幼时的无知，缺乏经验和知识，因此还没有能力看到事物的复杂，只能把一切都简单化。随着观察能力的提升，他们就会知道麻雀、灰雀、朱顶雀和翠雀都是不同的。虽然他们会一天天地发现事物的不同个性，但这并不意味着他们可以完全避免做一些不合适的归类。

我认识一个叫法维埃的老兵，他几乎不识字，就连数数也只能数个大概。虽然他曾周游四方，有着开阔的视野，但每每谈到动物时，他都会犯一些令人无法理解的错误。例如蝙蝠就是老鼠，不过长了双翅膀而已；又如杜鹃其实和鹰是一样的，不过更加老道些；更荒谬的是他认为夜鹰是"披着羽毛的癞蛤蟆"。从法维埃的这套说辞可以看出，在他眼里，任何两种或多种动物都可以联姻，理由是"你看看它们多像啊"。很多成年人都会犯类似的错误，我觉得既无奈又可悲。

让人们经常争论不休的问题是关于人类起源的。在类似的争辩中也常有人用一种一般化的观点作为自己的论据。有人说人类的祖先猿人被雌猴的体形所吸引，也有人说人是从猕猴变来的。而我的一位朋友对人体结构有着更加奇特的看法，他说："人具有猪的内部器官以及猴子的外表。"如果有一天人类的祖先是猴子这种观点不再流行，那么我的朋友的这句话或许可以成为一个新的论点——人类的祖先是野猪。把相似的内部器官作为亲缘关系的证明，很多人不都在重复同样的研究吗？

这就像我们在烤肉叉上使用的齿轮和布雷盖马表用的齿轮之间画上了等号，仅仅因为齿轮的形状很相似。但事实上呢，前者是用来在炉火上翻动烤肉的，后者则是用来计算时间的。我们怎么能只看到零件的相似，却不顾及功能的区别呢？

参照骨骼、皮毛，或者翅脉、触角来确定生物的系谱树和这个齿轮游戏一样，都不够严谨，因为除却器官之外，生物是由更上层的能力（如精神上的能力）控制的，这也是将人与动物区分开来的重要特征。所以无论猩猩和人类在结构上多么相似，也不能完全忽视它们之间无法跨越的鸿沟，至少应该看到人类拥有制造工具和保存、使用火种的能力，这或许比脊椎骨和臼齿的数目更加重要。是否拥有这两种能力是比结构、器官更明显的人类独有的特征。

由于存在难以逾越的障碍，那些热衷于人类起源的研究者不急于证明原来的野兽通过什么方式获得了工具和火，只是一味设想人类现在的外形、内部的器官是怎样演化而来的。比如为什么从四腿爬行变成了直立行走，浓密的体毛为何消失了一部分又保留了一部分……他们为了避免落入自己无法解答的问题陷阱，便选择了绕路而行，以至于忽视了能力比毛发更重要的事实。

我们前面已经提到了同一位土蜂祖先至少演化出了三种我所熟悉的物种，它们为了从出发点跨越到终点必须要战胜很多困难。人类从某种野兽演化成现在这个样子，所经历的挑战必然是土蜂所面临的困难的数倍。

人类经历的难题我不敢妄测，但可以比之前更加仔细地推敲一下土蜂的演化过程，那些单独看时就很巨大的难题都只是土蜂要经历的困难链上的一环。接下来，你可以不断地重复这句话：正确的选择只有一个，错选则有无数个。这样一来，你就会了解我为什么对这位臆想中的土蜂祖先肃然起敬了。

首先，大自然里有无数种昆虫，土蜂祖先怎么就偏偏选择了那些神经器官集中的金龟子幼虫呢？这些幼虫在昆虫界里是那么特殊，数量也不像随处看见的蚂蚁或者苍蝇一样可观，得有多好的运气才能不差毫厘地得到这种极易受伤的猎物呢？

土蜂和金龟子幼虫终于在地下相遇了，在它们彼此擦肩而过很多次之后，土蜂终于对金龟子幼虫的味道产生了好奇，于是第一次发动了攻击。被攻击者不得不反抗来自卫，它蜷缩成一团，只留下一处螫针蜇了也并无大碍的地方。毫无经验的土蜂必须把螫针刺入隐藏在猎物身体皱褶处的那一点，才能制服猎物，否则它就会被那只怒火冲天的金龟子幼虫切成碎片。即使它侥幸保存了性命，也会因为未能给后代寻找到合适的粮食而无法繁衍。面对猎物体表的无数个点，未经任何指导的土蜂一定第一针就刺中了要害——那个微小到难以辨别的圆点。

幻想游戏继续进行着，金龟子幼虫已经被麻醉得不能动弹，土蜂该产卵了。但是，卵是应该产在猎物的背面、侧面、胸部，还是腹部？如果选错了地方，土蜂幼虫一旦钻出来就会不顾一切地顺着打开的伤口钻进去，很可能会损坏金龟子幼虫的主要器官，导致金龟子幼虫迅速死亡并开始腐烂。而土蜂幼虫在成年之前离不开母亲把它产下的位置，腐烂食物中含有的毒素对它来说也是致命的，土蜂幼虫就会随着金龟子幼虫的腐烂而死去。通过观察那些从土堆里挖掘出来的金龟子幼虫的空壳，我发现土蜂无一例外地把卵固定在了猎物腹部。一定有某种神秘力量的引导，否则土蜂母亲要有何等的运气才能将它的卵附着在这一点，而且始终是这一点呢？更加令人难以置信的是，相对于整个猎物的庞大体积而言，这一点只占了二三毫米的地盘。

我们还没有达到游戏的最后关卡。幼蜂孵出来之后，会从指定的点上钻透金龟子幼虫的肚子，把头部深深探入猎物体内并挖掘食物。如果它随意乱咬，那么它必定会损坏使猎物保持生息的器官，器官一旦受损，猎物就将迅速死去，幼蜂也会被毒死或饿死。所以它生来就懂得进食的一套程序和挖掘新鲜虫肉的技术，先吃哪一点，后吃哪一点，哪个部位要留到最后才能吃，它都清清楚楚。即使我们把这个程序写在纸上，也未必能不出差错地分辨出猎物的心肝脾肺都在什么位置，但幼蜂是个天生的解剖专家，它对这一切都知道得清清楚楚。

进行到这一步，你是不是也开始佩服起这位祖先的聪明和伟大了呢？以上的这些条件必须同时实现才能成功，否则土蜂就完不成繁衍后代的任务；即使只克服其中一个困难，而其他困难得不到解决，结果也会一事无成。所以四个条件要么就全都具备，要么就一项都没有。但我们清清楚楚地看到，每个条件实现的概率几乎都接近于零啊。完成这个任务的难度究竟有多大？如果从数学的角度分析成功的概率，我们就会发现这个游戏实在太过于荒谬！这种复杂的概率，其因数是四件可能性极其微小的事情，或者说就是四件不可能的事。或许我们就只能将之归因于"偶然"二字了，很多习惯于偷懒的人都是这样做的。但"偶然"也可能导致另一种结果，那就是土蜂在一步步的失败中灭绝。现实生活中仍然存在的土蜂后代亲自推翻了这个假设，但我们并不能因此就认为前一种"偶然"就是正确的。

当我们研究过达尔文主义者和土蜂之间的矛盾后，可以再看看他们对土蜂猎物的那一套无法自圆其说的结论。

金龟子有很多种，我们已经提到过的是花金龟、蛀犀金龟和鳃角金龟。这些昆虫的身体构造、居住环境、食物、活动方式都没有太大区别，连蛹室的结构和形状都几乎一样。但是其中花金龟的幼虫却有个特别之处，这不仅区别于它的同类，甚至在昆虫界都是独一无二的：它以背部行进。一只有足的昆虫，居然把健全的足当作朝天的摆设，翻过来行走，并且长期只保持这一种姿势，这是多么有趣而值得研究一下的事情。

对于这只虫子另类的行为，科学家们赠给它一个时髦的短语：适应环境。他们说花金龟幼虫生活在狭小的地道里，那里空间非常有限，幼虫想行走就得贴着地道的土质墙壁爬行，就像通烟囱的工人一样，必须

🔶 土蜂从卵发育为成蜂大约需要二十一天

用背、腰、膝作为身体的支撑，所以，花金龟幼虫通过地道的时候会把身体蜷缩起来，用腹部底部和背部贴着地道的壁面，通过这两个支撑点的移动前进。时间久了，它的足就会因为从不使用而退化，甚至消失，但背部却不断得到强化，变得越来越强壮有力，甚至长出了一些利于爬行的钩子。

如果说花金龟幼虫是为了适应狭小的地道空间而不得不改用背部匍匐前进的，那么为什么生活在同样环境中的蚛犀金龟幼虫、鳃角金龟幼虫就没有因此丧失用足行走的能力？它们为何不采用这种用背行走的方式呢？难道说它们就不需要去适应环境吗？

或许会有人认为我对前人的理论成果不够尊敬，这并非因为我的狂妄，我也没有能力对这些事实做出合理的解释。如果我不懂，我宁可不说，也不会像那些人一样摆出相同的情况会导致两种不同结果的理论。如果不能自圆其说，那就不要说。否则，自诩高明的理论家就可能因其幼稚成为他人的笑柄。

有人将老虎披着条纹状毛皮归因于它要适应丛林环境——当阳光透过枝叶时地上会出现光影，老虎为了保护自己就采用了和环境相似的色彩。我拒绝接受这样的观点。在理论家们的眼里，拒绝接受他们的解释的人是难缠的，比如像我这样的。如果这些假设和分析都只是茶余饭后的闲聊，那我会开开心心地接受，说不定我会讲出比这还要荒谬、还要有趣的段子。但是很遗憾，这些问题都是正式而严肃的，就像所有其他的科学命题一样不容戏谑。

那些不够严谨，甚至自相矛盾的推测已经够多了。环境不能造就昆虫，而是昆虫生来就与环境相适合。所以花金龟幼虫用背行走不是为了成为一名合格的烟囱工人，而是因为它始终就是这样行走的。以上种种使我想起了古希腊哲人苏格拉底的那句名言："我知道得最清楚的东西，那就是我一无所知。"如果人们都能发自内心地承认这一点，那些容易对他人产生误导的稚言就会少一些吧。

第三章 树蜂的问题

　　樱桃树上生活着一种小个子天牛，它黑如炭精，这便是栎黑天牛。这种天牛家族中的小个子，也和神天牛一样具备靠啮噬树干维持生计的本领吗？如果昆虫的结构决定其本能的话，那么应该也能从这两种天牛身上找出它们的相似之处。一旦结果相反，本能就只是昆虫的结构派生出来的一种特殊功能，那么本能就应该是千变万化的。正好我可以借此机会好好研究一下天牛幼虫的生活习性，了解一下在昆虫外形和身体结构不变的情况下，本能是否会改变。我不由得再次思索，是工具支配职业还是职业决定工具的使用；本能是身体结构的派生还是身体结构为本能服务。我对此疑惑不解，但是一株年迈将死的樱桃树为我答疑解惑了。

　　和神天牛一样，天牛科昆虫的幼虫期大多是三年。栎黑天牛的幼虫期也有三年，下面的情况给了最好的证明：一株樱桃树树皮斑驳，看来似乎很有些年头。我用平铲将其树皮剥开，发现在树皮下寄居着一群昆虫的幼虫，有的体格弱小，有的身强体壮，此外还伴有一些蛹，它们就是栎黑天牛的幼虫和蛹。我劈开树干，再把它们劈碎，惊奇地发现，树干内部无论什么地方，一只栎黑天牛的幼虫也没有，所有的幼虫都寄居在树干和树皮之间。它们在那里挖了一个迷宫，这个迷宫一头连接树的韧皮部分，另外一头通向树的边材表皮。看上去，迷宫蜿蜒盘绕，让人理不清头绪，蛀痕紧密交织，纵横交错，有的地方窄如里弄，有的地方又豁然开朗。神天牛幼虫喜欢藏身于树干内部寻找自己的庇护所并就地取食，而栎黑天牛幼虫以树皮为遮蔽物，只啮噬树干薄薄的外皮。这些现象表明，栎黑天牛幼虫的生活习性和神天牛幼虫的生活习性还是有区别的。

　　栎黑天牛幼虫以樱桃树为食，当它离开树的皮层，钻入树干内约两个拇指深的地方时，身后就留下了一条宽敞的通道，随后用完整无缺的树皮把通道口小心细致地遮蔽起来。这个宽敞的通道就是将来成虫逃出树干的出路，通道尽头的树皮像一道帷帐一样遮掩着路的出口。最后，幼虫在树干内部还为蛹挖了一个房间。在进入蛹期之前所做的准备工作，正是这两种天牛幼虫主要区别的集中体现。栎黑天牛幼虫房间的出口，首先是被一层纤维质木屑堵塞，接着又是一层矿物质的东西的封盖，但与神天牛的封盖相比则略小一些，然后在矿物质封盖的凹面上覆盖一层厚厚的细木屑，这样壁垒就筑造成功了。这是一个橄榄形洞穴，长三到四厘米，宽一厘米，房间四壁没有什么装饰，显得光秃秃的，这和以橡树树干为食的神天牛幼虫把木纤维作为绒毯来装饰房间不一样。两种天牛的房间的封盖结构相同，都是矿物质材质，且呈新月形。总之，无论是化学成分还是类似栗壳的结构特征，两种天牛幼虫所筑封盖几乎一模一样，除了大小不同，其他别无二致。据我所知，还没有其他天牛做得像它们这样天衣无缝。还有就是，我还想补充一下它们的共性：天牛的蛹室都是用这种木屑加矿物质封盖的封板堵住的。在这里我还有必要提到一个细节，幼虫在蛹期睡卧时头是朝着门的，我想它们是不会忽略这个如此重要的细节的。

以橡树为食的神天牛喜欢居住于树干深处，以樱桃树为食的栎黑天牛则喜好居住于树木的皮层。在天牛幼虫变态以前所做的准备工作中，神天牛由树干深处爬到树表，栎黑天牛则由树表钻入树干之中。神天牛勇敢地面对危险，栎黑天牛则害怕地逃避躲闪，在树干内寻找自己的庇护之地。神天牛以木纤维为绒毯装饰居所，极尽奢华；栎黑天牛的居所则简约质朴，抛却繁琐的布置。这样看来虽然说结构相似，可两种天牛的生活习性还是有着很大的区别。假如说工作结果相同，方式却大相径庭，那么看来工具并不能决定职业行为。这也是从两种天牛身上得出的结论。

我们还可以在其他天牛那儿寻找证据。我没有刻意去选择谁，只是随着我的发现随机做一些描述。天使鱼楔天牛的幼虫居住于树干与树皮之间，它们一般不往外爬而往里钻。在与树表平行、相距不到一毫米的边材处，挖凿一个圆柱形、两头呈半球状的洞穴，这样做完全是为了变态做准备。它们用纤维质木屑简单地布置了一下洞穴，洞穴没有门厅，入口处只有一大团木屑作为壁垒。天使鱼楔天牛的成虫把堵在门口的木屑清除掉，就可以看见薄薄的树皮，接下来只需用大颚把树皮层轻轻地钻开就行了。天使鱼楔天牛和以樱桃树为食的栎黑天牛同树而居，它善于模仿栎黑天牛的生活习性，在此我又看到了同样的现象，两种昆虫拥有相同的挖掘工具，却以不同的工作方式进行工作。

天使鱼楔天牛在樱桃树中生活，轧花天牛则生活在黑杨树上。虽说二者具有同样的身体结构组织和同样的挖掘工具，但是它们却是属于不同种的昆虫。轧花天牛以黑杨树为食，它的生活方式与喜食橡树的神天牛有些相似。它居住在树干内部，蛹期快要来临时，在距离树心约二十厘米的地方，为进入蛹期挖一个洞穴，洞穴没有经过特殊布置，防御敌害的工具也就是一长条细木屑。它还需要向外挖掘一条长廊，长廊的出口畅通无阻，它要找些尚未凿开的树皮作为遮挡，然后重新返回，用木屑作为壁垒将通道堵住。一旦它需要从树干中逃走，只需要用足轻轻推开木屑，通道就在它面前畅通无阻了。假如通道出口还有一层树皮做窗帘，那么这树皮可谓轻薄柔然，只需用大颚轻松地将其除去。

青铜吉丁虫是吉丁虫科昆虫的一种，它栖居在黑杨树上，它的幼虫钻入树干内部取食。为了化蛹，幼虫在靠近树表的地方建起了一个椭圆形的扁平居室。卧室前方伸向一个弯曲度不大的门厅；门厅的尽头有一层不到一毫米厚且完整无缺的树皮，此外没有设置壁垒，也没有堆放木屑，更没有任何其他防御措施；卧室后面则是一条已经塞满木屑的长廊。吉丁成虫只需咬破树皮就可以来到阳光下。同天牛科昆虫一样，吉丁虫科昆虫都非常热衷于啃噬、破坏树木，无论是健康的树还是病树残枝都无一幸免。它又向我重新演绎了一下神天牛和天使鱼楔天牛的论证。

八点吉丁虫喜欢居住在户外的老松树桩里。这些老松树桩外表虽然十分坚硬，但是中间却非常柔软，像火绒一般松散。八点吉丁虫喜欢这柔软的、散发着浓郁树脂香味的生活环境，因此在这根老树桩里安家。为了完成变态，幼虫离开了中间的肥美之地，钻凿入坚硬的木层之中，挖掘了一些橄榄形、略微扁平的洞穴，洞穴长为二十五到三十毫米，且长轴与地面垂直。一条宽敞的通道一直延伸到居室，通道笔直或略微弯曲，这是由通道出口的位置不同造成的。它的通道出口有的设在树桩的横截面上，有的处于树桩的一侧。几乎所有的通道都是畅

✛ 吉丁虫

通无阻的，连用于逃生的通道窗口都是对外开放的。只有在极其特殊的情况下，幼虫才会把开凿出口的工作留给成虫来完成。由于通道口的木层薄得可以透过光来，因此，开凿出口这项工作一点都不难。成虫必须有一个方便的通道出口，这对于它来说是非常重要的。同样，对于蛹而言，防御用的壁垒对保障生命安全也是非常有必要的。因此，幼虫所用的木屑与普通木屑有着明显的区别，它是用咬得很细的木屑粉来堵住通道的出口的。在通道底部，用一层木屑糊将幼虫蛀的扁平长廊和卧室分隔开来，这些都是幼虫分内的工作。通过放大镜我还观察到，它卧室的四壁还挂有一张很细的纤维质木屑制成的绒毯。啃噬橡树的神天牛已经为我们展示过这种以纤维质木屑为内衬的装饰方法，我认为无论是吉丁虫科还是天牛科昆虫，只要是在木栖昆虫中，这种情况还是很常见的。

　　九点吉丁虫与八点吉丁虫的生活习性还是有区别的。九点吉丁虫所选的生活场所是杏树，而八点吉丁虫所选的是老松树桩。九点吉丁虫幼虫胸部较宽，其他部位很是窄小，看上去像一条带子。它的幼虫在杏树树干内部开凿了一条非常扁平的长廊，这条长廊一般与树轴平行。接着，幼虫突然改变通道的方向，使它在距离表层三四厘米的地方，弯曲成肘形并通向树表。于是幼虫开凿出一条笔直的通道。这条通道不是像以前那样弯曲、不规则地前行，而是通过最短的路线前行。这是由于对未来敏感的预测，它才在实际施工过程中改变了自己的蓝图。吉丁虫幼虫为了自己的成虫形态而突然改变了通道的结构工程，使得我再一次领略了它精准的预见能力。成虫身体呈圆柱形，因为身上的甲壳无法折叠，因此它需要一个和它身体形状一样的通道。而幼虫需要的是非常扁平的通道，这个通道顶部还必须能使幼虫背部得以借力，于是幼虫才改变当初的工作蓝图，按照新的要求来开凿通道。往日，幼虫开凿的通道简直像一条裂缝，狭长且高度很低，这样的通道只适合它在树干深处漂泊不定的流浪生活。现在，重新改建后的笔直的圆柱形通道，就算是打孔机也达不到它这样的精准程度。圆柱形的垂直通道与水平通道之间，很多时候是用一个半径很大的圆弧连接起来的，能让有坚硬甲壳保护的吉丁虫成虫畅通无阻地通过。水平的通道可以使成虫以最短的直线距离穿透表皮纤维。通道的尽头是一条死胡同，离树皮不到两毫米，穿透这层完整的树板和外面树皮的工作就交由成虫来完成。当一切准备工作完成之后，幼虫就按原路返回，并用蛀咬下来的细木屑加固通道尽头的木窗帘。它回到圆柱形长廊的尽头，并在沿途用细木屑把通道完全堵住。在那里，它无须再精心布置自己的卧室，头朝向出口倒地而卧就行。

吉丁虫科昆虫中有一个小个子，喜好啃噬樱桃树，这便是露尾吉丁虫。它和那些喜欢从树干内部爬向树皮的昆虫有所不同，它喜欢由树表潜入树干内部。它的幼虫居住在树干和树皮之间，幼虫首先啃噬树皮之下的木头，挖掘出一个通道，并为通道口保留外层树皮作为帏帐。接着，它在树干中凿出一个竖直的井状卧室。最后，它用不太坚韧的木屑将通道出口堵住，以便将来弱小的成虫能够毫不费力地离开洞穴。当蛹期来临时，这个小个子开始为将来和目前的需求而尽心工作。这些工作都是为了帮助将来的成虫。幼虫用黏性液体将细木屑粘成一层封盖，它在井状卧室顶部花的工夫要比花在其他部位的多得多。这就是它建好的蛹室。在生活在樱桃树的树干和树皮之间的吉丁虫科昆虫中，要介绍的第二种就是铜点吉丁虫。虽然它是如此强壮，却不见它花多少力气为蛹期的到来做准备工作。它的卧室是通道的延伸和扩展，而且只在卧室的地上简单地铺了一层漆。由于它对枯燥的工作很是厌烦，因此，它不挖掘木层，只是在树皮中挖掘一间陋室，甚至不挖开树皮，打开出口的工作还得由成虫亲自来做。每一种昆虫都有自己特有的工作方式，特有的职业技巧，这些在上述叙述中给我们做了展示，仅仅以工具的因素来解释它们的这种行为是有些含混不清的。当然我们也从这些细节当中得出了一些重要的结论，我需要补充更多的细节，这样才能使我所研究的主题更加明确。因此，我决定再去走访一下天牛科昆虫。

松树桩天牛喜欢居住在老的松树桩内，就像它们的名字一样。它的幼虫修建的通道，出口向外敞开着。在大约两个拇指深的地方，幼虫用一个大团粗木屑做的长塞子把通道堵住。接下去是蛹的卧室，它内部用纤维质木屑装饰过，呈圆柱形，扁平状。再往下就是幼虫制造的迷宫，消化过的木屑已经把这迷宫密密地阻塞了。我们再来看看出口的路线，出口有的在树桩的横截面，有的在树桩侧面。倘若出口在树桩的横截面，通道就一直延伸到横截面；倘若出口在侧面，起先通道与树轴是平行的，随后幼虫就细心地将通道弯成肘形，并以最短的距离通到外面。

我还留意了一下，一旦整个通道畅通无阻，那么树皮也会被挖掘开来。

还有一种叫作绞天牛的昆虫，它喜欢居住在剥去皮的橡树内。它有着和其他天牛一样的逃脱方法，相同的弯曲成肘形的通道，并同样是以最短的距离通向外界，同样是用木屑封堵住通道。不过只有一点我弄不清楚，那就是它的通道也像其他天牛一样穿透树皮吗？我不太了解是因为它居住的橡树是被剥去了树皮的。还有两种天牛也很相似，蜂形天牛是英国山楂树的挖掘工，热带天牛是樱桃树的钻探者。它们修筑的出路也是圆柱形的，而且被急转成肘形，在外端以剩下的树皮做窗帘，或是保留一毫米厚的木层作为遮挡。在离树表不远的地方，通道被扩张成蛹室，卧室与通道之间被幼虫以密密麻麻堆积的木屑分隔开来。

通过上述例子，我总结出一个普遍的道理，那就是天牛科和吉丁虫科这些木栖昆虫的幼虫，为成虫修建逃出生天的路，而成虫只需要钻开薄薄的木层或树皮，还有清除木屑所建成的屏障，就可以重见天日。成虫与幼虫完全是颠倒的，有悖伦常。幼虫身强体健，且拥有强大的挖掘工具，不知疲倦地承担了繁重的劳动任务。成虫不想工作，贪图安逸，不懂技艺，整日游手好闲。幼虫用自己强壮的大颚辛苦地挖掘着洞穴，使成虫避开了敌害的攻击，并使它不费吹灰之力就可以穿透挡板，来到充满欢乐的阳光下，来到无比舒适的生活环境中。孩子本应该得到母亲温柔的呵护，过着天堂一般的生活，谁知却成了母亲的监护人。我不想再继续下去，因为连篇累牍也只不过是重复早已经证实的结论罢了。

身披坚硬盔甲的成虫看上去非常强壮，这些家伙真的那么无能吗？为此，我做了些实验来解答我的疑问。我将手中收集来的各类昆虫的蛹，放入与天然居室一般宽的玻璃管里，而且在玻璃管里我还用粗纸屑为它做了一层内衬，这就为成虫挖掘提供了一个强有力的支撑点。它们要钻穿的障碍物也是各式各样的。有因腐烂而变软的杨木塞，有一厘米厚的软木塞，还有正常木质的圆木片。逃亡开始了，大多数成虫都能轻易地穿过杨木塞和软木塞，这些障碍对于它们来说，就好比是逃出时要钻透树皮窗帘或是钻开薄薄的障碍物一样简单。当然，并不是所有的成虫都通过了这些简单的障碍物。可是在圆木片障碍前，所有成虫无一生还，尽管它们一如既往地强大，但它们的努力与挣扎还是徒劳的。在这些实验里，无论是在人造的橡树居室内，还是在仅用隔膜封住的芦竹茎中，无一例外，它们尽数死去，即便是最强壮的神天牛，也劫数难逃。从上述实验可以得出，成虫是那样地缺乏力量，更准确地说是缺乏持久的耐力。

幼虫拥有各种天赋，为了成虫任劳任怨地工作。耐力是成功的重要条件，它用持之以恒的耐力啃啮着通道，它开凿通道时的韧劲令我十分诧异，这对于体魄强健的成虫来说是办不到的。它预见自己未来的身体形态会变成圆形或是橄榄形，于是就在挖通道的时候，把通道建成圆柱形或是椭圆状。幼虫知道成虫非常急切地想看看外边的世界，就把通道到出口的距离建得最短。幼虫把大把的时间都花在了在树中漫长而随意的征程中，而成虫没有时间，它的日子屈指可数，它必须尽快地重见光明。因此，通道要尽可能短，障碍物要尽可能少，要能很容易到外界去，只要能保证自身的安全即可。幼虫一生大部分时间都游历于树中，它钟情扁平而弯曲的、仅容自己身体通过的通道。但也不完全是这样，一旦有很适合它胃口的木质，它也会歇歇脚，把那个地方挖大一点。而现在幼虫开凿规则、宽敞、短程的通道，并且把通道弯曲成肘形通向外界。幼虫明白，一旦连接横向和纵向通道的接口转弯过急，成虫就无法通过。因为成虫身体庞大，僵硬且不能够弯曲。因而，两个方向的通道要以一个缓慢弯曲的肘形相连。对于从树干深处爬出来的昆虫来说，改变方向是很普遍的。倘若幼虫修建的卧室离树表近一些，工程量就不算太大；倘若卧室在树干深处，那么就需要较长时间才能完工。在这种情况下，我产生了一种冲动，想要用圆规测量一下那如此规则、完整的弯曲弧线。

天牛和吉丁虫通道中的拐弯太短，用圆规根本无法测量，况且我也只是观察过天牛和吉丁虫开凿的通道，还缺乏足够的资料，因此，在拐弯的问题上，我在心里画了一个大大的问号。幸亏老天帮忙，让我有了意外的收获，我发现了理想的研究对象。一株死去的杨树的高高的树干被千疮百孔地钻出了许多笔杆粗细的洞穴。这株杨树真是难得，枯萎了还依然植根于土壤之中。为了我的研究我真是应该感谢它。

我把它连根拔起，运回家里。虽然树干还保持着原来的结构，但是已经变得松软不堪了，因为在其上面生长着一种叫杨树伞菌的真菌丝。幼虫蛀食了树干的内部，无数的肘形弯曲通道在树里面蜿蜒，因为外层还有十几厘米厚，所以杨树保持了完好的生长态势。我用工具将其沿纵向锯开，用刨子将截面刨平。在树干的截面上，原先幼虫居住时留下的通道非常美丽，看上去好像麦捆。几乎笔直的通道相互平行，不断向高处延伸，然后呈弯曲的肘形缓慢展开。在树干中心，通道集成一束，然后发散开来，每一条都有一个通向树表的出口。这束通道在不同的高度像数不胜数的放射线那样向四周发散开来，并不是像麦捆一样只有一个末端。

⊕ 树蜂幼虫

这么好的研究对象使我非常高兴，每刨去一段树干，我就能发现大量的弯道，这也大大超出了我研究的需求。这些弯道十分规则，终于可以用圆规准确地测量它们了。用圆规测量之前，我需了解这些美丽长廊的建造者。这些居住在杨树树干里的居民，看来似乎有些年头了，树干里生长的伞菌菌丝就是明证，因为昆虫不会在有伞菌菌丝的树干里钻孔掘道，而且也不会以这样的树干为食。我曾发现一些死去的昆虫成虫，尸骨上缠绕着一些真菌，这些成虫很可能是因为无法逃走而死在了树中。伞菌像又细又密的襁褓一样把这些昆虫尸体包裹起来，因此这些昆虫尸体没有解体。在缚在这些干尸身上的绑带下面，我发现了一种膜翅目昆虫的成虫，它就是堂树蜂。而且，我还有一个惊人的发现：那些遗留下来的成虫，无一例外地被阻在无法同外界联系的位置。它们有的位于树中心笔直通道的末端，由于通道里有木屑的阻断而无法向开口行进；有的位于弯道的开端，上面的木层未被钻开。所有这些由于找不到路的出口而遗留下的残骸明确地告诉我们，吉丁虫科和天牛科昆虫从来没有试过像树蜂那样挖掘出口的方法。

树蜂幼虫一生都离不开树干的中心，不太受外界气候环境的影响，它在那里过着平静而安逸的生活。幼虫居住在长廊里，并用木屑堵塞住通道，在笔直的通道和还没有完全筑好的弯道交接处完成它的变态。树蜂的幼虫并不挖掘未来的成虫逃生用的通道，挖掘穿透树层的通道的任务由成虫来完成。这是我亲眼所见。下面我可以给大家讲述一下大致的经过。当树蜂成虫渐渐恢复了体力后，它便在自己身前挖掘一条穿透十几厘米厚木层的出路。我发现成虫所修筑的通道内堆积着的并不是自己消化后的厚实木屑块，而是松散的粉末状木屑。我发现的遗留在伞菌菌丝里的昆虫，大都是因失去力气而死在途中的，所以它们前方根本就没有畅通无阻的出路。

在树干内尽情享受，安静休息后，幼虫会为未来的成虫提供所需的帮助，替它挖开出口吗？这个问题又迫切地摆在了我们的面前。成虫生命短暂，又十分急切、极其渴望地想要逃离关押自己的黑暗牢笼，因此，也就不会由它来挖掘这个通道。然而，成虫又是十分清楚如何通往阳光之路的，为了早日离开黑暗的地狱去到光明的世界，它放弃了沿直线前进，而是选择了所有路线当中最短的那条。诚然，用圆规测量，确实是直线最短，但是对于挖掘者来说也许不是最短的。挖掘的长度并不是昆虫所要考虑的全部，也不是完成工作的唯一要素，昆虫还必须要考虑到挖掘时要克服的阻力。影响阻力大小的情况有很多种。比如，各种树木的硬度不同，则阻力大小就不同；挖掘木纤维的方式不同——有些木纤维被从横向撕开，有些木纤维则从纵向被撕裂，那么阻力的大小也会不同。由于阻力大小不能确定，为了钻透木层，可能会有一条曲线能使昆虫的工作量减到最小。

我曾经利用我比较匮乏的微积分知识来寻求答案，看看阻力值是如何根据不同深度、不同方向而变化的。可是，一个简单的道理很快就把我辛苦的研究成果颠覆了，用微积分计算变量在这个简单的道理面前显得毫无用武之地。动物虽说不是数学家，但是它自身的条件支配着其他条件。它身体的力量和要穿越的环境的硬度决定着要行进轨道中的质点。由于成虫有坚硬的外壳，因此，它丧失了像幼虫那样身体可以随意转动方向的权利，它像极了一段坚硬的圆柱体。为了便于记述，我干脆就称它是一段不可弯曲的直圆木。树蜂成虫被我比喻成一根直圆木，它的变态在离树干中心不远处完成。成虫头朝上方，纵向睡在树干中的通道内，但有时候也会头朝下，只是这种情况极其少见。成虫在身体的前方挖掘出一个浅而足够宽的孔，使身体略向外倾斜，这全是为了满足它早日到外界去享受阳光的愿望。但这只是它完成的一小步计划，接下来它又开凿了同样的第二个孔，身体再次向外倾斜。总之，每一步小小的移动都伴随着身体向外略微倾斜，它利用小孔狭小的宽度向外倾斜，就像一根偏离了方向的磁针，在有阻力的情况下，以匀速前进，以便恢复到原来的方向。就这样，一个比磁针略粗的通道随之被挖掘出来。树蜂大概就是这样工作的，随着它不断地啃噬树干，在外界光明这个磁极的引导下，树蜂缓慢地倾斜身体，朝着光明大踏步向前迈进。

现在该来看看树蜂的轨道是个什么样子的了。树蜂的轨道被分成许多均匀的部分，每部分所构成的夹角角度不一样，就像一条相邻切线之间的倾角一模一样的弧线。简单来说，树蜂的轨道是一条切角线恒定不变的弧线，这也正是圆周的特点。我选择了二十来条通道，它们适合进行圆规检测，且通道长度足够长。我这样做就是为了要弄清楚，真实情况是否与推断相吻合，我甚至还用一张透明纸准确描出每条通道的图样。结果表明，推断与实际情况恰恰相符。有一些长达十几厘米的通道，树蜂开凿的通道轨迹与圆规的轨迹吻合得非常好，即使比较明显的差距也很微弱。人们也许会因没有料到小小的差距而不太高兴，因为这些差距与抽象理论的绝对精确不太相容。

树蜂成虫的通道上端沿一条水平或者略微倾斜的直线通向树表，下端同幼虫所挖的走廊相接。它的通道实际上就是一条宽敞的圆弧形拱廊，成虫在这宽阔的连接拱廊里自由转向。树蜂成虫的身体原来与树轴平行，随后就慢慢转到与树轴垂直的方向。接下来，它开始挖掘最短的通向外界的笔直通道。倘若幼虫在蛹期的准备阶段就有方法定向，将头转向距离树表最近的点，而不是转向与树轴垂直的方向，成虫逃跑起来就方便多了，只需要向前钻开并不厚的树皮即可。但是，只有幼虫才能准确地判断什么时机最适合，也可能是出于不堪重负的考虑，所以，垂直通道在水平通道之前就早早竣工了。成虫通过宽阔的拱廊来转向，是为了从垂直通道进入水平通道，一旦身体转向成功，成虫便沿直线向前一直挖到出口。它这样做所要完成的工作量是最小的，也确实是没有办法，在那样的条件下只能如此。

　　下面我想从树蜂成虫起步点的角度来评论一下。树蜂坚硬的身体条件决定了它必须逐渐转动自己的身体，以改变方向，它不能根据自己的意愿随意地挖掘，它还得受到机械力的限制。树蜂成虫可以以自己为轴自由地转动，它可以尝试不同方法，从不同角度凿木开路，以一连串的连接拱廊来随意转动自己身体的方向，不用非局限于某一个平面之内。它完全可以绕自己转动，将通道凿成螺旋形或是方向逐渐变化的环柄形曲线，没有任何阻力可以阻止它这样做。但是一旦这样做，结局就会很糟糕，它会迷失方向，这里试试，那边闯闯，长期的摸索最终也不会有成功之日，最后自己会迷失在自己建造的迷宫里。

　　树蜂要想工作量达到最少，就必须使它走的道路几乎总是在同一平面上，也只有这样，它才会无须摸索便可逃出生天。此外，倘若一开始它就处在离心位置，那就会有多个垂直平面。其中穿过树轴的垂直平面，一侧阻力最小，相反的一侧则阻力最大。其实，也没有什么阻力阻止它在其他平面上挖掘出口，只不过那样它的工作量就会介于最大和最小之间。树蜂总是拒绝采用这种折中的办法，它总是穿过树轴的平面，选择路径最短的一侧。简单来说，树蜂的通道处于树轴和出发点所决定的平面之内，在平面的两个区域中，通道穿过的区域面积要小一些。所以，隐藏在杨树树干内的树蜂，虽然看起来笨拙、不够灵活，但是它仍然能用最少的工作量逃出它那个蜗居很久的杨树干。

　　树蜂所在的平面和弧形通道是任何障碍物都无法改变的。之所以这样，是由于它的方向不容改变。一旦有必要，树蜂宁愿啃噬金属，也不会改变身体的方向，背对着它所察觉到的靠近光线的地方。下面我们来看看这种昆虫的执着。在研究所记录昆虫的档案中有着这样的描述：如古幼树蜂钻穿弹药盒内的子弹，在格勒诺希尔的弹药库中，巨树蜂如法炮制地挖掘出路。在弹药盒中的树蜂，由于执着地执行自己制定的逃跑路线，便在铝块上凿洞逃跑，因为它断定最近的光明就在障碍物后面。

　　木栖昆虫是如何在黑暗的树干当中导向开路的呢？水手会利用手中的罗盘在浩瀚无边的海洋中寻找航线；矿工同样利用自己的专业罗盘在地下深处掌握方向，寻找矿藏的路径。那么木栖昆虫有自己的专业罗盘吗？辨别方向的罗盘当然存在，这是毋庸置疑的。无论是对于那些帮助成虫完成开辟出路工作的幼虫，还是对于那些必须自己开路的成虫，都是别无二致的。幼虫时期，树蜂长期徘徊于弯曲、无序的迷宫，总是漫不经心地散步。而成虫时期，树蜂必须找到最快速的通道，寻找光明的出口。为了达到目的，它拒绝再继续蹉跎下去，断然选择省力、平坦的路线。为了便于翻转身体，它将连接处弯曲成肘形，一旦垂直朝向邻近的树表层，它就沿直线钻向最近的树表。

在确定了树蜂也有自己的专业罗盘后，疑问又来了，它的罗盘究竟是什么样的呢？我还未拥有足够精准的感觉器官，无法推测是什么因素指引这些动物的方向。因此，这个问题还处在无法探知的黑暗当中。这很可能是因为我们的器官无法去感知另外一个感觉世界，一个对我们来说完全封闭的世界。就好比麦克风的薄膜可以感觉到我们听不到的声音；我们在暗房里用肉眼无法观察到的事物，可以借助于紫外线来摄录。化学化合物、精密的物理仪器，这些都超出了我们的感官所能感觉到的范围。在科学上我们无法探知，就认为昆虫灵巧的生理结构也具有类似的才能，甚至超出了我们所能感知的范围，这么说是不是显得太过于草率了？对于这个问题，没有肯定的回答。我有一些疑虑，仅此而已。但至少有时候我可以摒弃我脑海里会出现的一些错误观点。

关于它们我们还知道些什么呢？昆虫的罗盘究竟是化学反应、热场效应还是磁场效应呢？在我看来这些猜疑都不成立。在挺拔竖直的树干中，昆虫挖掘的通道不仅有朝向北面、终年处于树荫当中的，还有朝向南面向阳的一侧，朝着最靠近外界的地方打开出口。但出口总是朝着最靠近外界的一侧打开，没有其他条件。这是由温度决定的吗？我看不是。因为虽然背对阳光、处于树荫当中的一侧温度不高，但是它与朝向阳光的南面一样也非常受昆虫的喜爱。那就是由声音来决定的吧？我看也不是。在幽静的树干里不会有什么声音，况且即使来自外界的声响穿透了一厘米厚的树干，也不会对它有什么影响。难道是重力因素在指引吗？因为我曾在杨树干中观察到头朝下爬行的一些树蜂，而且还没有改变弧线轨道。得出的结论也不是。

难道幼虫或成虫是通过树木的结构来指引方向的？昆虫可能通过某一种方式感知周围环境，横向啃噬树层；它有可能又通过另外一种方式感知周围环境，纵向啃噬树层。我不确定。是阳光吗？我可以观察到，在植根于土壤的树桩中，昆虫是根据光线的远近程度来挖掘通道的。它们有时是通过拱形通道进行横向挖掘，并在树桩侧面开凿出口；有时是沿直线纵向向上进行挖掘，并在树桩横截面上开通出口。但我依然不确定。

那么它的向导究竟是谁呢？我无从得知。在研究三齿壁蜂如何走出其蛰伏的芦竹时，我就发现了物理书中所留下的空白，因而上述问题，也不仅仅是我第一个不能解答的问题。在无法得出答案的情况下，我认为昆虫的向导是一种特殊的空间感觉能力，即自由空间感知力。当我从天牛科、吉丁虫科昆虫和树蜂那里得到了无数的启发后，我才不得不又求助于这个结论。我并非非要坚持讲述我的这个答案，任何未知事物，无论用什么样的语言都不能恰如其分地表达出来。黑暗中的隐士知道通过最短的距离找寻光明，这就是无声的证明。我想所有信奉真理的观察家都会勇于承认。一批又一批的观察者，在用达尔文的进化论解释昆虫的本能无果后，才对阿纳夏格尔的思想有了深切的体会。为此，我对我的研究做了一个简练的总结，那就是我们曾经努力过。

第四章 | 蜂类的毒液

现在化学问题也带来了一定的麻烦。化学观点一般认为膜翅目昆虫的毒液各不相同。蜂类的毒液虽说成分复杂，但总的来说也就两大类：一种是酸性的，另一种是碱性的。捕食性昆虫大多数只拥有酸性毒液。使猎物保持生命活力，并不因为所谓的捕食性昆虫的智慧，而恰恰是因为这种酸性的毒液。

我将各种溶液注入昆虫体内，这溶液包括酸性的、碱性的、氨水、中性溶液、酒精、松节油等，观察到的结果与捕食性的昆虫蜇刺的结果完全相同，被麻醉的猎物依旧保持着一定的生命活力，这活力是通过触角和口器的活动表现出来的。在承认化学反应真实有效的前提下，我试图探究它们所导致的结果，但看起来都是一无所获。昆虫的螫针是经过反复试验后，才显现出无比的自信和准确性的。但我们的实验并不总是成功的，我用蘸过这些毒液的针刺入昆虫时，所戳的伤口过大，且极不稳定，根本就无法与昆虫螫针准确的攻击及细小的伤口相提并论。另外，我还要加上一点，我们对要研究的实验对象是有一定要求的，那就是它们的神经节相对集中，譬如说象虫、吉丁虫、金龟子一类的昆虫。只要在昆虫的胸部或胸部节间膜刺一下就能麻痹它们，这与节腹泥蜂麻醉猎物是一样的。在这种情况下，无论是注入刺激性极强的液体，还是注入少量的液体，成功的概率都非常小。而对于那些神经节相对分散的昆虫，又需要专门地逐个进行麻醉手术，这样的话我这种方法是根本行不通的，一旦那样，昆虫就会因过度腐蚀而死亡。我十分惭愧地求助于那些比我权威的人士一直反复运用的古老实验，也许这些实验能帮我消除那些化学家的批评和非议。

如果光明那么容易得到，我们还有必要对深奥莫测的黑暗进行探究吗？如果简单地求助于真实情况，就可以证明一切，那么我们还要做什么也证明不了的酸碱反应实验吗？如果肯定了昆虫的酸性毒液能使食物保鲜，那么我们来了解下蜜蜂的螫针或许能在酸碱毒液的作用下，产生和麻醉一样的效果，虽然那样做，会否认蜜蜂蜇刺的灵巧性。我们的化学家也许没有想到这一点，因为简单明了的方法在实验室里并不受欢迎。现在我的职责就是弥补这一小小的缺憾。于是我打算研究蜜蜂，看它是否擅长麻醉且不会杀死对手的外科手术。蜜蜂的螫针必须刺进一个确定的部位，这个部位要恰恰是捕食性昆虫刺入的地方。但我希望刺入的部位却从来都不如我所愿，因为那些不听话的俘虏总是疯狂地扭动、乱刺。结果我的手指受伤的次数比要刺对手的次数多得多。于是我一剪刀把蜜蜂腹部剪下来，再立刻用小镊子夹住它，将腹尖靠近螫针要刺的部位，这也是唯一的办法，只有这样才能稍稍控制一下不驯服的螫针。

看来我刚才捕捉的那只昆虫，根本就不可能用来做实验，无数次失败的实验，耗尽了我的耐心。尽管困难重重，可这也不是我应该放弃的理由吧！

蜜蜂在毫无征兆的情况下死亡，它不需要来自头部的命令，就能为自己的死亡复仇，因为它的腹部还能再螫刺一会儿。我正是利用了它这种执着的复仇心理，使蜜蜂带刺的螫针停留在猎物的伤口中，这样我就能准确地观察到螫针的攻击点。螫针的长时间停留，使我能把握螫针螫刺的效果。倘若猎物的组织透明，我还能够辨别螫针攻击的方向，符合我意图的是直线刺入，毫无效果的则是斜着刺入。这些就是这种方法的优点所在。讲完那些优点，我们来谈谈缺点。蜂腹虽然被剪下来，比起整只蜜蜂来也容易驯服，但有时候也不能遂我的心愿，它仍有些小任性，螫刺点也是不可确定的。我想它从这一点刺入，它偏不，根本不理会我的镊子，偏要刺入那一点，看起来离得不远，但是要想不伤害到神经中枢，就必须离得更近。我想它垂直刺入，它也不，大多数情况都是斜着刺入，仅仅刺穿了猎物的表皮层。失败的例子，已经数不胜数了。

我自认为我的皮肤敏感度并不比别人的差，但被蜜蜂螫针螫一下也不会有多痛，而且对此我也没有什么感觉。我触摸飞蝗泥蜂、砂泥蜂、土蜂时，根本不用防范它们的螫针，看来大多数情况下，被捕食性昆虫螫伤其实也无足轻重。为了把事情讲清楚，我想再提醒一下读者，在不知道它是什么化学性质的情况下，我们只有一个办法比较它们的毒液，即比较被它们螫刺的伤痛程度，而其他的一切仍是一个谜。我想以下各种实验来得出不同的结果。比如用力过大；对抽搐的腹部注入不等量的毒液；螫针不容易驯服，刺得或深或浅、或正或斜；神经中枢被攻击或周边组织受到影响；等等。我将蜜蜂的螯针作为进攻武器，就像是捕食性昆虫一样蜇刺猎物。

诚然，上述实验结果非常混乱。蜜蜂所蜇刺的对象有的麻痹、偏瘫，有的行动失控，有的则一直或暂时残废，有的遭刺后马上又回过神来，也有的很快就死掉。这一百多次的尝试所形成的报告会白白占据我的篇幅，倘若没有从中提炼出规律来，那么连篇累牍也无助于研究。因而，我试着进行归类，找几个例子来进行说明。

我们地区有一种巨型的白额螽斯，它比较强壮，前足所在的前胸中心被蜇刺，螯针会直穿而入。蟋蟀和距螽被蜇的也是这个部位。被蜇之后，这只庞然大物会暴跳如雷，竭力挣扎，最后跌落一旁，无力再站起来，此时它的前足呈麻痹状，其他的足仍能动。不一会儿，它侧身而卧，变得不再那么焦躁，此时只剩下触角和唇须的颤动、腹部的痉挛和产卵管的伸缩，只有这些现象表明它还活着。然而，只要你稍稍触碰一下它，它后面的四只足还是会有反应，其中第三对粗壮的足，还会时不时地进行着蹬踢。到了第二天，没有什么变化，只是麻醉程度加重，已延伸到中足。第三天到来的时候，它的六只足已都不能动弹，只有触角、唇须和产卵管还能活动。朗格多克的飞蝗泥蜂蜇了距螽胸部三次，其状态也和上述一样，只不过残存的生命力更加衰弱。第四天一到，螽斯就死了，这从它深黑的体色就能看出来。

由此我得出了两个明确的结论：其一，蜜蜂的毒液极其厉害，身形再怎么庞大、体格再怎么健壮的昆虫，只要对着它的中枢神经一蜇，四天内必会死于非命。其二，最初的麻痹只影响神经节所控制的前足，而后才会向中足缓慢延伸，最后波及后足。麻醉在捕食性昆虫的受害者中非常容易扩散，但在捕食性昆虫的进攻中，扩散却起不了任何作用。产卵期将至，所有控制运动的神经节被蜇时，很快就会被毒液所摧毁，因为这时的猎手要求猎物是完全失去知觉的。

除非捕食性昆虫的毒液和蜜蜂的毒液一样强，一蜇便会夺去猎物的生命，否则猎物的剧烈运动对于狩猎者，尤其对于卵是极其危险的。然而捕食性昆虫却不是这样的，就像对付幼虫时一样，它凭借温柔的动作将毒液慢慢注入猎物的神经中枢，猎物会立刻动弹不得。尽管猎物有许多伤口，可也不会立刻变成死尸。这些优秀的麻醉师还有令人赞叹的另一才能，它们将毒液用力注入，结果却生效很慢。这也是为什么捕食性昆虫的毒液几乎毫无痛感的有力佐证。蜜蜂为了复仇，增加了它所排出的毒素；而飞蝗泥蜂为自己的幼虫捕食时，将毒素减弱到最低限度。

现在我再来讲一个类似的例子。我把直翅目昆虫找来作为研究对象，它个头适中，表皮精细，便于实验时进行蜇刺，看来它比其他昆虫更适于这种细致的操作。我失败的因素往往是吉丁虫的胸甲，或花金龟幼虫肥胖的身躯，还有那难以驯服的蜇针。现在我捉来了一只巨大的雌性绿色蝈蝈儿来做实验。我让蜜蜂蜇刺它前足纹路的中心点，蜇刺的结果令人惊诧：瞬间，蝈蝈儿抽搐扭动，而后侧身倒下，除了触角和产卵管，其他则一动不动。只要不碰它的头，它就不会再动；倘若我用刷子轻触它的头部，它四只后足便剧烈摇动，甚至还会夹起刷子。无法动弹的前足说明它的神经节已然受损。随后的三天它都保持这种状态。随着第五天的到来，麻痹开始扩散，蝈蝈儿只剩触角来回摇晃，腹部抽搐和产卵管伸缩。第六天一到，蝈蝈儿开始发黑，它命丧黄泉了。除了它的生命力比较顽强外，其他的与白额螽斯的状况一模一样。

如果不在胸部神经节上蜇刺，那将是怎样一种情况呢？我找来一只雌距螽，在它的腹面中部刺了一下。整个过程中，它似乎不太注意自己的伤势，只是在玻璃钟形罩的四壁英勇地攀爬，甚至还啃起了葡萄叶，就像当初那样活跃，这表明它已经从我为它制造的伤势中恢复过来了。几个小时过去后，它仍没有显露出其他情绪，看来已经完全康复了。我在它的腹部两侧及中央又进行了三次蜇刺。第一天，距螽看上去没有任何感觉，也看不出有什么行动不便。这个禁欲主义者好像完全没有痛苦的样子，可我并不怀疑它的伤口也会灼痛。第二天，距螽步履稍缓，只能慢慢爬行。又过了两天，让它仰面朝天，它竟无力翻转了。直到第五天它就一命呜呼了。也许这次实验连蜇三下的分量实在有些太重了。

我把这个办法也试用到了娇弱的蟋蟀身上。我只在蟋蟀腹部蜇了一下，它竟用了一整天才从痛苦中恢复过来，又啃起了生菜叶。一旦给它多来几个伤口，很快它就会命丧黄泉。这些在我残忍的好奇心中丧生的昆虫里，有一个例外，那就是花金龟幼虫，它们能抵抗三四下攻击。一旦它们变软、摊开、松弛下来，我就天真地以为它们死了，或是被麻痹了，谁知过不了多久这些小虫又复活了，它们缓缓爬行，钻进腐殖土中。看来我没办法掌握明确的情况。诚然，它们有自己的屏障，那就是它们稀疏的纤毛和肥厚的胸膜。它们用这些来抵御螯针的刺入，这样螯针总也刺不深，或刺歪到一边。这些难以制服的虫子，最终使我放弃了实验，只能回到易于实验的直翅目昆虫上。倘若螯针正对着胸神经，仅一下就能将猎物蜇死；如果对准的是其他部位，那么只会造成昆虫的短期不适。因此，毒液是通过对神经中枢的直接作用，发挥其可怕的毒性的。

要对"胸神经节被刺，死亡马上来临"这个结论做出肯定判断，还为时尚早。虽然这种情况时常发生，可还是有很多例外，这也许是无法确定的因素所致。对于螯针要刺的方向、刺入的深度、排出毒液的剂量等方面，我无能为力，也无法使切下的蜂腹自给自足，实验中也不会再现剑术高超的剑客。蜂腹的刺入不可预知，没有规律可循，不讲分寸，所以从最严重到最轻微，各种意外都可能发生。下面我来讲几个很有趣的例子。

蜇刺一只修女螳螂锋利前足所在的胸部，倘若伤口在正中央，得出的结论已被多次证实，因此，我一点都不会激动和感到惊讶。螳螂胸部锋利如刀般的前足骤然麻痹，即使一架机器的粗大发条突然折断，也不会停顿得比这更突然。一般，锋利的前足的麻痹，一两天内就会影响其他的几只足，一周不到螳螂就会一命呜呼。如果螯针刺入了右足，且刺伤偏离了中心不到一毫米。就在这只足麻痹时，另一只由于没有受损，它就用这只足末端的钩子将我的手指钩出血来。第二天，钩伤我手指的那只足也麻痹了，不过还没有扩展到其他的部位。强悍的螳螂像平时一样神气地挺着前胸，缓慢地前行。锋利的武器而今却分别垂于两侧，已无力攻击。这只残废的螳螂活了十二天，它由于自己无法把食物放进嘴里，长久没有进食，所以就丧生了。

第二个例子说的是行动失调。我记录过一只距螽，它在胸部中线外的位置被刺入，虽然六只足还能动，但不能走，不能爬，行动缺乏协调性。它不能肯定是向前或是退后，朝左还是向右，动作极其古怪、笨拙。还有个瘫痪的例子我也说说。一条花金龟幼虫被从偏离前足的部位刺入，而后右半边身体开始松弛，摊开，无法收缩，左半边身体变得浮肿，皱纹突起，蜷缩起来。由于左右动作不再协调，花金龟幼虫不会像往常那样蜷成环形，而是一侧缩成一圈，另一侧则半舒展。显然，毒液把神经器官的集中点纵向的一半给感染了，这就足以解释实验室里为什么经常发生奇特现象了。

我认识了腹蜂无规律的蜇刺，甚至找到了问题的关键，因此我认为不必再举多少例子了。蜂类的毒液能使猎物达到捕食性昆虫要求的状态，这里有实验为证。这样的实验有一次成功就够了，因为得到证据需要耐心、牺牲品，还必须有残忍的态度，其代价甚是惨重。如此艰苦的条件下，我使用一种剧烈毒液就能成功一次，虽说只发生一次，但足以证明还是有可能发生的。

一只雌性距螽离前足极近的胸部被刺。它抽搐着挣扎了几下，随后跌落，腹部抽动，触角颤抖，足还能轻微地动几下，跗节紧紧地把我伸出的镊子钩住。我将它翻转朝天，它始终保持姿势不变，情况与朗格多克飞蝗泥蜂蜇过的距螽一样。在三周时间内，无论是从地下洞穴中挖出的还是躲开了猎人的猎物，我熟悉每个细节的剧目又在上演。长长的触角在抖动，大颚半开，唇须和跗节轻微颤抖，产卵管在跳动，腹部隔很长时间就抽动几下，一旦用镊子轻触，它就会有活动的迹象。第四周，生命的迹象愈来愈微弱，直到消失，可距螽始终保持着令人惊奇的新鲜状态。一个月后，当麻痹后的距螽开始变成褐色，那么一切都已结束，它一命呜呼了。

无论是蟋蟀的实验还是修女螳螂的实验我都取得了成功。在这些实验中，它们都有轻微的动作表明生存迹象的存在，且长时间保持新鲜的状态。飞蝗泥蜂和步甲蜂都接受了我所提供的受害者，这说明它们的情况非常相似。蟋蟀、距螽、螳螂和捕食性昆虫的猎物一样，在相当长的一段时间内都能保持新鲜状态，这对于幼虫变态是非常有利的。蜂类曾明确地向我证明过，如今又向读者证明，它们的毒液效力

➕ 虽然蜘蛛是高效率的捕食者，通常武装着可怕的毒牙，但它们很少能逃过蛛蜂科的雌性猎蛛蜂的捕食。图中这只蜘蛛被黄蜂的刺弄瘫后，被当作黄蜂幼虫的食物拖向蜂巢

与捕食性昆虫很是相似，不同的是毒液的性质。而毒液到底是酸性的还是碱性的，看起来这已是一个多余的问题。两者都能毒化、刺激、摧毁神经中枢，只是感染方式不同，但最终效果都是使其麻痹或死亡。情况就是如此，剂量很少的毒液就能产生可怕的后果。毒液的作用虽说尚未完全被了解，但是我已经知道捕食性昆虫保存猎物的方法，不是取决于毒液的特性，而是在于它猎捕对手时高超的剑术。

达尔文还提出了最后一个异议，我认为这比其他的更不确定。他认为，昆虫的本能并不是像化石那样一成不变地保存下来的。假使如此，那些本能又昭示着什么呢？不过是现在的本能展示给我们的东西罢了。地质学家不正是在当今凭借对原始骨骼的想象来对它们进行复原的吗？凭借想象，他们告诉我们，侏罗纪的某种蜥蜴是如何生活的。那些并非一成不变的习俗，他们讲的一点都不少，而且还使人非常信服，因为现在昭示着过去。如今，我们何不像他们一样来试试呢？

如果一只蛛蜂的祖先栖息在煤页岩中，它的猎物是某种丑陋的蝎子，蛛蜂是怎样制服可怕的对手的呢？通过类比，它和当今的狼蛛一样，先解除对手的武装，在某一点用毒针刺下去，麻痹对手。这个攻击点是可以通过解剖来确定的。如果不采用此法就会落败，它很可能会因为刺伤而被吞噬。是蛛蜂的祖先深谙此道呢？还是它的种族和如今的狼蛛刽子手一样呢？如果没有一刺置敌于死地的本事，那就无法繁衍后代。因此，我还不能得出结论。第一只蛛蜂用高超的剑术将石炭纪的蝎子刺伤。第一只蛛蜂与狼蛛短兵相接，也非常清楚颇具杀伤力的手术法则，倘若犹豫不定，徘徊不前，它就会失败，开创者就不会再有弟子来继承和完善它的技艺了。

也有人认为本能会为我们提供前进的媒介和阶梯，会给我们指明渐进的过程，会使偶然、无规律可循的尝试达到完美，并积累成几世纪的成果。本能的多样性，为我们提供了从简单到复杂的可比性内容。大师呀，别再固执于此了吧。假如你认为本能是多样的，可以从简单到复杂的起源中寻找原因，那么我们何必还在板岩层中翻找那些旧时代的档案呢？当今时代给我们的思考增添了源源不断的丰富材料，一件事只要有可行性就能实现。短短半个世纪的研究，对于本能，我只是看到了一个不起眼的角落，我所得到的结果也因为本能的多样性而难以处理，至今我也没有发现与捕食性昆虫一模一样的捕猎方式呢。

有的蜇一下，有的两下、三下，还有的十下。这一只蜇这里，另一只蜇那里，第三只又不一样，会蜇别的地方。有的不伤害对方，只将其麻痹；有的却对准对方头部神经将其杀死；有的咬住对方神经节使其造成暂时性麻痹；有的根本不知道攻击胸部的效果；有的使其吐出蜜汁，因为蜜汁会毒害它的后代；还有的先解除拥有毒刺的对手的武装，一旦遇见没毒的对手，那就用不着操太多的心。在预备战斗中，有的昆虫逮住对手的颈项，有的抓口器，有的抓触角，有的抓尾部。我知道有的昆虫将猎物翻转朝天；有的与猎物胸顶胸竖立；有的就采用最一般的方法；有的纵向或横向攻击；有的爬上对手背部或腹部；有的挤压猎物腹部使其胸部铠甲出现裂痕；有的以腹部末端为楔子，打开对手拼命蜷缩成的环。还有什么呢？它们把剑术一一演练了一番。也许我还没有提到卵。有的卵悬吊在从天花板上垂下的像钟摆一样的丝上，下面是扭动的食物；有的卵被放置在仅够吃几餐的食物之上；有的卵被放置在被麻醉的猎物身上；有的卵被放置在一个事先确定的地方，这对于食客和食物来说都非常安全，而为了保持食物新鲜，幼虫就必须用特殊的技艺来吞食肥大的食物。

这千变万化的本能又是如何告诉我们它的渐进过程的呢？从泥蜂和土蜂的一蜇到蛛蜂的双击，再到飞蝗泥蜂的三蜇，最后到砂泥蜂的数蜇吗？是的，但倘若我们只考虑数字化进程，那么按一加一等于二、二加一等于三这样进行简单的数目累加就成了。但是这能解决问题吗？算术有什么用呢？难道就没有一个不用数字来表达的论据吗？因为猎物在变化，所以解剖方式也在变化，每个捕猎者总要了解猎捕的对象吧。简单一蜇是刺向神经节集成团的对手；狼蛛的双击，一次是解除对手的武装，另一次则是麻痹对手；多次蜇刺是刺向神经节分散的猎物。其他昆虫可以此类推。总之，每种猎手都十分了解猎物的生理结构，都能凭借本能，找到猎物神经组织的秘密。

土蜂虽然只有简单一击，但是并不比砂泥蜂一连串的蜇刺逊色多少，它们都掌握了猎物的命运。依我们的学识来看，它们都采用了一种最为合理的方法来处置猎物。在这些深奥的令人费解的科学面前，一加一等于二的论据就显得苍白无力了。数目的简单递增又有什么用呢？一滴水能展现一个宇宙，螫针合乎情理的一击，则反映了普遍的逻辑。

如果把土蜂看作是这一技巧的基本原理的奠基人，那么我们所做的这种大胆假设是成立的。它的一螫，紧扣可怜的论据，一到二，二到三，这是毫无疑问的。由于意外地采取了某一种方法，它清楚地知道在花金龟幼虫的胸部，只要简单一击就能将其麻醉，这是它学会的技巧。某一天，在不经意或很偶然的情况下，它螫了两下。除非是猎物有所改变，否则重复一击就毫无价值，因为它制敌仅需一击即可。那么又会是哪个新猎物将丧命于敌手呢？既然狼蛛都要被螫两下，我想新猎物应该是一只肥大的蜘蛛吧。而新手土蜂的成功令我不敢相信，它先从颈部机智巧妙地刺入，第一次尝试就解除了对手的武装，然后顺着正下方靠近胸部的地方，寻找致命的攻击点。一旦螫针失手或是刺偏，我就只能眼睁睁地看着它被吞噬掉。虽然我认为成功是不可能的，但还是暂时认为它成功了吧。我有幸看到这次事件，认为这一科的昆虫还是保存了对食物味道的记忆，尽管以花汁为食的昆虫会把消化肉食性幼虫的记忆留在脑海中。那么我认为这一科的昆虫在希望渺茫的情况下，会有第二次进攻的灵感，为了自己和后代，它们每次都必须冒着生命的危险。我承认这种种不可能积累起来的结果，大大超出了我轻信的能力。尽管一确实能到达二，可捕食性昆虫并不会由一击变为双击。

捕食性昆虫依靠其卓越的天赋技能而生存，由此看来，每只昆虫必须找到自己生存的条件，这是可以和拉·巴利斯那首有名的歌谣相比拟的事实。倘若没有娴熟的技艺，那么种族就无法繁衍下去。关于本能亘古未变的看法，过去隐藏在愚昧无知当中，而今也像其他伪论一样，在巴利斯真理阳光的曝晒下消失了，在强大事实的冲击下崩溃了。

第五章 | 隧蜂与寄生蝇

隧蜂是蜂蜜的辛勤制作者，也许人们每天品尝着新鲜的蜂蜜却对隧蜂毫无了解，但这并无大碍。不过对这些没有历史的、卑微的隧蜂的探究确实让我们知道了一些奇特的信息。既然我们现在有空闲的时间，那就让我们来研究一下它们吧，因为这些隧蜂的确值得我们去了解。

比起蜂房里的蜜蜂来，隧蜂的身材要修长、苗条得多。在隧蜂这个庞大的群体中，每只隧蜂的体形和色彩都有不同之处。在大小上，有的隧蜂甚至比一般的胡蜂还要大，但也有的隧蜂与家蝇差不多大小，或者比家蝇还要小些。虽然隧蜂家族庞大，品种也十分繁杂，但是它们却有一个共同的特征，这个特征使得新手们对它们的研究有了着手点。在隧蜂背部的最后一个体节，也就是隧蜂的腹部尾端那里，有一条光亮的线条纤细的沟槽，这就是隧蜂家族所有成员共有的标志。无论身材还是体色，这道沟槽都是隧蜂的共同特征。当隧蜂采取守势来防御时，它们的螫针就会沿着这条沟槽向上滑行。除了隧蜂以外，其他的带有螫针的昆虫都没有这道特有的沟槽。

我的实验对象是三种不同类型的隧蜂，而且我与其中的两种隧蜂还是邻居，我对它们非常熟悉。它们每年都要光顾我的荒石园并且住下来，事实上，它们占领这块地方的时候我还没有来到。作为隧蜂的邻居，我可以每天都去看望它们，在这一点上，我是个幸运者。我小心地与它们相处，避免侵占它们的领地。我应该很好地利用与隧蜂之间的邻居关系。

我的第一个研究对象是斑纹隧蜂，它是隧蜂家族的代表成员。斑纹隧蜂有着优美的身材，就像黄蜂一样。它穿着朴素但不失优雅。它的腹部很长，在那里有一条淡红色与黑色相间的带子所形成的环形纹路，非常漂亮。

斑纹隧蜂群体性地在我的荒石园

➕ 青蜂科的大绿青蜂具有金属般的色泽。同大多数青蜂科昆虫一样，这种欧洲的大绿青蜂是蜜蜂和黄蜂幼虫的独栖性体外寄生虫中采集修筑地道所用的泥土。它们所使用的泥土是红色黏土与细小卵石的混合体，这样的材料非常适合隧蜂所修建的工程。斑纹隧蜂往往选择在坚实的土地里修筑地道，这样可以有效地避免由于受干扰而发生垮塌的事件。斑纹隧蜂群体中的成员数目并不是固定的，有时候多，有时候少，多的时候甚至达到一百来只。斑纹隧蜂的群落各自建立起自己的小镇，每个小镇之间互不干扰，各个群体独立地进行劳作。

斑纹隧蜂之间是邻里关系，而不是合作关系。这样的关系让斑纹隧蜂的世界弥漫着祥和安定的完美气氛。每只斑纹隧蜂都有属于自己的独立的房屋，任何其他的斑纹隧蜂都不能擅自闯入，否则房屋的主人就会以猛烈的推搡来警告这位大胆的私闯民宅者，让它以屈服告终。确实，莽撞的行为在隧蜂中是决不被允许的。

四月是斑纹隧蜂为自己挖掘地道的时间。它们在自己的地道中忙碌地工作着，很少会有隧蜂将自己的身体露出地面。这样一来，虽然斑纹隧蜂在地下进行着热火朝天的工作，但是在地面上看来却毫无热闹的迹象。工程浩大而不惹人注目，只会在地面上显露出一些小土丘。总体来讲，斑纹隧蜂的地道挖掘工程进行得非常隐蔽。

我用芦苇秸编织了一个小栅栏，用来保护斑纹隧蜂正在进行的紧锣密鼓的地道挖掘工程。我在小栅栏的中间放了一个警示的牌子，上面写着"禁止通行"的字样。这种做法可以防止过路人踩踏隧蜂努力修建的工程，我的家人也不会去那里。栅栏里面，斑纹隧蜂依旧挖着它们的地道。由泥屑所堆成的小土丘有时候会因为泥屑的下滑而震动起来，这时候位于顶端的泥屑就会沿着土坡滑下去。斑纹隧蜂在运输挖掘出来的泥土时也不会让自己的身体显露出来。

挖掘工程在四月结束，等到五月，斑纹隧蜂已经由挖掘工人转变为采集工人。阳光和暖地洒在每朵鲜花上面，这是让所有生命欢愉的月份。斑纹隧蜂浑身铺满了花粉，我看到它们在小土丘上面飞来飞去，这时的小土丘已经变得像火山口一样。接下来我想要了解一下斑纹隧蜂的居所，我拿了铲子和三尖头，这些是能够帮助我有效地进行探测的工具。斑纹隧蜂对于自己居所的布置会让我采集到更多的信息。

进入隧蜂居所的前厅隧道大约有三分米长，直径差不多与粗铅笔的直径相当。这条隧道的内壁并不光滑，因为光滑细腻的内壁在这里并不适用。相反，若这条长长的前厅隧道内壁凹凸不平，斑纹隧蜂便可以在这种高低不平的隧道里很容易地找到支撑点。这条前厅隧道循着满是卵石碎屑的土地，尽量笔直地往里延伸，但有时候也显得弯弯曲曲。隧蜂母亲对于这条前厅隧道的全部要求就是能够让自己顺利、快速地上下行动，所以粗糙的内壁比较合适。

在隧蜂居所的底部，每间小蜂房都以不同的高度横向层叠起来。这些是掘土工在大土堆里的椭圆形洞穴，大约长两厘米，它的尾部是很短的细颈。细颈的口端逐渐扩大为一只双耳尖底瓮的瓮口形，非常精致，就像是一只用来做顺势疗法的小玻璃瓶，小巧细腻。在地道里的任何东西都宽阔地敞开着。与粗糙的前厅隧道不同，用来供隧蜂幼虫居住的房间建造得精致细腻。一间间小住所的内部，被粉饰得非常亮丽光润，小巧细致的菱形标志闪着光芒，就连我们技艺最精湛的粉刷工看见了这样的住所也会心生嫉妒。这种精致的表层是由一种近乎完美的抛光技术制成的，这种抛光技术就是由隧蜂的舌头完成的。斑纹隧蜂的舌头就像是一把镘（màn）刀，这把镘刀通过有秩序的舔舐能够把室内抛得光亮。

还有最后的一道平坡，它在修建之前就有过粗略的加工，显得精致且漂亮。蜂房在储备食物之前，内壁上布满了许多用大颚做出来的类似针孔的小洞。大颚通过颚尖把黏土压得严实，然后往后推动，使黏土中没有沙质的细粒。完成了的作品就好像由细粒状花边围成似的，而被磨光的那层则会与绳边很好地进行黏合。斑纹隧蜂通过对黏土精心地筛选，然后过滤、纯化和掺拌，最终把它们小块小块地粘连在一起。

在隧蜂使用自己镘刀般的舌头进行抛光之前，它必须用自己的唾液使糊状的物质具有弹性，并且要等唾液干燥，因为干燥的唾液具有防水的功能。在下雨的时候，土壤的湿度会使小块泥土制成的凹室在脱落后化为泥浆，而唾液的防水功能正好能够防止这样的危险发生。唾液涂层非常薄，我们根本无法看到它，而只是知道这层唾液的存在。但是我们看不见并不表示它的功能不显著。我在一个凹室内灌满了水，我看到里面的水没有一点渗漏的迹象，可见唾液的防水功能多么强大。

就像被漆了一层铅矿粉似的，小小的凹室一点也不漏水。陶瓷工用烈火熔炼各种矿物的方式来让陶器不漏水，而隧蜂则用它那镘刀般的舌头以及唾液来防水。幼虫有了这层防水保护层就能够安心舒适地躺在自己的槽室内，即便外面正下着倾盆大雨。其实这层唾沫涂层也容易被弄下来，只要我想，我就能够用破布将防水膜弄掉。我们可以把挖了蜂房的那个小土块的底部放在水中，让水把这个土块渐渐地溶为泥浆，然后我们就可以开始拿刷子的尖部清扫泥浆。当然清扫时必须仔细小心，因为只有这样才能让那层唾液薄膜脱离它粗糙的外表。唾液涂层非常薄，无色透明。假如蜘蛛所织成的不是网而是布料，那么只有蜘蛛的布料才能够与这层唾液薄膜相媲美。

通过观察，我发现斑纹隧蜂修建自己的居所是一项比较浩大的工程，要花费很长的时间。隧蜂首先要做的是在黏土地上挖出一个巢，这个巢要呈椭圆弧形。这项工作虽然进行得粗糙，但困难仍然存在，因为它需要在狭窄的细颈中完成，这个细颈刚刚能够让挖掘器械通过。隧蜂在挖掘时把自己长着铁钩的跗节作为耙，而把大颚当作镐。

被挖出来的泥土在很短的时间内就堆积起来，形成一个土堆，占了不少地方。隧蜂把这些泥屑集中到一起，然后让自己的身子向后退，而前足合拢起来放在土上。隧蜂把泥屑通过通道运到上面，土堆逐渐堆得很高。

隧蜂的第二项工作是对居所进行细致的装修，这些工作都是陶瓷制造术的代表作，其中包括壁里的细粒状扎花绳边，用质地好的黏土修筑的粉饰涂层，用镘刀般的舌头对各个部位进行的抛光工作，唾液防水薄膜以及双耳尖底瓮瓮口。所有的程序都需要几何学般的精确程度。在封闭蜂房的时刻到来之前，它还需要做一个塞子，用来关闭房门。

隧蜂幼虫房间的完美程度让它看起来根本不像是随着成熟的卵脱离卵巢，每天临时修筑的。隧蜂在三月末和四月的时候进行修建房屋的工作，这个季节气温比较低，隧蜂在这个时候就长期地做着这件事，因为等到下雨的时节来临时，这样的活就干不了了。隧蜂母亲耐着寂寞独自做着这项工作，它花费大量的时间和精力来为自己的孩子建造精美的房间。

气候宜人的五月到来了，各种生命重新绽放出活力。百花争艳，草坪碧绿。成千上万的蒲公英盛开了，层层叠叠。雏菊、委陵菜与羊蹄躅也同样不甘示弱。就在这个优美的季节，隧蜂的房屋修筑工程已经完成得差不多了。在把食物存储到房屋内之前，隧蜂还要进行细致的勘察工作，可见准备工作时间之漫长。不过这样的工作排序十分正确，因为把小屋先修建完整，能够让隧蜂母亲在日后收获和产卵时无须再干修筑的活。没有隧蜂居住的房屋显得非常空荡，将近一打的蜂房已经修建完毕。

蜂类昆虫在盛开的花朵上尽情地玩耍着。隧蜂的足被花粉沾满了，它的胃囊也因充满了蜜而膨胀起来。隧蜂在返回小镇的途中几乎是掠着地面飞行的，飞得很低。在返回小镇的旅途中隧蜂有时候也会迷路，这好像是由弱视造成的。它突然间拐弯，身体摇摇晃晃，历经重重困难之后才在村子的那些茅屋中间重新找到了回家的路。

小镇里的土堆非常多，一个个都相互挨着，很难进行分辨。不过隧蜂却能够很轻易地就认出自己的土堆，因为每个小土堆都有特有的标志。隧蜂一边飞行一边寻找着自己的土堆，最后终于找到了自己的居所。在找到房门之后，隧蜂将自己的足放在门槛上，之后便让身体迅速地钻到洞中。回到巢中的隧蜂把自己采集来的花粉卸下，然后再把身子转过来，把胃囊中的蜜吐在土堆上。隧蜂的这些工作与其他的蜂类昆虫并没有什么区别。之后隧蜂又重新飞回到花丛中开始采花粉和花蜜，这样的工作要重复做好几次，直到自己蜂房中的食物已经足够食用为止。

接下来是制作糕饼的时间，隧蜂母亲掺拌着蜂蜜揉搓面团，制作丸状的食物。隧蜂制作糕饼的方式虽然简单，但是做出来的糕饼却非常细致而有层次。如果将这个糕饼比作我们所食用的面包，那么与面包不同的是，隧蜂所做的糕饼外层相当于我们的面包心，而里层则相当于我们的面包皮。也就是说，越往外面，糕饼越好吃。这种制作糕饼的方法也是按照隧蜂幼虫的成长发育情况制订的。当幼虫还处于体质较弱的时期，它就啃食外面的柔软部分，这层糕饼是由含蜜的粥状物制成的；当幼虫长大后，它就有足够的力气吃到里层的干燥小骰子，这层糕饼是用干燥的花粉做成的，也是最后的食物。

食物制作完成后，一般蜂类昆虫所要做的事就是把房屋封闭起来。无论是条蜂、墙石蜂还是其他的一些小昆虫，它们在把自己的房屋堆满食物之后就开始产卵，等幼虫孵化出来，逐渐长大，即将变成蛹时把房间紧闭，日后就不需要再回来进行看管了。不同种类的隧蜂拥有自己独特的方法。隧蜂的蜂房中堆满了圆面包，每个圆面包上都趴着一枚卵。我看到一枚卵弯曲成弓形，横卧在隧蜂母亲制成的圆面包上。蜂房与进入蜂房的隧道连通着，这样的布局方式能够让隧蜂母亲很容易地上下飞行。它每天都能够回家看望自己的孩子，了解自己家庭中发生的变化，而且自己手头上的工作也不至于贻误。隧蜂母亲应该还会时而再运送些食物到蜂房中去，因为类似面包的食物与其他蜂类昆虫的食物相比，显得非常稀少。不过这只是我的猜测而已。

像泥蜂这样的膜翅目昆虫，它们喜欢把食物按照份数留给孩子们吃。而为了能够让自己的孩子吃到新鲜可口的美味，隧蜂母亲每天都会把幼虫的屋子填满。隧蜂的食物比较容易储存，隧蜂母亲能够在幼虫食欲最旺盛的时期根据需求把植物粉末运送到家中。除了这个原因，我找不到保持蜂房与外界畅通无阻的其他原因。隧蜂幼虫由于得到母亲精心的照料而成长得很快。等到幼虫将要转变为蛹的时候蜂房就被关闭了。隧蜂母亲用一个由黏土制成的盖子堵在喇叭形状的口子上。之后隧蜂母亲就不再管自己的孩子了。

以上我们看到的是隧蜂家族中和谐温馨的一面，但是在温馨的同时，隧蜂也会遭到其他昆虫的骚扰。这种入侵者就是寄生蝇，它们会对隧蜂家族进行疯狂的抢夺。在五月的某一天，上午十点左右的时候，我坐在椅子上观察隧蜂居住最为密集的小镇。我弯着腰，把手臂放在膝盖上面，静止不动。我保持着这个姿势直到中午吃饭的时间。这时候我发现一只寄生蝇，虽然在我眼里它显得那么微不足道，但是对于隧蜂来说，寄生蝇可是位残暴的侵略者。

➕ 隧 蜂

我不知道这种寄生蝇叫什么名字，它们应该是有名字的。不过我认为名字并不重要，我也不愿意把大量的时间浪费在对寄生蝇名字的追查上。只要我把它们的习性叙述得合情合理，我想这种描述比冗长而枯燥的专业名词要明确多了，也更受人们的青睐。我相信对于这只妨害隧蜂的家伙，只用几句话就能将它的体貌特征描述清楚。这种寄生蝇的身长大约有五厘米，它属于双翅目昆虫。寄生蝇的脸孔呈灰白色，眼睛是暗红色的，前胸也比较灰暗。它的足是黑色的，灰色的腹部下端逐渐变为白色。寄生蝇的身上还长着黑色的斑点，总共有五行，斑点很细小。这里也是寄生蝇尾部纤毛长出的地方。

寄生蝇躲在自己的洞中等待着隧蜂回家的时刻，它们成堆地聚集在坑洼中。在阳光的照射下，我看到了满谷满坑的寄生蝇。隧蜂在采集花粉后把自己的足染得很黄，这个时候寄生蝇就开始跟踪隧蜂。隧蜂在返回自己家中的途中迂回，寄生蝇也穷追不舍。直到隧蜂这只膜翅目昆虫钻进自己的房子，寄生蝇这只双翅目昆虫也同样地落在隧蜂的房门口。寄生蝇在那里保持静止，等着隧蜂再次出洞。

隧蜂再次出来的时候也在自己的房屋门口停留着，它的胸部和头部都露在洞外。两只昆虫相互对峙，互相观察着对方，一动也不动，它们之间隔了一小段距离。从隧蜂的举止上好像可以看出它对这位入侵者并没有太大的兴趣，寄生蝇也并没有因自己的侵略行为而受到隧蜂的反攻。寄生蝇在隧蜂面前显得十分渺小，隧蜂只需要用自己的一只足就可以将寄生蝇踩住。

不过寄生蝇在强大的隧蜂面前表现得相当镇定。隧蜂并没有意识到自己的家庭将要遭受一场侵袭，而寄生蝇也没有表现出任何惧怕的行为。看来我等待寄生蝇表露害怕的情绪是一种浪费时间的做法。两只昆虫依旧相互对望。我不知道隧蜂为什么会表现得如此自如，这是愚蠢的表现吗？只要它愿意，它就可以用它那强大的足将对方的肚子弄破。它也可以用自己的大颚把眼前的寄生蝇钳得粉碎，把它的身体刺穿，但是隧蜂并没有这样做。

由于通往蜂房的道路非常畅通，所以等到隧蜂再次出去采集花粉的时候，这只寄生蝇就开始肆无忌惮、毫无阻碍地进入隧蜂的房间进行偷食。寄生蝇有着准确计算时间的能力，它能够估算隧蜂回到洞中的时间，因此偷食活动显得更加猖狂。寄生蝇还会在蜂房中产下自己的卵，没有什么东西会打扰到它。隧蜂在外面干活需要的时间比较长，因为把足沾满花粉以及把胃囊装满蜜都是耗费时间的事情。寄生蝇也因此能够在蜂房中停留较长的时间。等到隧蜂返回到自己家中的时候，这只偷食的寄生蝇早就消失得无影无踪了。不过它并没有走得太远，就躲在不远处，还等着隧蜂再次出洞后自己重新进入蜂房偷吃。

假如寄生蝇在偷吃的时候被隧蜂发现了，那也不会有什么严重的后果。我亲眼看见一些胆子过大的寄生蝇在隧蜂还停留在蜂房里的时候就尾随着进入里面。这时隧蜂正在用花粉和蜜制作着圆面包。寄生蝇在这时并没有机会上去抢夺食物，所以它再次飞到洞口，等待隧蜂出去采花粉后自己再进入洞中偷食。寄生蝇看起来非常平静，没有任何受到惊吓后表现出来的行为。可见它刚才在蜂房中并没有遭受到隧蜂的什么攻击。隧蜂驱赶寄生蝇的唯一行为就是拍打一下寄生蝇的颈项，这也是在遇到那些过于胆大妄为的家伙的情况下才有的举动。两只昆虫之间根本没有过激的争斗行为。寄生蝇从蜂房中上来后仍旧在门口镇定地待着，它的身上完好无损，没有任何受伤的迹象。

隧蜂在返回自己家的途中总是采取迂回前行的方式，无论这只隧蜂是否采集到食物。它时而向前飞行，时而又会后退，总是在犹豫一小会儿后突然地快速飞走。飞行的路线蜿蜒曲折，几乎是贴着地面前行的。隧蜂这种无序、混乱的飞行方式让我想到一个问题，它会不会是用这种飞行方法来迷惑跟随在后面的寄生蝇呢？假如它这样做真的是为了迷惑寄生蝇，那这的确是一个谨慎的举动。事实上，隧蜂并没有如此聪明的头脑。

隧蜂之所以会迂回前进，是因为它要考虑如何才能正确地返回家中，它会经常迷路。隧蜂聚集的小镇上堆满了小土堆，隧蜂要在这些零乱的土堆上面寻找属于自己的那个，因此它会变得犹豫不决。而且小土堆会因为塌陷而变得一天一个样貌，这对隧蜂在辨认方面造成的困难就更大了。飞来飞去的隧蜂每隔一小段时间都会暂时失踪，直到它认出属于自己的那个小土堆之后就快速地钻进自己的洞中。这时候寄生蝇就停留在门槛上，把头部朝向洞的入口，等着隧蜂出去后进去偷吃。

等到隧蜂准备出洞的时候，寄生蝇就会让自己的身子略微地向后退一下。这样一来，隧蜂就能够顺利地飞出洞口。两只昆虫在洞口的相遇显得是那么平静和谐，以至于假如没有情报员透露消息，大家根本都不知道隧蜂就是寄生蝇的牺牲品。隧蜂在洞口的突然现身不但没有吓到寄生蝇，相反，寄生蝇对隧蜂的出现表现出了一副不理会的神情。同样，隧蜂对寄生蝇也毫不在意，除非这个不劳而获的家伙在空中将隧蜂追逐，那么隧蜂就会来个急刹车，然后猛地飞走。

同隧蜂甩掉寄生蝇的方法一样，被弥寄蝇追逐的泥蜂或是其他的猎捕昆虫者也会采取同样的方式。泥蜂并没有因为受到弥寄蝇的骚扰而感到烦躁，相反，它以平静的方式对待出现在自己家门口的偷食者。然而与寄生蝇不同的是，弥寄蝇不敢随意地闯入泥蜂的蜂房中去。它只会谨慎地徘徊在泥蜂的洞口，等待泥蜂回来。等泥蜂带着猎物回来之后，它尾随着泥蜂进入洞中，将卵产在猎物身上。

但是寄生蝇在隧蜂那里却没有这么容易。由于隧蜂在回家的时候把花粉涂在了自己的足上，把花蜜装在胃囊之中，因此寄生蝇很难靠近蜜，而且花粉也没有固定的支撑物。此外，隧蜂来回往返于花丛与自己的家，囤积原料来制作圆面包。等到拥有足够数量的原料后，隧蜂就会用自己的大颚把这些东西进行搅拌，然后用自己的爪子把它们揉捏成圆面包。如果寄生蝇这个时候出现在隧蜂的蜂房中，那么它的卵很可能会被隧蜂连同原材料一起搅拌进食物当中，这是非常危险的。

但是为了能够让自己的卵待在隧蜂的蜂房中，寄生蝇还是会冒着生命危险进入蜂房。寄生蝇这种大胆的行为让人无法理解。就算是隧蜂还在蜂房中工作，寄生蝇也敢闯入。它会把自己的卵放置在圆面包上面。而隧蜂这个时候却对寄生蝇的行为无动于衷，听之任之。隧蜂的这种不管不顾的态度或许是因为胆小，也可能是由于愚笨，或者是对寄生蝇的忍让。

其实，寄生蝇的胆大妄为并不是为了它自己，而是为了它的子孙后代。寄生蝇进入隧蜂的蜂房后会很有节制地吃一点食物，但是并没有以危害隧蜂为目的。寄生蝇只需要食用一点东西就能够让自己的生命维持下去，所以它所偷食的食物并不会很多。寄生蝇下到蜂房中有着比偷食更重要的目的，那就是安顿自己的孩子。

在挖掘由花粉制成的食物的时候，我发现了大量被弄碎了的食物。一些黄粉撒在了蜂房的地上，有两三只蛆虫在上面扭动。这些蛆虫正是寄生蝇的子女。隧蜂的孩子有时候会和寄生蝇的子女混住在一起，但是因为隧蜂的孩子吃不到东西，这导致它们的身体得不到营养，于是它们很快地就在羸弱中死去。死后的尸体就成为寄生蝇子女的食物，这是一个微小的颗粒，它和其他的食物混杂在一起。其实寄生蝇的子女也没有抢尽隧蜂孩子的食物，只是吃掉了最为优质的那一部分而已。

在自己的孩子正遭受厄运的时候，隧蜂母亲在做些什么呢？它只要把自己的头放在隔巢的细颈那里就能够把蜂房中所发生的事情看得一清二楚。只要它愿意，它随时都能够进入蜂房中探望自己的孩子，把捣乱者弄死或者是赶出自己的家门。然而隧蜂母亲却无动于衷，这使得寄生蝇的子女更加肆无忌惮地欺负着隧蜂的孩子。

比起这件事，隧蜂母亲更为可笑的行为还在后面。蛹期来临时，隧蜂母亲会把自己的蜂房关闭，那些被寄生蝇洗劫一空的蜂房也同样会被关闭。这种做法对于保护蜕变的隧蜂来说是极其有用的。然而让人无奈的是，寄生蝇在那里待过后，隧蜂依旧会将蜂房关闭。这种行为实在是与逻辑相悖，不合情理。因为这样的蜂房里的食物早就被寄生蝇吃得精光，而且狡猾的寄生蝇蛆虫也会在房门关闭之前就逃走。好像寄生蝇的蛆虫有着成虫没有的预见能力，知道成虫在不久后就会遇到一个无法穿越的障碍。寄生蝇在这方面非常狡诈，它们担心会在蜂房被关闭后受到监禁，于是都提前离开了。虽然蜂房里有着很好的防水涂层，对于隐居者来说非常适合，但寄生蝇绝不会在这里多逗留一秒钟，它们最终会分散到井巷周围。

根据寄生蝇的这种习性，我在寻找蛹的时候不会到蜂房中去，而是在蜂房以外的领域进行搜罗。我看到它们一个个镶贴在黏土里面，这是从蜂房中迁徙出来的寄生蝇为自己搭建的房屋。等到春天来临的时候，它们就可以轻易地从倒塌物中钻出去。

除了上面所说的一种原因之外，促使寄生蝇搬迁的原因还有另外一种。寄生蝇只会产一次卵，七月时，这些后代正处于蛹的状态，它们等着第二年春天的时候发生蜕变。但是隧蜂却在七月份的时候进行第二次产卵，它在产卵后会重新回到小镇上干活。第一次生育前所修筑的蜂房保持得很好，所以这次隧蜂的工作就会少很多，也轻松很多。它只需要将原来的蜂房稍微地进行装饰就可以了。不过，隧蜂这种昆虫是非常爱干净的。假如它在清扫蜂房的时候发现了寄生蝇的虫蛹，那么接下来会发生什么状况呢？显然，隧蜂会把这些蛹当作废弃物清理掉，它会用自己的大颚把这些蛹夹住，或者弄得粉碎，然后扔到外面的泥屑中去。这样一来，寄生蝇的虫蛹就会在外界受到磨难，最后死在泥屑中。

我对寄生蝇迁移的行为非常赞赏。它们居然能够为了长远的打算而牺牲掉眼前的利益，我很是佩服。假如它们没有在恰当的时刻离开蜂房，那么它们就会死于非命。但是聪明的寄生蝇选择了离开，它们避开了两种危险：第一种是被关在小匣子里；第二种是被隧蜂的大颚弄得稀巴烂。

六月是查看寄生蝇最终归属的时候。我们一行四个人对隧蜂所居住的小镇进行了一次全面的探查。我们用指头在挖出的泥土中搜寻。第一个人检查过后再由后面的人继续检查，丝毫没有放松过。这里总共有五十多个巢，我对地下面所发生的灾难非常清楚。然而让我们倍感失望的是，连一只隧蜂的蛹都没有找到。隧蜂的领地全部被寄生蝇侵占了。相反，寄生蝇的后代倒是繁衍得非常兴旺，所有的地方都堆积着它们的虫蛹。我将这些蛹收集起来，为的是更好地观察它们的成长过程。

❀ 隧蜂不知道自己养育的孩子有的是寄生蝇的后代

寄生蝇的虫蛹呈褐色的小筒形状，它们从外表上看并没有什么动静。但这是包含着潜在生命的小筒，刚开始的蛆虫在蛹里变硬，收缩。就连烈日当空的七月都没能让它们苏醒过来。同样是在七月，隧蜂开始生育自己的第二代。刚好这个时候是寄生蝇休工的时节，这对隧蜂后代的繁殖大有益处。假如在隧蜂繁殖第二代的时候寄生蝇仍旧拼命地进行抢掠，那么隧蜂就难逃灭绝的厄运了。寄生蝇的暂时休工使得一切都恢复了正常的秩序。隧蜂与寄生蝇的行动日期协调得是多么好哇。当斑纹隧蜂在荒石园中四处寻找挖掘洞穴的合适地点时，寄生蝇则已经在孵化了。然而这样完美的日期协调又显得非常可怕。当隧蜂开始活动的时候，寄生蝇的准备工作也做好了。一场抢掠的战争即将开始。

关于战争，假如只发生在个别族类身上，那么人类肯定不会花那么多的时间去思考它。因为一只隧蜂的生死与世界的和平并没有什么紧要关系。可惜的是，战争已经成为几乎所有生命得以生存下去的手段，它俨然已经成为终生存活的一条规律。无论是低级动物还是高级动物，都是如此。人是最高级的动物，这种等级原本应该让人脱离残酷的战争，与动物们进行区别。但是人们却说出了这样的话："做事嘛，就是把别人的钱归为己有。"就好像寄生蝇说"做事嘛，就是让隧蜂的蜜归我所有"是一个道理。战争是人类为了更好地进行烧杀抢掠所发明的一种手段，它让大规模的杀人看上去十分光荣，让大规模的杀人变成了艺术。假如杀人的规模过小，那么杀人者就会被绞死。

假如只有人类之间会发生战争，那么战争很有可能在未来被和平所代替。因为人们拥有较高的智慧和豁达的心胸。然而就连渺小的虫子之间也会发生战争，更可怕的是，这些虫子并没有任何智慧，它们的行为根本不会受到理性思维的制约。看来战争开展于芸芸众生之间，它无法彻底被清除。让我们担忧的是，今后的生活还会像现在一样，在永无止境的杀戮中度过。礼拜天在村子里的小教堂中所歌唱的梦想将永远只是梦想，它永远不会实现：至高无上的荣誉归上帝所有，而尘世间的善良人们则拥有和平。

战争的频繁发生让人们不得不发挥想象，想象出一个玩弄宇宙于股掌间的巨人。他是正义和权力的化身，他有着超凡的力量，无法反抗。这个巨人对地球上所发生的一切了如指掌，战争、杀戮、纵火、无理的胜利等等，他通通知晓。就连我们的炮弹、鱼雷艇、炸药、装甲车和一切能够致死的机器他也都了解。他甚至知道上帝所创造出来的最小的生物间也存在着这样那样的残酷竞争。

假如这位拥有无穷力量的正义化身把地球放在他的大拇指下，他会有怎样的举动呢？他会把地球砸得稀巴烂吗？不，他会犹豫，他不会将地球砸碎。他只会遵循万物发展的规律，让地球自生自灭。他会告诉自己："古时候的信仰并非没有道理。现在的地球只是个被蛀虫咬过了的果核，地球还没有开花，它还只是处于粗胚的状态。我相信一个拥有秩序和正义的地球最终会来临。现在的地球只不过是迈向未来那个地球的阶梯而已。就让我们顺其自然吧！"

第九卷

第一章｜粪金龟和公共卫生

　　很多昆虫一辈子似乎一直在完成一个任务，这个任务一旦完成，它们也就随之死亡了。就像步甲，很多人都认为它厚厚的胸甲可以所向披靡，殊不知，它一生的任务就是把自己的后代安顿在碎石下面，在做这些事情的时候它似乎还生气勃勃，可一旦后代安顿好了，它就立刻颓然倒地，再也没有力气了；还有蜜蜂，在人们眼中它是一个辛勤的小家伙，嗡嗡地飞来飞去，采蜜是它一辈子的工作，它的目标只有一个，就是把蜜罐装满，一旦蜜罐满了，它就好像立刻失去了生存的意义，一命呜呼了；蝴蝶也不例外，这些美丽的小家伙似乎也是为后代而活的，等到把自己一团团的卵固定好以后，就立刻死去了。但是在昆虫界却有一些小家伙是跟大家很不一样的，那就是食粪虫家族，它们在产完后代后非但不会死去，在来年的春天还会跟自己的子女们一起享受春天的生机，甚至还可以让自己家族的规模再扩大一倍，这是让人感到惊叹的。

　　研究昆虫的人很可能都会有这样的经历，就像我一样，起初我花费很多时间和精力去寻找那些让同行们啧啧称赞的昆虫，像是穿着铺满层叠状黑绒的黄色衣服的天使鱼楔天牛；身上闪着黄金和铜器的光芒，又有着绿色孔雀石的雍容高雅的火红的吉丁虫；还有拥有镶着紫水晶绳边的黑色鞘翅的步甲。每当我们一起外出寻找昆虫的时候，如果能够发现这些稀有罕见的种类，发现的人会有些得意地惊呼一声，我们其他的人也会随之祝贺，当然，也有一点点的嫉妒情绪在里面，因为这些昆虫实在太稀少了，能够找到的人着实是幸运的。

➕ 红腹青铜金龟

　　到了七八月份的时候，这种情况更为明显。因为这个时候，很多昆虫都因为酷暑不愿从自己的洞穴中走出来，这种高温会让很多昆虫都晕头转向，但是食粪昆虫就不一样，它们整天忙忙碌碌地寻觅着粪便，并且乐此不疲，根本不去理会气温的变化，似乎在炎热的太阳下，它们工作得更加起劲了。后来我发现，我要是想大量地进行实验和观察，就要与这些成群结队的小东西为伍了。因为当其他昆虫已经寥寥无几、很难找到时，我依然可以不费吹灰之力地在一堆粪便下面找到成千上万的食粪虫，像是蜉金龟和嗡蜣螂，这些东西有时候多得会让我有一种直接用铲子把它们装进口袋的冲动。

这些小东西之所以能够有这么庞大的家族也有一定的原因，那些比较稀少的昆虫其实并不是因为母亲每次只产下很少数量的卵，而是因为高贵者只能保留少数的大自然规则而被无情地扼杀了。但是这些食粪昆虫就不一样了，也许自然界的操控者怜悯它们是地下的滚粪工人，是大自然的清道夫，所以它们躲过了扼杀，在田野或者草原上开心地生活，畜牧业的发达使得它们一直过着富足的生活，所以它们都是小个头的老寿星。我之所以能够大规模地发现这些十分小的昆虫，跟它们的长寿是有很大关系的。那些比较少见的昆虫每次出游都只能跟自己的兄弟姐妹做伴，甚至有的时候只有自己。但是这些食粪虫就不一样了，它们出行的时候身边不仅有自己的兄弟姐妹，还有自己成群的后代，一簇一簇的。尽管总能看见数量很多的群体，但是每当发现一个新的家族，我还是会抑制不住地兴奋。

有时候我在想，大自然的操控者是不是一个偏心的家伙，要不然为什么他对那些小乡村那么好，赐给它们两种很强大的清道夫呢？第一种清道夫就是我刚刚说的食粪虫，在小乡村里，人们似乎更加随性，更加自然一些。这里没有大城市的那种干净清洁，没有有着浓烈刺鼻的氨气味道的厕所。可能有人会问，那这里的人想要方便的时候该怎么办呢？其实很简单，随便找一排篱笆、一堵围墙，只要蹲下去可以遮盖，那么这个地方就是他想要的。也许这会让很多城市里的人苦恼，他们选择乡村采风、放松，被开满牵牛花的篱笆吸引，被小围墙底下厚厚的青苔吸引，慢慢地靠近这些吸引自己的风景线，等自己想欣赏的时候，可能脸色会大变，因为他们看见了那些恶心粗俗的东西，这时什么欣赏的心情都没有了。但是如果你第二天抱着侥幸的心理再来看看，就会惊喜地发现，这个地方现在只有让你满心欢喜的风景，只有美丽的花朵，没有任何肮脏的东西，你甚至会怀疑昨天是自己的眼睛出了问题。这些小东西不仅仅是勤劳的不嫌脏不嫌累的劳动者，也不仅仅是一个把粪料视为美味的贪吃鬼，它们还有一个更崇高的任务，就是为人类的健康做出贡献。很多科学家通过研究发现，能威胁到人类健康的最恐怖的因素就在微生物身上，这些跟霉菌有些相像的东西处在植物界的最底层。它们在动物的排泄物中不停地繁衍生息，生殖能力甚至让人感到惊叹。如果不及时处理，这成千上万的微生物会带着我们知道的和不知道的数不清的病菌散播到各个角落。空气、水、食物，它们能落到的地方都会被污染，人类很难在这种状况下健康地生活。大自然的操控者看到这种状况后，赐给了人类一个个小家伙，就是这些小小的食粪虫，它们不知疲倦地工作着，为人们创造了一个健康的生活环境。

排泄物留在地面上到底好还是不好？答案可想而知，当然是不好。不只大自然的操控者看出了这个问题，为了生态的平衡制造了这个物种，很久以前的贤人们似乎也意识到了这个问题。东方人似乎更加懂得应该处理好这些垃圾，因为他们更容易受到流行病的危害。作为古代以色列人的解放者也是立法者的摩西，大概是从古埃及这个神秘的帝国学到了一些预防传染病的知识，当自己的子民在阿拉伯沙漠流浪的时候，他制定了一条规矩：凡是想要方便的人，首先要带着尖头的木棍远离营地。至于为什么要带着尖头的木棍，就是在找好方便的地点后，用这根木棍在地上挖个洞，方便完之后，把挖出来的土盖在排泄物上。

> **知识链接**
>
> 有些种类的粪金龟是哺育型的寄生虫，它们并不自己收集食物（粪便），而是把卵产在大型粪金龟的巢穴中。

还有一种清道夫是分解动物尸体的劳动者。可能有人会怀疑大自然没有那么多等待分解的动物尸体。其实是很多的，比如一条正在休息却不幸被踩死的蛇，也许它并没有害过谁，甚至是一个无毒的家伙；还有像是农夫翻地时不小心用农具伤害致死的田鼠或是其他小动物；还有那些离开了父母的照看，不小心从树上掉落下来的小雏鸟，这些都是动物的尸体，只是很多时候我们没有注意到而已。我们没有注意，不代表那些喜欢分解、享受动物尸体的小昆虫不会注意，像苍蝇、负葬甲、腐阎虫这些昆虫，不等这些尸体发出腐烂的臭味，只要它们一嗅到死亡的气息，就会立刻成群结队地出现。它们首先会把这些动物的尸体分割成自己可以消化的大小，然后细细地品味，在胃里经过研磨吸收后排泄出来的东西又是可以为生命提供养料的部分了，整个循环就这样完美地形成了。如果没有这些勤劳的小家伙，那么尸体腐烂后的恶臭和随之产生的病菌也是让人无法忽略的。但是现在不用为这个担心了，这些小东西会很快地处理完这些尸体，把它们的肉都扒下来，很快一具尸体就变成了森森白骨；就算没有这么干净，最起码它们也会把尸体处理得看起来像一具木乃伊。时间很短，不到一天，尸体就不见了，原来那个令人恐惧的地方现在已经干干净净了。

有时候我会觉得，大自然这样有点偏心。乡村里有这样两种清道夫，恐怕永远也不用为了这些粪便或者是动物的尸体而烦忧。但是大城市该怎么办呢？有时候真的很担心那些大城市很快就会被各式各样的垃圾填满，到时候满城恶臭，疫情肆虐。这个大城市里的几百万人口费尽了人力、物力和财力都无法解决的问题，在乡村里反而没有，功劳就在这些勤劳的清道夫身上。

这些清道夫的工作意义是十分重大的。它们把我们眼中的脏东西视为美味的食物，并把这些粪料分解成小块搬运到地下，为自己后代的孵化提供养分，当然在非孵化时期这些粪料也是它们自己的食物。它们就像是摩西训诫的拥护者一样，看见排泄物就忙忙碌碌地把它们搬运到地下，这样病菌就没有办法传播，人们生存环境的健康指数就得到了大大的提升。可是却有很多人非但不对我们可爱的劳动者表示尊重和赞扬，反而给它们起了各种各样难听的名字，甚至还对它们施以更加暴力的行为，用脚踩，拿石头砸。这些可怜的小家伙辛辛苦苦地为我们创造良好的生活环境，但是到头来却连最起码的理解都得不到。更过分的是有的动物似乎仗着人类不理解食粪虫这一点，也对它们进行大规模的杀戮。但这种行为却被很多愚昧的人认为是一个很好的行为，他们认为这些动物，像刺猬、蟾蜍、猫头鹰等等，都是帮助我们消灭害虫的好帮手。

但不管别人的态度怎样或是对它们做了什么不可原谅的事情，这似乎都影响不了这些食粪虫对粪便的兴趣。我们这个地区的环境主要靠的是粪金龟，说主要靠的是它们并不是说它们比其他的清道夫更加勤劳，而是它们强壮的体格使得它们所从事的劳动是最辛苦的。通常这种小小的躯体能够完成的劳作量是很让人惊叹的。我家周围就有从事食粪工作的粪金龟，一共有四个种类：具刺粪金龟、突变粪金龟、粪生粪金龟和黑粪金龟。相比较而言，前两种类型的粪金龟比较少见。所以我没打算选择它们作为我研究的对象，因为这会大大降低我实验的效率。后面两种粪金龟的外形有点相似，让我感到十分惊叹的是，在别人眼里从事着这样低下的工作的粪金龟却有着如此华

🔹 粪金龟是大自然的清道夫

丽的外表。这也许是造物者补偿它们的一种方式——胸前是贵气十足的衣裳，背部乌黑发亮，在这两种粪金龟脸部的下方都佩戴着华丽璀璨的首饰，黑粪金龟拥有的是有着黄铜般灿烂光芒的珠宝，而粪生粪金龟拥有的是紫水晶一样美丽的珠宝。

我想知道华丽的外表到底有没有让它们在工作中也变得同样娇气，于是我挑选了十二只这两个种类的粪金龟，放在同一个饲养瓶里。我事先将饲养瓶中的粪便清理干净了，因为我想计算一下一只粪金龟在固定的时间里能够处理的粪便的量。我把它们放进饲养笼中之后就开始在门口耐心地等待，傍晚时分，一头驴子经过我家门前，并适时地排出了一大坨粪便。我把这些带回去放进饲养笼里，我估计粪便的分量是足够的，对于它们来说甚至是有些庞大的，因为这些粪便被我带回来的时候差不多装了一筐子。我本以为这样大的工作量可以够它们好好地忙活一阵子，事实证明我又低估了这些清道夫。第二天早上，我再去饲养瓶前看的时候，我真的怀疑自己昨天下午有没有放进去那么大的一坨粪便，此时玻璃器皿内的土地上只有那么一点粪便中的碎屑，这十二位搬运工已经把所有的粪便都搬运到了地下。我大概估算了一下，要是把这坨粪便分成十二等份的话，那么一只粪金龟要搬运到地下的粪料的体积就有大约一立方分米那么大，这对于这个小东西来说简直是不可能完成的任务，但是它就在这样短的时间内完成了，不但完成得很快，而且完成得

干净利落。

　　有时候我在想，粪金龟在地下储藏了这么多可口的食物，是不是它们会在一段时间内不再爬出地面了呢？当然不可能。盛夏的阳光可能不是它们的最爱，但是黄昏的静谧可是它们最喜欢的氛围，每每到了这个时候，它们就会成群结队地从自己的洞穴中爬出来。不管洞穴中的食物是不是已经对它们产生了极大的诱惑，这些小虫子似乎对外面的世界有着更大的眷恋，也许是因为这个时候正是觅食的好时刻。黄昏一到，它们就齐齐地从洞里爬出来，我甚至可以听得到它们窸窸窣窣的爬行声，这些被我带回来的粪金龟并没有因为环境的改变就改变了自己的这一习惯。到了黄昏的时候，它们开始奋力地向外爬，有的时候我觉得这些小东西真的很执着，光滑的玻璃壁对于它们来说完全是不可翻越的障碍，但是它们却依然坚持向外爬。我在此之前早已在外面准备好了食物，因为我知道它们这个时候肯定会像往常一样雀跃。它们就这么窸窸窣窣地爬了出来，看见了我准备好的食物，又开始兴高采烈地忙碌起来。第二天早上，这里就像我想象的一样，又变得干干净净了。

　　如果我手头有很多它们喜欢的食物的话，我想每天的这个时候它们都会如此忙碌。有的时候我有些想不明白，它们要这么多的食物来做什么呢？难道它们的食量大到跟它们小小的身躯不成正比？粪金龟每晚都外出奔波，不管自己的洞穴中已经储藏了多少粪料，它们都会辛勤地更新自己的仓库，这到底是为什么呢？眼看着饲养粪金龟的玻璃器皿中的土越来越高，我不得不重新挖走一些粪料，这样才能保证它们不从这里跑出去。挖开粪料的时候我也得到了我想要的答案，这些小东西的食量根本就不大，拨开表面的土层，下面是厚厚的粪料。实际上粪金龟每次吃的都不多，它们喜欢储藏很多的粪料，每天食用的时候就随机打开一个小仓库，取出其中的粪料作为可口的食物，吃掉一部分，剩余

❀ 粪金龟通常前脚着地，利用后腿推粪球

的部分就丢掉了。相比之下，它们丢掉的部分要远远多于吃掉的部分。所以我之前的疑问得到了解答，它们并不是因为自己过于夸张的食量才会这么频繁地寻找食物，恰恰相反的是，它们是食量很小的小家伙，每次所吃下的食物只是自己拿出来准备食用的食物的很小的一部分，剩下的部分就全部被丢掉了。我为了继续清楚地进行自己的观察，就必须把这个玻璃器皿先清扫一下，当然，在清理的过程中，粪料的减少是一个必然的结果，这也是我最初清理这里的原因，但是我留下的粪料还是足以让它们在往后的日子里清闲好一阵子的。可它们并没有因此而落得清闲，尽管白天的时候还是会兴奋地守着自己满仓的食物，但黄昏一到，它们又窸窸窣窣地向外爬，开始了新的搜集、搬运和掩埋的过程。可见，它们对于食物的热情远远不及寻找食物的热情，在每天的黄昏中尽情地忙碌并不是以寻找食物为主要目的，它们更享受发现食物、搬运食物的乐趣。

整个自然界就像一个大家庭，所有的成员之间都有着或多或少的联系。事实上，动物们是给了我们很大帮助的，不管我们注意到还是没有注意到，它们都在以自己的方式为这个家庭做着贡献。从某个角度来说，我们是应该向它们学习的，就像我们在因饱经风雨而变得有些破旧的门楣上看见一个黄莺的小巢时，会觉得整个门楣显得生机勃勃。蓑蛾也一样，它们的幼虫会用自己翅膀上的鳞片来修葺那些有点残破的小茅屋。其实食粪虫也一样，如果人类可以不用那种可笑的眼光看待粪金龟的工作，那么就很容易发现粪金龟的工作对人类有很大的帮助。首先来说，由于粪金龟的辛勤劳作，地面上的清洁才有了保证；其次，粪金龟的劳作是一个很奇妙的循环，如果我们细心地观察、联想，很容易发现其中的联系。一群大大小小的粪金龟把地面上的粪料忙忙碌碌地搬运到地下埋好，这块土地自然就变得比较肥沃，那么日后长在这片土地上的植物肯定就比较茂盛，就像那牛羊最爱的禾本科植物，这些一簇一簇的植物茂盛地生长起来后，牛羊就有了良好的食料，这样一来牛羊自然就长得很肥硕，这不正是我们所需要的吗？肥牛肉、羊腿肉，这又是我们的生活所需要的有营养的食物。

粪金龟搜集粪便不仅仅是盲目地追求量的积累，它们也是一群有智慧的小东西。粪料中有植物需要的养分，也有这些食粪虫需要的养分，但是养分也有保存的条件。比如长期地处于潮湿的环境当中，或是长久地曝露在日光之下，在这样的环境下的粪料里的养分就会流失，不管是对植物还是对这些食粪虫来说，这些粪料就基本没有什么利用价值了。当然这些小食粪虫也知道这一点，哪样食物对它们是有利的，是美味的，它们都很明白。所以粪金龟在搜集粪料的时候，都会挑选相对来说很新鲜的，因为这样的粪料中富含氮、磷、钾等，这样的粪料对它们来说是美味松软的食物，它们会兴奋地窜来窜去，忙忙碌碌地把这些粪料埋在地下，干得热火朝天。可是对于那些被雨水浸泡已久的粪料，或是那些在阳光下曝晒已久的、已经变得干裂的粪料，它们连看都不看，因为这样的粪料对于它们来说，根本算不得食物，更谈不上美味，就算埋在地下，也不会对自己或是对土地还有以后生长在这片土地上的植物有什么利益。

粪金龟在搜集粪料的时候不仅要考虑粪料的新鲜程度，还要考虑环境因素，所以有很多人说，粪金龟是一个小的天气预报员。田野里的粪金龟在太阳下山后才会从自己的洞穴中爬出来，但是它们爬出来搜集粪料是有前提的，如果天气很冷，刮起了大风，或是下雨的天气，它们都不会爬出洞来，因为这样的天气里粪料不会有什么营养，它们也没有办法在这种天气里好好地寻找粪料。它们需要热烘烘的空气，需要宁静的环境。这样的天气里它们会成群结队地爬出洞穴，热火朝天地开始寻找新鲜的粪料，看见一块上好的粪料，它们会急切地扑上去。有时候我会被它们憨厚的行为逗得很开心。因为心中很急切，它们会有点控制不好自己的平衡。有时候它们会跄跄地在粪料旁边翻滚，然后才会停下来，之后就兴奋地开始往自己的洞穴里搬运这些新鲜的粪料。

⊕ 天气好的时候粪金龟才会出洞寻找粪料

这是田野里的粪金龟，那么我的饲养瓶中的粪金龟会怎么样呢？每天傍晚太阳下山后，我都会记录下它们的活动，第二天的时候再记录下当时的天气，然后对比前一天傍晚玻璃瓶中的粪金龟的活动。对照之后我发现，在实验室里的粪金龟虽然看不见外面的世界，也没有什么先进的感应设备，但是实验的结果却是惊人的。第二天如果艳阳高照，那么前一天的黄昏，粪金龟肯定是窸窸窣窣地往外爬，开始把我准备的新鲜的粪料搬运回自己的洞穴里，或是再寻找一个仓库，大小根据自己寻找到的粪料来决定。相反，如果第二天天气不好，或是刮风下雨，或是阴云密布，那么前一天黄昏，整个玻璃瓶里都很安静，这群小家伙似乎集体给自己休假一样，安安静静地一动不动。当然，它们储藏的粪料是足以在天气不好的时候支撑它们很长一段时间的。有的时候，我想跟这些小家伙较较劲，看看到底是谁的判断比较准确。于是，在晚上记录完粪金龟的活动后，我会出去观察当晚的天气状况。有的时候，黄昏的天气很好，我感觉第二天也会是一个好天气，但是这些小小的天气预报员却按兵不动，刚开始的时候我会暗自窃喜，心想这些小东西也有出错的时候。可是往往这种感觉到了半夜就会消失了，因为夜里就突然下起了雨或是起了大风。其中最值得一提的一次记录是一八九四年九月份的十二日到十四日这三天，这几天，玻璃瓶里的粪金龟比往常更为兴奋，我以为第二天会是一个好天气，似乎还会是一个特别好的天气。我到自己的屋子外面看了看，外面的粪金龟似乎因为活动的范围大而显得更为疯狂，到处急切地飞，有时甚至会撞到护栏上，栽了跟头又赶紧起飞，比往常更为勤奋地搜集粪料。我以为这只是好天气的预兆。

➕ 忙碌的粪金龟

十三日依然如此，当时我还不知道其中的蹊跷，只是看着它们比往常更为忙碌地搜寻、搬运粪料。直到十四日傍晚，开始不断地有乌云在天空中聚集，在此之前，这些疯狂的小家伙还恨不得一刻也不停地寻找着粪料，但是十四日到十五日晚上，它们骤然安静下来了。乌云布满天空后，紧跟着雨滴就掉了下来，一点、两点到绵绵不断，这样的雨天一直持续到十八日。这样的雨期对于粪金龟来说是没有办法外出觅食的，怪不得前几天它们异常疯狂地搜集粪料，这是对它们的天气预报能力的一个最好的肯定。

我像赌气似的连续观察了三个月，事实证明，这些小小的食粪虫身体里的确像安装了一个精密的水银气压仪一样，它们对于气压的感知是相当准确的。气压能够预报的不仅是晴天或是雨天的变化，像风暴这样的恶劣天气来临之前它们一样是不安的。粪金龟不仅是很棒的清道夫，为我们的生存环境的卫生做出了很大的贡献，而且还能很好地对气压的变化做出反应，如果能加以科学的研究，这又将是一个重要的科学应用。

第二章 穿金黄色衣服的花金龟

透翅蛾长得粗粗短短的，它们身体的一部分穿着五彩衣，而另外一些地方则是一层透明的薄纱，没有任何鳞片的覆盖。虽然这种打扮看上去有些简朴，然而整体上却渗透着一丝华贵与优雅。

黑切叶蜂的肚子上扑着一层花粉，它们的翅膀拍打着周边的芦苇，使得芦苇上也沾染了一些花粉。在阳光的照射下，它们的翅膀就好像云母片似的，发出耀眼的光芒，非常漂亮。黑切叶蜂拥有一身天鹅绒衣服，一半是红色的，另一半则是黑色的。黑切叶蜂在花的海洋中沉醉着，等到喝够了美味的汁液后便飞到树荫下面乘凉了。

一群数量巨大的蜜蜂在看到胡蜂与长足胡蜂飞来时，通通为后者让出了道路。这是一群爱好打斗的家伙，爱好和平的小昆虫们见到它们都会退而远之，就连不容易欺负的蜜蜂都在百忙之中绕道走了。

在同一朵盛满可口蜜汁的小花上，打劫者和被打劫者友好地相处着。条蜂就与毛斑蜂和平地饮用同一坛汁液，要知道，前者可是后者的杀戮对象啊。它们都把自己的舌头浸润在汁液中，在美食的引诱下，仇恨已经完全消失了。

粉蝶穿着洁白的圣衣在空中舞动着，它们拥有黑色的单眼。舞累了的演员会飞到旁边的丁香树上稍事歇息，顺便在花瓮中喝点东西。意犹未尽的粉蝶则依旧在空中跳着芭蕾，它们上上下下地飞着，一起玩耍，相互追逐。在花瓮中取水的粉蝶，看上去有些疲累。它们的翅膀软软地摊开，然后又竖起来，一直重复着这样的动作。

上面提到的昆虫都是一群朝圣者，它们来到我家附近的一个幽僻之地品尝美味，那是我家附近一条种着丁香花的又宽又深的通道。五月来临，丁香花开始绽放。它们弯成尖拱的形状，整个丁香花通道就像一座小小的教堂一般，吸引着四面八方的朝观者。

这是一个多么宁静的地方啊！虽然是昆虫的节日盛会，然而这里却没有礼炮的轰鸣，没有铜管乐器的吹奏声，没有醉酒的吵闹者，没有在风中飒飒作响的飘扬的旗帜，更没有人群的喊叫声。一切都是那么祥和与平静，这是普通昆虫百姓的节日。

我也是这个节日中的一分子，同时也是丁香花教堂的一名忠实信徒。每当我在一棵树下停留，我都会发出一声声赞叹的"啊"。这是我内心的祷告，是我内心无法用言语表达出来的激动之情。

金凤蝶长得非常漂亮，它们的身上长着新月形的蓝色斑点，它们还戴着橘黄色的带子作为装饰。金凤蝶由于身体比较大，所以飞行起来不怎么快。我看到一群美丽的金凤蝶在花丛中翩翩起舞。大概是被这优美的舞姿迷住了，我的孩子们也跑来玩耍。

孩子们想要抓住金凤蝶。然而当他们的手刚伸出来时，金凤蝶就扇着翅膀飞到另一边去了。金凤蝶像粉蝶似的挥舞着自己的翅膀，一边舞动一边寻找着可以吮吸的花朵。正在吸取蜜汁的金凤蝶，翅膀毫无气力地拍打着，这表示它们对这些可口的汁液非常满意。安娜是孩子当中年龄最小的。她长着一双灵巧的双手，然而金凤蝶却不会为了这双手而有片刻的停留。于是，安娜放弃了对金凤蝶的抓捕，转而去抓花金龟了。

抓住了一只！比起金凤蝶来，安娜发现自己更喜欢手中的这只花金龟。花金龟穿着一件金黄色的外衣，它们在丁香花上乘凉，流连忘返。放松的休闲方式使得它们没有注意到危险的存在，所以很容易就被孩子们抓住了。由于花金龟的数量比较多，孩子们没用多长时间就抓住了五六只。孩子们把抓住的花金龟放在一个盒子里，底层还铺上了一层用花瓣制成的褥子。等到天气变暖和了，孩子们就会在花金龟的脚上系一根线。孩子们拿着线头的一端，而另一端则是像风筝一样飞翔的花金龟。

儿童时代的我也会折磨昆虫，那时候我觉得这是一件非常有趣的事情。随着年龄的增长和阅历的增加，我不再以这种方式来获取快乐了。然而，我依旧折磨昆虫。只是我的目的已经不再是获取快乐，而是从昆虫身上探索一些秘密。虽然说小时候与现在玩弄昆虫的目的不同，但实际

一只角花金龟正用自己的口器从树干上吸取树液

上还是一样地对昆虫进行折磨。我制止孩子们，告诉他们不能再对花金龟进行捕捉了。处于幼小年龄阶段的孩子是无情的，他们把抓来的小昆虫玩弄于股掌之中。孩子们把折磨昆虫当作自己获得乐趣的方式，这是多么残忍的一件事呀！他们没有谁会对手中的昆虫表露出丝毫的同情之心。

我看不出我的实验和孩子们的玩耍对于昆虫来说有什么区别。就像人类还处于野蛮时期时，为了让敌人招供，他们会使用刑罚的手段，这种手段恶劣而残忍。而现在的人类为了获取知识，同样对昆虫实施了刑罚。看来，我的实验行为与野蛮者的逼供并没有什么两样。还是不要管孩子们了，因为我的脑中也酝酿着一些对花金龟的探索计划。这种实验甚至比孩子们对花金龟的玩耍还要残忍。为了伟大的博物史，我只好暂时将温情的顾虑抛到一边了。因为如果不对花金龟来点硬的，我想它们也不会轻易地展露出自己的习性。

花金龟的身材并不完美，它们上下都长得一般粗。然而肥大的身体却方便了我对它们的观察。在前来丁香花小教堂朝觐的昆虫中，花金龟是值得我们提一提的。它们穿着艳丽的外衣，表面光滑的程度就好像是铸造者用抛光机打磨出来的一样。那身绚丽的衣服闪着金黄色的光芒，像金子般耀眼，像黄铜般闪亮，又像青铅般凝重。

在我的院子里有很多花金龟，我根本不用费心去寻找就可以轻而易举地得到它们。另外，花金龟还在我面前混了个眼熟。即便不知道它们叫什么名字，我们也不会觉得它们陌生。躺在玫瑰花中的花金龟就像一颗绿宝石一般，玫瑰花在它的映衬下显得更加艳丽多姿。花金龟在这张舒适的花床上享受着，花香环绕在四周，更加让花金龟迷醉。除非有一道强烈的阳光射入，否则花金龟根本不愿意离开这个舒适之地。花金龟不吃叶子，也不吃花瓣。那么，它们在一朵玫瑰花或者是山楂花里面能够吃到些什么东西呢？我们根本无法想象，这只肥大的家伙居然仅靠一小滴蜜汁就能够存活下去。

对花金龟不了解的人可能不会想到，这个慵懒地躺在花朵上的家伙有多么贪吃。八月的头一个礼拜，被我饲养在瓶中的十五只花金龟破茧而出。我准备了一只笼子，把它们关了起来。这些花金龟属于金属花金龟这个种类，它们身体的上半部分是青铜色，而下半部分则是紫色。我用西瓜、梨、李子和葡萄等来喂养它们，并且考虑到季节的变化。

看花金龟吃东西可是非常大的乐趣。只要把头或是整个身子都钻进水果中，花金龟就不会再动弹了，甚至连脚尖都没有丝毫动静。它们在里面享用着美食，无论白天还是晚上，也无论阳光明媚还是阴暗潮湿。花金龟在丰盛的果汁中陶醉着，吃饱了的它们就躺着一动不动，只是嘴巴还微微地舔着，就和小孩在半睡半醒时的样子一样。酒足饭饱的花金龟看起来一副非常满意的样子。

花金龟为了享受美食而放弃了其他的一切活动。天气非常热，笼子被阳光照射得热热的。酒足饭饱的花金龟就躺在温暖的笼子中，惬意无比。它们当中没有任何嬉戏打闹，除了歇息与进食，它们没有任何其他的活动。这么令人满意的地方谁会想要离开呢？要知道，这个时候的田野可是已经被太阳晒得焦黄了呀。没有任何一只花金龟想要从笼子中飞走，它们没有张开翅膀，也没有爬到金属网纱上。

圣甲虫可以花上一整天的时间来享用自己的美食，不过这样的时间跨度已经算是它们的极限了。就连粪金龟这样的贪食者在花金龟面前都要显得逊色，可以想见花金龟的贪吃到了怎样的境界。它们对美食的享用已经持续了半个多月，而且乐此不疲。我不知道这样的状态究竟要延续到什么时候，更不知道它们的交配将在何时进行。在水果丰收的季节，花金龟不愿意为了产卵的事情而耽误了美食的享用。对花金龟这样的美食爱好者来说，交配与产卵这些事情是无关紧要的。这些事情可能要到第二年才会进行吧，反正今年是不会考虑了。花金龟看到这么多的水果就什么都不记得了，它们心里想的全是吃，嘴里流着口水。

天气逐渐变得炎热起来，按照农民的话说就是："每天太阳的火盆里都会多上一捆柴火。"炽热的天气就如同寒冬一样，都会让生命暂时静止。无论是在寒冬中被冻僵的，还是在炎夏中被

✚ 花丛中的花金龟

炙烤的，所有的昆虫都会暂时躲避起来。被我关在笼子里的花金龟也同样如此。过热的天气让它们不能再安然地享用水果大餐，它们转而钻进了沙子下面大约两寸深的地方。天气的炎热已经战胜了水果的巨大诱惑力。花金龟到了九月份才会再次出来进食，昏沉的状态也会在那个时候被摆脱。九月的西瓜汁和葡萄汁都是不错的食物，不过花金龟不会再像之前饿死鬼似的享用这些东西了。它们在九月进食的时间比较短。

到了冬季，花金龟又会钻到沙子下面。虽然笼子四面透风，但是它们由于受到沙层的保护，并不会遭受严寒的侵袭。花金龟非常耐寒，它们在寒冬里居然能够保持体质强壮，就像幼虫时期那样。花金龟的幼虫在冰块中被冻僵，然而在冰雪融化的季节又能恢复生机。这样的状态与我之前认为的它们会害怕寒冷的猜想截然不同。真是让人惊诧呀！

三月是生命复苏的时节，这个时候的花金龟也开始从沙子里面钻出来了。假如遇上阳光灿烂的日子，那么它们就会爬到铁丝网上，在那里晒太阳；假如天气有些凉，它们又会回到沙土里面去。我曾试着用蜜来引诱它们，然而花金龟对这种食物好像并不十分感兴趣。后来我将食物改换成来自别的地方的水果，一种叫作海枣的东西。海枣的肉质丰满，而且表皮很薄。虽然花金龟从来没有吃过这种新鲜玩意，但它们却喜欢得不得了。

我用海枣一直喂养花金龟到四月末，这正值樱桃成熟的时候。它们对樱桃这种常见的水果显然没有太多的热情，吃得比较少。看来花金龟对食物如饥似渴的时期已经过去了。我看到花金龟开始交配了，它们产卵的时节很快就要来临。我准备了一个坛子，以供花金龟产卵时使用。我把坛子放在笼子里，并且在坛子里面铺了一些干燥的枯叶。雌性花金龟在夏季到来之际纷纷走入坛子中，它们在那里面住了一段时间后又出来了，想必产卵已经完成。产卵后的雌性花金龟又存活了一两个礼拜，之后就死在沙土里面了。

以前，在我对花金龟的研究刚刚开始的时候，有一种奇怪的现象让我迷惑不解。那就是花金龟的"孩子"比"父母""出生"得要早！每年，当我在花园里一个有树荫的角落挖掘枯叶时，我都会挖掘出很多的花金龟。奇怪的是，七八月时，我挖出了一些花金龟的茧。这些虫茧没过多久就会裂开。一些发育完全的花金龟在当天就能够蜕变成功。然而在这些发育成熟了的花金龟旁边，我还看到了一些花金龟的幼虫。这让我十分困惑。六月快要结束的时候，我所饲养的这些花金龟的幼虫已经在枯叶堆中开始成长。我对笼子里成虫与幼虫的观察，让我的未解之谜也终于有了答案。

其他一些昆虫都会按照常理行事，它们在交配之后都会为自己的后代操劳奔走。按照季节的变化来做不同的家务事对昆虫来说非常有利，它们必须利用短暂的兴旺时光来为自己的家族做好打算。然而，花金龟却不按常理出牌。七八月是花金龟虫茧开始破裂的时节。当雌性花金龟还处于幼虫的肥胖时期时，它们就为了美食而忘掉一切。它们长成成虫后，也还是这副德性。除非是天气过于炎热，否则它们绝对不会离开自己的水果大餐。产卵的时间也因贪食的原因而被贻误，只好推迟到下一年。从第一年的夏季到第二年的夏季，花金龟的成虫能够活足足一年的时间。

因为贪食而忘了产卵的花金龟，它们在冬季到来之后会随便找个藏身之处开始过冬。等到来年春天，它们又会出来见光。由于这个时候没有什么水果可供它们享用，所以在进食方面花金龟显得有点能控制自己的嘴巴了。这种在饮食方面的变化或许是因为季节的关系，因为没有那么多的水果可吃；或许是它们的习性本来就是这样吧。没有了水果大餐，花金龟们只好在小花上吸取一些汁液，可怜兮兮的。在不久之后就有成虫破茧而出的茧旁边，雌性花金龟产下了自己的卵。这也就是我之前疑惑的源泉。

花金龟的卵堂而皇之地摆在旁边，而成虫则稍后从另外一些虫茧中蜕变出来。这也是"儿女先于父母出生"的前因后果。其实，这是两代花金龟。第一代花金龟在春天的时候破茧而出，它们已经度过了寒冷的冬日，它们在玫瑰花上享受生活。到了六月份，这一代花金龟会产下自己的卵，然后就等待岁月的终结。而第二代花金龟则不同。它们在秋天出生，那是水果丰盛的季节。刚刚离开了蛹茧的它们因为贪恋美食而贻误了产卵的时机，于是它们不得不等到来年再产卵。这一代花金龟需要过冬，它们要到第二年的夏天才会产卵。

夏季的白昼最长，夏季也是花金龟产卵的时节。半腐烂的枯叶是花金龟产卵时的好去处。靠着围墙的松树荫那儿，就有一堆去年堆积起来的烂树叶。枯叶堆即使在寒冷的冬季也显得比较温暖，花金龟的幼虫就在这堆烂树叶上面蠕动着。它们在这里寻找食物。最常见的四种在枯叶堆里产卵的花金龟分别是金匠花金龟、金色花金龟、灰黑色花金龟以及裹尸布花金龟。其中又以金匠花金龟最为常见，有关它们的资料也最为丰富。在我的好奇心的驱使之下，我打扰了这些花金龟。然而它们好像并没有因为我的干扰而受到任何影响，繁衍依旧旺盛。

雌性花金龟在产卵时往往显得很随意，我必须密切地对其加以关注才能抓到这个时段。好几次我都由于疏忽而错过了它们产卵的时间。在上午的九十点，我就要开始仔细观察了。我看到一只雌性金匠花金龟从不远处飞到了枯叶堆上空，它在上面盘旋着，好像在寻找最佳的降落点。不一会儿，这只金匠花金龟就俯冲了下来，落到了枯叶堆上。它开始用自己的头和脚进行挖掘工作，然后就钻了进去。在一开始的时候，我还能够听到花金龟挖掘树叶的声音。然而没过多长时间就什么都听不到了。这只雌性花金龟去向何处了呢？我想只有潮湿的地带才是它的藏身之地。因为那里是产卵的好地点，而且幼虫一旦出生就有现成的细嫩的食物可吃。这只雌性金匠花金龟要产卵了，我们暂且不去打扰它，等两个小时以后再来探望吧。

让我们来比较一下花金龟产卵前后的行为吧。之前，花金龟在玫瑰花中享受阳光和醉人的芳香，更有丰厚的水果大餐供它们食用。然而处于产卵时期的花金龟则毅然离开了这些雍容华贵的事物，转而投向一堆腐烂的枯树叶。这是为什么呢？是不是花金龟拥有对自己童年的记忆呢？是不是它知道自己的孩子喜欢在枯树叶中寻找食物呢？花金龟是为了自己孩子的幸福而与自己的幸福毅然决裂，一头扎进烂树叶中的吗？我想应该有一种更加强大的力量促使花金龟母亲这样做，那是一种源自本能的、盲目的驱动力量。正是这种看起来失去理智，实则蕴含逻辑的力量推动着花金龟母亲的行为。

干枯树叶碰撞的声音让我大约知道花金龟产卵的位置，现在是回到枯树叶那里的时候了。我需要很谨慎地追踪花金龟的踪影，因为那样才可以知道它究竟在哪里产卵。花金龟在爬行时会留下一些痕迹，我顺着那些痕迹终于找到了它产卵的地方。花金龟产卵很随意，每枚卵都被七零八落地放置着。显然，这位花金龟母亲事先没有进行周密的安排，它只需要把卵产在烂树叶的周围就可以了。花金龟的卵是直径大约三毫米的球体，是一种象牙色的小泡，在被产出的十二天后就会孵化。孵化出的花金龟幼虫全身都是白色的，而且还有稀稀疏疏的短毛。花金龟幼虫的行走方式很是特别，它们一离开腐殖土就靠背部走路，脚始终朝天。

对花金龟的喂养非常容易。只需要在枯叶堆中选取一些腐烂了的树叶，然后再把这些烂树叶放入一个能够防蒸发以及保鲜的马口铁匣子中就可以了。匣子中的烂树叶需要时不时地进行更新。这样，在之后的一年当中，花金龟的幼虫就会健康苗壮地成长，直到蜕变时刻的到来。

花金龟本身就体质健壮，而且它们食欲也比较强，我甚至没有见过比花金龟更好养活的昆虫。花金龟幼虫的成长速度出乎我的预料。差不多到了第四周的时候，也就是八月初，幼虫的身子就相当于成虫的一半粗了。我拿了一个盒子，里面装有做粪肥的秕谷，我想要测试一下幼虫的食量到底有多大。据我计算，从幼虫吃进的第一口食物算起，它一共吃掉了一万一千九百三十八立方毫米的秕谷。这个食量相当于幼虫体积的几千倍，多么难以置信哪！

花金龟幼虫的一生都在为腐殖质沃土做贡献，它们始终都在把那些枯叶磨成粉状物，好像一个磨面厂似的，厂里配置着高性能的机器。花金龟幼虫从已经腐烂了的枯叶中攫取出一些无法分解的渣滓，然后再用自己锋利的工具把它们磨碎，最终吃到自己的肚子中去。这些渣滓在幼虫的肠道中被溶解，最后以浆液的状态来浇灌土壤。被花金龟幼虫磨成粉的枯叶不计其数，粉状物的数量可以用大碗来衡量。

除此之外，花金龟幼虫的形态也很奇特。幼虫长得白白胖胖的，大约有一寸的长度。它的腿长得很短小，看上去弱不禁风，与肥胖的身体不太协调。花金龟幼虫的背部凸出，上面有褶痕，褶痕处还有一些稀稀疏疏地分布着的细毛。幼虫的腹部扁扁的，非常润滑，是个大大的废品袋。它的皮肤也比较细嫩，腹部的皮肤下有一些小斑点，呈棕色。

当幼虫摆出一种半弧形的姿势时，那说明它是在防御外界的侵袭。幼虫使出浑身解数让自己的身体弯成蜗牛的形状，整个身子好像快要被折断了似的。摆出这个姿势的幼虫内心其实惶恐不安，而不是因为它想要休息。假如这个时候我们伸手去掰，那幼虫的内脏肯定都会被挤出来。如果这个时候不去触碰这只幼虫，那么过上一会儿它就会自然地将身子展开，然后匆忙地逃离。

花金龟幼虫的行走姿势比较特别，它们脚朝天地用背部前行。这个事实让我难以置信。可能大家会认为这是幼虫在受到惊吓之后的特殊表现，实则不然。花金龟幼虫的这种脚朝天、用背部行走的方式对它们来说是正常的前进方法。假如我把一只幼虫放在桌子上，它一定会做出脚朝天的姿势。如果我把它翻过来，它还会再次让背部朝下。我不可能让花金龟幼虫用脚走路。这种特殊的行走方式也正是花金龟幼虫与其他昆虫的不同之处。

我把一只花金龟幼虫放在桌子上，我没有去触碰它。它开始前进了，似乎想要到枯叶堆那边去，以躲避我这个骚扰者。幼虫行走的速度很快，它背部有一层强劲有力的肌肉在不停地收缩，以促使整个身体前行。另外，背上的毛刷也能够为幼虫的前行提供帮助。毛刷能够产生一种很强劲的牵引力，由于毛刷的数量多，所以即便是在表面非常光滑的平面上它也具有此种力量。移动中的幼虫有时候会有一些横向摆动，这是因为它的背部是圆形的，平衡感并不十分好。不过这个缺点丝毫不能阻碍幼虫的行走，它的腰部只要稍一用力，就能够让平衡再次回来。另外，花金龟幼虫的头部在行走时也很有韵律地上下起伏着。如果把幼虫比作一只小船，那么它的头部就相当于船首。

幼虫的双颚在行走时呈现出张开的状态，好像咀嚼着什么东西似的。这是由于双颚没有一个支撑物，幼虫大概是想要咬住一个可以用来支撑的东西吧。在腐烂的枯叶堆里，由于太过漆黑，我看不清楚一些情况。于是我在一个半透明的地方为花金龟幼虫的双颚准备了一个支撑物，那是一根两头都开着口的玻璃管。玻璃管的内直径不断缩小，整根管子的长度也很适中。幼虫从口径较大的一头钻到玻璃管中，如想要从另一头出去，那便是徒劳的。

在玻璃管的内径比幼虫的身体宽的地方，幼虫用背部行走得很轻松。如果前行到了玻璃管与自己身体一般粗的地方，幼虫的前行就更加没有什么阻隔了。这个时候的幼虫可以用各种方式行走，无论是脚朝天，还是侧着，或者是卧着。花金龟幼虫的身体像波浪一样向前蠕动，就好像一块小石子在平静的湖面上激起的涟漪一般。幼虫背部的细毛也时而弯下，时而竖起，就像麦子在风中起舞一般，非常好看。前行中的幼虫，头部有节奏地上下起伏。而它的双颚也起到了保持身体平衡的作用，双颚的尖部就像一把拐杖似的。然而我却不知道花金龟幼虫的脚有什么作用，因为无论我怎样摆动这只玻璃管，幼虫的脚始终没有什么活动，即便是它的脚触碰到了玻璃管壁。

其实，对花金龟幼虫用背部行走的方式很容易给出合理的解释。那根半透明的玻璃管便于我们对这只在枯叶堆中的幼虫进行观察。幼虫的身体因为钻进枯叶堆，所以四周都有支撑物。在那里，幼虫无论用什么姿势都能够前进，爬着走，抑或是脚朝天。由于幼虫的背部在枯叶堆中始终都能够找到支撑物，所以它有多种行走方式。然而，假如我们把幼虫放在只有桌面是支撑物的桌子上，那么它就不得不利用唯一的支撑物前行。被放置在桌面上的幼虫，它的背部唯一可以接触到的物体就是桌面，所以它才会以脚朝天的方式前行。了解到这一点，我们就不会再觉得幼虫在桌面上的行走方式奇怪了。花金龟幼虫的行走方式完全是根据生存环境的变化而改变的。除了花金龟幼虫，其他的一些昆虫如独角仙幼虫以及鳃角金龟幼虫，也都是挺着大肚子的短腿幼虫。假如这些幼虫有能力将自己肚子上的钩子伸出来，那么它们肯定也会像花金龟幼虫一般行走。

花金龟的虫茧虽然在结构上稍显简陋，然而总体来说也还是漂亮的。它们的茧大概有鸽子蛋大小，呈球体状。六月是花金龟成虫产卵的时节，已经过了一个冬天的幼虫也都开始准备蜕变了。这些年长幼虫的虫茧与新产下的卵混在一起。在我所饲养的四种花金龟中，体积最小的要数裹尸布花金龟。这种花金龟的虫茧也是

🔸 大多数人都知道花金龟吸食花蜜，但很少有人知道它们中有一些用自己的粪便做虫茧

最小的，大约有樱桃那样大小。无论哪种花金龟，它们的虫茧都长得很相近。除了裹尸布花金龟的虫茧因为娇小而容易分辨外，其他几种花金龟的

虫茧我根本无法辨认，只能等到它们蜕变之后我才能知道这些虫茧到底是属于哪一种花金龟的。

然而也有例外情况。例如，金属花金龟和长吻花金龟的虫茧上一般都有枯叶的碎屑；而金色花金龟的虫茧外面裹着的则是它们的粪便。不过这种区别也只是由这些种类的花金龟所处的生活环境不同导致的，与它们自身所拥有的独特建造风格无关。也就是说，或许金色花金龟就喜欢用自己的粪便作为虫茧的制造地，而其他的花金龟则喜欢比较干净的物质。

通常情况下，裹尸布花金龟拥有比其他种类花金龟更为稳定的结茧地，它们喜欢找一些比人指头还小的石头，然后在这些小石头上修筑它们的小房子，这样就可以达到加固虫茧的作用。当然，有时候裹尸布花金龟也找不到这样好的条件，于是就凑合着将茧结在没有支撑物的地方。这种粗陋的生产方式也是其他种类花金龟所惯用的。由于没有物体作为基础，所以虫茧很不稳固。

花金龟虫茧的内壁非常光滑，这也是为了保护幼虫稚嫩的表皮。虫茧比较结实，以至于我们可以用手指去按压它。对于花金龟虫茧的制作材料我非常不确定，有可能是花金龟任意加工出来的一种柔韧性较强的浆状物，就像制作陶器的人摆弄的黏土一样。很多书上都写到花金龟的虫茧是由一种黏土制成的，然而我却对这种说法表示很大的怀疑，因为在花金龟所生长的环境中，除了枯树叶以外，根本找不到所谓的黏土。除了花金龟，很多书中甚至认为独角仙、鳃角金龟以及其他一些种类的昆虫的虫茧也都是用黏土制成的。其实很多书都是相互抄袭的，作者根本没有认真地对昆虫的习性进行研究。因此我们不能太相信书上所说的话。我的观察告诉我这样一个事实：花金龟用来制作虫茧的材料正是自身的粪便。

连我这个自由人都无法在枯叶堆里找到丝毫的黏土物质，更何况花金龟呢？它们在为自己制作茧的时候，整个身体都不再动弹。花金龟只能对自己身边的物质进行采集，而这些物质只是一些黏性很差的腐殖土以及枯叶碎屑。想要靠这些物质来修筑自己的虫茧是根本不可能的。我想花金龟一定有其他的办法来修筑虫茧。我的这种想法很简单，也很朴实，但很有可能遭到别人的责骂。他们会骂我是一个没有羞愧感的唯实主义者。无论谩骂声怎样存在，我仍然要亲力亲为地对花金龟进行研究，因为这是了解昆虫的最好方式。在困难面前我们不应该退缩，相反，应该奋力向前。因为不管我们喜欢不喜欢，事实就是事实。大自然赋予我们的事实不可改变。

花金龟幼虫需要为自己做一个虫茧来完成身体的蜕变，这是一个细致的工作。一旦花金龟幼虫将自己的身体用虫茧包裹起来，那么它就再也无法利用外界的材料了。那么，没有任何材料的花金龟幼虫将怎样完成这个工程呢？不必担心，我们的花金龟幼虫当然拥有自己的法宝。就像毛虫一样，花金龟幼虫身体里面也有喷丝头。不过花金龟幼虫的喷丝头位于肠子里，与毛虫的喷丝头位置正好相反。花金龟幼虫通过不停地拉屎来制造虫茧。我们可以看到，在幼虫走过的地方都有粪粒留下。这些粪粒的数量很多，它们都是棕色的。等到快要蜕变的那些日子，幼虫便不再大量地拉屎了。它们要把自己的粪便储存起来，然后做成一些黏性较好的浆状物。我们可以隐约地观察到，在花金龟幼虫腹部的尾端有一个大大的黑点，那其实是一个装着黏合剂的袋子。

或许有人还是不相信这样的说法，那么就让我做一个实验来进一步证明吧。我拿了几个小的短颈大口瓶，分别在里面装了几只花金龟的幼虫。这些幼虫都是已经发育成熟、马上就要结茧的小家伙。为了让在瓶子里的幼虫找到支撑物，我又分别在里面装上了一些不同的物质。我对放在里面的材料没有特别在意，只是手边有什么就往里面放什么。第一个瓶子里我放了一些碎棉絮，第二个瓶子里是纸屑，第三个瓶子里是香芹籽，而最后一个瓶子中则放入了萝卜颗粒。这些作为支撑物的材料都非常轻便，移动起来也不费劲。

我让我饲养的花金龟幼虫进入到了这陌生的环境当中，而这种人造环境对于大多数花金龟幼虫来说是从来没有居住过的。这里面根本没有任何书中所宣称的黏土。假如花金龟要结茧，那么它就必须利用自己体内的物质来完成。事情按照预想的方向发展下去，花金龟果然结出了自己的虫茧。这些茧与我从枯叶堆中看到的一样，都很漂亮，也很结实，而且比枯叶堆中的虫茧更加好看。

我的实验让花金龟幼虫制作出了更加漂亮的虫茧。装着纸屑的瓶子中的虫茧，其外表就像附着了一层白色的瓦片，洁白如雪花；盛着碎棉絮的瓶子中的虫茧，外壳上粘了一层像羊毛一般的絮状物；另外两只瓶子中的虫茧，从表面看上去就好像肉豆蔻一样，还带着细粒制成的花边。作为覆盖物的棉絮、纸屑、种子和果实粒很好地黏合着，而花金龟真正的虫茧就隐藏在这些漂亮的覆盖物下面。除了这个实验以外，我们会看到金色花金龟虫茧的外部也覆盖着一层粪粒，看上去也很好看。或许有人会认为，花金龟的幼虫制作的这些虫茧的装饰品是有意而为的，但事实上却不是这样。花金龟的幼虫用自己的圆屁股把松散的材料聚集到身边，然后靠着自己身体的重量来把这些材料压平。之后幼虫会用浆状物把这些材料黏合起来，这样固定好的材料就形成了一个卵形的小窝。花金龟幼虫在此之后还会不辞辛劳地为这个小窝一层层地上浆，直到自己不再生产粪便才罢休。

由于花金龟幼虫在很隐蔽的地方为自己结茧，所以想要看到它们制造虫茧的整个过程是非常困难的。不过一般的操作过程我还是可以观察到的。为了了解情况，我挑了一个半成品的虫茧。这只茧摸起来还比较柔软，显然是一个没有完成的茧。我必须在这个茧上打开一个洞才能看清楚里面发生的事情。但是这个洞又不能开得太大，因为那样的话，花金龟幼虫会由于觉得没有支撑物而放弃修补洞口，那么我的良苦用心也就白费了。

于是，我用刀尖在这只虫茧上面很小心地划了一个口子。我能够看到里面幼虫的状态。它把自己的身体蜷缩成一个钩子的形状，几乎是完全合拢的钩子状。幼虫把头偏向了我打开的口子的那边，它似乎想要知道发生了什么事情。很快，幼虫就知道应该怎么做了。它把自己的身体又弯成钩状，脑袋和尾部粘在一起。然后幼虫用力一挤，就有一些粪便从它的尾部出来了。花金龟幼虫就是利用这些粪便来修补洞口的。更神奇的是，幼虫的粪便可以随心所欲地生产。无论什么时候，只要幼虫需要，它就会很自然地将粪便拉出。

之前我们提到过花金龟幼虫的脚好像在行走的过程中并没有起到什么作用。那么，现在就让我们来了解脚的用处吧。对于结茧时的花金龟幼虫，它们的脚已经变成了灵活的手，可以帮助它们完成结茧的工作。脚的作用就是在幼虫的双颚咬住粪粒之后将粪粒扶稳，而且让粪粒在脚上面打转，最后再摊开，将粪粒放在合适的位置。这种方法非常经济实用。幼虫的双颚就相当于一把镘刀，它能够把粪粒一点一点地取下来，然后再将其磨成浆状物。幼虫会把这些浆状物涂抹到刚刚被我打开的洞上面去。等到浆状物用完了，幼虫又会弯起身体，从肠道中挤出一些粪便作为新的黏合剂。

花金龟幼虫修筑虫茧的方式，再一次让我们见识到了拥有这种技能的昆虫的特别之处。它们不需要额外的材料，只需要从自己的体内就能够生产出所需要的物质。这是大肚子的幼虫所独具的本领。它们的腹部都有一条褐色的腰带，这也是拥有这种本领的标志。通过精心的制作与管理，它们善于把卑贱的事物变成高雅的。这种经济型的生产制造方式让我十分佩服。

第三章 | 朗格多克蝎子的栖息所

古罗马诗人卢克莱修常说恐惧造就了诸神。蝎子的遭遇就恰好能够证明卢克莱修的论断。据说它之所以成为年历中十月的象征，正是因为众星畏惧它的恶毒与可怕，因而对其大加赞美，以至于被神化。在节肢动物门中，蝎子也是最值得人们为它写下传记的动物，民间的传说使它被载入黄道十二宫。我是如此希望蝎子能够被人们了解。可是，蝎子的本性几乎无人知晓。它沉默寡言，没有一位观察家敢坚持观察它隐秘的生活习性。被人们所熟知的只有那些在酒精中浸泡以后被解剖的生理结构。

我与朗格多克蝎子的初次见面是在半个世纪前。那时，最幸福的时光就是周四，我有一整天的时间在罗讷河畔，阿维尼翁对面的维勒尼弗山冈上。我兴致勃勃地留在山冈上，科学的魅力叫我欣喜若狂。从早到晚，我在山冈上翻石头，寻找蜈蚣，那是我博士论文的主题。有时在翻开的石头下面，我遇上的是可怕至极、不讨人喜欢的蝎子，它的尾巴冷峻地向背部卷起，毒针上正滚出一滴阴谋的毒液，两只螯钳顶在洞口上。这可不是我渴望的充满阳光与幻想的外出哇！我把石头重新压回洞口，匆匆地带着捕获的蜈蚣离开了这个可怕的家伙。

当时幼稚单纯的我，在享受科学给我带来的快乐的同时，隐隐觉得，总有一天我会再回头研究这种动物。果然，五十年以后我终于在我生活的地区重新见到了这位老相识。

我家附近有许多朗格多克蝎子，但我从来没见过一个地方像塞里昂山冈的斜坡那样，聚集了那么多的蝎子。那是一个向阳、多岩石的山坡，生长着野草莓和野石楠。蝎子怕冷，对它来说那里就像高温的非洲，还有容易挖掘的沙土，那简直成了它的乐园。我想，这应该是它向北移的最后一站。

蝎子仿佛对住宅条件要求很低。别人都不喜欢植物稀少的地方，可是它却偏偏热爱那些被太阳烧烤的页岩，遇上坏天气页岩会被连根拔起，最后坍塌下来碎成了石片。虽然在那里通常能碰到大片的蝎子殖民地，但千万不能认为蝎子是一种群居动物。孤僻的性格和苛刻让它们总是独居一室。当我们翻开那些较大较扁平的石头时，如果发现一个广口瓶颈那么粗、几法寸深的洞，那就意味着这里有蝎子。俯下身你就能看见蝎子在家门口，张开螯钳，翘起尾部，一副紧张的防御姿态。有的时候主人会躲在比较深的小屋里，这样我就看不见它了。一块石头下从来不会同时住着两只蝎子，当这种情况发生时，必然有一只正在吃掉另一只，而我们不必惊讶，因为这是凶狠的隐修士结束婚礼的方式。

为了把躲在深处的蝎子引到亮处，我选择使用随身携带的小铲子。果然它凶神恶煞地爬上来了，挥动着武器表示它的愤怒。这是一种分布在地中海沿岸大部分地区的普通黑蝎子。在秋天的雨季，它会潜入我们的家中，甚至钻进我们的被窝。这个可悲的动物主要是令人讨厌，危险倒在其次，因为它并不一定会伤人，也很少会在公寓里造成任何严重的后果，但是见到它挥舞着武器的样子，人们心中难免会感到恐惧。我用镊子夹住它的尾巴，将它头朝下放进一个牢固的纸筒里，与其他囚犯隔开，然后再把这些可怕的家伙全部放进一个白铁皮盒子里。这样我就能安全地携带和收集它们了。

我要描述的朗格多克蝎子，生活在地中海沿岸。这是一种特别令人害怕又鲜为人知的动物。与黑蝎子相比，它算得上是巨蝎。长到最大的时候，身长有八九厘米，颜色如同稻谷的金黄色。不过，它绝不会跑到居民的家中，反而愿意在荒凉僻静的地方居住。

它的螯钳是口器的帮手，被用作打仗和打探情报的工具，而与行走、平衡、挖掘毫无关联。爬行时，蝎子把螯钳伸向前方，两钳指张开，以便摸清前方的障碍。攻击时，螯钳会死死地抓住敌人，使其动弹不得。这时，尾部的毒螯就会从背后向前刺过去。最后，螯钳发挥了手的作用，当蝎子要享用美食的时候，螯钳把猎物夹住送到嘴里。

行走、平衡、挖掘等离不开步足。步足胫节平切面上有一组弯曲的活动小爪，跗节是一根短而细的

✦ 蝎 子

尖刺，就像一根拇指，在这个发育不全的跗节上布满了粗毛。小爪和跗节组成了一个精妙的钩爪，能够让笨重的蝎子在纱罩的网纱上攀爬并长时间头朝下停在网上，甚至还能让它在垂直的墙壁上攀爬。

紧接步足基节的是一个蝎子独有的奇怪器官，它由一长排小薄片组成，一片挨着一片，就好像我们平时用的梳子，因这样的结构它被称为栉板。解剖学者认为，栉板的作用如同一个转动齿轮的机械，专门用来把两只交配的蝎子连在一起。另外一个作用是使蝎子腹部朝天在网罩上爬行。蝎子不动的时候，两块栉板紧贴在与步足基节相连的胸腹面上，当蝎子行进时，两块栉板便分别向左右两侧抛出，与身体轴线垂直，很容易让人想起尚未长出羽毛的鸟翅。它们轻轻地摆动，有时微微向上升起，有时略向下，很像不熟练的走钢丝的演员手里拿的平衡物。当蝎子停下来的时候，栉板会立即收缩，折向胸腹面，不再动弹；等到再次行走的时候，它们又马上伸出来，开始轻轻地摆动。所以，对于蝎子来说，栉板是一种平衡器。

蝎子的尾部，实际上应看作它的腹部，由一个个的棱锥组成，棱锥就像是用桶板拼接成的有着棱凸纹的小酒桶，一共有五个，连在一起像一串美丽的珍珠。它螯钳的上钳指和下钳指也有同样的棱凸纹，将钳指切成许多狭长的面。其他的线条在背上面蜿蜒，就像护胸甲上用细粒状扎花绲边缝制的一块块皮料的接缝。这些突出的颗粒成了坚固的原始武器，并构成了朗格多克蝎子的特点，它就像一只被刀削出来的动物。

尾部第五节之后，出现了一个光滑的袋状尾节。这个囊袋像一个葫芦，是制造和储存毒液的仓库。囊袋的尾端有一根十分尖利的深色弯钩形毒螯，用放大镜才能看清针尖略向下处有一个张开的小孔，毒液就是通过这个小孔注入猎物的伤口的。毒螯又硬又锋利，我用手指捏着毒螯，它能像针一样轻松地把纸皮扎破。

蝎子几乎总是翘着尾巴，不管行进还是休息，它都很少把尾巴展开伸直。因为毒螯呈弯钩状，当尾部平伸的时候，毒螯的针尖是朝下的。为了使用这个武器，蝎子必须翘起尾巴，让尾巴自下而上地伸向身体前部。当敌人抓住它螯钳的时候，它只要把尾巴弯向背部，向前伸就能刺伤对方。

在蝎子的头胸部这个怪异的位置，长着分成三组的八只眼睛。有两只闪闪发光、又大又鼓的眼睛，看上去像是有很严重的近视，有点像狼蛛那绝妙的凸透镜眼睛。曲线形的结节状脊线构成了睫毛，为它又增添了几分凶狠。而它的光轴近乎指向水平方向，几乎只能看见两侧的物体。另外两组眼睛均由三只小眼睛组成，位置更加靠前，差不多是在口器上方弯拱楣的平切边上，左右两边的三只小凸眼排列在一条短直线上，光轴直直地射向两边。所以，蝎子看不清前方的物体，不管大眼睛还是小眼睛。这让我们担心蝎子的行走，严重的近视和斜视，让它像瞎子一样摸索着前进，伸向前方的螯钳和张开的钳指成了蝎子探路的手。

让我们来看看饲养在露天网罩里的蝎子吧。一只蝎子正在游荡，跟在后面的另一只蝎子一直往前走，好像看不见它的邻居一样。同类相遇时没有一点愉快的气氛，有时甚至是危险的，一旦其中一只蝎子的螯钳碰到对方，它就会因惊吓而哆嗦一下，随即后退并拐到另一条道上。要证明它易怒的特点，我只要触动它一下就可以了。

要探索蝎子的神秘生活习性，只靠翻石头和偶然到附近的山冈去观察是不够的。我准备用人工饲养的方法，在荒石园里为它们建立一座小镇，为它们提供舒适的条件，使它们像生活在自己的家园里一样。这种方法不仅能让蝎子得到充分的自由，免去我喂养的辛苦，又能方便我随时进行观察。

在年初的头几天里，我在荒石园深处比较僻静、朝阳，而且有厚厚的迷迭香阻挡北风的地方建立了蝎子的殖民地，在那里我为每位移民挖了一条容积为几立升的坑道。由于掺杂着石子的黏性红土不适合蝎子的挖掘工作，我特意从它的老家找来沙土把坑填满，再用土稍稍压实，以防挖掘时坍塌。我在压实的土里挖了一个短短的门厅作为挖掘工作的开端，并在洞口盖上一块大石板，而且石板要比土坑大些。然后，我在正对门厅的地方打开一个缺口，这就成了大门。我从山上抓到一只蝎子，装在纸筒里带回来，放在洞口边。它果然把我精心布置的场地当成了它熟悉的家，自动就爬了进去，再也不出来了。

通过这样的方式，我所建立的蝎子小镇有了二十户居民，这些挑选出来的居民都已经成年。那些小屋彼此间都隔着一定的距离，以免邻里间发生冲突。即使在夜里靠提灯照明，我也能一眼就看见小屋里发生的情况。而且，我的客人不需要我操心食物的问题，因为这里的猎物和它们的出生地的一样多。

仅仅在荒石园里养那些蝎子是不够的，我在实验室的大桌子上建立了第二个蝎子园，方便我进行近距离的观察。在那张桌子的周围，已经安置了很多动物园，我的这种动物园还会继续延伸好几千米。我找了一些惯用的大罐子，每个里面都装满了筛过的沙子，又放了两块花盆的碎片，再将两块大瓦片半埋在沙里作为屋顶，代替石头下的陋室，最后把圆拱形的纱罩罩在沙罐上。

饲养危险的动物是一个学习的过程，这里有一些细节可以提供给今后打算从事同样研究的人们。我们应该关注蝎子住所的卫生，并且注意住所应便于携带，可以根据观察时的需要，将其放在阳光下或者阴暗处。而且，住所里缺少食物，尽管蝎子很节省，但依旧需要我定期供应食物。我在网纱的中间开了一个小孔，每天把抓到的活猎物放进去，喂完食以后，再用一个棉团把天窗堵上。

同时，严格的安全防范措施也是必不可少的。如果蝎子逃出笼子，又碰巧触到了你的手，这可不妙了。为了避免这种情况，我把钟形纱罩插入沙罐直到容器的底部，用黏土把网罩和容器之间留出的一圈空当填满，并加水夯实。这样，蝎子绝对跑不出来了。嵌入泥土的网罩不能被摇动，容器也不会有细缝让蝎子跑出去。要是蝎子按捺不住，从它占据的那块地的边缘向深处挖掘，要么碰到金属罩，要么碰到容器，它是绝对不可能逾越这些障碍的。

做好这些准备以后，我依照自己的判断，把雄性和雌性蝎子配成对放在罐子里。因为没有任何外部特征可以区别雌雄，我又不能把蝎子的肚子剖开看看，只能把肚子大的当作雌性，肚子小的当作雄性。但是这种方法不够精确，因为肚子的大小与年龄也有一定的关系。我把蝎子两只一对配在一起，一只比较肥胖，颜色较深；另一只身材苗条，呈金黄色。这样一来，我相信一定会有配对成功的蝎子。

蝎子刚刚移民到网罩里面，就迫不及待地向我展示了它们的挖掘技术。朗格多克蝎子为了住上自己建的小房子，它们各自找了一大块安家所需的弧形瓦片，瓦片插进沙子里形成了一个地道口 —— 一条简单的拱形裂缝。接下来蝎子要继续进行挖掘，特别是在烦心的太阳下，工作更是一刻都不能耽误。它们靠第四对步足支撑，用其他三对步足耙土、耕地，轻巧敏捷地把土块碾碎、刨松，就像狗刨土埋骨头一样麻利。快速把土碾碎以后，蝎子开始了清理工作，它把用力拉直的尾巴贴在地上，就像我们用胳膊肘推开障碍物一样把土堆往后推。强有力的螯钳始终没有参与挖掘，因为螯钳的作用是往嘴里送食物、打仗和提供信息，如果用它去工作，哪怕是捡捡沙子，它也会失去灵敏的感觉。

这位清洁工十分负责，如果清出的杂物推得不够远，它还会回过头来用弹棍式的尾巴推几下，直至完成任务。蝎子用步足交替挖土，再用尾巴把挖出来的土推到外面，最后这位挖掘者便消失在大瓦片下了。我看见一个小沙丘堵在地道口上，不时地震动使一些细沙滚落下来，这说明劳动一直都没有停止。新挖出的沙砾不断被推出来，直至地洞达到了需要的深度。当蝎子想从洞里出来的时候，它毫不费力就可以把那个不时有沙土滚落的障碍物推倒。

而我们住宅里的黑蝎子，常常出没在墙根下脱落的砂浆灰里，因受潮而裂开的护墙板里以及阴暗处的废弃物堆里。它们从来不会建造地下室，甚至都不会对现有的隐蔽所进行改造。黑蝎子不会挖土，看来是因为它的尾巴又细又光，用它清扫太无力了。朗格多克蝎子的尾巴则要强壮很多，不但粗壮，而且还有粗硬且高低不平的圆齿状边缘。

由于我在荒石园里的石板下平实的沙土里挖了一个门厅，那里的居民一下子钻进洞里不见了。洞口渐渐堆起来的沙丘证明它们在努力完成这项工程，我准备几天之后再来检验成果。

> **知识链接**
>
> 蝎子虽是变温动物，但它们还是比较耐寒和耐热的。外界环境的温度在-5℃~40℃时，蝎子均能够生存。气温下降至10℃以下，蝎子就不太活动了；气温低于20℃，蝎子的活动也较少。它们生长发育最适宜的温度为25℃~39℃。气温在35℃~39℃，蝎子最为活跃。温度超过41℃，蝎子体内的水分蒸发，若此时没有及时降温，又不及时补充水分，蝎子极易出现脱水死亡的现象。温度超过43℃时，蝎子很快就会死亡。

三四法寸的地下藏有蝎子的洞穴，通常居民们在夜间频繁出入，然而在白天我们也能见到蝎子，特别是天气不好的时候。有时那陋室被猛地推一下，就能进入到一个宽敞的大房间。这座豁然开朗的庄园里，一进入石板下就是前厅，那是蝎子取暖的地方。它喜欢在一天中最炎热的时候，独自待在门厅，享受透过石板慢慢蒸发进来的热气。它认为我掀开石板的来访打扰了它最愉快的蒸汽浴，很不高兴地挥动多节的尾巴，跑进避开阳光和人的视线的房间里去了。只要我把石板盖上，半个小时后又会在洞口看见它，阳光把那里照得暖暖的。这也正是蝎子过冬的方式。虽然白天黑夜都不出门，但只要天气晴朗，它们就来到洞口，把背靠在晒热的石板上取暖；天气凉爽时，它们退回到洞底。隐修士的生活在长期的静思中度过，它们时而在潮湿的洞穴中，时而在屋子的挡雨板下，时而在沙丘后面。

四月来临，蝎子好像受到了什么召唤，开始变得不安。网罩里的蝎子离开了瓦片下的洞穴，在场地上团团转。它们爬上网纱，整天待在上面不下来，甚至有几只彻夜不归。荒石园的小镇上还有更贪玩的，几只小蝎子夜半离家，再也不回来了。大蝎子也同样染上了爱游荡的习气。最后小镇上的居民大量移居他乡，快要一个都不剩了。

我还指望着它们逛完以后赶快回家，因为其他地方再也找不到适合它们的石头了。然而，我要与倾注心血的方案说再见了！这些逃亡者一个个都消失不见了，只留给我一个没有居民的空镇。我得赶快想一个办法才行。于是，一堵不可逾越的围墙矗立起来了。我有一个冬季存放肉质植物的花棚，墙基上粗粗地涂了一层灰浆。我当起了泥水匠，用抹刀和湿布尽可能地将墙面抹光，然后在地上铺上了细沙并分散放置了几块大石板。这座围墙圈住的范围比网罩围住的范围大得多，能不能指望它留住我的蝎子呢？

我把剩下的蝎子和当天早上新抓来补缺的蝎子，一只一只分别放在棚子的石头下面。到了第二天，我伤心地发现新的和老的蝎子都不见了，十二只蝎子全部不知去向。这些家伙居然越过了一道和普通砂浆涂面一样光滑、高达一米的围墙，全部骄傲地逃跑了。我怎么没想起这一点呢？在秋天连绵的雨季里，平时躲在荒石园阴暗角落里的黑蝎子，为了躲避潮气，顺着墙壁粗糙的小颗粒爬到我家，一直爬到二层楼的窗缝里。朗格多克蝎子尽管身体胖一些，但也和黑蝎子一样是攀登的好手哇！

既然不能指望露天饲养，现在只剩下网罩里的那些蝎子了，我就这样守着实验室大桌子上的十几只罐子度过了一年。我细心地照料它们，连外出都没有，因为要提防那些夜猫子可能的袭击。再说，每个罐子里的居民数量都有限，因为地方不够大，只能容纳两三只。由于邻居不多，又缺少它们家乡的山冈上那样的强烈日照，因此大部分时间它们都无精打采的。这一年来，我为找到一个更好的蝎子园采取了不少对策，但蝎子对我的等待几乎没有任何的回报，我急切地希望能得到更多有价值的资料。

来看看我想到了什么好主意吧。我找木匠搭了一个木架，请玻璃匠给框架安上了玻璃。这样形成了一个玻璃围墙，光滑到根本不能给蝎子提供攀岩的踏脚，为了万无一失，我还在木条上涂了柏油。从外表上看，这个建筑物像横卧的窗框，地面是一块木板，上面铺着一层沙土。我可以根据天气情况开大或开小顶盖，这样一来，我就不用担心天冷或者水患等带来的危害了。

在这个围墙里面，有足够的地方建造二十四间瓦片房，每一间都有一位房主，还有宽阔的道路和十字路口供蝎子散步，不至于造成拥挤。我很满意这样解决了蝎子的住房问题。可是这个时候我发现了新的问题。

蝎子不泄气地在玻璃上乱抓，并试图用尾巴这根绝妙的杠杆做支撑直立起来，可这样的无用功让它们刚离开地面，就重重地摔下来。当它们试图往木头上攀登的时候，情况就更加糟糕了。距地很低的木条已经涂上了柏油，让那些顽强的攀登者万分吃力。有时它们贴着最下层的木条爬得很快，随后又恢复老样子一点一点慢慢地往上爬。有些已经爬到了顶，我只能用镊子把它们夹回房子里。又因为一天中的大部分时间里，天窗都要开着通风，如果我不盯牢，它们就会再次离我而去。于是我又再次进行尝试，把油和肥皂混合涂抹在木头上，但这些打滑的手段只能减慢蝎子逃跑的速度，蝎子将细细的小爪透过涂料插进木头的小孔里，要逃跑也不是不可能的事。还有一种贴在立柱上的没有细孔的屏障玻璃纸，它让那些大腹便便的蝎子望而却步，但难不倒身体轻盈的蝎子。

最后我在玻璃上涂了油脂，这才把那些不安分的蝎子制服了。这些擅长攀登的肥胖蝎子，终于在我的玻璃棚下屈服了。现在我有了三个蝎子基地：荒石园的自由小镇，实验室里的网罩，还有玻璃蝎子园。三种居所各有利弊，我挨个查看，特别是最后一种。

我把在蝎子老家翻石头时所得到的零星材料，补充到三种安置所需要的材料中。豪华的玻璃宫殿成了蝎子的罗浮宫，我把它当作收藏品，在花园的露天长凳上展览，经过那里的人，无不瞧它一眼。沉默冷峻的蝎子，我能让你开口说话吗？

第四章｜朗格多克蝎子的婚恋

　　四月，天空中又有了燕子的倩影，布谷鸟也开始放声歌唱。荒石园里的蝎子小镇似乎也听到了春天的召唤，好多蝎子离开家园，再也没有回来。这些游荡的家伙，会不会误闯入邻居的家中，引发同类相残的可怕结果呢？

　　这种假设仿佛得到了证实一样让我心慌不已，因为许多次我在同一块石头下面发现两只蝎子，一只正在吞食另一只。如果擅闯者敌不过主人，就会在那里失去生命，然后在未来几天里被一口一口地吃掉。被吞食的蝎子全部都是中等个子的雄性蝎子，相较之下，它们的颜色更加金黄，肚子较小。而个头较大、更肥胖、颜色更深的蝎子，就没有这样悲惨的命运。

　　所以，这绝对不是邻里间的打斗，它们并不是因为渴望独居才加害所有的来访者，以如此残忍的方式来杜绝这种情况的再度发生的。我怀疑这是一种婚礼的形式，随着交配的结束，雄蝎的生命也画上了句号。

　　一直到了第二年的春天，我才终于做好了所有的准备。宽敞的玻璃屋里住着二十五户居民，它们各自占用一块瓦片。每晚八九点钟，我在玻璃前挂上提灯，里面的一切都清晰可见。全家人在白天操劳以后，就像看戏一样全部聚集到这个玻璃王宫前，甚至连看家犬汤姆也来了，不过它只是过来凑热闹，在我们脚边懒洋洋地打瞌睡。

　　❁鞭尾蝎通常体色很深，有长长的鞭状的鞭节。它们的第一对附肢很长，但并非用来爬行，而是起感觉器官的作用。图中，一对鞭尾蝎正在互相献殷勤

　　玻璃屋里一片乱哄哄的欢闹景象，好几个群体聚集在那片柔和温馨的灯光下。那些随处可见的孤独散步者，从黑暗处走出来；夜蛾也往光亮处跑；又有一些新来者加入了群体，而前台有一些退回到暗处，等休息够以后，又精神

饱满地回到前台。我的蝎子也按捺不住寂寞，似乎被这个欢乐的舞台吸引，一本正经地从阴暗的远处走出来，突然一个滑步，轻巧地一跃进入灯光下的那群伙伴中。

蝎子的动作很敏捷，就像小老鼠用细碎的小步子奔跑。它们希望相互亲近，可是一被别人的指头碰到就马上逃开了，好像被火烫了一样。另一些蝎子已经和同伴纠缠在一起，也立即害羞似的逃到黑暗里，冷静下来以后再回来。我实在不能理解蝎子的行为是友好的还是敌对的，它们的步足踩来踩去，螯钳咬在一起，尾巴卷起来相互碰撞，一片纠缠的场面。

不论是年长的还是幼小的，几乎所有的蝎子都加入了殴斗，这像一场殊死搏斗，又像嬉闹的游戏。从某个有利的光线入射角度看，一对对深红色的宝石在混乱中闪闪发光，那是蝎子额前像反射镜一样的两只中眼。不久，这些蝎子就分开了，散落到玻璃房的各个角落，它们当中没有一个受伤。

过了一会儿，它们又重新聚集到灯光旁边，来来回回的走动经常让它们互相碰撞。在蝎子的世界里，它们的殴斗就像我们平常挥挥拳头一样，并无恶意。行色匆匆的那一只竟然从别人身上踩过去，被踩的蝎子只是稍稍地动了一下臀部，没有丝毫的不高兴，最多用尾巴拍对方一下。它们还有更奇特的姿势。两只打架的蝎子头对着头，螯钳对着螯钳，它们用上身支撑，下半身竖起来，笔直得就像一棵树。垂直的尾巴相互摩擦、触摸，而尾巴尖却钩在一起，友好地连起来又再次分开。突然，这个像铁塔似的建筑崩塌了，两只蝎子就像不认识对方似的，匆匆离开了。这是一种搏斗的姿势吗？可是，我并没有发现它们的接触有一点敌意。

我把每天的观察结果都记录在表格上，可是，这种方法不是完美的，虽然记录相对快捷，但是每次的情况都有细微的不同，难以分类归纳，很多细节会因此而流失。而蝎子的故事值得我好好记录，不应该有一点疏漏。每天夜晚都有一些特别的情况，能让我找到一些能够证明和补充前例的特征。于是，我决定采用日记的形式，依据时间的先后顺序叙述，记录下所有的新情况。

一九零四年四月二十五日

　　我从来都没见过这样的情景。两只蝎子面对着面，一只身体较胖，颜色也较深，是雌蝎；另一只是雄蝎，比较瘦小，颜色也浅。可是接下来不是挑战，而是用螯钳友好地握住对方的螯钳。它们将尾巴盘成螺旋形，迈着整齐的步伐沿着玻璃墙散步。雄蝎子倒退着前进，不仅面向雌蝎子，而且紧紧牵着雌蝎子的手，让对方顺从地跟随着。它们停停走走，一会儿走到这里，一会儿走到那里，看上去让人摸不着头脑。它们一直手牵着手，就像礼拜天的晚祷后，在我们村里的树篱边，总能看见的一对对在散步的年轻的情侣。

➕ 在交尾前，雄蝎子会邀请雌蝎子进行一次浪漫的散步

　　雄蝎子一直是这次散步的引导者。它们不断地改变方向，整整一个小时，它们没完没了地一直来回走动。但是，不管往哪个方向，总是雄蝎子决定。它紧紧握住女士的手，优雅地侧转身和对方并排站立。这时，它用平放下来的尾巴，温柔地抚摸一下雌蝎子的背。而雌蝎子保持了一贯顺从的作风，一动也不动。

　　我们一直都集中注意力，不想放过任何一个细节。保持警惕的观察是一个艰苦的过程。这个时候，我的一位家人发现了一个重大的奇异现象，甚至连有观察眼光的人也没有见到过的现象。

　　时间已经很晚了，大约十点钟，蝎子终于结束了散步。那只雄蝎子带着女士来到了一片瓦片下，在这个隐秘的地方，它想做什么呢？它牢牢牵着对方的双手松开了一只，同时开始了清理工作。它用腿扒了几下，再用尾巴扫土，终于挖开了一个地洞。它先钻进去，然后慢慢地、动作轻柔地把雌蝎子带进了新家。沙堆封闭了洞口，我们什么都看不见了。要不要打扰它们呢？还不到时候。前期的准备工作很可能要持续大半夜，可我这个八旬老人的双腿已经开始发软，眼皮也在打架，我对长时间的熬夜已经力不从心。我选择去睡觉，但是一整晚都在做梦。还是和以往一样，我经常梦见奇怪的事情，梦里蝎子钻进我的被窝，爬到我的脸上。

第二天，天刚亮，我就忍不住掀开了那块瓦片。只有雌蝎子一人在家中，雄蝎子不见了，附近也没有它的踪影。有了第一次的教训，以后会比较顺利一点吗？

五月七日

晚上快七点，满天的乌云告诉我们，马上就要下雨了。玻璃屋里又出现了一对幽会的蝎子。它们面对面、手拉手，静静地待在一片瓦片下。我小心地掀开瓦片，暗中监视它们，决不会给这对情人造成任何的影响。可是，不妙的事情开始了，天空下起了阵雨，我不得不离开。一小时以后，雨停了，我赶紧跑到玻璃屋前。没有了华盖的床果然留不住蝎子，它们手拉着手，重新找了旁边的一块瓦片。雌蝎子在外面，雄蝎子在洞里收拾。我们全家轮流守候，为了不错过蝎子交配的那一个瞬间，每十分钟换一班。可是，八点左右，这对情侣因为不满意那间新房，又要再次出征。我们的努力又白费了。

就像我四月二十五日看到的那样，雄蝎子倒退着在前面做向导，雌蝎子顺从地跟在后面。终于，它们总算找到了一块满意的瓦片，雄蝎子先钻进去，用尾巴扫了几下，新房就收拾妥当了。然后，雌蝎子在雄蝎子的牵引下钻进洞里。在此过程中，它们的手一直紧紧握在一起。我决定等两个小时再去拜访它们，给它们充分的时间做准备。可当我掀开瓦片的时候，它们依旧面对着彼此，手拉着手，看来什么事都没有发生。

这种状态一直持续到第二天。它们仿佛老成的思想者，一动也不动地持续着无聊的约会。太阳的落山也意味着这段爱情的终结，雄蝎子离开了瓦片，雌蝎子还在那里。没有任何新进展，也不会有什么新情况了。

但是，在这次观察中，我知道了两点有用的事情：散步之后，情侣对藏身之所的要求是很严格的。它们不喜欢在露天的、人多的地方举行婚礼。所以，不管是在白天还是在黑夜，洞顶的瓦片被掀走时，这对未婚夫妇就会离开众目睽睽的地方，去另外寻找一个新家。而且，它们会在有石板的洞穴里待很长时间，就像刚才那对蝎子，经过了二十四小时的思考，还是没有任何决定性的结果。

五月十二日

今夜很热，没有一点风，我们会再看到情侣的结合吗？这里有一对情侣，个子矮小的雄蝎子牵着肚子肥胖的雌蝎子，尾巴卷成螺旋状，正在倒着走。它们沿着玻璃墙走了一圈又一圈，有的时候朝一个方向，有的时候掉头朝反方向走。它们也经常停下来，额头挨在一起，头时而偏左，时而偏右，好像在讲悄悄话。细小的前腿不停地晃动，好像在狂热地抚摸对方。我们全家人惊喜地看着这一对连在一起的蝎子，我们的出现一点都没打扰到它们。

在灯光下，它们的身体变得半透明，优美的样子就像用琥珀雕刻而成的雕塑。它们把胳膊伸得直直的，尾巴卷成可爱的螺旋状。它们的动作缓慢，正在漫漫的征途中一步一步前进着。它们似乎没有受到什么阻碍。这里有一只夜晚出来游荡的蝎子，在沿墙根行走的路上遇见了这对情侣，居然闪身给它们让路，也许是察觉到它们之间微妙的关系了吧。晚上九点的时候，它们终于在一块瓦片下安身了。

第二天早晨，我发现昨天晚上这里发生了一场悲剧。瘦小的雄蝎子已经被杀，而且它的头部、一只螯钳和两条腿已经被吃掉了。雌蝎子还待在瓦片下，守着丈夫的遗骸。我把尸体放在洞口看得见的地方，整整一天，它都没有出来碰一下。当暮色降临时，它终于从家里出来，遇见了那具尸体，便将尸体搬到远处，把它吃完了。

这种吞食同类的行为，和去年我在露天蝎子小镇上看到的情况一样。我时常看见，石头下的雌蝎子正逍遥自在地吃着自己的丈夫。是不是雄蝎子完成了交配的职责以后，如果不及时脱身，就会被整个或部分吞食掉呢？如果需要它繁殖后代，雌蝎子是不会吃掉它的。我眼前正好有确凿的证据——昨晚我追踪那对情侣到一块瓦片下，今天早上我去查证，妻子正在啃食它的丈夫。

这一对夫妇的进展很快，但是也有好事多磨的例子。有些蝎子互相表达爱意，经过二十四小时的考虑，终于还是没有结为连理。周围的环境、气压、温度和蝎子本身等不确定的因素，在很大程度上会影响交配的进度。对于观察者来说，准确地把握时机，是一件很困难的事。

五月十四日

我给蝎子准备了很多丰盛的食物，有肉质细嫩的小蝗虫，有直翅目昆虫中味道最鲜美的小螽斯，还有截去翅膀的尺蠖蛾。以后我还会给它们提供美食，因为我曾在它们的洞穴中发现过类似蜻蜓的蚁蛉的尸骸和翅膀，所以给蝎子提供蚁蛉一定没错。

蝎子一定不是因为饥饿才每晚都有兴奋的状态，它们也从来没有对这些丰盛的食物表现出什么兴趣。面对跳跃的蝗虫、扑腾的尺蠖蛾、颤抖的蚁蛉，它们无视地来回走动，并厌烦地把这些食物踢翻，用有力的尾巴将它们扫到一边去，仿佛在告诉我，它们不需要这些食物。它们是如此烦躁不安，几乎全部沿着玻璃墙走，用尾巴支撑着站起来，脚下一滑便狠狠地落下来，它们愤恨地用手去砸玻璃，恨不得赶紧逃出这个牢笼。这个蝎子园明明很大，几乎每只蝎子都有自己的地盘，散步的地方也不少。可是，它们就像荒石园里的移民一样，对远方的世界充满着好奇。如果它们有自由的话，应该也会离开家园，毫不犹豫地去流浪吧。

在美丽的春天，爱情的力量让它们不思茶饭，急匆匆地踏上寻找伴侣的征途。在本地区范围内的石头下面，同类云集，它们常常能遇见自己心仪的对象。

如果不是怕天黑摔断腿，我真想到满是岩石的山冈上去，看看蝎子们充满爱意的婚礼。我想象着，在朦胧的月光下，雄蝎子牵着未婚妻，它们手拉手地在薰衣草丛中漫步。它们跟玻璃房里的蝎子没什么不同，只不过提灯发出的昏暗光换成了月光罢了。

五月二十日

有一对蝎子手拉着手，彼此面对着沉思不语。天黑的时候，它们又开始沿着玻璃墙散步，这次散步是什么时候开始的呢？也许是前一天，也许更早。好多蝎子从石头底下出来的时候就已经结好对了。不一定每天晚上都能看见雄蝎子邀请雌蝎子散步的场景，很多时候我都不知道它们是在什么时候，是怎样结合在一起的。有的蝎子在幽深的小路上碰到彼此，当它们终于走到我的视线中时，我已经错过了它们相遇的时刻。今天，幸运终于降临在我头上。一对蝎子在我的眼前，在提灯的亮光下牵起了手。

它们的相遇很简单，一只雄蝎子急匆匆地从一群蝎子中间穿过，突然一只雌蝎子吸引了它的目光，这就是所谓的一见钟情吗？它兴致勃勃地发出了邀请，对方没有拒绝，事情非常地顺利。于是，它们额头对额头，螯钳钩在一起，两条尾巴都竖立起来，支撑起整个身体，轻轻地抚摸着彼此。这个铁塔形状是蝎子结合的表现。这种姿势在同性相遇时也会出现，不过没有那么标准，更重要的是，在这种情况下，它们用尾巴相互撞击来表达不耐烦的情绪，而不是温柔地抚摸，这与爱意无关。

这个结构很快就解体了，它们终于手拉手地开始散步。那只雄蝎子一副胜利的表情，倒退着行进。不过，当它们浪漫地散步时竟出现了情敌。几只心怀嫉妒的雄蝎子经过它们的身旁，其中一只扑向被牵引的雌蝎子，拼命拖住它的腿，不让它们结合。雄蝎子实在太累了，它既推不动也拉不动，只能放弃了它的未婚妻。不过，它似乎没有感到丝毫的不愉快，立即转向身边另一位姑娘，连适当的表白都没有，直接拉起它的手，邀请它去散步。这位姑娘似乎很不满意对方无礼的纠缠，逃也似的离开了。

这个花心的小伙子，根本不在乎这样的结局，姑娘有的是，何必只留恋某一个呢？它又以同样直截了当的方式，邀请了另一只雌蝎子，这次成功了。不过，接下来还有很漫长的道路，谁也不知道这个姑娘会不会中途离开。小伙子带着被征服的姑娘一路走着，时常要休息片刻，有时还会持续很长时间。雄蝎子很耐心地牵引着雌蝎子，如果爱人拒绝前进，它就会使出浑身解数，拖着爱人走；如果爱人顺从，它也会很温柔地和爱人散步。

这时，雄蝎子开始认真地做起了一套动作。它收回螯钳，然后再向前伸直，并强迫爱人也学着做。这对蝎子面对面，组成了一个四边形，边框反复地收拢，打开。做完这套动作以后，它们各自把螯钳收回去，静止在那里，仿佛又进入了思考状态。

接下来，我不知道怎么形容这对爱侣的亲密。雄蝎子对着爱人的脸庞，用最纤细的前腿轻轻地拍着，并温柔地咬，雌蝎子也用下颌抚弄着雄蝎子的脸。传说是鸽子发明了接吻，现在我又找到了一位发明者。其实蝎子的脸就像被刀削过一样平，根本就没有唇和面颊，我们只能找到一张由丑陋的下颌构成的脸。就算如此，那也是蝎子认为最美丽的部位。现在，它们的额头顶在一起，两张嘴贴在一块儿，充满无限的爱意。

爱侣间的小争执是不能避免的。现在的雌蝎子温柔天真，听凭摆布，然而，只要对方的亲热超出了它的忍耐范围，它就会使用断交的手段，把尾巴当作棍子狠狠地打在雄蝎子手腕上，那位就立即松开了。

第二天，只要雌蝎子消气了，它们又会和好如初。

五月二十五日

雌蝎子会用棍子驱赶对方，还会断然拒绝雄蝎子的求爱，突然闹分手。今天记录的故事就告诉我们，温顺听话的雌蝎子也会有任性的时候。

今晚，它们两个正在体面地散步，雄蝎子找了一块合适的瓦片，准备在下面建造它们的新房。它松开一只螯钳，用腿和尾巴把门口打扫干净，洞穴慢慢形成了。随后，它拉着雌蝎子走进新房。

突然，这位准新娘顺从的脚步停下来了，也许是时间和地点不合它的意。它急匆匆地倒退出去，半截身体又露在洞口。它们发生了激烈的争执，准新娘想往外走，准新郎却在里面使劲地拉。在这一场搏斗中，实力相当的双方僵持着，到底谁会赢呢？

结果，雌蝎子猛地一下把雄蝎子从洞口扯了出来。但是它们并没有分手，而是继续散步。它们在玻璃围墙边走了整整一个小时，一会儿向这边，一会儿又拐向那边。最后，它们居然又回到了刚才那块瓦片旁。洞已经挖好了，雄蝎子当机立断拖着爱人就往里面走，根本不顾雌蝎子的反抗。倔强的姑娘把腿绷直了不动，脚在地上拖出了一道道清晰的痕迹，尾巴用力靠在拱起的瓦片上，有一种决不屈服的态度。

雄蝎子软硬并施，终于把雌蝎子安抚好了。十点的时候，它们终于进了洞房。我对下半夜的守候有很大的信心。等到适当的时候，我会掀开瓦片看看下面发生的情况。

但是，我的希望又落空了。才过了半个小时，气冲冲的准新娘还是从洞穴中出来了，它实在不能忍受了，飞快地跑掉了。可怜的准新郎急急忙忙从洞里追出来，试图挽回这段关系。它在家门口四处张望，但都瞧不见爱人的身影。它默默地回到家中，一副心灰意冷的样子。我又何尝不是呢？

第五章 | 朗格多克蝎子的家庭

书本的知识似乎成了一道无形的枷锁，越深入就越被禁锢。在广阔的大千世界，书籍就显得太渺小了。我宁愿无知地去接触一切新鲜的事物，放任思想去遨游。最近的一次类似的体验，是通过观察朗格多克蝎子的生活而得到的。

我曾经拜读了一位名师的解剖学论文，大作中提到，朗格多克蝎子九月开始繁殖后代。而我们地区的朗格多克蝎子早在这之前就已经完成了交配。幸好这篇论文没有给我太多的教导哇！我如果乖乖地等到九月，那就什么都看不见了。我如果意志坚定，非要看到这个过程，也许就要再一年，再等一年，直到我实在没有信心了，便放弃这个课题。

这是多么令人郁闷的事情啊！很久以前，一位非常有名的、对书本知识不屑的大师告诉过我无知的好处，它能带领我在未被开垦的土地上找到新的宝藏。

某一天，我在简陋的家中接待了一位知名的来访者。他是巴斯德（法国微生物学家、化学家，近代微生物学的奠基人），永远推翻了自然发生论的伟人。就像这个时代有进化论，以前出现过自然发生论。他的实验材料仅是那些无菌的或是故意放了繁殖能力很强的细菌的圆底烧瓶，简洁却不乏谨慎。从此人们就认清了腐败物质中的化学反应，彻底抛弃了那种荒唐的生命起源理论。

我很早以前就听说过他的名字，拜读过他关于酒石酸的分子不对称性的论文，也曾热切地关注过他关于纤毛虫繁殖研究的动态。对于这位名人的到访，我感到非常高兴。他把我当作一个物理和化学方面的同行来请教一些问题，但我那些无为的研究怎么能跟他的相提并论呢？

客人告诉我，他回到阿维尼翁地区是为了养蚕。近几年养蚕场遭受瘟疫，那些可怜的蚕莫名其妙就得了病，腐烂发臭，然后身体就变得像石膏一样硬。那些蚕农心力交瘁，他们主要的收入来源之一没有了，精心饲养的一房房蚕都死去了，他们不得不痛心地把它们丢到肥料堆里。

巴斯德介绍了一番之后，终于开始了提问。

"您能帮我弄一些蚕茧吗？我只是听说过，还从来没有亲眼看过呢。"客人说。

"没问题，我的对门邻居正好是做蚕茧生意的，您稍等，我马上给您取几个过来。"我马上跑去邻居家，装了满满一口袋蚕茧，回到家，拿给一脸好奇的学者。

他用手指夹着茧翻来覆去地看，这对他来说确实是一个新鲜的小玩意。他把蚕茧放在耳边摇晃了几下，好像发现了什么重大的事件。

"它发出声音了！是不是有东西在里面？"

我奇怪这位大学者怎么会提出这样的问题，便回答他："当然。"

"是什么？"他继续追问。

"蚕蛹。"

"什么是蚕蛹？"

"它就好比是一具木乃伊，蚕必须在里面完成变态发育，之后才可以变成蛾。"

"每一个蛹都独占一个蚕茧吗？"

"对，蚕茧的作用就是为了保护蛹啊。"

"啊！"大学者终于不问了。面对这个新鲜事物，我真不知道他的自信心是从何处而来。他不认识蚕、蚕茧和蚕蛹，不具备基本的常识，竟然还想拯救这种昆

> **知识链接**
>
> 蚕是蚕蛾的幼虫，是丝绸原料的主要来源，在人类经济生活及文化历史方面有重要地位。蚕原产于中国北部，主食为桑叶，也可用鹅菜补充。茧是由一根长度为300～900米的连续的丝织成的。家蚕的幼虫及蛹可以食用，并有食疗功效。作为成虫的蚕蛾不能飞，只用于产卵以繁殖后代。

虫，甚至还想帮助养蚕场的农民脱离困境。我非常震惊，据说古代的体育教练赤膊上阵参加格斗，他们与我们的这位学者也不相上下。

他把蚕茧小心翼翼地放进口袋，准备回去好好了解这个重要的新发现。然后，他突然对我说："让我参观一下您的酒窖吧。"

我知道他的另一个研究课题，是通过加热来改善酒的品质。可是，我这个穷教师的酒窖实在是不好意思展览给他看。我试图回避他的请求，可是他却非常执着地要进去参观。我微薄的收入哇，只能拥有寒酸的酒窖。我倒宁愿他把注意力放在我的酒桶上，还有那些标有年份和产

地、布满灰尘的酒瓶，可是他偏偏要看我的酒窖！等他一进去就会发现，红糖和苹果渣正在坛子里发酵，酝酿着一种带酸味的劣质酒！天哪，我是多么尴尬！

我指指厨房角落里一把没有椅垫的椅子，上面放着装有十二升酒的大肚瓶，我硬着头皮介绍："这就是我的酒窖。"

"这就是您的酒窖？"大学者看起来有点不信。

"我没有别的酒窖了。"

"就这些？"

"唉！是的，就这些。"

"啊！"我的客人又再次不说话了。他不明白贫穷到底是什么。他在我那个由一把旧椅子和一个大肚瓶组成的酒窖里，没有看到想要的情况。不过，我看得出来，他完全没有想到，这里存在着一种微生物的作用。

虽然这是一段不愉快的插曲，但是巴斯德还是给我留下了深刻的印象。他根本不知道蚕的生活史，不知道这些小东西将来会用茧包裹自己，最后变成蚕蛾。在这一方面，他还比不上我们南方农村的小学生。尽管如此，他也丝毫没有被未知的世界吓倒，他在知识的山冈上攀爬，并下定决心，一路拾取那些蚕、蚕茧、蚕蛹、蚕蛾，以及昆虫学里成千上万的小秘密。将来，他还想拯救养蚕场，还想在医学领域、卫生领域引起一场革命。也许，不知道这些，对他的研究会更有好处。只有打破已知，思想和行动才会更加自由。

我从巴斯德那里受到了启发，决定作为一个无知的人去接近昆虫。我不去请教别人，也很少翻阅书本，就算有时我打开书本，也会在开垦好的土地上留出一块长满杂草和荆棘的空间，便于我进行思考和提出问题。

我静静地守着研究对象，直到它们愿意开口对我说话。我喜欢这样的方法，可以每天都从不同的角度考虑问题；而若不是采用这种态度，我就会相信书本，九月跑去看朗格多克蝎子的繁殖，这极可能会浪费一年的时间。如果我偶然在七月瞥见了它们的繁殖，还会感到吃惊。

提供这个信息的雷翁杜夫是这方面的权威，但我仍然坚持把这种时间的误差归结在气候上，因为我是在普罗旺斯观察，而大师在西班牙观察。我不能因此而抛弃了主见。

我要感谢黑蝎子为我的实验提供了信息。与朗格多克蝎子相比，它们个头小，也不够活跃。我把它们养在实验桌上的普通广口瓶里，作为对照组。它们数量少，便于观察，每天早上我都要掀开盖在瓶口上的硬纸皮，看看这些小家伙昨晚都做了些什么，然后再对着它们完成日记。这个工作只需一会儿工夫就能完成，但绝对不能在大玻璃屋里使用这种方法，因为玻璃屋里面有很多房间，如果一间间地观察一定会引起混乱，接下来再恢复原状更是一个麻烦的过程。

七月二十二日清晨六点左右，我照常掀开硬纸皮盖，欣喜的感觉油然而生。我看见了什么呢？一只雌蝎子背上爬满了小蝎子，这是多么壮观的景象啊！它就像披上了一件白色的风衣。这只雌蝎子一定是在夜里生下了孩子，因为昨晚我并没有发现它身上有什么东西。

幸运降临在我头上了。第二天，另一只雌蝎子背上也爬满了它的孩子，第三天又有两只雌蝎子也加入了分娩的队伍。上天对我太好了，我怎么才能形容这四个蝎子家庭给我带来的快乐呢？我简直喜出望外了。黑蝎子完全超出了我的预期目标，我贪心地想看看大玻璃屋里的朗格多克蝎子，它们是不是也会给我带来惊喜呢？

我这个八旬老人激动时，简直就像二十岁的血气方刚的小伙子一样。我把二十五块瓦片都掀开了，成果辉煌啊！我在三块瓦片下面发现了雌蝎子带着孩子的温馨场面。其中一只蝎子的孩子已经开始长大，依据后来的观察，它们已经出生两周左右了。其他两个家族的母亲小心翼翼地护着肚皮下的残余物，这说明它们的孩子都是当晚诞下的新生儿。

黑蝎子和朗格多克蝎子都在七月下旬完成了生产。此后的八月、九月，我就再也没有见过小蝎子的出生。玻璃屋里，有些雌蝎子的肚皮还有孕妇的样子，直到冬天来临，我终于确信这些都是欺骗我的假象，想要再增添几个蝎子家族，只能等到明年了。在低等动物中，这么长的妊娠期是很少见的。

✛ 蝎 子

我为每一个家族都准备好了一个狭小的容器，让雌蝎子和它的孩子们生活在里面，方便我观察。早晨，我发现昨晚分娩的雌蝎子的肚皮底下还窝着部分孩子。我用草秸拨开雌蝎子，在那些还没有爬到母亲背上的孩子中发现了一些东西。结果与书上描述的相差太大了！书本告诉我，蝎子是胎生的。仔细一想，确实不对。如果是胎生，伸直螯钳、叉开腿、翘着尾巴的小蝎子怎么可能进入产道呢？狭窄的产道也不可能让这么大的蝎子通过，所以，小家伙们出生时，一定不是我们熟悉的那个样子，它肯定被包裹着，而且体积适中。

　　我曾经解剖过临产期的蝎子的子宫，里面的卵的形状与雌蝎子腹部底下发现的一些残留物的形状相似，那正是蝎子的卵膜。虽然它们都在夜间产卵，但是遗留下来的卵膜足够说明，蝎子实际上是卵生动物。朗格多克蝎子腹下有三四十枚卵，黑蝎子的较少。

　　小小的卵膜就是新生儿的世界。卵的表面细滑，不是凹凸不平的。在微型的空间里，小蝎子被压缩得只有米粒那么大，腿紧贴在身体两侧，尾巴靠在肚皮上，螯钳折叠在胸前。它在一滴被薄膜包裹的温润液体中生长发育，在外面还可以看见深色的小点，那是它额头上的眼睛，它仿佛迫不及待地要来到外面的世界。我在绝妙的观察条件下，见证了它获得自由的过程。

　　雌蝎子用大颚尖温柔地咬破了薄薄的卵膜，并将它撕破，吞进肚子里，小心地把胎膜剥掉。尽管它的工具一点都不精细，但母亲却决不会擦伤孩子幼嫩的皮肤，或者扭到它们的手脚。当然，如果母亲不把卵膜咬破，柔弱的小蝎子就会被困在薄膜里。有时我看见一些小蝎子的卵膜没有被完全撕破，可怜的它们被黏液粘住，怎么都挣脱不出来。小蝎子永远需要母亲的帮助，就像母山羊和母猫，它们必须用舌头去舔孩子的胎膜，这样才能真正让它们获得生命。

　　蝎子的接生动作与我们人类的差不多。在遥远的石炭纪，从第一只蝎子出现开始，卵作为生育方式就开始传承下去。首先是爬行动物和鱼类，不久又有鸟类和几乎所有的昆虫。高等胎生动物就这样一点一点进化而来，随着生物体越来越精巧，卵的孵化也慢慢脱离了体外的不安环境，来到了母腹中。然而，我相信，生物的进化，并不是一直遵循着从低级到高级这样的规律发展的，它应该是跳跃式的。就像海洋，有的时候涨潮，有的时候退潮，生命也一样有前进和倒退。或许它还有其他的发展方式，但是谁又能说得准呢？

原来，我一开始看见的白色小蝎子，已经被母亲剥去了胎膜。白色的朗格多克蝎子长九毫米，黑蝎子长四毫米。它们干干净净地顺着母亲平放在地上的螯钳一路向上爬，高高兴兴地登上了母亲的背。它们一个一个聚集起来，用小足紧紧抓住母亲，如果不用力还很难用毛刷把它们扫下来。

雌蝎子尾巴翘起，背上布满了白乎乎的小家伙，就像一条披风。这时，它们都不动了。但是，只要我用一根草秸靠近小蝎子，雌蝎子马上会摆出战斗的姿态，两只螯钳摆出拳击的姿势，钳子张开，准备勇猛地回击。原来，它一直保持着警惕的状态。但是，它不能挥舞尾巴，因为突然伸开尾巴会引起背部的不平衡，一些小蝎子可能会摔下来，所以它只选择了勇猛、迅速、让人惧怕的拳头作为武器。

我做了一个小小的实验，让一只小蝎子跌落在离雌蝎子一法寸远的地方。母亲似乎一点都不关心这个孩子，依旧保持原来的姿势。小蝎子勇敢地蹬蹬腿，扭动了几下，终于够到了母亲的一只螯钳。年幼的小家伙动作尚不灵活，比走钢丝的狼蛛的孩子差远了。顺着母亲的螯钳，它迅速地重新回到背上，那里有它的兄弟姐妹。

虽然小蝎子有能力重返家园，但我想试试雌蝎子对此是不是真的放心。我让一部分小蝎子摔下来，散落在不远的地面上。小蝎子们迟疑了一会儿，似乎开始害怕，不知要走向哪个方向。雌蝎子终于着急起来，用螯钳的跗节贴着地面一刮，把散落下来的孩子重新带回了自己身旁。这个举动，比起母鸡温柔地呼唤走散的小鸡，不知要粗暴多少。但是小蝎子们一点都没有受伤，惊慌失措地赶紧跑回母亲的背上。

雌蝎子充分表现了它的粗心大意。这一刮同时带回了一些陌生人，但雌蝎子就像对待自己的亲生孩子一样把它们搂起来。我用毛刷把一只雌蝎子背上所有或部分孩子扫下来，让它们掉在另一只雌蝎子旁边，它们就被这位母亲糊里糊涂地收走了。但是，雌蝎子绝对是用心尽责的母亲。生下孩子以后，它们便在很长一段时间里不出门，即使晚上大家都出去散步了，它们也不思茶饭地在家中照料孩子。

小蝎子要在母亲背上待一周左右。尽管它们已经初具轮廓，但是只

— 411 —

⊕ 小蝎子在雌蝎子背上待一周左右便开始"蜕皮"

有把身上这件外套脱掉，才可以变得更加清晰分明。它们安静地等待，然后获得新生。

这是一个表皮开裂的过程，我暂且把它叫作蜕皮，但实际上这种叫法是不准确的。在以后的日子里，小蝎子会经过几次真正的蜕皮，皮肤从胸部裂开，小蝎子从唯一的裂缝里钻出来，蜕下一层干巴巴的皮，这层皮与蝎子的形状一模一样。

而现在蜕下的皮全都是碎片。我把几只正在蜕皮的小蝎子放到玻璃片上，它们一动不动，样子很痛苦。它们的皮肤从前后左右好几个不同的地方裂开，身体各个部位的旧皮纷纷脱落下来，没有先后顺序。沉重的外套脱掉以后，它们依旧是白色的身体，但明显灵活了很多。它们迅速地跑下去，在母亲身边不知疲倦地玩耍。

同时，我发现它们长大了。它们什么都没吃，体重减轻了，体积却出乎意料地变大了。朗格多克蝎子原来身长九毫米，现在是十四毫米；黑蝎子从四毫米长到了六七毫米。长度增加了二分之一，体积几乎是原来的三倍。它们好像受热膨胀一样，这是怎么回事呢？这是身体内部的变化，游离的分子聚合成大分子，体积虽然增加了，却没有带来新的物质。我缺乏一系列的条件，所以不能深入研究，但是非常希望有耐心、有工具的人可以继续研究这种结构的突变，也许他们能得到一些有价值的信息。

小蝎子蜕下的皮落在母亲背上，那是一些白色条状或光滑的块状物体，正好给小蝎子提供了一条舒服的毛毯，蜕完皮以后的它们可以在这里休息。小蝎子上上下下的时候，也因为有了这层皮而更加迅速。母亲是坐骑的话，这层皮就是最棒的鞍褥。这条毯子也像一根悬绳，小蝎子用它来练习攀登。每当我用毛刷轻轻把小蝎子拨下去的时候，那些摔下去的小家伙立即不服输地跑回来。它们抓住鞍褥的边边角角，把尾巴作为杠杆，使劲一跃就回到了原来的位置。在大约一周的时间里，即小蝎子离开母亲之前，这层皮一直牢牢地贴在雌蝎子的背上，不会脱落或错位。当小蝎子纷纷来到地面，这层毯子就像受到了某种刺激一样，整块或一片片地脱落，最后雌蝎子的身上又变得光秃秃的了。

你绝对会喜欢上眼前这温馨的一幕，雌蝎子和小蝎子依偎在一起打瞌睡，就像母鸡和小鸡休息时一样可爱。有一些调皮捣蛋的小蝎子，爬到母亲的尾巴上，好像比赛谁跑得快似的，一直爬到涡旋顶，胜利地往下俯瞰。突然有几个兄弟上来，毫不客气地把前面的小蝎子赶走，仿佛那个位置能够满足它们的求胜心理。大部分小蝎子都乖乖地趴在地上，紧紧靠着母亲，有一些比较娇气，躺在白色的鞍褥上，懒懒的，不肯下来。

此时，小蝎子身上有了明显的成长痕迹，它们有青春的亮丽，金黄色的肚皮和尾巴，螯钳闪着柔和的光，像半透明的琥珀。小朗格多克蝎子真的很美丽，如果它今后不用毒囊作为武器，那它一定会成为人们喜爱的宠物。

大部分的孩子依偎在母亲身边，乱动的孩子会钻到母亲的肚子下面，缩成一团，只露出闪烁着黑眼睛的额头。那些特别好动的孩子在母亲的大腿上玩得不亦乐乎，它们把荡秋千等项目玩了个遍。不久，小蝎子们开始向往自由。它们利索地从母亲背上下来，跑到附近的地方去玩耍。如果它们跑得太远，母亲就会生气地发出警告，并用螯钳一把将它们搂回来。嬉戏之后，孩子们不慌不忙地重新回到母亲背上坐好，它们又一动不动了。

小蝎子在母亲背上待了两周，它们开始变得成熟，身体发生了巨大的改变。我总是对此表示怀疑，不吃不喝的两个星期中，它们蜕了皮，变得更加敏捷，总该补充点食物吧？雌蝎子有没有把最鲜嫩的美餐留给孩子们呢？

我试着给了雌蝎子一只小蝗虫，如果母亲有心，一定会把这顿美餐分给正在长身体的小蝎子。可是，它丝毫没有想到孩子们，当它大口大口嚼着蝗虫时，一个好奇的孩子跑到母亲的额头上，想看看到底发生了什么事。可是它的腿碰到了母亲的下颚，逃也似的跑回去了。它害怕那张咀嚼的嘴，万一在不经意之间这嘴把它咬住吞下去，那可就不妙了。母亲正在啃咬蝗虫头部的时候，另一只小蝎子吊在那只蝗虫的尾部，也想尝尝滋味。可是，不管它费了多大劲，连一块都咬不下来，蝗虫的肉太老了。当小蝎子能够吃下东西的时候，如果母亲能稍稍给它一点合意的食物，它会很高兴地享用。但是，这个粗心的母亲从来都是只顾自己埋头吃。

可爱的小蝎子们，你们给了我多少的快乐与惊喜呀！如果我有时间给你们捕捉猎物，我愿意继续饲养你们。但是，我看见了你们蠢蠢欲动的表情，你们想离开，到远方去享受新鲜刺激的生活；你们开始畏惧母亲，它也很快不再有温柔的亲情。

对呀，你们不应该留在这里。你们身边的那些老家伙，一点都不懂得爱惜幼小，甚至会把你们吃掉。不久，你们都会成为它们的外来敌人；来年，它们会在婚礼上把你们吞下肚去。所以，尽管我恋恋不舍，但你们必须离开这个美丽的玻璃屋。

最近我就会抽出一天时间，把你们带回那烈日炎炎的岩石山冈上。那里才是你们的家园，那里有和你们年纪一样大的同伴，它们单独住在小石头下，有的住在还没指甲盖大的石头下。加油吧，美丽的小蝎子们，道一声"再见"以后，请你们为了生存，坚强地奋斗下去。

第六章 | 老朋友绿蝇

我从没有像现在这样喜欢独自去思考生活。我钟情于幻想有一个自己的天地，这个天地独立而有空间，是一个能够让我稍微避开尘世打扰的地方。这个地方长着灯芯草，中间是一个池塘，水上还漂浮着水浮莲。闲暇的时候，我可以在美丽的杨柳树下，让微风轻抚着我的双臂，看着水中小动物们的生活。那是纯粹的自然生活，充满了荒蛮和温馨，但又不失质朴。

我对软体动物的栖息地进行观察，赞赏着欢快玩耍的豉甲、在水中滑行的尺蝽、跳水的龙虱和逆风滑行的仰泳蝽。特别是仰泳蝽，它慵懒地划着它的桨板，而把用来捕捉猎物的前腿放在胸前，守株待兔。其实钻研扁卷螺产卵也是一件很有意思的事情，你会发现原来生命就孕育在那看不清的润滑的分泌物里。它们闪闪发光，似乎是星星之火。运动给了生命延续的条件，它不停地旋转着，渐渐地留下了痕迹，这个痕迹的延续就是将要来诞生的贝壳。略懂几何的人们会发现，这些痕迹竟然构成了天体运动的轨迹。

常常到水塘边游玩使得我产生了很多深重的思想，可是天不遂人愿，人世间好多事并不是你想怎样就能怎样，心里的想法最终只是水月镜花。我只能依靠工业文明的东西来实现我心里美好的构想，人工的水塘并不能真正实现某种类似于新陈代谢的东西，而人为建造的空间也始终不能超越自然的法则，它们还是自然而然地形成了适合自己生存的巢穴，生命就在这里诞生了。

阳春时节，紫色的英格兰山楂树鲜花盛开，夜莺、蟋蟀陆续鸣叫，我的第二个愿望隐隐约约在我脑海里闪现。我恰巧在路上碰见了令我难以释怀的悲惨情景：一只死鼹鼠和一条被人打死的游蛇。它们的死因可想而知。我们完全可以想象：一只正在寻找食物的鼹鼠，当然它的主要食物就是田间的害虫，而田间劳作的农夫在田间地头发现了它，惯性的思维使得他看见鼹鼠就无情地将其用锈钝的铁锹砍死，随手丢在路边。游蛇的命运似乎和鼹鼠一样，温暖的阳光使它们很早就苏醒过来。新的

🔴 蝇的口器属于舐吸式口器,当遇到液体时,它可以直接用口器吸;而遇到固体食物时,它则用口器去"舐",把固体食物溶解在自己的唾液里,然后再吸食到肚子里

生命轮回开始了,它们脱掉旧皮,换上新装,可惜却被愚昧的路人发现。他们打着除害的幌子把正在帮农夫除去田间害虫的动物打死,这些动物的无辜可想而知。

腐烂的尸体开始发臭,从旁边走过的活物都没有理会这两具尸体的意思。研究者从这里经过,看见两个逝去的生命体上一群虫子攒动着,这些小东西紧张有序地处理着两具尸体,也许我们最好不要去打扰这些负责殡葬的劳动者。

把尸体分解的过程依然约定俗成,忙碌的分解者按部就班地将分解的物质转化成了另外一种存在形式。而对这一切的观察成了我另一个久未实现的梦想。我要走了,虽然我不忍离去,但我却不能在这里看惨死的鼹鼠及它的分解者。这里并不适合我去讲大道理,我要离开这发臭的现场,如若不立即离去,过路的人们会怎样看待我的行为呢?

如果你们就在现场,你们会将关注点放在哪里呢?你们有无坚定而明确的立场?是可怜遇难者还是鄙视分解尸体的啃尸者?其实,我们并不需要从这个角度来思考问题,我们最应该关心生命从开始到结束这个短暂的过程,生命由微生物慢慢累积而来,可是宿命却是注定的。我们谁也逃脱不了被另一种物质分解的命运。到这里我的问题的答案也就有了。水塘里的扁卷螺明确地回答了我的第一个疑问,而可怜的鼹鼠也恰当地诠释了我的第二个疑问。总结起来,一切都是熔化的过程,一切都在熔炉里熔化,熄灭即开始,我们无须惺惺作态!让不了解生命的人们尽早离开不属于他们的空间吧。

我的第二个愿望已可以实现,我似乎找到了一个适合隐居的地方,这里很安静,也没有人来打扰我,一个独门小院对像我这样的研究者来说再合适不过了。

但是像猫这样捣蛋的家伙还是让我很担心,它们游手好闲,要是被这些家伙发现我的研究场地,后果可想而知。被破坏掉成了最有可能发生的事情,我事先预料到了这一点,因此我着手建造了一个空中楼阁,只有那些专门制作腐烂物的过客才能飞到那个地方。

具体的制作过程其实很简单，我把三根芦苇秆绑在一起，形成一个三脚架的形状并将其布置在院子里的不同角落，支架的高度大约有一人那么高，上面吊着一个装满沙子的罐子，为了在下雨的时候将多余的水排出，我在罐底钻了一个小洞。我把收集到的各类生物的尸体放在罐子里。当然，如果条件允许的话，我会首选游蛇、蜥蜴、癞蛤蟆，原因是这些东西都有一个共同的特点——它们的皮肤都没有毛，这样更容易看清入侵尸体的不速之客。我收集来的东西主要来自邻家小孩的辛勤劳动，这些小孩子会用我给的工钱去买自己喜欢的东西。一到了夏天，我的货源更为充足，经常有用棍子挑来的蛇、用菜叶包来的蜥蜴、用捕鼠器捕来的褐家鼠、没有水喝导致死亡的小鸡、被打死的鼹鼠、被过往车辆轧死的小猫，还有被有毒的草毒死的兔子。我的买卖公平交易、童叟无欺，这样的交易很新奇，也可谓之"前无古人，后无来者"。时间长了，罐子里的东西慢慢地多起来了。就是为了不让一些讨厌的家伙来访问我的作坊，我才用心良苦地把罐子吊得如此之高。但是嘲笑者还是来了，一只蚂蚁顺着芦苇秆爬了上来，真是贪婪的家伙呀！这只刚死的动物，并没有什么味道显示出其已死亡。但是猎食者还是发现了它，如果味道合适，它们就会在这附近定居下来，直至将这个食物吃完。

蚂蚁在属于自己的季节是最忙碌的，它们会在第一时间发现死尸，并在确定死尸已没有任何可以啃的东西后再缓缓离去。这只到处觅食的蚂蚁在自己并不能看见的高处发现了这具死尸，这就仰仗蚂蚁灵敏的嗅觉了。可是它并不是最专业的死尸分解者，当死尸真正开始发臭，专业部队就蜂拥而至，这里面包括：皮蠹、腐阎虫、葬尸甲、负葬甲、苍蝇和隐翅虫。就是它们把死尸彻底地消化了。这里面不得不提的就是比其他分解者更为高级的苍蝇，我们可以从苍蝇的活动习性上去观察研究它，现在让我们把观察范围限制在绿蝇和麻蝇身上吧。

绿蝇，大家熟知的双翅目昆虫。它的颜色很特别，而且光泽亮丽，和金匠花金龟、吉丁虫一样美丽。我常常感叹这么美丽的外衣却穿在了分解死尸的清洁工身上，这是那么不相称。屡次来我作坊的三种绿蝇分别是叉叶绿蝇、食尸绿蝇、居佩绿蝇。叉叶绿蝇和食尸绿蝇的颜色是金绿色，而居佩绿蝇的颜色是铜色。但是它们有一个共同点，那就是它们眼睛的颜色都是红色，眼睛周边还有银边环绕。单论绿蝇的

昆虫记

➊ 粪蝇

个头，食尸绿蝇是绿蝇中个头最大的，我无意中发现了处在生育期的它，它把卵产在了羊的脊椎里，这个地方倒是很温暖，我似乎看见了它的红眼睛以及银白色发亮的面孔。我很容易就收集到了这些卵。根据绿蝇的生产规律，这只是它产下的卵的一部分而已。如何得知绿蝇是分次分批进行产卵的呢？下面这个场景应该可以作为例证：一只鼹鼠已多日平躺在沙滩上，经常暴晒，它的肚皮出现了一个鼓胀的部位，我们知道，绿蝇及其他双翅目昆虫都不会把卵产在裸露的表面，它们会选择比较阴暗的地方以避开暴晒对卵的破坏。那么死动物的皮下是较好的栖息地，前提是想办法进去。

仔细研究发现，进入皮的入口就是肚皮下的褶皱。它们在那里进行了生产建设，它们非常喜欢那个地方，也是因为那个地方的环境很好，不停地有食尸绿蝇出来和进去，进出的过程显得井井有条。细心的你还会知道，它们的排卵是阶段性进行的，中间穿插着几次休息。总体要把握的就是待生产的卵是否进入输卵管了，一旦进入了它们才会松懈下来。

为了更为细致地进行观察，我小心地将产卵的动物拿起，当然不会影响到它的产卵活动。整个过程依然那么紧张有序，绿蝇唯一的目的就是能将卵放在卵堆的深处，插曲自然会有，灵敏的蚂蚁还是会来捣乱，它们会来抢走一些卵，当然这并不会影响到整体的产卵数量。绿蝇有理由不去阻止这种抢劫行为，因为它们的肚子里还有卵来弥补这些损失。当然，存活下来的卵足可以保证绿蝇种族的延续。我们在死尸中发现，奇臭的脓血里有活动的生命迹象，蛆虫在脓血里一动一动的，最终把尸体的中间部位掀起，这个景象足以使人害怕。

在我的院子的罐子里，有一条游蛇，它那弯曲的身体以及爬行动物身上一圈圈的纹理成为产卵的最佳去处，这里一直有前来产卵的苍蝇。它们有时会奋不顾身，因为得拼命把腹部及输卵管往更深的地方塞。产卵的过程极为复杂，时而会中断，但是速度还是可以保证的。三四个小时之后你就会发现这个产卵地真的密密麻麻地布满了一层卵。我用纸做的小铲子采集了一些白色的卵，把它们放在玻璃管里，然后补充一些必要的食物。卵的形状呈圆柱形，二十四个小时之内即可孵出幼虫。产出的幼虫是如何进食的？从"吃"这个字的严格定义来看，它们的吃法能称得上吃吗？我的怀疑是有道理的。

相对于幼虫稍大的头部，它们的身体造型更为有趣。身体的整体构造大致为长的锥形，具体

➕ 青 蝇

说来就是头部很尖，头部以下较宽，尾部为截面状。如果注意的话你会发现，它的尾部有棕红色的点，我们谓之气门。头部其实是它的肠道入口，里面有两个黑色的爪钩，可以伸缩，但是我们不能把它们理解为大颚，因为它们的作用不同而且永远也碰不到一起。

我们把爪钩理解成咀嚼器官其实有失偏颇，它真正的作用是用来移动的，而反复的伸缩能够使其产生行走的动力。如果你想细致地观察整个过程的话，你可以在显微镜下观察到蛆虫的行走全过程。实验是这样的：我们把蛆虫放在一块肉上面观察，就会发现蛆虫的移动细节，时而低头，时而抬头，还不停地用爪钩去碰触一下肉，从肉的数量并没有减少上我们也可以说它从未吞下用爪钩带走的肉。

这就更奇怪了，既然蛆虫在一天一天地成长，而我们却没有发现它消耗食物的过程。既然没有吃固体的食物，那么它是不是喝了液体，或者把固体的东西变成液体了？

我们必须去研究蛆虫消耗食物的过程。首先我们选用一块经过处理、确已干燥的肉，把肉放在一个试管里，然后把从游蛇身上收集来的卵放在这块肉上面。另外，我又选同样条件的另一块肉，但是不放卵，以此作为参考。

实验的结果是非常惊人的，有蛆虫的这块肉已经变得非常湿润了，而且玻璃上所有蛆虫经过的地方都留下了很重的水汽，而那个参照试管里的肉仍然是干燥的。由此可见，蛆虫经过的地方的肉变湿的原因并非来自肉本身，而是来自蛆虫。随着蛆虫的运动，试管里的肉一点点全部被融化了，完全变成了液体，这个液体的名字叫作李比希提取

液。也许有研究者会问是不是肉本身被氧化而成为液体的，但是答案是否定的。因为我们参照试管里的肉除了颜色和味道变了以外，并没有发现质的变化。因此蛆虫使肉产生了化学反应，也许这个作用类似胃液的作用。

我在对熟蛋白的研究中得到了更为有力的证据。熟蛋白在经过绿蝇蛆虫作用后变成了无色的液体，以至于连蛆虫都会被这些液体淹死，当然这是因为蛆虫尾部的呼吸系统淹没在液体里，使其窒息而死。为了有参照，我在另外一个试管里放进熟蛋白但是不放蛆虫，结果熟蛋白越放越硬，变成液体的现象更无从谈起。

后来，实验被推广到装有谷蛋白、血纤维蛋白、酪蛋白及鹰嘴豆蛋白的试管里，结果都发生了同样的现象。蛆虫吸收了蛋白生长得非常之好，只要不是真正的液体，蛆虫就不会被淹死。

由于蛆虫无法食用固体食物，因此，对蛆虫来讲所有食物必须变为液体才能食用。流质的食物是其生存的保障，我们可以把蛆虫的进食过程称为喝汤。蛆虫利用自身的溶液来分解食物，使其由固体变为液体，爪钩提供了这些溶液，这些溶液的主要成分是蛋白酶，也就是说蛆虫先进行初步的消化，然后进食。

而研究胃液作用的人们从我的实验里得到了惊人的启发。我们不需要用小嘴乌鸦做胃液作用的实验了，我仅仅用蛆虫就使得这些固体物质变成了流体。但是我们要知道的是胃是在一个身体器官里工作的，而蛆虫却是在我们看得见的地方进行这么复杂的工作的。

其实回想起来，当蛆虫把头伸进液体中的时候，你就会不禁去想它们这种方式真的是咀嚼吗？看着它们着实光滑的皮肤，你就会有这样的错觉，难道它们的皮肤可以用来吸收食物？我们可以用金龟子和食粪虫卵的变化来推理绿蝇蛆虫的生存方式。我认为蛆虫可以靠全身的皮肤吸收食物，除了嘴巴吸食汤液外，皮肤也协助吸收和过滤，也许这就是它们预先把食物变成液体的原因。

还有一个极为简单却能说明问题的例子，也可以说明蛆虫先消化后进食的现象。首先我们将鼹鼠、游蛇或者其他什么死尸放在露天的沙罐里，为了防止其他分解者前来侵袭，我们可以在上面套上一个纱罩，时间一长，死尸会被烈日暴晒成干尸、硬尸，会渗出液体，但是液体会被干燥的空气和热气迅速蒸发掉。如果去掉纱罩，让分解者随意进入的话，我们就会看见另外一种情形：尸体会出现发臭的液体，而且沙土也会变湿，这就是固体变液体的开始。令我记忆深刻的是，有一次我的实验品是一条长达一米五、直径有沙罐罐口那么粗的游蛇，实验的结果令人震惊。由于游蛇的体积很庞大，很多绿蝇幼虫完全浸泡在了类似沼泽的这个狭小的空间里。罐子里越来越湿，好像刚下过雨一样，罐底的小孔里不时有液体滴下，这条游蛇在这个罐子里慢慢地被蒸发掉了，沙土黏黏糊糊，上面仅剩下一些骨头和鳞片。

蛆虫看上去是一种不起眼的存在，但是它的作用却不可忽视。它将死尸的残体进行最大限度的分解，成就了亡灵，存活了自身。它提取的能量又转化成另外一种能量表现形式，最终都归入了土地，使之变成了植物的乐园。

盗虻抓住了一只飞行中的草蜻蛉。

处于领土争夺战中的两只雄性突眼蝇正用它们的眼柄作为标尺来比较对方的体形大小。

第十卷

第一章 蝉的动人歌唱

关于蝉的寓言故事其实有很多，可是关于蝉的一切，这些写寓言的人是不是真正地了解呢？就连十八世纪初期法国著名的科学家、昆虫学家雷沃米尔自己都承认，他从来没有听过蝉的歌声，谁会相信写出《昆虫志》这样鸿篇巨制的昆虫学家，居然没有听过蝉的叫声呢？他只看过浸泡在跟消毒液有着相似功用的烧酒里的蝉而已。他们看过解剖后的蝉，在那些解剖者对蝉的发声器官给出准确的描述后，他们以此作为自己的理论源泉，然后创作出了让后人一直误会蝉的寓言。

大师已经把基本的方向定下来了，我们只能照着前辈的方向走下去。就像收割麦子一样，大师把大捆的麦子收走了，我们只希望拾到的麦穗能够捆成小堆；就像雷沃米尔在听的交响乐，我能听到的可远远比那隆隆作响的交响乐多。也许我能让话题听起来更加吸引人一些，就像对那些已经存在的资料，我只有在做最基本的讲述时才会翻来覆去地使用。

在我们村子附近，我可以找到五种蝉：南欧熊蝉、山蝉、红蝉、黑蝉和矮蝉。

我想先说说南欧熊蝉的发音器，发音器就紧紧地贴在它后腿的地方，在后胸部位，像两片半圆形的锅盖一样，很宽。这就是蝉发音器官的音盖，我们也叫它顶盖、制音器或者是护窗板。如果尝试着把这个器官打开，我们就会看到两个小教堂，两个小教堂加在一起就是一个大教堂，也是一个巨大的音腔。音腔的前面有一层质地柔软细腻的膜，呈黄色的乳状，而后面又是一层很薄的七彩的膜，像干燥的肥皂泡一样，普罗旺斯人叫它镜子，其实它只是一个器官而已，因为发音跟镜子相似，所以人们才这么叫。

这些可以看得见的器官就是很多人印象中的蝉的发音器官，但是如果你能忍心做这样一个实验，你就会发现，这些一直以来的想法根本就是错误的。是的，我又当了一次坏人，因为我急切地想知道到底是什么样的构造使得它们有这样嘹亮的声音。我剪掉音盖，把薄膜撕破，甚至把镜子也打碎，我本以为这样一来，这些高声歌唱的家伙就会像失去创作灵感的艺术家一样，再也无法一展歌喉。可我错了，它们的声音依然存在，只是略微变小了而已。所以，大教堂也好，前后的薄膜也好，音盖也好，都不是它们真正的发音工具，只是增强或是改变声音的辅助器官。那么真正的发音器官到底在哪里呢？

是的，我不得不承认，在从前几次的观察和寻找中我并没有发现真正的奥秘所在。真正的发音器官是在两个小教堂的外侧，这里跟腹背交接的地方，有一个小孔，一个包着角质外壳、像纽扣一样大小的小孔，音盖就罩在它的上面，所

蝉的成虫以树木的汁液为食，为树之大敌

以我叫它音窗，它通向另外一个比小教堂要大得多的空腔。这里比较靠近后面的翅膀，并且也比小教堂狭窄很多。外壁是一个很难让人忽略的地方，因为在一片闪着银色光泽的绒毛中，只有这里黑得几乎失去了光泽，而且像一个小丘陵一样微微地隆起，整个呈椭圆形。

真正的发音器官就像一个钹（bó），想要找到这个器官就要在音室上打开一个大的天窗。接着你就会看清这个器官的全貌：向外突起的椭圆形薄膜，呈白色，上面还分布着三四根褐色的脉络，这样一来，这里的弹性就更加出色。整个钹固定在周围的框架上，框架很坚硬。很容易想象，当像橡皮筋一样的脉络受到拉伸的时候，它自然会带动整个钹向中间凹陷，但是坚固的框架让脉络无能为力，最终还是要弹回来，这样，钹又迅速地恢复到凸起的状态，一个清脆的声音就这样产生了。

这让我想起了二十多年前的一种玩具，当时那种恼人的东西真的算是风靡了整个巴黎，其原理跟蝉的发声原理基本是一样的。制造商把一个短的钢片的一头固定在一个金属底座上，这样一来，当人们用手指将钢片挤压得变形的时候，再突然放手，钢片就会迅速弹回去，然后发出一个响声。人们还为这种玩具起了一个名字，很形象，似乎是叫"噼啪"或者是"唧唧"，大概就是这样。当时我真的很不理解这种玩具怎么会风靡一时，我甚至害怕现在再来描述这样的玩具时，很多人都不知道我说的是什么，我想这也足以证明它的存在的确没有给人

们留下什么印象。

我想，也许这个玩具的制造商正是受到了蝉的启迪。让我有些疑问的是，小钢片发声是因为有人用手指给它施力，可是蝉不一样，没有人会因为想让它发声而跑去用手指给它的发音器官施力。那么镜是依靠什么来调节发音器官的凹凸的呢？让我们再回过头来研究教堂的原理吧。先说大教堂，一片黄色的乳状薄膜挡在前面，我们把它撕破，看，两根粗粗的肌肉柱子就这样显现了出来。这两根肌肉柱连接起来，形成一个"V"字形。在蝉腹背的中线上，同时也就是"V"字形的顶点部分，有点像被刀生生地截断了一样。在横截面上，又长出一根细细短短的系带，这样一共有两根系带对应着跟两侧的镜相连。这下真相就大白了，系带就相当于人们拨弄钢片的手指，镜就相当于玩具中的钢片，而玩具的底座，就是蝉身上坚固的框架，这样一来，靠着肌肉柱一张一弛地伸缩，镜就可以不停地做凹凸的变换，清脆的声音就这样回荡在它的教堂里。

也就是说，只要肌肉柱能够伸缩，蝉就能发出叫声。我找到了一只刚死去不久的蝉，小心翼翼地把它解剖，找到肌肉柱，然后用镊子轻轻地拉动它，接着松开镊子。肯定是刚死不久的原因，肌肉柱还可以迅速弹回去，一个清脆的声音又响起了。很戏剧化的是，眼前的发音器的主人已经毫无生气可言，但是在一段时间内，用我的方法，声音还可以源源不断地从它的体内传出来，尽管没有以前那样响亮。没有办法，我只能让这具尸体发音，而不能让它再去调节声音的大小。总之，真正的发音器是镜。我们之前的实验想要找出蝉的发音器官，我们打碎了镜子，破坏了教堂，但是还是无法让这些小家伙安静下来，尽管它们看起来已经破败不堪了。现在做了这个实验之后，我们就知道了，要想让这个小东西不再唱歌，其实不用做这么大的破坏，只要一根细细的针就可以了。拿一根针从被我叫作音窗的地方伸进去，尽量地伸到音室的底端，这样就可以触及镜，不用太用力，针尖就会刺破这个部位，这样一来，这只蝉就再也没有办法高声歌唱了。也许它还可以像以前一样欢快，甚至还可以用自己细细的口器来钻开树皮喝到甘美的汁液，谁也看不出它跟其他的伙伴有什么不一样，但它却不能高声歌唱了。因为镜上面有了一个缺口，这样一来，整片镜就不能做凹凸的变换了。就像船上的帆一样。本来帆是可以控制航向的，但是如果在帆上打上大大小小的洞，就算刮再大的风，帆还是一动也不动，钹也是同样的道理。

　　至于为什么之前把蝉的整个发音系统破坏成那种样子，它还是可以歌唱，只是声音变小了，原因就在于此，我们只是破坏了它发声的辅助器官。蝉的音盖是一个很结实的外壳，本身不会伸缩，但是却撑起了它的腹腔，使得腹腔可以伸缩。当蝉的肚子鼓起来时，里面小教堂的天窗就打开了，这样一来整个共鸣腔就会骤然变大，声音自然会变得响亮无比。而如果此时拉扯钹的肌肉柱同时运动，那么整个声音的音域也会顿时变宽，声音就跟很快地拨动琴弓所发出的声音一样。但是如果肚子瘪下去的话，那此时的声音就会变得毫无气势可言，低沉，甚至有些沙哑。

　　因为支撑钹的肌肉柱不能永远保持一种状态，所以我们在炎热的夏季听到的蝉的叫声往往是一阵一阵的，每段歌声中间大概会有几秒钟的停顿。有时候我在观察一只蝉，它会突然开始叫起来，声音洪亮，然后腹部快速地收缩，声音也随着这一阵猛烈的收缩而到了最高的音量，顶峰过后音量就急转直下，腹部慢慢就瘪了下去，声音也开始变得低沉沙哑，甚至转变成了一种低低的呻吟。腹部在进行了几秒钟的休息后，又攒足了力量，紧接着，一段由低到高的歌唱又开始了。蝉们似乎不在乎自己每次的歌声都是一样的，它们整个夏天都乐此不疲地高声歌唱着。

　　当然它们的这种兴致只有在阳光明媚的好天气才会有，阴天或是吹着冷风的天气，它们就完全没有了唱歌的心情。有的时候，天气闷热，它们就会断断续续地唱着自己的小曲，时不时地休息一下，然后继续歌唱。但是有的时候，炎热的天气反而会让它们异常地兴奋，从早上七八点太阳还没有完全发挥自己的威力开始，它们一时一刻都不会停止自己的歌唱，在肌肉柱需要休息的时候，也顶多是把高声的歌唱转为低声的呻吟，不会完全停止。这样的状况一直会持续到傍晚时分，甚至太阳下了山它们还是很不愿意收工，不知道除了它们还有哪位歌唱家可以每天唱十二个小时。

　　跟南欧熊蝉相比，红蝉要稍微小一点。跟其他的蝉不一样，它的翅脉里和身体的其他部分里流淌的血液都是红色的，而不是褐色的，所以人们才叫它红蝉。这种蝉在森林里并不多见，有的时候我要寻找好久才能碰见一只。它的发音器官跟南欧熊蝉的不完全一样，跟我们下面将要说到的山蝉的也有一定的区别，确切地说，是介于二者之间的。它像山蝉一样没有音室和音窗，却懂得怎么像南欧熊蝉一样靠伸缩自己的腹腔来控制声音的大小。它的钹是裸露在外面的，白色的钹同样紧挨着翅窝，上面有八条相对较长的平行脉络，还有另外七条看起来短一些的，在八条较长的脉络上逐一排开。小教堂的上面有一个内边缘向下凹的音盖，音盖很小，只能遮住一半的教堂。上面还有一个小小的孔和一个薄片，这就是它的气窗。每次它都会把后腿贴着身体，抬起或放下，这样就可以控制气窗的开合。当然并不是只有红蝉才会这样做，其他的蝉也会，只是红蝉的附器要大得多。红蝉的镜子也没有南欧熊蝉的大，但是它们的外表看起来都是一样的。当腹部鼓起来的时候，红蝉的声音就会变得很洪亮，腹部瘪下去的时候，声音就会变得低沉无力。还有跟南欧熊蝉相似的地方是，它的叫声也是一段一段的，因为它的肌肉柱也不能一直保持一种状态。不过略有不同的是，它的叫声不会一直那么响亮，因为它的钹有一半是裸露在外面的，那么声音自然会向外扩散一些，所以声音发出来的时候就没有南欧熊蝉那么响亮。但是它的肚子上却自带了一个很大的音箱，这也能从一定程度上弥补它相对较小的音量。

还有一种蝉，博物学家叫它山蝉，但是我们却叫它"咯咯蝉"。我觉得我们的叫法更为贴切，因为这种蝉叫起来真的是毫无停歇。之所以叫它"咯咯蝉"，是因为它的叫声听起来就是这样"咯！咯！咯！咯！咯！咯"，连绵不断。有的时候会让人觉得很心烦，因为它的声音并不是清脆的，而是一种近乎嘶哑的声音，每次叫起来都声嘶力竭的样子，扰得人心绪不宁。好在它们不和南欧熊蝉一样，起得那么早，睡得又那么晚，否则它们每天用这样不悦耳的声音唱这么久，我是接受不了的。这种山蝉的个头比南欧熊蝉的小一半，因为体形较小，所以动作也比较敏捷，不会给人很小心翼翼的感觉。我个人不是很喜欢这种蝉，或者说有点厌恶，它们的叫声只要响起，直至在它们睡眠的这段时间，也是不会停歇的，尤其是当那两棵高大的法国梧桐树上落了上百只这样的噪声制造者时，我觉得这简直是一种折磨。就好像有人提着一大袋子的干核桃在你的耳边拼命地摩擦一样，感觉不是你的脑袋先爆掉就是它们先爆掉。

跟南欧熊蝉相比，尽管它们基本的构造没有什么不一样，但是山蝉的声音还是跟南欧熊蝉的不一样，有自己的特点。山蝉的钹与后翅的翅窝紧紧地挨着，但是却裸露在外，因为它没有音室，所以就更谈不上音窗了。暴露在外的钹像一块白色鳞片一样干燥并且向外突出，其间横布着五根脉络，褐色的脉络中间夹杂着一点点的红。腹部的第一节向前伸展出一个簧片，又短又宽却很有力量，簧片活动的一端跟南欧熊蝉的一样靠在钹上，就像木铃的簧片一样，只不过山蝉的簧片没有搭在齿轮上而已。它们的簧片靠在微微震动的脉络上，这可能就是它们的声音听起来比较嘶哑的原因。但是我又没有办法拿一只山蝉来做实验，它们的胆量似乎跟体积成正比，我一抓住它们，它们的叫声就跟没有危机时候的完全不一样了。

山蝉的音盖中间有一条比较长的缝隙，不像南欧熊蝉的那样是交叠在一起的。钹被音盖和簧片遮住了一半，另一半就那样裸露在外面。有的时候我会用手指轻轻地压它，它就会把腹部和胸前的部分都微微地张开。但是唱歌的时候，它是不会主动去调节这个部位的，这也就是为什么它的声音不能像南欧熊蝉的一样有高低的起伏，因为它不会急速地运动自己的腹部，这样一来声音就没有大小高低的区别。那么为什么它的腹部不能伸缩却能发出那么大的声音呢？因为山蝉是会腹语术的蝉。我仔细地观察了它的腹部，惊奇地发现，前半部分居然有三分之二是透明的，那不透明的地方到底是什么呢？我用剪子把这一部分剪开，这样透明的部分就跟不透明的部分分开了，原来不透明的部分里装满了用来保存、繁衍后代的器官，这里被挤得满满的，丝毫没有空隙可言。但是剩余的腹部却空余很大一块，一个占很大比例的空腔就这样显露出来，我之所以这么说，是因为它几乎占了整个蝉的身体的一半，一直延伸到外表皮，只有背面的地方有一层很薄的肌肉紧密地排列着，消化管就长在它的上面，只是很细，就好像丝线一样。而空腔尽头的钹的肌肉柱就跟南欧熊蝉的差不多了，都是呈"V"字形，两边有两面闪耀的镜子，镜子间就是前胸的尽头，都很空阔。

现在我明白为什么它的腹腔不能伸缩却能发出如此大的声音了，因为它空空的腹腔就等于一个很大的音箱。南欧熊蝉是因为腹腔内没有这么开阔的空间，所以要依靠暂时扩大腹腔体积以增大音量，可是山蝉的腹腔中本来开阔的空间就已经很大了，所以它不需要再去靠扩大腹腔来增大自己的声音。我试着用手指把刚才剪开的地方堵上，声音就变低了，如果在这个地方接上一个圆锥形的小纸袋或是一个小的圆柱，纸袋的尖的部分对准山蝉的发音器，这样就形成了一个简易的扩音器。安装了这个装置之后，山蝉的声音可不再是沙哑那么简单了，而变得像牛叫一样。正在我做实验做得兴致勃勃的时候，几个小孩子经过我家门外，正赶上这只山蝉开始鸣叫了，我本以为几个小孩子会对这个现象感到惊讶，没有料到的是，他们直接被吓跑了。其实这是他们再熟悉不过的小山蝉的叫声，当然，被我安装了一些简单的装置。

做完这个实验我自己就在想，幸亏山蝉没有像人一样，是进化论的体现者，要不然，这样狂热的歌唱家，如果一代接一代地进化它们有着音箱效果的腹腔，那么过了不多久，山蝉就算离开了我的扩音装置，它们的声音还是会跟牛叫一样浑厚洪亮。试想一下，要是这样的叫声一刻不停地回荡在人们的耳边，那么整个普罗旺斯很快就会成了山蝉的世界，因为没有人能受得了。

当然我还是做了同样的实验，跟对待南欧熊蝉一样，不过这次我更想让这个喋喋不休、声音又不悦耳的家伙停下来。其实这比让南欧熊蝉停下来更简单，因为山蝉的铍外面没有一块完整的外壁来保护，所以我轻而易举地在这个地方扎了一个小洞，山蝉可能还不知道自己的身体发生了什么样的变化，它还想像往常一样高声鸣唱，却悲哀地发现自己再也发不出声音了。有时候我会突然很希望整个村庄就像这只山蝉一样安静下来，不过我知道，这只是一个幻想。

还有另外一种蝉，雷沃米尔和奥利维埃都称其为毛蝉，我不知道自己是否见过这种蝉。根据他们的说法，这种蝉在普罗旺斯很出名，当地人称之为小蝉。但是在我生活的地区，是没有人知道这种蝉的。所以我想，也许是他们把我们这个地区的另外两种蝉叫成了毛蝉了。根据他们的描述，我所在的地区有两种蝉跟书中的差不多，一种是黑蝉，还有一种是矮蝉，其中黑蝉我只见过一次，但是我却收集了很多矮蝉。下面我再来描述一下矮蝉的情况吧。

它的确是一种很小的蝉，大概就像一般的虻那么大，两厘米左右，应该算是我们这个地区最小的一种蝉了。有三根白色的脉络长在透明的钹上，钹虽然勉强能被皮肤上的褶皱遮挡上一些，但是还是可以看得见的。跟红蝉和山蝉一样，它也没有音室，或者说只有南欧熊蝉才有音室。小教堂顶上的两块大镜子之间一样有大大的空隙，两面镜子像两个四季豆一样，整个教堂就这样露在外面。它唱歌的时候也不伸缩腹腔，所以声音听起来跟山蝉一样，没有起伏变化。但是它没有山蝉那样恼人，可能是体积比较小的原因吧，它的声音不是那种刺耳的响亮，所以即便是很多矮蝉一起鸣叫，也不会让人觉得十分心烦。通常如果你想听见一只矮蝉的鸣叫的话，可能要走到离它只有几步远的地方才可以。

不管叫声是大还是小，是动听还是让人心烦，我好奇的是，为什么它们几乎整个夏天都在不停地叫。很多人可能会毫不犹豫地回答，这是雄性蝉对雌性蝉的吸引方式。如果我没有深入地去观察它们，也许我也会这样认为，但是我家门前的两棵法国梧桐每年都招来很多各式各样的蝉，十五年来从不曾间断，这使得我也不得不走进它们之中，好好地了解一番。首先我可以肯定的是，它们的高声鸣叫不单单只是为了吸引雌性的注意力，如果真的只是为了吸引雌性的注意力，那么找到雌性的雄性就完全没有了鸣叫的必要，但是我所看到的情况根本不是这样的。所有的蝉成群结队地把自己的口器钉在树皮里吸取甘甜的汁液，然后似乎就不再离开这棵树了。它们喜欢炎热的太阳，于是就跟着太阳旋转，让自己尽可能地暴露在阳光下，每过一小会儿，就换一个地方继续畅饮。就算在畅饮的过程中，它们还是没有停止过高歌。我对它们的群体进行过细致的观察，其中很多雄性的蝉身边已经有雌性的蝉陪伴了，依据高声歌唱是为了吸引异性这个道理，它们此刻应该静悄悄地吸吮着甘露才对。可事实并不是这样，它们的身边站着雌性的蝉，但是它们还是高声地歌唱着。所以，为了吸引雌性才高声歌唱这个理由是有些不妥当的，至少是有些片面的。

当地的居民说，蝉在这个季节高声歌唱是为了给辛勤劳作的人们加油鼓劲。人类这时候在烈日下拼命地劳作，它们依靠自己的聪慧在大树上栖息却能丰衣足食，所以它们要在自己休息的同时为收割的人们加油打气。这种说法自然是没有科学依据的，甚至是有些幼稚的，但是看在人们如此善良、如此纯真的分上，我很愿意把这种说法收录进来。

那么为什么它们会这样高声歌唱呢？可能大家都知道，的确有很多昆虫会在栖息的时候发出叫声。但是只要感觉到危险逼近，它们通常就会选择逃命了，蝉也一样。它们有非常敏锐的视觉系统，较大的复眼和三只钻石般的单眼能让它们清楚地看到自己的周围是否有危险逼近，一旦有人或是天敌靠近，它们就会立刻逃命，哪还有时间高声歌唱。于是我想，要是换一种方式来惊吓它们，结果会不会一样呢？

于是我做了一个让我至今还难以忘怀的实验。我向镇上借了两个大炮，朝里面装上了满满的火药，当然是那种在过节的时候鸣放礼炮用的火药。我想这样的阵势真的是很隆重的，就算是政治家巡回竞选路过这里时都没有这样的阵势。我怕把自己家里的玻璃震碎了，事先把所有的窗户都大大地打开，然后让我的几个昆虫爱好者朋友在窗台前做好记录：放炮前这些歌唱家都以什么样的阵形在歌唱，数量是多少。然后我毅然地点燃了大炮，轰隆一声巨响过后，我本以为树上什么都没有了，可烟雾散去后我甚至对眼前的景象有点不敢相信。蝉们还在悠然自得地畅饮着，阵形没有变化，数量也没有变化，就像刚刚什么都没有发生过一样，它们仍在欢快地高声歌唱。于是我大胆地做了一个猜测，或许这些视力超群的小东西都是聋子。它们只对看得见的危险采取行动，所以只要没有人打扰它们，就算再大的声音也不会惊吓到它们。

蝉到底是因为什么才会不停地高声歌唱呢？难道真的是因为在成功地吸引了雌性之后还要不停地向对方表达爱意？经过研究发现，很多动物在与异性慢慢靠近的过程中都会渐渐地安静下来。所以我只能把蝉的高声歌唱当作是对美好生活的一种欢愉的表达，也许并没有什么具体的意义。就像我们尴尬的时候会摸鼻子，兴奋的时候会不断地搓手一样，没有什么使它们高声歌唱，它们只是因为生活的美好，歌唱是它们生命中的一部分。也许我的言论听起来有些可笑，也许会有人认为我说的话合乎情理，这需要日后更多的人和更先进的科技来证明。

第二章 | 松毛虫的窝和社会

初冬来临，冷风已经开始耀武扬威，松毛虫开始修建过冬的住所。它们选择了一处松针密集的枝梢，用纺丝器织成一张网，将枝梢覆盖起来。这是一个半丝半叶的居所，丝网四周的松针都向房屋的中轴微微侧着身子，叶梢湮没在丝网中。十二月初，丝屋已经有拳头大了；临近冬末，它终于完工。丝屋体积有两立方分米，呈卵形，下部逐渐缩小，最下方包裹着支撑房屋的松枝梢。

每个天气好的晚上，松毛虫就成群结队地走出丝屋，沿着房屋中轴那根苗壮宽大的松枝，慢条斯理地挪动。然后，大部队逐渐拆分成小分队，各自前往临近的枝杈，享用美味的松针晚餐，吃得饱饱的再回去。在这来回的路上，每一只松毛虫都没有停止纺丝的工作，它们在往返的路上留下了两条丝线。这是它们为了避免迷路而留下的路标吗？

事情应该不会这么简单。如果只是沿途的路标的话，那么一条线就够了。松毛虫日复一日地在这条路上来来回回，每次都毫不吝啬地留下两条线。日积月累，这条路上便覆盖了密密麻麻的线，好像是一个鞘。这个鞘使它们住所的根基更加深厚，并与稳固的松枝连为一体。所以，它们的丝屋上部是卵形的居室，下部则是松枝和这个缠绕着支撑物的鞘。

每晚的七点到九点之间，你会看到丝屋的表面聚集着数不清的松毛虫，它们把始终挂在唇上的丝线，粘贴在经过的路上。似乎每一只松毛虫对这加固、加厚住所的工作都抱有极高的热情，它们干得如火如荼，毫不松懈。丝屋上的这番景象真是热闹非凡，就如同乡村的集市一般。

可是，这些未雨绸缪、使劲干活的松毛虫，难道已经预料到它们在寒风刺骨的冬日所要面临的苦难了吗？应该不是，因为生活并没有告诉它们。生活告诉它们的只是在家门口就有美味的松针，在平台上可以懒洋洋地在阳光中午睡。什么是凶号怒吼的寒风，什么是寒凉刺骨的冰雪，它们一无所知。然而，它们却认认真真地加固住所，似乎对未知

✛ 各种松毛虫

的苦难有一种本能的警惕。

丝屋的中央露出一个不透明的白色大壳，它由密集的线编织而成。屋顶上半开着一些分布得毫无次序的圆孔，这些就是松毛虫进出的门洞。白色大壳的四周围着很多完好无损的松针，松针隐没在丝线中，变成了厚厚的围墙。每根松针梢都发散出一些轻柔的线，它们交织在一起，形成一张半透明的纱帐。

纱帐里面有一个宽广的平台。每天上午，松毛虫就离开丝屋，来到阳光照射的平台上。它们相互堆靠着，你挨我挤地在这里晒日光浴。它们每天都在这暖洋洋的地方睡午觉，一直睡到晚上六七点钟太阳下山，才慵懒地散开。

我用剪刀沿着经脉把它们的小窝剪开，现在，让我们仔细参观一下它们的房间布置吧。屋里围着的松针竟然完好无损，丝毫没有被啃咬的痕迹。面对近在眼前的美味，馋嘴的松毛虫为何不为所动呢？原因很简单，这些松针是住所的支撑物，一旦受损很快就会干枯，北风一刮，丝屋就会随着脱落的松针一起被拔离枝梢，顷刻坍塌。要保住寒冬时节抵御风雪的小窝，就必须保证这些绿色的屋架苗壮繁茂。所以，即使天气恶劣，松毛虫们几天内都不能外出进食，它们也会强忍饥饿，不会打这些房梁的主意。

我在剪开的虫窝内部，看到一条松针形成的柱廊，它层层叠叠，稠密厚实，呈卵形。松毛虫用丝制的编织物给柱廊罩上了一层薄纱，像是一个鞘；鞘上悬着破皮屑和一串串干粪，这个容纳废弃物的地方与它美丽的围墙极不相称。而此时，松毛虫正杂乱无章地聚集在柱廊绿色的柱子上休息。

为了在气候暖和和无需提灯照明的条件下观察松毛虫的生活习性，我将半打虫窝移进暖房。虽然我的这个暖房十分简陋，并没有比外面暖和多少，但也总算是能够遮风挡雨。作为饲养者，我的责任是将这些支撑着松毛虫住所的松枝在沙土上固定好，并为这些观察对象提供新鲜而充足的食物；作为博物学家，我的职责是对松毛虫的饮食进行探究；而寄宿者们只要按照它们的本能生活，供我观察就可以了。

　　这些纺织工在完成加固房屋的劳动之后，来到临近的树枝上补充能量。它们三三两两地趴在每一根松针上，默不作声，一动不动，安安静静地享受着美味的松针。它们的胃是多么灵巧，消化的速度很快，以至于食物的残渣像雨点般落下；第二天早晨，地面上一定会覆盖上一层这样的绿色细粒。晚餐持续的时间很长，一直要到深夜。它们吃得饱饱的，一直到将自己盛丝的壶装满，才起驾回窝，回去之前，还都不忘在小窝的表面上再添加几根细丝。它们陆陆续续地返回，等到整个虫群都回到小窝的时候，已经是凌晨一两点了。

　　根据我在野外的观察经验，松毛虫对普通松树、阿勒普松树和海洋松树都十分喜爱，对其他松树好像不感兴趣，从未在其他松树上爬行过。不过，根据化学分析，它们似乎对含有树脂芳香的叶子情有独钟。

　　于是，我变换了菜单，给这些寄宿者送上了许多新菜：侧柏、刺柏、冷杉、紫杉。虽然这些新菜都散发着树脂的香气，却明显没有受到松毛虫的欢迎。它们宁肯饿着，也不去吃一口新菜。只有一种叶子例外，那就是雪松叶。它们吃雪松叶就像吃普通松树的叶子一样，丝毫没有排斥。同样都是松树替代品，为什么松毛虫只喜欢雪松叶，而对其他树叶不感兴趣呢？我回答不出来。或许，松毛虫的胃和我们的胃一样，都有着自己独特的喜好和难以探究的秘密吧。

　　现在，我可能要打扰一下松毛虫的正常生活，对它们进行一项新的实验。白天的时候，松毛虫都跑到有温暖阳光照射的平台上睡午觉；而这时，它们的房间空空荡荡，我就可以放心大胆地用剪刀实行我的新计划。我在虫窝的中部打开了一条裂缝，约有两根指头宽。出现了这么大的一个缺口，冬天的寒风冰雪轻而易举地就能将虫窝摧毁。面对这突如其来的灾难，平常谨小慎微的松毛虫会如何应对呢？

它们根本没有应对，因为现在正是阳光好的时候，它们还在舒适的平台上午睡。松毛虫们根本没有意识到，在它们甜睡的时候，居所已经被开了一个致命的大缺口。或许，到了晚上出来吃晚饭的时候，它们就会发现吧。我想，当它们从梦中醒来，你推我挤地奔向嫩叶的时候，就不会对这个大洞视而不见了，它们应该会用刚刚装满的丝壶，立即展开补救工作。

夜幕降临，我所期待的景象却似乎不会出现。松毛虫一点也不担忧它们屋子上的大裂缝，它们平静镇定，就像平常一样，在虫窝的表面来来往往，添加丝线。有几条松毛虫在纺织的路途中偶然来到了裂缝的边缘，但是，它们毫不惊慌，它们既没有一点修补缺口的意思，也没有去通知同伴，而只是想办法让自己从这个悬崖上过去。它们尽量远地把线固定起来，总算是越过了这个大缺口。之后，它们就无忧无虑地在缺口边上继续前行，不停留片刻。

随后，又有一些松毛虫来到了悬崖边，它们利用前面的伙伴留下来的丝线，颤颤巍巍地通过了裂缝，并且也在那里留下了自己的丝线。它们也同样对这个裂缝无动于衷。就这样，一个晚上下来，所有松毛虫都以漠不关心的态度，对待可能使它们失去居所和生命的裂缝；也都像走过场一般在裂缝上留下了自己的丝线，使得裂缝上面出现一张薄纱。随后几个晚上，它们重复同样的事情，裂缝就被这张薄薄的丝网闭合起来了。

这项实验我重复了两次，但是结果都是一样的，证明松毛虫丝毫没有意识到自己的住所出现裂缝及其带来的致命的危险。它们只是循规蹈矩地从事着与往常一样的劳动，用它们装得满满的丝壶，毫不吝啬地在没有必要的地方布满丝线，却集体对这个大缺口无动于衷。如果它们肯把这些用来加固已经牢固的地方的丝，用来填补、修缮缺口，那么缺口不用多久就会像其他地方一样结实。事实证明，松毛虫的智力和技艺不足以使它们意识到这一点。

我通过观察发现，松毛虫的虫窝发展到最后，大小差别非常大，最大的虫窝甚至要比最小的大上四五倍。为什么会产生这种差别呢？让我们从虫蛾母亲的产卵量开始了解。一个虫蛾母亲一次能产下三百枚卵，如果这些卵都能够顺利成长，那么足够让一个大大的丝屋住满幼虫。不过，在人口过量的家庭中，命运必然会将其中少量的精华留下。所以，松毛虫一旦孵化，数量就会减少。当它们度过了秋天无忧无虑的日子，就要开始着手修建过冬的住所了；这时，兄弟姐妹越多越好，集体的力量是巨大的。

根据我的推测，或许能够用简单的办法将不同的家庭合并在一起。松毛虫在树枝上行进时，用它唇中的丝线在路上铺设路标；当它顺着这条丝线返回时，可能由于偶然情况找不到原来它留下的路标了，而是遇到另一条差不多的别人的丝线。它

迷途不知返，就顺着这条素不相识的丝线，前往一个陌生的居所。就这样，松毛虫在行进时意外的迷路将几个虫群汇集在一起。新组成的队伍将每只毛虫微弱的劳动力汇集成强大的建筑力量。

那么，这些不速之客来到别人的家里，会受到怎样的待遇呢？为了回答这个问题，我为暖房中的一窝松毛虫搬了家。晚上，当它们纷纷从虫窝出来享用树叶时，我趁机把一簇架着虫窝的绿叶枝杈整个剪下，将它插在挂着另一个虫窝的那簇枝叶旁边，并让两簇枝叶稍微混杂在一起。我要强调一点，这第二个虫窝早就已经满员了。

不过，枝叶上的原住民和移民之间没有爆发争执和冲突。它们相处和睦，大家都用安详的姿态静静地享用鲜嫩的绿叶，吃饱了就像往常一样回家；它们在睡前也纺织，把居所加固，加厚。这是怎样一幅令人惊奇的景象啊！素不相识的虫群，就像相处多年的亲兄弟姐妹一样，一起吃饭，一起睡觉，一起劳动。主人宽厚慷慨；而新来的似乎也不需要什么适应和过渡，它们对原来的居所没有丝毫的留恋和牵挂，从未尝试过要回到原来的家中，或许它们也懂得"既来之，则安之"的道理。

我就是这样，轻而易举地把第一个虫窝的居民全部塞进了第二个虫窝里。后来，我又采用同样的方法，把三个居所中的松毛虫，都放进一个虫窝里，结果也和上面一样。松毛虫对新注入的劳动力十分欢迎，纺织工越多，工程进行得就越快、越好。

松毛虫是有分享精神的昆虫，食物是可以分享的，房屋也是可以

分享的。这些青翠鲜嫩的绿叶是它们的最爱，每只松毛虫都可以享用，而不会因为吃多吃少发生纠纷；它们的居所是遮风挡雨的避难地，就算满员了，原住民也会欢迎新加入的同胞；而它们迷路时也会像走进自己的房间一样进入别人的小屋，并受到和主人同等的待遇。这是一个共享的社会，不论新友还是故交，大家平等地分享资源；这是一个包容的社会，不论是原住民还是移民，都以同等的地位、身份成为这里的一员。

松毛虫是有奉献精神的昆虫，它们劳动，不仅为了自己，也是为了别人。每天晚上，它们和成群的伙伴一起，用自己那细薄的丝线，加固它们的居所。它们似乎深知团结的力量，也明白单凭自己是无法安然过冬的，于是它们将各自微薄的力量汇集在一起，成为一支有实力建造过冬大暖房的庞大队伍。它们毫不吝惜地将自己的那一束细线铺在虫窝的表面，为自己，也为别人建造、加固房屋；而其他同伴也一样努力地为公共宿舍贡献自己的财产。

那么它们是怎样建立或者说是保持这种共有财产的状态的呢？

第一个原因也是十分重要的原因：粮食。人们常说"民以食为天"，粮食问题从古至今都困扰着整个人类。对于个体来说，填饱肚子是每天的必要功课，是第一任务。而这个问题在松毛虫的世界不是问题，它们的食物就在家门口，一出门就有鲜嫩的绿叶享用。大自然对它们是无比慷慨的，松树枝叶繁茂，一根松针或许更少，就足以填饱松毛虫的肚子；它们无须绞尽脑汁去搜寻，也无须费尽力气去换取，更无须拼上性命去抢夺，粮食就在它们的四周，似乎取之不尽，用之不竭。既然粮食充足，与同伴分享又有何不可呢？

可是，并非每个族群都像松毛虫这样幸运。让我们想想肉食动物为食物所做的奋斗吧！它们要花费时间和体力去捕获猎物，但不是每次饿的时候都能碰到食物；就算碰上食物，可能半路还杀出个程咬金来抢夺这点可怜的口粮。想要活下去，想要获得食物，就必须拼抢、战斗。如果连自己都吃不饱，活不下去，怎么和其他人分享食物呢？

如果食物能够轻易取得，那么和平才有实现的基础。可是，在我们都不能预见的未来，人类真的能实现粮食的完全供应吗？从目前的情况来看，大地对我们并不慷慨，我们向它索取的东西它不能够都满足，因而制定了一条规则：物竞天择，适者生存。

种族的延续是又一个重要原因。昆虫界和人类世界一样，都将繁衍后代作为人生大事；许多昆虫也像人类一样，尽可能多地为子孙留下财产，尽可能让子孙健康成长，不愁吃穿。然而，这些忧虑松毛虫都没有，也没必要有，因为松毛虫对爱恋丝毫不懂，也不知家庭为何物。

➕ 在受到惊扰的时候，许多天蛾的幼虫会露出显眼的眼状花纹，并开始左右摆动"头部"。这种动作使它看起来很像一条蛇，可以用来恐吓并阻止那些稍小的且比较胆小的捕食者

可是，这个条件在其他种群中并不存在。种族的繁衍是头等大事，作为母亲，它不惜一切保卫子女的财产，这样就是在保卫种族的未来。这就是自然的法则。

除了以上条件以外，还有一点，就是所有成员的平等。每一只松毛虫都有一样的身材、一样的体力、一样的口味和一样的技艺。虫窝里的常住人口也好，新搬迁的移民也好，它们各方面都完全一样；三三两两的虫群也好，成千只的庞大队伍也好，它们之间没有任何区别。它们的爱好相同，每个充满阳光的晴美日子，它们都在平台上午睡，谁也不多睡一会儿，谁也不少睡一会儿；它们的食量相同，每次走出家门啃食松叶，它们都吃同样多的晚餐，装满同样大小的丝壶，谁也不多吃一口，谁也不少吃一口；它们的劳动相同，每当吃饱了晚餐，它们就来到虫窝的表面纺织、吐丝，大家的贡献都一样，谁也不多铺一根丝，谁也不少放一根线。松毛虫的世界多么均衡，多么平等啊！

第三章 豌豆象的产卵

　　人类对绝大多数植物根源的了解是非常少的，甚至是一无所知的。例如我们最熟悉的小麦，它是禾本科植物，同时也是面包的供给者，但我们却不知道它究竟从何而来。古老的东方世界是农业的诞生之地，可是没有一个采集标本的人在还未被犁翻过的土地上找到过小麦的痕迹。无论是在国内还是在国外，人们除了能够细心地照料土地里种植的小麦之外，对于小麦的根源始终无从寻找。

　　豌豆是一种性格较为温顺的植物，只要人们稍稍给予它一点关怀，它就会给予人们很多的回报。因此，豌豆也获得了人类很高的赞誉。瓦罗（古罗马作家、学者）和科吕麦拉的年代已经离我们远去，小硬豌豆和紫花豌豆生长的年代也渐渐久远。从古至今，豌豆在人们精心的种植与呵护下，它的果实长得越来越大、越来越嫩，也越来越甜美。但是，它的起源在哪里？我们无法回答这个问题，我们也不知道第一个使用岩穴熊的半颌骨来犁地的人是谁。我们所生活的地带找不到与豌豆相似的植物，或许在其他地域可以找得到吧？模糊的可能性是植物学能够给我们的唯一的答案。

　　我们不了解小麦和豌豆的起源，同样，我们对大麦、燕麦、黑麦、萝卜、胡萝卜、笋瓜、甜菜等植物的起源也不是特别清楚。千百年来，人类只不过是对模糊不清的事物进行不断的猜测，而没有过确切的答案。大自然为人类提供了无数未经培育的野生植物，这些植物在最初的时候并不愿意为人类提供食物。大自然赐予人类的植物，全都是未经栽培的，如桑葚和灌木丛中的黑刺李。为

❀ 一只豌豆象正在一个豌豆荚上进食

此，人们不得不通过辛勤的劳作和积攒下来的经验来精心地培育它们。而种植植物所留下的经验就是人类的一笔不断增加的财富。

　　豆类植物和谷物虽然是供给人类食物的主要作物，但它们绝大多数都是经过人工栽培的植物。人类为了从它们身上获取更多的食物而不惜花费大量的精力对它们进行培育，最终这些植物也毫不吝啬地为人类提供了大量的食物。人类对小麦、豌豆等植物有着必不可少的需求，也正是这样的需求才促使人类不断地改进种植方式，从而有了盛产的植物。然而一旦人类对这些植物弃之不顾，那它们就不可能再成为人类的食物供给者。这是由于它们自身的力量无法抵挡自然界中其他力量的攻击。就像没有羊圈的羊在很短的时间内就会消失不见一样，没有人类精心照管的植物，尽管它们一开始有着无数的种子，但也会在瞬间化为乌有。

　　大自然对待地球上的一切生物都是公平的，它在给予人类丰富食物与其他物质的同时，也为其他生命提供了同样的维持生命的原料。虽然能够提供食物的植物是在我们的精心培育之下才有的，但它们却不为我们人类所独有。在人类囤积的粮食和其他食物面前，来自四面八方的食客会纷至沓来。而且我们能够提供的食物越丰盛，来的客人就会越多。人类在生产充足的食物的同时，也招来了越来越多的饿着肚子的虫子。粮食储备得越多，对这些昆虫就越有利，从而对人类的要求也就越高。

　　昆虫们不用在田间劳作就可以获得大自然给予它们的恩赐。它们在人类生产出来的粮食仓库中安营扎寨，还用灵活尖利的嘴一粒粒地啄食粮食，最终把我们辛苦耕作出来的粮食啄成糠。就像豌豆象，它无法了解田间耕作的艰辛与劳苦，然而在作物丰收的时刻它还是能够获得丰收物中的一小份。大自然让豌豆荚成熟起来，这不仅是为了在田地里辛苦耕耘的人类，同时也是为了豌豆象。不同的是，我们的皮肤被太阳炙烤成了黑红色，我们的腰背累到直不起来，而豌豆象却安然无恙。

　　豌豆象从哪里来？这个问题得不到一个准确无误的答案，我们只能说它们是从隐蔽的场所里飞出来的。酷热的夏季使得悬铃木自行将树皮剥开，正是这种略微抬起的树皮为豌豆象和其他一些小虫子提供了躲避恶劣天气的场所。在严寒肆意横行的冬日里，豌豆象躲藏在悬铃木的枯树皮下面，以冻僵的状态度过寒冷的天气，直到这样的季节彻底过去。等到春暖花开的季节，第一缕温暖的阳光洒在悬铃木上时，豌豆象就会从麻木的状态中苏醒过来。豌豆象的本能让它们知道豌豆开花的时期，只要到了时间，它们就会从四面八方哼着小曲欢快地飞到农民劳作的地方，享受豌豆带给它们的快乐。

豌豆花有着白色的花边，像蝴蝶的翅膀一样美丽。豌豆象们就选择在这样美好的住所里繁殖后代。在产卵时刻到来之前，豌豆象们纷纷开始占领花瓣。有些豌豆象选择花的旗瓣下作为自己的住所，有些则将自己的房子安置在龙骨瓣的小盒子中，但是更多的豌豆象在搜寻翼瓣，并且将它们占为己有。婚礼选择在上午进行，因为这个时候的阳光虽然强烈，但是没有让人腻烦的感觉。豌豆象们双双对对地结合起来，享受温暖的阳光和美丽的豌豆花带给它们的欢乐。一对对的豌豆象时而分开，时而又重新组合在一起，好不快乐。等到正午到来后，由于阳光炽热，豌豆象们便藏匿在自己已经寻找好的豌豆花住所里，躲避强烈阳光的炙烤，待明日以及之后更多的上午时光，再度享受欢乐。这样的欢快日子能够持续到龙骨瓣的小盒子被鼓胀起来的豌豆果实弄破。

豌豆象是繁殖力强的家族，在产卵的适当时节还没有到来之时，就有一些迫不及待的豌豆象将自己的卵产下。但是还没有成熟的豆荚显得非常细小且平扁，它们的花蒂才刚刚褪除。这些心急火燎的豌豆象就把卵产在了稚嫩的豆荚里。这些卵看起来情况不大好，因为卵的所在地还十分脆弱，而且没有粉质堆。急急忙忙产下来的卵也许是被卵巢强制性地排除掉的，因为卵巢不能等待。豌豆象的幼虫一旦出生就必须有便利的食物供给，否则很快就会死去。这样看来，匆忙产下的卵成活的希望是非常渺茫的。在还没有成熟的豆荚那里，豌豆象不可能找到方便的食物，除非它们能等到果实彻底长成。不过豌豆象并没有因为自己过急的产卵而导致家族的消亡，因为它们的繁殖率非常高。虽然大部分卵都逃脱不了死亡的命运，但是豌豆象的多产使得这个家族依旧热热闹闹。

五月末的时候，豌豆象母亲的主要任务便完成了。这个时候的豌豆荚也差不多成熟了，它们在籽粒的催化下变得多节。象虫类昆虫大多拥有一根尖头桩，这个东西同时也用来建造安放卵的地方。昆虫分类学家把豌豆象归到了象虫的科目，但是它们却只有一个短短的口器。虽然这个口器能够用来收获甜食，而且十分灵巧，但是却不能作为钻孔工具来使用。也正是因为如此，我很想观看豌豆象以及象虫科昆虫干活的样子。

橡树象、黑刺李象以及熊背菊花象等象虫在安置家庭时有着非常灵巧细腻的准备方法，而与它们不同，豌豆象有着自己安置家庭的独特方式。豌豆象的卵被没有钻头的母亲产在露天的环境之下，它们的情况很危险，除非卵自身有着抗热、抗寒、抗干

⊕ 豌豆象和它们的卵

燥以及抗湿冷的能力。这种产卵方式极其简单，也使得卵不能受到保护，遭受着烈日和恶劣天气的侵扰。

上午的阳光温暖和煦，在十点左右的时候，豌豆象母亲以自己混乱的步伐上上下下地行走着，从豌豆荚的一面转移到另一面。这位母亲在行走的过程中把自己的一根输卵管展露在我们眼前，这根输卵管不是很粗，来回地摆动着，好像想要把豌豆荚的表皮割破似的。输卵管在豌豆荚的绿色表皮上东一点、西一点地产下卵。卵一被产下，豌豆象母亲就会对它们弃之不管。这位母亲让自己的卵在空气里暴露着，没有一点遮蔽措施。

豌豆象母亲以无章无序的方式随便将卵产下，好像播撒种子一样。由于母亲的不管不顾，豌豆象幼虫必须有自己寻找食物的能力。一些卵被产在豌豆种子已经膨胀起来的豆荚上，也有很多卵被产在了豆荚隔膜里面，这些豆荚就像贫瘠的小山谷一般。正因为卵被产下的位置不同，有的卵离有粮食的地方很近，而另一些则离得很远，因此豌豆象幼虫还需要有自己辨别方向的能力，让自己在最短的时间内用最短的距离找到粮食。

除了产卵的杂乱和对幼虫的不闻不问之外，豌豆象母亲的产卵还有

一件更要命的事情，那就是豌豆荚上的虫卵数量与豌豆荚的籽粒数不成正比。豌豆象幼虫所必需的食物供给比例是一条幼虫配有一粒豌豆，这是豌豆象存活的规律，不可改变。然而过多的幼虫使得豌豆的供给数目严重不足，哪怕是两只幼虫配有一粒豌豆都不够用。豌豆象母亲显然没有意识到繁殖数目必须根据豌豆荚籽粒的数量而定这个道理，它们依旧漫无计划地把卵产下，导致众多的幼虫为了一颗籽粒而你争我抢。

　　通过观察，我发现每粒种子起码都有五到八只觊觎它的幼虫。在我所有的统计表上都显示着同样的现象：每个豆荚上的豌豆象卵的数目总是大量地多于豌豆籽粒的数目。无论那个豌豆荚看上去有多么平扁，里面所养的卵的数目总是非常多。而且没有任何迹象表明这样的产卵方式会因为籽粒的缺乏而终止，豌豆象母亲仍然乐此不疲地将自己的卵随意播撒。而那些没有抢到籽粒的幼虫最终会在饥饿中死亡。

　　豌豆象母亲往往把卵成双成对地产下，两只附着在一起，一只在上，另一只在下。而那只位于下方的虫卵一般情况下都会夭折，这或许是由于上面那只虫卵的遮蔽使得阳光不能够照射进来。缺乏阳光沐浴的虫卵很难拥有正常的生长轨迹，很快就会死去。不过也有例外的情况发生，那就是一对虫卵都会很好地成长起来。然而这样的情况却是少之又少的。假如这种二元制一直持续下去，那么豌豆象的家族成员就会减少一半。除非部分卵不以成双成对的方式产下，而是以单只的方式产下。虽然这样的产卵方式不利于豆荚的生长，但是对于象虫科昆虫的繁殖来说却是天大的好事。

　　每只豌豆象的卵都用凝固成蛋白的细纤维网粘在固定的豆荚上面，这种黏附方式能够有效地防止风雨的吹打与侵袭。豌豆象的卵呈圆柱体，色泽黄润，鲜艳逼人。卵的长度不超过一毫米，两端呈圆形，看起来非常光滑。

一根带着白色的小带子是孵化出新幼虫的标记，这根小带子在卵壳的附近翘起，并且将豌豆荚的表皮弄破，为的是幼虫自己能够钻到豌豆荚里面。等幼虫找到破损的位置后，它就会在那里把豌豆荚的表皮划破，然后让自己不到一毫米长的、白色的、有着黑色防护帽的身体钻到宽敞的豌豆荚里面。

　　我用放大镜观察幼虫活动的过程，探寻它们的豌豆球世界。幼虫选择最近的一颗豌豆籽粒住下来，并且在这颗籽粒上面垂直地挖一个坑。小坑挖好后幼虫就将自己身体的一半下到豌豆籽粒中去。除了豌豆籽粒的下半部分，豌豆象幼虫在籽粒的任何一个部位都可以钻出口子。虽然进口很小，但是由于豌豆是淡绿色的或是金黄色的，而豌豆象是褐色的，色泽的差异使得它们很容易就能够被分辨出来。幼虫靠露在坑外面的那部分身体推动自己往下钻，只用了很少的时间，它就消失不见了，完全钻进了自己挖好的居所之中。

　　由于豌豆籽粒的胚芽位于下半部分，所以它的生长不会受到幼虫在上方钻洞的阻碍，豌豆能够很好地生长。但是豌豆象在上面钻洞为什么能够使下面保持完好无损呢？豌豆籽粒是在什么情况下受到保护的呢？毫无疑问，豌豆象不会对农民嘘寒问暖，因而也不会对农民的劳动成果加以保护。豌豆为豌豆象提供了食物，但是豌豆象却不会为了表达感激之情就口下留情而不吃那能够导致种子灭绝的部分。它们没有吃那一部分有着其他的原因，并不是为了保护豌豆的生长。

　　由于豌豆在生长的过程中一粒紧挨着另一粒，这种紧密相连的排列方式使得豌豆象幼虫不能够随意地在豌豆上面行走。而且豌豆的下面比较厚，这是由肚脐的瘿瘤造成的。肚脐由于构造比较特殊，还会分泌出一些让豌豆象幼虫感到讨厌的汁液。这些对于豌豆象幼虫来说都是阻碍，而豌豆的上面却没有这些障碍物，所以幼虫的钻孔活动都选择在豌豆的上面进行。

　　由于豌豆象幼虫开发的是豌豆较为空阔的一面，而不被豌豆象幼虫开发的一面则是豌豆成长的最关键地带。因此豌豆能够不受干扰地继续成长，虽然它们表面上看起来已经破败不堪。另外，由于整粒豌豆对于一只豌豆象幼虫来说实在是过于丰富的餐宴，所以幼虫只会在自己最中意的一部分上面活动，而另一面隐藏着生机的部分则不会被破坏。

但是在另一种情况下豌豆还是会被豌豆象破坏，这种情况同豌豆的大小直接相关。假如豌豆的体积非常小，供给豌豆象幼虫的食物就少，幼虫不得不将整粒豌豆啃个精光，这种情况下的豌豆将遭受灭顶之灾。如果豌豆的体积过于庞大，这种豌豆会吸引好几只幼虫前来分享。有时候由于缺乏豌豆这种受欢迎的豆子，幼虫们还会寻觅粗大的蚕豆和野豌豆来代替豌豆，它们让我们了解到了一些情况。那些体积小的豆子会遭到豌豆象幼虫的疯狂啃噬，最终只剩下一张空皮，内核则毁于一旦。而体积大的豆子虽然里面住着很多幼虫，但还是会正常地生长。

我们可以确认的是，当一只豌豆象幼虫抢占到一颗豌豆之后，这颗豌豆就成为这只幼虫的私有财产，而其他幼虫是侵犯不得的。豌豆荚里面所有的豌豆上都会有一只豌豆象幼虫。但是我在思考的是，由于豌豆象虫卵的数量过多，而豌豆并不能保证所有的虫卵使用。那么当一些幼虫占据了自己的豌豆之后，那些没有占领到豌豆的幼虫又该如何是好呢？它们会因为没有抢到领地而死去吗？还是会继续与已经拥有了豌豆的幼虫展开斗争，最终死于对手的牙齿之下？现在就让我们来解释一下这个问题吧，其实刚刚猜想的两种结论都是不对的。

我用放大镜仔细地观察着，在一个有着大圆孔的老豌豆荚上，每只豌豆象成虫都会在上面留下斑点状的东西。这些斑点呈黄色，斑点的中间还被穿了孔。此外，豌豆种子上斑点的数量也不相等，每粒豌豆种子上大约有五个或者五个以上的斑点。由这些孔的数量我们可以得知里面所居住的幼虫的数量，其数量非常可观。然而这样一大堆豌豆象幼虫，它们之中只能有一只幼虫最终长成成虫。那么其余幼虫的出路又是什么呢？让我们来继续观察。

我们在那些被豌豆象遗弃了的干瘪的豌豆上面已经观察到了很多斑点，这些斑点在嫩绿的豌豆上同样存在。差不多每粒进驻了豌豆象幼虫的种子上都有这样的斑点，这些斑点俨然已经成为豌豆象幼虫聚集的标志了。我将一个嫩绿的种子壳打开，将它的子叶分开。在必要的时候还会继续细分。在被分开的豌豆壳中，有好多只豌豆象幼虫钻进里面的小圆窝当中。它们的身上现在没有任何遮盖的东西，它们看上去非常小，身子弯弯的像弓箭一般。由于有些肥胖，它们好像个个都懒得动弹。这群豌豆象幼虫显得非常宁静，毫无争吵的迹象。

每只豌豆象幼虫都有着足够的食物，它们开始享用了。每只幼虫都被豌豆子叶尚未被触动的部分形成的隔膜分开，每只幼虫都有自己独立的卧室，因此它们不会为了抢夺食物而进行争斗。所有的幼虫都有着相同的力量、相同的所有权以及相同的胃口，每只幼虫都不会因为不小心或是故意去碰触另外一只幼虫。

我将那些确定住着豌豆象幼虫的豌豆剥开来放在玻璃试管内，而且每天都会剥开一些。我观察着试管内的情况，了解共栖昆虫的成长习性。我知道这些虫子在成长的初期都没有什么特殊的情况。每只幼虫都在自己的隔间里啃食周边的食物。但是，虽然每只豌豆象幼虫都拥有自己独立的小房间，它们啃食的是自己周边的食物，但是一颗豌豆的体积是固定的，到最后这颗豌豆总会被所有的虫子吞噬殆尽。那个时候就是饥饿来临的时刻，只会有一只幼虫存活下来，而剩下的全部都会在饥饿中死亡。

位于豌豆中心的那只幼虫就是存活下来的幸运儿，它比其他任何一只幼虫的成长速度都要快很多，长得又大又壮。等到这只幼虫长得比其他幼虫都要强壮的时候，周围的幼虫就会通通停下来，不再进食。这些幼虫静止了，它们不再动弹。它们死得并不痛苦，生命在惬意的环境中不知不觉地逝去。

现在让我们看看那只位于豌豆中心的幼虫吧，它有着什么情况呢？我并没有准确的答案，我所知道的只是猜测。豌豆中心的位置能够得到比其他位置更多的阳光的抚育。我不知道这里是否有着适合娇弱的豌豆象幼虫吃的婴儿类食物——一些较为柔软的食物。小婴儿在能够吃成人们食用的面包之前，在能够喝下稀糊之前，他们只能吃乳品。那么在豌豆的中心部位是不是同样存在适合豌豆象幼虫食用的乳品类食物呢？或许那里有着更容易被豌豆象幼虫吸收的、更加细腻甜美的食物。

豌豆象幼虫在向豌豆中心行进时的路程非常艰辛，每只幼虫都有着同样的权利与意图，它们都朝着前方可口的食物进军。在到达最佳位置之前，它们也会停下来啃食东西，但是这种进食并不是为了增强体力，而是为了开掘前行的道路。这些幼虫用自己的牙齿咬噬出一条能够继续前进的小道。然而最终只有一只幼虫能够占据豌豆中心的位置，从而能够获得类似乳制品的营养食物。它在占据了中心位置之后便停下来开始享用美食，而其他的豌豆象幼虫则停止了前行。

我对于其余豌豆象幼虫这种不再前行的行为非常敬佩，它们单纯、听信天意的举动让我欢喜。但是它们是如何得知豌豆中心部位已经被另外一只幼虫占领了呢？难道它们在一定的距离之外能够听到或者感觉到位于中心位置的幼虫因啃食而产生的震动吗？抑或是它们能够听到那只幼虫用自己的大颚敲打隔间的内壁的声音？我想它们应该是知道了什么，因为从那一刻起，其余的幼虫便停止了活动。等待它们的只有死亡。

第四章 | 椿象的美感

　　每个种类的鸟的卵都有着自己独特的外表，鸟卵上面的深深浅浅的颜色正是它们的印记。就像豹子的那身皮毛一样，海鸥与杓鹬的卵上也布满了大大的黑色斑点。鸮（wú）的卵上面雕饰着一些非常雅致的线条，就像大理石的花纹，又好像看不懂的天书。鸠鸟和乌鸦的卵呈蓝绿色，上面还涂了一些没有规则的块状颜色。在伯劳鸟的卵比较粗大的那一头，有一圈小斑点将其环绕。除了以上提到的这些鸟卵，其他种类的鸟卵也同样具有自己的特色。

　　鸟卵是所有生命给予物品的形状中最为简洁和最为优雅的。它以自己独具的几何图形以及简朴的纹饰让观赏它的人有一种美的享受。除了鸟卵以外，没有任何一种圆形或是椭圆形能够拥有如此优美的形状与线条。鸟卵的形状堪称完美。它的一端是圆形面，这种形状非常实用，能够在最小的外壳内圈围出最大的面积。而另一端则是椭圆面，这种形状又恰恰为单调的圆形面增添了一丝妩媚与优雅。

　　在颜色方面，鸟卵并不华丽妖艳。相反，鸟卵的色泽以浅色系为主。这种简洁、轻盈的色彩使原本就雅致的线条更显得丰满圆润。夜莺的卵好像浸泡在盐水里的油橄榄一样，呈现出深蓝的颜色。另外一些莺的卵则拥有肉红色的外表，就像蔷薇在绽放之前的花骨朵的颜色。有的鸟卵呈白色，但是表面缺乏光泽；也有一些鸟卵不仅拥有象牙白的高贵颜色，而且也不乏光亮。

　　住在我家附近的一些小孩子为我提供了很多实验品，为了表示我

✚ 雌性斑花椿象在它寄居的植物上选了一根小嫩枝安置它的卵，这些卵排成的形状好似给这根枝条戴了一个宽宽的项圈。然后，椿象母亲会趴在这些卵的上面给它们担任警卫，直到卵孵化。这个用卵排成的项圈对椿象母亲来说太大（总共有一百粒左右），但它还是尽力给予这些暴露在外的卵以有效的保护，因为它们大有可能受到寄生蜂的侵袭，所以母亲的保护是很有必要的

对他们的感谢，我决定让他们进入我的实验室进行参观。他们从别人的口中听说，我这里有很多奇特并且富有奥妙的东西。我不知道当这些孩子真正踏足我的实验室后会有什么样的感觉。我的装着玻璃的大壁橱里面有很多奇妙的玩意。这是一些非常占地方的物品，假如有人在观看植物、昆虫或是石头，那么他很可能就被这些物品围起来了。而我所说的这些物品大多数是贝壳类的东西。不知道这些天真无邪的孩子能够从中看到些什么呢？

孩子们用手指头指向实验室中的各种贝壳。海蜗牛的种类非常多，而且它们拥有缤纷的色彩。一些贝壳拥有珍珠般的光泽，它们都很大，长得很像奇形怪状的指头，非常显眼。当孩子们在观看这些贝壳时，我有意地察看他们的动作和脸上的表情。他们的肩膀相互挨靠着，这是为了借同伴的力量来给自己壮胆吧，看样子他们比较胆小。从他们流露出的面部表情上，我看到的只有惊奇与诧异。

如果我能够揣测孩子们的心理的话，我想他们一定在说："这是些什么奇怪的东西呀！"由于海洋中的饰品在形状上有些复杂，所以对于这些不了解它们的孩子来说，他们不可能发出另外一种类似"好美的物品哪"这种感叹。有着螺丝圈、螺旋梯的大贝壳等精美的海洋饰品已经将孩子们包围，然而它们却不能带给孩子们美的享受，因为孩子们对这些奇怪的东西的确没有任何概念。他们不知道这是海洋中的宝藏。的确，在这些神秘的饰品中，有的还没有人为它们命名。

那么，当孩子们的目光转向盒子中时，他们的表情又会发生怎样的变化呢？盒子里装着的是鸟卵，而且是我所在地区的鸟所产下的卵。这些卵分别按照出生的日期被我一一地罗列与整合起来。光照不会打扰到它们。果然，孩子们露出了惊喜的表情。他们相互间交流着什么，神情非常喜悦。鸟卵能够让他们联想到鸟窝，那是童年时代快乐的印证。如果说海洋中的宝藏让这些小家伙感到惊诧，那么这些漂亮的鸟卵就已经让他们有了美的享受。鸟卵的美丽震撼了孩子们的神经，显然，他们已经被这优美的线条以及淡雅的色泽触动了。

与鸟卵的优雅相比，昆虫的卵绝对称不上美丽。一般情况下，昆虫的卵绝对不能够带给不了解它们的人以美的陶冶。昆虫卵的弧线由于组合得不协调，因此整个卵看上去并不漂亮。有的卵呈纺锤形，有的呈圆柱形，而有的则呈小的球体状。一些拥有华丽高贵外表的昆虫，它们的卵却其貌不扬。这种前后比较大的反差可以体现在一些蝴蝶的卵上，美丽的蝴蝶原来是从一枚铜色的卵中飞出来的。蝴蝶的卵就像一个金属制成的小盒子，这就是孕育优雅与美丽的生命的地方，真让人不能置信。

在放大镜下，我们看到昆虫的卵构造还有些复杂，也正是这样的复杂构造才让昆虫的卵丧失了由简单的线条而生出的美。比如锯角叶甲，它们就是用外壳来将自己的卵包裹起来。外面的卵壳有的呈斜着的流苏状，有的则被压成像啤酒花的球果那样的鳞片。另外，一些蝗虫还把自己的卵雕刻成螺旋的形状，这也算是一种雅致的事物。然而，昆虫卵的这种复杂的工序似乎与庄重的外形走得越来越远。昆虫筑巢时有着自己独特的想法，这种建筑方式与鸟类的有着很大的不同。

不过，在昆虫的卵中也有能够与鸟的卵相媲美的，那就是椿象的卵。这种昆虫就是我们通常所讲的臭虫。椿象的体内可以喷发出一种味道强烈的汁液，让人十分讨厌。然而这种昆虫的卵却是个讨人喜欢的东西，精巧细腻，极具艺术之美感。

近几天我就发现了一个拥有三十来枚卵的椿象卵群，这个卵群是在一根石刁柏的树枝上面找到的。椿象的卵都一粒粒地紧挨在一起，就像一件刺绣艺术品上面的珍珠一样，非常漂亮。这些卵刚孵化不久，因为椿象的家庭成

🔶 当卵开始孵化，母亲会退到一旁，免得自己的身体阻挡了子女的孵化。大约一天以后，这些体形微小的若虫会爬到附近的树叶上开始进食——这标志着母亲会离它们而去

员还没有分开。卵被孵化后，空的卵壳会停留在原地不动，而且在形状上也没有改变，除了卵壳的盖子稍微地翘起以外。这些卵壳的颜色是淡灰色的，而且是半透明的，很像是一只用白岩石加工出来的精美的小罐子，就如童话中叙述的那样。在孩子的王国里，小仙女就是把她们的椴花茶盛在这样的小杯子中喝的。椿象的卵非常别致，我们可以这样想象：把鸟卵的上面部分规则地去掉一部分，然后把剩下的那

部分做成一个精巧的高脚酒杯，这就是椿象卵的形状，丝毫不缺乏优雅的弧线。

椿象卵与鸟卵的相似点就是上面我们提到的，此外就没有太多的相似之处了。如果把椿象卵比作一个小罐子，那么它也是只优雅别致的罐子。罐子的盖子微微凸起，罐子的肚子上面还有网，网上分布着细网眼。另外，在盖子的边上还有一条带子，像白玉一般。卵孵化的时候，这个盖子就绕着白玉带子旋转，然后脱离罐体。盖子有时候会略微地打开，有时候又会盖上。

在卵罐的罐口处还有一些很小的、细细的齿状物，看上去好像有密封盖子的作用，像纤毛一般。

有一个细节让我不得不注意。椿象卵孵化之后卵盖中总是有三条线，那像是用炭黑色笔画出来的线。这三条线呈锚形或是丁字形排列，丁字的两条臂膀还是弯曲的。黑线就位于卵盖之中靠近边缘的地方。我不知道这三条黑线到底有什么样的作用，难道它是为了关闭卵壳而制作出来的锁头吗？还是椿象想要在自己的工艺品上留下一些凭证？一枚小小的椿象卵竟然有这么多的奥妙，实在让人难以想象。

椿象幼虫刚刚从卵中被孵化出来。它们长得圆嘟嘟的，身材粗粗的、短短的；肚子下面是红色的，其余的部分都是黑色的；胸部侧面还有着红色的带子作为装饰。幼虫们还没有从卵壳堆中走掉，它们一群群地聚集着，等待阳光和空气让它们变得健壮，之后才会与群体分别，各自去寻找自己的地方和美食。我不知道这些椿象幼虫是如何从它们的卵壳中出来的，也不知道那个罐子盖是如何被撬开的。我想我需要尝试着来解答这个疑问。

四月已经远去，五月来临。我的小园子中开满了鲜花，昆虫们闻到了花的芳香纷纷前来。迷迭香是椿象喜欢的栖居地，我可以随意地在上面找到它们。然而，椿象的生活习性非常混乱，它们四处漂泊，这对于想要观察它们的人来说是件麻烦的事情。所以我还需要在金属钟形网罩下面来喂养这些小家伙，以达到观察了解的目的。

我从小灌木上折了几根带树叶的树枝，把它们放在了我的钟形网罩中。椿象们会在这些树枝上合理地安排自己的卵。由于我对这些被关押的昆虫实行了隔离制，所以它们彼此之间也没有发生什么冲突，我也因此避免了不必要的麻烦。我每天都会更换一束迷迭香，而且保证我的实验室阳光充足。这些已经足够了。五月的前半月椿象就产下了卵，数量之多让我始料未及。我赶忙把这些卵分门别类地放置在小玻璃试管中，以便观察卵的孵化。我想，只要我认真细心地进行观察，一定会看出个所以然来。

鸟卵呈卵球形状，然而椿象卵却是不完整的卵球形。椿象卵那小罐子的形状就好像是一个古老的艺术品，一个圆柱形的小桶，一个来自东方的彩瓷鼓肚花瓶，一个精美别致的小柜子，甚至是一个小小的圣体盒。它的上面是一个平平的切面，一个略微凸起的盖子就盖在那里。椿象卵往往因为椿象的不同而有所区别。

我们需要借助放大镜才能够欣赏这些卵的美丽，它们的确可以与鸟卵相媲美。然而多数人却错过了这种优美别致的卵的形态，因为我们肉眼的视力实在微弱。这是一件多么遗憾的事情啊！在放大镜下看，椿象卵甚至比岩生虫那天蓝色的卵还要漂亮。在卵孵化成功之后，卵盖的里面都有三条黑色的线。我原以为这三条线起着门锁的作用，或者是椿象留下的印证。然而，在以后的观察与了解中，我才发现起先的猜测是多么不符合实际。

椿象幼虫离开自己的卵壳之后，它们不会立刻走散。相反，这群幼虫相互紧挨着，整齐地站着队。在一片树叶上，这个整齐的队列时长时短，队员们牢靠地抓着这片树叶。从整体上看，它们就好像是用珍珠制成的一幅美丽图案。珍珠在画布上很牢地粘贴着，无论是用刷子还是手指，我们都无法将它们弄下去。幼虫离开后的卵壳依旧保持在原地，就好像小商贩的摊位上摆着的高脚盘子一样。

椿象卵在刚刚产下的时候呈一种稻草的黄色，卵的颜色会随着自身的成长而变得不同。之后卵又会由于里面生命的逐渐变化而呈现为带着红色三角形斑点的淡橘色。等到幼虫孵化出来，只剩下一个空着的卵壳时，这个卵壳就呈半透明的乳白色了，非常漂亮。黑触角椿象的卵盖周边有一条很宽的环形条纹，是白色的。卵壳整体上呈一个圆柱形。有时候在盖子的中间会看到一些晶质的凸起物，就像高脚盘子的耳朵，又像一个把手。这个卵盖除了这些以外也没有什么其他装饰品了，整体上显得十分雅致，又不失简朴，外表也十分光润。

椿象飞行的速度很快，它可以在相距很远的不同地点分别产下卵，而且每个地方产卵的数量也有着很大的差别。有二十枚椿象卵的卵群并不是一件稀奇的事情。这一点其实在一定的时候拥有它独特的价值。在我所收集到的椿象卵中，最多的一次有九行卵块，每一行有一打左右的卵，总数超过了一百枚。然而，一般情况下，卵的数量都会在此基础上减去一半，或者数量比这一半还要少。最开始吸引我的是从一根石刁柏树枝上收集来的卵，那个卵群有三十多枚椿象卵。我还曾经找到过一个拥有五十枚卵的椿象卵群。当然，也有一些收集到的卵群只有十五枚椿象卵。

有些椿象披着一身绿色的外衣，它们把自己的卵弄成筒子的形状，下面是球形，还有一张有着细网眼的网包裹着。有些椿象卵呈烟褐色，等到孵化后又呈现为褐色。浆果椿象的卵也同样如此，筒形，覆盖着一张网。这些卵在刚开始的时候并不透明，而且颜色很暗。等到卵成为一个空壳后，才会变得半透明，而且颜色也会转变为白色或是嫩红色。

菜园子里种植着甘蓝，一种叫作华丽椿象的家伙就生活在这种植物上。它们的外表非常漂亮，用白红两种颜色涂抹着。卵的形状就像一个小木桶，两端都呈凸起状，特别是下端。如果用显微镜进行观察，我们会看到一些小小的洞窝，它们很有规则地排列着。小筒子的两端外面都有一条黑色的宽带子，没有什么光泽。侧面有一条较宽的环形带，白色的，上面还有四个黑斑，呈对称状排列。

看到这个卵我们可能会想到伊特鲁里亚（古意大利地区名）人葬礼时所用的餐具。卵盖周围有一圈雪白色的纤毛，边缘还有一个白色的圈子。而盖子则膨胀为一个圆形的帽子，有煤黑色的边缘，中间有一个白色的结状物。这种黑色与白色的反差，让这枚卵看起来就像是一个骨灰盒。华丽椿象的卵在一般情况下都会排列成两行，数量上不超过一打。这种情况正好说明了椿象会在不同地点多次产卵。其他种类的椿象产卵数目有可能达到一百枚，而生活在甘蓝上的华丽椿象，也能够产下相同数量的卵。

椿象幼虫孵化的时间也不定，今天孵化一些，明天可能还会孵化一些。我把这些即将在不同时间段里孵化的卵通通收集到玻璃试管内，以便观察。五月还没有过去，这些椿象卵只需要两三周的时间就能够发育成熟了。这个时段是观察应当最为细致紧密的时段。要想知道卵壳盖子边缘的那三根黑色的锚形物的作用，就必须在这个时间段内注意力高度集中地对椿象卵进行观测。由最初的观察我能够得知，那些黑色的不明物不是在早期时出现的。它们是在卵的成长过程中才长出来的，或者是在更晚的时候，在椿象幼虫成熟时才出现的。

由于这些黑色物体不是卵刚刚被产下时就有的，所以我之前的猜想也就被推翻了。因为如果这个奇怪的东西是作为门锁来使用的话，它就必须在卵刚刚被产下时就出现。而现在看来，这黑色的不明物却是在幼虫成熟以后才有的。现在，我们面临的问题不是盖子怎样关闭，而是怎样才能将盖子打开。或许这些黑色的不明物正是开启大门的钥匙。让我们继续探索。卵孵化的时刻已经到了，我使用放大镜来帮助我观察试管中椿象卵的动态。卵盖的一端如同门在铰链上那样旋转，而另一端则在不知不觉中升起来了。椿象的幼虫待在盖子边缘的下端，它们用脊背靠着卵壳。卵壳现在已经呈半开的状态了，这对于我的观察是非常有利的。椿象幼虫好像戴着一顶小帽子似的，帽子制作得十分精良。这顶帽子掉落后的情景将会更加吸引我们的眼球。幼虫戴着帽子一动不动，整个身体缩成一团。

帽子呈三面角的形状，看上去像是角质物。三根支柱呈深黑色，而且很硬。在幼虫两只红色的眼睛之间有两根支柱，第三根在颈背上。在这三根深黑色的支柱上，我看到了一些韧带，这些韧带绷得很紧，起到固定这三根支柱的作用，而且韧带还有着防止支柱把角尖弄钝时进一步脱离的作用。这个帽子的凹面长着松软的肉质物，使得椿象幼虫的额头没有办法破除阻碍。在幼虫额头的上面有一个推进装置，那是一个比较狭窄的地方，就像一个活塞一样，那里有着跳动速度很快的脉搏。这是由于血液的急速流动而产生的。那顶黑色的帽子也因为这种血液的急速流动，被慢慢地顶起。差不多一个小时过后，在黑色帽子的作用下，卵盖就被开启了。整个过程显得有些困难。

就跟榛子象幼虫离开榛子的方式一样，椿象的幼虫也以同样的方法离开自己的卵壳。它们身体内部的充血作用不仅让卵壳逐渐打开，而且让幼虫身体已经自由的部分也开始膨胀起来，形成支撑身体的一个环形软垫。椿象幼虫逐渐从卵壳中显现出来了，它们的触角和足在腹部和胸部保持着静止的状态。最后卵壳终于在黑色帽子的帮助下呈半开的状态，它已经完成了自己的任务。那么，之后这个锚形物又会有怎样的作用呢？它再也没有使用价值了，慢慢地就会消失不见。最终，椿象幼虫离开了自己的卵壳。

开启卵壳的工具是一顶帽子———一个锚形或丁字形的东西，它的两个臂膀稍微地弯曲。这个工具在卵壳的内壁上粘着，而且离开口很近。等到幼虫离开卵壳之后，这个三面形的东西又在放大镜的帮助下被我在卵盖的内部边缘发现了。它的形状并没有改变。总之，这个工具的作用很难被人们了解，除非我们是在卵孵化期间对其加以仔细观察。

我想再谈谈卵壳的打开过程。椿象幼虫的脊背是靠着卵壳内壁的，而且它离中央地带较远。幼虫就在那里出生，额头上还戴着一顶薄皮的、圆锥形的帽子。之后幼虫会把这顶帽子从头上拿下来。那么，椿象幼虫为什么不跑到中央地带呢？难道在远离中央地带的地方能够得到更好的保护吗？的确，幼虫在远离中央地带的地方能够得到力学方面的好处。而且这个优势是显而易见的。幼虫靠着额头的充血来推动额头上的帽子将卵盖顶开。一个由有生命的蛋白质微粒所凝固成的颅骨所产生的推动力，往往会被人们小看。事实上，这个颅骨的推动作用超出了我们的想象，它能够将卵盖掀翻。

➕ 这是来自巴西的一种椿象的末龄幼虫，它中胸节上薄片般的翅芽清晰可见。它下一次，也就是最后一次蜕皮后，翅膀会完全长出来，同时它会变为体色与幼虫完全不同的成虫

假如这个颅骨从中央地带推动卵盖，那么它所施加的力量基本上是起不到什么作用的。在这种情况下，颅骨发出的力量会均匀地分布在整个圆周上面。因此，从中心地带推动卵盖的方式是不可取的。与这样的做法相反，椿象幼虫在卵盖边上施力，这样一来，从进攻的那一点开始，禁锢就会一个个地被打破。对于椿象幼虫来说，这时候已

经完全没有阻碍。

　　小鸟为了破壳而出，就用自己的嘴巴将外壳啄开。同样，椿象幼虫有着自己的独门绝技来让卵壳打开。椿象幼虫打开卵壳的方式甚至要比雏鸟啄壳的方法高明很多。雏鸟想要出壳，它的壳就必须要裂开，而椿象幼虫的卵壳则不需要被破坏掉。幼虫钻出卵壳后，卵壳本身依旧是一个精美的艺术品。这时候的卵壳已经变成了半透明的乳白色，看上去更加美丽。椿象幼虫的这种技艺究竟是从哪里学来的呢？一些人说是偶然得之，而事实上并不是如此。

　　德·格埃尔是一位被人们称为"瑞典的雷沃米尔"的博物学家，在他的著述中，也有着对椿象的高度评价："七月刚刚来临，生活在桦树上的椿象母亲就由自己的孩子们陪伴着。每个椿象母亲都有二三十个孩子，有的甚至拥有四十个。椿象母亲一般住在桦树的花序上，我发现它们与自己的孩子所待的地点并不相同。不过，每当椿象母亲离开的时候，孩子们都会跟在它后面一同前往。等椿象母亲停下来后，幼虫们也会随之停下。这种场面就像母鸡带着自己的小鸡一样。一些椿象母亲从来不与自己的幼虫分离，母亲始终给予幼虫们精心的照料。有一天，我将一根桦树的嫩枝砍了下来。我发现生活在上面的椿象母亲十分惊恐，它不停地拍打着翅膀，想要让敌人离开。这是因为它没有可以选择的另一个栖居地，否则的话，它一定会飞走，而不是威胁敌人。椿象母亲是为了保护自己的孩子才在那里继续停留的。摩德埃尔先生通过对椿象的观察，认为母亲为了保护自己的孩子而不得不抵抗雄性椿象，因为雄性椿象总是想要将自己的孩子吞进肚子里。"

　　德·格埃尔描述出一个非常美好的椿象家庭，而布瓦塔尔德在他的《自然历史奇观》中，又进一步地将椿象家庭加以美化："椿象母亲温和得很。刚刚下了几滴雨，它就带着自己的孩子来到了一片树叶之下，想要给孩子们以保护。它会小心谨慎地用自己的翅膀把幼虫们遮盖起来，我们可以看出椿象母亲的不安。就像在雷雨时刻，母鸡用翅膀保护着自己的小鸡一样。虽然椿象母亲保持这个姿势时非常不舒服，但它还是照样做着。"

　　被美化了的椿象开始在人们的脑海中留下美好的印象，之后的编书者也不加思考地人云亦云。这种本身就是错误的东西在经过再三的转述之后便会在人们心中扎根，大家都觉得那是真的。真实的东西往往很简单，然而却被我们忽略了。在我所涉猎过的书中，还没有哪位作者讨论过孵卵机制所创造的奇迹。德·格埃尔是一位博物学家，这使得他的论述让人们深信不疑。然而，我却想通过自己的实验来验证这位大师所说的"事实"。

灰色椿象就是这位博物学家著述中的神奇昆虫。在我所居住的地区，这种椿象比其他种类的椿象数量更少。我只在迷迭香上抓到了三四只灰色椿象，我把它们饲养在钟形网罩里面。它们并没有产卵，这让我非常失望。但这些灰色椿象所表现出来的生活习性与我所知道的其他种类椿象的并没有什么不同。我试着观察我所饲养的其他四种椿象，想要知道椿象母亲与幼虫之间究竟有着怎样的互动。我想这四种椿象同样的表现一定能够让我拥有真正的答案。

与博物学家叙述的不同，椿象母亲在产下卵后对自己的卵不闻不问。这种表现与母鸡领着自己小鸡的举动并不一样。等到最后一枚卵被产下之后，椿象母亲就离去了。它不会回过头来关心自己的孩子，更不会精心地照料它们。这样的场景让我印象十分深刻。也许有人会认为，椿象母亲的这种行为只是因为它们被关在了钟形网罩之中。假如把它们放生，那么则会呈现博物学家笔下的那种温情场面。不，请不要这么认为。在自由的田野中，我也看到过灰色椿象母亲。它们与囚禁在网罩中的椿象母亲一样，对自己的幼虫不管不顾。

⊕ 图中这只来自苏拉威西岛的椿象身体扁平，呈盾形，是盾蝽象科昆虫的典型代表，被称为盾蝽，像这种体形较大、色彩艳丽的种类主要生活在热带，生有威力强大的臭腺

在卵孵化的期间，椿象母亲对自由的向往极其强烈。这时候的椿象母亲喜欢四处游走，而且容易飞行。在离开幼虫两三个礼拜之后，难道它们还会记得当初幼虫的所在地吗？难道它们还会凭着记忆找到自己的孩子吗？认为椿象母亲拥有超强记忆力的人真的非常可笑。我从来没有见过哪一个椿象母亲在自己的幼虫身边多停留一刻。有的椿

象母亲还随意地产下自己的卵，致使自己的家庭四分五裂，它不可能分清楚哪些才是自己的亲生骨肉。由于产卵日期以及阳光充足程度的不同，卵孵化的时间也随之变化。被分散开的椿象幼虫虚弱地行走在各个角落，它们不可能再次聚集到一起。

但是有一个事实是，假如椿象母亲偶然地再次看到一群幼虫，而且认出这些就是自己的孩子时，那么它一定会给予孩子们细心的照料。而另外的几群幼虫可能就要遭到遗弃了。但是没有得到母亲照料的那些幼虫，它们的存活率并不一定就比得到呵护的那个群体的低。我不知道为什么椿象母亲会有选择性地对自己的孩子进行看护。德·格埃尔所提到的卵群中，有一些是由二十多枚卵组成的群体。这其实是一个被分裂了的家族，并不是椿象母亲所产下的全部的卵。不过可以肯定的是，这些卵是椿象母亲一次产下的。我见到过有一只椿象产下了一百多枚卵，就在一块小薄片上。这种椿象比灰色椿象的个头要小。不同种类椿象的生活习性以及繁殖方式都一样。除了那些受到母亲照料的幼虫以外，其他的幼虫将何去何从？

我们的确应该尊重那位博物学家。然而在同一片天空下，椿象母亲真的是温情脉脉的吗？椿象父亲也真的会对自己的孩子下毒手吗？当然不是。我并没有看到椿象父亲把幼虫吞进自己的肚子，我也没有看到椿象母亲在保护自己的孩子。椿象幼虫的双亲只是在迷迭香上休息，或者是在金属网纱上踱步。它们没有表现出对幼虫细心的呵护，当然，也没有表现出凶恶的一面。椿象幼虫可怜兮兮地待在双亲的旁边。它们是那么弱小，以至于一只路过的椿象用爪子尖轻微碰触它们，就可以让它们翻个底朝天。处于摔倒状态中的幼虫引起了椿象母亲的注意，然而，母亲并没有像博物学家著述中描写的那样表现出仁慈的母爱。一切期待都是徒劳的。

虽然大自然是万物的生母，然而对于能够自力更生的生命来说，大自然绝对不会表现出任何仁慈。当椿象还在自己的卵壳中时，大自然对于它们来说的确是温柔的母亲。这位母亲给予它们温暖以及不受侵袭的房屋，给予它们保护。然而，一旦这些小家伙从卵壳中出来，大自然这位母亲就对它们不闻不问了。这是多么残酷的生存法则呀！幼虫因为感受到了饥饿，它离开自己的群体而独自去寻找食物。其他的幼虫也在后面跟随。等到这群幼虫享受完美食之后，它们又会回到自己的出生地，也就是空卵壳上面休息。等到幼虫稍微成熟后，它们就会离开自己的故乡，远走他乡。椿象幼虫永远也不会再回到自己的出生地，它们已经拥有了自由的生活。

幼虫群体在寻找食物的途中可能会遇到一个行走缓慢的椿象母亲。这时候，幼虫就会跟随这个椿象母亲，就好像之前它们跟随一只领头的幼虫那样。博物学家大概就是看到了这样的场景才想起了母鸡与小鸡。然而，博物学家上当了。幼虫所跟随的那个椿象母亲不会对它们表现出任何具有母爱的行为，这个椿象母亲对身后的小家伙们毫不理睬。博物学家由于看到了一个偶然的场面，于是他发挥自己的想象，美化了椿象母亲。这种美化到后来就被人们争相传颂，所以我们才将谬误的东西当成了事实。

第五章 | 笃蒛香树蚜虫的迁徙

到了九月的末尾几天，有角的瘿就被蚜虫挤得满满登登的。由于空间不够宽敞，所以蚜虫会根据探测器的长度来进行排列组合，它们会一层一层地排列起来：粗大的蚜虫待在最上面，中等的蚜虫排在第二层，而小蚜虫则排在中等蚜虫的足之间。这样的排列组合方式非常适用，假如蚜虫们是一只紧挨着一只地组成一层，那么这个瘿根本不够它们用。排列好的蚜虫全都安静地待着，它们保持静止不动，用嘴巴喝着水。蚜虫们喝水的时候也是很有秩序地轮流喝。吵闹的蚜虫们在上面等候，它们各自寻找着自己的位置，场面热闹，而下面的蚜虫则正在喝水。然后喝完水的蚜虫会上升，而刚才还在等待中的蚜虫则会下降。蚜虫们就是通过这种持续的轮流方式来饮水的，保证每只小蚜虫都有水喝。

想要在这样杂乱的环境中完成变态，那么蚜虫们就必须保持雅致的常态。由于蚜虫群的拥挤与混乱，白色的蜡质物被它们弄成了粉状物塞满了隔间。居所变成了一个来回攒动的团块，蚜虫们将会在这个团块里进行身体的蜕变。这个团块中没有任何多余的空间，也完全得不到安宁。蚜虫们的皮肤在摩擦中被弄伤，它们的足全部变了形。不过它们宽大的翅膀在展开后却没有褶皱。

知识链接

蚜虫分有翅、无翅两种类型，成蚜或若蚜群集于植物的叶背面、嫩茎和花上，用针状刺吸式口器吸食植株的汁液，使植株的细胞遭到破坏，生长失去平衡，叶片向背面卷曲皱缩，新叶生长受阻，严重时植株会停止生长，甚至全株萎蔫枯死。蚜虫为害时排出大量水分和蜜露，它们滴落在叶片上，会引起霉菌病，使叶片生理机能受到阻碍，减少干物质的积累。

终于，蜕变结束了，它们隐居的生活告一段落。橘色的蚜虫原本有着突起的肚子，但是现在的它俨然已经变成了漂亮的、类似蚊虫的小虫子。每只小虫子都有四只翅膀，身材修长，瘦瘦的，黑黑的。振翅飞翔的时刻终于到来，然而问题也出现了。由于这些小虫子被一堵墙围着，它们没有任何工具，也没有能力在围墙上面打开一道口子。那么，怎样才能出去呢？不用担心，虽然小虫子们自己没有能力出去，但是这堵墙会让它们出去的。蚜虫成熟的时候同样也是瘿成熟的时刻，两者的成熟时间配合得多么好哇！

球瘿由于成熟而日渐膨胀，侧端裂出一些星状的口子。而角瘿则在顶部才有裂口。这些瘿的爆裂并不温和，它们会在突然间将门打开。帽子护耳将有着很多节瘤的厚嘴唇分开，褶裥将上面的薄层稍稍地抬起。纺锤也稍微地打开了，它就像衬着玫瑰色绸缎里子的小包。门本身是靠汁液的作用为性急者打开的。

这是蚜虫频繁活动的时刻。我挑选了一些角瘿，它们快要整个断裂掉了，因为顶端的角已经裂开了。我贴近它们仔细地观察。我把它们放在我的实验室的窗户前面，它们与窗户的距离只有几步远。那里有充足的阳光，蚜虫们喜欢在太阳下面暴晒。第二天中午的时候，阳光非常充足，天气也很热。就在这个宁静的天气里，瘿的一只角稍微地打开，长着翅膀的蚜虫们飞了出来。就在前一天，它们飞出来之前，我在隔室里面放了一根笃薅香树的小树枝，非常结实。我想用这根小树枝来引诱蚜虫们起飞，它们或许会把这根小枝杈当作可以乘凉的地方。

蚜虫的身上通通被粉尘覆盖着，这些粉尘是毛簇的残留物质。小虫子们成群结队地飞出来，像是一股水流，非常平静。每只虫子爬到裂缝那里时就开始展翅翱翔。在准备飞翔的时刻，它们还会用颤动着的双肩将一枚细小的灰土火箭抛投出去。蚜虫们飞行的路线呈波浪状，它们上下起伏。它们通通朝着阳光充足的玻璃窗飞去，那里的阳光看起来比别处的更加强烈。

蚜虫们纷纷撞在了窗户上，滑下来堆积成群。它们享受着那里的阳光，没有丝毫想要离开的迹象。蚜虫们的飞行路线让我感到惊诧，它们全都朝着玻璃的方向飞去，没有一只例外，而且是直直地飞去，没有任何一只蚜虫会向左或是向右偏离这条路线，哪怕是一点点。其实屋内的每个角落都很光亮，但是蚜虫们却偏偏喜好有阳光照射的玻璃窗。飞行的精确程度令人难以置信。假如我们把一个铅粒从高处扔下去，它的掉落轨迹也不会比蚜虫的飞行路线更准确，掉落在地上的时候总是有偏离的。如果说铅粒受到地球引力的影响落在地上，那么蚜虫就是遵从着阳光的意志而向玻璃窗户飞去的。在被阳光充分沐浴的空间内自由地飞行着，全体蚜虫都在享受阳光带给它们的快乐。

两天过去了，蚜虫们基本上已经迁移完毕，只剩下最后的缓慢飞行者。等到它们全都离开后，我也把瘿完全地打开了。我精心挑选了这些蚜虫，它们刚开始的时候有两种。一种是有翅膀的黑色蚜虫，另一种是没有翅膀的红色蚜虫。现在黑色有翅膀的那群蚜虫已经全然离去，而红色的没有翅膀

➕ 蚜虫们长得几乎一样

的蚜虫还在那里。这些依旧守着家园的蚜虫看起来呈朱红色，又矮又胖，身材比较小，身上还有皱纹，跟过去的它们相比没有什么变化。这正是蚜虫们的母亲，它们有的背着褡裢——蚜虫母亲的口袋。孤苦的蚜虫母亲在这个破烂不堪的瘿里继续挨着，它们也会继续产卵，但是这些卵都很羸弱，是短命的早产儿。最终蚜虫母亲会和这些早产下来的孩子一起走向死亡。整个瘿就变成了一片废墟。

原本我以为那根临时放置的笃蓐香树的小枝杈能够抓住蚜虫的眼球，然而事实却不是这样。我眼睁睁地看着蚜虫对这根小木棒不理不睬，这可是它们曾经最喜欢的东西呀！然而蜕变后的蚜虫却没有任何一只在这根小枝杈上停留片刻。假如有蚜虫不小心与矮树丛相撞而掉在树叶上面，它们也会立刻起身再次飞行，到窗户那边与集体会合。由于蚜虫的胃已经没有了欲望，所以它们不会再稀罕笃蓐香树。我的玻璃窗户挡住了蚜虫们的去路，它们通通在那里沐浴阳光。如果把这道屏障去除掉，它们会飞向哪里呢？当然不是笃蓐香树那里。

这些被窗户阻挡了去路的蚜虫全都像是从一个模子里刻出来的似的，无论是在外形、面貌还是颜色上，通通一样，好像全都是由一只蚜虫复制出来的。就是在这样一群没有任何区别的蚜虫当中，人们却期待着找出雌性和雄性两种蚜虫。的确，还是幼虫的它们，个个都像大肚子的虱子一样，动作非常迟缓。然而蚜虫们现在已经与幼虫时代告别了，它们刚刚有了自己作为昆虫类别的属性，像身材瘦长的蚊虫一样美丽。蜕变了的蚜虫们为自己拥有四只漂亮的彩虹色翅膀而感到万分骄傲。拥

有如此美丽的外表，假如是其他的昆虫，一定要交配了。

然而，这个蚜虫群体却没有性别之分，更别提婚嫁和交配了。它们虽然在成熟的年龄穿着华美的衣服，但是却没有婚姻的滋润。尽管如此，每只蚜虫也能独立地完成生育工作，就像它们的前辈将它们生出来一样，生育工作不需要交配就能进展得很顺利。我想要验证这个事实。我拿了一根麦秸，用我的唾液把尖部弄湿。然后我用这根被唾液沾湿的麦秸尖将随便一只蚜虫的翅膀固定，然后用大头钉把它的肚子紧紧地按住。不一会儿，这只蚜虫就生出了五六个孩子。虽然我为它做的生育手术相当粗鲁，但是这并不影响它的生殖效果。之后我又进行了几次实验，每一只蚜虫都拥有同样的生育能力。

蚜虫生产所需的时间非常短，它的生育就像播种一样，能够在很短的时间内完成。蚜虫每胎平均可以产下六只小蚜虫。让我们来看看这些初生的孩子吧。大约两个小时后，我看到蚜虫们以随意的姿势、在任意的位置分娩着。它们有的趴在窗扇横档上，有的则在窗洞木头上的灰泥层上，还有的在窗户后面的玻璃上。由于分娩迫在眉睫，所以它们也顾不上选择什么地点和优雅的生产姿势了。蚜虫将它的两只较大的翅膀抬起来，而两只小翅膀则扇动着。在生育的过程中，蚜虫需要找到一个支撑物，这个时候就用到了腹尖。它让腹尖弯曲起来，虽然这种姿势不太稳定，但却是必要的平衡方法。孩子们成功地生产出来了，它们垂直地落在了支撑物上。新生儿的头部在上，竖立着。大约两分钟过后，蚜虫孩子从褓褓中出来，它后退着将自己的足露出，自由地乱动着。如果小家伙是以卧姿被生出来的，那么它就不能这么自由地活动了。

蚜虫幼虫接连地被生了出来，它们在乱动一番后就会躺下，然后开始在世间游荡。到处乱逛的幼虫其实处境危险，因为人们并不会顾及它的年幼，幼虫会被行走的人们推倒。有些蚜虫因为被窗户角上的蜘蛛网挂住，它们就直接在那上面进行分娩。不过产下的幼虫会掉在窗洞的边缘，而且由于没有垂直着，所以它们根本没有办法蜕皮。另外一些幼虫被从涂有树胶的柱座上扔了下去，它们也因为不能蜕皮而死亡。

蚜虫和它们的幼虫住满了窗扇的横档，看上去一片热闹的景象。蚜虫母亲有翅膀，而幼虫没有翅膀，它们混居在一起，场面看起来非常杂乱。我不知道这些小虫子在忙活什么，好像在寻找什么东西似的。也正是我的无知，最终导致了它们的死亡。蚜虫母亲由于生完了孩子，所以它们的任务也完成了，长着美丽翅膀的它们通通在两三天内死去。那么幼虫们怎样了呢？它们有着淡绿色的外衣，身体修长，大约一厘米。幼虫们动作灵敏，用小碎步跑着。它们的足也抬得很高，小家伙们看起来非常繁忙。然而没过多久，这些幼虫也死掉了。我用刷子将这些死掉的蚜虫清理干净。

笃蓐香树上五个瘿的作用是相同的。拥有翅膀的黑色蚜虫在这个敞开着的房子中出生，它们在很短的时间里就能够生育，每只蚜虫能生五六只幼虫。同角瘿蚜虫一样，球瘿蚜虫一胎也能生下五六只。快到九月的时候球瘿就会裂开，这比角瘿爆裂的时间要早一些。褶裥、帽子护耳和纺锤都稍微地打开。帽子护耳里面出来的蚜虫长得粗短，像虱子似的。它们的身体后端比前面宽，穿着橄榄绿色的衣服。蚜虫的吸盘紧挨着它身子的下端，并且往后面突起，就像是飞蝗的产卵管。

这个吸盘最引人注意，就像是一把军刀或是利剑一般，蚜虫把这个东西竖起来的时候它还会阻碍它们前行。那么这个东西到底是用来做什么的呢？蚜虫好像站在自己的足上一样，足的长度与探测器的大小成正比。蚜虫这样做是为了把这个利器插入有营养的植物当中去。我对观看这种机器的运转十分有兴趣。我给蚜虫们鲜美的瘿和树叶，但是它们似乎对这些并不理会，只是在被塞了棉花的密闭的试管中缩成一团。我不知道它们想干什么，它们想要逃离吗？

小叶褶裥的蚜虫同球瘿里的蚜虫一样，它们的身材都比较粗短，蜷缩着的时候就像一只小癞蛤蟆。只不过前者身穿绿黑色的衣服，而后者则穿着黄褐色的外衣。它们的口器也不大，都向后凸，不动的时候就像尾巴的附属品。纺锤形状的瘿中的蚜虫也有类似的口器，不过这种蚜虫的身材稍长，穿着淡绿色的衣服。

我们之前提到了这些蚜虫的相似之处，这说明了它们的单一性。而现在所提到的蚜虫，它们确实有着这样或那样的差异：粗短的身子和修长的身子；口器长短不一，有的正常，而有的口器却向尾部延伸着；各色的衣服，有的是嫩绿色，有的是淡黄色，而有的则是暗绿色。描述性的东西确实让人感到乏味，读者一定会把这页书以最快的速度翻过去。

其实我们只需要知道笃蓐香树上的五种蚜虫是不同的种类，了解它们不是一个种属下拥有多种职业的昆虫的亚种，这样就足够了。

天气异常炎热，而瘿在这个时候却频频地接受着我的检查。球瘿或是在唇瓣处裂开，或是在侧旁爆裂，而角瘿则在顶端裂开。裂缝的面积越来越大。穿着黑衣的蚜虫不管外面多么炎热，它们依旧逐个地从瘿中出来，不慌不忙。虽然它们生活在我的实验室中，但是这种环境并没有让它们的行动有所收敛。它们停留了一下就开始飞行了。蚜虫们张开翅膀，拍下一些粉尘状的物质，然后就飞走了。有时候一阵微风就会把它们吹到我看不见的地方。

蚜虫的迁徙在几天内就能完成，它们成群结队地从瘿中飞出，只剩下没有翅膀的蚜虫母亲仍旧孤苦地待在里面。这些驼了背的可怜虫将孩子生完后就变得孤独了，因为孩子们已经离它们远去。蚜虫母亲有时候会爬到出口处晒晒太阳，不过很快就会回去。紧接着又有另外几只蚜虫母亲前来晒太阳。不过它们并没有因为接受了阳光的沐浴而变得欢乐。相反，由于瘿遭到了破坏，再加上它们年事已高，大约两个礼拜后它们就在饥饿与孤苦中死去了。

现在让我们走出实验室，暂时忘记这些瓶瓶罐罐，走进荒石园，去看看那里的笃蓐香树上有什么情况吧。事实上，园子并没有为我提供比实验室更多的信息。我在实验室所了解到的情况甚至比笃蓐香树能够给我的信息更多，至少我观察到了有翅膀的蚜虫的活动，获得了宝贵的资料。而在园子里，由于蚜虫飞得比较远，所以我没能找到它们生育的地点。我想刚出生的幼虫一定散布在园子的各处，而且在离我很远的地方。不过我还是能够在笃蓐香树上找到这些幼虫，就像我在实验室中所看到的幼虫一样。

我想要再次强调一下蚜虫从瘿中出来的条件。我们知道瘿在成熟之前是一个封闭的场所，蚜虫就像被一堵围墙包围了似的无法出去。虽然蚜虫的强壮能让瘿产生瘙痒的感觉，促使瘿膨胀，但是它们却不能将其打开。直到瘿成熟以后，从顶端或是侧旁裂开缝来，蚜虫们才得以出去。但是也有些情况不同。假如在瘿还没有开口之时，或是由于干燥的气候使得瘿在该打开的时节没有打开，而被关在里面的蚜虫已经成熟到要生育的阶段，那么会发生怎样的情况呢？

被紧闭的瘿关着的蚜虫同样会进行繁殖。由于空间狭小，它们相互挤压着，一只踩在另一只的身上进行生育。瘿里面杂乱无比，每只蚜虫都无法挪动自己的身体。蚜虫在生育的时候需要一个支撑物，而这些被关起来的蚜虫只能以同伴的翅膀作为支撑，由于拥挤，支撑物极不稳定。在这样混乱的场面下，蚜虫幼虫很多被踩伤。由于无法蜕皮，它们最后都变成干燥的小颗粒。不过也有一部分，而且是大部分的幼虫在苟延残喘中活了下来。它们在杂乱的环境中获得了新生。

十月份的时候我把几个干燥了的但却没有自行裂开的球瘿和角瘿打开。里面是已经死亡了的蚜虫，它们通通长着翅膀，穿着黑色的衣服。在瘿的内壁处，我用放大镜看到了几千只蚜虫。这种场面让我感到十分震惊。这些是蚜虫母亲产在瘿中的小蚜虫，它们一出生就被困在这里。不过在这个死气沉沉的瘿中还有一些朱红的蚜虫活着，它们是蚜虫的祖母。蚜虫祖母的行动很笨拙，不过听说它们还能够熬过冬天。我把那些样貌好看的蚜虫祖母保存了起来，不知道它们在玻璃的保护下会不会活下来。但是我清楚地知道，假如我把它们连同那些破烂的瘿一起扔在一旁不管，那么它们很快就会死去。

最初一段时间里，这些蚜虫祖母看起来情况还好。不过冬天刚来没几天，它们就不会动弹了。它们死了，但是外观跟活着的时候没什么区别，依旧光鲜。这个样子看起来就像会在春天来临的时候再活过来似的。其实它们在四月之前就应该死去，只不过我的看护让它们的生命延长了一些。这些蚜虫祖母活了半年的时间，而它们的孩子却只有几天的存活时间。我不得不对这些拥有顽强生命力的蚜虫祖母表示赞赏。

这些身着黑色衣服，在迁徙途中的蚜虫，它们已经不需要靠食物来维持生命了。我放在那里引诱它们的笃蓐香树的枝杈就是最好的证明。蚜虫们对这根树枝不理不睬，不会停靠在上面休息。与对食物的不关心类似，蚜虫们似乎对自己的休息处也同样不关心。它们随便待在哪里都行，不管是窗洞的灰泥土层、窗扇横档，还是窗格玻璃。它们不会因为哪一处地方是陌生的而不选择那里，它们根本不对自己的居所做比较与选择。这些穿着黑衣服、长着翅膀的蚜虫显得那样平静，它们四处游荡，随处生育。

与在实验室中的蚜虫一样，田野里的蚜虫在刚刚获得自由后也会将

⊕ 蚜虫

自己身上的蜡质物抖落，然后飞走。蚜虫们顺着主导气流的方向飞去，气流将蚜虫的翅膀推动。这样的场景与之前它们大腹便便的样子形成了鲜明的对比。蚜虫在阳光的照射下尽情地飞舞着，只要它们的翅膀能够撑得住，它们就随意飞行，直到精疲力竭的时候才不加选择地掉在任意一个地方，或是被什么东西碰到了而掉下去。蚜虫们开始生育，它们对生育的地点也同样没有要求。等到生育的任务完成之后，它们的前途就只剩下死亡了。

蚜虫对生育的地点没有经过精挑细选，因此导致它们孩子的死亡率很高。这些可怜的幼虫会死在干燥的树皮上，或是光秃秃的地上，也可能死在石头上。刚出生的幼虫需要食物来补充体力，它们会把大大的吸盘插入植物中去汲取营养。然而由于降生的地点不同，有的幼虫会由于缺乏食物而死去，而幸运的幼虫则因为获得了食物而活了下来。我在实验室中就亲眼看见过幼虫们由于没有吃饱肚子而死去的场景，最终仅剩下不到十五只幼虫活着。

在寒冷的冬季，一些禾本科植物为蚜虫幼虫们提供了很好的过冬场所。幼虫将自己的吸盘插进植物中，吸取甜甜的汁液。在禾本科植物茂密的叶子的保护下，蚜虫没有遭受雨雪的袭击。它们拥有充足的食物，拥有很好的避难所，这些蚜虫因此存活下来。它们是第二年蚜虫后代的繁殖者，是笃蓐香树蚜虫的接班人。然而，这些只是我的推测而已。因为在我所实验过的多种草本植物中，没有一种能够为蚜虫提供很好的避难场所。虽然没有直接的经验，但是我的推理似乎也不无道理。或许这些隐居者的生活真的就是这样吧。

第六章 | 吃蚜虫的昆虫

一个偶然的机会让我了解到了以蚜虫为食物的昆虫，在这之前我一直想要观察这些昆虫的活动状况。生活在笃蓐香树瘿瘤里面的蚜虫们，只要瘿不被打开，蚜虫就可以在里面安乐地生活，不会受到外来者的侵略。然而由于干燥，瘿总会产生裂缝，自动打开，而且这一点是蚜虫进行迁徙的前提条件。瘿裂开后，等待在外面的、不能自行把瘿打开的食蚜者也有了机会。

在光合作用下，空气与土壤中的矿物质结合生成化合物，这是储备热量的巨大仓库。动物就是靠着太阳能在这个仓库中所储备的能量来维持生命的。各种生命都以自己的方式对自然界的能源进行着提炼与选择，而要想以简单的方式把通过食物传递到食者体内的化学成分转化为有营养的物质，就需要仔细工作。这项任务需要通过不断合作才能完成，这更好地体现在微小生物那里。这些小生命用自己的耐心把原本并没有价值的东西变为身体里的精华成分，它们一点一滴地加以提炼，然后把这些食物提供给鸟类或者昆虫。就这样经过一层又一层的食物链，最终大型的动物有了食物，而我们人类也拥有了自己的食物。

我所提到的那些小生命里就包括蚜虫。别看它们长得很小，然而它们的体内却拥有丰富的营养成分。嫩嫩的、营养丰富的蚜虫，取之不尽。蚜虫那鼓鼓的肚子里装着甘甜的露水，能够为其他生命提供水源。虽然一滴甘露需要成千上万只蚜虫的贡献才能够被提炼出来，不过蚜虫的繁殖能力旺盛到我们无须担心它们的数量不够。在被太阳光钙化了的岩石缝中生长着笃蓐香树这种灌木，在这贫瘠的岩石缝中，灌木能够吸收到的养料非常稀少，只有少量的雨水以及岩石中分化的一些矿物盐，然而这些笃蓐香树却依旧繁茂。

生活在笃蓐香树中的蚜虫们以它们的方式为比自己高一级的动物们提供维持生命的养料。笃蓐香树的树脂会散发出一种奇怪的味道，并不是所有昆虫都能够接受这样的气味。然而蚜虫们却对这种味道情有独钟，它们不但不嫌弃，反而把笃蓐香树当成非常美味的东西来享用。笃蓼香树对岩石中的矿物质进行初步的加工，这些经过粗加工的东西成了蚜虫们提炼的对象。

⊕ 大多数蚜虫是绿色的，这是它们在植物上的伪装色

它们从中吸取精华，然后进行再一次的提炼，最终这些东西成了高级养料。也许有一天会有小鸟吃到这些蚜虫，而这个时候原本粗劣的矿物质已经在蚜虫的腹中转化成了高级食品。这种动物界最低贱的虫子用它的柳叶刀将笃蓼香树的树叶切开，鼓起来的叶片形成了一个像仓库似的东西。蚜虫们就在这里面进行繁殖，它们个个都吃得非常圆润。

到了八月底，我的那棵笃蓼香树上长得最好看的一些球瘿开始有裂缝了，这些球瘿是较早成熟的。没过几天，在烈日的暴晒下，我看到其中的一个球瘿已经裂开了三道缝隙，一些泪滴状的黏液从中流了出来。球瘿中的蚜虫们争先恐后地开始试图迁徙，它们个个都长着美丽的翅膀，企图开始旅行。我看到它们一个一个地拍着翅膀来到了门槛上，然后做着预备飞行的动作，准备出发。

然而，一群不速之客却在旁边觊觎着这美味又丰盛的食物。这种昆虫叫作三室短柄泥蜂，它们的身体呈黑色，长得很瘦，属于膜翅目昆虫。我时常在蔷薇茎里找到它们，在它们的房子里，我看到了一些储备物——黑色蚜虫或是叶蝉。在今天这个蚜虫迁徙的日子里，八只三室短柄泥蜂来到了蚜虫的家门口。这些泥蜂不顾一切地钻进瘿里，它们也不担心自己是否会被里面的黏液粘住。这是多么好的机会呀，成群的蚜虫都在这里。没过多久就有一只蚜虫被泥蜂从瘿里面叼了出来，之后这只泥蜂就飞走了。它这是回去储备食物去了，这只蚜虫将要被它放回自己的巢里去，然后它会再次飞到这里继续捕捉蚜虫，直到自己房子中的蚜虫足够食用。

由于蚜虫们正准备展翅飞翔，所以它们很多已经到了瘿的门槛处，这就给了泥蜂好的机会去捕捉它们。这时候泥蜂根本不用钻进瘿中就能够轻易地获得食物，而且也不必担心自己会被粘住，现在已没有多大的

风险。在瘿被掏空之前，泥蜂疯狂的捕捉工作不会停止。在泥蜂回去运送食物的时间里，有大量的蚜虫逃脱了死亡的魔掌。蚜虫们凭借自己的翅膀离开了瘿，它们获得了重生。

有一个问题似乎让我感到迷惑不解：三室短柄泥蜂是怎样知道瘿瘤已经打开了的呢？它们自己根本不可能把瘿打开。如果来早了，瘿不会自动裂开缝隙；如果来晚了，估计这里也只剩下空壳了。八只泥蜂同时到来，显然它们对瘿自动开裂的时间了如指掌。三室短柄泥蜂终于飞走了，因为瘿壳中已经没有蚜虫了，它们或许去寻找其他的瘿了。虽然有大批的蚜虫躲过了三室短柄泥蜂带给它们的劫难，然而它们却逃不过另一种昆虫的侵略，那就是毛虫。假如遇到了这个抢掠的高手，蚜虫们就会被彻底洗劫，难以逃脱。

毛虫穿着棕色和玫瑰红色相间的衣服，它找到了一个完好无损的瘿，这是个还没有开裂的瘿，里面住满了大量的蚜虫，它们还没有翅膀。毛虫用力撕咬着这个瘿壳，有黏液从瘿里面流了出来，毛虫一点也不在乎这些酸涩的汁液，被它咬下来的瘿壳逐渐堆积起来。毛虫对着瘿边咬边拽，直到瘿被它破开一个洞。很快，洞眼的周围就堆起了一道黏黏的坎，那是黏液中混杂着的瘿壳。我观看着这条毛虫的动作，非常入神。它的头左右摆动着，在洞眼被打好后又把头弯下，钻进了瘿里。整个过程用了不到半个小时的时间。

这个洞眼与毛虫的头差不多大小，只要毛虫的头部能够钻进去，那它的整个身体就一定能够进去。毛虫将自己的身体绷直，非常轻易地就钻进了这个小小的洞眼。进去之后，毛虫立刻将自己的头部掉转过来，朝着洞口的位置，然后在洞口处编织了一个用来遮挡的网罩，这也是用来遮挡洞口的唯一屏障。瘿里面的黏液不断地流出，这些黏液在网罩上凝固成一个盖子，使网罩变得坚固又安全。

瘿里面住着大量的蚜虫，这对毛虫来说是一个非常巨大的食物储备仓库，够它一辈子享用了。随后蚜虫被一只一只地杀掉，毛虫会吸干它们的汁，然后将其抛弃。被吸干汁的蚜虫尸体很快就堆积起来，毛虫制作了一张丝质的黏质毯，把这些尸体堆积到一块儿，用毯子将它们与活着的蚜虫分开。这种行为也方便毛虫捕食自己身边的活蚜虫。

毛虫尽情地享受着，没有一点节约的意识。假如它愿意节省着食用这些美味，瘿里的蚜虫足够它一辈子享用了。然而毛虫却不在乎这些，仍旧大手大脚地挥霍着。它杀掉了大量的蚜虫，好像杀戮这件事情比吃蚜虫更加有意思。瘿里面的蚜虫通通死在了毛虫的手里，没有一只能够逃脱。当全部的蚜虫都被这个杀戮者杀光的时候，毛虫还没有长大。这个时候它不得不从瘿中出去，再去寻找其他的瘿。假如毛虫的兴致较好，那么就会有两三个瘿中的蚜虫遭到它的侵袭。

那么毛虫是怎样从这个瘿里面出去的呢？它有两种选择：一种是把进口再度捅开，另一种是重新钻一个洞眼。这两种方式对于毛虫那好用的大颚来说是多么轻而易举呀！然而当毛虫蜕变为蛾之后呢？柔软的蛾子又是通过怎样的方式从已经风干变硬的瘿壳里出去的呢？毛虫用霉变了的蚜虫为自己制作了一顶大大的帐篷，它住在帐篷里面，将自己用白丝围起来。它将会在这里度过漫长的冬季，然后就开始身体的蜕变，变成一只会飞的蛾。然而蛾子属于鳞翅目昆虫，它没有什么能力将瘿打开。而且由于蚜虫的死亡，这个如核桃壳一样硬的瘿壳也不会自行地膨胀到开裂。装满食物的瘿壳的确是一个隐居的好场所，然而当蛾子得知春天已到来的时候，得知外面的世界已一片欢愉的时候，它肯定会觉得瘿壳像囚牢一般。在这个封闭的瘿壳中，柔弱的蛾子又能通过什么办法出去呢？

其实在蛾子蜕变之前，在它还处于毛虫的状态时，它就已经为自己铺好了出路。毛虫会在自己蜕变之前将那个它进来时的口子重新打开。假如那里由于黏液的凝固而变得太硬，不能打开的时候，毛虫就会选择重新在瘿壳上钻一个洞，和自己脑袋一般大的洞。由于瘿壳早已经被风干，所以黏液不会流出，因此也不必担心这个新开的洞会再次被粘住。在提前打开了出路之后，毛虫会再次钻进那个大帐篷，准备蜕变。蜕变成蛾后，由于蛾子的翅膀还未张开，而是紧紧地贴在自己的身子背部和两侧，弯曲成沟槽的形状，所以蛾子在出洞口的时候，它的翅膀不会被小小的洞口弄皱。

七月的时候，蛾子从瘿里面钻了出来。为了能够出去，它把自己的衣服卷了起来，呈半圆筒状，好像一个套子似的。看到它出来后，我已经完全清楚了。无论是从瘿壳里出来还是再次回到瘿壳中去，蛾子所使用的方法都是一样的。它将自己的身体卷成绸缎卷的样子，既漂亮又能够节省空间。多么高级的杀戮者，多么美丽的蚜虫灭绝者。蛾的身子大约有十二毫米长，绸缎似的身体上印有白色、深红色以及棕色的斑点。一条前面是深红色，而后面是白色的线条从蛾子的背部穿过，就像一条漂亮的腰带似的。第二条白线在翅膀上画出一个尖拱指向了后面的第三条线，这第二条白线并不容易被看清。绸缎的后摆处有一条宽宽的流苏边，呈灰色。蛾子的触须就像冠状的盔顶饰，尖尖地竖立着；而触角则呈丝状，垂在背上，很长。

现在让我们来对蝇科类昆虫吃蚜虫的方法进行观察。这些昆虫不像之前的毛虫，它们并不能弄破坚硬的瘿壳。鉴于此点，蝇科昆虫以及其他不会在瘿壳上打洞的小虫子就会选择由复叶合拢而形成的瘿。这种瘿的颜色有很多种，而且形状也各异。有的瘿呈纺锤状，有的是月牙状，而有些则是隆起的状态。有绿色的平扁的瘿，

　✚ 花苞上的蚜虫

也有满身起了疙瘩的瘿。由于蚜虫不断成长，瘿变得越来越膨胀，到达一定程度后就会开裂出一些小的缝隙。这些缝隙哪怕再小都会被蝇发现，而我们人类用肉眼是根本无法看到的。蝇在一处裂缝里只产一粒卵，因为产卵过多会导致瘿里的食物不够幼虫食用。

一旦瘿上面有裂缝的痕迹，在外面觊觎的蛆虫就会立刻钻进去。它或者用屁股用力往里拱，或者用嘴把瘿撬开。进入瘿中的蛆虫很快就被再度合拢的裂缝关起来了，它被封闭在了一个可以享用盛宴的地方。等瘿里的蚜虫全部被它捕杀光以后，它就会从瘿中出来，而这时候的它已经不是进去之前的那只小蛆虫了，而是变成了一只漂亮的小苍蝇。已经完全成熟的瘿裂缝很大，所以小苍蝇很容易就能够从里面走出来。稍后我们再来说它们由于饥饿而对瘿内的蚜虫斩尽杀绝的情景。它们中有些在光天化日之下对蚜虫进行杀戮，这种发生于露天的杀戮倒是方便了我的观察。这可能也是我对

它们较为忽视的原因吧。

在描述这些食蚜者是如何对蚜虫们下毒手以及怎样享用野味之前，我想先回到刚才我所提及的钻入瘿内的蛆虫、毛虫与三室短柄泥蜂上来。仅仅这三种小虫子就能够为我们展示完美的有关生命承接的魔术。如果选择暴露在阳光之下进行蜕变，那么蛆虫和毛虫都可能变为过路小鸟的美食。而长在岩石中的笃蓐香树上的瘿恰恰为它们提供了很好的避难场所。蚜虫腹中可口的甘露变成食蚜者胃中的美味，而食蚜者从蛆虫变为小苍蝇，或是由毛虫变为蛾子之后，这些完成了蜕变的昆虫又为小燕子提供了更加富有营养、更加高级的食物。

蚜虫的聚集地——小灌木中不仅有牲畜屠宰场和食物加工厂，如肉店、罐头加工车间和糖厂等，还有牛奶场与野生动物园。小灌木本身就是一个小世界，比起上面的由蛆虫和毛虫组成的小小的食物链，这个小世界有着更加丰富的食物库存与更加完满的取货计划。所有的工厂与企业都在为提炼更加富有营养的食物而工作，工艺完整且高级。这个小世界中的工厂的运转场面非常壮观，嘈杂喧闹的氛围很有意思。这样的场景让人感叹。

就让我们来参观其中的一家工厂吧。这是一棵六月里庞大的染料木，长在那片铺满石头的土地上，让那片土地散发出更多的芳香。它那丝条状的小树枝像灯芯草般地散乱着。每个带花边的小花篮都被那黄色的花瓣装满了，花瓣上还点缀着鲜红的虞美人。这可是圣体瞻礼节里使用的圣树哇。在盛大的节日中，这些染料木如果长在山上，那么它们那盛开的花朵则采摘不尽。这些花朵是天然的献祭物品，花匠们将其采下，并且向辅祭手中那摇晃的提香炉冒出的烟雾抛去。而长在我家园子里的那棵染料木却开满了知识的花朵，这些花朵带给我沉思。

黑色蚜虫在夏天的成长需要一丝清凉的空气的帮助，一缕微风就能让这些蚜虫快速地成长起来。就像其他生活在露天环境下的昆虫一样，蚜虫们也密密麻麻地在染料木绿色的树枝上挤挨着。两根空心的管子从这些蚜虫肚子下面长出来，这里面装的是蚂蚁喜欢吃的糖浆。并不是所有蚜虫都拥有这样的糖浆，只有生活在露天环境中的蚜虫才有。那些在瘿里面待了很长时间的蚜虫，它们已经没有了这样的器官，因此也就没有装满腹部的糖浆了。

这些在露天中生活的蚜虫对蚂蚁来说就像是奶牛一样，蚂蚁们从蚜虫身上挤出"牛奶"来喝。这些蚂蚁通过抓痒的方式让蚜虫受到刺激，之后蚜虫就会分泌出糖浆。这些甜甜的美食刚刚流到管口就立刻被等在那里的蚂蚁喝掉了。

蚜虫们被蚂蚁像圈羊一样圈起来，羊圈是用小块的泥土围起来的。染料木下的百里香居然变成了羊圈一般的东西。这样一来，蚂蚁们不用踏出房门就能够享用到好喝的饮品了。有的蚂蚁对建造羊圈的方法并不熟练，于是它们选择了别的途径。

> **知识链接**
>
> 蚜虫与蚂蚁有着和谐的共生关系。蚜虫带吸嘴的小口针能刺穿植物的表皮层，吸取养分。每隔一两分钟，这些蚜虫就会翘起腹部，开始分泌含有糖分的蜜露。工蚁赶来，用大颚把蜜露刮下，吞到嘴里。一只只工蚁来回穿梭，靠近蚜虫，舔食蜜露，就像奶牛场的挤奶作业。蚂蚁为蚜虫提供保护，赶走天敌；蚜虫给蚂蚁提供蜜露，这是一个和则两利的交易。

蚂蚁挤奶工的数量虽然已经够多的了，但是蚜虫的数量却比它们更多，导致挤奶的速度跟不上。一些蚜虫因为肚子中充满了汁液，又等不到挤奶工的帮忙，所以就自行产奶了。这些蚜虫腹中的乳汁自动地流出来，粘在了树枝上和树叶上。而这正好为不会使用圈养方法的蚂蚁提供了食用美食的机会。除了蚂蚁以外，泥蜂、胡蜂、金匠花金龟、瓢虫以及各类苍蝇等也是这些美味的享用者。这些昆虫里面最常食用蚜虫糖浆的就是腐尸蝇，它们身上覆盖着金绿的色彩，大批大批地前来，嗡嗡作响。这些苍蝇在舔完腐尸的血液后又来饮用糖浆，它们一刻也不停歇地舔着，直到这些糖浆被瓜分干净。

这个吸引多种昆虫前来品尝甜品的工厂是蚜虫们开建的，它们是工厂的主人。蚜虫们对前来的食客慷慨大方，在炎热的天气里为昆虫们解了渴。除了为一些昆虫提供水源之外，蚜虫们还是另一些昆虫的肉食品。在这些以蚜虫肉为食的昆虫面前，蚜虫做出了更加巨大的贡献。在这些昆虫当中，花虫就是非常著名的一个族类。

在染料木上生活的蚜虫们密密麻麻地聚集着，它们总共形成了两层。里面那层是年轻的小蚜虫，而外面那层则是年长的老蚜虫。这些蚜虫的臀部全都翘在外面。就像李子树的果实裹着一层青绿色的粉一样，这些蚜虫的身上同样也覆盖着青绿色的粉霜，好似鞘套。它们的皮肤则是黑色的。

➕ 上图：吃蚜虫的某种食蚜蝇幼虫。下图：一种水栖的食蚜蝇幼虫，通过一根十五厘米长的管子呼吸

这时候一只花虫在一旁觊觎着这些蚜虫。这只花虫有着红、白、黑三色相间的外衣，它学着水蛭走路的样子来到蚜虫群的上面，然后用它那身体宽大的后端作为支撑，尖尖的脑袋在这个时候也竖了起来。花虫猛地将脑袋往前甩去，一边挥舞扭动，一头扎向那群蚜虫。由于蚜虫的数量很大，而且密密麻麻地分布着，所以无论花虫扎向蚜虫那一瞬间有多么不专业，它始终都能够获得成功。之后花虫又用自己的叉子将蚜虫叉起来送到自己的嘴里。花虫吸食着蚜虫，就像用水泵抽水一样，可怜的蚜虫在花虫的嘴里挣扎了片刻就一动不动了。吮吸完之后，花虫又将头甩去一边，那只死了的蚜虫便被甩掉了。之后花虫用同样的方法将一只又一只的蚜虫吸干，直到自己的肚子饱得吃不下为止。

吃饱了的花虫让自己的身体蜷缩起来，它在让肚子里的蚜虫慢慢消化，等消化得差不多的时候再继续捕食。在花虫捕捉蚜虫群中的一只蚜虫时，其他的蚜虫有怎样的反应呢？令我惊讶的是，其他的蚜虫居然像没事人似的毫无惊恐的表现。蚜虫们只顾着为自己的吸盘寻找一个合适的地方安放，对于身边这只花虫，它们并没有觉得有什么不安。是呀，或许生命的意义在蚜虫那里并没有那么重要，就像山羊在吃草的时候小草们也同样没有惊慌的举动。

不过被花虫叉起来的蚜虫很有可能再掉下去，这时候这只死里逃生的小蚜虫就以很快的速度逃走，然后再另寻安身之处。有时候它会爬到花虫的背部，它根本不了解花虫有多大的胃口。当花虫把一只蚜虫叼起来的时候，由于蚜虫的身体被扎破，所以流淌出来的黏液把其他的蚜虫也粘了起来。这些粘在一起的蚜虫挂在花虫的嘴边，虽然还没有被花虫损伤，但也是花虫的阶下囚了。在我们看来，这些蚜虫起码也应该尽自己的一些努力来逃离花虫的魔掌，然而它们却丝毫没有反应。

蚜虫一只一只地死去，间隔的时间很短，这主要是由于花虫对于眼

前的食物并没有节省的打算，因为蚜虫实在是多得很。在花虫叼起来的蚜虫中有很多是不合它的口味的，不是肉质不好，就是花虫看不惯。花虫左选一只右选一只，直到选中满意的蚜虫它才肯进行吮吸。而其他那些不符合口味的蚜虫则被它扎死并扔在一边。只要是花虫爬过的地方，就一定有成群的蚜虫成为死难者。

由于好奇心作祟，我想要了解一下死于花虫口中的蚜虫数目。我找了一个玻璃瓶，把花虫和一根染料木的树枝放了进去，这根树枝上爬满了蚜虫。一个晚上过后，我再来看这个玻璃瓶中的情况时，眼前的景象令我震惊。仅仅一夜的工夫，这根长度为十六厘米的树枝上的整整一层蚜虫都被花虫杀死了，差不多有三百只。按照这样的计算方式，我估算出这只花虫在两到三周之内总共要杀掉几千只的蚜虫。而两三个礼拜正是花虫走向成熟所需要的时间。通过对蚜虫进行剖腹的方式长成成虫的花虫最终以小苍蝇的形象出现。它属于双翅目昆虫，在昆虫学里面被称作食蚜蝇。这种名称并没有别的寓意，而只是说明这只昆虫是小苍蝇而已。雷沃米尔就曾经用了一个非常形象的名称来称呼这种昆虫，那就是"食蚜虫的狮子"。

食蚜蝇为了让自己的幼虫能够不被移动中的蚜虫伤害，所以把自己的卵悬挂在虫穴里垂下来的悬索的尾部。在空中摇曳的卵和食蚜蝇的这种产卵方式十分有趣且奇妙。而另一种叫作蝎蛉的食蚜虫却与食蚜蝇的产卵方式正好相反。蝎蛉用一根纤细的圆柱把自己的卵托举起来，使卵位于高处的支架位置，而不是如食蚜蝇那样将卵挂起。蝎蛉就位于距离染料木上的黑蚜虫不远的地方。那里有一些枝状的装饰物，而且每个装饰物上面的丝线端都有一个小小的绿色的球体，那正是蝎蛉的卵，非常好看。我不知道蝎蛉的这种产卵方式有什么作用，但是我对这种美丽的形式却十分欣赏。也许就像实用的东西有它存在的理由一样，好看的事物也有自己存在的理由。一些卵被一个产卵的支架托举着，

➕ 食蚜蝇是园艺花卉的常见拜访者。许多人会把一些常见的食蚜蝇种类弄错，如把图中这种黄足蜂蝇当成蜜蜂

我的前辈们也跟我一样赞扬着这些美丽的装束。

蝎蛉浑身长着一束束刺毛，这些刺毛很粗。蝎蛉的脚也很长，踮起脚的它们往往显示出一副高傲的神情。不过用来支撑它们身体的却是自己的肛门，蝎蛉就像是一个踩着高跷的双腿残疾者。作为一种可怕的昆虫，蝎蛉仅仅缺少了一个高大的身体。

🦋 蝎蛉这个名称是由蝎蛉科雄性昆虫球根状的微红色生殖球囊得来的。球囊与蝎子的针非常相似。图中这只常见蝎蛉的球囊在尾部很醒目地向上翘着。

蝎蛉食用蚜虫的方式很简单，它们用自己的大颚扎向蚜虫的腹部，然后把里面的甘露吸干，这就完了。蝎蛉的大颚像钳子似的，中间是空的，而尖端则呈弯曲状。除了蝎蛉之外，龙虱和蚁蛉幼虫的管状钩也是用来插进蚜虫的肚子的。而草蛉的后代则比它们的前辈更加残忍，它们会把被自己吸干的蚜虫像衣服一样披在自己的身上。这种做法就跟林伦人的一样，把从俘虏头上剥下来的带着头发的皮系在自己的腰间。

"卡塔里奈多，请你告诉我，我的未来在何方，我什么时候会嫁人。"这是普罗旺斯的农村姑娘用瓢虫来占卜时口中所唱的歌词。普罗旺斯的农民们把俗称瓢虫的七星瓢虫叫作卡塔里奈多。七星瓢虫的身上有着七个黑色的圆点，它们有着红色的外壳。从普罗旺斯年轻的农村姑娘口中所唱的歌词来看，它们的名声还不错。假如瓢虫飞行的方向是朝着教堂的，那么就意味着这位姑娘要进修道院；而当瓢虫向相反的方向飞走时，那么这位姑娘就会在不久的将来结婚了。七星瓢虫占卜术并不比其他的占卜方法差，这种纯朴的占卜法或许是缘于人们对飞鸟古老崇拜的追忆吧。

我们现在要谈谈高贵的瓢虫家族。与它爱好和平的名声出入很大，瓢虫实际上是个真正的杀手。它能够迈着小碎步将一群一群的蚜虫吃掉，被吃掉的蚜虫能够将一片空地腾出来。我们找不到比瓢虫更残忍的昆虫了，瓢虫与自己的幼虫一道扮演着树枝上面蚜虫杀手的角色。它们走过的地方，几乎没有一只蚜虫能够有存活的机会。

还有一种食蚜者，古老的自然主义者把它称作长卷毛猎犬。为什么取了这样的名字？我们先来观察一下染料木的状况。一只我从来没有见到过的穿衣服如此讲究的幼虫藏在枯萎的落叶中。它穿着一件洁白的衣服，这衣服是它用自己身体里渗透出来的蜡制成的。蜡衣上面还有条纹状的装饰。在人们想要抓住这条小虫子的时候，它就会以小碎步一股劲地往前跑。跑步的姿势就好像是一滴奶水掉在了一粒沙子的后面。这只小虫子并没有什么优雅的举止，只不过它的外表让它看起来像一只卷毛狗。

这种昆虫也以蚜虫为食，但是它们专吃从树上掉下来的蚜虫。它们身上穿的衣服太长，袖子也很宽，这使得长卷毛猎犬在捕食蚜虫的时候不能很好地保持平衡。而位于树上的那些瓢虫以及瓢虫的幼虫，它们在捕食大量的蚜虫时会导致一些蚜虫从树上跌落下去，这就让下面的长卷毛猎犬有了食物。当然，如果掉下来的蚜虫不够食用，长卷毛猎犬也会爬上树去与其他昆虫争抢蚜虫，只

➕ 这种小型草蛉以蚜虫为食

不过要冒着较大的风险罢了。到了六月中旬的时候，长卷毛猎犬会钻进枯叶发皱的内壁中。现在的它俨然已经变成了一只蛹，蛹的一半身体露在像棉纱灯芯一样的外套外面，蛹的颜色呈铁锈色。大约两个礼拜过后，这只蛹就成熟了。这时候的它变成了一只浑身长满短绒毛的瓢虫。我想这就是橄榄树瓢虫吧。它们周身都是黑色的，而鞘翅上面却长着大大的、红色的点。

以上我们提到的昆虫都是残暴的食蚜者，包括蝎蛉、食蚜蝇和瓢虫等，它们都对蚜虫进行了野蛮的屠杀。然而还有一些昆虫，与残暴的杀戮者不同的是，它们对蚜虫进行杀掠的方式显得斯斯文文。这些昆虫是小型膜翅目昆虫，属于小蜂科，拥有接种探测器。我能够举出两个例子，一个是生活在大戟上的小虫子，另一种则以蔷薇为家。说它们杀死蚜虫的方式斯文是因为这些小虫子并不以蚜虫为食物，而是将自己的卵

🞥 七星瓢虫幼虫是贪婪的食蚜者，能用来进行有效的生物控制，二十世纪八十年代的时候美国曾使用过。然而时至今日，由于过度繁殖，它们已威胁到本土的其他昆虫

产在蚜虫的腹中。

大戟蚜虫周身呈棕红色，我拿了一根大戟枝梢，并把它放在了试管里。然后我又将蚜虫的敌人放入试管中，总共六只。这些小昆虫不会受到我的任何影响，我可以随意地摆弄这根试管。在轻松的氛围中，我对它们进行着观察。树枝上铺满了密密麻麻的蚜虫，我看到一只它们的敌人正向它们爬去。这个敌人身材矮小，并且长着长长的丝状触角。它的肚子上有一个红色的肉柄，除此之外周身呈黑色。由于蚜虫太多，敌人不能靠近它们，后来不得已坐在一只蚜虫身上停了下来。它的接种探测器开始工作了。为了能够清楚地对探测器进行控制，它把肚子的尾端移到了前面。这样一来，等到探测器开始工作的时候，尖头就能够非常准确地进入蚜虫的身体，而且不会导致蚜虫死亡。成功了，一枚卵被产进了蚜虫的腹中。为了庆祝自己的胜利，这位蚜虫的敌人不停地搓动自己的两条前腿，收缩了探测器的尖头，并且用被唾液沾湿的跗节把自己的翅膀擦得锃亮。紧接着一只又一只的蚜虫被实施了这样的手术，直到敌人卵巢中的卵排完为止。对于这些蚜虫杀手来说，手中拿着放大镜，正在对它们进行观测的我又是什么样的形象呢？也许矮小的、身长不到两毫米的它们根本无法将我这么大的物体看清吧。

比起生活在大戟上的蚜虫来，以蔷薇为家的蚜虫们个头要大一些。在这些蚜虫中，雄性蚜虫是纯黑色的，它们的身材比雌虫小，而雌性蚜虫的脚和胸部以下的部位都是红色的。大戟蚜虫在敌人的卵强行产入自己的腹中之后，依旧与群体一同生活，直到自己慢慢死去。死了的蚜虫变得干枯，最终变成了一个干干的壳。

而小蜂科昆虫的幼虫就是从那个干壳上打一个小孔钻出来的。出来后的幼虫会把空壳留在原地，这个壳子看起来比活生生的蚜虫还要肥

大，白白胖胖的。不同于大戟蚜虫，蔷薇蚜虫在小蜂科昆虫强行把卵产在它肚子里面后就会离开自己的群体，独自来到毗邻的树叶上，等待着自己死去，然后变干。死去的蚜虫在树枝上牢牢地粘着，我必须用针才能把它剥落下来，而使用毛刷是没用的。粘连的牢固程度让我不解，我不相信这是死去蚜虫的足在作怪，它的足也不可能钻进树叶里面。

被产在蚜虫腹中的卵不断成长，长大了的幼虫将蚜虫的肚子撑得大大的，在适当的时候蚜虫的肚子便裂开了一道口子。在口子裂开之前，蚜虫腹中的幼虫已经为自己编织好了一条毯子。这条毯子不是皮革类的东西，而是一件丝织品。我们穿的衣服如果由于身体的长大而变小，我们就会用一些布将它补大。这件丝织品显然也是一块类似布的物品。幼虫在蚜虫的裂口处吐了比别处更多的丝，这些丝在与树叶直接相连的地方形成了一条宽胶带似的东西，外界的风吹雨打对这条胶带来说没有任何破坏作用。看来蚜虫之所以能够牢固地粘在树叶上，还是靠着这条宽胶带的帮忙。

我们的地球还处于原初形态时，只要上面住着植物和蚜虫，我想这就足够地球上其他生命成长了。植物会对它所生长的岩石进行开发，从中提取矿物质，让自己的身体拥有养料。蚜虫通过食用这些植物又能够在自己的体内形成更加富有营养的物质。之后，其他以蚜虫为食的昆虫又会因为食用了这种养料而变得更加高级。生命就是这样在循环中繁衍生息，死亡了的生物也是新生命的奠基石。

✦ 七星瓢虫是人们熟悉的食蚜者

通过上面的介绍我们可以得出：蚜虫的确是食品加工厂里最早的主人。好了，我对它们的探索就先到这里了。

第十一卷

第一章 | 树莓茎桩中的居民

　　道路上长满了荆棘，修剪篱笆的农夫把树莓的茎蔓剪下。茎蔓枯死后只留下了膜翅目昆虫喜欢的树莓桩。这里极卫生，不必担心潮湿的汁液。树莓茎桩的髓质柔软，容易挖掘，而且可以直接从桩头挖起。因此，许多膜翅目昆虫遇到这种干枯的茎桩，只要大小合适，就会毫不犹豫地在里面安身。对于一个昆虫学家而言，这样的发现是有研究意义的。当冬天修剪篱笆时，我们手握剪枝剪，随意一剪就能剪下有许多令人叹为观止的精妙工艺的柴火。长久以来的冬天，我总是喜欢在浓密的树莓丛中打发时间。为了得到不为人知的事实，我宁愿付出皮肤被划破的代价。

　　我家周围的树莓丛中的昆虫，记录在案的有30多种，但我的记录并不完整，有些更勤奋的观察者记录下来50种。这些昆虫凭借不同的天分，从事不同的职业。有些灵巧的昆虫擅长把干枯的茎里的髓质挖出来，然后把这截管子用隔板分成数个隔间，将其作为幼虫的卧室。有些技术和力量都不太行的昆虫利用别人丢下来的房子，把巷道里的茧屑、坍塌下来的碎地板扒掉，修理这所破房子，最后用黏土或者自己制作的水泥来当作新隔板。

　　要区分这两种住宅是一件容易的事情。那些亲手挖掘的巷道非常节约空间。巷道里的每间房间的大小都一样，且刚好够住：既能住下尽可能多的幼虫，又能给幼虫留下足够的空间。这要耗费昆虫大量的体力，甚至是整整几星期的勤奋劳动。所以，一切空间的安排都遵照规则。但是那些利用别人房子的膜翅目昆虫就大肆浪费。比如制陶短翅泥蜂为了给自己的食物——蜘蛛找个仓库，就把借来的大房间用黏土做隔墙隔开，分为几个小房间。这些房间有的有一分米长，适合给幼虫用；有的长达两法寸，真是大小不一。可以看出来这个不费吹灰之力就得来房子的户主根本不爱惜这房子。无论房子是自己建的，还是后来借过来的，房子里都有寄生虫。这些寄生虫不仅不用自己挖掘房间，不用储备粮食，甚至可以把卵产在别人的房间里，合理地吃业主的粮食和幼虫。

　　在树莓茎桩中的所有居民里，要数三齿壁蜂的房间最精美，规模也最大。在这一章里，我会以它为主要研究对象。它的巷道深约一肘，内径有一支铅笔粗。巷道最初差不多是圆形的，但是由于后来的不断修整，稍微有些改动。它们挖洞也没什么好看的。炎热的七月，三齿壁蜂在一节树莓茎桩上挖竖井，不断深入进去，背着大块的髓质出来，除非它碰到一块挖不动的木疤才停止。

壁蜂从洞底到洞顶会做出一个一个的房间，用来做储蜜、产卵的蜂房。最尽头是一堆蜜，蜜上会有石蜂产的卵。然后有一个造出来的隔墙把两个房间隔开。每枚卵都有自己的卧室，卧室高约1.5厘米。隔墙的材料是树莓髓质的残屑和壁蜂的唾液。但是为了节约时间，壁蜂并不会飞出去把自己扔出去的髓质捡回来，而是在巷道壁上保留着一些髓质——这是预先存留下来用来造墙壁的。它用大颚尖在巷道壁上削刮，使巷道中间宽而两边窄。这样被削刮的部分就成了一个卵球形的空腔，有点像小木桶，这就是第二间蜂房。

削刮下来的髓质就成了隔墙，既是前一间蜂房的天花板，又是下一间蜂房的地板。另一份蜜浆口粮就留在这样的地板上，然后是另一枚卵。再用从第三间蜂房的壁上刮下的髓质垒一层隔墙，封好第二间房间。这样，壁蜂充分利用挖掘剩下的材料来为下一间房间提供隔墙。最后到达竖井的末端，壁蜂用一大团跟做墙壁一样的灰浆把管子封住。然后它就跟这段茎桩没什么关系了。如果卵巢里还有卵，它会去寻找另一段茎桩。

蜂房的数量跟茎桩的质量有很大关系。如果树莓茎桩整齐没有木疤，房间可以有15间——这也是我目前观察到的最多的蜂房数量。为了看清蜂房的结构，一到冬天食物被吃完，幼虫包裹在茧里的时候，我就会把茎桩竖直劈开。里面等距离轻微收缩，嵌有一个厚度为一两毫米的圆盘。每个小隔间里都有一只红棕色半透明的茧，里面的幼虫弓起身子像个钓鱼钩。整个蜂窝就像一条由削平的椭圆形珠子串起来的大琥珀念珠。

在这一串茧里，显然是尽头那个年纪最大，

🔵 图中是一只独居型的地花蜂和它的一串蜂房，每个蜂房里面都有一枚卵粘在蜂房壁上。卵孵化的时候，幼虫会落进下面的花蜜和花粉的混合液中最年轻的是最高的那间蜂房里的。这些茧按照年龄，从底部排到顶端。在我看来，一个巷道的同一高度上只能住一枚卵。因为每个茧都填满了属于它的那个楼层。而且壁蜂羽化之后，只能全都从树莓茎桩上端的唯一洞口出去。那里只有一个唾液黏结的髓质的塞子，对壁蜂的大颚来说，这不是个障碍。而在下端，树桩中没有事先准备好的出口。且不说茎桩下面是无穷无尽的泥土，其他地方也都是木质的围墙，又厚又硬，无法凿穿。所以壁蜂只有向上爬这一个选择。而且过道太狭窄，如果下层的壁蜂先出窝，上层的壁蜂又待在原地不动的话，下层的壁蜂就无法通过。那么搬家必须从上到下，出去的顺序恰好跟出生的次序相反，最年轻的壁蜂先出去，最年长的最后出去。

处在底部的壁蜂幼虫第一个吃完蜜浆，织好茧，它最早羽化，咬破丝囊，摧毁卧室的天花板。但是别的茧堵住了它出去的道路，它该怎么办呢？用武力戳个洞穿过去？这会要了窝中其余壁蜂的命。为了自己的解放而毁掉所有伙伴，它会这样不择手段吗？这看起来不可克服的困难，使我产生了一个疑问：难道出茧，或者说羽化不是按照长幼的次序进行的？会不会是年纪最小的壁蜂先咬破它的茧，年纪最大的最后呢？如果羽化的次序跟年龄相反，那么一切问题就都解决了。每只壁蜂在咬破茧之前，前面的道路都已经畅通无阻了。但是这看似十分符合逻辑的设想，也许跟昆虫的做法不相符合，所以断言之前必须谨慎。

第一个研究这个问题的杜福尔就不是这样谨慎。他向我们叙述了一种赭色螺赢蜂的习性，这种昆虫在一个干枯的树莓茎桩巷道中，用土堆砌出蜂房。杜福尔满怀着对膜翅目昆虫的热情，说道："你怎么想象得出，八个水泥蛹室首尾相连，紧密地装在一个木匣子里，最下面的那个无疑是最早建造的，因此装着的卵应该是最早产下的，而根据通常的规律，应该是它最早羽化成带翅膀的昆虫。我再重复一遍，你怎么想象得出，第一个茧里的幼虫居然奉命放弃长子权，在它的弟弟妹妹羽化之后才羽化呢？究竟需要有什么样的条件才会产生这种表面看起来与自然规律完全相悖的结果呢？面对这个事实，收起你的骄傲，承认你的无知，而不要用无谓的解释来掩饰你的尴尬吧！

"如果聪明的母亲产下的第一枚卵，应该就是第一只孵化出来的幼虫，如果它想在长了翅膀后立即就看到光亮，那它就具备这样的能力，能够在牢房的双重墙壁上打开一个缺口，或者是打开一个洞，穿过它前面的七个蛹室，然后从树莓茎桩的桩头出来。然而自然没有赋予它从侧面逃走的能力，也不允许它强暴地直接挖洞，如果这样，为了仅仅一个孩子的性命，就不可避免地要牺牲同一个家族的另外七个成员。母亲善于巧妙地制订计划，又有的是办法，它应该预料到一切困难并采取了预防措施：它要让第一个新生儿最后从摇篮里出来，最晚的新生儿给第二个开辟道路；第二个给第三个开辟道路，以此类推。事实上，我们树莓里的蜾蠃蜂正是按照这种次序出生的。"

是的，我完全同意树莓茎桩中的居民是以与年龄大小相反的次序从它们的巢里出来的。但是羽化——这里指的是从蛹室里出来，是不是也按照这样的次序呢？年长者的发育必须比年幼者的慢，以便给其他同胞以破茧的时间。我总是担心这样的逻辑会让我们的结论与事实相悖。亲爱的老师，从逻辑上来说，这样的推断是正确有力的。但是我必须反驳你这种奇怪的颠倒说。我测试过的几种膜翅目昆虫，没有一种是这样的。这个地区没有赭色蜾蠃蜂，我对这种昆虫一无所知。但是如果蜂窝相似，那么出窝的方式应该也是相似的。我对其他居住在树莓茎桩里的昆虫进行研究，得出了不同的结论。

在研究过程中，我专门挑选了强壮有力的三齿壁蜂，在同一根茎桩中，它们建的房子总是最多的，非常适合进行实验。我第一个要测试的是羽化的次序。我从一段树莓茎桩中取出十个左右的茧，严格按照自然顺序叠放在一个玻璃试管中。试管与壁蜂巷道是相同的，一端封闭，一端敞口。我把高粱秆切成厚约一毫米的圆薄片，用它来做人工隔墙。为了模拟自然环境，我把外面的纤维层剥掉，只留下了壁蜂大颚容易穿透的白色髓质。虽然这层隔膜比自然的隔膜要厚很多，但是这是有好处的。何况这些薄片要承受住把它们一个个放进管子里的压力，已经不能再薄了。之后的实验也已经证明，这个厚度对壁蜂来说是没有难度的。我用一个厚厚的纸套套住试管，以避免光线扰乱必须在完全黑暗中度过的幼虫期。这个纸套可以容易地套上或拿下。最后，我把这些试管口朝上悬挂在实验室的角落。这样一来，我就完全模拟了自然环境，而且可以随时摘掉纸套，观察壁蜂羽化的情况。

雌壁蜂在七月初撕破茧，而雄壁蜂在六月底就能撕破茧。这时，我得倍加关注才能记录下正确的出生情况。研究这个问题已经有四年多的我，不知见过多少次壁蜂的羽化。根据我的经验，壁蜂的羽化并不受次序的支配。每个茧都有可能第一个羽化。有时同一天、同一小时羽化出好几只，有的在最底部，有的在上面的楼层中，而且没有什么现象说明为什么它们会同一时间羽化。总之，羽化不是一个接一个的，虽然每只的羽化都有确切的时间，但是并没有什么原因，完全否定了我们基于逻辑的判断。

如果不是先入为主地用上了逻辑，也许我们比较容易接受这个结果。这些卵相隔不到几天出生，一年之后的什么时候会羽化跟精确的数学一点关系都没有。这是生命的力量。每只幼虫都有自己的能量。也许有些幼虫得天独厚，羽化会顺利些。难道母鸡孵蛋的时候，最先破壳的一定是最先出生的吗？同理，年长的幼虫也不一定就会先破茧。再仔细想想，在一截茎桩中，一窝茧里有雌有雄，两者在整个窝中的分布是随意的。然而，在膜翅目昆虫中，雄蜂的羽化时间一般都比雌蜂的要早八天。所以羽化根本不可能从一个方向或者从相反方向有规律地进行。这个现象也动摇了我们对数学般严格的次序的信念。

没错，我们根本不能从蜂房建造的时间先后来推断羽化的时间先后。那么杜福尔所说的放弃长子权的问题也就是不存在的。我曾经实验过啮屑壁蜂、肩衣黄斑蜂等树莓茎桩里的其他居民。它们的行为也是这样，因此赭色螺嬴蜂应该也是如此。杜福尔的观点只是从逻辑出发的一种幻想。

排除一个差错等于获得一个真理。但如果局限于此，我的实验也就没什么意义，我总想再得出些什么观点来修正破灭的幻想。

无论出茧的第一只壁蜂在窝里的什么位置，它要做的第一件事都是去啄天花板，在天花板上挖一个锥形的洞口。它们总是先随意挖，然后逐渐将挖掘的精力集中在一个面上，直到洞口刚好容许它通过为止。在自然条件下，蜂房的上部很小，几乎只有昆虫所需的宽度，而且隔墙很薄，所以隔墙都被彻底破坏了。但是我的高粱秆能让它们留下一个锥形的缺口，这对我研究它们向哪个方向行进大有好处。毕竟有些晚上我是看不到它们向哪个方向搬家的。

这些出茧的壁蜂在天花板上凿出一个洞之后，会遇到下一个茧。当它的头在洞口处碰到了自己的弟弟妹妹的摇篮时，它会十分谨慎地停下来，退回到自己的房间里去，在一堆垃圾中间转来转去。等了一天，两天，三天，甚至更久。当不耐烦的时候，它会试图在巷道壁和挡道的茧中间钻过去。髓质被磨掉直至看到木头，而且木纤维墙壁也被咬噬了许多，我从这些地方可以推断它曾经顽强地去咬噬内壁以扩大间隙。为了更好地观察这一现象，我在玻璃试管内部的一半管壁上加了一层灰色的厚纸，裸露着的另一半还可以让我好好观察壁蜂。我看到壁蜂将纸一小片一小片地撕下来，拼命挤出一条路来。在这种斗争中，雄蜂凭借小巧的身形，比雌蜂更容易成功，钻过去之后，连茧都被挤变了形。

只要树莓茎桩中的圆井条件允许，雌蜂也会这样做，遇到一个茧又一个茧，直到精疲力竭为止。我设置的墙壁太厚，而雄蜂太弱，最多只能突破一层。但是在树莓桩中的老房子里，它要突破的阻力并不是很大。那么它们是可以绕过还有茧的蜂房率先走到外面来的。很可能因为它们羽化较早，而选择这种出窝的方式，但并非所有的尝试都能成功。雌蜂拥有强有力的工具，在玻璃试管里走得远些，我曾经看见有的戳破了三四个隔墙，越过了它前面的好几层茧。特别是住在比较靠近洞口的房间里的雌蜂，它们已经开辟了一条通道，之后从底层上来的就可以继续使用。只要够宽，位于底部的壁蜂还是有可能这样上来的。

树莓中管道的直径跟茧的直径是一般大的，在那样的管道里，除非墙壁上的髓质相当丰富，才有少数雄蜂能从侧面逃脱出去。如果这种可能性消失了，壁蜂看到自己前面有个不可穿越的大茧，就会乖乖回到自己的房间里等待，这种耐心可是不会消失的。好在它等待的时间不会太长，因为在一个星期左右的时间里，所有的壁蜂都羽化了。如果相邻的两只壁蜂同时获得自由，就会相互拜访，有时还会待在一个房间里共同等待。只要领头者把路打开出去了，其他的也会跟着出去。但总有一些在最底下的要等别的都出去之后才能出去。

这样看，一方面羽化是没有次序的，另一方面，出窝是从上到下的。这是因为前面有茧挡路，后面的壁蜂不能前进。只要有机会从别的地方出去，壁蜂是一定会利用这种可能性的。它们唯一不做的就是用大颚咬住前面一个茧。茧是神圣不可侵犯的。咬破弟弟妹妹的摇篮给自己打开一个洞口是绝对不被允许的。壁蜂真是有耐心，挡路的障碍可能永远不会消失。有时幼虫会死在茧里，有时卵没有孵化，在这样的情况下，壁蜂会怎么办呢？

在我收集到的所有树莓茎桩中，有一些除了上头有一个出口之外，侧壁上也会有一个洞。我打开这些奇特的茎桩，想看看为什么会有这样的情况，这时就会发现一堆发霉的蜜，卵死在上面。出现这样的情况，平常的道路就出不去了。下层的壁蜂无法穿越这个障碍，只能从管子侧面挖出一条出路，下面几层的壁蜂也会利用这个天才的革新。三齿壁蜂、肩衣黄斑蜂的窝都曾出现这种情况。

我要用实验来证实这种情况。我选取了一截内壁尽可能薄的树莓茎桩，把茎桩一劈为二，把茧取出来，再把茎桩内部细心地刮干净，做一个内壁平坦的小沟，然后再把茧整齐地排在小沟里，用每个侧面都涂过封蜡的高粱圆片把茧隔开。这样壁蜂就无法突破它的天花板。我把两个小沟对在一起，用绳子绑住，用填料密封接缝，不让任何光线透入，再把它悬挂起来。如此一来，没有一只壁蜂能用常规的方式出去。为了走出去，它们只能为自己在侧面开一扇窗户。

七月份结果出来了，20只壁蜂中有6只通过在侧壁上开窗来解放自己。打开这个巢，我发现每只壁蜂都曾经试图从侧面逃走，只是不是每一只都幸运地逃出来了。这个结果也是很有用的。如果壁蜂、黄斑蜂或者其他蜂尝试了一切方法都不能从平常的道路中走出去，它们就会选择从侧面逃走。勇敢的、力气大的成功了，弱小的通常因为劳累过度而身亡。

壁蜂的本能会让它从侧面凿洞，假设所有的壁蜂的大颚都拥有从事这样的工程所需的力气，那么通过一扇专门的窗户从蜂房里出去，显然比从通常的门里出去要方便得多。这样不必等待，更不至于死于长时间的等待。受情况所逼，所有的壁蜂都会采取这种极端的方法，只是鲜有成功者。只有那些得天独厚，最有坚持精神和最强壮者才会成功。

如果说优胜劣汰这个支配和改造世界的著名定律有其道理，那么最有天赋的就会把最没天赋的从世界舞台上排除掉。如果未来只属于最强者，那壁蜂家族应当把那些固执的、要从通常的出口出去的弱小者排除，不是吗？这样以后的物种才能有长足的进步。壁蜂虽然接触到了，但是无法穿越那条把它们隔开的狭窄的线。就算优胜劣汰需要选择的时间，可是失败者永远占大多数。强者的子孙也没有让弱者的子孙消失。优胜劣汰总是无法让我跟我所观察到的事实联系到一起，虽然它曾带给我那么强烈的印象。在理论上如此宏伟的优胜劣汰在事实面前空空如也。关于世界的谜底究竟在哪里，谁都不知道。

我们不要再把精力消耗在空洞的理论上了。回到唯一不会坍塌的土地——事实上来吧。壁蜂宁愿从茧和内壁的空隙中穿过去，也不愿意破坏相邻的茧。它宁愿死在自己的房间里，也不愿意暴力挖洞。如果那个茧里没有生命，壁蜂是不是也会做出这样的选择呢？我在玻璃管子的一层放入装着活蛹的茧，另一层放着因硫化碳蒸气中毒窒息而死的茧。两者彼此交替，中间仍然以高粱秆片隔开。羽化后，那些壁蜂没有长时间的犹豫，就开始向死茧进攻，从这些死茧中穿过，把已经干瘪死去的蛹踩得稀巴烂。可见，它们对死茧是不会手下留情的，这些死茧对它们而言不过是另一个障碍，是可以用大颚来咬碎的。这些茧的外表并没有改变，壁蜂怎么会知道里面的幼虫是死的还是活的呢？肯定不是靠视觉，难道是靠嗅觉吗？人们总是动辄把嗅觉搬出来，尽管我们都不知道它们的嗅觉器官在哪里。

现在我在管子里全部放上活蛹的茧，但并不是同类的。我用了两种羽化期不同的昆虫的茧。另外，这些茧的直径应当跟三齿壁蜂的茧的直径相同，以便放入试管中后内壁不会留下空隙。我选的两种昆虫分别是六月底很容易在树莓中找到的流浪旋管泥蜂和出来得更早一些的啮屑壁蜂。我在一些玻璃管和被劈成两半再合起来的树莓茎桩里交替放入两种茧。结果令我十分惊讶，壁蜂羽化早，从茧里出来了；而流浪旋管泥蜂的茧和里面的居民都变成了碎块，若不是到处都是这遇难者的头，我甚至都认不出来它们。可见，壁蜂是不会顾惜别的昆虫的活茧的。它像对待高粱秆一样对待别的昆虫。就这样，壁蜂要出来之前，消灭了路上的一切。动物对别的种族总是完全不在乎的。

嗅觉呢？嗅觉不是能够区分死活吗？这里的茧全是活的呀，可是壁蜂就像是在全是死尸的洞里穿过一样。如果有人说，这两种昆虫的气味也许不同。那我就要回答，昆虫的嗅觉一定灵敏得完全超出我们的想象。那么，这两种事实我能怎么解释呢？说实话我完全没办法解释。我很容易地承认自己的无知，是为了避免空话连篇地乱说一气。我完全不知道，在漆黑的巷道里，壁蜂是怎么区分同类的死茧和活茧的。

这根树莓茎桩差不多是垂直的，洞口朝上，就像在自然条件下一样。但是我可以改变这种状况，我可以把管子水平或垂直放置，既可以让洞口朝上或者朝下，又可以让管子两头都打开。在这些不同的条件下又会有什么发生呢？我决定用三齿壁蜂来试试。

我让管子垂直悬挂，上头封闭，而下头敞开，相当于一截倒挂的树莓茎桩。为了让实验复杂些，各个管里的茧的放置方式不同，有些头朝上，有些头朝下。隔墙依然用的是高粱秆隔板。所有这些管子，实验的结果都相同。如果壁蜂的头朝上，它们就像在自然条件下那样咬啮上面的隔墙；如果头朝下，就自然地转个身去咬上面的隔板。不管茧怎么放，所有的壁蜂都要从上面出去。这应该是受到了地心引力的影响。它提醒昆虫，身子倒了要转过来。在自然条件下，它们只能受地心引力的作用往上挖掘，并且这样一定可以到达上端的出口。但是我的设置让它们上当了。它们走向了没有出口的一端，全部堆聚在上面的楼层中死掉了。

不过，也有一些壁蜂企图开辟一条向下的道路，只是鲜有成功者，尤其是位于中上层的壁蜂。昆虫不太擅长朝与平常相反的方向走。另外，在往反方向挖的过程中会遇到一个巨大的问题：壁蜂把挖出来的碎屑往后抛，碎屑会受到自身重力的影响而落下来，于是壁蜂就陷于没完没了的战场清理工作中。而且它对这种奇特的工作方法没有很强的信心，结果死在房间里。只有位于最底层的壁蜂，它们毫不犹豫地挖掘身下的隔板，于是就有那么两三只能够得到解放。

要想在保留自然条件的情况下只改变茧的朝向也很容易，只要把树莓茎桩洞口朝下悬挂起来就行。我把两根住着壁蜂的树莓茎桩口对口叠放在一起，结果所有的壁蜂都死在巷道里。相反，三根住着黄斑蜂的茎桩，开口全部开在下部，它们全部安然无恙。难道这两种膜翅目昆虫对重力的感受力不同吗？难道天生要穿过棉袋子束缚的黄斑蜂比壁蜂更擅长在不断落下的瓦砾中开辟道路？这一切都有可能，因为我什么都不敢肯定。

现在我用两端开口的管子做实验，除了上部有开口之外，其他的全部一样。有些茧头朝上，有些茧头朝下。结果大致也与前一个实验相同，有几只离下面的洞口近的壁蜂，无论它们的茧是怎么放的，都是走朝下的路；其他绝大多数都是走朝上的路。无论它们是从哪扇门出去的，都算是成功了。

通过这些实验，我们知道了，地心引力指引昆虫往上走，因为门开在上面。如果茧是反向的，地心引力会让昆虫在自己的房间里转过身来。其次，促使昆虫朝出口走的第二个原因是大气。不论哪个楼层的昆虫都会受到重力的影响，这是指引一窝壁蜂向上走的最大动力。但是当底部有出口的时候，处在出口处的昆虫也会受到大气的影响。由于隔墙的关系，外部的空气进入得很少。昆虫在底层可以感觉到空气，随着楼层的升高，空气迅速减少。所以住于底层的昆虫在大气的影响下便掉头向下面的出口走。但是大部分的昆虫受重力的影响多过大气，还是往高处走。所以，如果有两个出口，上面的居民有双重原因向上走，但是下面的昆虫会听从大气的召唤向下走。

我还尝试了另一种情况，将两头开口的管子水平地放在桌子上。这样壁蜂可以在同一重力条件下，选择向左走或者向右走。另外，碎屑也不会掉落到大颚底下以致影响壁蜂。我再多交代几句，也算是我的经验之谈。衰弱的雄蜂不是干这活的料，它们甚至不能横穿隔膜，只能在玻璃管里悲惨地死去。它们的尸体也会给实验造成不必要的困扰，所以最好选择外表看起来强壮、直径较大的茧。这些茧一般都是雌蜂的茧。不论从哪里的树莓茎桩里挑出来的都可以，把它们摆放好就可以开始实验了。

第一次我准备了一根两端开口的水平放置的管子，结果令我震惊！管里的10只壁蜂，5只从左边出去，5只从右边出去。我试着将试管调转方向，结果还是一样。这样的对称是令人称奇的。在如此之多的排列方法中，这种排列的概率非常小。来算一下，假设壁蜂的数目为 n，每一只在可以忽略重力的条件下，任意选择自己的出口，有两个选项：左边或者右边。第二只也有两种选择，同理，每一只壁蜂都有两种选择。每一种选择都可以跟下一只壁蜂的两种选择中的一种进行组合，这样每多增加一只壁蜂就等于多了一倍的情况，那么 n 只壁蜂就有 2^n 种组合。

但是请注意，这些排列是两个两个对称的，向左走的排列与向右走的排列相对应。这种对应引起了对等。因为在我们要考虑的问题中，某一种排列与管子的左边或者右边无关，因此前面的数目应该除以2。这样，n只壁蜂根据它的头在水平管子中转向左边还是转向右边，排列的数目可以有$2^{(n-1)}$。如果像第一个实验那样，$n=10$，那么排列的数目就是2^9，即512。

10只壁蜂出去的方式有512种，那么实验结果的对称性的确令人称奇。而且壁蜂没有反复尝试是该向左还是该向右。位于右边的壁蜂，每一只都是向右边凿洞的。位于左边的壁蜂也是每一只都向左边凿洞。只要查看一下洞的形状和隔墙表面的状态就能知道，壁蜂的决定是果断的：一半向左，一半向右。

➕ 蜜蜂把群居习性发挥到了极致。这个露天的蜂巢属于东南亚的东方小蜜蜂，它由许多垂着的蜂房组成，这种蜂巢通常建于树上

壁蜂的排列还有一个更重要的意义，这样的排列除了对称之外，还符合花费力气最小的要求。为了让所有的壁蜂都出去，如果管子里有n个房间，那么首先就要有n块隔板被戳破。每只壁蜂戳自己的隔墙，或者同一只壁蜂为了减轻邻居的劳动量而戳开好几块墙，这些都不重要。重要的是壁蜂所花的力气与隔墙的数目是成正比的。

但是壁蜂要做的工作不只是挖开隔墙，还要从垃圾中为自己开辟一条道路。这是更困难的任务。现在，假设所有的隔墙都已经被凿开，各个房间仅仅是被垃圾堵塞着。因为水平放置，每个房间的碎屑都不会跟其他房间的碎屑混在一起。为了少穿过一些碎屑，壁蜂就要朝离它最近的洞口走去，这样所花的力气最少。壁蜂正是像实验中那样，以最少的力气走了出去。看到一种昆虫也会使用应用机械学的"动作最少原则"，真是有趣。

这种符合应用机械学原则而且符合对称规律的排列，只有1/512的概率成功，这绝对不是偶然的。总有个原因让它成功。我反复实验了许多次，能找到多少树莓茎桩就做多少次实验。结果都是相同的，如果昆虫

是偶数只，那么就一半从左边出去，一半从右边出去。如果是奇数只，那中间那只无论是从左边出去，还是从右边出去，都无所谓了。因为它要穿越的房间数是一样的，还是遵循"动作最少原则"。

我想其他的膜翅目昆虫和居住在树莓茎桩中的居民都是一样的。虽然它们住在不同的地方，但是在离开窝的那个时候，要面临的困难是一样的。除了那些死在试管里的幼虫和不太会干活的雄蜂之外，所有的实验结果都一样，无论我用的是三齿壁蜂，还是肩衣黄斑蜂。只有制陶短翅泥蜂无法戳穿我的墙壁，我无法根据它的咬噬情况来判断走向，所以不发表意见。流浪旋管泥蜂是灵巧的钻孔者，与壁蜂不同，它们全部都朝一个方向出去。我还用棚檐石蜂来做实验。在自然条件下，这种石蜂只要钻透它的天花板就可以出去。虽然它对我制造的陌生的环境表示恐惧，但是它的答复也是一样的，10只石蜂成行，5只向左，5只向右。束带双齿蜂是棚檐石蜂或者高墙石蜂在砌石建筑物中的寄生虫，它们没有提供任何明确的信息。斑点切叶蜂在高墙石蜂的蜂房里建造圆片叶子的小盅，它像流浪旋管泥蜂一样都朝一个方向走。

这份记录并不完全，却表明，三齿壁蜂的实验结果不能推广到所有的昆虫中去。如果说膜翅目昆虫，比如石蜂、黄斑蜂具有从两个出口出去的能力，别的一些，如流浪旋管泥蜂、斑虫切叶蜂，则跟着第一只幼虫走。昆虫的才能是不尽相同的。看出昆虫的这些不同是需要敏锐的眼光的。不管怎样，如果有更充分的研究就会发现能够从两头出去的昆虫不止这些。于我而言，发现三种已经足够。

还需要补充的一点是，如果水平放置的管子也有一头是封闭的话，那么这一排壁蜂都会向一个方向走。让我们来想想原因。在一根水平放置的管子里，重力不再对昆虫起作用，那昆虫要怎么决定进攻哪边的墙呢？我总是怀疑这是大气的影响，大气可以从开口的两端感觉出来。这种影响是压力的作用，是湿度测定学的作用，是电波态的作用，还是我们粗浅的物理学所不知道的某些特性的作用？能够做出断言的人一定是相当大胆的。当天气要变化的时候，我们内心不是也会产生某些说不清的感觉吗？但是如果我们身处跟膜翅目昆虫一样的生存环境，那点对环境的敏感度是不够用的。假设我们身处漆黑的囚室中，有凿通墙壁的工具，但是要从哪边凿呢？怎样最快地到达呢？空气的影响什么都不能告诉我们。

可是昆虫却受这种影响。大气透过多层隔墙，影响十分微弱。但是如果一边的障碍比另一边少，那么对这边的影响就大些。而昆虫对这种差异十分敏感，能辨别出离空气最近的隔墙。总之，壁蜂能够感觉到自然的空气，这种感觉天赋应当是自然赐予的。但是人类却没有，我们真的像许多人断言的那样，是从第一个形成细胞的蛋白质分子经过千万年的进化而变得尽善尽美了吗？

第二章 各种类型的寄生理论

根据自己的本能，毛足蜂做了它力所能及的事情，这一点我必须说明，明白这一点后，我们就不能对它大加指责。然而还是有人对它进行斥责，说它毁弃了自己最初作为劳动者时所拥有的劳动工具，没用而且偷懒。它不喜欢劳动，喜欢借助别人的力量来供养自己的家庭。逐渐地，劳动对它而言就越来越可怕。当劳动工具越来越少地被使用时，它就会像无用的器官那样退化、消失。这样整个种族也就渐渐异化了。最终，毛足蜂从一开始的诚实的工匠，变成了懒惰的寄生虫。我现在说的就是这样一种简单又令人感兴趣的寄生理论。

某个母亲劳动之后，急着产卵，在附近发现了同类的巢，就把自己的卵托付在这里。对于办事拖拉的昆虫来说，它们没有时间筑巢，为了救自己的家人，强占别人的成果就成了一种需要。这样就没必要耗费时间去辛苦地劳动，它们只要专心致志地产卵，并且让后代也学会母亲的懒惰。随着世代繁衍，这种特性在遗传中被巩固。对于激烈的生活竞争来说，这种简捷的方式为传宗接代的成功提供了良好的条件。同时，既然没有机会使用劳动器官，那么劳动器官就会逐渐退化、消失。为了适应新的生活环境，身体形态和色彩的某些细节，会产生各种各样的变化。就这样，寄生一族形成了。但是如果对这个种族追本溯源的话，就会发现这个族系的某些方面的变化并没有人们想象中的那么多。寄生虫保留了许多祖辈们劳动的特征。因此，拟熊蜂和熊蜂非常相像，而前者恰是后者的寄生虫和变种。暗蜂保留了祖先黄斑蜂的外貌特征，尖腹蜂也会让人想到切叶蜂。

进化论有许多俯拾皆是的例子，不仅有外观上的一致，就连一些细微的特征也非常相似。我跟所有人一样确信，这些相似没有多少之分，但我更倾向于以最细微的特征的相似来作为理论的基础。我被说服了吗？不论有没有道理，我的思维方式并不满足于结构上的细微相似，一条唇须不会激起我的热情，一簇毛也不会使我觉得它是无可指摘的论据。我宁可直接向昆虫提问，让它们说说自己的爱好、生活方式和能力。听到它们的证词，我就会看到寄生理论会变成什么样子。

在让虫子说话之前，我要先说出萦绕在我心头的话。首先我不喜欢这种懒惰，这种所谓的对昆虫繁荣有利的懒惰。我过去始终相信，现在还坚持相信，是劳动保证了现在的强大，只有劳动才能使未来美好。不论对动物还是对人来说，劳动都是生命。一个族群拥有多大的能量与本身劳动的总和成正比。

我已经听到过那么多动物学上不负责任的言论。比如人是猩猩变的，良心是天真者的诱饵，爱国是沙文主义，上帝是童话人物，有责任心的人是蠢货，灵魂是细胞能量的产物，人是为了互相残杀而存在的，芝加哥贩卖腌猪肉的商人的保险箱就是我们的理想。够了！这样的话语完全是垃圾。如今进化论还不足以摧毁劳动这个神圣的法则。我不喜欢这种把我们生活中的一切有尊严的东西都否定的做法。为什么要把我们的生活笼罩在物质这个可怕的罩子下面？就算只是一个梦想，我也想思考人性、责任、劳动和良心的尊严。不要禁止我思考！假如动物可以为了自己和自己的族群而去剥削别人，为什么人类在这个方面就表现得谨慎呢？母亲为了后代的繁荣就可以发扬与懒惰有关的准则吗？我要再一次让昆虫们来说话。

难道对懒惰的喜好让它们产生了寄生习性吗？寄生虫觉得什么都做不好所以选择压根不做吗？休息对它真的这样重要，使它宁可放弃古老的习惯？观察膜翅目寄生虫这么久了，我没有看出有什么能表明它懒惰的习性，它反而过着一种比劳动者更加艰辛的生活。

在一个烈日曝晒下的斜坡，我看到我的昆虫在酷热的地面上忙碌地来回奔走，无休止地寻找，可惜常常是无功而返。为了寻找一个合适的巢，它要上百次钻进无价值的洞里，钻到没有食物的通道里。就算寄主心甘情愿，寄生虫也并非会在寄宿处受到热烈欢迎。这种寻找产卵地的活动耗时耗力，并不比筑巢储蜜的工作轻松。而且后者的劳动有规律可循，只要保持一直在劳动，产卵条件就能得到最好的保证。而前者的劳动不是一帆风顺的，需要指望运气，又常常徒劳无功。只有在一切偶然条件都恰好具备的情况下，它才能产下自己的卵。只要看看尖腹蜂，它在寻找切叶蜂的巢时，为了知道占据别人的巢会不会很有困难，而显得犹豫万分，我们能够充分理解它的苦处。如果它真想让自己后代的生活更加方便，家族更加繁荣，这样的考虑真的有欠周全。它牺牲了自己的休息去进行艰难的劳动不说，还换来了规模不断缩小的家族，而非子孙满堂。

我要为这些模糊的概说加上一些精确的事例。暗蜂是高墙石蜂的寄生虫。当石蜂筑完巢，寄生虫就会突然出现，用自己羸弱的身体长时间在蜂巢外部挖掘，试图把卵植入这个水泥城堡里。这个蜂巢外面涂着一层至少有一厘米厚的粗灰泥浆，而且每个蜂房的入口还封着厚厚一层砂浆。它要想钻入这个关得严严实实的蜂房，简直像要穿透和岩石一样厚的墙壁般困难。这个号称"懒王"的昆虫开始勇敢地干累活。它一小块一小块地钻探外壳，挖出一个恰好能让它通过的井来。它一下一下在蜂巢的外壳上啃噬，直到觊觎的食物出现。挖掘是一项缓慢而艰难的工作，虚弱的暗蜂累得筋疲力尽。我用刀尖也只能勉强地将蜂巢的灰泥浆外壳切开，蜂巢的灰泥浆外壳简直像天然水泥一样坚硬。寄生虫用它那小小的镊子，要多么耐心地工作才能成功啊！

我不知道暗蜂为了挖掘通道所需要的确切时间。与其说我没有机会，不如说我没有耐心从头到尾看完它的工作。我只知道，高墙石蜂比起它的寄生虫，不知粗壮了多少倍。我却亲眼看到暗蜂用了整整一下午的时间去摧毁一个前一天用砂浆做成的蜂房盖，而且还没有成功。我在白天快要过去的时候帮了它一把，才使它完成了任务。石蜂筑巢用的砂浆，可以与一块石头比硬度。然而暗蜂不仅仅要穿透蜜库的盖子，还要穿透整个蜂巢的外壳。它得花多长时间哪？就算对劳动者来说，这个工程都浩大到难以承受。暗蜂的努力终于得到了回报，蜜露出来了。暗蜂溜进去，在食物的表面，在石蜂卵的旁边，产下自己数量不定的卵。对于石蜂自己的孩子和这些外来的孩子来说，食物是共同享用的。

被侵略的房子可以就这样向外界的偷食者敞开吗？不行！所以寄生者还要将挖开的通道堵死。于是暗蜂又从破坏者变成了建设者。它在蜂巢的下方采集了一点我们种植薰衣草和百里香的红土。这种红土来自多石子的高原，它用唾液将土混合成砂浆。准备好以后，它变身成了真正的泥水匠，细心又富于艺术性地把通道的入口堵住。但是它完成的封盖在石蜂的蜂巢上显得十分突兀。石蜂只会在附近的大道上寻找水泥，大道上布满碎石，所以它们很少使用红土。显然这是结合材料的化学特性来考虑建筑牢固性的关系的。大道上的碎石与唾液混合之后会具有红黏土无法达到的硬度。正是材料的关系，石蜂的巢总是灰白色的。如果在一个灰白色的底上，出现了一个几毫米宽的红点，那一定是暗蜂探访后留下的痕迹。打开带红点的蜂房去印证的话，就能发现无数寄生虫。因此只要在我家附近出现了带铁红色的斑点的石蜂蜂巢，我就知道石蜂的家遭到了侵犯。

最开始，暗蜂用大颚去迎击岩石，算是一个热诚的挖道工。随后它又变成了黏土搅拌工和用砂浆修复天花板的泥水匠。它的职业也是艰辛的。然而它在做寄生虫之前，又是做什么的呢？通过它的体形和进化论判断，它过去是黄斑蜂，从茸毛植物干枯的茎上采摘松软的絮状物加工成棉囊，然后用腹面的花粉刷将花上的花粉收集到囊里。或者这个棉布工出身的家伙，就在一只死蜗牛的壳上建造几层树脂隔墙。这应该就是它祖先的职业。

为了躲避耗时耗力的工作，过上舒服的日子，为了有空闲来建造自己的家，古代的织布工，或者说古代的树脂采集工，会放弃舔花蜜而选择咬噬坚硬的水泥？可怜的家伙在用大颚碰触石头时，一定会被这痛苦的工作折磨到筋疲力尽。它花在打开蜂房上的时间可远远多于它加工一个棉囊再装满花粉的时间。如果它真的是为自己和家人的利益着想而放弃了过去轻松的工作，那它真是大错特错。哪个碰惯了高级织物的手离开丝线后，能习惯到大路上敲打石头呢？

动物没有愚蠢到自觉增加生活负担。如果它真的懒惰，就不会去过一种更艰辛的生活，而且还让子孙将这个习惯延续下去。这是个代价昂贵的错误。暗蜂是不会主动选择放弃棉布工的精巧艺术而去敲打墙壁、捣碎水泥的。比起在花朵上采蜜，这种工作真是没有一点乐趣和吸引力。根据懒惰的理论，它就不会从黄斑蜂演变过来，它应该保持跟过去一样的生活。这说明它过去就是这种特殊的有耐心的劳动者，固执地干苦活。

有人说过，过去忙着产卵的母亲突然发现闯入同类的巢里产下自己的卵是一种有利于种族繁衍的方法，这种方法尽管不正当，但毕竟节省精力和时间。这种放松对它产生了很深的影响，以至于不断开枝散叶般将这个工艺传承下去，最终形成了寄生虫的习性。现在我要让棚檐石蜂和三叉壁蜂来告诉我们应该如何对待这个假设。我让一群石蜂定居在朝南的一个门廊的墙上，大约在一人高的位置，这样利于观察。我在这个位置吊着冬天从附近屋顶搬过来的瓦，瓦片上聚集着庞大的蜂巢和蜂群。五六年来，一到五月，我就聚精会神地观看石蜂如何工作。我从自己的观察日记中，挑选出了跟这个主题相关的材料。

当我让石蜂背井离乡，以此来观察它们重新找到自己老家的能力时，我发现，如果它们离开的时间太久，它们的房子就会大门紧闭。一些邻居完成建造和储粮工作之后，就会将其利用起来，把自己的卵产在里面。发觉自己的财富被人占有，看到自己的家园被侵犯了，远道归来的石蜂失去了最初的平静。它们很快就在自己家附近挑选了一个蜂巢，开始咬破蜂巢的封口。而别的虫子对此充耳不闻。也许它们是在忙于自己手头的工作，所以对别人侵犯自己劳动成果的行为没有丝毫反抗。盖子打开之后，石蜂以牙还牙地开始筑巢、储粮，仿佛要重寻中断了的工作脉络。它们毁掉里面的卵，将自己的卵放进去，并把蜂房关起来。这里倒是有值得深入研究的特殊习性。

石蜂在上午十一点干得最热火朝天。这时，我为了区分，就给十只石蜂分别涂上不同的颜色，它们在忙着筑巢或者吐蜜。我把它们相应的蜂房也涂上颜色。刚等到涂在蜂房上的颜料干掉，我就把十只石蜂分别装在不同的纸袋里。所有的石蜂都被关到第二天才放出来。经过二十四小时的监禁之后，它们原来的建筑都已经隐没在一层新建筑之下，或者被关起来，被别人占为己有了。这十只石蜂中有九只很快回到了原来的瓦片处。尽管它们曾经被囚禁过，但还是按照自己的记忆回到原来的地方把工作继续下去。曾经对它们来说很珍贵的蜂房现在已经被侵占，它们就小心翼翼地挖掘蜂房的外壳。如果原来的蜂房隐没在其他蜂新建起来的房子下，它就会挖掘最邻近的一个。如果结局是最惨的大门紧闭，里面已经有了其他蜂的卵，石蜂便开始以牙还牙地报复。你偷了我的住宅，我就偷你的。它没有多加犹豫，任意寻找一个中意的蜂房，打开它的盖子。如果原来的房子还进得去，它也会回到自己原来的家里。但是更常见的是，它将别人的住宅据为己有，即便这所房子离它原来的住所很远。

当蜂房全部建好之后，石蜂才会在上面涂一层粗糙的灰泥层，因此现在石蜂只需要毁坏蜂房的砂浆外壳。它们耐心地咬噬着，这可是艰苦而缓慢的工作。还好它们的大颚与这个工作的强度旗鼓相当。它们安静地完成了整个撬门工作，成功弄碎了水泥大门。邻居们没有一个人会来干涉这个无耻的行为，也许它们都干过这样的事情。石蜂看起来已经忘记了原来的家，而全心全意爱上了目前的家。对石蜂来说，现在就是全部，过去和未来都没有任何意义。瓦上的居民平静地任这个破门而入者为所欲为，没有谁来保卫这个原本属于它自己的家。如果蜂房没有建造完成，事情会是什么样子的呢？但是，那是昨天，甚至更早以前的事情了，谁还记得呢？

好了，盖子被毁了，石蜂可以方便地进出。有时，石蜂斜躺在蜂房上，脑袋好像在沉思一样地半耷拉着。它先离开，然后犹豫不决地回来。最后它终于打定主意，把蜜上面的卵抓起来，将它们抛在半路上，没有什么礼貌可言。石蜂是不容许自己的窝里有一点垃圾的。我得承认，为了看这样的场景，我曾经数次引诱石蜂这样做。当石蜂需要产自己的卵的时候，它们就会变成没有同情心的恶棍，连同伴的卵也不会顾惜。然后，我看到它们有的正在储藏食物，在已经装得满满的蜂房里吐出花蜜，刷落花粉；有的正在修补，用抹刀抹上一点砂浆，修补缺口。尽管食物和房子都已经趋于完美了，但石蜂还是从二十四小时前它中断的地方开始重新干起。直到最后卵产下来，洞口也被封起来了。

在那些被我关起来的囚徒中，有一个不太耐心，它来不及等到外壳缓慢地被风干，就决定根据弱肉强食的法则来硬抢。它将一个储存了一半粮食的蜂房的房东赶了出去，然后在房门口守了好长时间，当它自我感觉已经成为房子的主人时，就开始准备食物。而那个被抢了房子的旧房主，则像那些被长期关禁闭的石蜂一样，去占据了一个关闭的蜂房。

差不多每一年我都会看见这样的事情重演，而且都会成功。那些因为我的诡计而不得不重新筑巢的石蜂，有一些脾气非常好，仿佛什么事情都没有发生一样，马上开始新一轮的劳动。而有一些没那么大的决心，于是躲进另一片瓦片中，仿佛是为了躲避强盗的世界。还有一些衔来砂浆团，热情高涨地完成它们自己的蜂房的盖子，尽管里面关着外人的卵。然而最多的情况还是撬锁。还有一个细节，当把石蜂关起来一段时间，你不必亲自介入就可以看到这些暴行。如果我们细心观察石蜂的工作，还有一个奇迹会让你省去许多麻烦。你并不知道为什么会有一只石蜂突然出现，而且它撬了一个门，并强占蜂房在里面产卵。通过它的行为，我可以判断，罪犯是个迟到者，因为有事远离了工地，或者被一阵风吹到远方。等它回来，发现因为自己的缺席，导致别人占据了自己的位置，自己的房子已经为别人所用。于是它就像那些被关在纸袋子里的石蜂一样，撬开别人的门来弥补自己的损失。在这些重复的事例中，我得出了这些结论。

最后，我想知道，在强占了别人的家之后，石蜂会如何行动呢？它们刚刚破门而入，粗暴地扔掉了里面的卵，用自己的卵取代。重新盖上盖子，一切又恢复井然有序。石蜂会继续自己的强盗行径，再用自己的卵取代别人的卵吗？绝对不会！石蜂可能也会有报复心，但是当它把一个蜂房强行撬开之后，报复就宣告终止。一旦耗费它精力的卵有地方安置，一切怒火都会熄灭。此后，无论是囚徒、因故迟到者，都跟其他石蜂一样混杂在一起，重新开始正常的生活。它们老实地建房、储粮，再也不去想干坏事，把过去的灾难完全忘记，也不去想新的灾难可能仍将降临。

我再回头说说寄生虫。当一位母亲偶然成为别的巢的主人，它利用别人的巢来产自己的卵。对母亲和整个种族来说，这种方法是如此便捷有利，以至于后代都接受了母亲的懒惰。一步步地，劳动者变成了寄生虫。这种说起来头头是道的理论是如此奇妙，顺理成章，只要我们把设想写在纸上就可以了。但是请参考一下事实，在论证可能性之前，请了解一下现实是什么。棚檐石蜂告诉我们一些特例。撬开别人房屋的盖子，把卵扔出去，并用自己的取而代之，是石蜂永远的习性。甚至不需要我去介入，它们就会这样干。只要它们自己长时间缺席后，它们就会认为自己有权这样做。自从它们的种族用水泥筑巢，它们便了解一报还一报的法则。对于进化论来说，需要多少个世纪才能使它们养成强取的积习？此外，强占对于母亲来说是那么便利，不必搅砂浆，不必砌墙，不必无数次地往返采集花粉，不必用大颚在坚硬的路上刮水泥。有什么会比一切食宿都准备好，自己只需享清福更好的呢？那些劳动者又都是那样善良，没有人来反对，它们甚至对蜂房被强占完全无动于衷。母亲也不必担心会有什么打斗和争吵，让自己耽于懒惰，再也没有比这个更好的了。

一旦选择的地方是最温暖、最干净的，而且母亲可以将花在其他事情上的时间用来全心全意照顾卵，那么后代就能获得最优越的条件。如果强占别人财产的印象是这样强烈，以至于会代代遗传，那石蜂干坏事的时候，那种印象是多么深刻呀！那些优越的条件历历在目，母亲要做的只是为自己和后代找一种最好的安居方法。可怜的石蜂啊，遵照进化论观点，放弃使你劳累不堪的工作，按照你的条件变成寄生虫吧！

🞥 某些茧蜂科寄生蜂是具有破坏性的大菜粉蝶的天敌。图中，一只新羽化的成年蜂立在茧（宿主）的上面

　　但是它没有这样做。它只是报完自己的仇之后，就重新开始筑巢，收获者重新以一种不折不挠的热情来劳动。它忘记了一时发怒犯下的罪过，这是为了防止后代染上懒惰的恶习。它知道得很清楚，劳动才是生活，劳动是这个世界上最大的快乐。自它筑巢以来，它没有为了防止疲劳而选择撬开其他蜂房。那么多绝好的机会，为什么它都没有加以利用呢？它生来就是为了工作，什么都无法说服它，它会选择继续工作，哪怕再苦再累。它没有生出一个分支，衍生出破门而入的蜂房入侵者。虽然暗蜂倒是有点这样，可是谁能确定暗蜂跟石蜂的关系呢？两者没有任何相像之处。我需要的是棚檐石蜂的分支，它依靠撬开天花板的技艺维生。在看到它之后，那种古代的劳动者放弃自己的职业而变成懒惰的寄生虫的理论只能让我付诸一笑。

　　基于同样的理由，我还得说说一种三叉壁蜂的分支，这也是会毁坏隔墙的变种。我在下面将要说明，我是以何种方式使一大群三叉壁蜂在我的桌子上和玻璃管里筑巢的。我在这样的三四个星期里，看到了偷盗者的工作。在这段时间里，每只壁蜂都谨慎地待在自己的管子里，管子里布满了它们用土质物质辛苦隔开的卧室。我可以通过胸部的不同颜色来区分它们。每个玻璃试管都只是一只壁蜂的财产，别人不可以进入，

不可以筑巢，也不可以储存食物。如果有个冒失鬼，在喧闹的蜂城里忘记了回家的路，到邻居门口看一眼就会马上被房主轰走。每个人都有一间独立的屋子，侵占别人屋子的行为是不被允许的。

一切工作都非常正常，直到工作结束。这时的管口都被一个厚土层盖上，差不多所有的壁蜂都消失了。只有二十来只衣衫褴褛的壁蜂还没有产完卵。它们都因为一个多月的辛苦工作而掉光了毛。这时我特意拿掉了一部分筑满巢的管子，代之以新的管子，这样空着的管子就显得很多。只有很少一部分壁蜂决定占据这些新家，尽管它们与原来的家没什么区别。而且它们只在那里建造了很少一部分蜂房，常常只有一些隔墙的雏形。它们需要别人的巢，它们来到邻居的管子边，钻探管口的软塞。撬开盖子没有多大的困难，软塞毕竟不像石蜂的水泥那样坚硬，只是一个干泥盖。打开盖子后，房子里的食物和卵都露了出来。壁蜂用粗壮的大颚抓起卵，把卵剖开，扔到远处。更糟糕的是，有些蜂在原地就把卵吃掉了。我必须看上好几次这种恐怖的场景，才能对这样的场景深信不疑。难道这些被吃掉的卵不会是它们自己的吗？我对此感到十分惊讶。壁蜂一心一意惦记着自己现在的这个家，完全忘记了过去的家。

现在我们可以叫它"恶棍"了，杀卵之后，它开始储粮。无论是什么样的蜂，都要退回到过去的活动中去，重新连接被中断的脉络。然后，它产下自己的卵，小心地重新盖上个盖子。也许对这些破坏者来说，破坏一个居所是不够的，它们需要更多，两个，三个，四个。为了有最多的筑巢空间，壁蜂把所有挡在前面的房间都清除掉。推倒隔墙，吃掉卵或者扔掉，食物被清除到房间外面，甚至常常被搬到远方。壁蜂身上沾满房屋拆除后的灰泥、花粉和破碎的卵，它进行强盗行径时的模样常常让人难以置信。它霸占一处地方之后，新的食物被搬进来取代被扔到路上的旧食物；产下卵来，每堆食物上一颗；隔墙又被建起来，蜂巢出口处的塞子也被翻修一新。一切又恢复了正常。我总是得介入这些不断发生的恶行，以保证蜂巢的安全，我可不希望它们被打扰。

我要怎么解释这些像精神病人、躁狂症患者的壁蜂的行为呢？首先壁蜂并不缺乏场地，空空的管子就在旁边，那么适合产卵，可壁蜂就是宁愿选择做强盗也不愿要它们。这是因为它在一段时间的工作之后变懒了吗？不可能，因为它把一群蜂房扫除之后，又重新开始正常的劳动。

劳累不但没减轻，反而加重了。选择一个空的管子对继续产卵是更有好处的，但是壁蜂却有自己的想法。难道它有破坏别人财产的坏习惯吗？我知道有些人有这样的习惯，但是壁蜂的行为动机令我不解。

我可以确信，壁蜂在玻璃试管里的活动跟在自然环境中的活动是相同的。一旦工作接近尾声，就会有壁蜂开始抢夺别人的家。如果它在第一个房间里，不被清空，而是继续到下一个房间去，就可以利用现成的事物，并且省去最费时的那一部分工作。抢劫是由大量的时间养成的习惯，并且传到下一代身上。因此我想壁蜂会产生一个专门吃前辈的卵来为自己的卵安家的变种。

我只能说这个变种正在渐渐形成，而不能证明它。实验中存在的这种专门抢劫的现象，说明一种未来的寄生虫正在形成中。进化论在过去和未来都得到了证明，只是很少涉及现在。进化现象出现过了，进化现象即将出现，最令人恼怒的是，它没有现在出现。在这三个时间段中，一个我们最关心的、最无法被虚幻超越的时间段居然缺失了。进化论对现在的缄默总是令我不快，就像在一个乡村的教堂里看到那幅著名的红海的画一样。艺术家在画布上画了一道鲜红的色带，仅此而已。

"是的，这就是红海，"神父端详许久之后，在付钱之前说，"这的确是红海，可是希伯来人在哪里？"

"他们已经消失了。"画家这样解释。

"埃及人呢？"

"他们属于未来。"

我们永远看不到现在的图景。一些进化现象已经过去，另一些进化现象即将到来。难道过去的真实和未来的真实会排挤现在的真实吗？我不明白。自从种族起源开始，壁蜂和石蜂的变种就在满怀激情地抢劫同类，并且热情地制造一种什么都不喜欢做的寄生虫。目前它们的目标实现了吗？没有。未来会实现吗？人们会证明这一点的。至于现在，不行。今天的壁蜂和石蜂与过去的壁蜂和石蜂一样毁掉水泥和泥浆。到底要过多久它们才能变成寄生虫呢？几个世纪？那太长了，我不得不感到气馁。

七月，我劈开三齿壁蜂用来筑巢的树莓茎桩。在一串蜂房里，已经有了壁蜂的茧和刚刚吃完食物的幼虫，还有一些壁蜂卵和仍原封未动的食物。卵是两端呈圆形的圆柱体，白色透明，长四到五毫米。卵斜躺在食物中间，一端靠着食物，一端竖起来距离蜜有一段距离。当我频繁地拜访过之后，我有了十来次有意思的发现。在壁蜂卵自由的那一端，固定着另一枚卵。虽然那枚卵也是白色透明的，但是个头要比壁蜂卵小很多，细得多，而且形状完全不同，一端比较钝，另一端则像锥子，长约两毫米，宽零点五毫米。这肯定是一枚寄生虫的卵，它那奇特的安家方式让我注意到了它。

跟壁蜂卵比起来，这枚卵孵化时间更早。刚一出生，小小的幼虫就开始使寄主的卵枯竭，它占据着蜂房的高处，远离蜂蜜。消灭工作是迅速而利落的。我看到壁蜂的卵逐渐失去光彩，变得松软而皱缩。二十四小时之内，它就只剩下了壳。寄生虫排除了竞争的可能性，成为这个房间的主人。毁掉了卵的小寄生虫很活跃，每当它挖掘到危险的东西，就希望尽快摆脱它。它抬起头选择并增加攻击点。现在它躺在蜜上不动。随着消化管道的回流，它吃掉了壁蜂储存的蜂蜜。两个星期之内，食物被吃光，茧也织起来了。茧像树脂一样呈深褐色，形状是坚实的卵形，很容易跟壁蜂灰白色的圆柱体茧区分开来。这种茧里的蛹羽化期是在四月和五月。谜底最终揭开了，壁蜂的寄生虫是寡毛土蜂。

但是这个所谓的膜翅目昆虫应该归到哪一类呢？它应该是真正的寄生虫，以消费他人的食物维生。它的外观和结构使它成为暗蜂的近邻，就算是对昆虫没什么研究的人看来也是这样的。对特征研究比较谨慎的分类学学者，同意把寡毛土蜂放到土蜂后面、蚁蜂前面。土蜂和蚁蜂都以猎物为食。而壁蜂的寄生虫，假使它真的是从一个变化的祖先进化来的，那么它原来应该是食肉者，为什么现在变成了食蜜者呢？狼变成羊，它成了吃蜜的虫子。富兰克林曾经说过："从橡树的橡实里不会长出苹果树来。"这里对肉感兴趣的昆虫居然进化成对蜜感兴趣的了。这没有支撑点的理论显然是错误的。

人是永远不知道满足的提问者，如果我说出了我所有的怀疑，那就可以出一部专著了。就把这种寻根究底的习性代代相传吧！伊西斯神（古埃及历史中重要的女神之一）总是戴着面纱，而今天的答案到明天也可能变成假的。

第三章 | 本能与鉴别力

　　为了研究昆虫的智力状况，我对长腹蜂做了一些实验。我把长腹蜂的蜂巢原址摘走，但是它依然把灰泥涂抹在墙上；我用镊子把它的卵和食物偷走，但是它依然往蜂房里填充自己捕捉来的食物，放完之后在出去巡猎之前会把那间蜂房关闭。通过这些实验我粗略地了解了它有什么样的智力。后来我又对石蜂、大孔雀蛾的幼虫做了同样的实验，结果它们都犯了同样的不合逻辑的错误。它们总是按照正常惯例，尽管有时会因为某种原因使它们的行为看起来像是做无用功，可是它们仍继续按既定的顺序完成它们的筑巢任务。看起来昆虫就好比是一台水磨的轮子，一旦发动，即使没有谷粒，它也不会中断自己的轮子，仍坚持做完这项无谓的工作。但如果只简单地把昆虫比作永动的机器，这愚蠢的结论，我是不敢苟同的。

　　各种事实相互抵触，就好比是行走在疏松流动的沙地上，每走一步都可能会陷入各种阐述的泥沼之中，简直是寸步难行。虚伪的表象在事实面前往往是站不住脚的，因此我更加坚定了以我的理解来解释它们的想法。在昆虫的心理中，有两个截然不同的范畴需要加以区别对待，一个是无意识的冲动，也就是通常意义上所说的本能。它引导着昆虫建造出精妙绝伦的巢，这个巢建得如此完美，完全是本能强行施加不可变更的法则的结果。在这

　　➕ 有些黄蜂是高度发达的社会性昆虫。图为欧洲普通黄蜂在春天建造的一个新的巢。蜂房中的是胖乎乎的幼虫。在夏末，这个巢的体积会变得非常可观

方面，如果仅仅依靠经验和模仿是达不到如此完美的地步的。就是这个本能，也只有这个本能才促使雌性昆虫为陌生的后代筑巢并储存食物；也是本能引导昆虫将螫针刺入猎物的中枢神经，使其麻醉瘫痪，并将其

带回，以便储存；最后，本能还驱使昆虫做出不凭理智，也不凭经验的行为。因为这些行为如果是它凭自己的判断力来实施的，那么它的行为应该会有理智、远见和经验参与其中吧！

本能如果一开始不是完美的，昆虫就不可能顺利地传宗接代。对于某一种特定的物种，无论它的过去怎样，现在和将来依然不会变，时间也不会在本能中增加或删减什么，这或许是动物所有特征当中最特定的特征。它这种本能并不比肠胃的消化功能和心脏的脉动功能自由、自觉，各阶段的运作都像是预先注定的，且环环相扣。这容易让人一下子想起齿轮的转动，前轮的转动带动后轮，同样是那么丝丝入扣。这就是动物的机械性，也正是这种机械性，给出了长腹蜂来拜访我的实验室时所犯下的不合逻辑的错误的合理解释。就像小羊羔第一次把母亲的乳头含在嘴里进行吮吸时，它也不知道该如何来完成这项艰难的技艺，就更别奢求它自由、自觉，追求精益求精了。那么相对于更为艰巨的筑巢技艺来说，昆虫也并不比小羊羔高明到哪里去。

昆虫本身并不知晓自己刻板的经验，也就是通常所说的纯粹的本能。倘若仅凭本能，那么昆虫在面对外界无休止的冲突时无异于赤手空拳。世界上没有哪两点是完全相同的，有时实质看上去没有改变，但是次要的东西已经发生变化，到时候出现任何出乎意料的事情也就不足为奇了。在这些混杂在一起的意外事件中，要想理清头绪，利用有利因素，就必须有个向导来指导工作。这个向导昆虫当然拥有，且显而易见，它引导昆虫去寻找、接受、拒绝、选择，可以偏爱这个，忽略那个。这种向导就是昆虫心理的第二个范畴。在这个范畴里，昆虫凭借经验使自己变得自觉且精益求精。这种能力我不敢称之为智慧，毕竟这样说是高看了它们，因此我称它为鉴别力。昆虫的最高特性之一也来源于此，昆虫用这种能力辨别事物，把两件事物区别开来，当然必须是在它们的技艺允许的范围之内。

昆虫对自己的行为有意识吗？也许有，也许没有。假如它们的行为属于"鉴别力"这一范畴就有意识存在；假如它们的行为属于"本能"这一范畴就没有意识包含在内。昆虫的生活习性可以改变吗？如果它的生活习性与鉴别力相关就可以改变；如果它的生活习性与本能有关，那是肯定不能变的。因此人们一旦把纯粹本能和鉴别力相互混淆，往往就会重新坠入无休止的争论之中，而且这激烈的论战，并不能从根本上解决实际的问题。

下面我举几个例子来验证一下这两种范畴的根本区别。长腹蜂把捕捉来的蜘蛛给幼虫做食物，这就是本能。无论气候、经纬度怎么变化，时间如何流逝，猎物是充足还是匮乏，它们的食谱都不会改变。它们祖祖辈辈都是以蜘蛛为食的，继承者也是以此为食，将来它们的后代也不会改变这样的食谱。尽管有时候幼虫也会对我提供给它的其他食物相当满意，但是无论其他食物对它多么有利，也不会使长腹蜂相信小蝗虫能抵得上蜘蛛，它的整个家族也不会因此而乐意接受这种食物。看来本能的魅力还是很大的，一下子就把它们束缚在出生时的食谱上了。如果缺少了长腹蜂最爱的圆网蛛，那么它就不能猎食哺育后代了吗？不，这绝不可能，它还是会捕食其他的蜘蛛来替代圆网蛛，用以填充自己的储物室，因为在它看来只要是蜘蛛就是很好的美味。这就是鉴别力，其灵活性在某些情况下弥补了本能中太过呆板的方面。在无数纷繁复杂的野味当中，这位猎手知道如何分辨蜘蛛目和非蜘蛛目昆虫；这样，它总能为家人找到食物而不用去做本能以外的无用功。

长腹蜂用变软的泥土和成泥浆来建筑蜂巢，这就是本能。它一直是这样筑巢，现在如此，将来也一样，这也是这位劳动者亘古不变的特性。即使时间过去几个世纪，也不会带给它什么改变，它依然不会用干燥的泥土做泥浆，就算优胜劣汰也不能使它效仿石蜂。它建筑泥巢，需要一个可以遮挡风雨的屏障，因而，首先它必须在石头下找一个可以避雨的藏身之所。但是，一旦它能够在人类的居所之中找到更舒适的地方，那么这位制陶工匠就会占据此地，把家安在人类的居所之中。这种选择能力就是它的鉴别力，精益求精的原动力。

切叶蜂用薄薄的圆形叶片建造装蜜

⊕ 群居型黄蜂的巢穴具有各种不同的外形和尺寸。上图是来自秘鲁的黄蜂的巢穴，各自独立的蜂房一个接一个地连成一条"细绳"，从岩石或屋顶上垂下来汁的羊皮袋；黄斑蜂往囊中填充植物茸毛做毡子；还有另外一些则用树脂雕塑蜂巢。它们彼此从来不会，也绝不会互换工作，只能是第一种用树叶，第二种用茸毛球，第三种用树脂，保持它们各自劳动的本色，这就是本能。谁敢说那位裁叶工最初裁的不是树叶是茸毛，说那位茸絮工能将玫瑰或丁香叶裁成小圆叶片，甚至说黄斑蜂揉搓树脂是从揉搓黏土开始的？谁敢做出这么大胆的假设？又是哪个具有冒险精神的脑袋冒出这样古怪的念头呢？看来每一种昆虫都不可避免地徘徊在自己的艺术范围之内。在昆虫的世界里没有工作革新，没有经验秘诀，也没有技巧可言，更不能使艺术逐步发展，由普通到优良，由优良到出色，现在的实践活动和过去没什么两样，将来也不会改变。虽然劳动方式一成不变，但是原材料还是可以变化的。切叶蜂能将某种植物的叶子切成一块块的，但是在不同的地点，它们会发现不同的植物；产茸毛的植物品种也会因为地域不同，而有所改变；提供树脂黏合剂的树种也有很多，譬如松树、冷杉、柏树，但是它们的外观却不尽相同。是什么引导昆虫来选择自己所需要的原料呢？我想一定是鉴别力的指引吧！

毛刺砂泥蜂将螫针刺入猎物的中枢神经，之后猎物开始麻醉瘫痪，它便将猎取的这个肥美硕大的美味作为幼虫的食物。它的这种猎取食物的本领就是本能，它捕食时足以压倒一切的表现，证明这种技能并不是后天所学的。倘若这门技艺从一开始就完美无缺，后代便会继承下去。那么有利的时机、遗传性、气候的改变又会在其中起什么作用呢？如果它今天享用了一条黄地老虎幼虫，而第二天它又吃了绿色、黄色或者别的什么颜色的幼虫，是什么使昆虫在不断变化的外表下，还能准确地猎取称心如意的食物呢？我想这就是它无与伦比的鉴别力吧！

昆虫心理中纯粹本能和鉴别力的基本区别，通过以上介绍的细节已经非常明了。如果还像往常人们认为的那样，将两个范畴混淆起来，那相互理解的可能性将不复存在，所得出的明晰结论也将会消逝在无休止的争论疑云当中。昆虫在筑巢技艺方面，就像是一位手艺工人。这项技能是它与生俱来的，并且是亘古不变的艺术。如果给一点智慧的微光，点醒这位无意识的手工艺人，就能使得它在无关要旨又不可避免的情况下明晰矛盾。在目前的知识水平下，只要这样做，我就有理由相信我们可能会更接近真理。如果昆虫筑巢的正常顺序被打乱，导致本能出现差错，我就会去探讨昆虫在选择材料和筑巢点时，鉴别力对它们这些活动有何作用。没有必要继续在长腹蜂身上浪费更多的时间，接下来我将以其他各种不同的昆虫作为研究对象，介绍给大家。

我依据棚檐石蜂的生活习性为它起了这个名字，在我看来它完全配得上这个称号。它们喜好群居，大量居住在仓库内。它的蜂巢硕大、结实，经常建筑于瓦片的内面，有时甚至会建筑在屋顶。棚檐石蜂的工作热情一般不会到处挥洒，况且也没有更为理想的空间，让它来施展自己的筑巢技艺，它只有寄希望于自己世代相传的并逐渐扩建的巨型城堡。因为只有这里才有它施展的广阔空间，才是它干燥的庇护所，才是它宁静的隐居之处。但是瓦片下宽敞的空间也不是所有棚檐石蜂都拥有的，毕竟自由敞开、阳光充足的仓库还是少见的，这么好的地方，老天也只会眷顾那些幸运的虫子。那其他的虫子又去哪里安家呢？经我发现，差不多到处都有。不出我的居所就能看到它们的各种筑巢基地：石头、木头、玻璃、金属、油漆及灰浆，简直五花八门。

棚檐石蜂经常光顾我的暖房，因为暖房在夏季保持恒温，且强烈的光照与旷野中的烈日相当。今年它们没忘记来我的暖房筑巢，几十只一群，有的在暖房的钢筋架上，有的在玻璃上。有一小群则安顿在门口的屋檐下、窗洞里以及百叶窗框边的墙缝里。还有一些离群索居单干起来，兴许是它们生性忧郁的缘故吧。有的干脆待在锁眼里或平台

➕ 大部分群居的黄蜂（胡蜂科）的巢是用"纸"（即将木质纤维混以唾液）做的。这种蜂巢通常没有外层，蜂房暴露在外。图中这些巴西的阳伞蜂为夜行性昆虫，白天都聚集在巢中

上的排水管里，有的则在门、窗的线脚里或是墙基简单的装饰里。这些干劲十足的入侵者与长腹蜂正好相反，它们从不进入人类的居所，只要隐身之所在户外，它们就会利用整座房子。但也有表面现象与事实不相符的例外，有的棚檐石蜂也会寄居在人的暖房里。棚檐石蜂通常对封闭的房间心存疑虑，虽然夏天这座敞开的玻璃大厦阳光明媚，但对于

它们来说只不过是光线好一点的仓库而已。因此，它们通常把巢筑在最外面的一扇门的门槛上，占据门的门锁，它们绝不会深入内室进行冒险的旅行，因为这里才是它们藏身的最佳场所。

石蜂经常来人类的居所免费居住，它的筑巢技艺也取自人类建筑艺术的成果。除了人类的居所之外，它还有其他住处吗？有，这是毋庸置疑的，石蜂也会按照古法建筑自己的蜂巢。石头是石蜂经常选择的筑巢地点，有拳头般大小、被树篱遮挡的石头，有光滑裸露的卵石，等等。它们在上面建造了像核桃般大小的蜂房群落，或是无论体积、外形、牢固度都不比同行高墙石蜂差的圆顶巢。

石蜂蜂巢的支撑物是石头，这是再常见不过的了，但它也不是唯一的。也有一些石蜂，把巢筑在树干上或是粗糙橡树皮的凹坑里，只是我收集时里面的居民并不多。下面我介绍两种以活的植物为支撑物的蜂巢，之所以特意介绍，是因为它们非常引人注目。第一个把巢筑在像大腿那么粗的秘鲁仙人掌的沟纹内，第二个把巢附着在印度无花果这种仙人掌的扁茎上。这两种硕大的植物，能够吸引石蜂的注意力，是否因为它们有狰狞的甲胄呢？是否它们身上一簇簇的刺对蜂巢有防御作用呢？我想也许吧，可无论如何，这种尝试都没人效仿，因此我也就再没见过这种安家方法。虽说这两种植物长相古怪，在当地也可能是独一无二的，但石蜂在初次尝试筑巢时并没有迟疑不决、缩手缩脚。这是我从这两个发现当中得出的唯一可以肯定的结论。一只石蜂来到这新鲜的建筑工地面前，就如同来到一个熟悉的地方，迅速占据了沟纹和扁茎。在同族当中，也许它是第一个敢吃螃蟹的，并且它发现这两株来自"新世界"的植物，和自己经常去的树干一样非常适合它。

在我们地区，卵石石蜂选择的支撑物是从干燥高原上滚落下来的石子，这也是它筑巢的唯一基石。因此它的选择没有任何灵活性可言，除了极个别的。在气温寒冷的地区，就有以墙为支撑物的石蜂，这样便于它保护蜂巢，以度过漫长的雪季。灌木石蜂常以任意一株木本植物纤细的枝丫来支撑自己的泥巢，只要是适合它的支撑物，从百里香、岩蔷薇、欧石楠到橡树、榆树、松树都可以。这个支撑物清单，可以说已经成了本地区木本植物的一览表了。

蜂巢选址的多样性证明了蜂是靠鉴别力来选择巢址的。蜂房结构的多样性，使巢址的多样性更加显著，三叉壁蜂足以证明这一点。我发现三叉壁蜂选来做隐居之所的，主要还是石子堆底下的蜗牛壳和用以加固梯田的没有涂灰泥的石墙。另外，它还积极利用条蜂或是棚檐石蜂的旧巢。它们筑巢所用的泥土极易被雨水侵蚀，因此它们必须像长腹蜂一样为蜂房找一个干燥的隐居之所。这个隐居之所必须是现成的，稍微打扫一下就能居住的。

三叉壁蜂对芦竹这种稀罕物很是喜欢，倘若芦竹在适当的时候出现，那必定是备受欢迎的。其实，壁蜂对在禾本科植物上钻孔的技艺一窍不通，这种长着粗壮中空的圆柱形茎干的植物对三叉壁蜂来说无丝毫用处。芦竹的茎干间节必须要稍微裂开，这样壁蜂才会钻进去把它占据。此外，如果芦竹的横截面不是水平的，雨水就会使泥巢变软、坍塌。这段芦竹还不能卧倒在地上，必须使它与潮湿的地面保持一定距离。除非是人无心的介入或是实验者有意为之，否则壁蜂永远找不到一段合适的芦竹来安家。就当这是一个意外的收获吧！也许在人类将芦竹劈开做成晒无花果的筛子之前，壁蜂的同族还不知道有这样的居所呢。

我们的枝剪使壁蜂抛弃了天然的居所，蜗牛壳内的螺旋形坡面被芦竹圆形的通道所取代。这到底是怎样实现的呢？随着壁蜂不断地衍生换代，它的居所从这种换成了那种，从尝试到舍弃，再到对结果的进一步确认。是这样一步步逐渐过渡的吗？又或者某一天突然有合适的芦竹出现，它因为可以立刻安家而对长期居住的蜗牛壳不屑一顾了吗？这些都曾是我心中未解的谜团，但现在终于解开了。那么现在我可以和你们谈谈我是如何解开谜团的。

采石场位于一片几近荒漠的大高原上，人们很早就在塞里昂附近的这片采石场开采粗石灰岩，罗讷河谷的古新世土壤的特点就是这粗石灰岩。采石场的石料用于修建了奥朗日古老的纪念碑，还包括很火的、由知识界精英排演索福克勒斯的《俄狄浦斯王》的那家戏院，它气势恢宏的正门，正是大量使用了这个采石场的石料。还有很多其他的证据，证明这些精心雕琢的石材，都是来自于这个采石场。漫步在阶梯形沟壑的碎石中，我时不时会发现一枚银质的、上面印有四辐条车轮的马赛奥波尔，还会发现一些刻有奥古斯都大帝或是提比略头像的铜币。我随意地在碎石中翻翻拣拣，古老的钱币比比皆是，似乎回到了那些光辉岁月里。这片采石场气候干燥。在环境的影响下，恋旧的壁蜂才不会从石子堆迁往别处。在各种膜翅目昆虫当中，三叉壁蜂尤甚。自从那里有了碎石堆之后，它一直是以采石场上的蜗牛壳为自己的隐身之所的。除了蜗牛壳，它很可能没有其他的居所，更不会离开蜗牛壳去寻找新居。所有一切都证明，古壁蜂的直系后代就是现在的壁蜂，壁蜂的先祖和采石工人生活在同一时代，我们现在捡到的古钱币，也许是那时某位采石工人无意中落下的。所以情况似乎很肯定，采石场中的壁蜂只会因循祖传旧制，对芦竹压根就不了解，它只是深谙使用蜗牛壳的技艺罢了。既然这样，我们就给它个新居。

我将一段段的芦竹装配好，正面看芦竹就像凿有四十只洞眼的小蜂箱，我再把有壁蜂居住的蜗牛壳放在五排芦竹底下，为了使模拟的自然环境更加逼真，我还掺杂了些小石子在里面。为了做好此次试验，我提前收集了二十多只"蜂丁"还算兴旺的蜗牛壳，放在实验室安静的角落里。我把收集来的各种蜗牛壳清理干净，放进石子堆，给壁蜂创造了一个良好的居住环境。筑巢开始了，平时深居简出的虫子们在出生的屋子附近将面临两种居所的选择。它们是选择这个族类从未尝试过的新事物——圆柱形芦竹，还是选择继承祖先的老式宅邸呢？当它们的蜂巢被精巧地筑好时，我的问题得到了回答。绝大多数壁蜂选择把巢建在芦竹里，但还是有一部分仍钟情于自己的蜗牛壳，或者分别在芦竹和蜗牛壳里产卵。前者开创了圆柱形建筑的先河，当它选择新居摒弃螺旋形建筑时，我看到的只有果敢，没有丝毫的犹豫不决。经过勘察之后，觉得可以使用，壁蜂便入室安了家。它无须学习，不用摸索，更不用理会先辈积累的经验教训，好像无师自通，一下子就成了建筑大师。在与螺旋形洞穴不同的平面上，一座宽敞的蜂房笔直地被筑起。

壁蜂和它的祖先一样，似乎从来都不用经过见习期，就能一下子成为建筑大师，也许它们天生就具备这种筑巢的能力。虽说它们也经过了几个世纪的漫长学习，积累了一定的经验教训，还有本身的遗传基因，但这些教化对壁蜂来说毫无用处。有些能力是不可以改变的，这属于本能的范畴；另一些则灵活多变，这属于鉴别力范畴。在一间客房内用泥巴把客房圈出好几个小间，在小房间产卵的地方，放上一些掺和了蜂蜜的花粉，母亲们为素未谋面的子女，有可能将来也见不着面的子女准备粮食，最后封闭蜂房，这大概就是壁蜂本能的一面。在这方面，一切就像是预先安排好的，如果不出什么意外，昆虫只要盲从就可以很容易地实现目标。如果昆虫不会选择，不懂组合，一旦偶然遇见在卫生条件、形状和容量上多变的免费客房，仅凭本能也就不能实现目标，这对它来说还很危险。为了应付复杂的客观情况，壁蜂就需要具备小小的鉴别力了。有了鉴别力，它就可以区分干燥与潮湿、坚固与脆弱、隐蔽与暴露，还能判断所遇见的居所是否有价值，并按照可支配空间的大小和形态，分布蜂房。昆虫深谙此道，技术上的微调不可避免且必要，无须学习，也不靠已有的习惯。前面在采石场对壁蜂所做的实验就是证明。

> **知识链接**
>
> 壁蜂经过人工驯化后具有许多适宜给果蔬授粉的优点，壁蜂一年一代，自然生存，繁殖力强，性温和，无须喂养，传粉速度快，授粉效果好，管理简便，即使在雨天等恶劣天气也能出巢授粉。这些特点非常适合给梨、苹果、桃、樱桃、猕猴桃、杏、李、枣等果树授粉。利用壁蜂给果树授粉，对提高坐果率、增加单果重量、提高果品产量和质量，有很明显的效果。利用壁蜂给果树授粉，只要把巢管和巢箱制作好，适时放入田间，以后的事情全由壁蜂来做。

虽说壁蜂的智力有限，但有时候它还是有些许灵活性的。它的身上是有潜能的，某一时刻它所展现的技能并不能说明那是它全部的本领。它的潜能可能接连几代都用不到，像是专门为某一特定时刻准备的，一旦情况需要，积存的能量就会突然爆发，跨越尝试阶段，就如同钻油井的石油井喷一样，一下子迸射出来。一个人若只知道麻雀在屋檐下筑巢，会不会想到树梢上还有麻雀筑的泥巢呢？一个人若只认为壁蜂的巢是蜗牛壳，会不会料到有时它也会把一段芦竹、一根玻璃管、一根纸管作为自己的府邸呢？我的近邻麻雀振翅一跃便从屋顶飞到梧桐树上；采石场的壁蜂抛弃自己出生时的陋室——蜗牛壳，而选择来到我所创造的芦竹安家。这两者不就恰恰表明，昆虫筑巢技艺的改变是很突然却又是自发的吗？

中考真题再现

1.（2017年浙江台州卷）

　　阅读名著能让我们看到高处的光、远处的爱和深处的智慧。读奥斯特洛夫斯基的《钢铁是怎样炼成的》，可以看到_____（填主人公）为理想献身的崇高精神；读_____（填作者）的《骆驼祥子》，可以看到作者对旧北京人力车夫的深切同情；读法布尔的《_____》（填作品），可以看到作品中蕴含的睿智哲思。

2.（2017年湖北襄阳卷）

　　名著之所以"著名"，不仅因文字，更因情怀。《傅雷家书》是一部书信集，凝聚着傅雷先生对_____、对儿子深厚的爱；《昆虫记》在真实记录和描写昆虫生活的同时，还渗透着法布尔对_____的思考。

3.（2017年新疆卷）

　　阅读名著选段，请回答问题。

　　当那个可怜的蝗虫移动到螳螂刚好可以碰到它的地方时，螳螂就毫不客气，一点也不留情地立刻动用它的武器，用它那么有力的"掌"重重地打击那个可怜虫，再用那两条锯子用力地把它压紧。于是，那个小俘虏无论怎样顽强抵抗，也无济于事了。

　　这段文字选自名著《_____》，作者是_____，他为我们展现了大自然中的小生灵们鲜为人知的生活和习性。

4.（2018年四川凉山卷）

　　名著阅读。

　　有这样一只不知危险、无所畏惧的灰颜色的虫，朝着那只螳螂迎面跳了过去。后者，也就是那只螳螂，立刻表现出异常愤怒的态度。接着，反应十分迅速地做出了一种让人感到特别诧异的姿势，使得那只本来什么也不怕的小虫，此时此刻也充满了恐惧感。

以上文字节选自_____（国籍）_____（人名）的《_____》，该书被誉为"_____"。

5.（2018年黑龙江龙东地区卷）

阅读下面的文字，回答问题。

一个人耗尽一生的光阴来观察、研究昆虫，已经算是奇迹了；一个人一生专为昆虫写出十卷大部头的书，更不能不说是奇迹。这些奇迹的创造者就是法布尔，他的《昆虫记》被誉为"_____"。

语段中《昆虫记》被誉为"_____"。在这本书中，_____在地下"潜伏"四年；_____在编织"罗网"方面独具才能；_____善于利用"心理战术"制服敌人。

6.（2017年四川南充卷）

下列对名著的介绍，不正确的一项是（　　）

A. 《伊索寓言》包含的内容十分丰富，书中不少内容是影射当时社会现实的，如《农夫和蛇》的故事就告诫人们，做好事要看对象，以免上当受骗。

B. 法布尔的《昆虫记》既是优秀的科普著作，也是公认的文学经典，它行文生动活泼，语调轻松诙谐。作者除了真实地记录昆虫的生活，还透过昆虫世界折射社会人生。

C. 高尔基《童年》中的外祖母慈祥善良，聪明能干，热爱生活，对谁都很忍让。她的爱照亮了阿廖沙敏感而孤独的心。

D. 《水浒传》中的武松崇尚忠义，有仇必复，有恩必报，他是下层英雄好汉中最富有血性和传奇色彩的人物。

阅读自我测试

1. 《昆虫记》也叫作_____、_____，是_____国杰出昆虫学家_____的传世佳作，亦是一部不朽的著作。它不仅是一部科学百科，也是一部文学巨著。法布尔被世人称为_____、_____。《昆虫记》的成功为他赢得了"科学界诗人"的美名。

2. _____将昆虫鲜为人知的生活和习性生动地揭示出来，使人们得以了解昆虫的真实生活情景。如_____在捕获食物、编织罗网方面独具才能；_____善于利用心理战术制服敌人。

3. 在《昆虫记》中，法布尔不但仔细观察食粪虫劳动的过程，而且不无爱怜地称这些食粪虫为_____。

4. "它们扇动双翅，四足高高跷起，黑黑的肚子卷起触到黄色的足，用大颚仔细搜索，从闪亮的淤泥表面挑选出精华。"这是法布尔描写_____用淤泥垒建巢穴时的情景。

5. 阅读下面的名著选段，回答问题。

有这样一只不知危险、无所畏惧的灰颜色的蝗虫，朝着那只螳螂迎面跑了过去。……螳螂把它的翅膀极度地张开，它的翅竖了起来，并且直立得就好像船帆一样。翅膀竖在它的后背上，螳螂将身体的上端弯曲起来，样子很像一根弯曲着手柄的拐杖，并且不时地上下起落着。（有删改）

（1）这段文字出自法国昆虫学家法布尔的《_____》，我们在初中阶段还学过他的一篇文章《_____》。

（2）本选段细致入微地刻画了螳螂_____时的动作，生动地表现了螳螂_____的特点。

6. 《昆虫记》法语版原著共有（　　）

A. 八卷　　B. 九卷　　C. 十卷　　D. 十一卷

7. 《昆虫记》中描写了许多昆虫，下列不是书中的动物有（　　）。

A. 甲虫、蟋蟀　　　　　B. 蜘蛛、蜜蜂

C. 螳螂、蝎子　　　　　D. 骆驼、恐龙

8. 法布尔的《昆虫记》曾获得（　　）

A. 普利策奖　B. 诺贝尔文学奖提名　C. 安徒生奖　D. 诺贝尔奖

9. 关于萤火虫，以下说法错误的是（　　）

A. 萤火虫的卵在雌性萤火虫肚子里时就是发光的。

B. 两条发光的宽带是雌萤发育成熟的标志。

C. 雌萤的光带在交尾期如果受到强烈的惊吓，发光会受到影响。

D. 无论是雌萤还是雄萤从生下来到死去都发着光。

10. 下列说法正确的是（　　）

A. 蟋蟀的洞穴不豪华，而且很粗糙。

B. 蟋蟀很珍惜自己的住所，很少搬家。

C. 蟋蟀的住所远胜于所有其他动物，就连人类也没有它高明。

D. 蟋蟀的卧室在洞穴通道的尽头，宽敞、光滑、干净、卫生。

11. 阅读下面的短文，回答问题。

蟋蟀很愿意挑选那些排水条件优良，并且有充足而且温暖的阳光照射的地方，凡是这样的地方，都被视为佳地，要优先考虑。蟋蟀宁可放弃那种天然而成的洞穴，因为，那些洞都不合适，而且它们都十分简陋，没有安全保障，有时，其他条件也很差。总之，这种洞不是首选。蟋蟀要求自己的别墅每一处都必须是自己亲手挖掘而成的，从大厅一直到卧室，无一例外。

除去人类，至今我还没有发现哪种动物的建筑技术要比蟋蟀更加高超。

……

在我住所的附近地区，生活着三种不同的蟋蟀。

这三种蟋蟀，无论是外表、颜色，还是身体的构造，和一般田野里的蟋蟀都是非常相像的。人们刚一看到它们，就经常把它们当成田野中的蟋蟀。然而，就是这些由一个模子刻出来的同类，竟然没有一个晓得，究竟怎样才能为自己挖掘一个安全的住所。

　　其中，有一种身上长有斑点的蟋蟀，它只是把家安置在潮湿地方的草堆里边；还有一种十分孤独的蟋蟀，它在园丁们翻土时弄起的土块上寂寞地跳来跳去，像一个流浪汉一样；更有甚者，如波尔多蟋蟀，它毫无顾忌、毫不恐惧地闯到了我们的屋子里来，而不顾主人的意愿。从八月份到九月份，它独自待在那既昏暗又凉爽的地方，小心翼翼地唱着歌。

　　在那些青青的草丛之中，常常隐藏着一条有一定倾斜度的隧道。在这里，即便是下了一场滂沱的暴雨，地面也会立刻就干了。这条隐蔽的隧道，最多不过有九寸深的样子，宽度也就像人的一根手指那样。隧道按照地形的情况和性质，或是弯曲，或是垂直。差不多如同定律一样，总是要有一簇草把这间住屋半遮掩起来，其作用是很明显的，如同一个罩壁一样，把进出洞穴的孔道遮蔽在黑暗之中。蟋蟀在出来吃周围的青草的时候，绝不会去碰这一簇草。那微斜的门口，被它们仔细用"扫帚"打扫干净，收拾得很宽敞。（有删改）

　　（1）材料选自____国昆虫学家_____的《昆虫记》。

　　（2）蟋蟀出来吃草，它不吃洞口地方的那丛草的原因是_____。

　　（3）读了这篇短文，你认为蟋蟀的住宅有什么特点？

_____

_____

　　（4）《昆虫记》"透过昆虫世界折射出社会人生"，结合选文说说蟋蟀给你较大触动的方面有哪些。

_____

_____

（5）《昆虫记》被誉为"昆虫的史诗"，这离不开作者的功劳，你从作者身上得到了哪些启示？

_____

_____

（6）《昆虫记》是公认的文学经典，结合选文加以分析。

_____

_____

12. 鲁迅把《昆虫记》奉为"讲昆虫生活的楷模"，你认为鲁迅给予该书这么高评价的原因是什么？

_____

_____

昆虫记

参考答案

中考真题再现

1．保尔·柯察金　老舍　昆虫记

2．祖国　人生

3．昆虫记　法布尔

4．法国　法布尔　昆虫记　昆虫的史诗

5．昆虫的史诗　蝉　蜘蛛　螳螂

6．A

阅读自我测试

1．《昆虫学札记》《昆虫物语》　法　法布尔　"昆虫界的荷马""昆虫界的维吉尔"

2．法布尔　蜘蛛　螳螂

3．清道夫

4．长腹蜂

5．（1）昆虫记　绿色蝈蝈　（2）准备捕食蝗虫　机警、从容

6．C　7．D　8．B　9．D　10．D

11．（1）法　法布尔　（2）那丛草可以遮蔽洞的出口

（3）排水条件优良、向阳、隐蔽、干燥、有门。

（4）①聪明，如：把住宅建在隐秘的地方。②勤劳，如：蟋蟀要求自己的别墅每一处都必须是自己亲手挖掘而成的。③能根据情况的变化而变化，如：隧道按照地形的情况和性质，或是弯曲，或是垂直。④善于管理家务，如：仔细用"扫帚"打扫干净，收拾得很宽敞。

（5）作者具有热爱大自然、热爱细小生命的生活态度，还有严谨细致、实事求是的工作作风。

（6）《昆虫记》行文生动活泼，语调轻松诙谐，充满了盎然的情趣。如，把蟋蟀的住宅比作"别墅"，生动形象；蟋蟀建造住宅的过程，就像一个人在

精心设计自己的住房。

　　12.《昆虫记》将昆虫鲜为人知的生活和习性生动地揭示出来，使人们得以了解昆虫的真实生活情景。《昆虫记》是优秀的科普著作，也是公认的文学经典。

编者声明

　　本书的编选，参阅了一些报刊和著作。由于联系上的困难，我们与部分作者未能取得联系，谨致深深的歉意。敬请原作者见到本书后，及时与我们联系，以便我们按国家有关规定支付稿酬并赠送样书。

　　联系人：北教小雨编辑部
　　地　址：北京市北三环中路6号北京教育出版社
　　邮　编：100120
　　电　话：010-58572825